国家出版基金项目
NATIONAL PUBLICATION FOUNDATION

合成生物学丛书

能源合成生物学

吕雪峰　主编

山东科学技术出版社　｜　科学出版社
济　南　　　　　　　　北　京

内 容 简 介

生物能源在增加能源与资源供给、改善生态环境、支撑碳中和目标实现等方面有着其他可再生能源不可替代的显著优势。合成生物学在生物能源研发方面具有重要的应用价值和广阔的发展空间，有利于解决生物能源的关键研发问题。本书结合编者在能源合成生物学领域的研究工作，围绕合成生物学使能技术与改造策略、生物催化剂和细胞工厂的性能优化，系统总结了如何通过合成生物学技术改造能源生物底盘，以显著提高从二氧化碳到生物质、从生物质到糖，以及从糖到乙醇、丁醇、萜烯、脂肪烃等生物燃料产品和一碳资源直接转化为生物燃料产品等各个环节的转化效率，并对能源合成生物学未来的发展方向与挑战进行了展望。

本书可供合成生物学、生物能源、微生物学和植物学相关领域的科研人员、工程技术人员和高等院校师生参考，以期共同推动能源合成生物学的蓬勃发展。

图书在版编目（CIP）数据

能源合成生物学 / 吕雪峰主编. -- 北京：科学出版社；济南：山东科学技术出版社，2024. 6. -- （合成生物学丛书）. -- ISBN 978-7-03-078739-2

Ⅰ. TK6

中国国家版本馆 CIP 数据核字第 2024UC0015 号

责任编辑：陈 昕 张 琳 王 静 罗 静 刘 晶
责任校对：严 娜 / 责任印制：王 涛 肖 兴 / 封面设计：无极书装

山东科学技术出版社 和 **科学出版社** 联合出版
北京东黄城根北街 16 号
邮政编码：100717
http://www.sciencep.com

北京中科印刷有限公司印刷
科学出版社发行　各地新华书店经销
*
2024 年 6 月第 一 版　开本：720×1000　1/16
2024 年 6 月第一次印刷　印张：26 3/4
字数：540 000
定价：298.00 元
（如有印装质量问题，我社负责调换）

《能源合成生物学》
编委会

主　　编　吕雪峰
编写人员（按姓氏汉语拼音排序）

丛 书 序

21世纪以来，全球进入颠覆性科技创新空前密集活跃的时期。合成生物学的兴起与发展尤其受到关注。其核心理念可以概括为两个方面："造物致知"，即通过逐级建造生物体系来学习生命功能涌现的原理，为生命科学研究提供新的范式；"造物致用"，即驱动生物技术迭代提升、变革生物制造创新发展，为发展新质生产力提供支撑。

合成生物学的科学意义和实际意义使其成为全球科技发展战略的一个制高点。例如，美国政府在其《国家生物技术与生物制造计划》中明确表示，其"硬核目标"的实现有赖于"合成生物学与人工智能的突破"。中国高度重视合成生物学发展，在国家973计划和863计划支持的基础上，"十三五"和"十四五"期间又将合成生物学列为重点研发计划中的重点专项予以系统性布局和支持。许多地方政府也设立了重大专项或创新载体，企业和资本纷纷进入，抢抓合成生物学这个新的赛道。合成生物学-生物技术-生物制造-生物经济的关联互动正在奏响科技创新驱动的新时代旋律。

科学出版社始终关注科学前沿，敏锐地抓住合成生物学这一主题，组织合成生物学领域国内知名专家，经过充分酝酿、讨论和分工，精心策划了这套"合成生物学丛书"。本丛书内容涵盖面广，涉及医药、生物化工、农业与食品、能源、环境、信息、材料等应用领域，还涉及合成生物学使能技术和安全、伦理和法律研究等，系统地展示了合成生物学领域的新成果，反映了合成生物学的内涵和发展，体现了合成生物学的前沿性和变革性特质。相信本丛书的出版，将对我国合成生物学人才培养、科学研究、技术创新、应用转化产生积极影响。

张先恩

丛书主编

2024年3月

序　一

实现碳达峰、碳中和是以习近平同志为核心的党中央统筹国内国际两个大局作出的重大战略决策，是着力解决资源环境约束突出问题、实现中华民族永续发展的必然选择，是构建人类命运共同体的庄严承诺，是贯彻新发展理念、构建新发展格局、推动高质量发展的内在要求。

"双碳"战略下必须加快推进能源革命，促进能源结构调整。低碳化多能融合是能源结构调整的必由之路，包括化石资源清洁高效利用与耦合替代、清洁能源多能互补与规模应用、低碳化多能战略融合等。大力发展以生物能源等为代表的可再生能源，是促进能源结构优化调整的基础。科技创新应在能源革命和"双碳"目标实现过程中发挥引领作用。

生物质是地球上唯一可再生的碳资源，具有不可替代性，并可通过生物、化工、物理等技术转化为气体、液体、固体等能源或材料产品。因此，生物质能具有原料多元化、转化多元化、产品多元化等典型特点。生物质能近来可作为化石能源减量与减碳过程中碳资源的替代与支撑，在未来零碳时代，含碳产品的生产也必然离不开可再生生物质碳资源的转化与应用。

以合成生物学这一新兴学科为基础的合成生物技术是现代生物技术发展的集大成者，在新型生物质种质资源的创制、生物质资源的高效生物转化，以及生物能源与材料化学品的开发等方面发挥重要作用。《能源合成生物学》一书系统总结了如何通过合成生物学技术改造能源生物，以显著提高从二氧化碳到生物质、从生物质到糖，以及从糖到乙醇、丁醇、萜烯、脂肪烃等生物燃料产品和一碳资源直接转化为生物燃料产品等各个环节的转化效率，并对能源合成生物学未来的发展方向和机遇挑战进行了展望。该书不仅展示了合成生物学与合成生物技术在能源领域重要的学科和技术支撑作用，同时我也相信它一定会成为相关领域的科研和工程技术人员及科技管理部门重要的参考用书。

刘中民

中国工程院院士

中国科学院大连化学物理研究所所长

2024 年 2 月

序　二

生物能源是重要的可再生能源，也是地球上唯一的可再生碳资源。煤、石油等化石能源已经支撑人类社会发展几百年，终将枯竭。生物质能转化在可持续能源供给、碳中和、非化石能源依赖的物质转化工业中发挥独特作用。然而，生物质与化石原料的化学组成差异较大，对生物转化技术有较高的要求，但目前大多数技术尚不成熟，亟待突破。

合成生物学融汇生命科学、化学、物理学、信息科学、材料科学和工程科学，发展出从基因组合成到基因网络编辑，从基因线路、底盘细胞到细胞工厂，从生物大分子工程到蛋白质从头设计，从遗传密码子拓展到杂合生物系统等一系列使能技术和崭新概念，赋予生物转化技术强大的新生动力。

科学进步与能源资源重大需求相结合，将催生新的经济形态。

在此背景下，吕雪峰先生组织领域专家撰写《能源合成生物学》著作，对能源合成生物学的现状进行梳理，对难题进行讨论，对未来进行思考，不仅对实现高效生物质能转化有重要意义，也丰富了合成生物学的内涵，是能源合成生物学方向的奠基之作。读了手稿，我们似乎能憧憬未来。

谢谢作者的智慧贡献，谢谢科学出版社的支持！

张先恩

深圳理工大学合成生物学院院长，讲席教授
中国科学院生物物理研究所研究员
2024 年 5 月

目　　录

第1章 概　　述

王纬华，吕雪峰[*]

中国科学院青岛生物能源与过程研究所，青岛 266101

[*]通讯作者，Email：lvxf@qibebt.ac.cn

1.1　合成生物学如何解决能源问题？

　　能源是指能够直接取得或者通过加工、转换而取得能量的各种资源，包括一次能源（煤炭、石油、天然气、水能、核能、风能、太阳能、地热能、生物能源等）和二次能源（电力、热力、成品油等），以及其他新能源和可再生能源。能源是人类社会发展的基础和动力，关系到国计民生和国家安全。能源安全是关系经济社会发展的全局性、战略性问题，对国家繁荣发展、人民生活改善、社会长治久安至关重要。

　　作为人类生存和发展的重要物质基础，煤炭、石油、天然气等化石能源支撑了 19 世纪到 20 世纪近 200 年来人类文明进步和经济社会发展。然而，化石能源的不可再生性和巨大消耗，导致其逐渐走向枯竭。化石能源的利用也是造成环境变化与污染的关键因素，大量的化石能源消费引起温室气体排放，使大气中温室气体浓度增加、温室效应增强，导致全球气候变暖。二氧化碳是温室气体的主要组成部分，其中约90%的人为二氧化碳排放是化石能源消费活动产生的（Liu et al.，2021）。化石能源，特别是煤炭的使用带来大量的二氧化硫和烟尘排放，也是造成大气污染的主要原因。

　　以化石能源为主的能源结构具有明显的不可持续性，可再生能源已经成为能源领域最重要的发展方向之一。可再生能源包括太阳能、水能、风能、海洋能、地热能、生物能源等，在自然界中循环再生。生物能源是指来源于生物质的能源，也是人类较早利用的能源，但是通过生物质直接燃烧获得能量的方式是低效的。随着工业革命的进程，化石能源得到大规模使用，传统生物能源逐渐被以煤、石油和天然气为代表的化石能源所替代。生物能源是从太阳能转化而来的，其转化的过程是通过生物的光合作用将二氧化碳和水合成生物质，而生物能源使用过程中又生成二氧化碳和水，形成一个物质循环。理论上，生物能源二氧化碳的净排放为零。作为唯一可再生的碳资源，生物质资源在替代化石资源为人类生产生活提供必需的碳基物质和能源方面将发挥主导和不可替代的作用。

生物能源在增加能源与资源供给、改善生态环境、支撑碳中和目标实现等方面有着其他可再生能源不可替代的显著优势，其发展具有重要的现实意义和深远的战略意义（Liao et al.，2016），预计 2050 年全球一次能源供应中生物能源占比将达到 18.8%，生物能源碳捕集与封存（bioenergy with carbon capture and storage，BECCS）将实现 17 亿 t 的二氧化碳负排放。经过几十年的创新研发和应用实践，包括燃料乙醇、生物航空煤油在内的生物能源产业取得了长足发展，但仍然面临着高品质生物质资源供给不足、转化效率低、开发利用成本高等挑战。目前，迫切需要在高品质生物质资源创制、木质纤维素高效解聚与分离、生物质高效转化为先进生物燃料等方面取得重大创新与突破，实现规模化和可持续发展。

1.2 合成生物学如何助力生物能源生产？

合成生物学是 21 世纪初新兴的生物学研究领域，是在阐明并模拟生物合成基本规律的基础上，人工设计并构建新的、具有特定生理功能的生物系统，从而建立药物、功能材料和能源替代品等生物制造新途径。合成生物学研究在生物能源研发方面具有重要的应用价值和广阔的发展空间，在生物质原料的生产与转化、生物催化剂和细胞工厂的设计与构建等方面已得到广泛应用，进而有助于解决生物能源的关键研发问题（Liu et al.，2021）。

1.2.1 原料供应

植物和藻类等光合生物通过光合作用固定二氧化碳合成生物质。生物质通过生物/化学催化与转化生成可供微生物利用的糖原料，再进一步通过微生物细胞工厂的转化生成生物燃料产品。自然界中还存在能够直接利用一碳化合物（二氧化碳、一氧化碳、甲醇等）合成生物能源产品的微生物（Jiang et al.，2021）（图 1-1）。通过合成生物学技术改造能源生物，可以显著提高从二氧化碳到生物质、从生物质到糖，以及从糖到生物能源产品等各个环节的转化效率。

木质纤维素是自然界中最为丰富的生物质资源，由植物通过光合作用固定储存于植物细胞壁，主要有机成分为纤维素、半纤维素和木质素。随着合成生物学的不断发展，适用于能源植物性状改良的合成生物学工具与策略也得到广泛应用。能源植物功能基因鉴定、合成生物学元件开发、遗传转化和筛选体系构建、基因组编辑技术都取得了长足进展。当前，纤维素和半纤维素的转化利用技术相对成熟，而木质素因具有分子量大、结构复杂和交联程度高等特点，较难利用。植物细胞壁多糖转化效率与细胞壁中木质素的含量、组成等关系密切（Studer et al.，2011）。通过合成生物学策略调控木质素合成相关基因的表达，能够有效地改变木质素的总量与组分，进而实现酶解糖化效率的提升。

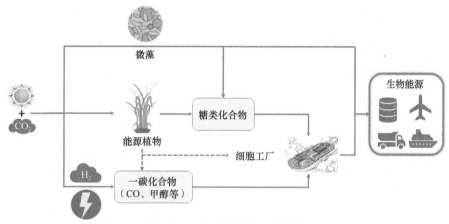

图 1-1　生物能源产品合成路线

　　木质纤维素的复杂结构和组成形成了天然拮抗降解作用的屏障（Himmel et al.，2007），木质纤维素的高效、低成本酶解糖化成为秸秆产业化应用的瓶颈问题（Demain et al.，2005）。目前，用于木质纤维素糖化的酶系主要有两类：一是来源于真菌的游离酶体系，目前主流的木质纤维素生物转化技术——同步糖化发酵（simultaneous saccharification and fermentation，SSF）就是一种采用游离酶制剂的工艺；二是来源于厌氧梭菌的纤维小体体系，该体系包括整合生物加工（consolidated bioprocessing，CBP）技术和整合生物糖化（consolidated bio-saccharification，CBS）技术（Zhang et al.，2017），均采用梭菌及其纤维小体作为生物催化剂实现木质纤维素的高效转化。

　　目前，CBP 工艺的产品种类仍局限于以纤维素乙醇为主，还不具备市场竞争力。近年来，基于合成生物学策略对梭菌底盘及酶系开展了以产品为导向的定向改造，成功开拓了 CBP 产品种类。对于 CBS 技术来说，其核心在于创制更为高效的生物催化剂，实现木质纤维素到可发酵糖的快速转化，而这很大程度上依赖于针对纤维小体复杂体系的合成生物学定向改良。

　　糖类物质是微藻细胞中重要的碳水化合物存在形式。微藻能够利用太阳能固定二氧化碳，合成单糖（葡萄糖和果糖等）、二糖（蔗糖和海藻糖等）及多糖（糖原、β-葡聚糖等）（Song et al.，2016b；Qiao et al.，2020）。与高等植物相比，微藻生长速度快、体积小、生命周期短，因此更适合工业化、立体化的培养模式，这也意味着其具有更高的太阳能和土地资源利用效率。同时，微藻的遗传操作便捷性也超过植物。随着合成生物学技术的发展，可以更精准地进行天然代谢途径的改造或异源代谢途径的引入，实现对微藻胞内碳流、能量流的重定向，促进各种糖类物质的高效合成。蓝藻作为原核微藻，生长速度更快、细胞结构更加简单，近年来其相应的合成生物技术体系的发展也更为成熟，无论是对蓝藻光驱固碳产糖机制的认识、条件优化还是人工设计改造，都取得了长足的发展。微藻光驱固碳产糖为生物炼制的糖原料供应提供了一条全新的技术路线。

1.2.2 原料—产品转化

酵母可以利用不同来源的糖原料合成乙醇。酿酒酵母由于具有一般公认安全（generally recognized as safe，GRAS）、遗传背景清晰、遗传操作成熟及较好的环境胁迫耐受性等优点，已成为重要的乙醇细胞工厂（Favaro et al.，2019）。由于无法直接分解淀粉，酿酒酵母乙醇生产通常需要采用先糖化后发酵的方式。以木质纤维素作为原料，酿酒酵母只能够利用水解液中葡萄糖，无法利用木糖。而且，工业发酵过程中，酿酒酵母需要面对高温、高渗透压和高乙醇浓度等多种环境因素的胁迫。利用合成生物学方法，结合功能基因组的研究对酿酒酵母细胞工厂的功能进行优化，可以提高目标代谢物的合成效率，扩展其代谢能力，保证细胞在工业生产的胁迫环境条件下具有较好的活性。

迄今为止，已经发现多种酵母可以同时代谢五碳糖和六碳糖合成乙醇（Azhar et al.，2017），其中树干毕赤酵母（*Pichia stipitis*）、热带假丝酵母（*Candida tropicalis*）、马克斯克鲁维酵母（*Kluyveromyces marxianus*）、布鲁塞尔德克酵母（*Dekkera bruxellensis*）等酵母菌具有天然的木糖等五碳糖代谢能力，可以合成乙醇，但产量、得率均达不到乙醇工业生产要求。通过基因组重排和微生物混合培养，采用合成生物学策略引入外源元件/途径、构建遗传元件随机突变文库并进行筛选，显著改善了非传统酵母同时利用五碳糖和六碳糖生产乙醇的能力。

梭菌（*Clostridium*）能够利用不同形式的糖原料发酵生产丁醇。虽然现有的产丁醇梭菌发酵技术在成本上与石油化工技术相比仍处于劣势（主要原因包括原料价格高、丁醇产量低、产物的提取成本较高），但基于未来大力发展可再生能源产业的需求，生物法制备丁醇的技术路线依然受到广泛关注。受益于近年来合成生物学的发展，一些新的理论、方法、技术已被应用于提升生物丁醇核心技术——产丁醇梭菌的遗传改良，并取得显著进展。

产丁醇梭菌作为一类代表性的厌氧细菌，受限于分子工具的匮乏和低效，其分子水平的基础与应用研究一度进展缓慢。但近年来分子生物学技术的迅猛发展为产丁醇梭菌的合成生物学研究创造了有利条件，相关研究也进入了"快车道"。众多遗传操作工具（包括基因和碱基编辑工具）已经被开发出来，这为梭菌丁醇代谢工程奠定了良好的基础。丁醇合成途径的增强及竞争途径的弱化或者删除，提升了丁醇的比例和产量；同时，一些经过代谢工程改造的非典型梭菌被用于丁醇发酵，实现了丁醇与丙酮生产的解耦；另外，遗传操作工具还为梭菌的丁醇耐受性、抗逆性能优化以及底物利用优化提供了便利，极大地提高了丁醇生产效率。

随着合成生物学的发展，利用糖类原料的新型能源微生物底盘和新型生物能源产品不断涌现。系统地研究模式底盘细胞,同时挖掘更多具有不同优良特性的新型微生物底盘细胞,进而合理设计、优化代谢途径与底盘细胞,可以拓展生物能源产品,提高产品产量。基于系统生物学可以加深对底盘细胞代谢网络、调控机制等方面的理解,结合合成生物学"设计—构建—测试—学习(design-build-test-learn,DBTL)"策略,对能源微生物底盘细胞进行多维度的理性或半理性改造,构建高效的能源微生物细胞工厂,驱动从"造物致知"向"造物致用"发展,有望实现能源产品的多元化及产业化发展(Liu et al.,2021;Zhang et al.,2021)。

1.2.3 一碳资源利用

包括二氧化碳、一氧化碳、甲醇在内的一碳化合物是生物制造行业的理想原料,因具有来源广泛、制备容易、价格低廉的特点而受到广泛关注。合成生物学的发展有力地促进了利用一碳化合物的微生物细胞工厂的构建(Jiang et al.,2021)。

合成气是一种主要成分包含一氧化碳、二氧化碳和氢气的混合气体。其来源非常广泛,包括化石燃料的不完全燃烧、植物生物质或生活废物的气化,以及炼钢等工业生产活动。利用合成气的梭菌(又称食气梭菌)是产乙酸细菌中的重要类群,尤其是永达尔梭菌(*Clostridium ljungdahlii*)、自产醇梭菌(*Clostridium autoethanogenum*)等菌株是目前合成气发酵中研究较多的。乙酸和乙醇是大部分食气梭菌的主要发酵产物,另有一些食气梭菌还可在含一碳气体的生长条件下合成乳酸、丁醇、2,3-丁二醇等高值化合物,具有良好的工业应用前景。

天然的食气梭菌吸收、固定和转化一碳气体速率较慢,能量代谢效率低。长久以来,基因组信息和遗传学工具的缺乏,阻碍了食气梭菌生产平台的发展。近年来,随着测序技术的进步及各种遗传学工具的迅速发展,食气梭菌的合成生物学平台与技术也得到迅速发展。合成生物学元件的筛选和遗传转化方法的优化为食气梭菌代谢工程改造奠定了良好的基础。同源重组、基因编辑和大片段基因簇染色体整合表达等新技术的应用为食气梭菌代谢途径优化和高效细胞工厂的构建提供了重要的遗传操作工具。

朗泽科技(Lanza Tech)与首钢集团合作,采用先进的气体生物发酵技术,将钢铁、冶金、炼化等行业的工业尾气通过发酵技术直接转化为燃料乙醇、天然气和蛋白饲料等高附加值产品,同时将无机碳一步转化为有机碳,实现碳固定及碳减排。北京首钢朗泽新能源科技有限公司(简称"首钢朗泽")于 2018 年在首钢京唐公司建成投产了全球首套钢铁工业尾气生物发酵法制燃料乙醇项目,每年可生产燃料乙醇约 4.5 万 t、蛋白饲料约 7650t,压缩天然气约 330 万 m^3。依托该工业化项目的成功示范,首钢朗泽与位于宁夏、贵州的国内多家钢铁、铁合金、炼化等行业知名企业达成战略合作协议,开展工业尾气发酵法制燃料乙醇的推广应用。

微藻作为光合生物,可利用太阳能高效固定二氧化碳,转化为生物燃料。微藻可分为原核微藻和真核微藻，目前仅有少数微藻实现了规模化养殖（Hamed，2016）。微藻培养过程中对光照的需求较高，难以实现高密度培养，这导致规模化培养过程中微藻的生物质产量偏低（Fasaei et al.，2018）。虽然基于缺氮诱导等培养优化或者固碳关键酶过表达等基因工程操作可提高生物能源的产量，但是目前仅能在少数模式体系中实现特定产品的高效定向累积（Xin et al.，2017）。受微藻细胞壁生化组成等因素的影响，由微藻生物质转化为能源产品的生物炼制工艺相对复杂、成本高昂（Ward et al.，2014）。

合成生物学的快速发展为微藻生物能源产业带来了新的机遇。合成生物学研究的不同维度涉及多种颠覆性理论、技术和方法。聚焦微藻生物能源生产，这些颠覆性的成果在藻种选育、固碳和光合效率提升、全新固碳途径构建、微藻混养模式开发、细胞工厂与培养工艺适配、能源产品提取和微藻综合利用的协调性等领域已得到广泛的应用（Luan and Lu，2018b）。

甲醇具有来源广泛、易储存运输、价格相对低廉等优势，被视为极具潜力的生物制造原料。自然界中存在着一类甲基营养型微生物，天然可以利用甲醇等一碳化合物为底物进行生长及代谢，主要分为甲醇细菌和甲醇酵母两类。天然甲基营养型微生物能够高效利用甲醇进行细胞生长与产物合成，但其甲醇利用途径存在碳损失与能量消耗等问题。与模式微生物相比，甲基营养型微生物遗传操作工具匮乏，难以实现下游产物合成途径的快速搭建和代谢途径重构。因此，利用遗传背景相对清晰的模式微生物，如大肠杆菌、谷氨酸棒杆菌及酿酒酵母等，通过重构甲醇代谢途径，实现甲醇进入初级代谢并合成目标产物，是当前的研究热点。然而，人工甲基营养型微生物普遍面临异源甲醇代谢途径与宿主内源代谢途径不匹配、甲醇利用效率低及菌株生长缓慢等问题（Wang et al.，2020）。

以天然甲基营养型微生物和模式微生物进行甲醇生物转化是两种不同的合成生物学研究策略，其中，天然甲基营养型微生物为人工甲醇利用微生物提供了上游甲醇同化途径元件，而人工甲基营养型微生物为天然甲基营养型微生物提供了下游产物合成途径元件及改造策略。近年来，随着 CRISPR/Cas 技术[成簇规律间隔短回文重复（clustered regularly interspaced short palindromic repeat，CRISPR）/CRISPR 相关蛋白（CRISPR-associated protein，Cas）]的不断发展，在甲基营养型微生物，特别是甲醇酵母中开发了相对完善的基因编辑工具，极大地提高了其基因编辑效率。而实验室适应性进化结合反向代谢工程则在促进甲醇利用与增加底物和产物耐受等方面发挥重要作用。

综上所述，合成生物学在利用细胞工厂转化不同来源的可再生原料生成各种生物能源产品的过程中发挥了重要作用。目前，从最简单的、不含有碳原子的氢气到含有不同碳原子数、结构和性能各异的生物燃料分子，都已经实现了合成生物制造（表1-1）。合成生物学的快速发展将为生物能源产业的发展提供进一步的策略与技术支撑。

表 1-1 代表性生物能源产品

生物能源产品	底盘	底物	重要元件/途径	浓度/产率	参考文献
氢气（H₂）	Synechocystis sp. PCC 6803	二氧化碳/葡萄糖	融合形式的光合系统 I—氢化酶	500 μmol/L	Appel et al., 2020
甲烷（CH₄）	Methanothermobacter thermoautotrophicus, Carboxydothermus hydrogenoformans	氢气、一氧化碳	氢营养型产甲烷途径	6.82 mmol/(L·h)	Diender et al., 2018
乙醇（C₂H₅OH）	Saccharomyces sp. cerevisiae	玉米秸秆水解液	谷胱甘肽合成途径、乙酸降解途径	90.7 g/L	Qin et al., 2020
	Synechocystis sp. PCC 6803	二氧化碳	PDC、ADH	5.5 g/L	Gao et al., 2012
丙烷（C₃H₈）	Escherichia coli	葡萄糖	丁酰-ACP 特异性 Tes	32 mg/L	Kallio et al., 2014
	Synechocystis sp. PCC 6803	二氧化碳	FAP、Tes4	11.1 mg/(L·d)	Amer et al., 2020
丁醇（C₄H₉OH）	Synechocystis sp. PCC 6803	二氧化碳	CoA 依赖的正丁醇合成途径	4.8 g/L	Liu et al., 2019
	Methylobacterium extorquens	甲醇	CoA 依赖的正丁醇合成途径	25.5 mg/L	Hu et al., 2016
	Clostridium autoethanogenum	一氧化碳	CoA 依赖的途径	1.54 g/L	Koepke and Liew, 2012
	Clostridium tyrobutyricum	葡萄糖	CoA 依赖的正丁醇合成途径	26.2 g/L	Zhang et al., 2018
异戊二烯（C₅H₈）	Saccharomyces cerevisiae	蔗糖	MVA 途径	2.53 g/L	Lv et al., 2016
	Synechococcus elongatus PCC 7942	二氧化碳	MEP 途径	1.26 g/L	Gao et al., 2016
异戊二烯醇（C₅H₉OH）	Saccharomyces cerevisiae	葡萄糖、半乳糖	IPP-旁路途径	383.1 mg/L	Kim et al., 2021
	Corynebacterium glutamicum	葡萄糖或高粱水解物	HmgR、PoxB、LdhA	>1 g/L	Sasaki et al., 2019
柠檬烯（C₁₀H₁₆）	Escherichia coli	葡萄糖	MVA 途径	605 mg/L	Alonso-Gutierrez et al., 2015
	Synechococcus elongatus UTEX 2973	二氧化碳	柠檬烯合酶	50 mg/L	Long et al., 2022
法尼烯（C₁₅H₂₄）	Saccharomyces cerevisiae	葡萄糖	合成乙酰 CoA 途径	130 g/L	Meadows et al., 2016

续表

生物能源产品	底盘	底物	重要元件/途径	浓度/产率	参考文献
甜没药烯（$C_{15}H_{24}$）	Escherichia coli	葡萄糖	MVA 途径	1.15 g/L	Alonso-Gutierrez et al., 2015
长链脂肪烃（$C_{17}H_{34}$）$C_{15}H_{32}$	Escherichia coli	甘油	AAR-ADO 途径	1.31 g/L	Cao et al., 2016
长链脂肪烃（$C_{17}H_{36}$）$C_{17}H_{34}$	Synechocystis sp. PCC 6803	二氧化碳	AAR-ADO 途径	26 mg/L	Wang et al., 2013

注: PDC, pyruvate decarboxylase, 丙酮酸脱羧酶; ADH, alcohol dehydrogenase, 乙醇脱氢酶; ACP, acyl carrier protein, 酰基载体蛋白质; FAP, fatty acid photodecarboxylase, 脂肪酸光脱羧酶; Tes, thioesterase, 硫酯酶; CoA, coenzyme A, 辅酶 A; MVA, mevalonic acid, 甲羟戊酸; MEP, methylerythritol phosphate, 甲基赤藓糖醇磷酸; IPP, isopentenyl diphosphate, 异戊烯二磷酸; HmgR, 3-hydroxy-3-methylglutaryl-coenzyme A reductase protein, 3-羟基-3-甲基戊二酰辅酶还原酶蛋白; PoxB, pyruvate oxidase, 丙酮酸氧化酶; LdhA, lactate dehydrogenase, 乳酸脱氢酶; AAR, acyl-acyl-carrier proteins reductase, 酰基-ACP 还原酶; ADO, aldehyde-deformylating oxygenase, 脂肪醛脱甲酰加氧酶。

基金项目：国家重点研发计划"合成生物学"重点专项-2021YFA0909700；国家自然科学基金-31872624、31972853。

参 考 文 献

Alonso-Gutierrez J, Kim E M, Batth T S, et al. 2015. Principal component analysis of proteomics (PCAP) as a tool to direct metabolic engineering. Metab Eng, 28: 123-133.

Amer M, Wojcik E Z, Sun C H, et al. 2020. Low carbon strategies for sustainable bio-alkane gas production and renewable energy. Energ Environ Sci, 13: 1818-1831.

Appel J, Hueren V, Boehm M, et al. 2020. Cyanobacterial *in vivo* solar hydrogen production using a photosystem I-hydrogenase (PsaD-HoxYH) fusion complex. Nat Energy, 5: 458-467.

Azhar S H M, Abdulla R, Jambo S A, et al. 2017. Yeasts in sustainable bioethanol production: A review. Biochem Biophys Rep, 10: 52-61.

Cao Y X, Xiao W H, Zhang J L, et al. 2016. Heterologous biosynthesis and manipulation of alkanes in *Escherichia coli*. Metab Eng, 38: 19-28.

Demain A L, Newcomb M, Wu J H D. 2005. Cellulase, clostridia, and ethanol. Microbiol Mol Biol R, 69: 124-154.

Diender M, Uhl P S, Bitter J H, et al. 2018. High rate biomethanation of carbon monoxide-rich gases via a thermophilic synthetic coculture. ACS Sustain Chem Eng, 6: 2169-2176.

Fasaei F, Bitter J H, Slegers P M, et al. 2018. Techno-economic evaluation of microalgae harvesting and dewatering systems. Algal Res, 31: 347-362.

Favaro L, Jansen T, van Zyl W H. 2019. Exploring industrial and natural *Saccharomyces cerevisiae* strains for the bio-based economy from biomass: The case of bioethanol. Crit Rev Biotechnol, 39: 800-816.

Gao X, Gao F, Liu D, et al. 2016. Engineering the methylerythritol phosphate pathway in cyanobacteria for photosynthetic isoprene production from CO_2. Energ Environ Sci, 9: 1400-1411.

Gao Z X, Zhao H, Li Z M, et al. 2012. Photosynthetic production of ethanol from carbon dioxide in genetically engineered cyanobacteria. Energ Environ Sci, 5: 9857-9865.

Hamed I. 2016. The evolution and versatility of microalgal biotechnology: A review. Compr Rev Food Sci F, 15: 1104-1123.

Himmel M E, Ding S Y, Johnson D K, et al. 2007. Biomass recalcitrance: Engineering plants and enzymes for biofuels production. Science, 315: 804-807.

Hu B, Yang Y M, Beck D A, et al. 2016. Comprehensive molecular characterization of *Methylobacterium extorquens* AM1 adapted for 1-butanol tolerance. Biotechnol Biofuels, 9: 84.

Jiang W, Villamor D H, Peng H D, et al. 2021. Metabolic engineering strategies to enable microbial utilization of C1 feedstocks. Nat Chem Biol, 17: 845-855.

Kallio P, Pasztor A, Thiel K, et al. 2014. An engineered pathway for the biosynthesis of renewable propane. Nat Commun, 5: 4731.

Kim J, Baidoo E E K, Amer B, et al. 2021. Engineering *Saccharomyces cerevisiae* for isoprenol production. Metab Eng, 64: 154-166.

Koepke M, Liew F. 2012. Production of butanol from carbon monoxide by a recombinant microorganism. EP patent application, 2012, WO 2012/053905 A1.

Liao J C, Mi L, Pontrelli S, et al. 2016. Fuelling the future: Microbial engineering for the production of sustainable biofuels. Nat Rev Microbiol, 14: 288-304.

Liu X F, Miao R, Lindberg P, et al. 2019. Modular engineering for efficient photosynthetic biosynthesis of 1-butanol from CO_2 in cyanobacteria. Energ Environ Sci, 12: 2765-2777.

Liu Y Z, Cruz-Morales P, Zargar A, et al. 2021. Biofuels for a sustainable future. Cell, 184: 1636-1647.

Long B, Fischer B, Zeng Y N, et al. 2022. Machine learning-informed and synthetic biology-enabled semi-continuous algal cultivation to unleash renewable fuel productivity. Nat Commun, 13: 541.

Luan G D, Lu X F. 2018. Tailoring cyanobacterial cell factory for improved industrial properties. Biotechnol Adv, 36: 430-442.

Lv X M, Wang F, Zhou P P, et al. 2016. Dual regulation of cytoplasmic and mitochondrial acetyl-CoA utilization for improved isoprene production in *Saccharomyces cerevisiae*. Nat Commun, 7: 12851.

Meadows A L, Hawkins K M, Tsegaye Y, et al. 2016. Rewriting yeast central carbon metabolism for industrial isoprenoid production. Nature, 537: 694-697.

Qiao Y, Wang W, Lu X. 2020. Engineering cyanobacteria as cell factories for direct trehalose production from CO_2. Metab Eng, 62: 161-171.

Qin L, Dong S X, Yu J, et al. 2020. Stress-driven dynamic regulation of multiple tolerance genes improves robustness and productive capacity of *Saccharomyces cerevisiae* in industrial lignocellulose fermentation. Metab Eng, 61: 160-170.

Sasaki Y, Eng T, Herbert R A, et al. 2019. Engineering *Corynebacterium glutamicum* to produce the biogasoline isopentenol from plant biomass hydrolysates. Biotechnol Biofuels, 12: 41.

Song K, Tan X M, Liang Y J, et al. 2016. The potential of *Synechococcus elongatus* UTEX 2973 for sugar feedstock production. Appl Microbiol Biot, 100: 7865-7875.

Studer M H, DeMartini J D, Davis M F, et al. 2011. Lignin content in natural *Populus* variants affects sugar release. P Natl Acad Sci USA, 108: 6300-6305.

Wang W H, Liu X F, Lu X F. 2013. Engineering cyanobacteria to improve photosynthetic production of alka (e) nes. Biotechnol Biofuels, 6: 69.

Wang Y, Fan L W, Tuyishirne P, et al. 2020. Synthetic methylotrophy: A practical solution for methanol-based biomanufacturing. Trends Biotechnol, 38: 650-666.

Ward A J, Lewis D M, Green B. 2014. Anaerobic digestion of algae biomass: A review. Algal Res, 5: 204-214.

Xin Y, Lu Y D, Lee Y Y, et al. 2017. Producing designer oils in industrial microalgae by rational modulation of Co-evolving Type-2 diacylglycerol acyltransferases. Mol Plant, 10: 1523-1539.

Zhang J, Liu S Y, Li R M, et al. 2017. Efficient whole-cell-catalyzing cellulose saccharification using engineered *Clostridium thermocellum*. Biotechnol Biofuels, 10: 124.

Zhang J, Zong W M, Hong W, et al. 2018. Exploiting endogenous CRISPR-Cas system for multiplex genome editing in *Clostridium tyrobutyricum* and engineer the strain for high-level butanol production. Metab Eng, 47: 49-59.

Zhang J Z, Chen Y C, Fu L H, et al. 2021. Accelerating strain engineering in biofuel research via build and test automation of synthetic biology. Curr Opin Biotech, 67: 88-98.

第 2 章　二氧化碳到糖——合成生物学驱动生物能源合成的糖原料供应

2.1　二氧化碳到生物质——能源植物合成生物学

吴振映，曹英萍，刘文文，何峰，刘敏，孙震，付春祥[*]

中国科学院青岛生物能源与过程研究所，青岛 266101

[*]通讯作者，Email：fucx@qibebt.ac.cn

2.1.1　引言

高等植物能够通过光合作用固定二氧化碳，从而将太阳能转化为化学能，并存储在植物的生物质中。其中，部分植物能够高效合成还原烃、油脂、蔗糖、淀粉与纤维素等，可以作为能源物质替代石油使用，其加工提取所得到的最终产品包括生物乙醇、生物沼气、生物油脂、生物半焦等，这类植物被人们称为能源植物。能源植物种类较多且分布广泛，如富含蔗糖的甘蔗、甜菜和甜高粱等，富含淀粉的马铃薯和木薯，富含纤维素和半纤维素的杨树、柳枝稷、芒草等。能源植物通常具有生物量大、目标产物含量高、抗逆性强、适合边际土地规模化种植与收获等特点。因此，能源植物作为一种重要的生物质能来源，具有较大的市场优势。

在不同类型的能源植物中，木质纤维素类能源植物由于生长迅速、来源丰富，且能够转化成固、液、气三种不同形态的生物燃料，受到世界各国的广泛关注。然而，木质纤维素的低转化率、高转化成本仍是目前能源植物作为生物能源生产原料进行推广和应用的主要限制因素。随着合成生物学技术的飞速发展，能源植物作为能源产品生产的生物反应器不断被设计与改良。通过合成生物学的策略与技术，不但有望创制高产、优质、抗逆的能源植物新资源，实现能源植物目标化合物的高效合成，提高能源产品的高效产出，还能够突破细胞壁解聚过程中主要限制因子——木质素的阻碍作用，提高木质纤维素类能源植物的生物转化与利用效率。最终，通过新型能源植物的规模化种植与高效低成本转化，可缓解能源短缺与环境恶化带来的双重压力，这对我国生态文明建设、绿色能源革命、低碳经济发展、应对全球气候变化等都具有重要意义。因此，本章将从木质纤维素类能源植物合成生物学工具与策略、糖类生物质的高效合成与利用方面进行综述。

2.1.2 能源植物合成生物学工具与策略

1. 能源植物功能基因筛选与鉴定

植物功能基因筛选与鉴定主要包含正向遗传学（forward genetics）与反向遗传学（reverse genetics）两个策略。正向遗传学策略是在天然或人工突变体表型鉴定的基础上，通过全基因组关联分析（genome-wide association study，GWAS）、QTL 连锁作图分析、转座子位点分析等技术挖掘导致能源植物目标性状变化的基因；反向遗传学策略则通过人为调高或调低某个目标基因或蛋白质的表达水平，研究其对能源植物性状变化的影响，使用的技术主要包括基因过表达、RNAi 干扰、转录激活/抑制、CRISPR/Cas9 基因组编辑等。

1）全基因组关联分析技术

GWAS 主要利用连锁不平衡（linkage disequilibrium，LD）分析进行关联作图，进而鉴别有助于目标性状改良的等位基因。随着高通量基因分型技术和先进统计方法的发展，以及多个关联分析群体的构建和基因分型，植物基因资源挖掘已进入关联分析的快速发展阶段，在过去的十年中取得了重大进展。在植物关联作图中，群体的遗传多样性、LD 衰减率、群体大小和群体结构是决定 GWAS 结果准确性的关键因素。在植物关联定位研究中获得的候选基因及基于基因的分子标记可应用于植物分子标记辅助育种，加速植物分子育种速度。

植物基因组序列的广泛测定加速了 GWAS 的速度。在过去的十年里，新一代测序技术的快速发展促进了几百种植物参考基因组的发布，使植物分子生物学研究进入了基因组学时代。植物在表型上的丰富变异和在 DNA 序列水平上的高密度多态性提高了关联作图的能力。GWAS 利用两个或多个位点的等位基因 LD 关系，识别调控表型变化的功能基因序列变异（等位基因）及与之密切相关的分子标记，帮助育种者进行便捷选择，并在不同的群体中对这些等位基因进行高效利用。GWAS 可以通过选择群体的来源和大小来提高关联作图的分辨率，收集更多的种质资源，增加群体的多样性与大小，从而获得更低的 LD 值及关联作图分辨率。群体结构可以导致一些等位基因频率在不同的亚群体之间有明显的差异，这可以通过分离基因组产生不同的等位基因频率。必须对群体结构进行量化和调整，提高关联结果的准确性。在关联分析中，有多种统计方法来控制群体结构的关联效果，包括基因组控制、结构关联、主成分分析及统一混合模型方法等。

目前，包括柳枝稷、芒草、玉米、高粱、杨树等在内的多个能源植物的全基因组已完成测序，且群体表型变异丰富，可通过 GWAS 挖掘与目标性状相关的基因和（或）基因座。Lu 等（2013）通过简化基因组测序技术（genotyping-by-sequencing，GBS）对 840 个柳枝稷株系进行基因分型，总共产生 120 万个单核苷酸多态性（single nucleotide polymorphism，SNP）位点，说明这些株系遗传多样性丰富，为 GWAS 提供了一个良好的关联分析群体。Grabowski 等（2017）利用 GWAS 技术在柳枝稷关联群体中检测到与开花时间相关联的多个位点，其中包括早花基因 *FT*（flowering locus T）的同源基因位点。值得注意的是，测序技术的创新大幅度降低了基因组测序成本，未来将有更多能源植物的全基因组序列获得测定，从而提高 GWAS 挖掘能源植物功能基因的速度，推进分子标记辅助育种进程。

2）突变体创制与筛选技术

突变体（mutant）是指某个性状发生可遗传变异或某个基因发生突变的个体。目前，突变体创制主要包括物理、化学和生物三种方法。物理法包括辐射诱变，如 α 射线、β 射线、X 射线、γ 射线和紫外线（UV）辐射等；化学法包括烷化剂[如乙基甲烷磺酸盐（ethyl methanesulfonate，EMS）、甲烷磺酸甲酯（methyl methanesulfonate，MMS）、乙烯亚胺（ethylenimine，EI）、硫酸二乙酯（diethyl sulfate，DES）等]、叠氮化物（如叠氮化钠、吖啶染料、吖啶黄、吖啶橙等），以及其他能够引起 DNA 序列变化的化合物（如亚硝酸、芥子气等）；生物法包括 T-DNA 与转座子插入突变、增强子插入激活、基因编辑突变等。其中，生物法产生的突变体资源，因其携带序列明确的外源标签，便于目标基因的筛选鉴定，因此该类突变体资源应用最为广泛。例如，Cai 等（2017）利用一个玉米转座子插入突变体（*emp10*）鉴定并克隆到的突变基因 *Emp10*，可编码 P-型线粒体靶向的 PPR（pentatricopeptide repeat）蛋白，该蛋白功能涉及玉米籽粒发育的调控。

在最初的突变体鉴定过程中，突变位点的检测是通过突变体和野生型对照 DNA 异源双链的错配切割来鉴定的。接下来是 Sanger 测序方法，可以确定突变体基因组局部位置的具体序列变化。近年来，新一代测序技术（next-generation sequencing，NGS）又称高通量测序技术（high-throughput sequencing），显著提高了检测突变群体中突变位点的能力、效率和准确性。NGS 增加了突变位点鉴定的灵敏性，可以通过汇集更多突变体植株的基因组 DNA 混池来提高筛选效率。同时，NGS 检测突变体突变位点的全面性，以及结合生物信息技术分析获得的突变序列详细信息，使得研究人员能够根据突变位点的特征，优先选择有效的突变类型进一步分析，显著提高了突变体的利用效率。

3）多组学联合分析技术

多组学（multi omics）研究是基于中心法则指导下的探究生物系统中多种物

质之间相互作用的技术，包括基因组学、转录组学、microRNA 组学、蛋白质组学、代谢组学和表观基因组学等。多组学联合分析技术为系统生物学提供了海量的实验数据，可以全面和系统地了解植物分子生物学与作物分子育种领域多个因子之间的相互关系，解析植物基因到复杂表型之间的调控机制，加深人们对植物表型变异的理解，并提供切实可行的分子设计育种策略。

通过多组学联合分析技术筛选和鉴定能源植物功能基因具有多方面优势。单一组学分析可以提供不同生物学过程的信息，但这种单一方面的信息具有局限性。而多组学方法可以通过整合几个组学水平的信息，定位到关键数据，为生物机制研究提供更准确的证据，从深层次挖掘植物重要性状形成的关键控制因子。通过将基因组、转录表达、转录后调控、蛋白质组、蛋白质翻译后修饰、代谢组等不同层面的信息进行整合，构建系统的基因调控网络，有助于深入认识能源植物复杂性状形成的分子机理和遗传基础。例如，Wang 等（2020a）联合 microRNA 组学、转录组学和代谢组学分析技术在杨树中系统解析了 microRNA156（miR156）靶向调控 Squamosa 启动子结合蛋白样（*SPL*）转录因子，影响其他 miRNA 及植物多个生理生化途径关键基因的表达，进而调节花青素生物合成的分子机制。

2. 能源植物基因表达载体类型与设计

1）基因过表达载体

目前多使用组成型启动子（constitutive promoter）驱动目标基因在植物中持续表达。其中，来自花椰菜花叶病毒（Cauliflower mosaic virus，CaMV）的 35S 启动子，以及来自根癌农杆菌 Ti 质粒的胭脂碱合酶（nopaline synthase）基因的 Nos 启动子在双子叶植物中应用最为广泛。2003 年，人们从夜香树黄曲叶病毒（Cestrum yellow leaf curling virus）中克隆到 CmYLCV 启动子，该启动子可以在单子叶和双子叶植物中启动目的基因高效表达。除病毒和微生物来源的启动子之外，植物自身的管家基因（house-keeping gene）启动子也常用来驱动目标基因的高效表达。例如，拟南芥与玉米的 *Ubiquitin* 基因启动子，分别在双子叶植物与单子叶植物的基因工程中被广泛使用。然而，由于双子叶植物与单子叶植物的差异，上述植物源启动子具有特定的适应范围。虽然组成型启动子可以使外源基因持续表达，但有时会对植物正常生长产生不利影响。组织特异型启动子（tissue-specific promoter）的应用在一定程度上克服了这种缺点，如利用肉桂酸-4-羟基化酶（cinnamate-4-hydroxylase，C4H）基因的启动子启动表达阿魏酸-5-脱氢酶（ferulate-5-hydroxylase，F5H）的基因，能够确保 *F5H* 在植物木质化组织中获得特异性表达（Franke et al.，2000）。

随着基因工程技术的进步，使用诱导型启动子控制目的基因的精准转录成为新的选择。相较于组成型和组织特异型启动子，诱导型启动子的应用能够在植物特定的生长时期、特异组织细胞或特异生长环境激活目的基因转录；同时，诱导型启动子激活目的基因表达具有可逆性，当去掉诱导物时，目的基因即可终止转录。一般诱导表达系统有两个必要元件：第一个元件用来表达一种人工构建的嵌合转录因子，该因子能够特异性地结合到严格控制的启动子上，并且只有在诱导后才能激活启动子，该元件一般被称为激活元件；第二个元件包含激活元件表达的转录因子的结合位点，该元件被激活后调控目的基因表达，一般被称为响应元件。激活元件可以在 CaMV35S 启动子的控制下工作，以获得强而普遍的表达；也可在时空特异型启动子的控制下工作，用于局部表达。响应元件通常含有一个最小的 CaMV35S 启动子 mini35S，从而可以结合基本转录因子，并抑制内源性转录激活剂的激活。一般激活元件和响应元件分别位于两个不同载体，利用两个不同表达盒，共同转化植物后构成二元诱导表达系统。目前常用的诱导型表达系统包括四环素诱导的 TetR 和 tTA 系统、地塞米松诱导的 GVR 和 LhGR 系统、四环素和地塞米松诱导的双元调控 TGV 系统、雌激素诱导的 ER-Cl 和 XVE 系统、乙醇诱导的 AlcR/AlcA 系统以及热诱导系统等。另外，理想的系统在未诱导状态下不发生表达或表达量极低，但在诱导状态下，其表达水平应与 CaMV35S 等组成型强启动子相当。实际上，这要求其调控范围在几百倍或更高。同样重要的是诱导剂的适用浓度范围，其中完全诱导所需的诱导剂浓度，不能干扰植物的正常生理或发育。目前已报道的系统均部分满足上述标准，而满足所有标准的理想系统仍是人们努力的目标。

2）基因表达抑制载体

如果要阻断植物中某个代谢物合成通路，需要抑制相应基因的表达。目前抑制基因表达的策略有两种：一种是在 DNA 水平将该基因的启动子区突变，造成该基因转录能力降低或丧失；另一种是在 RNA 水平，通过降解目的基因的转录物，降低基因的表达量，也就是我们常说的转录后调控。

（1）DNA 水平降低/阻断基因表达

利用锌指核酸酶（zinc finger nuclease，ZFN）、转录激活因子样效应物核酸酶（transcription activator-like effector nuclease，TALEN）、CRISPR/Cas 这三种序列特异性核酸内切酶（sequence specific nuclease，SSN），可以实现对目标基因启动子序列进行编辑，从而降低或阻断目标基因转录物的表达。ZFN 由锌指蛋白和 Fok I 核酸内切酶人工融合而成，剪切过程需要 Fok I 核酸内切酶二聚化，在这个过程中一旦产生异源二聚体，便会导致脱靶效应，且存在较强的细胞毒性，因而难以用于体内实验。TALEN 技术虽然精确度较高，但需要从头合成引导蛋白，构建难度较大且成本费用高。CRISPR/Cas 系统是由 RNA 引导的核酸酶，可以通过编码多个引导序列来同时编辑基因组中的多个位点，具有组成简单、特异性好、切割效率高等特点，因此目前应用最为广泛。该技术涉及的原理和具体的构建方法见 2.1.2 节 4.能源植物基因组编辑与基因堆叠的 1）能源植物基因组编辑技术。

（2）RNA 水平抑制基因表达

通过在植物体内过表达目标基因的反义 RNA 片段，可导致目标基因转录物的降解。常用的技术包括反义 RNA（antisense-RNA）、RNAi（RNA interference）、amiRNA（artificial microRNA）、miRNA mimic 及 VIGS（virus-induced gene silencing）等。其中，反义 RNA、RNAi、amiRNA、miRNA mimic 技术为基因稳定表达抑制，VIGS 技术为基因瞬时表达抑制。另外，一般来讲，在 RNA 基因稳定表达抑制技术中，amiRNA 与 miRNA mimic 对目标基因转录物的抑制效率最高，其次是 RNAi 技术，反义 RNA 技术效率最低。

3. 能源植物高效遗传转化体系构建

目标基因的植物表达载体构建完成后，需要将载体中携带的基因导入目标植物中，实现植物中目标基因的调控与终产物的合成或降解。目前最常用的外源基因导入技术包括农杆菌介导的遗传转化与基因枪介导的遗传转化两种。

1）农杆菌介导的遗传转化技术

农杆菌是一种普遍存在于土壤中的革兰氏阴性菌，包括根癌农杆菌与发根农杆菌两种类型。其中，根癌农杆菌系统在植物基因工程中应用最为广泛。根癌农杆菌能感染植物，引起冠瘿病。当农杆菌通过伤口或其他方式自然感染植物细胞时，它会转移其 T-DNA 的拷贝到植物细胞中。T-DNA 两端含有两个 25 bp 的重复序列，分别称为左边界（left border，LB）和右边界（right border，RB），两个边界序列之间含有涉及生长素、细胞分裂素及冠瘿碱合成的基因。当植物受到伤害时，分泌酚类化合物，这些酚类化合物一方面通过染色体基因（chvA、chvB）介导的趋化性促使农杆菌向植物受伤部位移动，并附着于植物细胞表面；另一方面被 Ti 质粒上由 VirA 和 VirG 组成的双组分调节系统识别，从而诱导其他 Vir 蛋白的表达。VirD 和 VirD2 共同作用，由 T-DNA 右边界开始向左边界切割产生一条 T-DNA 单链，并与 Vir 其他表达蛋白结合成复合体转移到农杆菌外，然后进入植物细胞，最终到达细胞核并整合到细胞染色体上（Pitzschke and Hirt，2010）。

T-DNA 的转移只与两个边界序列有关，而与两个边界之间的序列没有关系，因此科研人员经过改造，构建了农杆菌二元载体转化系统。这套系统中一部分为卸甲 Ti 质粒，这类 Ti 质粒由于缺失了 T-DNA 区域，完全丧失了致瘤作用，但保留了 T-DNA 外的 Vir 基因功能，从而能够激活 T-DNA 的转移。另一部分是微型 Ti 质粒（mini-Ti plasmid），它在 T-DNA 左、右边界序列之间插入了目标基因表达模块、植株抗性筛选基因和（或）可视化选择标记基因等。利用上述二元载体系统，可将包含目的基因的 T-DNA 序列导入植物中，并能避免植物因农杆菌感染引发冠瘿病的影响（Newell，2000）。

农杆菌介导转化法具有转化的外源基因结构完整、转基因拷贝数低、整合位点稳定、遗传稳定以及能够转化大片段 DNA（可达 50 kb）等突出优点，成为目前应用最广泛的转基因技术。农杆菌介导的植物遗传转化包括外植体和农杆菌种类选择、侵染方法选择及优化、愈伤筛选方法优化与抗性愈伤再生等几个关键的环节。

（1）外植体类型选择

双子叶植物是农杆菌的天然寄主，且大多数双子叶植物（如杨树）的叶片能够提供大量的胚性细胞，因此叶片是双子叶植物遗传转化的首选外植体。单子叶植物的叶片无法提供足够数量的胚性细胞，因此单子叶植物的遗传转化主要使用成熟种子/幼嫩花序诱导的胚性愈伤（如柳枝稷、芒草）和幼胚（如玉米、甜高粱）作为外植体。植物的品种/基因型、外植体类型及同一类型外植体的不同发育时期等因素均能够显著影响农杆菌的侵染效率。另外，农杆菌介导的遗传转化大多需要经过脱分化与再分化的体胚发生途径，而抗性愈伤的再生效率是影响农杆菌介导的遗传转化效率的另一个关键因子。大豆叶片、愈伤等组织难以再生出完整植株，因此大豆遗传转化目前主要使用具有旺盛再生能力的子叶节作为外植体，经农杆菌侵染后，再通过组织培养与抗生素筛选，促使转化细胞/组织形成抗性丛生芽。极少数植物（如拟南芥、狗尾草等）的遗传转化采取蘸花法，可不经过组培过程，直接进行农杆菌转化，因此不需要考虑外植体的再生能力（Clough and Bent，1998）。

（2）农杆菌类型选择及侵染方法优化

外植体与农杆菌种类的选择存在匹配性和偏好性。用不同农杆菌菌株侵染不同生态型拟南芥的根、子叶和叶片，发现 EHA101 更易侵染 Bensheim、Columbia 和 Wassilewskij 生态型，而 C58C1/pTiR225 则更易侵染 Landsberg erecta 生态型（Akama et al.，1992）。携带空载体质粒的 C58、LBA4404、EHA105 被分别用于转化伏令夏橙（*Citrus sinensis* cv. *valencia*）愈伤组织，结果表明：EHA105 转化产生的抗性愈伤再生数最高，其次为 C58，而 LBA4404 则无法产生可再生的抗性愈伤（李东栋等，2002）。因此，在建立植物遗传转化体系时，需对农杆菌进行筛选，找到其偏好的农杆菌类型。

2）基因枪、纳米分子等介导的遗传转化技术

对于农杆菌侵染困难的外植体，可选用基因枪等方法将 DNA 传递到植物中。高粱的幼胚在被农杆菌侵染之后，常发生褐化导致愈伤不能正常启动。通过基因枪的方法对高粱进行转基因操作，可以避开农杆菌造成的超敏感应，获得转基因

植株。另外，近年来与基因枪类似的纳米材料介导的基因转化法也逐渐兴起。常用的纳米材料有磁性纳米颗粒（magnetic nanoparticle，MNP）、碳纳米管（carbon nanotube）、淀粉纳米颗粒（starch nanoparticle）和介孔二氧化硅纳米颗粒（mesoporous silica nanoparticle，MSN）等。例如，在棉花中利用花粉管磁转染方法，先将携带目的基因和筛选标记基因表达模块的质粒与聚乙烯亚胺包被的 Fe_3O_4 颗粒混合，由后者携带基因质粒进入花粉粒，通过授粉即可获得抗虫的转基因棉花。该方法无需农杆菌侵染过程中的组培步骤，大大简化了转基因步骤。

3）筛选方法

无论使用哪种外源基因的转化方法，与非转化细胞相比，转化细胞都只占少数，两者存在竞争。为了将转基因的少量细胞富集出来，必须对转化细胞进行筛选。在有选择压力的条件下，非转化细胞的生长受到抑制，而抗性基因在转化细胞体内表达，使其可以抵抗筛选剂对自身的伤害而正常生长，这样才能够从大量的非转化细胞中选择出转化细胞，获得转基因植株。

目前使用的筛选体系主要包括抗性筛选体系与可视化筛选体系两大类。

（1）抗性筛选体系

使植物产生抗性的机理是协同转入的筛选基因对抗生素类、除草剂类和其他类似物具有解毒作用，而未转基因的细胞对抗生素等敏感而被杀死。这个体系目前应用比较广泛，但是此类选择性标记的使用和释放给环境带来了一些问题。其中，抗生素和除草剂抗性筛选标记应用比较广泛，下面举例说明。

①卡那霉素（kanamycin）：卡那霉素等氨基糖苷类抗生素能与植物细胞叶绿体和线粒体中的核糖体 30S 小亚基相结合，影响 70S 起始复合物的形成，干扰叶绿体及线粒体的蛋白质合成，从而导致植物细胞死亡。卡那霉素抗性基因 *NPT Ⅱ* 编码新霉素磷酸转移酶Ⅱ（neomycin phosphotransferase Ⅱ），可使氨基糖苷类抗生素如卡那霉素、新霉素（neomycin）、G418（geneticin，遗传霉素）等发生磷酸化而失活，从而解除其对植物的伤害而达到筛选的目的。

②潮霉素（hygromycin）：当潮霉素进入非转化细胞中，会破坏细胞中核糖体的功能，使细胞中蛋白质合成受阻，导致植物组织逐渐褐化死亡。潮霉素抗性基因 *HPT* 编码潮霉素 B 磷酸转移酶（hygromycin B phosphotransferase），可将磷酸基团共价地加到潮霉素的第 4 位羟基上，使其发生磷酸化而失活。在植物中转入 *HPT*，可使受体细胞产生潮霉素抗性而在含有潮霉素 B 的筛选培养基中生长。

③双丙氨膦/草铵膦（bialaphos/PPT）筛选体系：草铵膦（glufosinate ammonium），又名膦丝菌素（phosphinothricin，PPT），商品名为 Basta。Basta 与双丙氨膦（bialaphos）均是常用的非选择性、广谱除草剂。Basta 中的 L-草铵膦是谷氨酸类似物，能够抑制植物谷氨酰胺合成酶的活性，导致游离氨的积累，同时还阻碍谷氨酰

胺和其他氨基酸的合成，最终导致植物死亡。双丙氨膦是由部分链霉属微生物产生的草铵膦三肽前体，由 2 个 L-丙氨酸残基与 PPT 连接组成。双丙氨膦在体外不具有毒性，当进入植物细胞后，完整的三肽前体会被植物中的肽酶降解释放出 PPT，从而对植物产生毒性。双丙氨膦/草铵膦抗性基因 *Bar*（bialaphos resistance）编码膦丝菌素乙酰转移酶（phosphinthricin acetyltransferase，PAT），能使 PPT 的自由氨基乙酰化，从而使其失活而解毒。用 *Bar* 作为选择标记，已经在燕麦、玉米、豌豆、大豆等多个转基因作物筛选上获得成功（Pawlowski et al.，1998）。

④草甘膦（glyphosate）筛选体系：主要作用靶标是莽草酸合成途径中的 5-烯醇丙酮莽草酸-3-磷酸酯合成酶（5-enolpyruvylshikimate-3-phosphatesynthase，EPSPS）。在植物体内，EPSPS 主要存在于叶绿体和质体中，当有草甘膦存在时，草甘膦优先与 EPSPS 的活性位点结合，使后者发生构型上的变化，从而抑制莽草素向苯丙氨酸、酪氨酸及色氨酸的转化，使蛋白质的合成受到干扰，导致植物死亡。EPSPS 的某些氨基酸位点突变之后，可逃避草甘膦的结合，突变的 *EPSPS* 可作为筛选标记，通过草甘膦的筛选获得抗性植株。

（2）可视化筛选体系

植物遗传转化过程耗时漫长，可视化筛选标记的存在既能够用于转化细胞的挑选，也便于随时监测正在进行的转化过程，确保每一步都存在阳性转化细胞、愈伤团或再生芽。目前使用较多的可视化筛选体系包括荧光蛋白系统和 GUS 显色系统。此外，某些植物色素也可以作为报告分子，例如，甜菜、火龙果和其他植物中见到的鲜红色就是甜菜红素积累的结果。甜菜红素是一类以酪氨酸为底物，经 CYP76AD1（细胞色素 P450 氧化还原酶）、DODA（L-3,4-dihydroxyphenylalanine 双加氧酶）、GT（糖基转移酶）三种酶催化合成的植物天然产物。研究人员设计了一种全新的报告系统，将 *CYP76AD1*、*DODA* 和 *GT* 偶联到一个可读框中，将其命名为 *RUBY*（红宝石）。该报告基因可以在拟南芥、水稻中实现原位观察，而不必进行取样或试剂处理，有效规避了无菌材料被污染的风险，并且能避免因为取样时的机械外力刺激使相关基因的表达模式受到干扰，是一种天然无害、观察方便、节省成本的报告系统，从而成为现有植物遗传转化及基因表达报告系统的优良替代方案（He et al.，2020）。

4. 能源植物基因组编辑与基因堆叠

1）能源植物基因组编辑技术

（1）基于 Cas 蛋白的基因组编辑系统

CRISPR/Cas 系统首先在微生物中发现，2013 年，研究人员将其运用到植物中，对植物分子生物学与作物分子育种的研发产生巨大的推动作用。该系统由 Cas 酶和引导 RNA（guide RNA，gRNA）两个模块组成。Cas 酶与 gRNA 相结合，在

gRNA 的引导下，Cas 蛋白识别靶 DNA 上的原间隔序列邻近基序（protospacer adjacent motif，PAM），gRNA 中有一段序列与 PAM 周围的靶 DNA 序列互补配对，由 Cas 酶对靶位点进行切割。植物基因组产生断裂后，启动体内引起双链断裂并激活细胞的非同源末端连接（non-homologous end joining，NHEJ）或同源重组（homologous recombination，HR）两种修复机制，从而实现基因的敲除、插入或修饰。

在构建编辑载体时，根据不同的 Cas 蛋白识别序列的特点，需构建不同的 gRNA 表达模块，与相应的 Cas 蛋白表达模块一起，两者配合才能在植物中进行靶位点的切割。常用的 Cas 蛋白有 Cas9 和 Cas12a（Cpf1），我国学者也开发了具有自主知识产权的 Cas12i.3。Cas9 蛋白识别的 PAM 为 NGG，毛螺菌科 Cpf1（Lachnospiraceae Cpf1，LbCpf1）和氨基酸球菌属 Cpf1（*Acidaminococcus* Cpf1，AsCpf1）均偏好识别 5′-TTTN-3′的 PAM（Tang et al.，2017）。目前，CRISPR/Cas9 与 CRISPR/Cas12a 基因编辑系统已广泛应用于植物中。而且，利用 tRNA、核酶间隔或多启动子启动的方法，可以串联多个 gRNA，对一个基因的多处或多个基因实现靶位点敲除（Fonfara et al.，2016）。除此之外，还发现了可对 RNA 进行剪切的 Cas 蛋白 Cas13a、Cas13b 等。

（2）Cas 蛋白与其他碱基编辑酶的融合编辑系统

将 Cas 蛋白进行改造，使其失去催化活性，称为 dCas（deactivated Cas）。该蛋白质只保留切割一条 DNA 链的活性，将其与可作用于单链 DNA（single-stranded DNA，ssDNA）的脱氨酶进行融合，可实现靶点的碱基替换。根据与 dCas 融合的碱基修饰酶差异，有两种编辑器：胞嘧啶碱基编辑器（cytosine base editor，CBE）和腺嘌呤碱基编辑器（adenine base editor，ABE）。这两种编辑器可在不产生 DNA 双链断裂的情况下，对靶位点上一定范围的胞嘧啶（C）或腺嘌呤（A）进行脱氨基反应，最终经 DNA 修复或复制，实现 C→T（G→A）或 A→G（T→C）的替换。

引导编辑（prime editor，PE）由 dCas9 融合逆转录酶（M-MLV RT）和 pegRNA（prime editing guide RNA）两部分组成。pegRNA 中包含我们熟知的 sgRNA（single guide RNA），在其 3′端还有一段引物结合位点（primer binding site，PBS）和逆转录模板（RT template）序列。dCas9 在 pegRNA 上的 sgRNA 序列指引下，切割 DNA 单链。pegRNA 3′端的 PBS 可以与切割断点前的互补序列识别配对，逆转录酶（M-MLV RT）以 pegRNA 上 PBS 后的逆转录模板序列进行逆转录，将目标序列直接聚合到切口的 DNA 链上。该系统可在不引入双链断裂（DSB）和供体 DNA 模板的前提下，实现靶标位点的插入、缺失和所有 12 种类型点突变（ABE 和 CBE 系统仅能实现 C→T、G→A、A→G、T→C 四种突变类型）。目前，在水稻、小麦和玉米中利用该系统已成功实现 12 种类型的单碱基替换、多碱基替换、小片段的精准插入和删除（Ren et al.，2018）。另外，研究人员还提出了基于熔解温度（melting-temperature，T_m）设计的 PBS 和双- pegRNA 策略，并开发了指导 pegRNA 设计的网站 Plantpeg Designer，简化了其设计流程，方便该技术在植物中的推广应用。

2）能源植物多基因堆叠技术

为了达到高效合成特定化合物的目的，往往需要将涉及目标化合物合成途径的多个基因元件或不同基因元件构建的多个分子模块同时转入植物，实现整个合成通路或分支的重建。将多个基因转入植物并进行共同表达，主要包括以下几种策略。

第一种策略：每个基因带有独立的启动子和终止子，形成独立的表达盒，这些独立的表达盒共同构建在一个表达载体上。例如，利用这种方法将水稻中 10 个基因进行转化表达，成功产生了紫晶米（Zhu et al.，2017）。这种方法的缺点是，如果启动子重复使用，同源的重复序列会产生异位配对（ectopic pairing），导致 DNA 形成三链或四链结构，使染色体局部构型发生变化，最终导致异染色质化，从空间上阻碍外源基因的转录而导致沉默。Vaucheret 等（1998）研究表明，启动子区域只要有 90 bp 的同源性就能引起反式失活。另外，Neuhuber 等（1994）的研究发现，反式失活抑制基因表达的程度与两个基因在寄主植物染色体中的相对位置有关。这种失活现象会降低转基因的成功率。

第二种策略：利用一个启动子启动不同的基因组合，不同基因之间以剪接位点（splice site）隔开，在转录水平将不同的基因分开。这种方法避免了同源序列造成的沉默现象，但剪接机制尚不明确，导致利用此方法进行不同基因表达的稳定性不一致（Dougherty and Temin，1986）。

第三种策略：不同基因利用同一个转录物，不进行剪接，但在翻译水平各自进行翻译。该策略将不同的基因利用同一个 mRNA 进行转录，其间以内部核糖体进入位点（internal ribosome entry site，IRES）隔开，转录出的 RNA 可经由 IRES 起始翻译形成不同的蛋白质。相连的基因虽然转录时 mRNA 是等量的，但其翻译过程是独立的（Murakami et al.，1997）。研究发现，在双顺反子载体中，置于 IRES 下游外源基因的表达量是其上游启动翻译基因的 20%～50%，即翻译水平的表达并不等量。例如，在水稻中利用 IRES 将类胡萝卜素的两个基因串联转录，得到了高含量类胡萝卜素的大米。

第四种策略：将不同基因的蛋白质利用同一个翻译起始密码子进行翻译，利用自剪接的肽段将两个蛋白质隔开，形成两个独立的蛋白质，行使各自的功能。常用的自剪接肽段来自小核糖核酸病毒。该病毒是一种正链 RNA 病毒，内含一个编码 225 kDa 多聚蛋白前体的可读框。串联蛋白翻译的同时，在蛋白酶的作用下被水解成各个成熟的功能蛋白。2A 肽即是这样一种自我加工的蛋白酶，其在不同病毒中的长度、作用位点各不相同（Baumgartner et al.，1994）。目前这种方法在水稻和拟南芥等植物中都有成功应用的案例，但其具体的蛋白剪接作用机制尚不清楚。

第五种策略：将上述携带不同基因表达盒和不同筛选标记的载体分别转入农杆菌中，然后将上述农杆菌等比例混合，共同侵染目标植物外植体，然后在含有不同筛选标记对应抗生素的多抗筛选体系中获得抗性愈伤，进而再生并生根，获得含有多个基因的转基因植株。该方法操作简便，基因装载量大，但无法对每个基因的表达水平进行精准控制。

2.1.3 能源植物单糖与二糖的合成

1. 能源植物光合作用与单糖合成

光合作用是植物利用太阳能将水和二氧化碳转变成葡萄糖并释放出氧气的过程，是地球上最大规模的能量和物质转换过程，也是能源植物生物质形成的基础。叶肉是高等植物光合作用最活跃的组织，其细胞中富含叶绿体，而叶绿体具有能吸收光能的叶绿素。光合作用的类囊体反应（光反应）发生在叶绿体特化的类囊体膜中，其终产物为高能化合物 ATP 和 NADPH，这两种物质随后进入叶绿体基质中，经过卡尔文-本森循环（碳反应）合成糖类化合物（图 2-1）。

卡尔文-本森循环包含三个高度协作的阶段：首先，循环的第一个酶促反应将二氧化碳、水和五碳受体分子形成 2 个分子的 3-磷酸甘油酸；其次，在光合产物 ATP 和 NADPH 的驱动下，3-磷酸甘油酸经过两步酶促反应被还原成磷酸三糖（3-磷酸甘油醛和二羟丙酮磷酸）；最后，部分磷酸三糖经过 10 个酶促反应，消耗 1 个 ATP，再生成受体分子核酮糖-1,5-二磷酸。叶绿体中卡尔文-本森循环产生的磷酸三糖转化为其他细胞成分，如葡萄糖、蔗糖和淀粉，并被分配到植物各个组织器官中，以维持生长或转化为储能物质。

由于上述卡尔文-本森循环的主要产物为 3 个碳的磷酸三糖，因此具有该循环过程的植物通常称之为 C3 植物。为了降低光循环过程中的 CO_2 损失、弥补大气中 CO_2 浓度低带来的不利影响，陆生植物进化出 C4 光合作用途径以进一步提高光合效率。能源植物需要更多的生物质积累和碳输出，例如，甘蔗、玉米、甜高粱、芒草和柳枝稷等能源植物，均能进行碳固定效率更高的 C4 光合作用。C4 植物光合作用发生在叶片特殊结构中，称之为 Kranz 结构。该类结构内层是维管组织包围的、环状排列的维管束鞘细胞，外层是与表皮结构紧密相连的叶肉细胞。在叶肉细胞中，CO_2 经过磷酸烯醇式丙酮酸羧化酶（phosphoenolpyruvate carboxylase，PEPcase）固定成 HCO_3^-，随后该产物经过 NADP-苹果酸脱氢酶还原成苹果酸，或者与谷氨酸进行转氨基作用变成天冬氨酸。在叶肉细胞中产生的四碳酸（苹果酸、天冬氨酸）被运输到环绕的维管束鞘细胞中，经过脱羧反应产生 CO_2 和丙酮酸/丙氨酸，进而再运回到叶肉细胞中；产生的 CO_2 在维管束鞘细胞的叶绿体中进行卡尔文-本森循环产生三碳糖。酶的区域化可以保证无机碳被叶肉细胞从环境中充分吸收，经过维管束鞘细胞的固定最终被输出到韧皮部，从而减少光呼吸，提高碳利用效率。同时，研究表明外界环境温度升高时，C3 植物的核酮糖-1,5-二磷酸羧化酶（ribulose-1,5-bisphosphate carboxylase，RuBP carboxylase）活性降低，而 C4 植物 PEPcase 酶活性升高，且与底物的结合能力增强，从而不需要气孔过大就能吸收更多的 CO_2 分子，有利于减小 C4 植物高温条件下气孔的开度，从而节约水分、提高植物抗逆性。

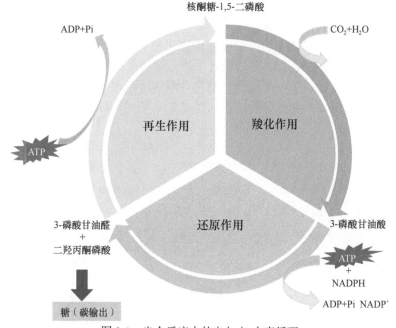

图 2-1　光合反应中的卡尔文-本森循环

对于植物光合作用的过程，目前合成生物学的策略主要是提高光合碳同化效率，具体内容包括提高核酮糖-1,5-二磷酸羧化酶/加氧酶（rubisco）活性以优化光反应速率、引入碳浓缩机制和减少碳损耗、设计和改造碳固定通路及光呼吸旁路、提高光能利用率等。例如，用改造后的蓝藻 rubisco 替代烟草的 rubisco 后，能够显著促进 rubisco 基因表达，但这种转基因烟草只能在高浓度的 CO_2 条件下生长，因此还需要进一步利用合成生物学的策略优化调控该酶基因表达，并将该调控路线整合到作物中以提高光合碳固定效率（Occhialini et al.，2016）。另外，在烟草叶绿体中人工合成 3 条光呼吸旁路,能够使转基因烟草生物量提高 40% 左右（South et al.，2019）。然而，目前很多 C3 作物缺乏 CO_2 浓缩机制，因此如何利用合成生物学的手段将 C4 植物 CO_2 浓缩机制导入到 C3 植物中，也是今后合成生物学在光合碳固定中应用研究的重要目标之一（Schuler et al.，2016）。

2. 能源植物蔗糖合成

1）蔗糖合成途径

无论是 C3 还是 C4 植物，光驱动卡尔文-本森循环产生的磷酸三糖部分可以通过磷酸转运蛋白输出至细胞质基质中，经过胞质醛缩酶催化形成 1,6-二磷酸果糖。该类物质经过进一步的水解、异构反应、磷酸化等形成含有果糖-6-磷酸、葡萄糖-6-磷酸和葡萄糖-1-磷酸的磷酸己糖库，最终在胞质中用于蔗糖合成。部分磷酸三糖在叶绿体中经过 ADP-葡萄糖焦磷酸化酶的作用形成 ADP-葡萄糖，进而参与到叶绿体中淀粉的合成过程。

无光驱动时，叶绿体中的淀粉经过磷酸化和水解，分解成单糖葡萄糖和二糖麦芽糖。这两种糖经由麦芽糖-葡萄糖转运蛋白输至细胞质中，进一步合成蔗糖。就光合作用而言，葡萄糖、果糖等单糖在叶绿体细胞中只能短暂存在，最终将转化成光合作用的主要产物蔗糖和淀粉（图 2-2），蔗糖与淀粉也是基于植物生物质转化的主要糖来源。

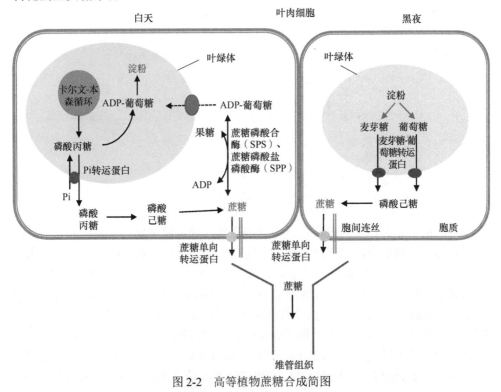

图 2-2 高等植物蔗糖合成简图

果糖-6-磷酸与 UDP-葡萄糖经过蔗糖磷酸合酶（sucrose phosphate synthase，SPS）的催化作用形成蔗糖-6-磷酸，蔗糖-6-磷酸经过磷酸蔗糖磷酸酶（sucrose phosphate phosphatase，SPP）的去磷酸作用形成蔗糖。其中，SPS 是蔗糖合成的关键因子，并且其酶活力在葡萄糖-6-磷酸的刺激下增强，而在磷酸盐的刺激下减弱。拟南芥叶片中，SPS 与蔗糖转运蛋白 AtSWEET11 和 AtSWEET12 共表达，表明蔗糖合成和转运具有很强的协同作用。蔗糖经过蔗糖转运蛋白（sucrose transporter）或通过胞间连丝经由韧皮部的筛管运输到质外体中（图 2-2）。质外体中的蔗糖经过蔗糖合酶（surcose synthase，SuS）或细胞壁果糖苷酶（cell wall invertase，cINV）的作用水解成葡萄糖和果糖，进而通过己糖转运蛋白进入糖储存细胞储存起来。部分蔗糖也可直接通过蔗糖转运蛋白进入糖储存细胞。在非光合作用的组织细胞内，被转运的蔗糖是许多代谢过程的主要原料，为各种类型植物细胞提供能量与碳源。同时，蔗糖还可以作为一种重要的信号分子，参与植物一系列生理生化过程，如花序诱导、子叶发育、蔗糖合成、花青素合成等。

2）蔗糖合成的分子调控

植物通过光合作用合成蔗糖，这些蔗糖进入储存细胞后会经过细胞壁果糖苷酶作用降解成葡萄糖、果糖及海藻糖。只有部分植物，如甘蔗、甜菜、甜高粱等，能以可恢复的形式积累和储存蔗糖。这类植物由于特殊的蔗糖储存能力，常常成为生产生物乙醇的优良能源植物，因此提高其蔗糖含量是该类能源植物育种的主要目标之一。甜高粱、甘蔗在早期营养生长阶段，光合产物主要用于植物生长和发育。后期进入茎秆伸长阶段后，茎秆等组织转化成蔗糖等糖类储存用的库。不同能源作物，其茎秆由蔗糖转运通道变成蔗糖存储库的途径并不相同。最近研究证实，甜高粱茎秆中蔗糖的积累量主要由 SPS 和 SuS 的活性决定，而与蔗糖代谢酶活性的相关性不大（Grof et al.，2006）。然而，由于这些合成酶在翻译后存在很多蛋白质水平修饰，因此这些酶基因的转录水平与酶活的关系较难鉴定，仅通过提高单个合成酶基因表达量，很难达到增加蔗糖累积的效果。此外，蔗糖转运酶与蔗糖在韧皮部中的装载和卸载等过程都直接影响能源植物中蔗糖的累积。目前，尽管人们对于模式植物蔗糖合成与代谢过程中的关键酶有了比较清晰的认知，但对能源植物中蔗糖累积的具体分子机制尚不完全清楚，究其原因在于大多数能源植物缺乏高效的遗传转化体系和丰富的人工突变体资源。目前，常规育种技术已远不能满足甘蔗、甜高粱等能源植物蔗糖含量进一步提升的需求，而通过基因工程单纯改变一个基因的效果往往会顾此失彼。因此，亟须利用合成生物学的手段对能源植物中蔗糖合成与代谢途径的关键基因元件进行组装，通过模块化表达和调控，大幅提高能源植物中蔗糖的产量。

2.1.4 能源植物多糖的生物合成

1. 能源植物淀粉合成

多糖又称为多聚糖，是由至少10个单糖通过糖苷键脱水聚合而成的链状高分子碳水化合物。其中，淀粉是维管植物存储碳源的主要物质形式，其含量仅次于纤维素，主要存储于植物的种子、根和茎秆等器官中。很多植物的种子或根茎富含淀粉，因而成为很多地区的主粮，淀粉储存丰富的植物也是重要的饲用与能源植物，如玉米、木薯、甘薯等。

1）淀粉合成途径

在光照条件下，淀粉在光合细胞的叶绿体中合成，该类淀粉之后在无光照条件下迅速被代谢，用于各项生命活动，因此又称之为"瞬时淀粉"；还有大量的淀粉主要在存储细胞或组织的淀粉合成体中合成，因此又称之为"储藏淀粉"。淀粉是一种不溶且复杂的同聚物，包含两种主要形式：直链淀粉和支链淀粉。其结构、大小、直链淀粉和支链淀粉的比例在不同的植物中差异很大。α-D-葡萄糖残基通过 α-D-1,4-糖苷键形成很长的线性连接，而通过 α-D-1,6-糖苷键形成支链。在直链淀粉中，α-D-1,6-糖苷键在总连接键中的比例极低，但对于支链淀粉的形成十分重要。

储藏淀粉主要在一些非光合细胞中合成，如能源植物木薯的块状根及禾本科谷物玉米的胚乳细胞中。这些细胞将叶片光合作用固定的有机物以蔗糖的形式转运到胞质中，之后转化为葡萄糖-1-磷酸并进入淀粉合成体中，通过 ADP-葡萄糖焦磷酸化酶（ADP-glucase pyrophosphorylase，AGPase）的催化作用转化成淀粉合成的直接底物 ADP-葡萄糖（图 2-3）。例如，玉米胚乳中淀粉的合成从蔗糖合酶将蔗糖分解成果糖和 UDP-葡萄糖开始，之后这些产物进一步由 AGPase 催化转化成 ADP-葡萄糖形成淀粉合成的底物。α-D-1,4-糖苷键连接的直链淀粉的生物合成过程经过 3 个连续步骤：起始、延长和多糖链的终止。光合作用活跃的叶片中，ADP-葡萄糖磷酸化酶催化了以 ADP-葡萄糖为底物的聚合，大多数这种直链淀粉前体的合成由此开始。之后淀粉的延伸由淀粉合酶（starch synthase，SS）负责，该酶催化 ADP-葡萄糖的糖基转移到已经存在的 α-D-1,4-葡聚糖引物的非还原端，并保持糖苷键的差向异构，此外，在淀粉延伸过程中还需要可溶性淀粉合酶的催化作用。支链淀粉的形成需要淀粉分支酶（starch branching enzyme，SBE），它能将 α-D-1,4-葡聚糖转移至同一葡聚糖的糖单体的 C6 上。与淀粉合酶类似，淀粉分支酶也由很多异构体组成，如 SBE Ⅰ 和 SBE Ⅱ 等。此外，颗粒结合淀粉合酶（granule-bound starch synthase I，GBSSI）也参与了支链淀粉的合成和延伸。它们不仅随着转移的葡聚糖链长度不同而不同，而且分布在可溶性基质或微小淀粉颗粒等不同区域内。

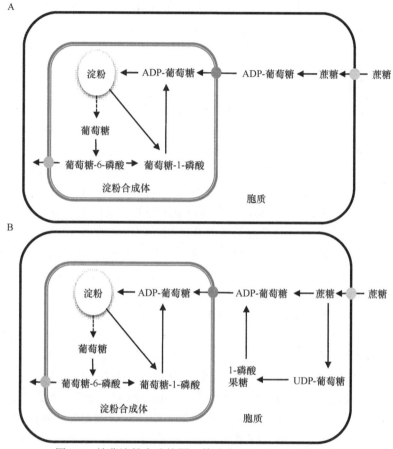

图 2-3　储藏淀粉合成简图（修改自 Bahaji et al.，2014）

A. 双子叶植物非光合作用细胞中淀粉合成途径；B. 禾本科单子叶植物谷物胚乳细胞中淀粉合成途径

2）淀粉合成的分子调控

能源植物中淀粉的合成受到多方面调控作用，如淀粉合酶基因的转录水平和翻译水平、酶的别构变化、环境条件、体内代谢物水平及合成酶蛋白复合物的催化方式等。其中，环境因子包括光强、昼夜变化等，代谢物包括糖、ATP 和苹果酸等。越来越多的研究表明，淀粉合成的不同调控往往交织在一起，是一个协同响应环境和发育信号的复杂过程。

研究表明，合成植物淀粉的几种不同组织中，负责淀粉合成的几种酶都受到转录水平的调控。其中研究最多的是 AGPase，编码该酶大亚基的基因不仅受到转录水平的调节，而且其表达受到内源碳含量、营养物质和状态等变化的影响，其中糖能促进该基因的表达，而磷及硝酸盐则抑制其表达（Tiessen et al.，2002）。另外，淀粉合成过程中关键酶的基因表达都有很强的时空特异性。基因的表达时空特异性多由转录因子进行调控。近年来，许多调控淀粉合成的转录因子被挖掘出来，其中 SnRK1（sucrose non-fermenting-1-related kinase-1）是一类在高等植物中广泛存在的丝氨酸/苏氨酸蛋白激酶，该酶能促进淀粉降解相关酶编码基因的表达，抑制淀粉合成和储存过程，从而参与糖代谢。有趣的是，虽然该酶的主要功能是促进淀粉降解，但是该酶也参与了淀粉的合成。在马铃薯块茎中，SnRK1 是 *SuS* 表达的必备因子之一，过表达 *SnRK1* 能够将马铃薯块茎组织中的淀粉含量提高 30%左右（Muñoz et al.，2006）。玉米中的 *brittle1*（*BT1*）基因编码的蛋白质能协助 ADP-葡萄糖进入淀粉形成体中催化形成淀粉，并且成为该淀粉合成过程的限速步骤（Shannon et al.，1998）。Xiao 等（2017a）研究发现 MYB14 能直接结合 *ZmBT1* 的启动子序列，并激活该基因的转录。此外，MYB14 还能激活淀粉合酶基因 *ZmGBSSI* 和 *ZmSSI* 的表达，从而调控玉米胚乳中淀粉的合成。另外，马铃薯等作物表达谱分析表明，参与淀粉和蔗糖之间互相转变的多个基因表达同时受到多条路径的调控作用，而源和库组织中基因的表达协同调控很大程度上受到糖浓度等的调控。相关研究表明，WRKY 类转录因子 SUSIBA2 可能参与了源和库之间的交流，以及蔗糖介导的淀粉合成调控（Sun et al.，2003）。

另外，淀粉合成过程中关键酶的活性与蛋白质翻译后修饰密不可分，主要包括翻译后的氧化还原及磷酸化修饰。目前研究较多的主要是 AGPase。该蛋白质翻译后可被硫氧还蛋白（thioredoxin，Trx）异构体还原为有活性的 AGP 单体，还原性的 AGPase 增加了对底物的亲和力。拟南芥和马铃薯块茎质体中的 AGPase、大麦胚乳中参与淀粉合成的 ADP-Glc 传递体及 SBE II a 也受到 Trx 的调控（Balmer et al.，2006）。此外，蛋白质的可逆磷酸化修饰是淀粉合成的另外一种翻译后调控方式，在淀粉代谢调节过程中发挥重要作用。在拟南芥叶片中，磷酸葡萄糖异构酶、磷酸葡萄糖变位酶，以及 AGPase 的大、小亚基均可能受到磷酸化修饰。大麦淀粉合成体分离实验证实，参与淀粉合成的 SS、SE 等异构体均受到磷酸化调节。

目前越来越多的报道证实，利用过表达、RNAi 和 CRISPR/Cas9 技术对这些淀粉合成关键酶基因进行表达调控，可以显著改变淀粉含量或淀粉类型。例如，利用 CRISPR/Cas9 技术对异源多倍体'徐薯 22'中 *GBSSI* 进行编辑，能够显著降低直链淀粉的含量，而编辑 *SBE II* 则显著降低马铃薯中支链淀粉含量、增加直链淀粉含量，进而改变马铃薯中淀粉的类型和品质（Wang et al.，2019）。因此，利用 CRISPR/Cas9 等新兴的生物技术手段对淀粉合成关键酶基因进行定向改良，也是利用合成生物学的思路对能源作物蔗糖、淀粉等物质进行定制的重要手段。

再者，在非光合作用细胞和组织中，淀粉的合成也受到叶片合成的蔗糖浓度的调控。目前关于糖介导的淀粉合成调控的信号途径研究也取得一定进展，包括信号分子的识别，以及可能发挥作用的信号系统等。例如，糖信号分子海藻糖-6-磷酸（trehalose-6-phosphate，T6P）作为一种糖信号，可以通过翻译后水平调控依赖于蔗糖浓度的 AGPase 氧化还原激活作用，从而调控叶片中淀粉的生物合成（Lunn et al.，2006）；拟南芥叶肉细胞内 T6P 蛋白水平、AGPase 氧化还原活性及蔗糖合成速率呈明显的正相关，并且过表达 T6P 能显著提高 AGPase 的氧化还原活性。然而在非自养细胞和组织中，T6P 对淀粉合成的调控主要是通过抑制 SnRK1活性实现的，并且其作用与叶肉细胞中的调控方式刚好相反（Debast et al.，2011）。除此之外，其他因子和环境因素也会影响淀粉的生物合成，如蛋白复合体、光信号、温度及营养物质等。

　　能源植物淀粉生物合成过程较为复杂，人们对于淀粉代谢调控的认知仍处于初级水平。目前，人们对于淀粉合成和代谢的基因调控仍局限于淀粉合成或代谢酶单个基因的调控，对于淀粉合成和代谢的整体调控分析以及淀粉合成分子机制的系统性研究仍十分匮乏。在今后的研究中，应加大对能源植物淀粉合成精细调控、转录组与代谢组的联合分析研究，这不仅有利于完善能源植物淀粉合成的基础理论，而且会进一步加速以淀粉为主要目标产物的能源植物的合成生物学研究与分子育种进程。

2. 能源植物纤维素合成

1）纤维素合成途径

　　纤维素是光合作用重要的碳产物，并且是植物次生壁的主要成分之一，赋予细胞壁以韧性和弹性，是地球上最为丰富的光合高聚物。纤维素是由 D-葡萄糖通过 β-1,4-糖苷键连接而成的直链葡聚糖多聚物，通常以微纤丝（microfibril）的形式存在于细胞壁中（图 2-4）。微纤丝由纤维素分子平行排布而成，每条微纤丝的横截面平均排布有 36 条 β-1,4-D-葡聚糖链。这些葡聚糖链存在着大量链间和链内氢键，使纤维素微纤丝保持致密和稳定，从而造就细胞很强的耐压能力。另外，纤维素还能影响细胞的大小、形状以及细胞分裂和生长的方向，并最终影响植物整体形态。

　　纤维素分子结构非常简单，但合成机制却极其复杂。纤维素的生物合成主要包括 UDP-葡萄糖的产生和纤维素微纤丝的形成，是多种酶催化的复杂过程。参与该过程的酶主要有 SuS、cINV、UDP-葡萄糖焦磷酸化酶（UDP-glucose pyrophosphorylase）和纤维素合酶（cellulose synthase）等（图 2-4）。cINV 催化蔗糖裂解产生的 UDP-葡萄糖（UDP-Glc），是纤维素合成底物的主要来源，细胞质膜上的纤维素合酶复合体（cellulose synthase complex，CSC）是合成纤维素的"工厂"。纤维素合酶复合体直径为 20～30 nm，每个 CSC 是由 6 个亚单位组成的玫瑰花状结构（Tajvidi et al., 2012）。每个亚单位由 6 个纤维素合酶单体组成，利用 UDP-Glc 催化合成葡聚糖链（Lerouxel et al., 2006），一个亚单位可形成 6 条葡聚糖链，这些葡聚糖链形成纤维素的微纤丝。每个 CSC 玫瑰花状结构可合成 36 个独立的纤维素微纤丝，最终聚合为纤维素分子（Taylor, 2008）。CesA 是目前为止高等植物中唯一被鉴定出的纤维素合酶。

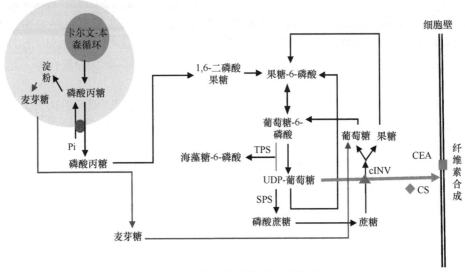

图 2-4　光合作用与纤维素合成的关系

黑色箭头表示光合细胞中纤维素合成；红色箭头表示在非光合细胞中多出的纤维素合成路径

2）纤维素合成的分子调控

纤维素合酶 CesA 属于糖基转移酶-2（glycosyl transferase-2，GT-2）超家族，具有保守结构域。水稻 CesA 家族共有 11 个成员，其中 OsCesA1、OsCesA3 和 OsCesA8 负责水稻初生细胞壁中纤维素的形成，OsCesA4、OsCesA7 和 OsCesA9 负责水稻次生细胞壁中纤维素的形成。CesA 蛋白磷酸化、乙酰化等翻译后修饰可调节植物次生壁中纤维素的表达。纤维素合酶复合体的磷酸化能动态调节 CSC 的催化活性、稳定性和双向性，从而调控纤维素的生物合成（Speicher et al., 2018）。S-酰化能够影响蛋白质与膜的结合以及蛋白质本身的稳定性；CesA7 可变区 2（variable region 2，VR2）和羧基末端中半胱氨酸的 S-酰化修饰被破坏后，会阻碍 CSC 的质膜定位，下调纤维素的合成（Li and Qi, 2017）。

纤维素合酶基因及其上游的 NAC、MYB、WRKY 等转录调控因子组成多级转录调节网络，共同调控纤维素起始合成。例如，玉米中，NAC 转录因子 ZmNST3 和 ZmNST4 能够促进 ZmMYB109/128/149 等 MYB 转录因子的转录，进而促进 CesA 的表达和纤维素的合成（Xiao et al., 2017b）。此外，赤霉素能够激活 CesA 的表达，进而促进纤维素的合成。GA 和 GA 信号抑制子 SLR1（SLENDER RICE 1）介导的信号通路是纤维素合成所必需的。水稻中的 SLR1 能够结合 NAC29/31 的 DNA 结合域，从而阻碍三者（NAC-MYB-CesA）的级联调控路径，进而抑制纤维素的合成（Huang et al.，2015）。NAC29/31 也是 *CesA* 的调控元件，NAC29/31 通过与 *MYB61* 启动子的 SNBE（secondary wall NAC binding element）基序结合促进 *MYB61* 的表达，进而激活 *CesA* 的转录。最新研究表明，拟南芥中油菜素内酯信号途径下游转录因子 BES1（brassinazole resistant 1）能够与除了 *CesA7* 以外的 *CesA* 基因上游启动子区结合，在外源 BR 的刺激下诱导 *CesA* 的表达，调控植物高度及次生生长（Xie et al.，2011）。

另外，研究表明，与 CesA1 和 CesA3 相关的几种磷酸肽及糖代谢的几种酶在光照下的磷酸化水平较高，且随着光合作用的增加而升高。因此，光合作用能够通过蛋白质磷酸化控制蔗糖代谢和纤维素合酶复合物本身来影响纤维素沉积。植物从幼苗到成株、从营养生长到生殖生长，经历了无数次细胞数目增多、细胞长度增长、新生壁物质产生和细胞体积增大的过程。细胞壁的发育及纤维素的合成是一个十分复杂和精细的调控过程。在同一生长发育过程中，不同激素通过调节不同的基因家族成员来共同完成同一生理过程。

由于纤维素是植物细胞壁的主要组成成分，改变纤维素的合成往往会导致植物的生长发育表型发生变化，因此，目前对于提高能源植物细胞壁可发酵糖产率方法的研究大都集中在对其降解有阻碍作用的木质素含量和成分的遗传改良上。尽管对于纤维素合成与调控方面的研究已取得了一定的进展，但很多相关机制的研究仍不清楚，例如，不同纤维素合酶亚型如何相互作用装配成 CSC、如何进一步形成六聚体玫瑰花状结构；纤维素合酶复合体在高尔基体完成组装后，如何嵌入细胞质膜等。这些问题的解决将使我们更全面地了解植物次生壁生物合成机制，从而通过合成生物学的策略实现理想细胞壁的定制。

3. 能源植物半纤维素合成

与葡萄糖链紧密结合形成微纤丝的纤维素不同，一些非纤维素多糖在其聚合物主链中包含异质糖单体或其他化学连接键，使其无固定形态，且大部分可溶于水溶液。有证据表明，这些多糖可以与木质素和一些果胶多糖以共价键连接，半纤维素便是其中的一类多糖，其结构如图 2-5 所示。半纤维素的主要功能是通过与纤维素微纤丝的相互作用维持细胞壁的稳定性。半纤维素常在与纤维素交联后再与微纤丝形成一种类似网状的结构。通常，半纤维素含量占植物细胞壁（木质纤维素）干重的 1/3 左右（Pauly and Keegstra，2008）。因此，在利用木质纤维素类材料生产生物燃料和其他生物基化学品的过程中，常常需要优化半纤维素的转化过程。

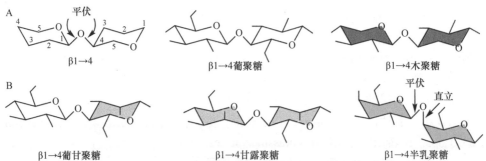

图 2-5 以 β-1,4-糖苷键为骨架结构的半纤维素结构示意图

A. 所有不同类型半纤维素的 C1 和 C4 以平伏键连接；B. C1 和 C4 连接除了平伏键外还具有直立键，该类骨架结构的多糖非半纤维素

1）半纤维素合成途径

半纤维素是由几种不同类型的单糖构成的带有支链的杂多糖多聚体，这些糖是五碳糖和六碳糖，包括木糖、甘露糖、葡萄糖、阿拉伯糖和半乳糖等，其中以木聚糖（xylan）最为常见（Scheller and Ulvskov，2010）。木聚糖是木糖以 β-1,4-糖苷键连接而成，根据木聚糖侧链的不同，分为木葡聚糖（xyloglucan）、葡萄糖醛酸木聚糖（glucuronoxylan）、葡萄糖醛酸阿拉伯木聚糖（glucuronoarabinoxylan）和阿拉伯木聚糖（arabinoxylan）。不同植物初生和次生细胞壁的半纤维素成分及含量差异较大，如表 2-1 所示。

表 2-1 植物初生和次生细胞壁中半纤维素成分及含量（Scheller and Ulvskov，2010）（单位：%）

多糖类别	双子叶细胞壁		草类细胞壁		松柏类细胞壁	
	初生	次生	初生	次生	初生	次生
木葡聚糖	20~25	很少	2~5	很少	10	无或很少
葡萄糖醛酸木聚糖	无或很少	20~30	无或很少	无或很少	无或很少	无或很少
阿拉伯木聚糖	5	无或很少	20~40	40~50	2	5~15
甘露聚糖	3~5	2~5	2	0~5	无或很少	无或很少
β-(1→3,1→4)-葡聚糖	无	无	2~15	很少	无	无

注：细胞壁中多糖含量（m/m，数据已归一化处理）。

葡萄糖醛酸木聚糖是双子叶植物及很多单子叶植物次生细胞壁半纤维素的主要成分。葡萄糖醛酸木聚糖能够以双螺旋构象的形式与纤维素微纤丝紧密结合，参与纤维素在植物细胞壁中的沉积。该类半纤维素缺失会导致植物木质部塌陷、维管束细胞壁严重受阻，进而影响水分及光合作用产物的运输，导致植物地上部分的形态建成无法正常维持。葡萄糖醛酸木聚糖主要在高尔基体中由多种糖基转移酶催化合成，之后被运输到质外体，最后组装到次生壁中。半纤维素在高尔基体中的合成过程主要包括骨架形成、侧链形成和合成终止。木聚糖主链延伸主要是催化木聚糖主链 β-1,4-糖苷键的形成，此类酶在拟南芥中主要有糖基转移酶 IRX9/IRX9L、IRX10/IRX10L 和 IRX14/IRX14 等。IRX（irregular xylem）是由于它们的突变体表现为不正常的木质部，使葡萄糖醛酸木聚糖含量和葡萄糖醛酸木聚糖主链长度均受到不同程度影响。木聚糖合成酶复合体中，IRX10/IRX10L 具有木糖基转移酶活性，催化木聚糖主链 β-1,4-糖苷键的形成（Hörnblad et al.，2013）；IRX9 和 IRX14 是多酶复合体的结构蛋白，可能在维持多酶复合体结构的稳定性方面发挥作用（Chiniquy et al.，2013）。

在能源植物杨树细胞壁半纤维素中，木聚糖还原末端寡聚四糖链（Xyl-Rha-GalA-Xyl）主要是在 IRX7/FRA8（F8H）、IRX8/GAUT12 和 PARVUS/GATL1 三组糖基转移酶的催化下完成的（Peña et al.，2007），并通过添加到木聚糖链的还原末端终止主链的合成。然而在草类单子叶植物中，并没有发现这种寡聚四糖链。另外，对于单子叶植物，该类木聚糖的延长、终止过程尚缺乏相关研究数据，因此，目前对于植物半纤维素木聚糖的合成机制仍存在很大的理论空白，严重阻碍了合成生物学技术在半纤维素合成中的应用。

2）半纤维素合成的分子调控

植物中包含的半纤维素具有巨大的开发潜力和应用价值，已被广泛应用于能源、医药、材料和化工等诸多领域。能源植物柳枝稷中分离的葡萄糖醛酸阿拉伯木聚糖具有免疫调节和抗肿瘤活性，可以有效抑制肿瘤扩散。最近研究表明，木聚糖存在乙酰化和去乙酰化双向调控机制。水稻 GDSL 酯酶家族成员 DARX1 参与控制木聚糖侧链阿拉伯糖去乙酰化修饰（Zhang et al.，2017）。*darx1* 突变体木聚糖构象与纤维素等细胞壁多聚物交联的方式都发生了变化，导致纤维和木质部导管细胞出现异常，最终影响植株茎秆的发育。此外，对于半纤维素生物合成研究，主要集中在对合成关键酶基因的转录调控水平。NAC 和 MYB 转录因子也是半纤维素合成的开关。例如，在白桦中过表达 *BpNAC012* 可诱导木聚糖合成相关基因 *FRA*（fragile fiber）和 *IRX* 的表达，促进半纤维素的合成和积累（Hu et al.，2019）。

在能源植物生物乙醇转化发酵过程中，大部分酵母只能利用己糖进行生物乙醇发酵。因此，对于能源植物，目前增加生物质利用率的有效方法是增加己糖的含量，降低木糖的含量（Pauly and Keegstra，2008）。然而，占有木质纤维素生物质 1/3 比率的木聚糖仍然是重要的生物质能源，因此，如何通过合成生物学技术改变木聚糖结构以减少木质纤维素之间的联结、提高木糖源生物燃料的生物转化和利用效率，将是一个重要的研究领域。

2.1.5 能源植物木质素的合成与分子调控

木质素（lignin）是植物细胞壁中主要成分之一，广泛分布于维管植物的木质化组织中，是一类高度聚合且呈网状结构的苯丙素类大分子复合物。木质素基本结构单元含有 C6—C3 的碳骨架。因基本结构单元不同，可将木质素分为三种主要类型：对羟基苯基丙烷单元形成的对羟基苯基木质素（hydroxy-phenyl lignin，H 型木质素）、愈创木基丙烷单元形成的愈创木基木质素（guaiacyl lignin，G 型木质素）和紫丁香基丙烷单元形成的紫丁香基木质素（syringyl lignin，S 型木质素）。此外，近年来还在一些植物中发现了多种新型的木质素单体，如 5-OH G 型木质素和 C 型木质素。木质素是阻碍能源植物细胞壁多糖高效利用的关键因素。因此，了解木质素合成及其分子调控的机理，对通过合成生物学培育高品质能源植物新品种具有重要的意义。

1. 能源植物的木质素合成

一般认为，木质素是由苯丙氨酸（或酪氨酸）起始，并基于一系列生物酶促反应生成的单体聚合而成的交联网状大分子化合物。从木质素合成途径来看，可以将其分为三个阶段：一是由苯丙氨酸（或酪氨酸）到香豆酸及其辅酶 A 酯类，称为苯丙烷途径；二是由香豆酰辅酶 A 酯类到三种木质素单体（香豆醇、松柏醇和芥子醇），称为木质素单体合成途径；三是木质素单体转运至细胞质外经活化并交联沉积到细胞壁，称为木质素单体运输与聚合途径（图 2-6）。从木质素合成结构来看，可以将其分为两个维度：一是 C6 苯环结构的羟基化和甲基化反应过程；二是 C3 侧链结构的脱氨基，以及由苯丙酸单元到苯丙醇单元的次第还原反应。下面以木质纤维素类能源植物为例，介绍木质素合成的具体途径。

1）香豆酸及其酯类的形成

在维管植物中，木质素的合成都是由苯丙烷途径起始的。苯丙氨酸解氨酶（phenylalanine ammonia lyase，PAL）负责木质素合成的第一步反应，即由苯丙氨酸经脱氨基反应生成肉桂酸；随后在膜结合细胞色素 P450 蛋白 C4H 的作用下形成对香豆酸，进入木质素单体合成途径。近年来在禾本科能源植物柳枝稷中发现了由酪氨酸解氨酶（tyrosine ammonia lyase，TAL）介导的酪氨酸的脱氨基反应，允许这些物种中的木质素合成途径绕过 C4H 对肉桂酸酯的羟基化作用，为木质素单体的合成提供"捷径"。PAL 和 TAL 位于苯丙烷途径的入口，在单子叶植物研究的模式植物二穗短柄草（*Brachypodium distachyon*）中鉴定出 8 个具有苯丙氨酸解氨酶活性的 PAL，其中 BdPTAL1 具有相比于苯丙氨酸解氨酶活性更高的酪氨酸解氨酶活性。BdPTAL1 的基因工程株系同位素标记底物饲喂试验分析表明，接

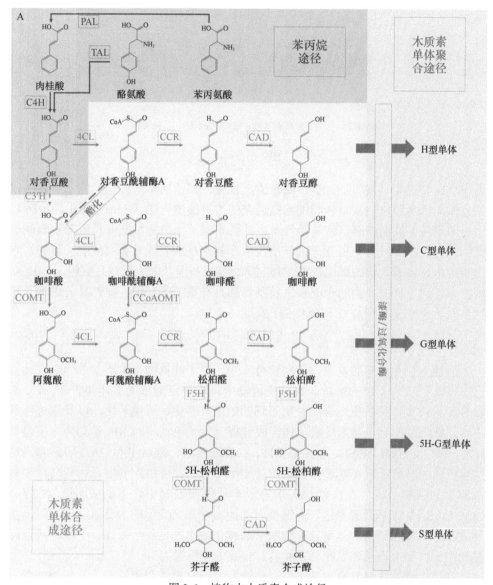

图 2-6　植物中木质素合成途径

A. 植物木质素合成通路；B. 植物木质素合成途径中的莽草酸酯活化途径

PAL，phenylalanine ammonia lyase，苯丙氨酸解氨酶；TAL，tyrosine ammonia lyase，酪氨酸解氨酶；C4H，cinnamate 4 hydroxylase，肉桂酸-4-羟基化酶；4CL，4-coumarate CoA ligase，4-香豆酸辅酶 A 连接酶；CCoAOMT，caffeoyl-coenzyme A-3-O-methyltransferase，咖啡酰辅酶 A-3-O-甲基转移酶；CCR，cinnamyl coenzyme A reductase，肉桂酰辅酶 A 还原酶；F5H，coniferal-5-hydroxylase，松柏醛-5-羟化酶；COMT，caffeic acid-3-O-methyltransferase，咖啡酸-3-O-甲基转移酶；CAD，cinnamyl-alcohol dehydrogenase，肉桂醇脱氢酶；HCT，shikimate hydroxycinnamoyl transferase，莽草酸羟基肉桂酰转移酶；C3'H，coumaric acid-3-hydroxylase，对香豆酸-3-羟化酶；CSE，caffeoyl shikimate esterase，咖啡酰莽草酸酯酶

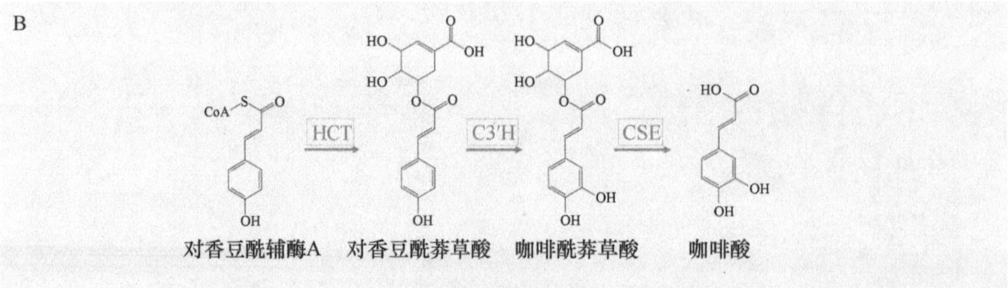

图 2-6（续）

近一半（46.6%）外源供应的 L-酪氨酸沉积在二穗短柄草茎秆组织的木质素中，并且偏向于 S 型木质素单体和细胞壁结合的香豆酸的合成（Barros et al.，2016），这一数据暗示酪氨酸解氨酶是提升木质纤维素类草本植物细胞壁品质的重要候选靶标。另外，C4H 作为催化苯丙氨酸反应产物肉桂酸合成对香豆酸的关键酶，它由一类内质网膜定位的细胞色素 P450 单加氧酶基因（*CYP73A5*）编码。C4H 对植物多种次生代谢产物的合成和生长发育都具有重要的作用，同时显著影响了植物木质素合成及 S 型与 G 型单体的比例。

2）木质素单体合成途径

历经一个多世纪的发现、认知和再认知，双子叶植物中木质素单体合成途径已经得到了较为完善的解析。在这些植物中，以香豆酸酯为前体和骨架，H、G 和 S 型木质素单体的生物合成经历芳环的顺序羟基化、甲氧基化，以及侧链羧基逐步还原为醇基。上述木质素单体合成过程，除了 PAL 和 C4H 参与外，还包括 4CL、HCT、C3′H、CSE、CCoAOMT、CCR、F5H、COMT 和 CAD 等。编码这些酶蛋白的基因通常在木质化的组织（如维管束和厚壁组织）中表达较高，参与木质素的生物合成。在高粱和玉米等禾本科能源植物中，下调或阻断 *4CL1*、*COMT*、*CAD* 等基因的表达，能够使转基因植株和突变体的木质素合成受阻，茎秆或叶脉呈现红棕色，从而导致细胞壁的转化效率发生显著提高。上述种质资源在动物饲料和生物能源生产等方面具有较高的应用潜力。

能源作物柳枝稷具有生长迅速、生物量大、抗逆性强等特点，是生物能源、牧草饲料生产及环境生态修复的重要草种。最近的研究表明，通过基因工程手段对柳枝稷中木质素单体合成酶的调控能有效改良柳枝稷细胞壁品质，提高生物乙醇转化效率。柳枝稷中下调 *COMT* 的表达水平后，提高了转基因植株的糖化效率和乙醇转化效率。同时，在产生相同量乙醇的条件下，转基因柳枝稷材料的纤维素酶使用量仅为对照（未经改良材料）的 1/4～1/3（Fu et al.，2011）。值得注意的是，与双子叶植物相比较，柳枝稷中下调 *HCT* 或 *C3H* 的表达量对木质素含量和组分的影响很小，暗示着可能存在一条新的合成咖啡酸的代谢途径。深入解析能源植物尤其是单子叶 C4 能源植物的木质素单体合成途径，有利于通过合成生物学技术对木质素合成途径进行改造与重建，从而设计并培育出高细胞壁转化效率的能源植物新品种。

3）木质素聚合途径

木质素单体合成后被运输到细胞外，在细胞壁上经由漆酶（laccase，Lac）和过氧化物酶催化发生聚合。对模式植物拟南芥的突变体和转基因植株的系统分析表明，漆酶和过氧化物酶在木质素合成过程中发挥着互相补充但又不可替代的作用。目前，对过氧化物酶的研究仍主要集中在双子叶植物中。能源植物杨树中过氧化物酶基因 *PtrPO21* 下调表达后，转基因植株的木质素总量减少约 20%（Lin et al.，2016）。

与过氧化物酶不同，漆酶催化的氧化反应仅需氧分子的参与。传统观点认为，仅有部分漆酶亚家族的成员参与了植物木质素的聚合。然而随着近年来研究的深入，研究人员发现不同亚家族的漆酶均具有氧化木质素单体的能力，同时表现出一定的底物选择性，继而对木质素的组分产生影响。对能源作物芒草的研究表明，多个亚家族的漆酶均能够参与木质素的合成，使拟南芥 *lac4/lac17* 突变体中木质素的含量恢复正常水平（He et al.，2019）。最近日本的科学家在裸子植物扁柏中鉴定了两个编码漆酶的基因 *CoLac1* 和 *CoLac3*，发现经典的 CoLac3 仅负责 G 型木质素合成，而 CoLac1 负责 H 型和 G 型木质素的合成，从而导致扁柏应压木中木质素的结构发生变化（Hiraide et al.，2021）。而在被子植物醉蝶花种皮中，美国北得克萨斯州大学 Richard Dixon 院士团队也鉴定了具有底物专一性的漆酶 Lac8，该酶能够参与植物新型木质素 C-lignin 的聚合形成（Wang et al.，2020b）。上述研究为利用植物漆酶的底物特异性来合成新型木质素、改良木质素结构，以及为能源作物生物质材料的品质改良提供了一种全新的策略。

2. 能源植物木质素合成的分子调控

对能源植物柳枝稷和杨树的系统研究表明，木质素单体合成与聚合的过程受到复杂的转录水平和翻译后水平的分子调控（Rao et al.，2019）。通过基因工程方法对能源植物的木质素合成调控网络进行修饰，可以有效改变细胞壁中木质素的含量和组分，是能源植物品质改良的有效手段。

1）基于转录水平的分子调控

过去 20 年的研究发现，植物木质素的合成途径中关键基因在转录水平上受到由 NAC 和 MYB 转录因子组成的多个层级网络的调控。如图 2-7 所示，多个 NAC 和 MYB 转录因子形成前馈环（feed-forward loop）。其中，NAC 转录因子直接激活 MYB46/MYB83，后者直接激活下游的 MYB58、MYB63 和 MYB85 等转录因子。同时，MYB58、MYB63 和 MYB85 等转录因子也受到 NAC 转录因子的直接调控。最终所有木质素相关的转录因子一起激活木质素合成相关基因的表达，实现对木质素合成的调控。启动子分析和电泳迁移率变化分析（electrophoretic mobility shift assay，EMSA）表明，木质素单体合成基因启动子上 SNBE 位点和 AC 元件分别结合 NAC 和 MYB 家族转录因子，是这些基因转录激活的必要元件。对能源植物杨树、柳枝稷和芒草等的研究表明，木质素合成相关转录因子在不同物种中的功能保守。在柳枝稷中过表达 *PvMYB58/63*、*PvMYB42/85*、*PvSND2* 和 *PvSWN2* 等转录调控因子基因，均能够显著提高转基因植株中的木质素总量。而杨树中 *MYB46* 同源基因（*PtrMYB002*、*PtrMYB003*、*PtrMYB020* 和 *PtrMYB021*）的过表达也会导致木质素的异位沉积。

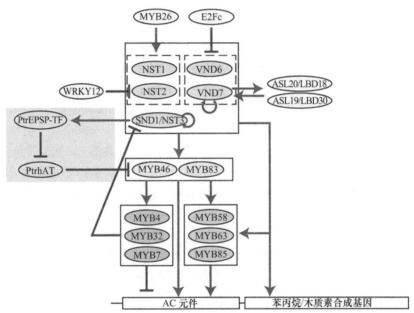

图 2-7　植物木质素合成转录调控网络示意图（Xie et al.，2018）

微小 RNA（microRNA，miRNA）是长度为 20～24 个核苷酸（nt）的短链非编码 RNA，它们通过切割靶基因 mRNA、干扰靶标 RNA 翻译或指导 DNA 甲基化修饰等方式调控目标基因的表达，从而在植物生长发育过程中发挥关键作用。与植物中其他生命过程一样，木质素生物合成过程也受到微小 RNA 的调控作用（Sun et al.，2018）。例如，miR397 可以通过靶向与木质素合成相关的漆酶调控木质素的合成。在玉米中的研究发现，单子叶植物特异性微小 RNA——ZmmiR528 能够靶向 *ZmLac3* 和 *ZmLac5*，*ZmmiR528* 的敲低或 *ZmLac3* 的过表达能够显著增加转基因玉米茎秆中的木质素含量。除了漆酶之外，木质素单体合成基因也是微小 RNA 的潜在靶点。罗克明课题组的研究表明，杨树中特有的小 RNA——

miR6443 能够识别和靶向 *F5H* 的转录物。降低 *miR6443* 表达水平后，转基因杨树中 S 型木质素含量显著上调，而过表达 *miR6443* 的转基因植株中木质素单体组分的变化则相反（Fan et al.，2020）。因此，将微小 RNA 及其靶基因作为分子调控模块纳入木质素合成生物学研究，能够为能源植物品质遗传改良提供新的策略。

2）基于酶水平的分子调控

相对于广谱的转录调控，在蛋白质水平对木质素合成酶及其转录因子进行修饰，能够影响酶蛋白的稳定性和活性，以及转录因子的结合能力，从而改变木质素合成途径的代谢流走向。

研究发现，木质素单体合成酶可以在蛋白质水平上直接相互作用。PAL 和 C4H 的相互作用引导了底物在膜上的富集，并提高催化效率和代谢通量。例如，杨树中三种羟化酶（PtrC4H1、PtrC4H2 和 PtrC3H3）在同一膜系统以不同组合共表达时，锚定在微粒体膜上的 P450 蛋白复合体对肉桂酸 4 位和 3 位羟基化效率及偏好性也表现出显著的差异。这些结果暗示，通过蛋白质间相互作用改变木质素合成过程中的代谢通量，能够有效改变木质素的组分。其次，木质素单体合成酶的磷酸化为酶活性的调节提供了一种快速有效的新模式。体外实验表明，PAL2 与钙调蛋白结构域蛋白激酶（calmodulin-like domain protein kinase，CDPK）共同孵育 4 h 后，磷酸化 PAL2 的 V_{max} 降低为原来的 1/3，从而限制了苯丙氨酸到肉桂酸的转化，减小了木质素合成的代谢流量。进一步对能源植物杨树木质部的磷酸化蛋白质组学分析也发现了 PtrAldOMT2 的两种磷酸肽。磷酸化显著降低了 PtrAldOMT2 重组蛋白的酶活性，为进一步调节木质素生物合成和单体组分提供了可能。除此之外，泛素化、糖基化等其他翻译后修饰也被证明与木质素合成密切相关。拟南芥中 PAL 和 KFB（kelch domain-containing F-box）能够与其他蛋白质共同形成泛素 E3 连接酶复合物。共同过表达后，苯丙氨酸到肉桂酸的转化效率降低了 80%。百日草（*Zinnia elegans*）中鉴定到了具有不同糖基化程度的过氧化物酶同工酶，二者表现出对三种木质素单体截然不同的选择性，从而表明过氧化物酶的糖基化模式也可能会改变底物特异性，从而导致木质素组分的改变。

除了木质素合成途径的结构蛋白外，该途径的相关转录因子也受到蛋白质水平的调控。对杨树木材形成相关的转录因子和染色质结合多层级调控网络的研究发现，一些与木质素生物合成相关的转录因子可以通过蛋白质-蛋白质间相互作用影响与其靶标 DNA 的结合能力（Chen et al.，2019）。体外实验表明，PtrMYB090、PtrMYB161 和 PtrWBLH2 可能形成二元或三元蛋白复合物，协同调控木质素合成通路基因 *PtrCCoAOMT2* 和 *PtrCAld5H1* 的表达，从而对木质素单体含量发挥调控作用。另外，体外磷酸化分析发现，火炬松（*Pinus taeda*）的 PtMAPK6 可以磷酸化拟南芥 MYB56/83 的同源蛋白 PtMYB4，暗示着转录因子的磷酸化也可能在木质素合成的调控过程中发挥重要作用。

3）基于代谢物水平的分子调控

植物木质素单体的合成是从苯丙氨酸途径起始的，受到其他代谢途径如莽草酸途径（提供碳骨架）、一碳代谢途径（提供甲基供体）等的影响。外源施加草甘膦导致莽草酸途径的紊乱，显著降低了植物木质素的产生。同时，木质素单体合成过程中的氧甲基化反应依赖一碳单位供体 S-腺苷甲硫氨酸（S-adenosyl-L-methionine，SAM）。一碳代谢途径中代谢流的紊乱限制了 G 型和 S 型木质素单体的合成，从而显著影响了木质素的含量和组成，因此对一碳代谢相关基因的调控是另一条实现细胞壁品质改良的可行方案。

对能源植物柳枝稷一碳代谢关键合成酶基因功能的研究表明，对包括二甲基四氢叶酸还原酶（5,10-methylenetetrahydrofolate reductase，MTHFR）、叶酰多聚谷氨酸合成酶（folylpolyglutamate synthase，FPGS）、半胱硫醚 γ-合酶（cystathionine γ-synthase，CGS）和 S-腺苷高半胱氨酸水解酶（S-adenosyl-L-homocysteine hydrolase，SAHH）等在内的一碳代谢关键酶的表达水平进行调控，均会显著影响木质素的合成。进一步研究发现，SAM 和 S-腺苷高半胱氨酸（S-adenosyl-L-homocysteine，SAH）含量的比值是影响木质素生物合成的关键。例如，柳枝稷中 CGS 表达水平的下调降低了 SAH 的含量，导致 SAM/SAH 比值上升，从而增强了 G 型和 S 型木质素单体氧甲基化反应的效率，提高了木质素的积累量。相比之下，下调柳枝稷 SAHH1 的表达，则提高了细胞中 SAH 水平，导致 SAH/SAM 比值下降，从而抑制生成 G 型和 S 型木质素单体的氧甲基化反应，削弱木质素的合成，最终提升了细胞壁的糖化效率（Bai et al.，2018）。

3. 能源植物木质素与细胞壁多糖高效转化

木质纤维素类生物质主要由木质素、纤维素和半纤维素构成，纤维素乙醇的产量取决于原材料细胞壁多糖的转化效率。木质素具有分子质量大、结构复杂和交联程度高等特点，是植物对抗生物侵袭和酶解过程的天然屏障。对超过 1000 株杨树野生型材料的木质素含量、组成及生物质糖化效率的系统分析发现，细胞壁多糖转化效率与细胞壁中木质素的含量和组成关系密切。通过基因工程技术调控木质素合成酶基因及其他影响木质素合成的基因表达，能够有效改变木质素总量与组分，进而实现酶解糖化效率的提升。例如，在二穗短柄草中敲低苯丙氨酸途径入口酶 PAL 的表达，导致转基因植株细胞壁中木质素含量降低了 43%，相应地，糖化效率提高了接近 2 倍。木质素氧甲基化单体的合成受 SAM 和 SAH 的影响，在柳枝稷中下调 SAHH1 的表达显著改变了 SAM/SAH 的比例，导致 G 型和 S 型木质素的含量同时下降，提高了细胞壁的糖化效率（Bai et al.，2018）。

另外，研究发现木质素结构中 S 型木质素的含量及其与 G 型木质素含量的比值（S/G）与细胞壁糖化效率呈正相关关系。利用基因编辑技术敲除杨树 *PtoLac14* 后，S/G 比值升高的同时，酶解糖化效率也得到显著提高（Qin et al.，2020）。同时，新型木质素单体的掺入也对细胞壁的可降解性产生了积极作用。在柳枝稷中下调 *COMT* 表达的同时过表达 *F5H*，导致 5-OH G 型单体的大量积累，从而提高了细胞壁的酶解糖化效率（Wu et al.，2019）。木质纤维素中酚酸酯的减少也能够有效降低细胞壁糖化过程中纤维素酶的用量。因此，通过改变半纤维素、木质素和纤维素之间的分子相互作用来改造植物细胞壁组分与结构，可以显著提高细胞壁糖化效率。此外，微生物可利用阿魏酸酯酶（ferulic acid esterase，FAE）打开阿魏酸和阿拉伯木聚糖间形成的酯键，从而促进自身对细胞壁多糖的利用。在苇状羊茅（*Festuca arundinacea*）中过表达黑曲霉阿魏酸酯酶基因 *faeA* 后，更多的阿魏酸从细胞壁中释放出来，降低了细胞壁中酯化酚类物质的含量，同时提高了细胞壁降解效率（Buanafina et al.，2008）。

2.1.6 能源植物其他农艺性状的分子设计

1. 能源植物株型设计与生物量形成

植物株型按照组织器官来分，主要包括叶型、茎型、穗型和根型等。其中，茎是木质纤维素类能源植物转化利用的主要部分，因此，茎发育调控对能源植物生物量的形成至关重要。

1）分蘖/分枝数目的分子调控

柳枝稷和芒草是以茎和叶等地上部分为原料的多年生能源植物，分蘖数目是衡量其生物量的重要指标之一，分蘖主要来自冠状根茎的侧芽。其中，由主茎基部上的侧芽发育而来的，称为一级分蘖；在一级分蘖基部又可产生新的侧芽及不定根，从而形成二级分蘖；依此类推。但是，在实际生产中由于各种外界因素的影响，分蘖不会无限发生。因而增加茎基部的侧芽数目，能够显著增加分蘖数，是培育高生物量能源植物品种最为直接有效的策略之一。分蘖的发育可分为茎基部侧芽的发生和伸长两个阶段。其中，侧芽的发生主要由植物本身基因进行调控。目前，在禾本科植物中已经证明了一些可以影响茎基部侧芽发生的基因。例如，*MONOCULM 1*（*MOC1*）作为植物特有的 GRAS 家族的转录调控因子，是茎基部分生组织形成的关键调控因子；玉米 *ba1* 突变体呈现分蘖不发育或雌花序（穗）和雄花序（穗）不分枝的表型。

茎基部分生组织建立以后，侧芽是否能够正常发育为分蘖，受到遗传、激素及环境等多种因素的影响。首先，植物激素是决定分蘖发育的一类重要因素，目前对分蘖调控的激素研究主要侧重于生长素、独脚金内酯（strigolactone，SL）和细胞分裂素（Li et al.，2016；Umehara et al.，2010）。生长素作为植物中最早发现的激素之一，能够控制腋芽的发育。例如，对植物未受损伤的顶芽施加适量的生长素转运特异性抑制剂 2,3,5-三碘苯甲酸（2,3,5-triiodobenzoic acid，TIBA）可以促进腋芽的生长，但对腋芽施加外源生长素时，腋芽的生长却被抑制（Li et al.，2016）。柳枝稷中干扰 *PvPIN1* 能够显著促进植物分蘖的出现和发育，其表型与 TIBA 处理的野生型植株相似。诱导 *PvPIN1* 过表达或抑制 *PvPIN1* 表达的转基因植株改变了分蘖数和茎根比，表明 *PvPIN1* 在生长素依赖型不定根出苗和分蘖过程中起着重要作用。独脚金内酯作为一种新型的植物激素，对腋芽的发育和分蘖的发生有抑制作用（Umehara et al.，2010）。*MAX2*（more axillary growth2）基因在多种植物中编码参与独脚金内酯信号通路的蛋白质。柳枝稷基因组中包含两个高度相似的 MAX2 同源物，其中 *PvMAX2* 的表达由合成独脚金内酯类似物的 GR24 上调。*PvMAX2* 在拟南芥 *max2* 突变体中的异位表达能够恢复该突变体的矮化、浓密和叶片较小的表型，同时也恢复了野生型主根和下胚轴长度表型，以及对 GR24 的应答，说明 *PvMAX2* 可能通过独脚金内酯途径在柳枝稷分蘖过程中发挥重要作用。除激素外，目前已报道某些植物自身基因对于分蘖发育也具有调节作用。已知 miR156-SPL 模式参与玉米和水稻的分蘖调控（Chuck et al.，2014）。同样，在能源植物柳枝稷中过表达 miR156 或者抑制其靶基因 *PvSPL2* 的表达，均能显著增加柳枝稷的分蘖数目，进而增加其生物量（Wu et al.，2016）。相似的现象在杨树 miR156 过表达植株中也被报道（Wang et al.，2020a）。在禾本科植物玉米中，过表达 *TB1*（teosinte branched 1）抑制了腋芽的生长发育，使植株分蘖减少。通过 CRISPR/Cas9 技术敲除柳枝稷中 *PvTB1*，发现突变体的分蘖数、鲜重均显著高于野生型，且 *PvTB1* 具有剂量依赖性，该基因作为负调控因子在柳枝稷分蘖产生中起着关键作用。*CYCD* 可以通过调节细胞周期过程影响植物的生长发育，杨树中过表达 *PtoCYCD3-3* 表现出明显的分枝增多表型，表明该基因能够促进杨树的营养生长过程。上述研究表明，生长素、独脚金内酯及细胞分裂素等激素合成途径相关基因，以及 miR156-SPL-TB1 模块、细胞周期基因均可以作为调控柳枝稷、芒草等能源植物分蘖性状改良的重要候选元件，用于合成生物学研究中以提升能源植物的生物量。

2）茎节长短的分子调控

植物茎的形成是茎端分生组织活动的结果。茎端分生组织外层的细胞参与侧生器官原基及侧芽分生组织的形成，而内部细胞群经分裂与分化形成主茎。因此，增加茎节高度能够提高能源植物的生物量。

先前的研究表明，赤霉素（gibberellin，GA）和菜籽类固醇（brassinosteroid，BR）参与调控茎节的发育过程。GA 在植物发育的诸多过程中发挥作用，其最重要的功能是调节植株的营养生长，促进茎节的伸长。现已确认，两类基因参与 GA 调节茎节长度的过程，其中一类基因能够钝化植物对 GA 的应答反应、影响 GA

的信号通路,另一类基因则调节 GA 的生物合成。例如,DELLA 蛋白是抑制 GA 应答的一类核心转录调节因子,属于具有高度保守性的 GRAS 蛋白家族,在多种植物中被发现,包括小麦矮秆基因 *Rht1* 和 *Rht2*、玉米基因 *D8* 和水稻基因 *SLR1* 等,它们的突变体均表现矮秆且对 GA 不敏感。在木本能源植物杨树中过表达 *GID* 同源基因,也观察到生长迅速、茎节伸长的结构性 GA 响应表型。在 GA 合成途径中,编码 GA20 氧化酶的 *Sd1* 基因可以通过调节 GA 的生物合成而影响水稻茎节长度。在烟草和杨树中,GA 生物合成基因的过表达也显示了 GA 调控在植物生物量增加过程中的巨大潜力。研究表明,在杨树中过表达 GA20 氧化酶可以提高 GA 的含量,从而导致植株高度和纤维长度的显著增加,最终增加植株干重。草本能源植物柳枝稷中 miR156 靶基因 *SPL7* 和 *SPL8* 除了影响开花外,其下调还可以使植株茎节明显伸长,显著增加生物量和糖释放量,而它们对茎节发育的调控可能经由 GA 调控途径实现。上述研究表明,GA 生物合成或信号转导相关基因可作为提高能源植物生物量的重要靶点。

除了 GA 外,BR 对节间细胞的伸长也起到重要调控作用。通过 BR 改变株高的基因可分为两类:一类影响 BR 的信号转导,另一类则调节 BR 的生物合成。大多数 BR 合成酶和水解酶均属于细胞色素 P450 家族,该家族的基因对植株茎节发育影响显著。在木本能源植物杨树中过表达 BR 合成途径 P450 基因 *PtCYP85A3*,能够增加内源 BR 水平,使转基因杨树的株高和茎粗分别提高了 15% 和 25%。进一步研究发现,过表达 *PtCYP85A3* 促进了木质部的形成,但不影响转基因植株纤维素和木质素的组成以及细胞壁的厚度。同样地,编码 P450 蛋白的 *PtoDWF4* 在杨树中过表达促进了杨树的生长速度和产量,增加了木质部面积和细胞层数。与野生型相比,转基因植株的株高和茎粗显著增加。

目前,关于激素之外的基因对于茎节发育的调节作用也已有报道。例如,水稻光敏色素互作因子(*OsPIL1*)基因编码一个基本的螺旋-环-螺旋转录因子,光诱导其表达。将 *OsPIL1* 导入柳枝稷中,过表达 *OsPIL1* 转基因植株的株高和生物量均显著增加。显微分析表明,转基因柳枝稷表皮细胞的长度相比野生型增加,且酶解后能够释放出更多可溶性糖,表明糖化效率得到显著提高。因此,*OsPIL1* 与上述激素类基因元件可作为提高能源植物生物量和糖化效率的分子元件,通过合成生物学策略组装成不同的分子模块,用于木质纤维素类能源植物的遗传改良,提高其生物乙醇产量(Yan et al.,2018)。

3)茎粗细的分子调控

在植物生活周期中,各种侧生器官都是由茎端分生组织(shoot apical meristem,SAM)分化而来的,其中茎节粗细在很大程度上由茎端分生组织决定。在模式植物拟南芥中陆续发现的影响茎端分生组织形成的基因有 *STM*、*WUS*、*CLAV* 和 *CUC* 等。*WUS* 是目前已知的在茎端分生组织形成区域最早表达的基因,它编码 WOX 家族的一个蛋白质，可保持茎端分生组织细胞分裂和分化的能力（Mayer et al.，1998）。将蒺藜苜蓿 WOX 家族转录因子 *STF* 引入草本能源植物柳枝稷中，能够显著提高其生物量和酶解糖的总产量。STF 在柳枝稷中的过表达能够抑制细胞分裂素氧化酶 CKX 的转录水平，从而增加活性细胞分裂素的含量，最终导致柳枝稷叶片宽度和茎节直径的显著增加。此外，利用嵌合阻遏基因沉默技术，在柳枝稷中抑制耐旱耐盐转录调控因子 DST 的活性，不但能够显著增加柳枝稷叶片宽度与茎节直径，而且在盐胁迫下生长状态更好、叶片相对含水量更高。另外，在木本能源植物杨树中过表达大叶基因（*BL*）能够促进杨树细胞增殖，导致叶片变大，进而增加叶片进行光合作用的面积，提高杨树的生物量。

近期研究表明，某些基因能够对转基因植物的多种性状进行同时调控。例如，杨树中过表达细胞周期调节基因 *PtoCYCD3-3* 后，转基因植株除了表现出明显的分枝增多之外，还能够增加叶片面积，促进茎节变粗和伸长。*miR319* 在柳枝稷中的过表达促进了转基因植株的叶片伸长和扩张，增加了植株高度及茎节直径，导致能源植物生物量显著增加（Liu et al.，2020a）。过表达 $Na^+（K^+）/H^+$ 逆向转运蛋白基因 *PvNHX1* 的转基因柳枝稷在株高和叶片发育方面表现出明显的优势，具有更好的生长相关表型（更高的茎高、更大的茎直径、更长的叶片长度和宽度），提示 *PvNHX1* 可能在柳枝稷的生长发育中起促进作用。上述多性状控制基因在合成生物学中具有较大的应用潜力，可作为核心元件或模块进行利用，从而实现能源植物综合性状的有效改良。

4）开花时间的分子调控

植物由营养生长进入生殖生长后，分蘖基本不再发生。这主要是由于该阶段植物的物质能量供应更多地流向花序（inflorescence）。因而，延迟开花启动或开花时间，不但有助于植物在营养生长阶段积累更多的生物质，而且有利于形成更多的有效分蘖，从而增加植物的生物量。近年来，通过调控能源植物开花时间影响生物量的实例有许多。例如，*FT1* 及下游基因 *APL1* 是花过渡开始到花器官发育的关键调控因子。*PvFT1* 在柳枝稷中过表达导致植株早花，并激活了 FT 下游靶基因，证实其是柳枝开花的强激活剂。在柳枝稷中过表达 miR156 或抑制其靶基因 *SPL7/8*，能够显著抑制植株的开花启动和花序分生组织形成（Fu et al.，2012；Gou et al.，2019）。开花时间对植物株型具有决定性作用，因此，对 *FT1*、*APL1*、*SPL* 等开花途径基因进行调控是改良生物量的一条行之有效的途径。

2. 能源植物木质素途径重塑联产高附加值产品

木质素是存在于大部分陆地植物木质部中的复杂高分子化合物，大约占到陆地植物生物量的 1/3，而且木质素自身也是一种重要的天然工农业化学品原料。木质素结构中具有酚羟基、醇羟基、醛基和羧基等官能团，可与其他一些化合物在特定条件下合成树脂和胶黏剂等。使用木质素替代炭黑，可以生产橡胶制品。还可以使用木质素生产油井化学品，如钻井液、完井液、固井液、酸化液、压裂液、污水处理剂、调剖剂和缓蚀剂等。木质素磺酸盐可作为混凝土减水剂和水泥助磨剂等。同时，木质素还可以作为轻工业中的表面活性剂、染料分散剂、合成鞣剂、活性炭、碳纤维、木陶瓷，也可以用来生产香草醛、二甲硫醚、二甲基亚砜、防垢剂、絮凝剂、黏结剂。另外，木质素及其代谢中间产物也可应用于农业生产中的高附加值产品开发，如肥料、农药分散缓释剂、植物生长调节剂、土壤改良剂、液体地膜、固沙剂、饲料添加剂等。通过在木质素合成途径中引入苯乙醛合酶（phenylacetaldehyde synthase，PAAS）和苯乙醛还原酶（phenylacetaldehyde reductase，PAR）能够减少木质素含量，实现苯丙素代谢分流合成香味剂苯乙醇（Qi et al.，2015）。另外，通过改造细胞色素 P450 单加氧酶 CYP84A4 和双加氧酶 LigB，能够实现 α-吡喃酮的合成（Weng et al.，2012）。因此，通过合成生物学技术对能源植物中的木质素合成途径进行改良与重塑，有望实现木质素的改性，从而培育出面向不同木质素产品需求的能源植物新品种，为木质素及高附加值产品的开发和利用提供原料，变相降低生物能源的生产成本。

2.1.7　总结与展望

能源植物尤其是木质纤维素类能源植物在自然界中分布广泛，不但具有生物能源生产的巨大经济价值，还在二氧化碳捕获与碳中和、生态环保与观赏等方面发挥独特的作用。然而，当前能源植物转化和利用存在高品质植物资源不足的瓶颈问题，亟须引入先进的合成生物学技术，对现有植物资源进行升级改造。尽管目前对能源植物利用合成生物学进行模块改造的技术仍处于起步阶段，但是通过调控涉及生物量、品质基因的表达，已经可以实现高生物量、高细胞壁品质等多个优良性状的聚合。例如，在能源植物柳枝稷中适度表达水稻 miR156 前体序列或抑制 miR156 靶基因 *SPL1/2* 的表达，可使柳枝稷的生物量增加 58%～101%，同时降低其细胞壁中木质素含量，提高可溶性糖含量（Wu et al.，2016），极大地增加其光能产出。然而，外源 *miR156* 过表达虽然能够持续增加能源植物柳枝稷的分蘖数目，但也导致了茎秆矮小的不利表型。为了解决上述难题，进一步发挥 *miR156* 的作用潜力，研究人员在 *miR156* 过表达柳枝稷的背景下，通过合成生物学的策略同时调高了能够控制茎秆粗细与高矮的 *WOX3a* 基因，最终获得了生物量增加 1.7 倍的能源植物新资源（Yang et al.，2021）。另外，使用相同的策略，本实验通过在高细胞壁品质且耐盐碱的 *COMT*-RNAi 柳枝稷株系背景下，过表达了蒺藜苜蓿 WOX 家族基因 *STENOFOLIA*（*STF*），最终获得了高生物量、高细胞壁品质的耐盐碱能源植物新资源。然而，大多数能源植物难以被遗传操作，因此，能源植物的遗传转化技术仍然是合成生物学在能源植物中广泛应用的瓶颈。虽然植物遗传转化技术经历了 40 多年的发展，但该技术对操作者的经验以及目标植物的品种或基因型依赖过高。因此，今后需要加大植物遗传转化内在分子机制的深入研究，重点发展不依赖植物品种/基因型的转基因技术，实现对难转化能源植物品种/资源的遗传改良。另外，具有商业化应用价值的优良基因元件与分子模块是合成生物学的基础，今后应重点解析能源植物生物质积累与细胞壁合成的分子机制、挖掘控制能源植物高效捕光聚能与生物质高效转化的关键元件、高通量组装能够提高能源植物生物量与品质的多个分子模块，从而实现能源植物的自主设计与高通量改造。最后，针对当前生物质能源生产成本居高不下的困境，利用能源植物生长迅速、生物量大、抗逆性强的优势，在提高能源植物生物质能产出的同时，应借鉴目前先进的"分子农场"技术理念，利用植物特有的翻译后修饰功能和特有成分产出，提高能源植物疫苗、抗体、激素或细胞因子等高附加值物质的产出，从而将能源植物作为优良的生物反应器，实现能源与其他生物基产品的同步生产，最终实现能源植物资源的综合利用。

*基金项目：*中国科学院战略性先导科技专项（A 类）-XDA26030301；山东能源研究院科研创新基金-SEI I202142、SEI I202130。

2.2 生物质到糖——降解纤维素梭菌合成生物学

刘亚君，冯银刚，崔球*
中国科学院青岛生物能源与过程研究所，青岛 266101
*通讯作者，Email：cuiqiu@qibebt.ac.cn

2.2.1 引言

植物通过光合作用的方式固定太阳能和二氧化碳，从而生产具有天然负碳属性的生物质（biomass）。在零碳经济中，生物质既可以作为零碳能源，又可以作为零碳原料。木质纤维素（lignocellulose）是生物质的主要成分，也是地球上最丰富的可持续碳资源，全世界年产量超过 2000 亿 t（Michelin et al.，2013）。因此，开发木质纤维素生物质高效转化和利用的生物技术，对促进我国碳减排，实现碳达峰、碳中和目标至关重要。

从另一方面来说，生物质与粮食等生产领域一定程度上存在对土地、水等资源的竞争，而我国也同时面临粮食需求量大、耕地资源不足、粮食对外依存度逐年递增的严峻问题，粮食生产与消费长期处于"紧平衡"状态，特别在豆类和玉米等饲料用途原粮方面极度依赖进口（朱勤勤，2019）。例如，自 2014 年起，中国年进口粮食已大于 1 亿 t；2020 年，我国全年粮食累计进口同比增长 27.97%，仅大豆进口量就突破亿吨，增长 13.3%，占国内消费量的 90% 以上（倪坤晓和何安华，2021）。

这种情况下，木质纤维素类生物质的有效使用就显得尤为重要。首先，秸秆等农林废弃生物质被认为是化石资源的最佳替代品之一。对于农作物来说，其光合作用的产物可以说一半在籽实（粮食）、一半在秸秆（废弃物）。对于我国这样一个人口大国和农作物种植大国，每年生产农作物秸秆已超 10 亿 t，其中可收集秸秆超过 8 亿 t，具有量大、价低、可用性高和分布广泛的优势。经估算，我国每年产生的农业秸秆通过酶解糖化可转化成近 5 亿 t 可发酵糖，并可进一步转化为生物燃料、单细胞蛋白及油脂等工业及饲用原料。此外，柳枝稷等能源植物不仅是理想的木质纤维素生物质资源，还能够耐受干旱和盐碱胁迫，可以用于土壤和生态修复，具有较高的利用价值（Hill et al.，2006）。因此，能源植物的主动培育也显得尤为重要，成为国内外研究的热点领域（Bouton，2007；Somleva et al.，2008；刘吉利等，2009；Zhang et al.，2017b）。

2021 年，能源转型委员会的报告称，到 2050 年，中国实现零碳经济中的生物质资源潜力中，作物秸秆来源的生物质能供给潜力占比超过 40%，林木和其他能源作物占比分别为 27% 和 22%（Turner et al.，2021）。因此，发展木质纤维素到可溶性发酵糖的转化技术，不仅可以实现秸秆等低值废弃生物质的高效利用，在生态修复、边际土地利用方面取得突破，还有望从根本上提出全新的能源和粮食战略，打造非粮生物质第二农业。由此可见，如何通过对木质纤维素生物质的有效利用寻找资源和能源突围之路来保障能源和粮食安全，是我国可持续发展的关键。

近 20 年以来，木质纤维素类生物质的高值化利用引起了世界各国政府的极大关注，特别是农业废弃物的高效转化成为全球研究的热点（Alonso et al.，2012）。例如，美国《2007 年能源独立和安全法案》要求生物燃料产量到 2022 年达到 360 亿加仑①；欧盟要求到 2030 年将欧盟农业用地的 18% 用于生产生物燃料（Sissine，2007）。然而，我国绝大部分秸秆采用粉碎还田的低效利用方法，不仅造成资源浪费，还会因秸秆堆放而占用耕地；同时，就地焚烧问题仍屡禁不止，成为严重的碳排放源头与环境污染源。2021 年 2 月，国务院发布了《关于加快建立健全绿色低碳循环发展经济体系的指导意见》，进一步明确了我国推进农作物秸秆综合利用和秸秆应用技术开发的迫切需求，以服务于国家实现碳中和的长远目标。

_____

① 1 加仑（美）≈3.785 L。

　　木质纤维素以木质素、半纤维素和纤维素为主要成分。其中，纤维素含有由β-1,4-糖苷键连接的葡萄糖单元通过广泛的分子内和分子间氢键网络紧密结合形成的晶体结构，是木质纤维素生物转化的主要障碍之一（De and Luque，2015）；半纤维素和木质素都会影响纤维素酶对纤维素的可及性，从而降低水解速率。由此可见，木质纤维素的复杂结构和组成形成了天然拮抗降解作用的屏障（Himmel et al.，2007），木质纤维素生物质的高效、低成本酶解糖化转化成为秸秆产业化应用的瓶颈问题（Demain et al.，2005）。在木质纤维素的组分中，纤维素与半纤维素可以经过水解形成可溶性单糖或寡糖，被微生物作为碳源利用；木质素是由甲基化程度不同的氧代苯丙醇结构单元组成的高分子多聚体，不同单元通过芳基醚或C-C键连接，一般不能作为唯一碳源供微生物生长。因此，木质纤维素到可溶性发酵糖的酶解转化依赖于包括纤维素酶、半纤维素酶及木质素酶在内的高效复合酶系。

　　目前，用于木质纤维素糖化的酶系主要有两类：一是来源于真菌的游离酶体系，诺维信（Novozymes）公司是商业化游离酶制剂的主要供应商之一（Chandel et al.，2019），目前主流的木质纤维素生物转化技术——同步糖化发酵（simultaneous saccharification and fermentation，SSF）就是一种采用游离酶制剂的工艺；二是来源于厌氧梭菌的纤维小体体系，美国达特茅斯学院Lynd教授在2005年提出的整合生物加工（consolidated bioprocessing，CBP）技术及我国自主提出的全新整合生物糖化（consolidated bio-saccharification，CBS）技术（Zhang et al.，2017a），均采用梭菌及其纤维小体作为生物催化剂实现木质纤维素的高效转化。

　　梭菌属于厚壁菌门（Firmicutes），主要为革兰氏阳性严格厌氧细菌，其中热纤梭菌（*Clostridium thermocellum*，近年来有过多次更名，最新国际标准命名为*Acetivibrio thermocellus*）等产纤维小体梭菌还具有高温生长（60℃）的特征，这样的生长条件有利于木质纤维素结构的解聚，还可有效降低工业生产中染菌的风险。不仅如此，厌氧发酵过程会极大地减少通气和搅拌的能耗成本（Demain et al.，2005）。因此，利用梭菌及其酶系作为生物催化剂实现木质纤维素生物质高效糖化的应用前景广阔。

　　另一方面，梭菌作为厌氧微生物也存在生长缓慢、代谢产物相对单一、产量低、附加值低的问题。例如，目前CBP工艺仍受限于以纤维素乙醇等生物燃料为主的产品种类。石油价格的波动性及煤制乙醇的低成本使得CBP乙醇目前还不具备市场竞争力，要实现工业化推广，仍需极大的努力和技术改进。因此，我们需采取代谢工程与合成生物学相结合的研究策略，对梭菌底盘细胞及酶系开展以产品目标为指导的定向改造。近年来，已有多个基于合成生物学思路开拓CBP产品的研究报道。对于CBS技术来说，其核心在于创制更为高效的生物催化剂，实现木质纤维素到可发酵糖的快速转化，这很大程度上依赖于针对纤维小体复杂体系的合成生物学定向改良。

本节将从工具平台、酶体系、底盘细胞构建等方面介绍梭菌在木质纤维素生物糖化方面的研究进展和应用，同时对梭菌作为底盘细胞在将来合成生物学生物制造中的应用提出展望。

2.2.2 降解纤维素梭菌合成生物学工具与策略

相对于大肠杆菌、芽孢杆菌等模式细菌，梭菌遗传改造技术的开发相对滞后。然而，得益于国内外基因组测序技术的发展和普遍应用，目前梭菌的遗传学研究发展迅猛，进而推动开发了针对梭菌的系统生物学研究技术、定向改造遗传操作工具及高通量研究平台，为梭菌合成生物学研究奠定了技术基础。

1. 系统生物学研究技术

目前，基于新一代测序技术与质谱的多组学分析策略已经广泛应用于微生物学研究，这种基于系统生物学的研究思想有效地突破了对单个基因序列或者蛋白质的有限分析，可以更为全面地探索从基因水平、转录水平、蛋白质水平、代谢水平到表型水平的全方位互作关系，也是开展梭菌合成生物学研究的前提和基础。

针对梭菌的系统生物学研究已有成熟的方法和广泛的案例。在 NCBI 数据库中，以属名 *Clostridium* 为关键词，可搜索到近 4000 条基因组数据；而以纲名 Clostridia 为关键词搜索，可获得超过两万条基因组信息。如此庞大的组学数据信息为我们更深入地了解梭菌的生长代谢机制提供了有力的支撑。下面将以典型的嗜热梭菌——热纤梭菌为例，介绍纤维素降解梭菌中系统生物学相关研究的情况。

热纤梭菌是典型的嗜热厌氧梭菌，是较早开展组学研究的梭菌。热纤梭菌被认为是纤维素水解效率最高的梭菌，它所生产的纤维小体体系也被认为是最为高效的纤维素降解分子机器之一（Lamed and Bayer，1988）。热纤梭菌菌株 ATCC27405 的基因组早在 2007 年就已经由美国能源部联合基因组研究所完成测序并公布在 NCBI 数据库中。随后，菌株 DSM1313、DSM2360（LQRI）、YS、YS 的突变株 AD2 以及 PAL5 的基因组也得到了测序和注释。在已测序的热纤梭菌菌株中，以 DSM1313 为底盘菌株更容易开展基因工程操作（Mohr et al.，2013）。基于完整的基因组序列分析，研究人员发现不同热纤梭菌菌株间存在着一定程度的多样性，进而解释了不同菌株具有不同纤维素降解性能及不同基因工程改造特性的原因（表 2-2）。另外，通过基因组测序的方法，也可能寻找到新的酶资源和功能元件（Wilson，2012）。

表 2-2 目前已有的热纤梭菌菌株基因组信息（2023 年 1 月 6 日）*

菌株	测序水平	基因组大小/Mb	GC/%	基因数	公开时间
LQRI	完整	3.577 58	39.2	2993	2016/7/22
ATCC 27405	完整	3.843 30	39.0	3268	2007/2/14
M3	完整	3.602 27	39.0	3001	2022/9/15
DSM 1313	完整	3.561 62	39.1	2979	2011/1/4
AD2	完整	3.554 85	39.2	2987	2016/1/8
LQRI	重叠群	3.611 28	39.2	3015	2017/9/19
PAL5	重叠群	3.736 35	38.8	3197	2019/4/23
AD2	重叠群	3.554 85	39.2	2985	2017/10/17
YS	重叠群	3.464 37	39.1	2934	2012/3/21
UBA8863	重叠群组装	3.290 69	39.0	2818	2018/9/7
AS02xzSISU_19	重叠群	3.065 30	39.6	2680	2020/4/23
BC1	重叠群	3.452 18	39.1	3023	2013/10/18

*https://www.ncbi.nlm.nih.gov/genome/browse/#!/prokaryotes/831/。

由于热纤梭菌可以水解纤维素并以纤维素水解产物为碳源直接发酵生产乙醇，这种梭菌被认为是通过 CBP 路径生产纤维素乙醇的潜在菌株。因此，热纤梭菌如何利用不同的纤维素底物并发酵生产乙醇的性能研究尤为重要，热纤梭菌的转录组、蛋白质组及代谢物组学研究也引起了广泛关注。例如，利用微阵列及 RNA-Seq 分析平台比较纤维二糖与预处理底物，或者不同来源预处理底物降解条件下的热纤梭菌全局转录组，进而对基因组数据进行了补充和优化。Raman 等先后开展了热纤梭菌的转录组学及蛋白质组学研究（Raman et al.，2009，2011），发现了纤维小体组分随着底物的不同发生改变，存在底物偶联的适应性调控机制。

热纤梭菌耐受性差，这是影响 CBP 乙醇生产的重要瓶颈。Wilson 等先后分析了热纤梭菌在乙醇胁迫、热激条件及糠醛胁迫下的转录谱，结果发现氮源吸收及代谢相关的基因表达均受乙醇胁迫或糠醛胁迫条件影响，其中乙醇胁迫影响最大，而在糠醛胁迫下，硫酸根转运及同化相关的酶的表达受到较大影响，这为进一步的调控元件及机理研究提供了指引。Yang 等（2012）综合分析了乙醇胁迫下热纤梭菌的转录组、蛋白质组、代谢物组变化，同样证明了胁迫条件对氮源的吸收和代谢的影响是抑制生长的最大原因。依赖于质谱的代谢物组学研究平台的完善和建立，人们对热纤梭菌的中心代谢过程（如丙酮酸的合成和代谢）、氧化还原途径、电子传递方式及能量代谢辅因子类型都有了更为清晰的认识，进而可指导代谢工程改造。

热纤梭菌以生产纤维小体而闻名。纤维小体是一种多酶复合体，具有复杂的结构和组分，热纤梭菌的纤维小体具有 80 多个可能的组分，其他菌株来源的纤维小体可能具有更为复杂和庞大的组成。例如，明黄梭菌（*Clostridium clariflavum*）可能含有 160 个纤维小体酶组分及 31 个支架蛋白（Artzi et al.，2014）；溶纤维素拟杆菌（*Bacteroides cellulosolvens*，后更名为 *Pseudobacteroides cellulosolvens*）的纤维小体更为复杂。因此，基于纤维小体的蛋白质组学研究——纤维小体组学（cellulosomics），以及以降解功能命名的降解组（degradome）研究近几年方兴未艾。例如，Xu 等（2016）对热纤梭菌纤维小体体系中的游离纤维小体和附着纤维小体分别进行了组学研究，进而证明了热纤梭菌纤维小体体系的完整性对降解效率至关重要，其中，初级脚架 CipA 所发挥的调节功能至关重要。基于这些新兴组学研究，更多的新型纤维素降解元件得以挖掘，纤维素降解相关的功能机制也逐渐被人们认识。

2. 梭菌定向改造工具

从 20 世纪 80 年代起，科研人员开始了对梭菌遗传改造技术的开发（Lin et al.，1984），目前已具有针对嗜热和嗜中温梭菌的 DNA 导入技术、质粒骨架、筛选标记、表达元件、基于同源重组的基因组编辑等基础组件和技术（Cui et al.，2012；Olson et al.，2012，2015；Zhang et al.，2017；Tao et al.，2020；Qi et al.，2021）。例如，中国科学院青岛生物能源与过程研究所独立研发了全新的电转化装置 MT01-3kV，通过对电转化脉冲频率、占空比、电阻、电容、电转化缓冲液、电转杯直径等因素的优化，将中温及嗜热梭菌的每微克 DNA 电转化效率提高到 $10^4 \sim 10^5$ 菌落形成单位（colony-forming unit，CFU），可以满足同源重组需求（刘亚君等，2014）；通过对质粒骨架和启动子的优化，成功实现了外源蛋白在热纤梭菌中的高水平表达，解决了基于质粒蛋白表达困难的难题（Qi et al.，2021）。研究人员进一步开发了具有不同工作原理的新型基因打靶技术，既有细菌常用的同源重组技术，又有独具特色的 Targetron 打靶技术。

Targetron 技术是近年来发展起来的基于可动 II 型内含子（mobile group II intron）的基因打靶技术。细菌可动 II 型内含子是具有自我剪接功能的催化 RNA，能够从靶基因的一个位点迁移到另一个位点，可动 II 型内含子在内含子编码蛋白 IEP（intron encoded protein）的协助下，识别并切割 DNA 靶位点，并将自身 RNA 整合到靶位点，然后通过反转录和修复功能合成互补双链 DNA，实现 II 型内含子在 DNA 靶位点的插入。

ClosTron（clostridium targetron）技术是 Targetron 技术在梭菌细胞中的成功应用。利用该技术只需改变 II 型内含子编码区的少数核苷酸序列，即可实现其在基因组任意区域的定向插入，从设计到获得突变株的整个流程只需 1～2 周时间，具有方便、高效、快捷的特点，是目前梭菌中使用最广泛的基因打靶技术（Kuehne et al.，2012）。然而，ClosTron 技术仍存在脱靶的问题，这是由于内含子识别序列较短，容易出现目标靶点之外的位点识别，导致错误插入。为此，Zhang 等（2015）通过开发梭菌中严谨高效的阿拉伯诱导表达系统，并应用于 ClosTron 元件的表达，大大降低了脱靶概率，有效地提高了基于 ClosTron 基因敲除的工作效率。

传统 ClosTron 技术只适用于丙酮丁醇梭菌、解纤维梭菌等中温梭菌，在高温梭菌中因 II 型内含子元件不能正确折叠而不能实现基因打靶的功能。Thermotargetron 技术的诞生解决了这一问题（Mohr et al.，2013）。作为一种嗜热 Targetron 技术，Thermotargetron 是基于细长嗜热聚球藻（*Thermosynechococcus elongatus*）的内含子 Tel3c/4c 开发的，该技术已被证明在典型嗜热厌氧梭菌热纤梭菌中的打靶效率最高可达 100%，从而拓宽了 Targetron 技术在梭菌遗传改造及合成生物学研究中的应用范围。

除了基于两类内含子的打靶技术，CRISPR 技术也已应用到梭菌的遗传改造当中。CRISPR 及其相关蛋白（Cas9、Cpf1/Cas12a、dCas9）已发展成为迄今为止最成功的基因组编辑工具。由于细菌中非同源末端连接（non-homologous end joining，NHEJ）效率低，CRISPR 最初主要应用于真核基因组编辑，在细菌中的应用相对有限。然而，近几年通过与同源重组技术的整合，CRISPR 在细菌基因组编辑中的应用也变得越来越广泛（Barrangou and Pijkeren，2016），同时也已应用于解纤维梭菌（*Clostridium cellulolyticum*）、丙酮丁醇梭菌（*C. acetobutylicum*）、拜氏梭菌（*C. beijerinckii*）等嗜中温梭菌的基因组编辑和合成生物学研究中（Kathleen et al.，2019）。基于前人的工作，英国诺丁汉大学的 Minton 教授团队进一步开发了 RiboCas 这一嗜中温梭菌通用的 CRISPR 技术工具包。他们通过建立一个茶碱（theophylline）依赖性的核糖开关严谨调控 Cas9 的表达水平，从而克服了 CRISPR/Cas9 转化效率低、Cas9 表达对细胞毒性高等内在问题，在巴氏梭菌（*C. pasteurianum*）、艰难梭菌（*C. difficile*）、产孢梭菌（*C. sporogenes*）、肉毒梭菌（*C. botulinum*）中都获得了较高的基因打靶效率（Canadas et al.，2019）。

然而，CRISPR 技术在嗜热梭菌中的开发和应用鲜有报道。2012 年在热纤梭菌中发现存在内源的 IB 型 CRISPR 系统。由于内源 CRISPR 系统已经应用于嗜中温梭菌的基因组编辑，因此热纤梭菌中内源 CRISPR 系统的发现引起了国内外极大的关注和兴趣。Walker 等（2019）分别基于内源的 IB 型 CRISPR 系统和来源于嗜热脂肪地芽孢杆菌（*Geobacillus stearothermophilus*）的 II 型 CRISPR/Cas 系统开发了热纤梭菌的基因编辑技术。然而，相较于传统的基于同源重组的基因打靶技术（Zhang et al.，2017a），该方案耗时长、打靶效率不高，因此仍需要进一步优化和改进技术。Ganguly 等（2020）报道了将 CRISPR 干扰技术（CRISPRi）应用于下调热纤梭菌中靶向基因的转录水平（Ganguly et al.，2020）。他们采用来自嗜热微生物热脱氮地芽孢杆菌（*Geobacillus thermodenitrificans*）T12 的 IIC 型嗜热 Cas9，使 *pta* 和 *ldh* 两个基因的表达水平分别降低 67% 和 62%，进而减少了乙醇生产副产物乙酸和乳酸的合成水平。

要针对嗜热梭菌开发更为有效的 CRISPR 基因组编辑技术，需要进一步挖掘高效的嗜热 Cas 蛋白或开发更为灵活的操作体系。例如，Mougiakos 等（2017）利用来源于中温菌化脓性链球菌（*Streptococcus pyogenes*）的 spCas9，以及目标菌株史氏芽孢杆菌（*Bacillus smithii*）具有宽温度生长范围的特点，建立了温度依赖的 Cas9 诱导表达系统，通过中温条件下 Cas9 打靶、高温条件下同源重组，获得了只需要一个质粒、一个选择标记和一个非诱导启动子的高效基因编辑工具，为今后梭菌的遗传改造技术的开发提供了借鉴。

3. 高通量技术平台

随着能源、食品、化工、环境等各个行业的迅猛发展，不同领域对生物技术提出了更高的工业化生产要求，如何开发更高效和更优质的酶制剂、底盘细胞及细胞工厂，满足实际应用中对活性、选择性、稳定性、抗逆性、鲁棒性等方面的需求，已成为全球性的重大技术需求和难题。纤维素降解梭菌的应用场景多为工业化生产，因此对于所产酶及菌株本身的鲁棒性要求较高。为此，前述多种多样的遗传定向改造与系统生物学研究方法应运而生。

然而，由于生物体具有基因、转录、翻译及代谢各个水平的复杂关联，简单的理性改造可能难以获得具有理想性状的重组菌株或重组酶，往往不能满足对新型生物催化剂与菌株的开发需求。在具有高通量筛选手段的基础上，采用以目标性状为检测标准的非理性诱变及定向改造方法，更具微生物定向育种的优势。例如，基于重离子辐照等技术诱发 DNA 损伤的多种物理诱变技术，具有突变谱广、突变率高、突变相对可控、突变体稳定等特点，已成为创制新种质的有力工具，并得到广泛应用（朱宝珠等，2007；李仁民，2008）；基于易错 PCR、饱和突变等建立的定向改造技术也已广泛应用于蛋白质突变体的构建中。

在获得大量突变体库之后，是否具有针对特定性状的高通量筛选体系，决定了非理性定向诱变与改造技术的可行性。传统的基于固体培养基平板及微孔板的筛选方法，操作较简单。目前对于产溶剂梭菌的高通量筛选，仍然以基于平板及微孔板的传统筛选方法为主。例如，Su 等（2016）开发了基于锥虫蓝染色法的可视化表型筛选方法，筛选可高效利用可溶性淀粉发酵生产丁醇的拜氏梭菌；Scheel 和 Lutke-Eversloh（2013）开发了一种半定量分析方法，通过监测丙酮丁醇梭菌的微量滴定培养物中的溶剂产量，从 4390 个菌落中筛选获得高丁醇产量的目标突变菌株；Oguntimein 等开发了厌氧梭菌的原型微孔板测定系统，用于筛选利用纤维素或柳枝稷高产乙醇的热纤梭菌突变株。

由于传统筛选方法通常难以准确定量，且通量低、工作量大，20世纪以来，研究人员建立了将荧光标记与流式细胞仪结合的荧光激活细胞分选方法（fluorescence-activated cell sorting，FACS）和基于微流控芯片的液滴微流控分选（droplet-based microfluidic sorting，DMFS）技术，从而大幅度提高了筛选通量（杨建花等，2021）。由于基于荧光标记的FACS在应用过程中存在细胞适用性有限、难以开展"原位"研究、难以获得全方位代谢表型等局限性问题，中国科学院青岛生物能源与过程研究所的单细胞中心研究团队进一步开发了基于拉曼光谱的单细胞分选技术（Raman-activated cell sorting，RACS），可以快速、非侵入性地进行单细胞尺度的检测和筛选，且不须标记。该团队还进一步开发了高通量单细胞流式拉曼分选仪FlowRACS、单细胞拉曼分选-测序文库耦合系统RACS-Seq等单细胞分析仪器系列及试剂盒，并成功应用于针对淀粉、蛋白质、甘油三酯含量和脂质不饱和度等表型的微藻细胞筛选，以及针对酶活的目标蛋白突变体筛选（马波等，2020）。

目前，FACS或RACS等高通量筛选技术在梭菌领域应用较少，这一方面是因为相对于真菌和微藻，细菌细胞尺寸较小，捕获和检测较为困难，另一方面是由于现有技术主要通过对细胞内产物的鉴定来进行筛选，而纤维素降解梭菌通过外泌表达纤维素酶或纤维小体分子机器实现胞外的纤维素降解，再通过对纤维素降解产物的胞内运输和代谢获取能量，这种胞外发生的催化过程目前难以通过上述高通量筛选手段实现实时监测。中国科学院微生物研究所杜文斌课题组提出了基于荧光激发高通量分选技术（fluorescence-activated droplet sorting，FADS），并已经应用于塑料降解酶及菌株的筛选中（Qiao et al.，2022）。他们将底物纳米颗粒的制备、荧光染料的化学合成以及现有荧光筛选平台相结合，实现了微生物资源的靶向发掘，特别适合于胞外酶的高通量筛选。虽然目前的液滴形成条件只适用于中低温微生物，使得该方法难以应用于嗜热酶和嗜热菌的筛选，但也为纤维素降解微生物的高通量筛选提出了可行的方案。

热纤梭菌这一嗜热厌氧梭菌在木质纤维素生物转化中的应用前景广阔，其作为嗜热底盘在合成生物学研究中也有望占领一席之地，为此，国内外科学家对热纤梭菌的工具开发一直没有停止。经过多年的研发，热纤梭菌的遗传改造工具和系统生物学研究技术均已建成，而且日趋成熟。然而，想要有效地实现热纤梭菌的定向改良，现有突变和筛选方法仍有待升级和改良。在前期开发热纤梭菌基因组编辑工具的过程中，笔者发现反筛标记腺苷激酶（Tdk）容易被一个非常活跃的IS3家族插入序列IS1447所失活。IS1447通过特殊的+1位的转录滑移实现有功能的全长转座酶的合成，代表了IS3家族中一个新的亚组（Liu et al.，2018b）。因此，通过进一步深入的研究，有望开发基于IS的嗜热菌诱变工具，从而提出全新的嗜热菌高通量筛选方案。

2.2.3　梭菌中催化生物质解聚糖化的酶体系

1. 催化生物质解聚糖化的酶

木质纤维素具有复杂的成分和结构，其主要成分是纤维素（40%～50%）、半纤维素（20%～40%）和木质素（20%～30%），同时包括蛋白质、脂质、果胶、可溶性糖和矿物质。木质纤维素的各个组分还会相互连接，形成复杂结构。例如，木质素与纤维素、半纤维素等往往相互连接，形成木质素-碳水化合物复合体（lignin-carbohydrate complex，LCC）（Tarasov et al.，2018）。由此可见，植物细胞壁经过长期进化，形成了天然拮抗降解作用的屏障（Himmel et al.，2007），要实现木质纤维素生物质的高效、低成本酶解糖化，必须建立高效、协同的复合降解酶系。催化木质纤维素生物质解聚糖化的酶主要包括纤维素酶（cellulase）、半纤维素酶（hemicellulase）、木质素酶（ligninase），以及其他辅助酶类。辅助性酶类包括溶解性多糖单加氧酶（lytic polysaccharide monooxygenase，LPMO）（Hemsworth et al.，2015）、扩展蛋白（如膨胀因子）、淀粉酶、蛋白酶、果胶酶（Jayani et al.，2010）、角质酶（Holmquist，2000）等，它们能有效提高纤维素酶的可及性，从而促进木质纤维素糖化进程。

1）纤维素酶

纤维素到葡萄糖或低聚寡糖的水解是由纤维素酶催化的。纤维素酶最早由 Seilliere 于 1906 年在蜗牛的消化液中发现（Seilliere，1906），是具有纤维素水解作用的一组酶的总称。纤维素酶的来源非常广泛，昆虫、软体动物、原生动物、微生物都能产生纤维素酶。目前研究最为深入的还是由细菌和真菌生产的纤维素酶（Ferreira et al.，2020）。

要想实现纤维素完全水解到单糖，需要多种酶参与催化反应（图 2-8）。因此，一般来说，纤维素酶制剂都包括纤维素外切酶（exoglucanase）、纤维素内切酶（endoglucanase）和 β-葡糖苷酶（β-glucosidase，BGL）（Morag et al.，1991）。其中，纤维素内切酶随机切割纤维素链内部的糖苷键，并优先切割水解无定形区域（Murphy et al.，2012）；纤维素外切酶也称为纤维二糖水解酶（cellobiohydrolase，CBH），它以进行性方式在距离纤维素链的还原末端（CBH I）或非还原链末端（CBH II）两个葡萄糖单位的距离处切割糖苷键，从而产生纤维二糖（Ko et al.，2013）；β-葡糖苷酶也称为纤维二糖酶，它将 CBH 产生的纤维二糖再进一步水解转化为葡萄糖（Qu et al.，2017）。上述三类酶在纤维素水解过程中发挥了重要的协同作用（Demain et al.，2005）。例如，内切酶用于产生大量的纤维素链末端，进而被 CBH 识别水解成纤维二糖，而 CBH 的水解作用可以为内切酶暴露出更多的无定形区域。最后，BGL 可以有效消除纤维二糖和寡糖对内切酶及外切酶的强烈抑制性，共同促进纤维素的彻底水解（Zhang et al.，2017a）。

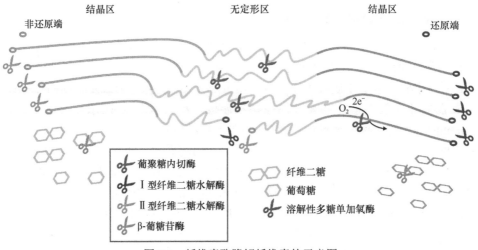

图 2-8　纤维素酶降解纤维素的示意图

2）半纤维素酶

半纤维素是植物细胞壁中一种含有支链和线性多糖的异质组分。半纤维素通过氢键与纤维素结合，从而将它们交联成一个坚固的网络，同时还与木质素共价连接，进而与纤维素一起形成高度复杂的木质素-碳水化合物复合体（LCC）结构（Tarasov et al.，2018）。半纤维素的组成和结构不规则，但其酶促解聚反应条件温和，且不形成有毒降解产物，在高温下容易发生自水解。要实现半纤维素到单体的完全解聚，需要多种半纤维素酶协同作用。

半纤维素酶是指能够作用于半纤维素结构中连接键的碳水化合物水解酶（Biely，2012），主要包含作用于糖苷键的糖苷水解酶（glycosidase hydrolase，GH）和用于水解乙酸酯或阿魏酸侧链的酯酶（carbohydrate esterase，CE）。GH 的种类包括木聚糖酶（β-1,4-木聚糖酶，EC3.2.1.8）、β-木糖苷酶（木聚糖-1,4-β-木糖苷酶，EC3.2.1.37）、α-葡糖醛酸糖苷酶（α-葡萄糖苷二糖苷酶，EC3.2.1.139）、α-阿拉伯呋喃糖苷酶（EC3.2.1.55）、阿拉伯糖酶（内切 α-L-阿拉伯糖酶，EC3.2.1.99）等；CE 的种类包括乙酰木聚糖酯酶（EC3.1.1.72）和阿魏酰木聚糖酯酶（EC3.1.1.73）（Juturu and Wu，2013）。与纤维素酶相似，大多半纤维素酶也具有除催化结构域（catalytic domain，CD）外的其他辅助性功能模块，其中最重要的就是碳水化合物结合模块（carbohydrate- binding module，CBM），可以促进半纤维素酶与不溶性多糖底物的结合（Shallom and Shoham，2003）。

3) 木质素酶

木质素是由苯丙素类单体（又称木质素单体）聚合形成的高分子多聚体，是自然界中最丰富的可再生芳香碳来源。木质素大分子由甲基化程度不同的氧代苯丙醇结构单元组成，不同单元通过芳基醚或 C—C 键连接。作为植物细胞壁的重要组成部分，木质素通过网状交织赋予细胞壁强度，支撑植物生长、水分运输、抵御各种生物及非生物胁迫。然而，由于木质素聚合物结构的复杂性、异质性和可变性，显著阻碍了细胞壁中纤维素和半纤维素的高效转化。木质素一般不能作为唯一碳源供微生物生长，但白腐真菌和一些木质素利用细菌可以分泌各种漆酶（laccase）和过氧化物酶（peroxidase）等木质素酶，实现木质素的解聚。

早期对木质素酶的研究主要集中挖掘白腐真菌来源的过氧化物酶（木质素过氧化物酶、锰过氧化物酶、多功能过氧化物酶、芳醇氧化酶等）和漆酶（Manavalan et al.，2015）。其中，漆酶可氧化木质素衍生的酚类化合物并将分子氧还原为水。漆酶还催化酚类化合物形成苯氧基自由基，导致 C_α-羟基氧化为酮基、烷基-芳基键断裂、去甲氧基化及 C_α—C_β 键断裂；锰过氧化物酶可氧化非酚类木质素相关成分，二价锰离子被中间复合体氧化为三价锰离子，进而从内部攻击木质素大分子；木质素过氧化物酶通过去除一个电子并产生阳离子自由基来直接氧化木质素聚合物的非酚单元（Liu et al.，2019a）。

与细菌来源木质素酶相比，真菌酶通常具有较高的催化效率。以黄孢原毛平革菌（*Phanerochaete chrysosporium*）为代表的担子真菌可以将木质素转化为甲壳素、二氧化碳和水（Hatakka，1994）。除了担子真菌外，白腐菌（*Ceriporiopsis subvermispora*）、紫杉木齿菌（*Echinodontium taxodii*）、糙皮侧耳菌（*Pleurotus ostreatus*）、黑蛋巢菌（*Cyathus stercoreus*）等也具有合成木质素酶降解木质素的能力（Wan and Li，2012）。然而，真菌的木质素酶的表达水平不高，且其生产底盘宿主通常难以实现代谢工程改造。自 2010 年以来，人们开始从土壤细菌中挖掘木质素氧化酶资源。例如，红球菌 RHA1 分泌的过氧化物酶 DypB 是第一个被鉴定的细菌木质素氧化酶（Ahmad et al.，2011）；嗜热放线菌（*Thermobifida fusca*）通过分泌染料脱色过氧化物酶降解木质素（Adav et al.，2010）。除此以外，恶臭假单胞菌以及多种放线菌、芽孢杆菌等也被报道具有木质素解聚和高值利用的应用前景。

4) 溶解性多糖单加氧酶（LPMO）

LPMO 是一类铜离子依赖的酶，可以通过氧化纤维素链内的糖苷键，为纤维素酶提供更多可进攻的纤维素链末端，从而有效地促进纤维素水解反应的发生，特别是针对纤维素的结晶区，具有更为显著的作用。这是由于一般的纤维素酶都难以降解纤维素结晶区，而 LPMO 的加入可以与纤维素酶形成有效的协同作用。

例如，Eibinger 等（2017）将面包霉菌来源的 LPMO 加入到里氏木霉的纤维素酶解体系中，从单分子层面观察到 LPMO 可以疏松结晶纤维素表面，并且分离出柔性纤维素链。LPMO 的添加可以显著提高纤维素酶 CBH I 在纤维素表面的吸附能力，进而提高纤维素水解效率。

不仅如此，LPMO 也可以作用于几丁质、木聚糖、淀粉、半纤维素等纤维素以外的其他多种聚糖底物上。因此，针对木质纤维素底物的复杂结构和组成，LPMO 已成为近些年来木质纤维素酶解领域的研究热点（Hemsworth et al., 2015）。

5）其他扩展蛋白

除了 LPMO，自然界中还存在其他的纤维素酶提升剂（cellulase booster），也可以称为木质纤维素降解体系的扩展蛋白，它们的共同特点是蛋白质本身并不能水解木质纤维素底物，但具有各自的特殊作用，能够协同辅助纤维素酶降解底物。例如，膨胀素（expansin）是植物细胞壁中的一种蛋白质，在植物的生长发育过程中可以起到疏松植物细胞壁的关键作用（Cosgrove，2000）。第一个在细菌中被发现的具有膨胀因子作用的蛋白质是来源于枯草芽孢杆菌（*Bacillus subtilis*）的 BsEXLX1，它的结构和功能与植物膨胀因子 EXPB1 非常相似，因此被称为类膨胀素（expansin-like）。细菌中的类膨胀因子几乎都可以起到帮助微生物侵染植物细胞壁的作用。

类膨胀因子本身不具备水解木质纤维素的能力，但是可以破坏纤维素之间及其与其他多糖之间的氢键，从而提高水解酶与底物的可及性，最终促进酶的水解活性。Chen 等（2015）利用来源于 *Clostridium clariflavum* 的类膨胀因子构建人工纤维小体，发现其与纤维素酶具有协同作用的特性。

2. 梭菌中木质纤维素酶系的分类

根据作用方式不同，可以将微生物来源的纤维素酶分为两大类：一类是游离在胞外的酶，主要由细菌或真菌生产；另一类是被称为纤维小体的多酶复合体，结合在细胞壁表面，一般由厌氧细菌（特别是梭菌）产生，近几年也发现了产生纤维小体的真菌。梭菌所产生的木质纤维素酶系既包括游离酶体系，也包括纤维小体体系。

1）游离酶

游离形式纤维素酶通常含有催化域和纤维素结合域，或只有催化域。在降解纤维素过程中，游离酶系中具有不同功能的纤维素酶采取"单兵作战"模式，酶在底物中的分布以及不同酶催化反应的协同性都是相对随机的。因此，酶分子需要在水解体系中维持较高的浓度，提高协同作用的概率，从而实现纤维素到糖的高效转化。虽然大多数纤维素降解梭菌直接合成并向胞外分泌游离酶，但相较于真菌的酶体系，梭菌游离酶的酶活和表达水平都不具优势，因此目前大多数游离酶研究主要集中在真菌（Hnrssa，1985），梭菌的游离酶相关研究和应用较少。

在生产游离酶系的梭菌中，粪堆梭菌（*Clostridium stercorarium*）的研究相对较多。该菌的纤维素酶系中主要包括 Cel9Z、Cel48Y 两种游离酶，在两者的协同作用下，可完成对微晶纤维素的降解。该菌同时可分泌大量的半纤维素酶、糖苷酶和酯酶以降解半纤维素。此外，热纤梭菌、嗜纤维梭菌（*Clostridium cellulovorans*）等多种产纤维小体降解梭菌也能产生不被组装到纤维小体中的游离纤维素酶，这些酶也可能含有纤维素结合模块（CBM），从而吸附到底物上。

2）多功能酶

在生产游离酶的梭菌纲菌株中，热解纤维素果汁杆菌属（*Caldicellulosiruptor*）的菌株具有更高的生长温度（75℃），属于极端嗜热菌（Chung et al.，2015），并可以产生大量游离酶，因此也引起了广泛关注（Poudel et al.，2018）。有趣的是，该属的菌株还能产生特殊的多功能、多模块游离酶组分。例如，*Caldicellulosiruptor bescii* 来源的 CelA 同时具有一个 GH9 家族和 GH48 家族的催化结构域，以及三个串联的 type III 碳水化合物结合模块。当以结晶纤维素为底物时，CelA 不仅可以通过进行性催化的方式在纤维素表面剥离并降解纤维素，还可以产生明显的孔洞，其纤维素降解的效率甚至高于内切酶与外切酶复配的商业化酶制剂（Brunecky et al.，2013）。当敲除菌株中 CelA 的表达基因时，突变株的微晶纤维素降解效率比野生菌株下降了 90%以上，证明多功能 CelA 在该菌纤维素降解能力中具有核心作用（Young et al.，2014）。基于 CelA 的关键催化活力，Yarbrough 等比较了里氏木霉的经典游离酶系统和由 *Ca. bescii* 产生的复合多功能酶体系对微晶纤维素的降解活力，结果表明该菌的纤维素酶系统在总纤维素转化率、糖产量和纳米级纤维素产量方面优于真菌酶系统。

中国科学院过程工程研究所韩业君课题组在 *Caldicellulosiruptor* 的另一种菌 *Caldicellulosiruptor lactoaceticus* 中发现一种具有多模块的 β-1,4-木聚糖酶。这一木聚糖酶结构复杂，从 N 端到 C 端依次具有三个连续的 22 家族 CBM 模块、一个 10 家族糖苷水解酶模块、两个 9 家族 CBM 模块，以及两个细胞壁锚定（surface layer homology，SLH）模块。研究表明，不同模块分别在提高催化活力、热稳定性、底物可及性等方面为酶的木聚糖水解效率做出贡献，表现出显著的协同作用（Jia and Han，2019）。

3）纤维小体

不同于游离酶体系，纤维小体是一类主要由厌氧细菌生产的、通过蛋白模块间非共价的特异性相互作用将不同功能组分进行有机组装而形成的超分子多酶复合体（图 2-9）（Artzi et al.，2017）。除了多种厌氧梭菌可以生产纤维小体，还发现一些真菌也会合成复杂的纤维小体。在已知的纤维小体中，热纤梭菌来源的纤维小体被认为具有最高的纤维素降解活力。

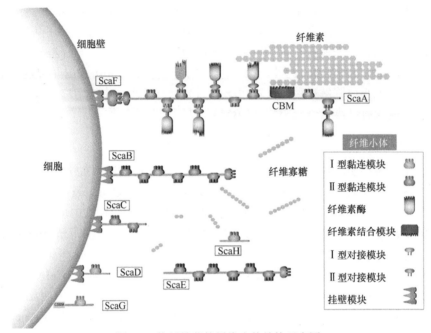

图 2-9　热纤梭菌的纤维小体结构示意图

　　热纤梭菌的纤维小体由多种支架蛋白模块、纤维素酶催化模块、连接模块等组成。不同的纤维素酶组分（如纤维素外切酶、纤维素内切酶等）利用其 I 型对接模块（type I dockerin）与一级支架蛋白（primary scaffold protein，如 ScaA，也称为 CipA）上的 I 型黏连模块（type I cohesin）特异性地结合，由于 ScaA 上还有 8～9 个 I 型黏连模块，因此可以构成至少含有 8 个催化模块的多酶复合体。该多酶复合体进一步通过一级支架蛋白上的 II 型对接模块（type II dockerin）与二级支架蛋白（secondary scaffold protein，如 ScaB、ScaC、ScaF 等）上的 II 型黏连模块（type II cohesin）紧密地结合在一起。由于 ScaB 含有 4～7 个 II 型黏连模块，因此通过结合 I 型与 II 型的对接模块-黏连模块相互作用，可以形成多达 63 个不同催化单元的"超分子机器"（Hong et al.，2014）。

　　由于一些二级支架蛋白还含有 SLH，纤维小体可以通过 SLH 附着在细菌细胞表面（cell-bound）。通过扫描电镜（scanning electron microscope，SEM）可以清晰地看到在对数生长中期的热纤梭菌细胞表面存在大量凸起，根据凸起大小和蛋白质分子质量，可以认为这些凸起就是纤维小体复合体（图 2-10）。

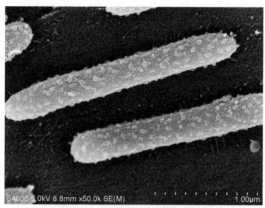

图 2-10 热纤梭菌细胞扫描电镜分析

细胞表面凸起为纤维小体超分子结构

另一方面，纤维小体也可以通过与不具有细胞壁锚定模块的二级支架蛋白 ScaE 的组装，形成游离的超纤维小体结构，而挂壁的纤维小体也可以从细胞壁上脱落下来释放到体系中（Artzi et al.，2017）。前期研究表明，纤维小体的挂壁和脱落与底物特性及细胞生长阶段密切相关，挂壁的纤维小体和脱落后的纤维小体具有相当的催化活力，但在木质纤维素降解中可能扮演不同的角色。另外，有些纤维素酶组分和支架蛋白组分还含有纤维素结合模块（CBM）（Gunnoo et al.，2018），可以使纤维小体快速地吸附到木质纤维素底物上，形成"菌体细胞-纤维小体-纤维素底物"的三元复合体。

因此，与游离酶体系相比，纤维小体中非催化亚基（支架蛋白）和催化亚基（酶元件）共同组成了结构复杂的超分子胞外纳米机器。基于"菌体细胞-纤维小体-纤维素底物"间的互作关系，纤维小体具有多组分、自组装、高效协同的优势。有研究表明，纤维小体水解纤维素的效率是游离酶的 6 倍（Tsai et al.，2009），特别是针对结晶度高的纤维素底物，具有更高的活力（Resch et al.，2013）。

3. 纤维素酶催化机理

针对纤维素酶催化纤维素降解的机制研究已开展了几十年。早在 1950 年，Reese 等提出了纤维素酶解机制的第一个假说，被称为 C_1-C_X 假说。该假说认为纤维素内切酶、纤维素外切酶和 β-葡糖苷酶是按照一定的步骤发挥作用，即首先是由 C_1 酶作用于结晶区，将结晶纤维素变成无定形纤维素，再由 C_X 酶进一步水解无定形纤维素成为可溶性寡糖，其中 C_1 酶的催化反应为其他纤维素酶（C_X 酶）提供了先决条件（Reese et al.，1950）。后来，Wood 和 McCrae（1972）对 C_1 酶进行了分离鉴定，认为 C_1 酶不易作用于羧甲基纤维素，但能作用于结晶纤维素，且主要产物是纤维二糖，从而证实 C_1 酶是一种 β-1,4-葡聚糖纤维二糖水解酶（CBH），但纤维素外切酶和纤维素内切酶的作用次序仍存在争议。

Wood 等（1979）在研究里氏木霉、青霉等真菌游离纤维素酶时，进一步提出纤维素降解过程中，纤维素外切酶、纤维素内切酶、β-葡糖苷酶协同作用，得到了广泛的认同和证实。其中所提到的协同作用包括外切酶与内切酶之间、识别还原性末端和非还原性末端的外切酶之间、对纤维素具有不同进攻方式的内切酶之间，以及 BGL 与其他纤维素酶之间的多层次、多水平的协同作用（王希国，2005）。一般认为，先由内切酶从纤维素分子内部随机水解 β-1,4-糖苷键产生还原性或非还原性末端，而后外切酶从纤维素链末端水解产生纤维二糖，纤维二糖再被糖苷酶彻底水解为葡萄糖（Wood and McCrae，1979）。以 Enari 等为代表的研究人员持有另一种观点，他们认为首先由外切酶水解不溶性纤维素，生成可溶性的纤维糊精和纤维二糖，再由内切酶将纤维糊精水解为纤维二糖（Enari et al.，1987）。

从 20 世纪 80 年代开始，人们从纤维素酶的分子结构入手研究其催化功能和机制。最早得到研究的是里氏木霉来源的纤维二糖水解酶 CBH II，该酶包括一个催化结构域和一个碳水化合物结合模块（carbohydrate-binding module，CBM），两个结构域分别具有独立的活性，并且由一段高度糖基化的链接区相连（Payne et al.，2015）。CBH II 的催化结构域是由 5 个 α 螺旋和 7 条 β 链组成的筒状结构，其中，活性部位是由两个延伸至表面的环形成的一个长度大约 2nm 的隧道状结构，包含 4 个底物结合位点，而糖苷键的"酸碱催化"水解发生在第二和第三结合位点间。尽管纤维素酶具有差异较大的分子质量，但通常催化核心区基本一致。

Nidetzky 课题组利用原子力显微镜技术，清晰地观察到里氏木霉来源的纤维素酶 CBH I 可以将纤维素的无定形区域水解，但很难水解结晶型纤维素，特别是大的结晶区（Bubner et al.，2013）。不同的是，纤维小体可以有效地降解结晶纤维素（Eibinger et al.，2020）。这说明来源于真菌的游离纤维素酶和作为厌氧细菌纤维小体组分的纤维素酶在催化特征上有明显区别。例如，热纤梭菌纤维小体中最主要的纤维素酶是隶属于 48 家族的纤维素外切酶 Cel48S。研究人员从热纤梭菌的发酵液中对该酶的催化结构域进行了原位纯化，并分析了其活性和底物特异性。结果表明，不同于真菌来源纤维素酶，Cel48S 展现了对结晶型纤维素的底物偏好性（Liu et al.，2018a）。

基于对纤维素酶催化机理的认知，人们已开展了长期的纤维素酶蛋白质工程、定向进化和改良研究（Zhang et al.，2006），研究方向和目标包括提高纤维素酶的热稳定性、纤维素酶固定化、消除产物反馈抑制（Atreya et al.，2015）、纤维素酶的合成和外泌（Yan et al.，2014）、基于分子模拟的定向设计（Vital de Oliveira，2014），以及多功能酶的设计定制（Brunecky et al.，2020）等。

4. 纤维小体分子机器

纤维小体最早由 Edward A. Bayer 等发现于 20 世纪 80 年代初，迄今已有 40 年的研究历史。最初，纤维小体被模糊地认为是热纤梭菌生产的一些可结合于纤维素上的蛋白质，并被命名为纤维素结合因子。经过进一步研究表明这些蛋白质形成了大的复合体，这个复合体被正式命名为纤维小体，并被广泛认同为具有不同催化活性的多种酶亚基通过蛋白质与蛋白质间特异性相互作用组装在支架蛋白上所形成的复合体。通过对热纤梭菌和多种产纤维小体细菌的基因组测序分析、对不同来源纤维小体的功能模块及复合体结构的逐步解析，以及对复杂纤维小体表达调控机制网络的发现，人们对纤维小体的广泛性、高度异质性、结构复杂性及种类多样性有了深入的认识。

根据支架蛋白数目的多少，可以将纤维小体分为简单纤维小体和复杂纤维小体（Artzi et al.，2017）。简单纤维小体只有一个支架蛋白，而复杂纤维小体具有多个支架蛋白，且多为分级组装。来源于糖霜梭菌（*Clostridium saccharoperbutylacetonicum*）的纤维小体被认为是目前已知的结构和组分最简单的纤维小体，只含有 1 个双黏连模块的支架蛋白和 8 个带有对接模块的催化亚基。根据已知的细菌基因组信息，溶纤维素假拟杆菌拥有最复杂的纤维小体，该菌可表达 31 个支架蛋白和超过 200 个催化亚基，有潜力组成结构复杂的庞大分子机器。纤维小体架构的复杂度及多样性被认为是细菌在适应环境过程中，针对复杂的木质纤维素底物而自然进化出来的，而支架蛋白的复杂度决定了纤维小体架构的复杂性及其适应不同木质纤维素底物的能力。除了架构的复杂性，纤维小体的最大魅力还在于纤维小体体系中的多重协同作用和对底物类型的灵活适应特性。

纤维小体体系的协同作用包括酶与酶之间的协同作用、酶与底物之间的协同作用，以及酶与细胞之间的协同作用（Hong et al.，2014）。其中，酶与酶之间的协同作用还涉及邻近效应。研究人员以热纤梭菌的纤维小体为例，定性、定量地分析了不同水平协同作用对纤维素降解活力的贡献并得出结论，即酶与酶之间、酶与底物间的协同作用是保证纤维小体高效性的核心协同作用，而纤维小体是否结合在细胞壁上与细胞产生协同作用，对纤维素降解效率影响较小（Hong et al.，2014）。包括热纤梭菌在内的产纤维小体细菌中还会利用不带有 SLH 的游离支架蛋白，组装形成不固定在细胞表面的游离纤维小体（Xu et al.，2016）。研究表明，产纤维小体微生物对游离纤维小体和挂壁纤维小体的表达具有一定的补偿调节效应，这预示着游离纤维小体在纤维素降解过程中也发挥着重要功能。游离纤维小体可能具有类似游离纤维素酶的作用，通过有效地扩散降解远离细胞的底物，以获得可溶降解产物，从而诱发细胞的趋向运动和高效率、大规模的底物降解。由此可见，上述多层次的互补协同作用，是纤维小体高效降解木质纤维素的核心要素。

纤维小体具有多元组分和显著的异质性，还具有构象和组成的灵活性，这也是其能够适应底物结构复杂性的重要原因（García-Alvarez et al.，2011）。例如，Eibinger 等（2020）通过原子力显微镜观察发现纤维小体在木质纤维素的降解过程中持续地发生巨大的形变，认为这种构象上的灵活性和可变性是纤维小体高效降解木质纤维素的重要原因之一。此外，纤维小体功能的灵活性和底物适应性也得益于产纤维小体梭菌发展出的多水平底物偶联的调控机制和网络。产纤维小体细菌能够依据胞外木质纤维素底物成分的差异和变化，表达具有相应功能的纤维小体酶组分，并实现纤维小体组装的动态变化，从而高效降解不同的底物，这是为了应对复杂的木质纤维素底物而进化出的复杂功能和调控特性。虽然这种底物偶联的纤维小体功能调节早有报道，但其中发生底物应答调控的分子机制直至2010年才逐渐得到解析。目前认为，参与纤维小体底物偶联调控的元件主要为新型的 σ^I/anti-σ^I 因子（Nataf et al.，2010）；此外，全新未知的 5′非翻译区（5′ untranslated region，5′UTR）元件及转录后加工过程也可能参与纤维小体的表达调控（Zou et al.，2018）。

2.2.4　面向高效糖化的产纤维小体梭菌生物催化剂重塑

农林生物质的微生物高效转化利用主要包括解聚糖化及糖发酵生产目标产品（生物能源、生物基材料、生物基化学品）两个主要阶段。其中，限制木质纤维素生物转化大规模工业化应用的关键"卡脖子"问题主要在于解聚糖化阶段缺乏经济性。目前行业内主要用价格高昂的真菌来源游离纤维素酶体系实现糖化，而纤维素酶制剂成本将近占糖化段总成本的一半。因此，如何大力降低用酶成本是实现木质纤维素生物质高效转化的核心。糖化路线及生物催化剂的选择也成为了决定秸秆高值利用整体路线的经济性和可行性的关键步骤。不仅如此，对我国来说，纤维素核心酶解技术还被国外垄断，这也是我国纤维素乙醇等储备性技术发展的痛点和难点。开发全新的、具有自主知识产权的高效糖化生物催化剂及配套技术，是进行纤维素乙醇等生物质产业落地推广的前提和关键。

1. 梭菌在木质纤维素生物糖化中的应用

按照酶制剂的生产模式，可以将现有木质纤维素生物转化技术的方案分为在线糖化（on-site saccharification）模式和离线糖化（off-site saccharification）模式两大类（图2-11）（Liu et al.，2020b）。离线糖化是指酶在特定条件下提前制备，并在水解阶段补充到糖化系统中的一种酶解糖化技术。例如，分步糖化发酵（separate hydrolysis and fermentation，SHF）和同步糖化发酵（SSF）等属于典型的离线糖化模式。这两种木质纤维素生物转化策略需要通过独立装置，在好氧条件下生产酶制剂，通常存在造价较高、难运输、难回收的问题。在线糖化是指木质纤维素酶的合成与底物的水解同时开展。例如，最近提出的整合生物加工（CBP）和整合生物糖化（CBS）技术均属于在线糖化模式，这两种技术均利用产纤维小体梭菌天然降解纤维素的特点，实现纤维素酶的生产和糖化同步完成。

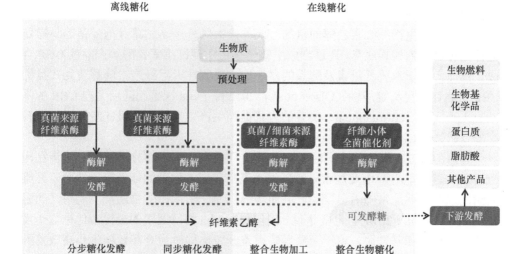

图 2-11　木质纤维素生物转化技术

可按照酶制剂生产模式分为在线糖化和离线糖化两大类

已知离线糖化模式依赖于真菌生产的游离酶制剂。诺维信公司是迄今为止商业化酶制剂的主要供应商，在酶制剂价格方面有极大的话语权，进而左右着木质纤维素转化的商业化进程。为解决酶制剂运输成本高昂的问题，意大利的 Beta Renewables、巴西的 GranBio，以及美国的 Poet-DSM、Abengoa、DuPont 和国内的河南天冠企业集团有限公司等也都建立了酶制剂的生产线。通常认为，真菌纤维素酶生产的基线成本是每千克蛋白质 10 美元，照此计算，当糖得率为 80%、纤维素酶添加量为 10 FPU[①]/g（约 20 mg 纤维素酶/g 纤维素）时，纤维素酶的成本约为吨糖 250 美元，而这一用酶成本是完全没有经济性和竞争力的。事实上，如果糖的生产成本超过每吨 100 美元，纤维素乙醇的生产就是不可行的（Chandel et al., 2019）。因此，真菌酶的成本仍然是制约木质纤维素离线糖化模式发展的主要瓶颈。

通常认为，在线糖化系统更适合于工业生产和降低成本的要求。研究人员以 Avicel 为底物比较了基于游离酶的离线模式和基于热纤梭菌的在线全菌糖化技术的糖化水平，发现初始用酶量对 SSF 的糖化效率影响较大，而对热纤梭菌全菌糖化效率影响不大，热纤梭菌对 Avicel 的糖化效率更强（Shao et al., 2011）。在线糖化模式中，CBP 由美国达特茅斯学院的 Lynd 课题组提出。与 SSF 相比，CBP 要求梭菌在降解纤维素的同时以纤维素为底物生产终产物，即将从底物（纤维素）到终产物（乙醇）的所有反应步骤整合在同一反应器中进行以降低用酶成本。CBP 策略也适用于纤维素天然降解菌以外的微生物。例如，利用酿酒酵母等乙醇生产

---

① 滤纸酶活（filter paper unit）。

菌株为底盘细胞,通过表达异源纤维素酶和半纤维素酶赋予其纤维素降解的能力,可达到一步法生产纤维素乙醇的目的。此外,大肠杆菌、枯草芽孢杆菌等易操作菌株也可以作为模式底盘,通过合成生物学改造实现纤维素乙醇等产品的 CBP 合成。然而,由于木质纤维素及酶系的复杂性,采取非天然纤维素降解菌为底盘的 CBP 策略往往更具挑战性(Olson et al.,2012)。Lynd 课题组随后又在 CBP 的基础上采用同步(co-treatment)磨浆的方式提高生产效率,但对机械装置提出了较高的要求(Balch et al.,2017)。

理想的 CBP 微生物应同时具有高效的纤维素酶生产和分泌能力、同步利用 C5 和 C6 糖的能力,以及对木质素衍生毒素和代谢物耐受的能力等。然而,纤维素酶的水解速率通常随着温度的升高而增加,而产溶剂微生物通常不能耐受高温(Vinuselvi et al.,2014),也就是说,糖化和发酵过程所要求的最优条件在同一反应环境中往往相互掣肘,这一矛盾导致很难开发出同时适合高效糖化和高效发酵过程的 CBP 工程菌株。

不同于 CBP,CBS 是中国科学院青岛生物能源与过程研究所代谢物组学研究组在 2019 年提出的一种新路线,它将发酵环节从一锅反应中分离开来,聚焦于可发酵糖的生产,不仅利用纤维小体的高效性和在线生产解决酶制剂成本高昂的“卡脖子”问题,还可解除高效糖化和高效发酵的矛盾,灵活对接下游发酵行业,从而解决木质纤维素生物转化产品单一、附加值低的问题。CBS 是我国提出的首个具有自主知识产权的完整木质纤维素生物转化路线,目前已被公认为现有木质纤维素转化策略之一。它的提出突破了国外对酶解核心技术的垄断,打破了制约我国木质纤维素转化技术和产业发展的关键瓶颈,也成为最有望实现木质纤维素基化学品及能源的经济性工业生产的技术路线。此外,Ichikawa 等(2019)还提出了一种类似于 CBS 的生物同步酶生产和糖化(biological simultaneous enzyme production and saccharification,BSES)方法,该方法也是基于热纤梭菌的木质纤维素糖化,但需要以游离酶或细菌细胞的形式添加 BGL,这一点与 CBS 不同,因此可以被认为是在线与离线策略之间的一种混合途径。

不管是基于游离酶的酶解体系,还是基于纤维小体的 CBS 糖化体系,纤维二糖这一主要水解产物对纤维素外切酶的强抑制作用都是关键的限制因素,而解除纤维二糖反馈抑制问题通常通过添加 BGL 来解决。因此,如何通过胞外 BGL 的表达建立高效的 CBS 生物催化剂,成为 CBS 发展要解决的第一个主要问题。目前,围绕 BGL 问题,研究人员已经通过对热纤梭菌及其纤维小体的定向改造提出了解决方案,并发展了三代 CBS 全菌催化剂,获得了高浓度的葡萄糖产物,实现了下游的发酵转化(Liu et al.,2020c)。

已经开发的 CBS 核心生物催化剂是以热纤梭菌为代表的嗜热纤维小体生产菌株,其原因主要有:①热纤梭菌生产的纤维小体独具纤维素降解的高效性,其作用机制研究较早也最为深入（Hong et al.，2014）；②热纤梭菌是高温菌株，相对于中温条件，高温环境可以更有效地促进木质纤维素的解聚（Ng et al.，1977）；③目前已建立起针对热纤梭菌的完善的遗传改造平台，可以实现对基因组定点编辑、外源蛋白的表达等，保证了菌株基因工程改造的可能性。除了热纤梭菌之外，现有的其他纤维小体生产菌株或非纤维小体生产菌株也有作为 CBS 生物催化剂的潜力。例如，*Caldicellulosiruptor bescii* 为代表的极端嗜热纤维素降解菌可直接降解未预处理木质纤维素生物质，该菌虽然不生产纤维小体，但是产生各种胞外纤维素酶，其中包括独具特色的多功能酶。不仅如此，目前已针对该菌建立了较为成熟的遗传改造体系，具有对该菌进行细胞底盘和纤维素酶体系定向创制的技术基础，因此 *Ca. bescii* 有望成为下一代 CBS 全菌催化剂的底盘细胞。

通过构建新型 CBS 全细胞生物催化剂，改进和简化糖化工艺，建立兼容的预处理方法和下游应用，研究人员目前已经初步建立了以 CBS 为核心的木质纤维素生物转化途径（Liu et al.，2020b）。与其他木质纤维素生物转化技术相比，CBS 专注于可发酵糖的生产，进而扩展下游发酵产品。因此，只要可发酵糖的生产成本具有与淀粉糖的竞争优势，CBS 策略就能有广阔的应用前景，可以成为大宗、对成本敏感的发酵行业的替代碳源（Liu et al.，2020b）。CBS 的下一步优化还需要充分考虑 CBS 生物催化剂对预处理衍生抑制剂的细胞耐受性，充分利用纤维小体的底物偶联调节特性，优化生物催化剂的活力和鲁棒性；在过程和工艺方面，应实现高底物载量糖化体系中的高传质，在开发预处理方法和下游应用时，应围绕 CBS 的工艺特性和环节间的兼容性；在 CBS 的应用出口选择方面，应优选能够利用五、六碳糖的微生物发酵体系，以及国家需求量大且对原料成本更为敏感的产品。

2. 基于产纤维小体梭菌的底盘设计与构建

梭菌作为能源微生物底盘细胞，最大的特色和优势是其分泌的高效降解生物质的纤维小体。由于具有模块化、多样化、自组装、协同高效及底物自适应等特点，纤维小体被认为是自然界进化中少见的架构精妙、性能精良的"分子机器"，被称为"生物技术的宝库"，同时被广泛应用于人工纤维小体组装、人工合成代谢通路构建、细胞表面展示与酶固定化，以及仿纤维小体构建等合成生物学研究中（图2-12）（冯银刚等，2022）。在已知的纤维小体中，来源于热纤梭菌的纤维小体的组装方式研究得最为透彻，应用也最为广泛。此外，目前针对热纤梭菌已经开发了成熟可靠的遗传操作技术平台，可以实现任意的基因工程改造。因此，作为一种典型的嗜热微生物，热纤梭菌仍是合成生物学研究中潜在的嗜热底盘菌株。

1）基于纤维小体的底盘构建

由于纤维小体的高度模块化和自组装特性，以色列魏茨曼科学研究所 Bayer

等提出利用纤维小体组装模块的特异性相互作用可以将特定功能的酶按需组装成特定结构的多酶复合体，即人工纤维小体（designer cellulosome）。人工纤维小体是最早的基于纤维小体架构的合成生物学研究成果，已在人工催化通路、多酶级联反应等底盘构建中得到了广泛的应用。

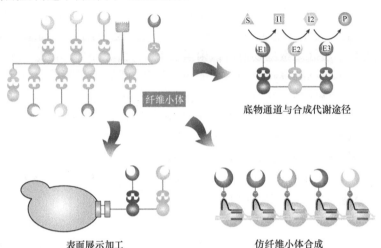

底物通道与合成代谢途径

表面展示加工　　　　　　　仿纤维小体合成

图 2-12　纤维小体架构在合成生物学中的应用（冯银刚等，2022）

人工纤维小体的异源移植、重构和细胞表面展示，可以赋予各种微生物底盘细胞降解木质纤维素的能力，从而实现 CBP 工程菌株的构建。目前报道比较成功的例子是将人工纤维小体展示于酵母的细胞表面，国内包括北京化工大学谭天伟研究组、山东大学侯进与鲍晓明研究组等实验室都在酵母中实现了复杂立体的人工纤维小体表面展示；最近，中国台湾的一个研究组报道了在酵母表面展示包含63 个酶组分的人工纤维小体，成为目前降解纤维素效率最高的酵母菌株。人工纤维小体的应用范围也从单一的纤维素降解分子机器扩展到其他木质纤维素组分的降解，例如，通过筛选木聚糖酶搭建木聚糖小体（xylanosome），可以实现半纤维素的高效降解。

除了用于木质纤维素降解，人工纤维小体的架构也被用于构建级联的酶学反应，形成底物通道效应，甚至被用于创制合成代谢通路，在合成生物学代谢通路中得到许多应用。例如，美国弗吉尼亚理工学院研究人员使用人工纤维小体架构将糖酵解途径中的三个连续的酶（磷酸丙糖异构酶、醛缩酶和果糖-1,6-双磷酸酶）串联起来，首次验证了基于纤维小体的人造通路构建的可行性和底物通道效应（You et al., 2013）。多个研究组分别使用人工纤维小体架构，实现了甲醇氧化为二氧化碳产 NADH 的多酶反应、SAM 到乙烯的合成途径、甘油三酯一锅法直接转化为脂肪烃、乙酸乙酯合成途径等多种级联代谢通路，在底盘细胞中展现了人工纤维小体架构对目标产物合成效率的显著提升。

纤维小体的模块化架构也启发人们利用其他的相互作用分子构建类似于纤维小体的生物分子复合体，称为仿纤维小体（artificial cellulosome）。其中，美国特拉华大学 Chen 研究组连续开发了多种使用 DNA 作为脚手架构建仿纤维小体的方法，实现了多种酶在 DNA 特定位点的组装。由于 DNA 分子具有非常容易合成和定制的优势，基于 DNA 的仿纤维小体可用于构建大分子质量多酶复合体和超分子材料，在合成生物学纳米分子机器和生物功能材料开发中具有重要的应用价值（Sun et al.，2014；Chen et al.，2017；Berckman and Chen，2019）。

2）嗜热梭菌的底盘设计

在已知的梭菌中，热纤梭菌是合成生物学研究的一种理想的嗜热底盘菌株，主要表现在其 60℃ 的高温厌氧生长条件。在此条件下，发酵过程不需要大量通氧搅拌以降低成本，特别适合大规模的发酵生产。针对热纤梭菌已经建立了完整的遗传改造技术平台，包括硬件设备和工具的开发，形成了精准、高效的操作流程。目前，研究人员以热纤梭菌作为底盘细胞，在木质纤维素生物转化及其他领域开展了深入的研究。

基于热纤梭菌天然具有的纤维素降解能力，美国达特茅斯学院的 Lynd 教授课题组及其合作伙伴以热纤梭菌为底盘，开展了一系列的代谢工程改造，通过阻断副产物合成途径、改变乙醇脱氢酶的还原力辅因子、开发五六碳糖共利用途径、抑制氢气合成途径以提高还原力供给、优化中心代谢途径等方式，建立高产纤维素乙醇的底盘细胞（Biswas et al.，2015；Hon et al.，2017；Olson et al.，2017；Xiong et al.，2018）。加利福尼亚大学的 James C. Liao 教授团队进一步通过搭建酶促反应途径、筛选启动子、优化表达框等经典方案，实现了以热纤梭菌为底盘的丁醇、异丁醇等生物燃料的合成（Lin et al.，2015；Tian et al.，2019）。

此外，研究人员将来自枝叶堆肥元基因组的嗜热角质酶 LCC 在热纤梭菌中进行异源表达，从而创制了具有聚对苯二甲酸乙二醇酯（polyethylene terephthalate，PET）降解功能的嗜热全菌催化剂（Yan et al.，2021）。该全菌催化剂可以在 60℃ 条件下，14d 内成功将 60% 的商业化 PET 塑料薄片转化为乙二醇和对苯二甲酸等可溶性单体。这一降解性能显著高于之前报道的基于嗜中温细菌和微藻的全菌催化体系。由于热纤梭菌可以通过合成纤维小体高效降解木质纤维素，这一以热纤梭菌为嗜热底盘细胞的合成生物学创制策略有望在混纺织品废弃物的生物回收中发挥作用。

热纤梭菌不仅具有高温厌氧的生理特性，还可以天然、大量生产纤维小体（Dykstra et al.，2014），因此也具有发展为生产外泌蛋白的底盘体系，特别适合于氧气敏感型蛋白或毒性蛋白的表达和生产。因此，产纤维小体梭菌不仅可以应用于木质纤维素生物转化领域，还可以为合成生物学在生物燃料生产、微生物细胞工厂构建以及环境修复等领域提供新的底盘细胞，在未来的合成生物学应用中具有巨大的潜力。

2.2.5 总结与展望

木质纤维素生物质具有替代化石资源的巨大潜力，可有效缓解全球对原油的依赖。在对长期能源安全及环境安全考虑的驱使下，各国政府纷纷从政策和项目角度支持木质纤维素产品相关领域的科技研发以及一些商业设施的运行。然而，即使在当前油价波动的情况下，木质纤维素产品与石油衍生物相比，迄今在市场上仍没有竞争力。因此，要实现木质纤维素生物质的工业化利用、助力木质纤维素生物质产业的发展，必须解决技术经济性这一核心问题。

从木质纤维素到目标产品的生物转化过程需要经过三个主要阶段：通过预处理实现生物质的三素分离；通过生物解聚糖化将预处理的生物质转化为可发酵糖；通过微生物发酵将糖转化为目标产物。在整个木质纤维素生物转化过程中，特别是对于依赖真菌纤维素酶（好氧条件下预先生产）的生物转化过程，糖化过程可能对成本贡献最大。因此，糖化已经成为木质纤维素生物转化可行性的决定性因素之一。与依赖于真菌来源游离酶制剂的离线糖化模式相比，CBP、CBS 等技术利用产纤维小体梭菌等天然纤维素降解细菌为生物催化剂，实现在线产酶和同步的木质纤维素解聚，在降低成本方面具有优势，因此有可能将木质纤维素生物转化应用于实际工业生产。

以 CBS 技术为例，现阶段已经建立了多种 CBS 全细胞生物催化剂，并开发了与 CBS 过程相兼容的预处理方法和下游发酵技术，初步建立了基于 CBS 的整个木质纤维素生物转化途径，进而建立了首套以 CBS 技术为核心工艺的木质纤维素高值转化中试示范装置。其中，如何获得高效生物催化剂是开展纤维素降解梭菌合成生物学研究、实现梭菌在生物质解聚糖化中应用的核心研究目标（Liu et al.，2020b）。这就需要在现有研究的基础上，从合成生物学工具开发、酶体系定向改良，以及梭菌底盘的定向优化等多层次、多方面进一步开展研究。

在梭菌合成生物学工具的开发方面，虽然目前已针对热纤梭菌、解纤维梭菌等产纤维小体梭菌以及 *Ca. bescii* 等非产纤维小体梭菌建立了较为完善的遗传改造平台，可以实现基因组上特定序列的敲除、插入、替换，以及外源蛋白在梭菌胞内或外泌的表达，然而，与模式菌株相比，梭菌遗传操作技术仍存在效率较低、周期较长、成功率低等问题，严重阻碍了梭菌的合成生物学研究。因此，仍需在梭菌合成生物学研究工具方面进一步开展工作。

通过现有工具的整合来创制新型的、适合于梭菌的遗传改造工具是可以探索的方向。例如，我们通过将阿拉伯糖诱导的启动子体系与 ClosTron 技术整合，开发了严谨可控的 ARAi-ClosTron 基因打靶技术,解决了 ClosTron 技术脱靶率高的技术问题(Zhang et al.,2015)。中国科学院微生物研究所的向华和李明研究组解释了细胞可以利用毒素-抗毒素 RNA 对 CreTA 来护卫与其偶联的 CRISPR/Cas 系统,以保证基因编辑工具在细胞群体中的稳定性,基于这一发现可以开发在细菌和古菌中通用的极简反向筛选标记,以及同步实现基因编辑和基因调控的新技术(Li et al.,2021)。

与中温梭菌相比,嗜热梭菌生长周期相对较长,遗传操作更为困难,且可用的耐高温抗生素种类较少,质粒体系、重组酶等工具更为有限。因此,亟须从嗜热微生物中挖掘元件并根据目标底盘的要求进行改造,从而开发更加丰富高效的工具。改造梭菌中的限制酶修饰系统(restriction modification system,R-M system)可能会有效解决外源质粒 DNA 的不稳定问题。例如,根据 Rebase 数据库分析,热纤梭菌菌株 DSM1313 中存在两种限制性内切酶,美国达特茅斯学院的 Lynd 课题组对其中的一种进行了敲除,以提高质粒的转化效率(Hon et al.,2017)。Luan 等(2013)通过敲除丙酮丁醇梭菌等嗜中温梭菌基因组中与甲基修复相关的基因 *mutS/L*,使得出发菌株形成超高突变细胞,用于定向功能的获得。是否可以基于类似的方案开发嗜热梭菌的体内连续突变技术有待研究。此外,嗜热梭菌中的内源性噬菌体研究相对缺乏,噬菌体来源的遗传改造工具也较少。实际上,通过借鉴噬菌体的重组机制可能开发高效的基因组编辑工具。例如,Cotrs 等将 *Shewanella* 内源噬菌体的重组酶在阿拉伯糖诱导启动子下表达,进一步向细胞内转入含有突变序列的单链 DNA(single-strand DNA,ssDNA)作为模板,在重组酶作用下,可以识别基因组上的靶序列,实现重组突变。Lynd 课题组利用来源于高温嗜酸菌喜温嗜酸硫杆菌(*Acidithiobacillus caldus*)内源噬菌体的重组酶,提高热纤梭菌中同源重组的效率(Walker et al.,2019)。

在梭菌的定向改良方面,首先,CBS 生物催化剂的优化要考虑全细胞催化剂对预处理衍生抑制剂的细胞耐受性。现有的 CBS 全细胞催化剂主要以产纤维小体梭菌为底盘细胞,主要发挥了产纤维小体梭菌利用纤维小体高效分子机器天然降解纤维素的特性,进一步的优化也需要在理解纤维小体复杂分子机器作用机制的基础上,根据糖化过程中底物成分和结构的动态变化,采用基于胞内转录水平或转录后水平的底物偶联调控表达、胞外多酶复配(Liu et al.,2019b)、纤维小体或非纤维小体组装等方式,进一步平衡不同纤维小体酶组分的表达水平和酶促活性,以有效降低产物反馈抑制作用、减少核心酶组分的非产出性吸附、提高底物整体解聚效率。其次,还需要根据实际应用场景中的要求,提高底盘菌株的鲁棒性和纤维小体合成能力。例如,可以通过结合非理性突变、单细胞分选、生物信息学分析及遗传学指导的定向改造等手段,提高严格厌氧梭菌的氧气耐受性,探索 *Ca. bescii* 等非产纤维小体梭菌用于 CBS 工艺的可能性,开发 CBS 全菌催化剂的下一代底盘细胞。

在基于工程菌株的工艺优化方面，糖产量与糖浓度都是评估木质纤维素糖化工艺经济可行性的核心标准。在保证生物催化剂具有高产糖活力的前提下，一般通过提高预处理底物中多糖的比例以及糖化系统中的底物载量来提高糖浓度和产量，而高固含量糖化发酵容易受限于传质效率及搅拌能耗的问题。因此，基于产纤维小体梭菌糖化，在建立高效生物催化剂的同时，也要聚焦于高载量糖化工艺和糖化设备的开发与优化，从而有效降低产糖过程成本。针对 CBS 的技术特点，可以采取菌料预混进而分批补料糖化的方式提高底物载量（Kim et al.，2019）；在反应器的选择上，与传统搅拌桨反应器相比，采用卧式罐旋转、螺带搅拌或水循环反应器可能在保证低能耗的前提下更具有提高底物载量的可行性。

不仅如此，作为一个木质纤维素生物质高值应用的系统工程，梭菌糖化技术还需要与上游预处理方法和下游发酵技术协同研发和优化，以技术环节的兼容性为重要前提。同时需要在中试示范工程基础上，进一步扩大生产规模来估算可发酵糖的生产成本，分析糖化技术的生命周期和经济性，并明确木质纤维素基可发酵糖可对接的下游产品类型，最终形成具有经济可行性的新型生物质转化产业。

基金项目：国家重点研发计划"绿色生物制造"重点专项-2021YFC2103600；中国科学院战略性先导科技专项（A 类）-XD21060201；青岛市自主创新重大专项-21-1-2-23-hz。

2.3　二氧化碳到糖——产糖能源微藻合成生物学

孙佳慧，栾国栋，吕雪峰*
中国科学院青岛生物能源与过程研究所，青岛 266101
*通讯作者，Email：lvxf@qibebt.ac.cn

2.3.1　引言

光合作用是地球上最重要、最广泛、最活跃的生物化学反应，以绿色植物为代表的光合生物利用太阳能将二氧化碳转化为有机质的过程，是地球碳-氧循环的重要环节，也为生物圈的维持和发展提供了最重要的初级生产力（Field et al.，1998）。随着生物炼制技术和产业的发展与进步，来自光合作用的可再生有机碳进一步被高效地转化为多样化的生物燃料和生物基化品，这一绿色生物制造模式无疑为社会的可持续发展提供了一条"碳中性"的解决方案，并已经被广泛接受为传统石化炼制技术体系的重要补充和潜在替代路线（Ragauskas et al.，2006；

Cherubini, 2010; Menon and Rao, 2012; Nielsen and Keasling, 2016)。在光合作用过程和生物炼制产业之间，起到关键连接作用的环节是细胞生物质的采集和可发酵有机碳的提取，是否能够高效、稳定、低成本地将生物质转化为生物炼制和生物转化可利用的糖原料，可以说极大程度上决定着生物燃料和生物基化学品生产路线的可行性。长期以来，生物炼制产业的糖原料供应基本上由"植物-生物质-糖"这条路线主导，在生物质来源上也经历了从玉米等粮食生物质到秸秆等非粮废弃农林生物质，以及芒草、柳枝稷等能源作物生物质的发展变化，然而该模式在经济可行性上始终受到植物培养周期、原料采集半径、预处理效率和成本等因素的制约（Lynd, 1996; Yang and Wyman, 2008; Agbor et al., 2011; Golecha and Gan, 2016）。例如，现阶段生物乙醇的生产成本基本在 5000～8000 元/t 范围内，而原料成本占其中的 50%～60%，且其供应的稳定性极大地受气候、季节、地域等条件和因素的制约，导致全技术体系上还难以形成稳定、可行的经济竞争力。建立稳定、环保、低成本的生物炼制糖原料供应路线，无疑对生物炼制产业的长期发展至关重要，本章前两节已经从"如何更多、更快地生产更好的植物生物质"（能源植物）和"如何更有效、更经济地从生物质中获取可发酵有机碳"（梭菌纤维素糖化）两个问题入手，介绍了合成生物技术在提升"植物-生物质-糖"路线的技术和经济可行性方面的应用现状与前景。然而，从更长远的角度分析，跳出现有的"植物-生物质-糖"模式，建立更加集约化（减少植物种植过程对水资源、土地资源、培养过程的需求）、定向化（减少从生物质中获得可发酵糖的环节和成本）、稳定化（减少气候、地域、资源对全技术流程的影响）的糖原料供应路线，无疑对于降低原料成本、促进生物炼制技术体系产业化进程具有重要的战略意义。

与高等植物相比，微藻生长速度更快、体积更小、生命周期更短，因此更适合利用边际、废弃土地的工业化、立体化培养模式，也就意味着更高的太阳能和土地资源利用效率（Rahul et al., 2020; Fernandez et al., 2021）。同时，微藻的遗传操作便捷性也超过了高等植物，随着合成生物学和代谢工程技术的发展，可以更精准地通过天然代谢途径的修饰或异源代谢途径的引入，实现对微藻胞内碳流、能量流的重新分配，促进各种天然或非天然代谢产物的合成（Oliver and Atsumi, 2014）。糖类物质是微藻细胞中重要的碳水化合物存在形式，各类微藻细胞天然地可以合成从葡萄糖、果糖等单糖，蔗糖、海藻糖等二糖，直到糖原、β-葡聚糖等大分子多糖的众多类型糖类物质。而通过系统的代谢工程改造，还可以优化微藻细胞光合碳流向糖类物质合成的分配，进一步提升微藻光驱固碳产糖的生产潜力（Hays and Ducat, 2015）。相较于传统的糖原料获取路线，微藻光驱固碳产糖模式可以更加集约、定向、稳定地进行二氧化碳向糖类成分的转化；同时，相较于植物生物质，微藻细胞中糖类物质的提取通常也不需要高能耗、高成本的预处理技术，通过简单的酸碱处理即能实现有效的细胞裂解和内容物释放，用于糖原料生产和制备，在工艺和成本上具有天然的优势（图 2-13）。

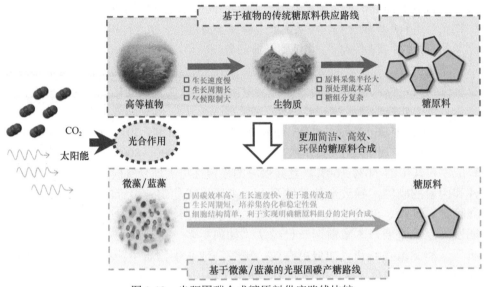

图 2-13　光驱固碳合成糖原料供应路线比较

蓝藻，也称为蓝绿藻、蓝细菌，是一大类原核微藻，也是目前已知唯一能进行放氧型光合作用的原核微生物，广泛分布于海洋、陆地、淡水等各种生态环境中（Waterbury et al.，1979）。蓝藻起源于距今 35 亿年前，在推动地球大气从无氧状态到有氧状态的变化过程中起到决定性作用，也直接支持了好氧型生命形式的出现和发展。相较于各类真核微藻，蓝藻光合固碳效率更高、生长速度更快、细胞结构更加简单，近二十年来，其相应的合成生物技术体系发展也更为成熟，无论是对蓝藻光驱固碳产糖的机制认识、条件优化，还是人工设计改造，在过去十年间都取得了长足的发展。本节将以原核蓝藻为平台，围绕糖原为代表的大分子多糖、蔗糖为代表性的小分子寡糖的光驱固碳合成，从代谢和调控机制、细胞工厂开发、技术应用拓展等方面对微藻光驱固碳产糖技术的现状、前景及发展方向进行介绍。

2.3.2　蓝藻光驱固碳合成糖原

蓝藻是最早出现的光合放氧型生物，在全球"大氧化"事件中起到决定性作用，在数十亿年间推动了地球大气从无氧到有氧的转变；现阶段，蓝藻仍然广泛活跃在地球各种生态环境中，全面参与碳、氧、氮、磷等重要元素的循环，通过其高效的光合固碳活性，为地球生物圈提供了 20%～30% 的初级生产力，是生命物质循环的重要基础（Waterbury et al.，1979；Flombaum et al.，2013b；Rousseaux and Gregg，2014）。光照条件下，蓝藻细胞通过光合作用固定的有机碳，除了用于细胞生长和代谢维持外，很大一部分将作为碳汇在胞内储备，以保证蓝藻在胁迫、饥饿条件下能够得到充足的物质和能量以维持正常的代谢和生存（Ball and Morell，2003；Nakamura et al.，2005；Damrow et al.，2016）。多聚葡萄糖类（polyglucan）是蓝藻及其他原核和真核微藻中最为普遍的碳汇物质，从结构上看，其为大量葡萄糖单体通过 α-型（淀粉、糖原）或 β-型（纤维素等）糖苷键聚合并形成不同分支度的生物大分子。糖原是最具代表性也是最重要的蓝藻天然碳汇物质，在动物、真菌及多种细菌中作为胞内储备碳源物质而广泛存在（Ball and Morell，2003）。在蓝藻细胞中，糖原通常由 10～12 个葡萄糖单体通过 α-1,4-糖苷键连接成主链结构，不同主链之间通过 α-1,6-糖苷键连接形成分支，一般是直径不超过 40 nm 的可溶性大分子，作为有机碳和能量的储备模式，发挥重要的生理和代谢作用。本节主要以糖原为例，介绍蓝藻光驱固碳合成多糖类物质的相关进展。

1. 蓝藻天然糖原合成的生理和代谢意义

糖原代谢对于蓝藻细胞在多变的环境中进行适应和生存所需的生理及代谢鲁棒性具有重要意义。自然环境中，蓝藻细胞糖原储备最主要的作用是在黑暗条件下无法进行光合作用时，动员储存于其中的物质和能量进入中心代谢，以保证细胞存活和生长所需（Stal and Moezelaar，1997；Guerra et al.，2013）。在黑暗条件下，蓝藻细胞进入类似"异养"的代谢状态，通过自发酵和呼吸作用消耗胞内各种可溶或不可溶还原糖类物质（糖原、聚羟基丁酸酯、蔗糖和甘油葡糖苷等相容性糖类），从而获得能量（Guerra et al.，2013；Shimakawa et al.，2014）。而糖原储备在此过程中起到关键作用，糖原合成能力的缺陷将严重损伤蓝藻细胞在昼夜交替和黑暗条件下的生长及代谢活性（Cano et al.，2018）。Grundel 等（2012）通过遗传改造获得了无法合成糖原的集胞藻 PCC 6803 突变体，分析显示在昼夜交替培养条件下，突变株细胞活性明显降低，其在固体平板上形成菌落的能力下降至野生型对照的 10%。Suzuki 等（2010）以聚球藻 PCC 7942 为研究对象，发现其糖原合成缺陷突变体在黑暗条件下呼吸速率显著降低，仅能达到野生型藻株的 50%。Guerra 等（2013）和 Xu 等（2013）报道称聚球藻 PCC 7002 中，糖原合成途径的阻断将导致突变株细胞内的总可发酵还原糖类物质降低 70% 以上。虽然糖原储备的消除可以提高胞内蔗糖、甘油葡糖苷等相容性物质的含量，但其并不能有效替代糖原的作用，黑暗状态下突变体细胞的呼吸和发酵速率将降低 75% 左右，充分证实糖原储备对维持细胞黑暗状态下生长和适应能力的不可替代性。

此外，糖原代谢对蓝藻细胞抵抗逆境胁迫的能力也具有重要意义（Suzuki et

al.，2010；Grundel et al.，2012；Hickman et al. 2013）。对于自然环境或者开放式培养体系下生长的蓝藻细胞而言，除了节律性昼夜交替带来的代谢模式变化外，不可避免地会面临高温、高光、高盐等环境扰动因素的影响。而在胁迫环境下，蓝藻细胞需要进行快速的能量和物质代谢模式调节，经济、有效地获得充足的物质和能量补给以维持内稳态，而在此过程中，糖原储备的动员将起到全局性的重要作用。例如，盐胁迫是蓝藻细胞在自然环境和工程过程中会遇到的代表性逆境胁迫，盐胁迫环境下高浓度金属离子和胞外高渗透压都将对细胞光合生理及代谢活性产生扰动甚或抑制。针对集胞藻 PCC 6803、聚球藻 PCC 7942、聚球藻 PCC 7002 等多种重要模式藻株的研究，都已证实糖原代谢的缺陷会导致突变细胞在盐胁迫条件下光合放氧速率和生长速率的显著下降（Miao et al.，2003；Suzuki et al.，2010；Guerra et al.，2013；Xu et al.，2013）。对于蓝藻细胞而言，蔗糖、海藻糖和甘油葡糖苷等相容性物质的合成是其抵抗盐胁迫环境下胞外高渗透压的重要而普遍的机制，而盐胁迫下高浓度盐离子影响光合系统活性进而抑制固碳效率时，糖原储备也成为相容性物质合成的重要甚至主要碳源。因此，糖原合成和糖原储备的缺失也就直接减弱了细胞盐胁迫耐受能力。此外，蓝藻的糖原合成缺陷株还普遍表现出对高光条件的敏感性。例如，Suzuki 等（2010）发现聚球藻 PCC 7942 的糖原合成途径阻断将导致其光合作用效率的光强饱和点从 500 μmol photons/（$m^2 \cdot s$）降低至不足 150 μmol photons/（$m^2 \cdot s$）。

除了传统上认为的作为代谢和应激储备碳源的生理功能外，近年来的一系列研究还证实糖原合成和糖原储备对于正常培养条件下的蓝藻细胞光合固碳与生长也有重要意义。在集胞藻 PCC 6803 中，其糖原合成缺陷突变株的光合放氧速率相较于野生型藻株下降 20%～25%（Miao et al.，2003；Grundel et al.，2012），而在聚球藻 PCC 7942（糖原合成缺陷株）中这一下降幅度甚至达到 50%（Suzuki et al.，2010；Guerra et al.，2013；Xu et al.，2013）。伴随光合放氧活性的降低，细胞的固碳和生长能力也将相应下降，James Liao 团队基于 ^{13}C 标记代谢通量分析技术的研究表明，聚球藻 PCC 7942 糖原合成缺陷株的固碳效率相比野生型对照下降 28%（Li et al.，2014）。蓝藻糖原合成缺陷藻株中光合生长能力的降低可能是"碳汇限制（sink limitation）"机制引发的。作为天然碳汇机制，糖原的合成主要接受光合碳流和能量流中超过细胞正常生长及维持之外的"溢出"部分，当糖原合成被抑制，细胞中心代谢不足以完全消耗全部光合碳流时，则可能以类似反馈抑制的模式对细胞的光合和固碳活性进行限制。从这一角度分析，理论上可以通过人工碳汇途径的引入来承接溢出的碳流，对糖原合成缺陷导致的光合能力损伤进行修复。上述 James Liao 团队的工作中，已经利用聚球藻 PCC 7942 异源合成异丁醇的实验对此假设进行了验证（Li et al.，2014）。如前所述，聚球藻 PCC 7942 糖原合成缺失突变体中，细胞整体光合固碳效率降低了 28%，生物量积累速率也相应受到抑制；在此基础上，通过引入异源的异丁醇合成途径在一定程度上解除了上述抑制效应，细胞通过合成异丁醇实现溢出碳流的重定向，整体光合固碳效率得以恢复，而且恢复程度与异丁醇的合成通量成正比（Li et al.，2014）。糖原代谢对维持蓝藻细胞正常光合固碳活性的另一种可能机制是通过调节胞内ATP/NADPH 代谢平衡来实现的。作为蓝藻细胞能量代谢调控的重要机制，糖原的合成和降解可以在细胞面临环境变化时促进能荷状态的快速调节（Cano et al.，2018）。Hendry 等（2017）构建了蓝藻的动态代谢网络模型，通过模拟计算发现蓝藻细胞合成糖原、蔗糖、甘油葡糖苷过程的 ATP/NADPH 消耗比率分别为 1.58、1.54 和 1.47，而细胞整体生物质合成过程的 ATP/NADPH 消耗比率则为 1.66。糖原合成被阻断时，碳流将定向至蔗糖、甘油葡糖苷等相容性物质的合成，从而不可避免地降低全细胞的 ATP/NADPH 消耗比率，使之进一步偏离生物质合成过程的消耗比率，引发光合代谢的能量-还原力整体合成与消耗的失衡。

2. 蓝藻合成糖原的培养策略优化和种质资源挖掘

天然蓝藻细胞中的糖原含量受各种遗传和环境因素的影响，在正常培养条件下，也随着不同生长阶段而改变，一般可以占到细胞干重的 5%~20%。然而，在环境条件特别是营养供给情况发生变化时，糖原含量往往会剧烈、迅速地变化，例如，大部分蓝藻藻株在缺氮和缺磷条件下，糖原含量都将大幅提升（Aikawa et al.，2014；Song et al.，2016）。其机制可能在于，当细胞生物质合成缺乏足够的氮源和磷源进而导致蛋白质合成受到限制时，大量碳流将导向糖原合成途径形成碳汇储备，以平衡胞内 C/N 代谢活性。然而，需要注意的是，氮、磷元素的缺乏将严重限制细胞生长，虽然可以引发高糖原含量的表型，但从整个培养体系和培养周期看，总的糖原产量却未必能得到有效提高。为了实现细胞生长与糖原合成之间的平衡，达到糖原总产量提高的效果，需要从培养基组分、光照、温度等多个培养参数上进行优化。例如，钝顶节旋藻（*Arthrospira platensis*）SAG 21.99 的培养过程中，将培养基中磷源营养限制为 0.07 mmol/L 磷酸盐时，细胞糖原含量会在磷酸盐完全消耗掉后，从 16%提高至 60%；另一项针对钝顶节旋藻 NIES-39 的研究则发现，将培养过程的光照强度从 50 μmol photons/（$m^2 \cdot s$）提高至 700 μmol photons/（$m^2 \cdot s$），可以将胞内糖原含量由 18%[产率 0.1 g/（L·d）]提高至 45%[产率 0.46 g/（L·d）]，而进一步将培养基中的硝酸盐浓度降低至 3 mmol/L，则可以将糖原含量提高至 65%以上。Hasunuma 等（2013）通过 ^{13}C 稳定同位素标记与动态代谢通量分析技术的结合应用，对硝酸盐缺乏条件下钝顶节旋藻中糖原合成能力加强的机制进行了分析，结果表明，在硝酸盐耗尽、细胞面临氮源缺乏的条件下，钝顶节旋藻中心代谢网络发生显著变化，胞内大量储备氮源（蛋白质、氨基酸）将发生水解，而其中含碳骨架将通过糖异生过程进入糖原合成途径。也就是说，细胞内蛋白质作为细胞生长的补充氮源加以利用，而其中含碳部分则以糖原的形式储存起来，从而实现 C/N 值的调节。为了缓解因为氮源饥饿而引发的生长抑制现象，研究人员发现在 3.5 d 的培养过程中，在培养基中加入少量（3 mmol/L）的硝酸盐可以诱导糖原的生物合成，而不会降低节旋藻细胞的生长，最终糖原生产速率从 0.17 g/（L·d）增加到 0.29 g/（L·d）。此外，还有研究表明，钝顶节旋藻的糖原含量还显著受到培养基中盐浓度的调节，向培养基中添加 0.7 mol/L 的氯化钠，可以在不影响生长的情况下将胞内糖原含量从 20% 提高至 45%。对聚球藻 PCC 7002 的研究表明，该藻株的糖原含量对光照、盐度、二氧化碳浓度、氮源含量等因素都较为敏感。在高光强、高二氧化碳供应、限制氮源供应（15 mmol/L NaNO$_3$）的咸水培养基中，聚球藻 PCC 7002 在培养 7 d 后合成了 3.5 g/L 的糖原，平均速率达到 0.5 g/（L·d），而在此过程中，细胞生物质总产量也达到了 7.2 g/L，意味着糖原含量占到了总生物质的 49.8%；与之相比，当硝酸盐浓度进一步降低至 9 mmol/L 时，糖原占干重的比例可以达到 62.2%，但细胞生长速度受到极大影响，经过 7 d 培养后总干重仅 2.8 g/L，导致糖原实际总产量仅达到 1.8 g/L。上述结果进一步证实了相对精准的营养元素调控对同时保证高细胞生长速度和高糖原含量的重要意义。

除了通过优化培养条件来激发蓝藻细胞糖原合成潜力外，针对天然高产糖原藻株也进行了广泛的筛选，以期实现在正常培养条件下的高效糖原合成。聚球藻 UTEX 2973 是 2016 年报道的一株具有较高生长速度和良好高温高光胁迫耐受性的蓝藻，其在最适生长条件下[42℃和 1500 μmol photons/（m^2·s）]最短时小于 2 h，接近于酿酒酵母的生长速度，远优于集胞藻 PCC 6803、聚球藻 PCC 7002、聚球藻 PCC 7942 等常见的模式藻株（最短代时为 3～6 h）；而该藻株的另一个重要代谢特征是其在最适生长条件下也可以快速在胞内大量积累糖原，糖原合成速率可达到 0.75 g/（L·d），胞内含量可以占到细胞干重的 51%（Song et al., 2016）。聚球藻 UTEX 2973 的快速生长和高糖原合成特点使该藻株成为极具潜力的糖原生产藻株，也使其成为研究糖原代谢合成、理解糖原高产机制的理想模式系统。Ungerer 等（2018）对该藻株生长阶段进行细分结果表明，在细胞生长最快的初始对数增长阶段，UTEX 2973 细胞仍然会将光合作用固定的绝大部分有机碳用于细胞生长，随后进入线性增长阶段，胞内碳流将会高通量地导向糖原合成，以承接超出细胞正常复制增殖所需的碳流。Tan 等（2018）针对满足高通量糖原合成和积累需求的分子机制进行了解析，通过对该藻株在不同培养条件下细胞转录谱进行分析和比较，发现一种名为 PsrR1 的小 RNA（small RNA，sRNA）在高光条件下的转录水平将大幅上调 50 倍左右，其可以抑制多种藻胆体蛋白（如 CPCA、CPCB、APCE 和 ApcF）的表达，使细胞在高光条件下减少光能捕获，进而避免过度的生理损伤，同时糖原合成相关基因的表达将得到上调。与此同时，UTEX

2973 相比模式藻株集胞藻 PCC 6803 具有更高的碳吸收速率，且其卡尔文循环中固定的碳能够以更高的比率引导至生物量合成中，使合成乙酰辅酶 A 的非脱羧途径关键酶（如磷酸酮醇酶等）的活性加强，意味着细胞由于合成代谢和光呼吸造成的碳损失将大幅降低（Hendry et al.，2018）。通过碳固定、碳利用通量的加强和碳损失速率的降低，UTEX 2973 中碳水化合物的合成通量相比模式藻株提高了两个数量级，为糖原合成提供了物质基础。综上所述，UTEX 2973 中糖原大量积累是高光耐受、快速碳吸收及高效碳利用共同作用的结果（图 2-14）。

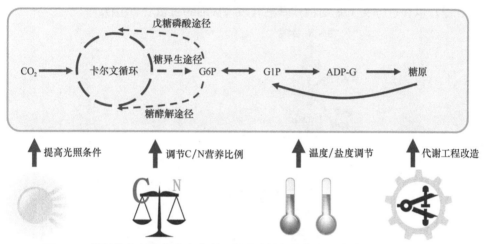

图 2-14 通过培养条件优化和代谢工程改造提高蓝藻光驱固碳合成糖原的能力

除了筛选天然的糖原高产藻株之外，研究人员还采用诱变育种的策略来优化蓝藻的碳水化合物合成和积累能力。Kamravamanesh 等（2018）对集胞藻 PCC 6714 进行紫外诱变处理后，在随机突变体中筛选到了一系列高产聚羟基丁酸酯的藻株（相比野生型产量提高 2.5 倍），而针对高产藻株的生理和代谢分析发现，该藻株中碳水化合物组分分配比例显著地受到磷元素的调控。采用高氮限磷（1 g/L 硝酸盐、30 mg/L 磷酸盐）的培养条件，在糖原含量最大化时仅进行有限的磷酸盐补充，可以将胞内碳流从聚羟基丁酸酯的合成导向糖原合成，最终达到 2.6 g/L 的糖原产量（Kamravamanesh et al.，2019）。

3. 蓝藻糖原合成优化的代谢和调控改造策略

合成生物技术的快速发展为蓝藻光驱固碳生产糖原技术的发展提供了新的可能。基于对蓝藻天然光合代谢网络的认识和人工设计改造，直接强化糖原合成通量，有望实现人工合成光合细胞工厂中二氧化碳向糖原的高效、定向转化。目前，蓝藻糖原代谢途径已经得到清楚的解析（图 2-15）。糖原的合成起始于葡萄糖-1-磷酸腺苷转移酶（glucose-1-phosphate adenylyltransferase，GlgC）催化前体物质葡萄糖-1-磷酸（glucose-1-phosphate，G1P）和 ATP 生成 ADP-葡萄糖（ADP-glucose，ADP-G）；再由糖原合成酶（glycogen synthase，GlgA）催化将 ADP-G 中的糖基部分以 α-1,4-糖苷键连接到糖原分子主链上，实现糖链的延伸；糖原分子的支链则以 α-1,6-糖苷键与主链相连，反应由 α-1,4-葡聚糖分支酶（α-1,4-glucan branching enzyme，GlgB）催化。糖原的降解和利用途径则相对简单，糖原磷酸化酶（glycogen phosphorylase，GlgP）可直接将糖原主链水解生成 G1P 单体；糖原去分支酶（glycogen debranching enzyme，GlgX）则负责水解连接糖原主链-支链的 α-1,6-糖苷键，以促进分支上葡萄糖残基的释放（Wilson et al.，2010）。

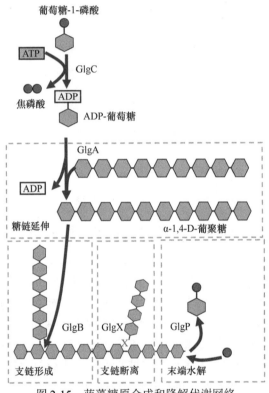

图 2-15　蓝藻糖原合成和降解代谢网络

　　以提高蓝藻中糖原合成和积累能力为目标，围绕糖原代谢途径已经进行了广泛的研究和改造，采用的策略可以归纳为强化糖原合成和弱化糖原降解两条路线。蓝藻糖原代谢网络中，GlgC 的活性被认为是调控糖原合成速率和糖原含量的关键限速步骤，而过表达 *glgC* 基因则成为强化蓝藻中糖原合成能力的首要选择。在聚球藻 PCC 7942 中，糖原合成是其主要的，甚至是唯一的天然碳汇途径，Qiao 等（2018）报道通过过表达 *glgC* 基因可以有效强化糖原合成，使糖原含量增加 30%～50%。而在集胞藻 PCC 6803 中，除了糖原外，细胞还可以合成聚羟基丁酸酯（PHB）来储存冗余碳源。Velmurugan 和 Incharoensakdi（2018）首先阻断该藻株中 PHB 合成途径，在此基础上进一步过表达 *glgC* 及其下游 *glgA* 基因，实现了糖原合成的显著提升，经过 20 d 培养后，工程藻株中糖原含量占细胞干重的比例达到 38.3%，在仅阻断 PHB 合成途径的对照藻株中，该比例仅为 27.4%；该重组藻株在面临盐离子、高渗透压、过氧化等胁迫时，糖原积累量均会进一步提高，特别是在经过 3 mmol/L H_2O_2 处理后，胞内糖原含量最高可达到 54%，而野生型对照藻株中则无此现象。弱化糖原降解这方面，Shimakawa 等（2014）发现，在集胞藻 PCC 6803 中通过同时敲除糖原磷酸化酶 GlgP 的两个编码基因（*slr1356* 和 *sll1367*），可以获得一个糖原磷酸化活性完全消除的突变株，有效阻断糖原降解。在持续光照条件下，该藻株的糖原含量相比野生型对照略有提高（7%）；而在昼夜循环条件下，该藻株的糖原含量在光照阶段和黑暗阶段较野生型分别大幅提升 250% 和 450%。Comer 等（2020）在海洋蓝藻藻株聚球藻 PCC 7002 中，对过表达 *glgC* 以强化糖原合成和敲除 *glgP* 以弱化糖原降解两种策略的应用效果进行了直接比较，结果发现在昼夜交替和持续光照两种条件下，经过 4～8 d 培养后，无论是总生物质还是糖原的合成与积累，*glgC* 过表达藻株相比野生型 PCC 7002 都无任何优势，而 *glgP* 缺失藻株的生物量和糖原量都有 15%～20% 的提高。比较而言，阻断糖原降解无疑是提高聚球藻 PCC 7002 含糖生物质合成更有效的策略；当然，同样值得注意的是，这一规律是否广泛适用于其他蓝藻藻株仍有待验证。

　　针对糖原代谢这一具有重要全局影响效应的天然碳汇机制，蓝藻还进化出了复杂的多层级调控模式，以实现胞内碳代谢对环境变化的快速响应。针对此类关键调控因子的表达调控，往往可以在直接的糖原合成途径外，带动整个代谢网络的全局变化，更有效地带动胞内碳流能量流向糖原合成。例如，集胞藻 PCC 6803 中 *sll0094* 基因编码蛋白 CfrA（carbon flow regulator A）被发现对细胞调节碳代谢适应氮源缺乏环境具有重要意义，CfrA 的表达受全局性氮代谢调控因子 NtcA 的激活，而该蛋白质的丰度则决定胞内糖原的积累量，过表达 CfrA 蛋白的重组藻株中糖原含量显著增加，而且这种调控作用不依赖于糖原合成途径的活性变化（Muro-Pastor et al.，2020）。蓝藻天然进化出了有效的碳吸收和碳固定机制，可以通过二氧化碳浓缩机制，吸收转运培养基中的碳酸氢盐，利用碳酸酐酶在羧酶体中转化为二氧化碳，提高 rubisco 周围的二氧化碳水平以保证其羧化酶的活性。集胞藻 PCC 6803 中，转录调节因子 *cyABrB2* 在高二氧化碳供应条件下对无机碳的吸收相关基因的表达具有抑制作用，敲除 *cyABrB2* 基因后，可以将糖原含量提升 3.4 倍，然而突变体的生长也被严重抑制（Kaniya et al.，2013）。

　　与之类似的工作还包括，在聚球藻 PCC 7942 中，通过直接加强无机碳转运蛋白及碳酸酐酶的表达量，结合异源的细菌纤维素合酶的表达，成功提高了细胞的整体固碳活性，重组藻株的生物量积累速率和糖原含量都得到提高，糖原含量、生物量积累速率及总碳水化合物合成速率分别从28%提高至35%、从0.9 g/（L·d）提升至1.2 g/（L·d）、从0.14 g/（L·d）提升至0.56 g/（L·d），充分证实优化细胞整体碳固定速率对于提高糖原合成能力的有效性（Chow et al.，2015）。

2.3.3 蓝藻光驱固碳合成蔗糖

除了糖原、聚羟基丁酸酯、β-葡聚糖等大分子多聚糖类物质之外，蔗糖是另一种广泛研究的蓝藻糖类代谢产物，也是非常重要的微生物发酵糖原料。大多数蓝藻藻株在面临盐胁迫时，会在胞内合成并富集蔗糖、海藻糖、甘油葡糖苷等小分子物质作为相容性物质，以维持胞内外渗透压平衡，其中蔗糖是具有广泛代表性的蓝藻相容性物质（Hagemann，2011）。通过代谢工程改造，已经成功地在部分工程藻株中实现了蔗糖从胞内向胞外的高效分泌，使其可以在培养液中积累，大幅度提高了蓝藻蔗糖的产量（Ducat et al.，2012）；同时，相比于淀粉/糖原的胞内积累型合成，蔗糖的分泌型合成对于开发在线分离提取技术和原位转化利用技术至关重要，有助于实现定向而连续的光驱固碳产糖，可以有效提升该技术的工程化应用潜力（Luan and Lu，2018）。

1. 蓝藻蔗糖合成的生理意义

蓝藻广泛分布在各种生态环境中，需要面临各种类型环境因子和营养条件的波动（Waterbury et al.，1979）。高浓度盐离子（Na^+、K^+等）造成的盐胁迫是一种常见而典型的环境胁迫作用。盐胁迫条件下，蓝藻细胞需要面临复合的胁迫因子刺激，既有高的盐离子浓度（离子胁迫），也有强的溶液渗透压（渗透胁迫），会对胞内蛋白质和膜系统的结构稳定与功能保持造成严重威胁。为了适应高盐条件下的渗透胁迫，蓝藻普遍进化出了胞内快速合成并积累相容性物质，以维持胞内外渗透压平衡的适应性生存策略。相容性物质是指微生物细胞在高渗透压环境下，为了提高胞内水活度而合成，并通过高浓度积累来维持细胞体积和膨压，并且对细胞正常代谢活性不造成影响的一类小分子代谢物（Brown and Simpson，1972）。不同蓝藻藻株中，合成和积累的相容性物质的类型与藻株的盐胁迫耐受能力密切相关。通常意义上，盐耐受能力在0.6 mol/L NaCl以下的藻株被称为低耐盐藻株，一般合成海藻糖或（和）蔗糖作为相容性物质（如鱼腥藻PCC 7120、聚球藻PCC 7942等）；盐耐受能力在1.7 mol/L NaCl以下的藻株归为中度耐盐藻株，通常合成甘油葡糖苷为相容性物质（如集胞藻PCC 6803）；盐耐受能力达到3 mol/L NaCl及以上的藻株为高度耐盐藻株，主要合成甜菜碱或谷氨酸甜菜碱作为相容性物质（如盐泽螺旋藻、盐生隐杆藻等）（Mackay et al.，1984；Reed and Stewart，1985；Hagemann，2011）。蔗糖是淡水藻株和部分海水藻株中最具代表性的相容性物质，其盐胁迫响应性合成最早在聚球藻PCC 6301（Blumwald et al.，1983）和 *Anabaena variabilis*（Erdmann，1983）中发现，迄今为止已经发现了至少 60 株蓝藻藻株能在胞内合成蔗糖作为相容性物质以抵抗高渗透压胁迫（Hagemann，2011）。系统发育分析表明，蔗糖合成途径产生于蓝藻进化的早期阶段，可能属于最早出现的相容性物质合成机制（Blank，2013）。除了广泛地作为低耐盐型蓝藻的相容性物质外，蔗糖合成也见于部分中等耐盐性藻株中，例如，集胞藻 PCC 6803 和聚球藻 PCC 7002 除了合成主要相容性物质甘油葡糖苷外，也可以合成蔗糖作为次要或补充性相容性物质。

除了作为抵抗盐胁迫的相容性物质进行应激性合成外，蔗糖在部分蓝藻藻株中还作为辅助性的碳汇存在。作为蓝藻适应昼夜节律、应对环境变化的重要机制，在光照条件下通过卡尔文循环固定的碳往往处于"溢出"状态，超出细胞生长和代谢所需，而这部分溢出的碳以"碳汇"的形式储存于糖原等多糖大分子和甘油葡糖苷、蔗糖等小分子溶质中，可以支撑蓝藻在黑暗条件、饥饿条件下细胞生存和生长的需要（Ball and Morell，2003；Nakamura et al.，2005；Damrow et al.，2016）。在正常条件下，糖原代谢是最主要也是最重要的碳汇机制，而蔗糖、甘油葡糖苷合成机制的存在为蓝藻碳汇网络的可塑性和柔性提供了保证。在聚球藻 PCC 7002 中发现，当糖原合成途径被阻断时，突变株细胞内蔗糖含量会显著增加，作为"溢出"碳流重新分配的重要途径（Guerra et al.，2013；Hendry et al.，2017）。当糖原合成能力缺失的 PCC 7002 藻株处于黑暗环境下时，其胞内增加的蔗糖含量可以为细胞呼吸和自发酵等异化作用提供底物支持，部分替代糖原的作用（Guerra et al.，2013）。

2. 蓝藻蔗糖合成的代谢和调控机制

蓝藻中的蔗糖合成代谢途径已经被清楚地揭示，与植物中的蔗糖合成途径相同。蓝藻细胞中的蔗糖合成主要由蔗糖磷酸合酶（sucrose phosphate synthase，SPS）和磷酸蔗糖磷酸酶（sucrose phosphate phosphatase，SPP）两个酶顺序催化完成。首先，UDP-葡萄糖和果糖-6-磷酸在蔗糖磷酸合酶作用下合成蔗糖-6-磷酸并释放一个 UDP 分子；然后，蔗糖-6-磷酸在磷酸蔗糖磷酸酶的作用下水解生成蔗糖并释放一个无机磷酸分子。除了上述 SPS-SPP 途径外，一些丝状蓝藻（如鱼腥藻 PCC 7120、PCC 7119、ATCC 29413）中还存在另一条蔗糖合成途径，由蔗糖合酶（sucrose synthase，SuS）催化从 UDP-葡萄糖（或 ADP-葡萄糖）和果糖到蔗糖和 UDP（或 ADP）的可逆转化。但在生理状态下，蔗糖合酶途径主要催化蔗糖的水解反应而非合成过程（Porchia et al.，1999；Curatti et al.，2000，2006）。在蔗糖合成途径之外，能进行蔗糖合成的蓝藻藻株的基因组上通常还会有蔗糖酶（invertase，INV）的编码基因，该酶催化蔗糖的降解过程，将蔗糖水解为葡萄糖和果糖。与蔗糖合酶不同的是，蔗糖水解酶催化的蔗糖水解反应为非可逆反应。

　　与清晰的蔗糖合成和降解途径形成鲜明对比的是，现阶段对蓝藻蔗糖合成调控机制方面的认识相对不足，具体反映在盐胁迫信号感知方式、信号传递途径及蔗糖合成诱导机制等三个层面上。首先，对产糖蓝藻感知盐胁迫的机制仍有疑问。如前所述，盐胁迫条件下，蓝藻所面临的是复合的胁迫环境，既有高浓度的盐离子胁迫，又有强渗透压胁迫，而已有证据表明高浓度盐离子和高渗透压对细胞是两种不同的胁迫信号。Kanesaki 等（2002）发现集胞藻 PCC 6803 在面对盐胁迫（高浓度 NaCl）和渗透胁迫（高浓度山梨醇）时，其基因转录图谱差别极大，意味着这两种胁迫引发了不同基因系列转录的调控；而在对聚球藻 PCC 7942 的研究中同样发现，能产生相同渗透势的渗透胁迫（高浓度山梨醇）与盐胁迫（高浓度 NaCl）对细胞体积造成的影响差异显著，前者使细胞收缩了 55%，而后者仅收缩了 15%。除了对细胞体积的影响外，离子胁迫和渗透胁迫对蓝藻细胞生理、生化的影响也有很大差异。聚球藻 PCC 7942 细胞在高渗透压胁迫下将迅速失水，同时光系统也会快速但可逆地失活，其活性会在细胞回到等渗溶液时恢复；而高浓度 NaCl 胁迫首先通过高渗透压引发光系统快速而可逆的失活，继而由盐离子（Na^+）对光合作用系统引发不可逆的损伤和失活（Allakhverdiev et al.，2000a，b）。因此，盐胁迫中高渗透压胁迫和高盐离子浓度胁迫对细胞造成的影响有显著区别，而这两种因素在诱导蔗糖合成上的具体作用仍有待揭示。

　　盐胁迫被蓝藻感知后，是否以及如何在细胞内通过信号级联传递，进而引发多层级的基因表达调控机制并不完全清楚。微生物细胞中感知、转导并响应各种环境变化的典型信号转导系统有单元（丝氨酸/苏氨酸蛋白激酶，STK）和双元（组氨酸激酶-响应调节蛋白，Hik-Rre）两类。蓝藻中，响应盐胁迫、渗透压胁迫、金属离子胁迫、温度、光强等环境变化的双元信号系统已经陆续被鉴定（Narikawa et al.，2011；Giner-Lamia et al.，2012；Liu et al.，2015）。在集胞藻 PCC 6803 中，已经鉴定到至少 4 组双元信号转导系统（Hik33-Rre31、Hik34-Rre1、Hik16-Hik41-Rre17 和 Hik10-Rre3）和一个单元信号蛋白（SpkG）可能与盐胁迫及高渗透压胁迫感知传导相关（Liang et al.，2011）。在鱼腥藻 PCC 7120 中，双元信号蛋白 OrrA（Alr3768）已经被证实参与了蔗糖合成的调控（Ehira et al.，2014）。但是，在现阶段对绝大多数产糖蓝藻而言，对盐胁迫信号更加具体、精确的感知和对转导途径的认识仍然是空白。

　　理论上，盐胁迫信号在蓝藻细胞中的转导最终需要引发蔗糖合成途径的调控，而已有的研究表明，这种调控可能同时发生在转录、翻译、酶活等多个维度上。在集胞藻 PCC 6803 中，蔗糖合成关键基因 sps 的转录在盐胁迫后迅速上调，在 0.5 h 达到最大值（Desplats et al.，2005）；而聚球藻 PCC 7002 在盐胁迫 24 h 后，sps 和 spp 转录信号也显著提高（Cumino et al.，2010）。在翻译水平上，免疫印迹分析表明，鱼腥藻 PCC 7120 的 SPS 蛋白在盐胁迫 6 h 后，表达量明显提高，而将细胞重新置于正常环境时（非盐胁迫条件），SPS 杂交信号则又降低到背景水平。与之对应的是，非胁迫条件下 SPS 酶活处在相对较低的水平，在加入 80 mmol/L NaCl 胁迫 6 h 后，SPS 酶活提高了 3 倍。当把胁迫后的细胞重新置于基本培养基中，SPS 酶活则下降到基础水平（Salerno et al.，2004）。然而，如前所述，盐胁迫信号在感知和转导途径上认识的缺失，也进一步限制了对蔗糖合成途径调控机制的精确揭示。SPS、SPP、INV 等蔗糖合成和降解途径的关键蛋白在盐胁迫条件下是如何从蛋白质丰度和蛋白质活性上发生快速而精细变化的？离子胁迫和渗透胁迫是如何引发这些变化的？这些问题的回答和解决将是深入理解蓝藻蔗糖合成机制、解除现有光合固碳产糖对盐胁迫的依赖、最终提升蓝藻工程藻株产糖效能的关键。

2020 年，Liang 等发现聚球藻 PCC 7942 中蔗糖合成限速酶 SPS 即使在非盐胁迫条件下也能表达，并将其丰度维持在一个基本恒定的水平。当细胞经高盐处理后，细胞内离子浓度迅速升高，SPS 被激活，启动蔗糖的合成和积累，维持细胞内外的渗透平衡。当环境盐度降低时，胞内离子浓度也会降低，从而使 SPS 回到低活性状态，降低蔗糖合成速率。有趣的是，蔗糖降解为葡萄糖和果糖的水解酶活性与 SPS 呈现相反的响应模式，即高浓度的离子抑制水解酶活性，而较低的离子浓度会提高水解酶活性。总体而言，蓝藻细胞内的动态离子浓度以相反的方式调节蔗糖合成和降解的关键酶，从而实现蓝藻细胞对环境盐度变化的动态响应（Liang et al.，2020）。

3. 蓝藻光驱固碳产蔗糖细胞工厂的人工设计和构建

天然蓝藻藻株中，蔗糖的合成主要作为相容性物质以抵御高盐胁迫导致的渗透压失衡，当胞内积累的蔗糖浓度足以使细胞内外渗透压重新平衡时，蔗糖浓度就不会进一步提高，其合成和降解将处于动态平衡状态，这种天然的蔗糖代谢调控模式从根本上限制了蓝藻蔗糖产量的提升。通过代谢工程改造，打破盐胁迫条件下蓝藻蔗糖合成和调控的天然调控模式，是加强蔗糖合成能力、提升蓝藻光驱固碳合成蔗糖技术应用潜力的重要选择（图 2-16）。

1）蔗糖转运蛋白的导入

解除蓝藻蔗糖合成能力瓶颈的关键在于实现蔗糖的胞外分泌，而开发蓝藻光驱固碳合成蔗糖细胞工厂取得的最具突破性的进展就是通过蔗糖转运蛋白的导入而实现的。Ducat 等（2012）将来自大肠杆菌的 *cscB* 基因导入聚球藻 PCC 7942，首次实现了蔗糖的胞外分泌。CscB 蛋白是一种蔗糖透性酶（sucrose permease），可以完成质子/蔗糖的同向转运。在大肠杆菌细胞中，CscB 蛋白通常促进细胞从酸性环境中吸收蔗糖和质子；而蓝藻的培养环境通常偏碱性，有利于盐胁迫下合成的蔗糖与质子的同时泵出。采用 IPTG 诱导型的 P_{tac} 启动子控制 *cscB* 基因的

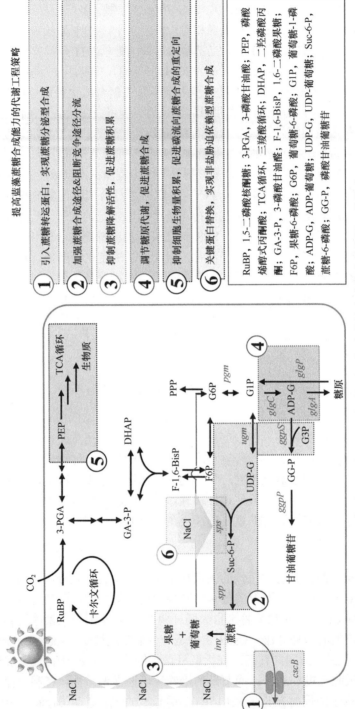

图2-16 蓝藻蔗糖合成代谢网络及提高蔗糖合成能力的代谢工程策略

表达，在 150 mmol/L NaCl 胁迫和 1 mmol/L IPTG 诱导条件下，聚球藻工程藻株蔗糖合成效率达到了 28 mg/（L·h），168 h 盐胁迫条件培养后产量达到 2.7 g/L。Song 等（2016a）使用一株在高温、高光条件下能够快速生长的速生聚球藻 UTEX 2973 进行蔗糖合成研究时发现，*cscB* 基因的导入也可以促进 UTEX 2973 中蔗糖的分泌。聚球藻 UTEX 2973 是近期发现的一种极具工程化应用潜力的蓝藻藻株，该藻株在基因组上与聚球藻 PCC 7942 具有高达 99.8% 的相似性（差异仅包括 55 个 SNP、1 个 188.6 kb 大片段的位置翻转、1 个片段缺失），而该藻株却表现出了显著提高的环境胁迫适应性和生长速度，在高光[500 μmol photons/（m^2·s）]和高温（41℃）培养条件下，其代增时间只有 2.1 h，远远超过此前报道过的各种模式藻株（Yu et al.，2015）。研究还发现，该藻株具有极强的碳水化合物合成潜力，其在 250 μmol photons/（m^2·s）光照和 38℃ 的温度条件下，糖原积累量可以达到干重的 50% 左右；当受到盐胁迫时，该藻株同样在胞内合成并积累蔗糖作为主要的相容性物质。通过将 *cscB* 基因导入 UTEX 2973 基因组，在盐胁迫条件下工程藻株中合成的蔗糖有 95% 以上会分泌至胞外；当使用 KCl 替代 NaCl 作为胁迫物时，因为 K$^+$ 对细胞的毒性弱于 Na$^+$，蔗糖合成速率可以进一步提高到 35.5 mg/（L·h），而单批次培养的蔗糖产量达到 3.5 g/L。该部分研究还发现，以 KCl 为胁迫盐时，UTEX 2973-CscB 藻株细胞可以通过离心收集-重悬培养的模式进行半连续式蔗糖合成，经过 7 次采集（每次 3 天），累计蔗糖产量可达 8.7 g/L（Song et al.，2016）。Lin 等（2020）同样将 CscB 导入 UTEX 2973，并报道了在盐胁迫下培养基中蔗糖浓度达到 8 g/L、蔗糖产量达到 1.9 g/（L·d），这也是目前工程蓝藻获得的最高蔗糖产率。值得注意的是，蔗糖转运蛋白在蓝藻中的表达受到宿主遗传、生理和代谢背景的影响。将 *cscB* 基因导入 PCC 6803 细胞后，发现该基因不能正常表达和发挥功能，工程藻株合成的蔗糖不能有效地分泌出细胞外（Du et al.，2013），意味着构建蔗糖生产的光合作用细胞工厂时，分泌蛋白与底盘菌株的适应性也是一个需要考虑的问题。通过资源挖掘和酶工程提高蔗糖分泌蛋白在特定蓝藻底盘菌株中的表达和活性，将成为提高蔗糖分泌和加强蔗糖合成的重要策略。

　　2）蔗糖合成/降解途径改造

　　除了解决蔗糖分泌的瓶颈问题之外，对蓝藻中直接参与蔗糖合成和降解代谢的节点基因进行改造，也是提高蔗糖合成效率的重要策略，主要包括蔗糖合成途径的强化和降解途径的阻断两个方面。Du 等（2013）在针对集胞藻 PCC 6803 的蔗糖合成能力强化研究中发现，增强蔗糖合成途径关键基因的表达对提升蔗糖产量有重要意义。通过蔗糖磷酸合酶基因 *sps*、磷酸蔗糖磷酸酶基因 *spp* 以及 UDP 葡萄糖焦磷酸酶基因 *ugp* 三个基因的共同表达，可以将工程藻株的蔗糖产量提升 2 倍；而阻断蔗糖合成竞争途径甘油葡糖苷合成的关键基因 *ggpS*，可以将藻株蔗糖产量提升 1.5 倍；当两种策略结合时，获得的工程藻株相比 PCC 6803 野生型藻株的蔗糖产量提升了 4 倍。Qiao 等（2018）对聚球藻 PCC 7942 的改造过程中同样发现，在导入了 *cscB* 基因的工程藻株中，过表达 PCC 7942 自身的蔗糖磷酸合酶基因 *sps*，可以将工程藻株的蔗糖产量提高 74%；而在 *cscB* 和 *glgC* 共同过表达的藻株中，*sps* 的过表达可以使单位细胞的蔗糖合成能力提高 3 倍。对处于盐胁迫状态的蓝藻藻株而言，当具有足够的碳源供应时，蔗糖合成途径的催化活性成为蔗糖合成的限速步骤，强化合成途径关键蛋白的表达可以有效提升蔗糖的生产效率和实际产量。如前所述，蔗糖作为蓝藻细胞中天然的相容性物质，其自身代谢存在内源性的平衡机制，蔗糖酶的存在可以将过度积累的蔗糖迅速降解为葡萄糖和果糖，继而经过磷酸化后进入中心代谢。Ducat 等（2012）的工作首次证明在导入了 *cscB* 基因的 PCC 7942 藻株中敲除蔗糖酶基因 *invA*，可以将蔗糖产量进一步提升 15%。当把 *invA* 的敲除与糖原合成节点基因 *glgC* 的敲除相结合时，最终蔗糖产量得到 25% 的提高。还有研究发现，在蔗糖合成途径得到强化的 PCC 6803 工程藻株（Du et al.，2013）中敲除蔗糖酶基因，可以将蔗糖产量进一步提高 40%（Kirsch et al.，2018）。

3）蔗糖合成竞争途径阻断

光合微藻的一个普遍特征是胞内存在天然的碳汇机制，以储存卡尔文循环固定的、超出细胞正常生长所需的碳源和能量。蓝藻中最重要、最具代表性的碳汇机制是糖原的代谢。糖原代谢的存在对于蓝藻抵抗环境胁迫、适应营养物质动态变化具有重要意义，然而对于化学品的光驱固碳合成而言，糖原合成被普遍视为一种主要的竞争途径（Zhou et al.，2016）。Xu 等（2013a）针对聚球藻 PCC 7002 的研究发现，通过敲除两个糖原合成酶基因（*glgAI* 和 *glgAII*）可以彻底阻断 PCC 7002 细胞的糖原合成和积累；当糖原合成能力缺失的突变株遇到盐胁迫时，胞内积累的蔗糖和甘油葡糖苷含量均有所提升，其中蔗糖含量大约提高 3 倍。Ducat 等（2012）在导入了 *cscB* 基因的 PCC 7942 工程藻株中，敲除糖原合成的限速酶 ADP-葡萄糖焦磷酸化酶编码基因 *glgC*，使工程藻株的蔗糖产量提高了 5%～10%。但是需要注意的是，*glgC* 基因的敲除，对细胞的生理鲁棒性造成了显著的影响，面对盐胁迫时，工程细胞的生长代时从 12 h 延长至 43.5 h，即使经过驯化后，仍然达到 20 h，从光驱固碳产糖全过程的综合效益来考量，通过 *glgC* 基因敲除来阻断糖原合成是否合理仍有待评价。与糖原代谢扰动策略类似，最大限度地阻断细胞生物质的积累，以使光合碳流尽可能地向目标代谢产物分配，是最近提出的一种蓝藻光驱固碳细胞工厂设计策略。Ducat 研究组在聚球藻 PCC 7942 中通过对一种重要响应性调控因子 RpaB（regulator of phycobilisomeassociated B）的过表达，实现了工程藻株细胞生物质积累的有效阻滞，意味着通向细胞生物质合成途径的光合碳流被阻断；而在此条件下，突变株细胞的光合作用会受到严重的反馈抑制，光合效率极大降低；在 *rpaB* 过表达藻株中，同时进行蔗糖磷酸合酶基因 *sps* 的诱导性过表达时，由于光合碳流重新获得新的"出口"，工程藻株中光合作用的反馈抑制即可消除，而蔗糖合成效率得到 2 倍的提升（Abramson et al.，2018）。

4）非盐胁迫诱导型蔗糖合成

如上所述，蔗糖磷酸合酶（SPS）是蓝藻蔗糖合成过程中的关键酶，在碳代谢中起着关键作用。盐胁迫的离子效应也是诱导蔗糖合成的重要因素。离子浓度的增加直接激活了 SPS 并抑制了蔗糖酶，从而导致蔗糖的快速积累。因此，许多蓝藻需要高盐环境来激活蔗糖生物合成途径。然而，盐胁迫会对藻类细胞的生长代谢造成一定的负担。此外，盐胁迫还面临成本增加的不利影响。寻找一种不受盐胁迫的蔗糖生产方法尤为重要，这对蔗糖的规模化生产具有重要意义。2020 年，Lin 等（2020）在 UTEX 2973 突变体中表达 PCC 6803 的 SPS 和 SPP，首次在蓝藻中实现了无盐条件下蔗糖的生产。目前，通过合成生物学和代谢工程转化实现了不依赖于盐胁迫独立合成蔗糖的设想。显然，可以预期的是，不依赖盐胁迫的蔗糖合成工程菌株可以进一步扩大蓝藻在共培养系统中的应用。

4. 基于蓝藻光驱固碳合成蔗糖的人工合成菌群设计

如前所述，蔗糖分泌蛋白的导入推动了高效的蓝藻光驱固碳合成细胞工厂的成功开发，实现了基于光合微藻单一平台，由环境中的太阳能和二氧化碳向蔗糖的直接合成和分泌。然而，蔗糖的有效分泌也同样提升了蓝藻工程藻株培养体系被异养微生物污染的风险。除了采用严格的生物污染防控策略、减少杂菌入侵和增殖概率之外，模拟自然条件下类似地衣等自养-异养生物共生体系，将蓝藻产糖藻株和以蔗糖为碳源的异养微生物细胞工厂共同培养，人工构建光驱共生合成系统以进行蔗糖的原位利用，将成为另一种可行的选择（图 2-17）。

Ducat 等（2012）向聚球藻 PCC 7942 导入 *cscB* 基因，实现了盐胁迫条件下蔗糖的合成和分泌后，首先探索了以蓝藻光驱固碳产糖系统支撑经典模式异养微生物-酿酒酵母生存和生长的可能性。研究人员首先证实，向培养聚球藻 PCC 7942 的 BG11 培养基中补充部分氮源和 2% 的蔗糖后，就可以用于酿酒酵母的培养；进而又发现，在产糖蓝藻藻株（导入并诱导表达了 *cscB* 基因的聚球藻 PCC 7942）的培养体系中，直接接种酿酒酵母，蓝藻细胞所合成并分泌的蔗糖可以维持酵母细胞生存并进行至少两次分裂。上述研究初步证实了以蓝藻光驱固碳产糖体系为基础，维持人工合成共生体系运行的可行性。

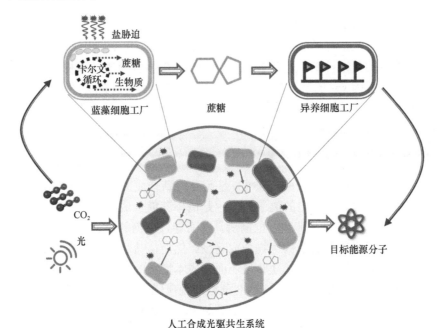

图 2-17 基于蓝藻光驱固碳产糖的产能人工菌群设计和工作模式

　　Ducat 实验室进而探索了蓝藻光驱固碳合成蔗糖细胞工厂与三种经典的异养工业微生物（大肠杆菌、枯草芽孢杆菌、酿酒酵母）分别进行共培养的可行性（Hays et al.，2017）。研究结果表明，以蓝藻光驱固碳产糖为能量和物质基础的共生体系能够较为稳定地维持数周到数月的时间，而且面对不同的光照强度和光照节律表现出很强的鲁棒性。共培养体系中，异养微生物的生长和代谢完全依赖于蓝藻合成并分泌的蔗糖，令人惊讶的是，异养微生物的生长甚至可以反向促进蓝藻产糖细胞的光合固碳和生长，并因此进一步增强了共生系统的稳定性和鲁棒性。当使用进行了代谢工程改造的异养微生物细胞工厂替代其野生型菌株后，人工合成的光合共生系统还可以支撑高附加值化学品的生物合成（枯草芽孢杆菌合成淀粉酶、大肠杆菌合成聚羟基丁酸酯）（Hays et al.，2017）。

　　近期，该研究组对蓝藻光驱固碳产糖支撑的人工合成共生体系进行了优化，主要内容是使用海藻酸钠为基质对产糖蓝藻细胞进行包覆，这种包覆对蓝藻细胞的存活和产糖活性影响不大，却能够很大程度上限制细胞的复制，从而能够使光合碳流更多定向于蔗糖的合成，与浮游状态的细胞相比，海藻酸钠包覆的细胞蔗糖单位生产效率得到了 2～3 倍的提高（Weiss et al.，2017）。将海藻酸钠包覆的蓝藻产糖细胞与一种天然的 PHB 合成微生物——玻利维亚盐单胞菌（*Halomonas boliviensis*）共培养，所形成的光驱共生系统对环境扰动和生物污染表现出极强的抵抗能力，可以在长达 5 个月的培养时间中维持整体生物量（主要是 *H. boliviensis*）

和目标产品 PHB 的持续增长，在此期间不需要外源添加任何抗生素。此外，与浮游的蓝藻细胞相比，海藻酸钠包覆体与 *H. boliviensis* 细胞在沉降系数上差异更大，意味着包含 PHB 的 *H. boliviensis* 细胞生物量可以更便捷地从共生培养系统中进行选择性采集。研究人员还证实这种海藻酸钠包覆体同样可以用于能够合成 PHB 的大肠杆菌工程菌株共培养，表明这一策略具有较好的普适性（Weiss et al.，2017）。

　　值得注意的是，以现有的蓝藻光驱固碳合成蔗糖技术为基础的人工合成光驱共生系统，要求所采用的异养微生物细胞工厂必须具备蔗糖的利用能力，而对于天然无法利用吸收-代谢蔗糖的微生物菌株，则需要进行针对性改造。与前面介绍的其他异养微生物相比，恶臭假单胞菌（*Pseudomonas putida*）具有很强的逆境胁迫耐受能力，对产糖蓝藻所用的培养基的适应性最好，只需要很小的营养补充，非常适合于共培养（Lowe et al.，2017）。但是该菌无法利用蔗糖，因此 Lowe 等（2017）为了提高 *P. putida* 的蔗糖利用能力，向该菌中导入了 CscA-CscB 系统，其中 CscA 能够将胞外多糖水解为葡萄糖和果糖，而 CscB 则可以促进糖类的吸收，最终构建了可以进行 PHB 合成的人工合成光驱共生系统。

　　从设计上看，目前大多人工构建的光驱共生系统都是以蓝藻的光驱固碳合成蔗糖为基础，从而系统维持运行的能量和物质供应。近期，Smith 和 Francis（2016）设计了一种双向互通式共生系统，利用广泛应用的产糖聚球藻藻株（导入了 *cscB* 的聚球藻 PCC 7942）和一种固碳微生物——棕色固氮菌（*Azotobacter vinelandii*），人工构建了一种新的互利型共生体。在这个共生体系中，产糖蓝藻藻株在盐胁迫条件下，利用光合作用固碳合成蔗糖并分泌至胞外，提供给棕色固氮菌有机碳源；而棕色固氮菌则利用蔗糖生长代谢，进而反向为产糖蓝藻提供有机氮源。与此前报道的人工光驱共生体系相比，这种双向互利式光驱共生体可以在最基本的营养条件下自我维持，不需要额外添加任何有机氮源和碳源就可以进行有价值的代谢物合成（Smith and Francis，2016）。

　　蓝藻光驱固碳合成蔗糖细胞工厂与合成高附加值化学品的异养微生物细胞的共培养系统，是模拟自然条件下自养-异养生物共生体系而构建的人工合成共生模式（Li et al.，2017），可实现从无机 CO_2 向高附加值有机产物的全链条转化。与单一平台的合成模式（直接在蓝藻中构建目标化学品的合成途径）相比，这种共生系统通过将具备多样化代谢和生理特性的不同微生物组分有机整合，对复杂的、涉及大量催化步骤的反应途径造成的代谢和生理负担进行分流及缓冲，有利于实现稳定、可持续的生物合成过程。虽然理论上，蓝藻光合作用固定的碳流中一大部分会被重新定向于共生的异养微生物生物量的积累，并因此造成可进行光合作用的细胞数量降低，但这种损失可以通过共生体系中异养微生物代谢对蓝藻生长的"反哺"式有利作用来部分弥补。已有的研究表明，向微藻培养体系中接种来自其自然生长环境的异养微生物，能有效促进微藻细胞的光合生长和代谢活性

（Morris et al.，2008；Do Nascimento et al.，2013）；而在人工合成光驱共生体系的开发过程中也发现，与异养微生物（包括大肠杆菌、枯草芽孢杆菌和酵母）的共培养对蓝藻细胞光合生长有显著的生长促进和胁迫保护作用（Hays et al.，2017；Li et al.，2017）。关于这种促进和保护作用具体机制的解析仍处于探索阶段。Li等（2017）在研究产蔗糖蓝藻和黏红酵母（*Rhodotorula glutinis*）的共培养时发现，蓝藻在高密度培养下，其活跃的光合作用会导致培养体系中大量积累活性氧并导致蓝藻生长的抑制；而共培养的 *R. glutinis* 可以有效清除活性氧，减轻蓝藻的生理负担并促进其生长。在未来，为了实现光合自养微生物和异养微生物之间的最优平衡，需要进一步探索设计原则和有效调控方案，从而实现合成共生体内部的代谢互补和互利（Luan and Lu，2018）。

2.3.4 总结与展望

在全球范围内,蓝藻通过高效的光合作用提供了生物圈中约 20%的总有机碳，是极其重要的初级生产力（Flombaum et al.，2013；Rousseaux and Gregg，2014）。合成生物学和代谢工程技术通过在蛋白质、途径、模块、群体水平上的人工修饰和调节，正在使光驱二氧化碳固定和转化这一过程变得更加密集、可控。人工构建的光合细胞工厂中，太阳能和二氧化碳可以直接、定向转化为有机分子，在此基础上，发展基于蓝藻的光驱固碳生物制造技术的关键在于实现大时空尺度中能量和物质高效、稳定、定向转化。蓝藻光驱固碳产糖技术是一种代表性的光合生物制造模式，也为基于生物炼制体系的生物燃料生产体系提供了一条极具吸引力的原料供应路线。与现行的"植物种植→生物质采集→原料预处理→糖分制备"路线相比，蓝藻光驱固碳产糖路线环节更少、产物更明确，有望实现集约化、工业化的产业应用。目前来看，对蓝藻产糖的遗传、代谢和调控机制在过去二十年间已经取得了长足的进展，在此基础上，通过培养条件优化、代谢网络改造，可以将卡尔文循环固定有机碳中超过一半的比例导向糖原和蔗糖的合成，技术发展水平实际上超过其他蓝藻光驱固碳合成产品。但是，总体来说，基于蓝藻的光驱固碳产糖技术发展目前仍然处于实验室到小试的概念和技术验证阶段，距离真正工程化、产业化的应用仍有很长的路要走，存在大量需要解决的问题。

首先，光驱固碳产糖的蓝藻底盘藻株需要优化。以稳定、可持续的支撑生物炼制体系能源生产为目标，蓝藻光驱固碳产糖技术工程化和产业化应用的必要前提是体系的规模化放大可行性。与实验室体系中稳定的培养条件相比，微藻细胞在大规模工业培养过程中可能面临物理、化学、生物层面的各种胁迫，例如，户外的高温和高光胁迫、采收过程的强剪切力、开放体系下的生物污染，以及为了抑制生物污染而采用的各种选择性培养处理（高 pH、高盐等）条件。然而，在已经发现的数千种微藻中，目前已实现有效的大规模培养和工程化应用的仅有螺旋藻、雨生红球藻等寥寥数种，而此类藻株的遗传改造目前普遍存在挑战，这也就意味着只能通过工艺优化、诱变筛选等传统策略来提高糖类物质产量，因而效率低、周期长、效果差。现阶段实验室层面取得的快速、长足发展的合成生物技术育种成果，仅在少数经典模式体系中体现，用于构建光驱固碳产糖细胞工厂的各种模式底盘无法满足户外、开放式、工程化培养的需求，技术成果难以推广应用。因此，突破螺旋藻等重要工业藻种的遗传操作瓶颈，或者获得具有良好工程应用属性的底盘藻株，将是未来获得可工程化应用的产糖藻株的关键。

　　同时，光驱固碳产糖技术需要适配的工程技术体系。对于传统的微藻规模化培养而言，下游采收和处理过程占到全技术流程成本的80%左右；对于胞内存储型产物，如油脂、蛋白质、色素类等成分，通常需要对采收的细胞进行破碎，然后根据物质性质制定提取、浓缩、精制流程。蓝藻光驱固碳产糖技术对过程工程技术体系的开发需求更加复杂，也更有挑战性。对光驱固碳合成糖原而言，糖原作为多糖大分子主要存储于胞内，其余传统微藻规模培养体系和技术有较强的兼容性，含糖（原）细胞采集浓缩后进行破碎，即可释放糖原获得可以进行生物炼制制备生物燃料的料液；与之相应的，为了提高过程产出和总体经济性，需要提高微藻培养的生物质总量及糖原所占生物质的比例。对于光驱固碳合成蔗糖而言，情况则大有不同。作为可溶性小分子，为了提高蔗糖产量，蓝藻光合细胞工厂合成的蔗糖主要分泌至胞外，以游离形式存在，本质上，细胞生物质的积累与蔗糖的合成存在竞争关系，因此需要通过细胞工厂和过程培养两个层面的优化以调节蓝藻光合细胞工厂的生物量，获得蔗糖合成速率的最优细胞浓度参数。而分泌型蔗糖又进一步带来了生物污染的问题，作为优良的异养碳源，培养体系中大量存在的蔗糖极易导致环境中异养微生物的入侵，造成蔗糖产量的损失甚至整个培养过程的失败。针对这一问题，可能需要针对性地开发有效的选择性培养工艺，结合微藻细胞工厂的改造，使产糖过程在利于产糖蓝藻生长的环境中进行。限制污染微生物消耗胞外蔗糖的另一种策略是发展基于蓝藻光驱固碳产糖的人工菌群，实现产糖蓝藻与一种甚至数种异养产能细胞工厂的混合培养，原位实现对微藻分泌糖原料的利用和转化，并形成对外源入侵微生物的抵御机制。如前所述，这一策略从概念上已经得到充分证实，如何在更大体积、更长周期中实现稳定运行，同样需要解决从菌种到工艺和设备的适配性优化。

　　未来，通过系统地采用合成生物学、系统生物学和过程工程技术的策略及工具，进一步揭示蓝藻中光驱二氧化碳向糖类物质有效转化的代谢和调控机制，解除胞内物质和能量定制化人工定向转化的瓶颈，在此基础上结合工艺、设备和技术环节的配套化开发和升级，以先进的蓝藻光合细胞工厂为基础，实现光驱固碳产糖技术和产业发展的实质性突破是可以预期的。

基金项目：国家重点研发计划"合成生物学"重点专项-2021YFA0909700；国家自然科学基金-31872624，32070084；中国科学院洁净能源创新研究院联合基金-DNL202014；中国科学院青年创新促进会（栾国栋）。

参 考 文 献

冯银刚, 刘亚君, 崔球. 2022. 纤维小体在合成生物学中的应用研究进展. 合成生物学, 3(1): 138-154.

李东栋, 石玮, 邓秀新, 等. 2002. 不同根癌农杆菌菌株对柑橘愈伤组织遗传转化效率的影响. 华中农业大学学报, 4: 379-381.

李仁民. 2008. 重离子辐照粘红酵母诱变育种及其产油条件的优化. 北京: 中国科学院研究生院硕士学位论文.

刘吉利, 朱万斌, 谢光辉, 等. 2009. 能源作物柳枝稷研究进展. 草业学报, 18(3): 232-240.

刘亚君, 崔古贞, 洪伟, 等. 2014. 典型产纤维小体梭菌的遗传改造及其在纤维素乙醇中的应用研究进展. 生物加工过程, 12(1): 55-62.

落基山研究所. 2019. 能源转型委员会. 中国 2050: 一个全面实现现代化国家的零碳图景.

马波, 籍月彤, 刘阳, 等. 2020. 单细胞拉曼分选仪(RACS): 探索微观世界的利器. https://www.instrument.com.cn/news/20200708/553392.shtml

倪坤晓, 何安华. 2021. 中国粮食供需形势分析. 世界农业, 2: 10-18.

王希国. 2005. 纤维素酶催化水解和氧化机制的研究进展. 林产化学与工业, 25: 125-130.

杨建花, 苏晓岚, 朱蕾蕾. 2021. 高通量筛选系统在定向改造中的新进展. 生物工程学报, 37(7): 1-14.

朱宝珠, 张丰收, 王志萍, 等. 2007. 重离子生物分子作用中的电子能损. 原子核物理评论, 24(2): 138-141.

朱勤勤. 2019. 基于生态足迹的我国粮食主产区粮食安全可持续性研究. 南昌: 南昌大学硕士学位论文.

Abramson B W, Lensmire J, Lin Y T, et al. 2018. Redirecting carbon to bioproduction via a growth arrest switch in a sucrose-secreting cyanobacterium. Algal Res, 33: 248-255.

Adav S S, Ng C S, Arulmani M, et al. 2010. Quantitative iTRAQ secretome analysis of cellulolytic *Thermobifida fusca*. J Proteome Res, 9(6): 3016-3024.

Agbor V B, Cicek N, Sparling R, et al. 2011. Biomass pretreatment: Fundamentals toward application. Biotechnol Adv, 29: 675-685.

Ahmad M, Roberts J N, Hardiman E M, et al. 2011. Identification of DypB from *Rhodococcus jostii* RHA1 as a lignin peroxidase. Biochemistry, 50(23): 5096-5107.

Aikawa S, Nishida A, Ho S H, et al. 2014. Glycogen production for biofuels by the euryhaline cyanobacteria *Synechococcus* sp. strain PCC 7002 from an oceanic environment. Biotechnol Biofuels, 7: 88.

Akama K, Shiraishi H, Ohta S, et al. 1992. Efficient transformation of *Arabidopsis thaliana*: Comparison of the efficiencies with various organs, plant ecotypes and *Agrobacterium* strains, Plant Cell Rep, 12: 7-11.

Allakhverdiev S I, Sakamoto A, Nishiyama Y, et al. 2000a. Ionic and osmotic effects of NaCl-induced inactivation of photosystems I and II in *Synechococcus* sp. Plant Physiol, 123: 1047-1056.

Allakhverdiev S I, Sakamoto A, Nishiyama Y, et al. 2000b. Inactivation of photosystems I and II in response to osmotic stress in *Synechococcus*. Contribution of water channels. Plant Physiol, 122:

1201-1208.

Alonso D M, Wettstein S G, Dumesic J A. 2012. Bimetallic catalysts for upgrading of biomass to fuels and chemicals. Chem Soc Rev, 41(24): 8075-8098.

Artzi L, Bayer E A, Morais S. 2017. Cellulosomes: Bacterial nanomachines for dismantling plant polysaccharides. Nat Rev Microbiol, 15(2): 83-95.

Artzi L, Dassa B, Borovok I, et al. 2014. Cellulosomics of the cellulolytic thermophile *Clostridium clariflavum*. Biotechnol Biofuels, 7(1): 100.

Atreya M E, Strobel K L, Clark D S, 2015. Alleviating product inhibition in cellulase enzyme Cel7A. Biotechnol Bioeng, 113(2): 330-338.

Bahaji A, Li J, Sánchez-López Á M, et al. 2014. Starch biosynthesis, its regulation and biotechnological approaches to improve crop yields. Biotechnol Adv, 32(1): 87-106.

Bai Z, Qi T, Liu Y, et al. 2018. Alteration of *S*-adenosylhomocysteine levels affects lignin biosynthesis in switchgrass. Plant Biotechnol J, 16: 2016-2026.

Balch M L, Holwerda E K, Davis M F, et al. 2017. Lignocellulose fermentation and residual solids characterization for senescent switchgrass fermentation by *Clostridium thermocellum* in the presence and absence of continuous *in situ* ball-milling. Energy Environ Sci,10: 1252-1261.

Ball S G, Morell M K. 2003. From bacterial glycogen to starch: Understanding the biogenesis of the plant starch granule. Annu Rev Plant Biol, 54: 207-233.

Balmer Y, Vensel W H, Cai N, et al. 2006. A complete ferredoxin/thioredoxin system regulates fundamental processes in amyloplasts. Proc Natl Acad Sci USA, 103(8): 2988-2993.

Barrangou R, van Pijkeren J P. 2016. Exploiting CRISPR-Cas immune systems for genome editing in bacteria. Curr Opin Biotechnol, 37: 61-68.

Barros J, Serrani-Yarce J C, Chen F, et al. 2016. Role of bifunctional ammonia-lyase in grass cell wall biosynthesis. Nat Plants, 2(6): 16050.

Baumgartner S, Martin D, Hagios C, et al. 1994. Tenm, a *Drosophila* gene related to tenascin, is a new pair-rule gene. EMBO J, 13: 3728-3740.

Berckman E A, Chen W. 2019. Exploiting dCas9 fusion proteins for dynamic assembly of Synthetic metabolons. Chemical Communications, 55(57): 8219-8222.

Biely P. 2012. Microbial carbohydrate esterases deacetylating plant polysaccharides. Biotechnol Adv, 30(6): 1575-1588.

Biswas R, Zheng T, Olson D G, et al. 2015. Elimination of hydrogenase active site assembly blocks H_2 production and increases ethanol yield in *Clostridium thermocellum*. Biotechnol Biofuels, 8(1): 20.

Blank C E. 2013. Phylogenetic distribution of compatible solute synthesis genes support a freshwater origin for cyanobacteria. J Phycol, 49: 880-895.

Blumwald E, Mehlhorn R J, Packer L. 1983. Studies of osmoregulation in salt adaptation of cyanobacteria with ESR spin-probe techniques. Proc Natl Acad Sci U S A, 80: 2599-2602.

Bouton J H. 2007. Molecular breeding of switchgrass for use as a biofuel crop. Curr Opin Genet Dev, 17(6): 553-558.

Brown A D, Simpson J R. 1972. Water relations of sugar-tolerant yeasts: The role of intracellular polyols. J Gen Microbiol, 72: 589-591.

Brunecky R, Alahuhta M, Xu Q, et al. 2013. Revealing nature's cellulase diversity: The digestion mechanism of *Caldicellulosiruptor bescii* CelA. Science, 342(6165): 1513-1516.

Brunecky R, Subramanian V, Yarbrough J M, et al. 2020. Synthetic fungal multifunctional cellulases for enhanced biomass conversion. Green Chem, 22: 478.

Buanafina M M, Langdon T, Hauck B, et al. 2008. Expression of a fungal ferulic acid esterase increases cell wall digestibility of tall fescue (*Festuca arundinacea*). Plant Biotechnol J, 6: 264-280.

Bubner P, Plank H, Nidetzky B. 2013. Visualizing cellulase activity. Biotechnol Bioeng, 110(6): 1529-1549.

Cai M, Li S, Sun F, et al. 2017. *Emp10* encodes a mitochondrial PPR protein that affects the *cis*-splicing of *nad2* intron 1 and seed development in maize. Plant J, 91(1): 132-144.

Canadas I C, D Groothuis, M Zygouropoulou, et al. 2019. RiboCas: A universal CRISPR-based editing tool for *Clostridium*. ACS Synth Biol, 8(6): 1379-1390.

Cano M, Holland S C, Artier J, et al. 2018. Glycogen synthesis and metabolite overflow contribute to energy balancing in cyanobacteria. Cell Rep, 23: 667-672.

Chandel A K, Albarelli J Q, Santos D T, et al. 2019. Comparative analysis of key technologies for cellulosic ethanol production from Brazilian sugarcane bagasse at a commercial scale. Biofuel Bioprod Biorefin, 13(4): 994-1014.

Chen C, Cui Z, Song X, et al. 2015. Integration of bacterial expansin-like proteins into cellulosome promotes the cellulose degradation. Appl Microbiol Biotechnol, 100(5): 2203-2212.

Chen H, Wang J P, Liu H, et al. 2019. Hierarchical transcription factor and chromatin binding network for wood formation in black cottonwood (*Populus trichocarpa*). Plant Cell, 31: 602-626.

Chen Q, Yu S, Myung N, et al. 2017. DNA-guided assembly of a five-component enzyme cascade for enhanced conversion of cellulose to gluconic acid and H_2O_2. Journal of Biotechnology, 263: 30-35.

Cherubini F. 2010. The biorefinery concept: Using biomass instead of oil for producing energy and chemicals. Energ Convers Manage, 51: 1412-1421.

Chiniquy D, Varanasi P, Oh T, et al. 2013. Three novel rice genes closely related to the *Arabidopsis IRX9, IRX9L*, and *IRX14* genes and their roles in xylan biosynthesis. Front Plant Sci, 4: 83.

Chow T J, Su H Y, Tsai T Y, et al. 2015. Using recombinant cyanobacterium(*Synechococcus elongatus*)with increased carbohydrate productivity as feedstock for bioethanol production via separate hydrolysis and fermentation process. Bioresour Technol, 184: 33-41.

Chuck G, Brown P, Meeley R, et al. 2014. Maize SBP-box transcription factors *unbranched2* and *unbranched3* affect yield traits by regulating the rate of lateral primordia initiation. Proc Natl Acad Sci USA, 111: 18775-18780.

Chung D, Cha M, Snyder E N, et al. 2015. Cellulosic ethanol production via consolidated bioprocessing at 75℃ by engineered *Caldicellulosiruptor bescii*. Biotechnol Biofuels, 8: 163.

Clough S J, Bent A F. 1998. Floral dip: A simplified method for *Agrobacterium*-mediated transformation of *Arabidopsis thaliana*, Plant J, 16: 735-743.

Comer A D, Abraham J P, Steiner A J, et al. 2020. Enhancing photosynthetic production of glycogen-rich biomass for use as a fermentation feedstock. Front Energy Res, 8: 93.

Congress U S. 2007. Energy independence and security act of 2007. Public Law, 2: 110-140.

Cosgrove D J. 2000. Loosening of plant cell walls by expansins. Nature, 407(6802): 321-326.

Council B R A. 2006. Biofuels in the European Union-A Vision for 2030 and Beyond. Belgium: Biofuels Research Advisory Council, European Commission.

Cui G Z, Hong W, Zhang J, et al. 2012. Targeted gene engineering in *Clostridium cellulolyticum* H10 without methylation. J Microbiol Methods, 89(3): 201-208.

Cumino A C, Perez-Cenci M, Giarrocco L E, et al. 2010. The proteins involved in sucrose synthesis in the marine cyanobacterium *Synechococcus* sp. PCC 7002 are encoded by two genes transcribed from a gene cluster. FEBS Lett, 584: 4655-4660.

Curatti L, Giarrocco L, Salerno G. 2006. Sucrose synthase and RuBisCo expression is similarly regulated by the nitrogen source in the nitrogen-fixing cyanobacterium *Anabaena* sp. Planta, 223: 891-900.

Curatti L, Porchia A C, Herrera-Estrella L, et al. 2000. A prokaryotic sucrose synthase gene (susA) isolated from a filamentous nitrogen-fixing cyanobacterium encodes a protein similar to those of plants. Planta, 211: 729-735.

Damrow R, Maldener I, Zilliges Y. 2016. The multiple functions of common microbial carbon polymers, glycogen and PHB, during stress responses in the non-diazotrophic cyanobacterium *Synechocystis* sp. PCC 6803. Front Microbiol, 7: 966.

De S, Luque R. 2015. Integrated enzymatic catalysis for biomass deconstruction: A partnership for a sustainable future. Sustain Chem Processes, 3(1): 4.

Debast S, Nunes-Nesi A, Hajirezaei M R, et al. 2011. Altering *trehalose-6-phosphate* content in transgenic potato tubers affects tuber growth and alters responsiveness to hormones during sprouting. Plant Physiol, 156: 1754-1771.

Demain A L, Newcomb M, Wu J H. 2005. Cellulase, clostridia, and ethanol. Microbiol Mol Biol Rev, 69(1): 124-154.

Desplats P, Folco E, Salerno G L. 2005. Sucrose may play an additional role to that of an osmolyte in *Synechocystis* sp. PCC 6803 salt-shocked cells. Plant Physiol Bioch, 43: 133-138.

Do Nascimento M, Dublan Mde L, Ortiz-Marquez J C, et al. 2013. High lipid productivity of an Ankistrodesmus-Rhizobium artificial consortium. Bioresour Technol, 146: 400-407.

Dougherty J P, Temin H M. 1986. High mutation rate of a spleen necrosis virus-based retrovirus vector. Mol Cell Biol, 6: 4387-4395.

Du W, Liang F, Duan Y, et al. 2013. Exploring the photosynthetic production capacity of sucrose by cyanobacteria. Metab Eng, 19: 17-25.

Ducat D C, Avelar-Rivas J A, Way J C, et al. 2012. Rerouting carbon flux to enhance photosynthetic productivity. Appl Environ Microbiol, 78: 2660-2668.

Dykstra A B, Brice L St, Rodriguez M, Jr., et al. 2014. Development of a multipoint quantitation method to simultaneously measure enzymatic and structural components of the *Clostridium thermocellum* cellulosome protein complex. J Proteome Res, 13(2): 692-701.

Ehira S, Kimura S, Miyazaki S, et al. 2014. Sucrose synthesis in the nitrogen-fixing cyanobacterium *Anabaena* sp. strain PCC 7120 Is controlled by the two-component response regulator OrrA. Appl Environ Microb, 80: 5672-5679.

Eibinger M, Ganner T, Plank H, et al. 2020. A biological nanomachine at work: Watching the cellulosome degrade crystalline cellulose. ACS Cent Sci, 6(5): 739-746.

Eibinger M, Sattelkow J, Ganner T, et al. 2017.Single-molecule study of oxidative enzymatic deconstruction of cellulose. Nat Commun, 8(1): 894.

Enari T M, Niku-Paavola M L. 1987. Enzymatic hydrolysis of cellulose: Is the current theory of the mechanisms of hydrolysis valid? Crit Rev Biotechnol, 5(1): 67-87.

Erdmann N. 1983. Organic osmoregulatory solutes in Blue-green Algae. Zeitschrift für Pflanzenphysiologie, 110: 147-155.

Fan D, Li C, Fan C, et al. 2020. MicroRNA6443-mediated regulation of FERULATE 5-HYDROXYLASE gene alters lignin composition and enhances saccharification in Populus tomentosa. New Phtologist, 226(2): 410-425.

Fernandez F G A, Reis A, Wijffels R H, et al. 2021. The role of microalgae in the bioeconomy. N Biotechnol, 61: 99-107.

Ferreira R G, Azzoni A R, Freitas S. 2020. On the production cost of lignocellulose-degrading enzymes. Biofuel Bioprod Biorefin, 15(1): 85-99.

Field C B, Behrenfeld M J, Randerson J T, et al. 1998. Primary production of the biosphere: Integrating terrestrial and oceanic components. Science, 281: 237-240.

Flombaum P, Gallegos J L, Gordillo R A, et al. 2013. Present and future global distributions of the marine Cyanobacteria *Prochlorococcus* and *Synechococcus*. Proc Natl Acad Sci U S A, 110: 9824-9829.

Fonfara I, Richter H, Bratovic M, et al. 2016. The CRISPR-associated DNA-cleaving enzyme Cpf1 also processes precursor CRISPR RNA. Nature, 532: 517-521.

Franke R, McMichael C M, Meyer K, et al. 2000. Modified lignin in tobacco and poplar plants over-expressing the *Arabidopsis* gene encoding *ferulate 5-hydroxylase*. Plant J, 22(3): 223-234.

Fu C, Mielenz J R, Xiao X, et al. 2011. Genetic manipulation of lignin reduces recalcitrance and improves ethanol production from switchgrass. Proc Natl Acad Sci USA, 108: 3803-3808.

Ganguly J, Martin-Pascual M, van Kranenburg R. 2020. CRISPR interference (CRISPRi) as transcriptional repression tool for *Hungateiclostridium thermocellum* DSM 1313. Microb Biotechnol, 13(2): 339-349.

García-Alvarez B, Melero R, Dias F M V, et al. 2011. Molecular architecture and structural transitions of a *Clostridium thermocellum* mini-cellulosome. J Mol Bio, 407(4): 571-580.

Giner-Lamia J, Lopez-Maury L, Reyes J C, et al. 2012. The CopRS two-component system is responsible for resistance to copper in the cyanobacterium *Synechocystis* sp. PCC 6803. Plant Physiol, 159: 1806-1818.

Golecha R, Gan J B. 2016. Biomass transport cost from field to conversion facility when biomass yield density and road network vary with transport radius. Appl Energ, 164: 321-331.

Gou J, Tang C, Chen N, et al. 2019. SPL7 and SPL8 represent a novel flowering regulation mechanism in switchgrass. New Phytol, 222: 1610-1623.

Grabowski P P, Evans J, Daum C, et al. 2017. Genome-wide associations with flowering time in switchgrass using exome-capture sequencing data. New Phytol, 213(1): 154-169.

Grof C P L, So C T E, Perroux J M, et al. 2006. The five families of *sucrose-phosphate synthase* genes in *Saccharum* spp. are differentially expressed in leaves and stem. Funct Plant Biol, 33(6): 605-610.

Grundel M, Scheunemann R, Lockau W, et al. 2012. Impaired glycogen synthesis causes metabolic overflow reactions and affects stress responses in the cyanobacterium *Synechocystis* sp. PCC 6803. Microbiology (Reading), 158: 3032-3043.

Guerra L T, Xu Y, Bennette N, et al. 2013. Natural osmolytes are much less effective substrates than glycogen for catabolic energy production in the marine cyanobacterium *Synechococcus* sp. strain PCC 7002. J Biotechnol, 166: 65-75.

Gunnoo M, P A Cazade, A Orlowski, et al. 2018. Steered molecular dynamics simulations reveal the role of Ca(2+)in regulating mechanostability of cellulose-binding proteins. Phys Chem Chem Phys, 20(35): 22674-22680.

Hagemann M. 2011. Molecular biology of cyanobacterial salt acclimation. FEMS Microbiol Rev, 35: 87-123.

Hasunuma T, Kikuyama F, Matsuda M, et al. 2013. Dynamic metabolic profiling of cyanobacterial glycogen biosynthesis under conditions of nitrate depletion. J Exp Bot, 64: 2943-2954.

Hatakka A. 1994. Lignin-modifying enzymes from selected white-rot fungi: Production and role from in lignin degradation. FEMS Microbiol Rev, 13(2): 125-135.

Hays S G, Ducat D C. 2015. Engineering cyanobacteria as photosynthetic feedstock factories. Photosyn Res, 123: 285-295.

Hays S G, Yan L L, Silver P A, et al. 2017. Synthetic photosynthetic consortia define interactions leading to robustness and photoproduction. J Biol Eng, 11: 4.

He F, Machemer-Noonan K, Golfier P, et al. 2019. The *in vivo* impact of MsLAC1, a *Miscanthus* laccase isoform, on lignification and lignin composition contrasts with its *in vitro* substrate preference. BMC Plant Biol, 19: 552.

He Y, Zhang T, Sun H, et al. 2020. A reporter for noninvasively monitoring gene expression and plant transformation. Hortic Res, 7: 152.

Hemsworth G R, Johnston E M, Davies G J, et al. 2015. Lytic polysaccharide monooxygenases in biomass conversion. Trends Biotechnol, 33(12): 747-761.

Hendry J I, Gopalakrishnan S, Ungerer J, et al. 2018. Genome-scale fluxome of *Synechococcus elongatus* UTEX 2973 using transient ^{13}C-labeling data. Plant Physiol, 179(2): 761-769.

Hendry J I, Prasannan C, Ma F, et al. 2017. Rerouting of carbon flux in a glycogen mutant of cyanobacteria assessed via isotopically non-stationary ^{13}C metabolic flux analysis. Biotechnol Bioeng, 114(10): 2298-2308.

Hickman J W, Kotovic K M, Miller C, et al. 2013. Glycogen synthesis is a required component of the nitrogen stress response in *Synechococcus elongatus* PCC 7942. Algal Res, 2: 98-106.

Hill J, E Nelson, D Tilman, et al. 2006. Environmental, economic, and energetic costs and benefits of biodiesel and ethanol biofuels. Proc Natl Acad Sci U S A, 103(30): 11206-11210.

Himmel M E, Ding S Y, Johnson D K, et al. 2007. Biomass recalcitrance: Engineering plants and enzymes for biofuels production. Science, 315(5813): 804-807.

Hiraide H, Tobimatsu Y, Yoshinaga A, et al. 2021. Localised laccase activity modulates distribution of lignin polymers in gymnosperm compression wood. New Phytol, 230(6): 2186-2199.

Hnrssa. 1985. Synergism of cellulases from *Trichoderma reesei* in the degradation of cellulose. Nat Biotechnol, 3: 722-726.

Holmquist M. 2000. Alpha/beta-hydrolase fold enzymes: Structures, functions and mechanisms. Curr Protein Pept Sci, 1(2): 209-235.

Hon S, Olson D G, Holwerda E K, et al. 2017. The ethanol pathway from *Thermoanaerobacterium saccharolyticum* improves ethanol production in *Clostridium thermocellum*. Metab Eng, 42: 175-184.

Hong W, Zhang J, Feng Y, et al. 2014. The contribution of cellulosomal scaffoldins to cellulose hydrolysis by *Clostridium thermocellum* analyzed by using thermotargetrons. Biotechnol Biofuels, 7: 80.

Hörnblad E, Ulfstedt M, Ronne H, et al. 2013. Partial functional conservation of IRX10 homologs in *physcomitrella patens* and *Arabidopsis thaliana* indicates an evolutionary step contributing to vascular formation in land plants. BMC Plant Biol, 13: 3.

Hu P, Zhang K, Yang C. 2019. BpNAC012 positively regulates abiotic stress responses and secondary wall biosynthesis. Plant Physiol, 179(2): 700-717.

Huang D, Wang S, Zhang B, et al. 2015. A gibberellin-mediated DELLA-NAC signaling cascade regulates cellulose synthesis in rice. Plant Cell, 27(6): 1681-1696.

Ichikawa S, Ichihara M, Ito T, et al. 2019. Glucose production from cellulose through biological simultaneous enzyme production and saccharification using recombinant bacteria expressing the betaglucosidase gene. J Biosci Bioeng, 127: 340-344.

Jayani R S, Shukla S K, Gupta R. 2010. Screening of bacterial strains for polygalacturonase activity: Its production by *Bacillus sphaericus* (MTCC 7542). Enzy Res, 2010: 1-5.

Jia X, Y Han. 2019. The extracellular endo-beta-1,4-xylanase with multidomain from the extreme thermophile *Caldicellulosiruptor lactoaceticus* is specific for insoluble xylan degradation. Biotechnol Biofuels, 12: 143.

Juturu V, J C Wu. 2013. Insight into microbial hemicellulases other than xylanases: A review. J Chem Technol Biotechnol, 88(3): 353-363.

Kamravamanesh D, Kovacs T, Pflugl S, et al. 2018. Increased poly-beta-hydroxybutyrate production from carbon dioxide in randomly mutated cells of cyanobacterial strain *Synechocystis* sp. PCC 6714: Mutant generation and characterization. Bioresour Technol, 266: 34-44.

Kamravamanesh D, Slouka C, Limbeck A, et al. 2019. Increased carbohydrate production from carbon dioxide in randomly mutated cells of cyanobacterial strain *Synechocystis* sp. PCC 6714: Bioprocess understanding and evaluation of productivities. Bioresour Technol, 273: 277-287.

Kanesaki Y, Suzuki I, Allakhverdiev S I, et al. 2002. Salt stress and hyperosmotic stress regulate the expression of different sets of genes in *Synechocystis* sp. PCC 6803. Biochem Biophys Res Commun, 290: 339-348.

Kaniya Y, Kizawa A, Miyagi A, et al. 2013. Deletion of the transcriptional regulator cyAbrB2 deregulates primary carbon metabolism in *Synechocystis* sp. PCC 6803. Plant Physiol, 162: 1153-1163.

Kathleen N M, Joseph A S, William M. 2019. CRISPR genome editing systems in the genus *Clostridium*: A timely advancement. J Bacteriol, 201(16): e00219-00219.

Kim D H, Park H M, Jung Y H, et al. 2019. Pretreatment and enzymatic saccharification of oak at high solids loadings to obtain high titers and high yields of sugars. Bioresour Technol, 284: 391-397.

Kirsch F, Luo Q, Lu X, et al. 2018. Inactivation of invertase enhances sucrose production in the cyanobacterium *Synechocystis* sp. PCC 6803. Microbiology (Reading), 164: 1220-1228.

Ko K C, Han Y, Cheong D E, et al. 2013. Strategy for screening metagenomic resources for exocellulase activity using a robotic, high-throughput screening system. J Microbiol Methods, 94(3): 311-316.

Kuehne S A, Heap J T, Cooksley C M, et al. 2012. ClosTron-mediated engineering of *Clostridium*. Bioengineered, 3(4): 247-254.

Lamed R, Bayer E A. 1988. Cellulosomes from *Clostridium therrnocellum*. Meth Enzymol, 160: 472-482.

Lerouxel O, Cavalier D M, Liepman A H, et al. 2006. Biosynthesis of plant cell wall polysaccharides-a complex process. Curr Opin Plant Biol, 9: 621-630.

Li M, Gong L, Cheng F, et al. 2021. Toxin-antitoxin RNA pairs safeguard CRISPR-Cas systems. Science, 372(6541): eabe5601.

Li T, Li C T, Butler K, et al. 2017. Mimicking lichens: Incorporation of yeast strains together with sucrose-secreting cyanobacteria improves survival, growth, ROS removal, and lipid production in a stable mutualistic co-culture production platform. Biotechnol Biofuels, 10: 55.

Li X, Xia K, Liang Z, et al. 2016. MicroRNA393 is involved in nitrogen-promoted rice tillering through regulation of auxin signal transduction in axillary buds. Sci Rep, 6: 32158.

Li X Q, Shen C R, Liao J C. 2014. Isobutanol production as an alternative metabolic sink to rescue the growth deficiency of the glycogen mutant of *Synechococcus elongatus* PCC 7942. Photosynth Res, 120: 301-310.

Li Y, Qi B. 2017. Progress toward understanding protein *S*-acylation: Prospective in plants. Front Plant Sci, 8: 346.

Liang C W, Zhang X W, Chi X Y, et al. 2011. Serine/Threonine protein kinase spkG is a candidate for high salt resistance in the unicellular cyanobacterium *Synechocystis* sp. PCC 6803. PLoS One, 6(5): e18718.

Liang Y, Zhang M, Wang M, et al. 2020. Freshwater cyanobacterium *Synechococcus elongatus* PCC 7942 adapts to an environment with salt stress via ion-induced enzymatic balance of compatible solutes. Appl Environ Microbiol, 86(7): e02904-19.

Lin C, Li Q, Tunlaya-Anukit S, et al. 2016. A cell wall-bound anionic peroxidase, PtrPO21, is involved in lignin polymerization in *Populus trichocarpa*. Tree Genet Genomes, 12: 22.

Lin P C, Zhang F, Pakrasi H B. 2020. Enhanced production of sucrose in the fast-growing cyanobacterium *Synechococcus elongatus* UTEX 2973. Sci Rep, 10: 390.

Lin P P, Mi L, Morioka A H, et al. 2015. Consolidated bioprocessing of cellulose to isobutanol using *Clostridium thermocellum*. Metab Eng, 31: 44-52.

Lin Y L, Blaschek H P. 1984. Transformation of heat-treated *Clostridium acetobutylicum* protoplasts with pUB110 plasmid DNA Appl Environ Microbiol, 48(4): 737-742.

Liu G, Zhao X, Chen C, et al. 2020c. Robust production of pigment-free pullulan from lignocellulosic hydrolysate by a new fungus co-utilizing glucose and xylose. Carbohydr Polym, 241: 116400.

Liu S, Liu Y J, Feng Y, et al. 2019b. Construction of consolidated bio-saccharification biocatalyst and process optimization for highly efficient lignocellulose solubilization. Biotechnol Biofuels, 12(1): 35.

Liu Y, Yan J, Wang K, et al. 2020a. Heteroexpression of Osa-miR319b improved switchgrass biomass yield and feedstock quality by repression of *PvPCF5*. Biotechnol Biofuels, 13: 56.

Liu Y J, Li B, Feng Y, et al. 2020b. Consolidated bio-saccharification: Leading lignocellulose bioconversion into the real world. Biotechnol Adv, 40: 107535.

Liu Y J, Liu S, Dong S, et al. 2018a. Determination of the native features of the exoglucanase Cel48S from *Clostridium thermocellum*. Biotechnol Biofuels, 11(1): 6.

Liu Y J, Qi K, Zhang J, et al. 2018b. Firmicutes-enriched *IS*1447 represents a group of *IS*3-family insertion sequences exhibiting unique + 1 transcriptional slippage. Biotechnol Biofuels, 11(1): 300.

Liu Z H, Le R K, Kosa M, et al. 2019a. Identifying and creating pathways to improve biological lignin valorization. Renew Sust Energ Rev, 105: 349-362.

Liu Z X, Li H C, Wei Y P, et al. 2015. Signal transduction pathways in *Synechocystis* sp. PCC 6803 and biotechnological implications under abiotic stress. Crit Rev Biotechnol, 35: 269-280.

Lowe H, Hobmeier K, Moos M, et al. 2017. Photoautotrophic production of polyhydroxyalkanoates in a synthetic mixed culture of *Synechococcus elongatus* cscB and *Pseudomonas putida* cscAB. Biotechnol Biofuels, 10: 190.

Lu F, Lipka A E, Glaubitz J, et al. 2013. Switchgrass genomic diversity, ploidy, and evolution: Novel insights from a network-based SNP discovery protocol. PLoS Genet, 9(1): e1003215.

Luan G, Cai Z, Gong F, et al. 2013. Developing controllable hypermutable *Clostridium* cells through manipulating its methyl-directed mismatch repair system. Protein & Cell, 4(11): 854-862.

Luan G, Lu X. 2018. Tailoring cyanobacterial cell factory for improved industrial properties. Biotechnol Adv, 36: 430-442.

Lunn J, Feil R, Hendriks J H M, et al. 2006. Sugar-induced increases in *trehalose 6-phosphate* are correlated with redox activation of ADP glucose pyrophosphorylase and higher rates of starch synthesis in *Arabidopsis thaliana*. Biochem J, 397: 139-148.

Lynd L R. 1996. Overview and evaluation of fuel ethanol from cellulosic biomass: Technology, economics, the environment, and policy. Annu Rev Energ Env, 21: 403-465.

Mackay M A, Norton R S, Borowitzka L J. 1984. Organic osmoregulatory solutes in cyanobacteria. J Gen Microbiol, 130: 2177-2191.

Manavalan T, Manavalan A, Heese K. 2015. Characterization of lignocellulolytic enzymes from white-rot fungi. Curr Microbiol, 70(4): 485-498.

Mayer K, Schoof H, Haecker A, et al. 1998. Role of WUSCHEL in regulating stem cell fate in the *Arabidopsis* shoot meristem. Cell, 95: 805-815.

Menon V, Rao M. 2012. Trends in bioconversion of lignocellulose: Biofuels, platform chemicals & biorefinery concept. Prog Energ Combust, 38: 522-550.

Miao X L, Wu Q Y, Wu G F, et al. 2003. Sucrose accumulation in salt-stressed cells of agp gene deletion-mutant in cyanobacterium *Synechocystis* sp. PCC 6803. FEMS Microbiol Lett, 218: 71-77.

Michelin M, Polizeli M, Ruzene D S, et al. 2013. Application of lignocelulosic residues in the production of cellulase and hemicellulases from fungi Maria de Lourdes T. M. Polizeli, Mahendra Rai//Fungal Enzymes. Boca Raton: CRC Press: 32-59.

Mohr G, Hong W, Zhang J, et al. 2013. A targetron system for gene targeting in thermophiles and its application in *Clostridium thermocellum*. PLoS One, 8(7): e69032.

Morag E, Halevy I, Bayer E, et al. 1991. Isolation and properties of a major cellobiohydrolase from the cellulosome of *Clostridium thermocellum*. J Bacteriol, 173(13): 4155-4162.

Morris J J, Kirkegaard R, Szul M J, et al. 2008. Facilitation of robust growth of *Prochlorococcus* colonies and dilute liquid cultures by "helper" heterotrophic bacteria. Appl Environ Microbiol, 74: 4530-4534.

Mougiakos I, Bosma E F, Weenink K, et al. 2017. Efficient genome dditing of a facultative thermophile using mesophilic spCas9. ACS Synth Biol, 6(5): 849-861.

Muñoz F J, Morán-Zorzano M T, Alonso-Casajús N, et al. 2006. New enzymes, new pathways and alternative view on starch biosynthesis in both photosynthetic and heterotrophic tissues of plants. Biocatal Biotransform, 24: 63-76.

Murakami M, Watanabe H, Niikura Y, et al. 1997. High-level expression of exogenous genes by replication-competent retrovirus vectors with an internal ribosomal entry site. Gene, 202: 23-29.

Muro-Pastor M I, Cutillas-Farray A, Perez-Rodriguez L, et al. 2020. CfrA, a novel carbon flow regulator, adapts carbon metabolism to nitrogen deficiency in cyanobacteria. Plant Physiol, 184: 1792-1810.

Murphy L, Cruys-Bagger N, Damgaard H D, et al. 2012. Origin of initial burst in activity for *Trichoderma reesei* endo-glucanases hydrolyzing insoluble cellulose. J Biol Chem, 287(2): 1252-1260.

Nakamura Y, Takahashi J, Sakurai A, et al. 2005. Some cyanobacteria synthesize semi-amylopectin type alpha-polyglucans instead of glycogen. Plant Cell Physiol, 46: 539-545.

Narikawa R, Suzuki F, Yoshihara S, et al. 2011. Novel photosensory two-component system (PixA-NixB-NixC) involved in the regulation of positive and negative phototaxis of cyanobacterium *Synechocystis* sp. PCC 6803. Plant Cell Physiol, 52: 2214-2224.

Nataf Y, Bahari L, Kahel-Raifer H, et al. 2010. *Clostridium thermocellum* cellulosomal genes are regulated by extracytoplasmic polysaccharides via alternative sigma factors. Proc Natl Acad Sci U S A, 107(43): 18646-18651.

Neuhuber F, Park Y D, Matzke A J, et al. 1994. Susceptibility of transgene loci to homology-dependent gene silencing. Mol Gen Genet, 244: 230-241.

Newell C A. 2000. Plant transformation technology. Developments and applications. Mol Biotechnol, 16: 53-65.

Ng T K, Weimer P J, Zeikus J G. 1977. Cellulolytic and physiological properties of *Clostridium thermocellum*. Arch Microbiol, 114(1): 1-7.

Nielsen J, Keasling J D. 2016. Engineering cellular metabolism. Cell, 164: 1185-1197.

Occhialini A, Lin M T, Andralojc P J, et al. 2016. Transgenic tobacco plants with improved cyanobacterial Rubisco expression but no extra assembly factors grow at near wild-type rates if provided with elevated CO_2. Plant J, 85(1): 148-160.

Oliver J W, Atsumi S. 2014. Metabolic design for cyanobacterial chemical synthesis. Photosyn Res, 120: 249-261.

Olson D G, Horl M, Fuhrer T, et al. 2017. Glycolysis without pyruvate kinase in *Clostridium thermocellum*. Metab Eng, 39: 169-180.

Olson D G, Lynd L R. 2012. Computational design and characterization of a temperature-sensitive plasmid replicon for gram positive thermophiles. J Biol Eng, 6(1): 5.

Olson D G, Maloney M, Lanahan A A, et al. 2015. Identifying promoters for gene expression in *Clostridium thermocellum*. Metab Eng Comm, 2: 23-29.

Olson D G, McBride J E, Shaw A J, et al. 2012. Recent progress in consolidated bioprocessing. Curr Opin Biotechnol, 23(3): 396-405.

Pauly M, Keegstra K. 2008. Cell-wall carbohydrates and their modification as a resource for biofuels. Plant J, 54: 559-568.

Pawlowski W P, Torbert K A, Rines H W, et al. 1998. Irregular patterns of transgene silencing in allohexaploid oat. Plant Mol Biol, 38(4): 597-607.

Payne C M, Knott B C, Mayes H B, et al. 2015. Fungal cellulases. Chem Rev, 115(3): 1308-1448.

Peña M J, Zhong R, Zhou G K, et al. 2007. *Arabidopsis irregular xylem8* and *irregular xylem9*: Implications for the complexity of glucuronoxylan biosynthesis. Plant Cell, 19(2): 549-563.

Percival Zhang Y H, Himmel M E, Mielenz J R. 2006. Outlook for cellulase improvement: Screening and selection strategies. Biotechnol Adv, 24: 452-481.

Pitzschke A, Hirt H. 2010. New insights into an old story: Agrobacterium-induced tumour formation in plants by plant transformation. EMBO J, 29(6): 1021-1032.

Porchia A C, Curatti L, Salerno G L. 1999. Sucrose metabolism in cyanobacteria: Sucrose synthase from *Anabaena* sp. strain PCC 7119 is remarkably different from the plant enzymes with respect to substrate affinity and amino-terminal sequence. Planta, 210: 34-40.

Poudel S, Giannone R J, Basen M, et al. 2018. The diversity and specificity of the extracellular proteome in the cellulolytic bacterium *Caldicellulosiruptor bescii* is driven by the nature of the cellulosic growth substrate. Biotechnol Biofuels, 11(1): 80.

Qi G, Wang D, Yu L, et al. 2015. Metabolic engineering of 2-phenylethanol pathway producing fragrance chemical and reducing lignin in *Arabidopsis*. Plant Cell Rep, 34(8): 1331-1342.

Qi K, Chen C, Yan F, et al. 2021. Coordinated β-glucosidase activity with the cellulosome is effective for enhanced lignocellulose saccharification. Bioresour Technol, 337: 125441.

Qiao C, Duan Y, Zhang M, et al. 2018. Effects of reduced and enhanced glycogen pools on salt-induced sucrose production in a sucrose-secreting strain of *Synechococcus elongatus* PCC 7942. Appl Environ Microbiol, 84: e02023-17.

Qiao Y, Hu R, Chen D, et al. 2022. Fluorescence-activated droplet sorting of PET degrading microorganisms. J Hazard Mater, 424 (Pt B): 127417.

Qin S, Fan C, Li X, et al. 2020. LACCASE14 is required for the deposition of guaiacyl lignin and affects cell wall digestibility in poplar. Biotechnol Biofuels, 13: 197.

Qu X S, Hu B B, Zhu M J. 2017. Enhanced saccharification of cellulose and sugarcane bagasse by *Clostridium thermocellum* cultures with Triton X-100 and β-glucosidase/Cellic® CTec2 supplementation. RSC Adv, 7(35): 21360-21365.

Ragauskas A J, Williams C K, Davison B H, et al. 2006. The path forward for biofuels and biomaterials. Science, 311: 484-489.

Rahul S M, Sundaramahalingam M A, Shivamthi C S, et al. 2021. Insights about sustainable biodiesel production from microalgae biomass: A review. Int J Energ Res, 45: 17028-17056.

Raman B, McKeown C K, Rodriguez Jr M, et al. 2011. Transcriptomic analysis of *Clostridium thermocellum* ATCC 27405 cellulose fermentation. BMC Microbiol, 11: 134.

Raman B, Pan C, Hurst G B, et al. 2009. Impact of pretreated switchgrass and biomass carbohydrates on *Clostridium thermocellum* ATCC 27405 cellulosome composition: A quantitative proteomic analysis. PLoS One, 4(4): e5271.

Rao X, Chen X, Shen H, et al. 2019. Gene regulatory networks for lignin biosynthesis in switchgrass (*Panicum virgatum*). Plant Biotechnol J, 17: 580-593.

Reed R H, Stewart W D P. 1985. Osmotic adjustment and organic solute accumulation in unicellular cyanobacteria from fresh-water and marine habitats. Mar Biol, 88: 1-9.

Reese E T, Siu R G H, Levinson H S. 1950. The biological degradation of soluble cellulose derivatives and its relationship to the mechanism of cellulose hydrolysis. J Bacteriol, 59(4): 485-497.

Ren B, Yan F, Kuang Y, et al. 2018. Improved base editor for efficiently inducing genetic variations in rice with CRISPR/Cas9-guided hyperactive *hAID* mutant. Mol Plant, 11: 623-626.

Resch M G, Donohoe B S, Baker J O, et al. 2013. Fungal cellulases and complexed cellulosomal enzymes exhibit synergistic mechanisms in cellulose deconstruction. Energ Environ Sci, 6(6): 1858.

Rousseaux C S, Gregg W W. 2014. Interannual variation in phytoplankton primary production at a global scale. Remote Sens(Basel), 6: 1-19.

Salerno G L, Porchia A C, Vargas W A, et al. 2004. Fructose-containing oligosaccharides: Novel compatible solutes in *Anabaena* cells exposed to salt stress. Plant Sci, 167: 1003-1008.

Scheel M, Lutke-Eversloh T. 2013. New options to engineer biofuel microbes: Development and application of a high-throughput screening system. Metab Eng, 17: 51-58.

Scheller H V, Ulvskov P. 2010. Hemicelluloses. Annu Rev Plant Biol, 61: 263-289.

Schuler M L, Mantegazza O, Weber A P. 2016. Engineering C4 photosynthesis into C3 chassis in the synthetic biology age. Plant J, 87(1): 51-65.

Seilliere G. 1906. A case of diastatic hydrolysis of cellulose of cotton. Comp Rend Soc Biol, 61: 205-206.

Shallom D, Shoham Y. 2003. Microbial hemicellulases. Curr Opin Microbiol, 6(3): 219-228.

Shannon J C, Pien F M, Cao H, et al. 1998. Brittle-1, an adenylate translocator, facilitates transfer of extraplastidial synthesized ADP-glucose into amyloplasts of maize endosperms. Plant Physiol, 117: 1235-1252.

Shao X, Jin M, Guseva A, et al. 2011. Conversion for Avicel and AFEX pretreated corn stover by *Clostridium thermocellum* and simultaneous saccharification and fermentation: Insights into microbial conversion of pretreated cellulosic biomass. Bioresour Technol, 102(17): 8040-8045.

Shimakawa G, Hasunuma T, Kondo A, et al. 2014. Respiration accumulates Calvin cycle intermediates for the rapid start of photosynthesis in *Synechocystis* sp. PCC 6803. Biosci Biotechnol Biochem, 78: 1997-2007.

Sissine F J, 2007. Energy Independence and Security Act of 2007: A summary of major provisions. Congressional Research Service Washington, DC.

Smith M J, Francis M B. 2016. A Designed *A. vinelandii-S. elongatus* coculture for chemical photoproduction from air, water, phosphate, and trace metals. ACS Synth Biol, 5: 955-961.

Somleva M N, Snell K D, Beaulieu J J, et al. 2008. Production of polyhydroxybutyrate in switchgrass, a value-added co-product in an important lignocellulosic biomass crop. Plant Biotechnol J, 6(7): 663-678.

Song K, Tan X, Liang Y, et al. 2016. The potential of *Synechococcus elongatus* UTEX 2973 for sugar feedstock production. Appl Microbiol Biotechnol, 100: 7865-7875.

South P F, Cavanagh A P, Liu H W, et al. 2019. Synthetic glycolate metabolism pathways stimulate crop growth and productivity in the field. Science, 363(6422): eaat9077.

Speicher T L, Li P Z, Wallace I S. 2018. Phosphoregulation of the plant cellulose synthase complex and cellulose synthase-like proteins. Plants(Basel), 7(3): 52.

Stal L J, Moezelaar R. 1997. Fermentation in cyanobacteria. FEMS Microbiol Rev, 21: 179-211.

Su H F, Zhu J, Liu G, et al. 2016. Investigation of availability of a high throughput screening method for predicting butanol solvent-producing ability of *Clostridium beijerinckii*. BMC Microbiol, 16(1): 160.

Sun C, Palmqvist S, Olsson H, et al. 2003. A novel WRKY transcription factor, SUSIBA2, participates in sugar signaling in barley by binding to the sugar-responsive elements of the *iso1* promoter. Plant Cell, 15(9): 2076-2092.

Sun Q, Madan B, Tsai S L, et al. 2014. Creation of artificial cellulosomes on DNA scaffolds by zinc finger protein-guided assembly for efficient cellulose hydrolysis. Chemical Communications, 50(12): 1423-1425.

Suzuki E, Ohkawa H, Moriya K, et al. 2010. Carbohydrate metabolism in mutants of the cyanobacterium *Synechococcus elongatus* PCC 7942 defective in glycogen synthesis. Appl Environ Microbiol, 76: 3153-3159.

Tajvidi K, Pupovac K, Kükrek M, et al. 2012. Copper-based catalysts for efficient valorization of cellulose. Chem Sus Chem, 51: 2139-2142.

Tan X, Hou S, Song K, et al. 2018. The primary transcriptome of the fast-growing cyanobacterium *Synechococcus elongatus* UTEX 2973. Biotechnol Biofuels, 11: 218.

Tang X, Lowder L G, Zhang T, et al. 2017. A CRISPR-Cpf1 system for efficient genome editing and transcriptional repression in plants. Nat Plants, 3: 17018.

Tao X, Xu T, Kempher M L, et al. 2020. Precise promoter integration improves cellulose bioconversion and thermotolerance in *Clostridium cellulolyticum*. Metab Eng, 60: 110-118.

Tarasov D, Leitch M, Fatehi P. 2018. Lignin-carbohydrate complexes: Properties, applications, analyses, and methods of extraction: A review. Biotechnol Biofuels, 11(1): 269.

Taylor N G. 2008. Cellulose biosynthesis and deposition in higher plants. New Phytol, 178(2): 239-252.

Tian L, Conway P M, Cervenka N D, et al. 2019. Metabolic engineering of *Clostridium thermocellum* for n-butanol production from cellulose. Biotechnol Biofuels, 12: 186.

Tiessen A, Hendriks J H, Stitt M, et al. 2002. Starch synthesis in potato tubers is regulated by post-translational redox modification of ADP-glucose pyrophosphorylase: A novel regulatory mechanism linking starch synthesis to the sucrose supply. Plant Cell, 14(9): 2191-2213.

Tsai S L, Oh J, Singh S, et al. 2009. Functional assembly of minicellulosomes on the *Saccharomyces cerevisiae* cell surface for cellulose hydrolysis and ethanol production. Appl Environ Microbiol, 75(19): 6087-6093.

Umehara M, Hanada A, Magome H, et al. 2010. Contribution of strigolactones to the inhibition of tiller bud outgrowth under phosphate deficiency in rice. Plant Cell Physiol, 51: 118-126.

Ungerer J, Lin P C, Chen H Y, et al. 2018. Adjustments to photosystem stoichiometry and electron transfer proteins are key to the remarkably fast growth of the cyanobacterium *Synechococcus elongatus* UTEX 2973. MBio, 9(1): e02327-17.

Vaucheret H, Béclin C, Elmayan T, et al. 1998. Transgene-induced gene silencing in plants. The Plant Journal, 16(6): 651-659.

Velmurugan R, Incharoensakdi A. 2018. Disruption of polyhydroxybutyrate synthesis redirects carbon flow towards glycogen synthesis in *Synechocystis* sp. PCC 6803 Overexpressing glgC/glgA. Plant Cell Physiol, 59: 2020-2029.

Vinuselvi P, Kim T H, Lee S K. 2014. Feasibilities of consolidated bioprocessing microbes: From pretreatment to biofuel production. Bioresour Technol, 161: 431-440.

Vital de Oliveira O. 2014. Molecular dynamics and metadynamics simulations of the cellulase Cel48F. Enzy Res, 2014: 1-7.

Walker J E, Lanahan A A, Zheng T, et al. 2019. Development of both type I–B and type II CRISPR/Cas genome editing systems in the cellulolytic bacterium *Clostridium thermocellum*. Metab Eng Comm, 10: e00116.

Wan C, Li Y. 2012. Fungal pretreatment of lignocellulosic biomass. Biotechnol Adv, 30(6): 1447-1457.

Wang H, Wu Y, Zhang Y, et al. 2019. CRISPR/Cas9-based mutagenesis of starch biosynthetic genes in sweet potato (*Ipomoea batatas*) for the improvement of starch quality. Int J Mol Sci, 20(19): 4702.

Wang X, Zhuo C, Xiao X, et al. 2020b. Substrate specificity of *LACCASE8* facilitates polymerization of caffeyl alcohol for C-Lignin biosynthesis in the seed coat of *Cleome hassleriana*. Plant Cell, 32: 3825-3845.

Wang Y, Liu W, Wang X, et al. 2020a. MiR156 regulates anthocyanin biosynthesis through SPL targets and other microRNAs in poplar. Hortic Res, 7(1): 1-12.

Waterbury J B, Watson S W, Guillard R R L, et al. 1979. Widespread occurrence of a unicellular, marine, planktonic, cyanobacterium. Nature, 277: 293-294.

Weiss T L, Young E J, Ducat D C. 2017. A synthetic, light-driven consortium of cyanobacteria and heterotrophic bacteria enables stable polyhydroxybutyrate production. Metab Eng, 44: 236-245.

Weng J K, Li Y, Mo H, et al. 2012. Assembly of an evolutionarily new pathway for α-pyrone biosynthesis in *Arabidopsis*. Science, 337(6097): 960-964.

Wilson D B. 2012. Processive and nonprocessive cellulases for biofuel production-lessons from bacterial genomes and structural analysis. Appl Microbiol Biotechnol, 93(2): 497-502.

Wilson W A, Roach P J, Montero M, et al. 2010. Regulation of glycogen metabolism in yeast and bacteria. FEMS Microbiol Rev, 34: 952-985.

Wood T M, McCrae S I. 1972. The purification and properties of the C1 component of *Trichoderma koningii* cellulase. Biochemical J, 128(5): 1183-1192.

Wood T M, McCrae S I. 1979. Synergism between enzymes involved in the solubilization of native cellulose. Adv Chem Ser, 181: 181-209.

Wu Z, Cao Y, Yang R, et al. 2016. Switchgrass SBP-box transcription factors *PvSPL1* and *2* function redundantly to initiate side tillers and affect biomass yield of energy crop. Biotechnol Biofuels, 9: 101.

Wu Z, Wang N, Hisano H, et al. 2019. Simultaneous regulation of F5H in COMT-RNAi transgenic switchgrass alters effects of COMT suppression on syringyl lignin biosynthesis. Plant Biotechnol J, 17: 836-845.

Xiao Q, Wang Y, Du J, et al. 2017a. ZmMYB14 is an important transcription factor involved in the regulation of the activity of the *ZmBT1* promoter in starch biosynthesis in maize. FEBS J, 284(18): 3079-3099.

Xiao Y, Liu H, Wu L, et al. 2017b. Genome-wide association studies in maize: Praise and stargaze. Mol plant, 10(3): 359-374.

Xie L, Yang C, Wang X. 2011. Brassinosteroids can regulate cellulose biosynthesis by controlling the expression of *CESA* genes in Arabidopsis. J Exp Bot, 62(13): 4495-4506.

Xie M, Zhang J, Tschaplinski T J, et al. 2018. Regulation of lignin biosynthesis and its role in growth defense tradeoffs. Front Plant Sci, 9: 1427.

Xiong W, Reyes L H, Michener W E, et al. 2018. Engineering cellulolytic bacterium *Clostridium thermocellum* to co-ferment cellulose- and hemicellulose-derived sugars simultaneously.

Biotechnol Bioeng, 115(7): 1755-1763.

Xu Q, Resch M G, Podkaminer K, et al. 2016. Dramatic performance of *Clostridium thermocellum* explained by its wide range of cellulase modalities. Sci Adv, 2(2): e1501254.

Xu Y, Guerra L T, Li Z, et al. 2013. Altered carbohydrate metabolism in glycogen synthase mutants of *Synechococcus* sp. strain PCC 7002: Cell factories for soluble sugars. Metab Eng, 16: 56-67.

Yan F, Wei R, Cui Q, et al. 2021. Thermophilic whole-cell degradation of polyethylene terephthalate using engineered *Clostridium thermocellum*. Microb Biotechnol, 14: 374-385.

Yan J, Liu Y, Wang K, et al. 2018. Overexpression of *OsPIL1* enhanced biomass yield and saccharification efficiency in switchgrass. Plant Sci, 276: 143-151.

Yan S M, Wu G. 2014. Signal peptide of cellulase. Appl Microbiol Biotechnol, 98(12): 5329-5362.

Yang B, Wyman C E. 2008. Pretreatment: The key to unlocking low-cost cellulosic ethanol. Biofuel Bioprod Bior, 2: 26-40.

Yang R, Wu Z, Bai C, et al. 2021. Overexpression of *PvWOX3a* in switchgrass promotes stem development and increases plant height. Hortic Res, 8: 252.

Yang S, Giannone R J, Dice L, et al. 2012. *Clostridium thermocellum* ATCC27405 transcriptomic, metabolomic and proteomic profiles after ethanol stress. BMC Genom, 13: 336.

You C, Zhang Y H P. 2013. Self-assembly of synthetic metabolons through synthetic protein scaffolds: One-step purification, co-immobilization, and substrate channeling. ACS Synth Biol, 2(2): 102-110.

Young J, Chung D, Bomble Y, et al. 2014. Deletion of *Caldicellulosiruptor bescii* CelA reveals its crucial role in the deconstruction of lignocellulosic biomass. Biotechnol Biofuels, 7(1): 1-8.

Yu J J, Liberton M, Cliften P F, et al. 2015. *Synechococcus elongatus* UTEX 2973, a fast growing cyanobacterial chassis for biosynthesis using light and CO_2. Sci Rep, 5: 8132.

Zechel D L, Withers S G. 2000. Glycosidase mechanisms: Anatomy of a finely tuned catalyst. Acc Chem Res, 33(1): 11-18.

Zhang B, Zhang L, Li F, et al. 2017. Control of secondary cell wall patterning involves xylan deacetylation by a GDSL esterase. Nat Plants, 3: 17017.

Zhang J, Liu S, Li R, et al. 2017a. Efficient whole-cell-catalyzing cellulose saccharification using engineered *Clostridium thermocellum*. Biotechnol Biofuels, 10(1): 124.

Zhang J, Liu Y J, Cui G Z, et al. 2015. A novel arabinose-inducible genetic operation system developed for *Clostridium cellulolyticum*. Biotechnol Biofuels, 8(1): 36.

Zhang L, Routsong R, Nguyen Q, et al. 2017b. Expression in grasses of multiple transgenes for degradation of munitions compounds on live-fire training ranges. Plant Biotechnol J, 15(5): 624-633.

Zhou J, Zhu T, Cai Z, et al. 2016. From cyanochemicals to cyanofactories: A review and perspective. Microb Cell Fact, 15: 2.

Zhu Q, Yu S, Zeng D, et al. 2017. Development of 'purple endosperm rice' by engineering anthocyanin biosynthesis in the endosperm with a high-efficiency transgene stacking system. Mol Plant, 10: 918-929.

Zou X, Ren Z, Wang N, et al. 2018. Function analysis of 5'-UTR of the cellulosomal xyl-doc cluster in Clostridium papyrosolvens. Biotechnol Biofuels, 11: 43.

第3章 糖到生物燃料——合成生物学驱动糖原料高效转化为生物燃料

3.1 产乙醇酵母合成生物学

齐显尼，戴宗杰，王钦宏[*]

中国科学院天津工业生物技术研究所，天津 300308

[*]通讯作者，Email：wang_qh@tib.cas.cn

3.1.1 引言

在全球能源依存度提高、温室气体排放量增加，以及能源价格波动风险的背景下，许多国家开始实施新能源策略，强调发展可再生能源。国家"十四五"规划中也明确提到要全方位加大节能力度，优化能源结构，重点是提高清洁能源比重，降低原油和天然气进口依存度（Reid et al.，2020；田宜水等，2021）。燃料乙醇具有安全、清洁、可再生等优点，大规模使用燃料乙醇能够缓解我国化石能源消耗压力，降低能源依赖度，促进碳减排（Liu et al.，2021a）。目前美国和巴西生产的燃料乙醇位居世界前 2 位，年总产量超过 7000 万 t，占据全球总产量的 80% 以上。当前，工业化生产的燃料乙醇绝大多数是以玉米等粮食作物和蔗糖为原料，从长远来看具有规模限制和不可持续性。以木质纤维素为原料的纤维素乙醇是决定未来大规模替代石油产业发展的关键。总的来说，虽然国内外纤维素乙醇研发和生产方面取得了较大进展，但是高效转化木质纤维素原料的合成生物的性能及其工程化应用还需要加强研究，以持续降低纤维素乙醇生产成本，在经济上进一步提升竞争力，推进纤维素乙醇的大规模产业化。

迄今为止，已经发现多种酵母菌可以代谢纤维素原料中的五碳糖和六碳糖合成乙醇（Mohd Azhar et al.，2017），其中树干毕赤酵母（*Pichia stipitis*）、热带假丝酵母（*Candida tropicalis*）、马克斯克鲁维酵母（*Kluyveromyces marxianus*）、布鲁塞尔德克酵母（*Dekkera bruxellensis*）等酵母菌具有天然的木糖等五碳糖代谢能力，可以合成乙醇，但乙醇得率均达不到工业生产要求。燃料乙醇工业生产中使用最广泛的菌株是以六碳糖葡萄糖为原料的酿酒酵母（*Saccharomyces cerevisiae*）。

酿酒酵母由于具有一般公认安全（generally regarded as safe，GRAS）、遗传背景清晰、遗传操作成熟及较好的环境胁迫耐受性等优点已成为合成生物学研究的重要燃料乙醇细胞工厂（Favaro et al.，2019）。

由于无法直接分解淀粉，酿酒酵母乙醇生产通常需要采用先糖化后发酵的生产方式。以木质纤维素为原料，酿酒酵母只能够利用水解液中的葡萄糖，无法利用木糖。工业发酵过程中，酿酒酵母需要面对高温、高渗透压和高乙醇浓度等多种环境因素的胁迫。利用合成生物学方法，结合功能基因组的研究对酿酒酵母细胞工厂的功能进行优化，可以提高目标代谢物的合成效率，扩展其代谢能力，保证在工业生产的胁迫环境条件下，细胞具有较好的活性。同时，合成生物学的发展使人们可以利用类似物理学的模块构建和组装成新的生命有机体，人工设计新的高效生命系统进行燃料乙醇高效生产。

3.1.2 酵母合成生物学工具与策略

合成生物学旨在通过工程学原理，对生物体的结构与功能进行工程化设计再造，以实现新的功能，或从头构建基因组甚至生物体，从而加快引领生物技术研究进入工程化、数字化和自动化的新范式。合成生物学在基础和应用研究中发挥着核心作用，对设计-构建-测试-学习（design-build-test-learn，DBTL）周期的每一步都有越来越大的影响。酵母菌是重要的真核生物，也是一种广泛用于生产燃料、化学品、药物和食品配料的细胞工厂。因此，许多涉及真核生物的合成生物学工具和概念都是在酵母菌中被首创，或者用于证明新方法的适用性，或者直接作为细胞工厂（Nielsen，2019）。

1. 合成生物学元件、途径与回路

元件是工程系统中的物理单元，是具有某种特定功能的核酸或蛋白质序列。通过对元件的设计和组装，可以获得特定条件下发挥功能的基因回路和途径。酵母细胞要获得随时空变换的复杂性状，可以通过对元件的设计来实现。合成生物学不同于代谢工程，其旨在精确定义所有水平的构建模块，包括表达水平、蛋白质水平和途径水平（图 3-1），这样就可以调节细胞行为，构建基因回路和途径，最终自动化构建或新建工程细胞。

在表达水平，通过设计合成与构建最小的启动子和终止子，可以将天然酵母启动子的长度减少 80%～90%，但仍保持高水平的表达；也可以预测核小体定位和终止子之间的关系，以构建表达增加 4 倍、终止效率增加 2 倍的合成终止子（Liu et al.，2019a）。在蛋白质水平，通过工程化设计酶蛋白、转录因子和调节因子等，可以有效改善其功能。例如，对脂肪酸合成酶进行模块化设计，可以整合结合短链的活性硫酯酶（thioesterase，TE）进入反应室，转化长链脂肪酸（C16，C18）

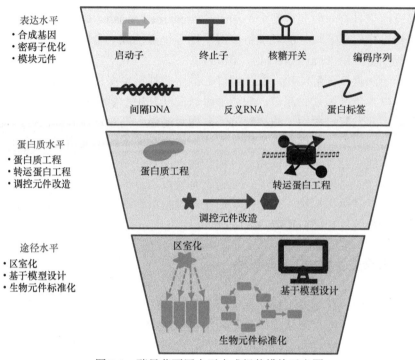

表达水平
·合成基因
·密码子优化
·模块元件

启动子　　　　终止子　　　　核糖开关　　　　编码序列

间隔DNA　　　　反义RNA　　　　蛋白标签

蛋白质水平
·蛋白质工程
·转运蛋白工程
·调控元件改造

蛋白质工程　　　　　　　　转运蛋白工程

调控元件改造

途径水平
·区室化
·基于模型设计
·生物元件标准化

区室化　　　　　　　　　　基于模型设计

生物元件标准化

图 3-1　酵母菌不同水平合成组装模块示意图

生成短/中链脂肪酸（C6～C12）（Maier，2017）。在途径水平，可以大致分为途径区室化、组合工程、基因组挖掘和基于模型的设计。其中，途径区室化可以提供紧凑且更合适的环境、浓缩途径中间体，以及避免可能与途径中间体相互作用的化学物质和竞争途径。目前，途径区室化以细胞器线粒体、过氧化物酶体及内质网为主，其中萜类化合物合成、脂肪酸衍生以及三萜类化合物已经实现了在内质网中高效合成（Yuan and Ching，2016；Zhou et al.，2016；Arendt et al.，2017）。

2. 基因组合成与基因组编辑

从头合成生命一直是合成生物学家的重要目标，其中基因组的合成是关键步骤之一，也是 DNA 合成的最高要求。近年来，随着体内和体外各种拼接技术、测序技术以及染色体操作的逐渐成熟，科学家们已经先后攻克了病毒、细菌、真菌的基因组从头合成，并正在探索人类基因组编写计划。2009 年，由美国科学院院士 Jef D. Boeke 教授提出的人工合成酵母基因组计划（Sc2.0 计划），旨在合成世界上首个真核生物基因组（Pretorius and Boeke，2018；Zhang et al.，2020a）。Sc2.0 计划是合成基因组学研究的标志性国际合作项目，旨在对酿酒酵母基因组进行人工重新设计和化学再造合成，获得全世界第一个完全化学合成的、具有完整生物活性的真核生物基因组，为系统性研究真核生物染色体提供全新的研究对象和应用平台。

酿酒酵母是一种单细胞真核生物，其基因组装载在 16 条染色体上。我国科学家在 2018 年首次人工创建了单条染色体的真核细胞，这是合成生物学领域具有里程碑意义的突破。这项工作是与美国科学家并行进行的，两个研究团队用 CRISPR 基因组编辑技术，将酿酒酵母的 16 条染色体进行"剪切"和"粘贴"，以合成新的染色体。最后，美国科学家将 16 条染色体拼装成 2 条染色体，我国科学家将 16 条染色体拼装成 1 条染色体（Shao et al.，2018；Luo et al.，2018）。在真核生物细胞中，一条染色体上有一个用于染色体分离的着丝粒和两个保护染色体末端的端粒。研究人员为了实现两条染色体的融合，将两条染色体的端粒去除后连接起来，同时去除其中一条染色体中间的着丝粒，从而保证染色体在细胞分裂过程中正常分离。最让研究者惊讶的是，经过如此大规模的"手术"，对酿酒酵母的主要生理功能没有多少影响。16 合 1 的染色体显著改变了三维染色体结构，但是除了删掉少数非必需基因外，新菌株所含的遗传物质与正常的酿酒酵母相同。研究表明，融合染色体菌株表现出小的适应性限制和有性生殖缺陷，因此它们如果在自然环境下，可能会快速地被天然菌株淘汰（Shao et al.，2018）。

近年来，高效基因组编辑新技术不断涌现，几乎赶上了计算机科技领域的发展速度（图 3-2）。其中，核酸酶介导的基因组编辑技术备受关注，包括锌指核酸酶（zinc-finger nuclease，ZFN）、转录激活因子样效应物核酸酶（transcription activator-like effector nuclease，TALEN），以及 CRISPR/Cas 系统，利用这些编辑技术对目标基因序列形成双链断裂（double strand break，DSB），进而对定点基因组进行操作。这些方法的优点是通用性好、精确性高及操作效率高等（图 3-2）。

ZFN 是一种人工设计改造的核酸内切酶，主要依赖于专一性识别 DNA 序列的锌指结构域。ZNF 识别并切割基因组特异位点，形成双链断裂，增加了该位点的同源重组频率，促使外源目的片段根据同源重组原理在切割位点上进行整合。这种方法可以根据锌指结构域的多样性高效编辑基因组，不同的锌指组件可以识别不同的序列。研究人员使用 ZFP-TF（zinc finger proteins-transcription factor）文库显著提高了酵母细胞异源工程蛋白产量（Sander et al.，2011；Park et al.，2011a）。但是，锌指结构不能随机组装，必须基于多种设计方法和选择优化，比较费时费力。

TALEN 核酸酶于 2009 年开始被报道，由于其克服了锌指核酸设计困难的问题而被广泛关注。该技术的原理同样是依赖于 TALEN 核酸酶对基因组上特异位点的识别和切割，进而促进目的片段在特异位点的整合。除了多细胞真核生物外，该技术已被应用于酵母细胞基因组进行高效编辑。应用 4 个常见的 TAL 识别域的

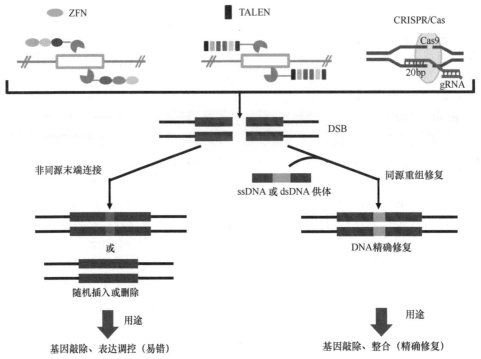

图 3-2　基因组编辑方法

模块化组装，可构建特异识别结构域，且可识别 23 个碱基对组成的特异性序列。通过这种模块化组装，构建 10 个基因的特异性 TALEN 核酸酶，并实现了这 10 个基因的精确修饰，包括特异性插入失活和基因替换，效率高达 34%（Li et al.，2011；Carroll，2014）。

　　2013 年，CRISPR/Cas 介导的基因组编辑技术出现在人们的视野中，成为新一代的高效基因组编辑技术。与其他编辑技术相比，CRISPR/Cas 系统更简单、方便、易于操作。CRISPR 系统是一种原核免疫系统，许多细菌和古细菌用以防御外来 DNA 的入侵。其中，Ⅱ型的 CRISPR/Cas 系统只需要一个单独的内切核酸酶 Cas9，即可利用其 HNH 和 RuvC 核酸酶功能域切割 dsDNA，这也被证明是目前最为简便和高效的基因编辑系统。最初的 CRISPR/Cas9 系统是借助一个反式激活 RNA（tracrRNA）实现外源片段的干扰，tracrRNA 与 crRNA 中的重复序列通过碱基配对形成 dual-RNA 杂交结构，这个 dual-RNA 指导 Cas9 切割任何邻近 PAM（protospacer adjacent motif）并含有 20 个核苷酸（nt）的互补靶序列。除了 Ⅱ 型的 CRISPR/Cas9 系统，V 型的 CRISPR 系统也包含一个类似 Cas9 的单一核酸酶，根据亚型的不同可分为 Cpf1（也称为 Cas12a）、C2c1 或 C2c3 等（Wu et al.，2020a；McMahon and Rahdar，2021）。在实际应用中，人工设计特异的 gRNA（guide RNA），特异折叠形成 Cas9 可以识别的双链 RNA，简化了 CRISPR/Cas9 系统。

在酿酒酵母中，利用人工设计的 gRNA 序列，借助 Cas9 对基因组进行同源基因置换和定点突变。除了对 DNA 基因组的编辑功能外，通过对 Cas9 进行改造，消除其内切核酸酶的活性（dCas9），CRISPR/dCas9 系统也可以对单个或多重基因的表达进行调控，其原理就是在细胞内导入 gRNA 序列，与 dCas9 相结合形成复合物，识别目标基因序列，阻止基因的转录延伸、核糖体结合或转录因子结合位点，从而使基因表达水平显著下降。经过实验验证，一些基因的转录水平减弱到原来的 10^{-5} 倍，几乎使基因的表达沉默。另外，为实现多重基因的表达调控，在基因组中引入多个 gRNA 序列进行编辑，具有简单、高效和精准的特点。研究人员利用 CRISPR/Cas 系统在酿酒酵母染色体的多个 δ 位点特异性产生 DNA 双链断裂（double-strand break，DSB），δ 位点双链断裂的产生为线性化供体 DNA 的多个拷贝同时整合提供了前提。将木糖代谢关键酶（xylose reductase，XR；xylitol dehydrogenase，XDH；xylulose kinase，XK）的基因串联在一个 24 kb 的长片段中，整合到酿酒酵母基因组，形成了具有 18 个拷贝的基因组整合体（Chen et al.，2019；Mitsui et al.，2019a；Shi et al.，2019）。

3. 系统生物学分析与适应进化

系统生物学主要致力于研究自然生物系统整体，以仿真和建模工具作为试验信息的比较手段。随着各种高通量检测技术的发展，系统生物学已经囊括了基因组学、转录组学、蛋白质组学、代谢物组学等组学分析。系统生物学使用计算和数学建模来研究生物系统中的复杂相互作用。酵母菌，尤其是酿酒酵母，作为重要的模式生物和细胞工厂，率先开发了多个数学模型，发展了建模概念和理论，特别是近年来把多组学大数据整合到相关计算和数学模型中，可以进一步阐明酵母菌的生物学基本原理。大数据技术的进步，使得我们可以深入认识酵母菌的基因表达动力学、细胞代谢和基因表达与代谢之间的调控网络。同时，结合近年来机器学习方法的扩展，进一步推进了酵母系统生物学发展，为我们深入认识酵母菌的生理代谢、环境适应等提供了可能，同时也为更好地设计、构建高效生产乙醇的酵母菌提供了理论知识（Yu and Nielsen，2019；Nielsen，2019）。

系统生物学研究表明，复杂的 DNA 修复系统使得酵母菌的随机突变率很低。适应性突变是指在非致命性选择条件下细胞发生的自发突变。这些突变是非随机的，专一性较强，且为细胞的生长提供了更好的条件。因此，适应进化被发展出来用于优化改造微生物。适应进化是重要的全基因组扰动育种技术，该技术旨在通过人工选择压力实现微生物的快速进化，可以在较短时间内迅速改变菌株某些重要生理特征，如生长速率、底物利用、产物积累及胁迫耐受性等，同时稳定其他性状，最终实现对优良菌株的高效选育（Mavrommati et al.，2022）。实际研究中，适应进化多用于对已有性状进行筛选和提高，如高乙酸、高乙醇、高渗透压和铜、钴等高浓度金属离子，以及对不同碳源的利用能力，如木糖和阿拉伯糖（Marsit and Dequin，2015）。木糖广泛存在于生产纤维素乙醇的木质纤维素生物质中，但酿酒酵母不能利用木糖作为碳源。一些研究通过代谢工程改造的手段将该代谢途径植入到了酿酒酵母中，随后通过适应进化的方法进一步提高了木糖的利用率及对木质纤维素水解液抑制物的耐受性。作者所在研究团队通过耐高温适应进化，成功选育出可以在 40℃正常生长，并且适合耐高温浓醪发酵的酿酒酵母菌种（Shui et al.，2015；Gan et al.，2018），在同等条件下比目前市场上常用的酿酒酵母菌种乙醇发酵水平提升了 0.3%～0.5%（*V/V*），初步完成了 10 万吨级的规模化测试，取得较好的应用效果，为提升我国燃料乙醇发酵工业水平奠定了基础。

3.1.3　酵母糖代谢途径设计与构建

酵母菌可以通过两种方式代谢糖，即好氧代谢和厌氧代谢。当酵母菌在厌氧条件下代谢糖时，会产生乙醇和二氧化碳，而好氧代谢最后把糖都转化为二氧化碳和水（Wills，1990）。酵母更容易利用某些糖，而且按照特定的顺序吸收糖，首先是简单的糖（葡萄糖、果糖、蔗糖、麦芽糖），然后是麦芽三糖等多糖。但是，有些糖（如木糖、阿拉伯糖）不会被酿酒酵母等酵母菌代谢利用，因此，为了提升酵母菌代谢转化糖生成乙醇的能力（Van Vleet and Jeffries，2009），需要对酵母菌的糖转运和代谢途径进行设计改造，甚至从头创建，扩大底物利用范围、提高转化效率。

1. 单糖代谢

酿酒酵母能够高效发酵葡萄糖，但是不能利用木糖和阿拉伯糖等五碳糖，而木糖是纤维素原料水解产物中重要的碳源之一。因此，利用合成生物学方法将木糖代谢的关键基因整合到酿酒酵母基因组中，将赋予酿酒酵母木糖发酵能力。目前，天然利用木糖的微生物将木糖转化为乙醇的代谢途径共两条（图 3-3）。其中，一条代谢途径是木糖还原酶和木糖醇脱氢酶途径（xylose reductase-xylitol dehydrogenase pathway，XR-XDH pathway），另外一条是木糖异构酶途径（xylose isomerase pathway，XI pathway）（Cunha et al.，2019）。

利用合成生物学方法将 XR-XDH 途径或 XI 途径整合到酿酒酵母中，构建能够利用木糖产乙醇的工程酵母。虽然木糖代谢途径成功地转入到酿酒酵母中，但是仍需要对构建的木糖代谢体系进行调控，优化外源途径与酵母自身代谢网络的适配性，从而获得高效利用木糖产乙醇的工程菌。XR-XDH 途径相关基因主要来源于树干毕赤酵母，但由于木糖还原酶和木糖醇脱氢酶的辅酶偏好性不同，会造

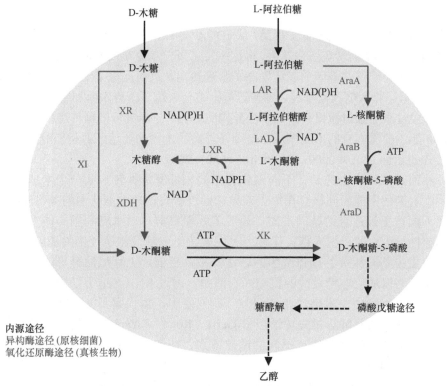

图 3-3　酿酒酵母木糖与阿拉伯糖代谢途径设计构建

XR，木糖还原酶；XDH，木糖醇脱氢酶；XK，木酮糖激酶；XI，木糖异构酶；LAR，L-阿拉伯糖还原酶；
LAD，L-阿拉伯糖醇-4-脱氢酶；LXR，L-木酮糖还原酶；AraA，L-阿拉伯糖异构酶；AraB，L-核酮糖激酶；
AraD，L-核酮糖差向异构酶

成 NADPH 过量或者 NAD⁺缺乏，从而导致氧化还原代谢失衡，致使中间代谢产物（如木糖醇）的积累，因而难以实现木糖的高效转化。乙酸代谢途径需要 NADH 参与，因此 XR-XDH 途径和乙酸代谢途径共同整合到酿酒酵母中，可以消除木糖代谢造成的 NADPH 积累（Wei et al.，2013）。XI 途径中没有辅酶参与，且一步完成了从木糖到木酮糖的转化，但是木糖异构酶基因在酿酒酵母中的表达活性相对较低，筛选高活性酶又相对困难，使得 XI 途径在酿酒酵母中的应用晚于 XR-XDH 途径。目前，XI 途径已成为酿酒酵母主要的木糖代谢途径，该途径基因主要来源于牛瘤胃的厌氧真菌 *Piromyces* sp. 和 *Orpinomyces* sp.，以及梭状芽孢杆菌（*Clostridium phytofermentans*）等，且通过定向进化提高活性后，在酿酒酵母中进行表达和适应性进化或增加木糖异构酶的拷贝数，均能提高酿酒酵母木糖代谢能力（Tran et al.，2020；Wei et al.，2013）。

　　在酿酒酵母木糖代谢过程中，木糖转运是重要环节之一，其转运主要是通过糖转运蛋白如 Hxt4、Hxt5、Hxt7 和 Gal2 等介导的。将编码葡萄糖/木糖共转运蛋白的基因整合到酿酒酵母中，可以有效地改善木糖的跨膜转运。通过研究己糖转运蛋白基因突变的里氏木霉工程菌，从 cDNA 文库中筛选出 *HXT1*、*HXT2*、*HXT4*、*HXT7* 和 *TRXLT1* 糖转运蛋白基因，将这些转运蛋白基因在突变宿主菌株中进行过表达，结果表明这些基因的表达提高了木糖转运，进而促进了工程酵母对木糖的利用。另外，将木糖代谢基因、糖转运基因整合表达可改善木糖利用效率。其中，在酵母中过表达来自瘤胃真菌的木糖异构酶基因、毕赤酵母的糖转运蛋白（Sut1）基因和酿酒酵母本身的木酮糖激酶基因，可提高木糖的转运能力和乙醇的生成能力（Madhavan et al.，2009；Saloheimo et al.，2007）。

　　然而，值得指出的是，不同遗传背景的酿酒酵母株转入同一个木糖代谢基因后，木糖代谢能力同样存在很大差异；通过研究调控木糖代谢的关键酶基因，发现不同宿主最适合的基因不同，表明工程酿酒酵母对木糖利用的能力具有宿主依赖性，工程酵母的木糖转化能力不仅取决于木糖代谢途径相关基因的表达，也与宿主中某些相关的调控基因的表达有关。目前，工程酿酒酵母细胞如何协调代谢网络以适应非糖发酵的机理尚不清楚。通过 RNA-Seq 方法分析和研究了酿酒酵母重组宿主中木糖代谢的调节。研究发现，糖代谢、氨基酸代谢、氧化应激反应和蛋白降解等相关转录因子 Gcn4、Rpn4 和 Yapl 与木糖代谢的调控有关，不同的酿酒酵母宿主有不同的调控模式，在许多研究中发现了类似的结果（左顾等，2014）。

　　在真菌和细菌中，存在两条 L-阿拉伯糖代谢途径（图 3-3）。利用合成生物学的方法，将 L-阿拉伯糖的代谢途径整合到酿酒酵母中，构建能够代谢 L-阿拉伯糖产生乙醇的工程菌株。目前，两条 L-阿拉伯糖代谢途径均成功在酿酒酵母中建立。细菌中，*araA*、*araB* 和 *araD* 分别编码 L-阿拉伯糖异构酶、L-核酮糖激酶和 L-核酮糖差向异构酶，构成了 L-阿拉伯糖的代谢途径。通过分析和筛选优化不同来源的 L-阿拉伯糖代谢途径基因，并结合合成生物学方法强化转运系统，提高了工程酿酒酵母 L-阿拉伯糖产乙醇的能力（Ye et al.，2019；Wang et al.，2017a）。

　　到目前为止，在酿酒酵母中已成功表达了来源于不同细菌的 L-阿拉伯糖途径相关基因，例如，2001 年，将大肠杆菌来源的 L-阿拉伯糖代谢途径的相关基因在酿酒酵母中表达，所获工程菌不能以 L-阿拉伯糖为碳源进行生长，没有产生乙醇且积累了许多阿拉伯糖醇，说明大肠杆菌的 L-阿拉伯糖异构酶没有在酿酒酵母中成功表达。为优化此途径，表达了枯草芽孢杆菌（*Bacillus subtilis*）来源的 *araA* 的工程菌，其 L-阿拉伯糖异构酶活性得到了提高，且 L-阿拉伯糖产乙醇能力达到 $0.06 \sim 0.08$ g/（h·g）（以细胞干质量计）。在此基础上，利用密码子优化方法对 *araA*（*B. subtilis*）、*araB* 和 *araD* 进行改造，提高酶活性及 L-阿拉伯糖的乙醇转化速率。另外，将植物乳杆菌（*Lactobacillus plantarum*）的 L-阿拉伯糖代谢基因在酿酒酵母基因组中进行整合表达，利用高拷贝 2 μ 质粒强启动子 TEF1 表达 L-阿拉伯糖异构酶，发现其表达量显著提高，得到了 L-阿拉伯糖代谢工程酿酒酵母。由此表明，*araA* 基因高活性表达是构建 L-阿拉伯糖代谢途径的重要前提（Wang et al.，2019a；Wiedemann and Boles，2008；Becker and Boles，2003）。

真菌的 L-阿拉伯糖途径包括 5 种酶：L-阿拉伯糖还原酶、L-阿拉伯糖醇-4-脱氢酶、L-木酮糖还原酶、木糖醇脱氢酶和木酮糖激酶（图 3-3）。构建优化辅酶偏好性的 L-阿拉伯糖真菌代谢途径并整合到酿酒酵母中，缓解了辅酶不平衡的问题。通过葡萄糖和 L-阿拉伯糖混合发酵发现，副产物阿拉伯糖醇产量下降，乙醇得率提高（达到了 0.42 g/g）。为了解决代谢过程中辅酶不平衡问题，将木糖 XR-XDH 途径和真菌的 L-阿拉伯糖途径整合表达。研究发现，与对照辅酶不平衡的酿酒酵母相比，辅酶平衡的工程菌乙醇产量提高了 24.7%。由此可见，辅酶不平衡问题制约了 L-阿拉伯糖的高效转化（Bengtsson et al.，2009）。

L-阿拉伯糖代谢途径的另一个制约因素是 L-阿拉伯糖的转运，其转运蛋白受到葡萄糖的强烈抑制，抑制效应主要发生在转运过程中。野生型酿酒酵母虽然不能发酵 L-阿拉伯糖，但是可以通过对 L-阿拉伯糖亲和性较低的内源己糖转运蛋白 Gal2、Hxt9 和 Hxt10 来摄取 L-阿拉伯糖，其中，Gal2 的 L-阿拉伯糖转运能力最强。为进一步改善 L-阿拉伯糖利用，在酿酒酵母中表达不受葡萄糖抑制或受葡萄糖抑制较小的 L-阿拉伯糖转运蛋白。例如，在酿酒酵母中表达了来自粗糙脉孢菌（*Neurospora crassa*）的 LAT-1 和嗜热毁丝霉（*Myceliophthora thermophila*）的 MtLAT-1 两个转运蛋白。工程菌显示出更快的 L-阿拉伯糖利用效率、更高的乙醇产量、更低的葡萄糖抑制作用。这两种转运蛋白的基因是提高酿酒酵母中 L-阿拉伯糖利用率和发酵乙醇产量的关键靶标。L-阿拉伯糖转运蛋白的研究对于提高其利用效率起了巨大的推进作用（Subtil and Boles，2012；Li et al.，2015）。

2. 二糖代谢

酿酒酵母能够在以蔗糖为唯一碳源的培养基上生长，且生产各种产物，这是因为酿酒酵母中含有蔗糖水解酶（图 3-4）。研究发现，酿酒酵母基因组中的 SUC 家族共有 6 个基因：*SUC1*、*SUC2*、*SUC3*、*SUC4*、*SUC5* 和 *SUC7*。除了 *SUC2* 基因之外，其余基因均位于接近端粒和同源序列的两侧，属于沉默基因。蔗糖水解酶基因（*SUC2*）是一个结构基因，共 2.7 kb。该基因编码两种形式的水解酶：一种是存在于酵母胞内的非糖基化形式的水解酶，合成后会存储在细胞质内，低浓度葡萄糖可以诱导该酶表达，但其表达量不随糖浓度的改变而发生变化；另一种是分泌型的糖基化酶，由于该酶太大而无法穿透细胞壁，故其存在于周质空间，也被称为细胞外糖基化酶。利用合成生物学方法研究 *SUC2* 基因，发现 *SUC2* 基因缺失导致酿酒酵母不能利用蔗糖产生乙醇，将 *SUC2* 基因回补后，工程菌恢复蔗糖代谢能力，乙醇产量没有损失。由此可见，*SUC2* 基因是酿酒酵母蔗糖代谢途径中的关键基因，在蔗糖代谢中起决定性作用，可作为蔗糖代谢途径提高乙醇产量的重要因素（Sarokin and Carlson，1984）。

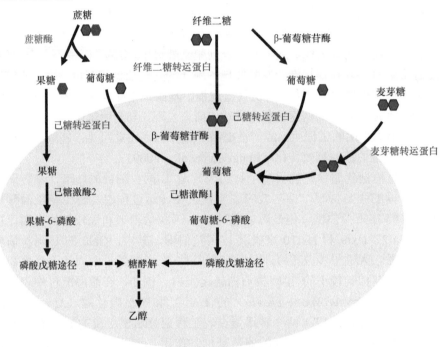

图 3-4　酿酒酵母二糖代谢途径设计构建

　　酿酒酵母对蔗糖的利用可以通过胞内和胞外两种代谢途径实现：一种是转化酶的胞外水解，随后进行葡萄糖和果糖的摄取与代谢；另一种是蔗糖-质子共转运摄取，随后进行胞内水解和代谢。然而，酿酒酵母自身的蔗糖转运系统对蔗糖的转运能力有限，主要是依赖一些具有蔗糖转运蛋白功能的基因（如 *MAL11*、*MAL21*、*MAL31*、*MPH2*、*MPH3*）完成蔗糖的跨膜转运。蔗糖的胞内代谢效率高于胞外代谢，为提高生物乙醇的生产效率，构建了异源表达蔗糖转运蛋白基因 *SUT1* 的工程酿酒酵母 SC1-ST。以蔗糖为碳源时，工程菌株 SC1-ST 可以快速利用蔗糖发酵生产乙醇，与出发菌株相比，工程菌的蔗糖代谢能力显著提高。由此证明，提高蔗糖转运蛋白效率是提高酿酒酵母蔗糖发酵性能的关键（Marques et al.，2017；Basso et al.，2011）。

　　麦芽糖是酿酒酵母主要的可发酵糖之一（图 3-4），但是麦芽糖代谢体系较为复杂，受到各种糖的代谢途径调控。酿酒酵母中麦芽糖代谢酶系统属于诱导酶系统，由麦芽糖透性酶和麦芽糖酶组成。麦芽糖利用受葡萄糖感应和信号转导途径的影响，因此，只有在葡萄糖和果糖耗尽后，在麦芽糖的诱导下进行发酵。酿酒酵母中有 5 个等效异位 *MAL* 基因（*MAL1*、*MAL2*、*MAL3*、*MAL4* 和 *MAL6*），编码麦芽糖透性酶和 β-葡糖苷酶（麦芽糖酶），能够将麦芽糖输送到细胞中，水解成两个葡萄糖分子后被细胞利用。

研究报道，麦芽糖代谢受到麦芽糖诱导、葡萄糖阻遏和葡萄糖失活三种调节机制的控制。在培养体系中，麦芽糖酶和麦芽糖透性酶的合成受到麦芽糖的诱导，而在前期培养中，碳源变化并不能影响麦芽糖的诱导速度。培养系统中的葡萄糖会导致麦芽糖透性酶在短时间内失活，而麦芽糖酶的活性基本保持不变。另外，酵母的麦芽糖代谢受到蔗糖、果糖的抑制，其原理类似葡萄糖抑制作用。对 5 株啤酒酵母和 25 株酿酒酵母研究发现，其基因组中都含有 *MALX1* 基因，且控制麦芽糖发酵速率的主要原因是麦芽糖的转运。麦芽三糖、蔗糖和海藻糖对麦芽糖转运蛋白也起到了弱抑制作用，可见麦芽糖转运主要是由 *MALX1* 基因编码的麦芽糖特异性转运蛋白完成的（Danzi et al.，2003；Brondijk et al.，2001）。

开发能够利用纤维二糖的酵母是木质纤维素原料发酵生成乙醇的重要策略。天然酿酒酵母不能转化纤维二糖，因此纤维二糖的积累对木质纤维素原料酶解速率产生负面影响。为了解除纤维二糖的抑制作用，需要在纤维素酶水解过程中添加更多 β-葡糖苷酶，这显著增加了木质纤维素原料酶解的成本。因此，开发转化纤维二糖产乙醇的酿酒酵母，不仅可减少 β-葡糖苷酶的添加量、降低纤维二糖的积累对水解酶的抑制作用，还可有效降低纤维素酶的用量，降低乙醇生产成本。将 β-葡糖苷酶基因整合到酿酒酵母基因组中，可赋予酵母菌纤维二糖代谢利用能力（图 3-4）。将扣囊复膜酵母（*Saccharomycopsis fibuligera*）的两个葡糖苷酶基因 *BGL1* 和 *BGL2* 在酿酒酵母中整合表达，研究发现整合 *BGL1* 基因的工程菌可以产生 β-葡糖苷酶，并分泌到酵母细胞外，将纤维二糖分解为葡萄糖。β-葡糖苷酶在酿酒酵母中的表达已被广泛研究，但工程菌的纤维二糖利用率相对较低。另外，在共转化木糖和纤维二糖的工程酵母菌株中，通过在酵母细胞表面展示 β-葡糖苷酶，并缓慢地将纤维二糖转化为葡萄糖，可以显著降低碳分解代谢产物的抑制作用，其在木糖和纤维二糖共发酵过程中消耗木糖的速度与葡萄糖发酵过程中一样快，72 h 可消耗 95.6%的木糖，乙醇产率为 0.358 g/g（Gurgu et al.，2011；Nakamura et al.，2008）。

纤维二糖转运有利于工程酵母纤维二糖利用效率的提高。研究分析发现，粗糙脉孢菌（*Neurospora crassa*）中有 7 个糖转运蛋白与纤维素降解相关，其中 CDT1 和 CDT2 在纤维二糖转运过程中扮演重要角色。将粗糙脉孢菌的 β-葡糖苷酶和 CDT1、CDT2 的编码基因共同整合到酿酒酵母基因组中，得到了纤维二糖降解工程菌株，但菌株的纤维二糖代谢能力仅为葡萄糖消耗速率的 30%。另外，来源于树干毕赤酵母的己糖转运蛋白 HXT2.4 也能够转运纤维二糖，将转运蛋白 HXT2.4 和来源于 *N. crassa* 的 β-葡糖苷酶的编码基因引入到酿酒酵母，获得的工程菌能够以纤维二糖为碳源进行生长；传代驯化培养后，工程菌对纤维二糖的利用效率由1.33 g/（L·h）提升至2.08 g/（L·h）。由此可见，除了CDT1和CDT2外，己糖转运蛋白HXT2.4同样可以有效地转运纤维二糖（Ha et al.，2013；Wilde et al.，2012；Galazka et al.，2010）。

3. 多糖代谢

玉米或木薯淀粉作为重要的低廉生物质资源，在发酵行业受到广泛关注。然而，由于缺乏分解淀粉的天然酿酒酵母，淀粉需要经过复杂步骤转化为葡萄糖后才能使用。利用基因工程方法构建了能分解淀粉的酿酒酵母工程菌，对简化发酵工艺、降低能耗、节约成本具有重要的经济价值。淀粉酶基因导入酿酒酵母的整合方法可以通过质粒或酵母染色体自主表达。自主复制型酵母表达载体大多数是多拷贝类型，淀粉酶基因能够良好表达。早期研究中，酿酒酵母工程菌多用穿梭载体构建，但在连续传代过程中容易产生质粒丢失现象，导致酵母水解淀粉的特性丧失。将淀粉酶基因整合到酿酒酵母基因组中，其稳定的遗传特性是工程酵母在淀粉发酵工业中应用的基础。通过构建淀粉酶基因表达盒，利用酵母启动子调控表达，可提高酵母的遗传稳定性。然而，基因组整合表达对酿酒酵母自身基因转录的活性会产生影响，与酵母争夺转录因子和转录酶，对酿酒酵母自身会产生一定的代谢负担（Cripwell et al.，2019；Moses et al.，2002）。

另外，采用合成生物学方法，将糖化酶基因导入到酿酒酵母基因组中，构建能够产生糖化酶的工程菌，可以简化工艺步骤和设备，降低乙醇生产成本，具有很高的工业应用价值。将来自德巴利氏酵母（*Debaryomyces occidentalis*）的糖化酶基因整合入酿酒酵母，其表达 *GAM1* 基因的工程酿酒酵母糖化酶活性提高了3.7倍；表达来自德巴利氏酵母的淀粉酶基因，其活性增加了10倍。这两个分别表达 *GAM1* 基因和 *AMY* 基因的工程酵母菌株被同时培养以产生葡萄糖淀粉酶和α-淀粉酶（图3-5），用于淀粉的高效利用。以安琪耐高温乙醇酵母为宿主，异源表达优选的糖化酶基因获得工程糖化酵母菌株。测试工程菌株乙醇、葡萄糖、NaCl、温度及pH耐受能力，发现工程菌可耐受14%（*V/V*）乙醇、400 g/L葡萄糖和150 g/L NaCl，最高耐受温度为63℃，最低耐受pH为3.0，整体性能同原始菌株持平。测试构建的糖化酵母发酵玉米淀粉减酶效果，当摇瓶体系糖化酶用量减少70%时，乙醇浓度保持不变；体系放大到工业级600 t发酵罐，糖化酶用量减少30%，菌株发酵性能没有下降，72 h产乙醇浓度接近15%（*V/V*）。进一步测试菌株发酵木薯淀粉时糖化酶减少情况，在50 L发酵罐中，糖化酶用量减少40%时，菌株耗糖能力、产乙醇能力、活细胞数目同100%糖化酶添加量相比没有变化，72 h乙醇浓度达到14%（*V/V*），发酵完全（Wang et al.，2021a；Ghang et al.，2007）。

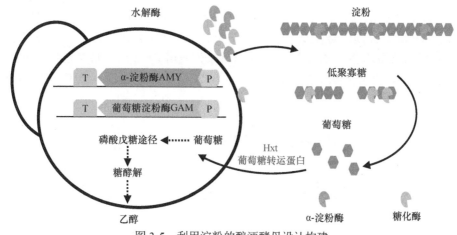

图 3-5　利用淀粉的酿酒酵母设计构建

整合生物加工（consolidated bioprocessing，CBP）是把纤维素酶的生产、纤维素的糖化、葡萄糖发酵产乙醇三个过程整合在一起，是一种具有成本优势、工艺简单的纤维素乙醇生产方法（图 3-6）。纤维素酶包含了三种酶：内切葡聚糖酶、外切葡聚糖酶和 β-葡糖苷酶。另外，在纤维素链中，裂解多糖单加氧酶（lytic polysaccharide monooxygenase，LPMO）通过氧化的方式引入，改善了底物对纤维素酶的可接近性，提高了纤维素酶降解效率。因此，LPMO 在生物质降解中起着重要的作用（Hemsworth et al.，2013；Davison et al.，2016；Yang et al.，2016a）。

天然酿酒酵母中由于缺乏相关的纤维素酶而无法转化纤维素，且纤维素属于大分子多糖，没有转运蛋白可以将其转运到酵母细胞中，因此，纤维素酶必须在酵母细胞外分泌，然后才能将纤维素降解为葡萄糖。纤维素酶在酿酒酵母中的表达可分为：分泌表达并运输到胞外；在细胞表面展示并保持纤维素酶高活性。将纤维素酶在酿酒酵母中整合，构建的表达盒中每个表达元件都会影响酿酒酵母中纤维素酶基因表达水平的转录和分泌效率。此外，酿酒酵母中纤维素酶相关基因的拷贝数和稳定性，以及宿主对表达产物的加工和修饰同样也会影响酿酒酵母中纤维素酶基因的表达（徐丽丽等，2010）。

为了实现纤维素酶基因在酿酒酵母中高效、稳定地表达，研究人员通过 δ 位点将纤维素酶基因高拷贝整合到酿酒酵母染色体中。利用 δ 整合的策略将环状芽孢杆菌（*Bacillus circulans*）的 β-葡糖苷酶和芽孢杆菌（*Bacillus* sp.）的内切/外切葡聚糖酶基因整合至酵母基因组中，成功构建了纤维素酶基因多拷贝整合的工程菌。工程菌能够产生纤维素酶，降解纤维素糊精从而生产乙醇。另外，研究人员利用 CRISPR/Cas9 基因编辑技术将三种纤维素酶（EG、CBH、BGL）整合到酿酒酵母己糖激酶 2（HXK2）位点，以橙皮为发酵底物进行发酵，滤纸酶活性、内切-1,4-葡聚糖酶活性、外切-1,4-葡聚糖酶活性分别为 1.06 U/mL、337.42 U/mL 和 1.36 U/mL，分别比野生型酿酒酵母高 35.3 倍、23.03 倍和 17 倍。橙皮基质处理 6 h 后，获得约 20 g/L 葡萄糖。在厌氧条件发酵 48 h 后，最高乙醇浓度达到 7.53 g/L，是野生型酿酒酵母（0.2 g/L）的 37.7 倍（Yang et al., 2019; Khramtsov et al, 2011）。

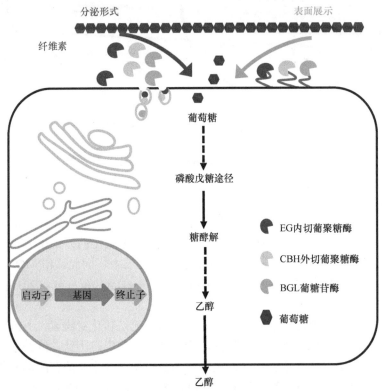

图 3-6　纤维素利用酿酒酵母构建

4. 其他底物代谢

乙酸是一种酸性较弱的有机酸，存在于纤维素水解液中，对发酵微生物是有毒的。酿酒酵母能够耐受一定浓度的乙酸，乙酸也可以抑制杂菌的生长。酿酒酵母利用木质纤维素原料发酵过程中乙酸的存在抑制细胞生长，影响糖发酵效率，且乙醇产量也会减少。自然界中的微生物可以利用乙酸作为物质代谢的碳源，因此可以有效降低乙酸的含量。不同微生物对乙酸的分解代谢具有一定差异。在葡萄糖存在时，酿酒酵母中与乙酸分解代谢相关的酶被强烈抑制，因此酿酒酵母难以代谢乙酸。

乙酸的存在是工程酿酒酵母能够从木质纤维素水解产物中有效利用木糖生产

乙醇的基本要求。通过联合表达消耗 NADH 的乙酸途径和产生 NADH 的木糖途径,在厌氧条件下,工程酵母菌能够有效地转化木糖和乙酸为乙醇(图3-7)。通过模拟纤维素水解产物(20 g/L 葡萄糖、80 g/L 木糖和 2 g/L 乙酸)发酵,发现葡萄糖首先被消耗尽,木糖和乙酸则同步代谢,并在 88 h 内耗尽。与对照菌株相比,木糖的消耗率加快,乙醇得率达到 0.414 g/g,产量提高了 6%,副产物降低 11% 以上。将纤维二糖和木糖代谢途径整合到酿酒酵母基因组中获得工程菌,通过驯化工程菌提高菌株的乙醇产量,再将乙酸代替途径整合到菌株中。与原始菌株相比,工程菌在混合物(40 g/L 纤维二糖、40 g/L 木糖和 2 g/L 乙酸)中发酵,乙醇得率提高了 24%。纤维二糖、木糖和乙酸的协同发酵提高了乙醇得率,由 0.34 g/g 提高至 0.37 g/g,且副产物降低了 12.5%。乙酸代谢途径需要消耗 ATP,但对菌株正常生长没有产生影响(Wei et al.,2013,2015a)。

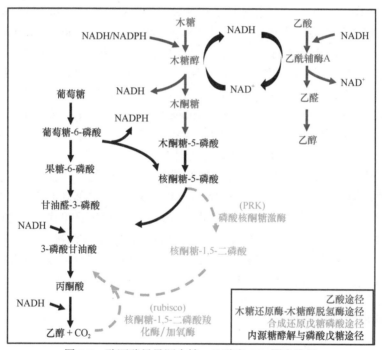

图 3-7 酿酒酵母异源木糖、乙酸和 CO_2 固定途径

红色:乙酸代谢途径;蓝色:木糖异源 XR-XDH 途径;绿色:还原型五碳糖代谢途径;
黑色:天然糖酵解和 PPP 途径

另外,通过转录分析耐乙酸酵母,HAA1 调节的基因明显上调。HAA1 是一种转录激活因子,参与适应弱酸胁迫,同时激活膜转运蛋白基因 *TPO2* 和 *TPO3*。将乙酸响应转录激活因子 HAA1 在工程木糖发酵酿酒酵母中过表达并构建了工程菌。该菌株在有氧和限氧条件下,当乙酸存在时,可提高细胞生长速率和木

糖产乙醇得率。HAA1 增强了工程菌的转录水平；同时，工程菌中硝基苯磷酸酶基因 *PHO13* 的破坏导致酵母生长和木糖发酵能力的进一步改善，表明 *HAA1* 的过表达和 *PHO13* 的缺失通过不同的机制来提高乙醇的产量（Sakihama et al.，2015）。

酿酒酵母发酵糖生产乙醇时，每生成 1 分子乙醇，就会生成 1 分子 CO_2，相当于 1/3 的糖被浪费，同时也会增加温室气体排放（图 3-7）。随着合成生物学的发展，人们考虑减少流向 CO_2 的碳量，提高流向乙醇的碳量。在酿酒酵母将葡萄糖代谢为乙醇的反应中，一个反应是磷酸五碳糖途径的氧化阶段，产生 CO_2 和辅酶；另一个反应是丙酮酸通过丙酮酸羧化酶产生乙醛和 CO_2。此步骤是生产乙醇的必要步骤。从整个代谢网络分析，产生 CO_2 的步骤不能被替代，因此可以将固定 CO_2 的生物途径整合到酵母中。

在自养微生物中，1 分子核酮糖-5-磷酸经磷酸核酮糖激酶（phosphoribulokinase，PRK）和核酮糖-1,5-二磷酸羧化酶/加氧酶（ribulose-1,5-bisphosphate carboxylase/oxygenase，rubisco）两步酶反应，固定 1 分子 CO_2，生成 2 分子 3-磷酸甘油酸（图 3-7）。rubisco 是该反应的关键酶，且 rubisco 已在大肠杆菌中成功表达（Chen et al.，2013；Hayashi et al.，1999）。将 rubisco 和 PRK 在酿酒酵母中整合表达，且分子伴侣 GroEL-GroES 在酿酒酵母中协助 rubisco 折叠表达。工程菌利用葡萄糖和半乳糖进行混合糖发酵，乙醇产量增加了 10%，同时甘油产量减少了 90% 以上。由此可见，CO_2 可作为 NADH 氧化的电子受体，降低副产物产生从而提高乙醇得率。利用代谢通量分析表明，更多的葡萄糖经磷酸五碳糖途径流向乙醇，该途径也提高了菌株对抑制物的耐受性。在表达木糖 XR-XDH 途径的基础上整合同样的 CO_2 固定途径，构建工程菌发酵 20 g/L 木糖，当 rubisco 和 GroE 单拷贝表达时，甘油得率增加 20%，木糖醇得率降低 26%；当双拷贝表达时，甘油得率没有显著变化，木糖醇得率与单拷贝相近，乙醇得率增加 10%。对 CO_2 排放的分析表明，CO_2 排放减少 16% 以上（Xia et al.，2017；Guadalupe-Medina et al.，2013）。

3.1.4　酵母生理功能优化

作为细胞工厂，酿酒酵母在生产过程中受到多种环境胁迫条件的影响，如乙醇胁迫、高温、高渗透性、原料中的有毒水解副产物（图 3-8）。这些环境胁迫条件导致细胞活性下降，影响生产效率。良好的细胞活性有利于增加生物量的积累，促进细胞循环使用，提高代谢效率。提高酵母菌的代谢效率、促进酿酒酵母在工业生产中应用的关键是提高细胞对多种环境胁迫因素的耐受性，以及利用廉价的碳源，从而降低成本（Liu et al.，2021b；Caspeta et al.，2014）。

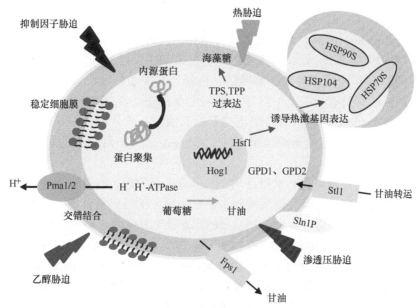

图 3-8 酵母对不同胁迫的分子响应机制

涉及高渗透压甘油（high osmolarity glycerol，HOG）途径、海藻糖生合成、热激蛋白和细胞膜稳定性、H⁺-ATPase
电子传递等。Hog1，促分裂原蛋白激酶；Hsf1，热激转录因子 1；Pma1/2，质膜 H⁺-ATP 酶 1/2；GPD，甘油-3-
磷酸脱氢酶；TPS，海藻糖-6-磷酸合酶；TPP，海藻糖-6-磷酸磷酸酶；HSP，热激蛋白；Fps，甘油转运蛋白；
Sln，组氨酸激酶；Stl，糖转运样蛋白

1. 耐高温

　　酿酒酵母利用糖发酵生产乙醇的过程中，发酵最佳温度在 28～33℃，不会超过 35℃。发酵过程中为了控制发酵温度，需要使用大量的冷却水，尤其在亚热带地区，过高的环境温度会极大地增加冷却水用量和发酵成本。实际工业发酵中，在保证乙醇产量不受影响的基础上，发酵温度每增加 1℃，都能节省大量的冷却水使用，因此对逆境耐受能力强的菌株能很大程度上降低发酵成本，产生可观的经济效益。维持细胞内部结构稳定的过程包括诱导热激蛋白表达的过程和重建代谢过程。近几年研究发现，海藻糖、应激糖蛋白、热激蛋白、膜结合 ATP 酶等分子与酵母耐热性有关（Yamamoto et al.，2008；Hahn et al.，2004）。

　　调控热激蛋白可提高酵母耐热性。相关研究表明，生物耐热性的获得与热激蛋白的合成和热激反应密切相关（图 3-8）。在酵母细胞中过表达的 *HSP104* 对提高酵母的耐热性具有积极作用，且 *HSP104* 整合表达可以弥补 *HSP101* 缺陷型导致的耐热缺陷，从而获得正常的耐热性。采用合成生物学方法，对关键基因 *SYS1* 和 *HSP104* 进行过表达，工程酵母菌的耐高温、耐高乙醇性能均得到显著提高，最终使工程菌在乙醇 20%（*V/V*）、发酵温度 40℃的条件下，细胞存活率接近 35%。嗜热微生物腾冲嗜热厌氧杆菌 MB4 中的 3 个热激蛋白 TTE2469

（编码泛素）、GroS2（属于 Hsp10 家族）和 IbpA（属于 Hsp20 家族）能够提高酿酒酵母 INVSc1 的高温耐受性，使得菌株的发酵温度范围拓展到 28～35℃，发酵周期缩短为 72 h。这些热激蛋白的调控机制主要涉及细胞壁完整性的维持、海藻糖的积累和能量产生途径的激活。将最优热激蛋白元件整合到酿酒酵母基因组中，并使其具有良好的耐热性，在 42℃条件下培养 48 h，与对照菌株相比，其存活率提高了 3 倍，乙醇产量也高于对照菌株。由此可见，通过合成生物学技术整合不同耐热元件至酿酒酵母中，成为提高耐高温能力的重要手段之一（Sun et al.，2017）。

调控海藻糖代谢可提高酵母耐热性。研究人员发现，在热环境中，海藻糖提高了蛋白质的稳定性，而且能够抑制由热应激导致的蛋白质聚集（图 3-8）。酿酒酵母中的海藻糖合成途径主要包括由 TPS1 编码的海藻糖-6-磷酸合酶（TPS）、由 TPS2 编码的海藻糖-6-磷酸磷酸酶（TPP）、对 TPS1 和 TPS2 具有调节作用的 TPS3，以及海藻糖合成蛋白复合物 TSL1。海藻糖的水解主要受 NTH1 和 NTH2 基因编码的中性水解酶和 ATH1 基因编码的酸性水解酶的调控。TPS1 在酿酒酵母中过表达增强了菌株的耐高温性，进而提高了菌株在 38℃下的发酵性能（Trevisol et al.，2014；Magalhães et al.，2018）。

基于理性的设计，利用 CRISPR/Cas9 编辑技术改造酿酒酵母，丰富酿酒酵母的表型以适应环境的变化，为菌株的选育提供了基础。利用 CRISPR/Cas9 编辑系统对转座子进行随机突变，成功地得到可以在 39℃、低 pH 和高乙醇浓度下良好生长的耐热突变菌株 T8-292。酿酒酵母 TSH3 中异源表达马克斯克鲁维酵母（Kluyveromyces marxianus）的转录因子基因 KmHSF1 或 KmMSN2，可提升其高温耐受性及高温下的乙醇发酵性能，KmHSF1 和 KmMSN2 的异源表达共引起 52 个基因显著上调表达。因此，构建了包含 260 个针对 52 个基因启动子区域的 sgRNA 表达框的 sgRNA 表达文库，并将该文库转化到酿酒酵母 TSH3 中进行高温筛选。通过筛选获得 5 个单克隆，经过测序分析，发现对照组的 5 个单克隆中所含有的 sgRNA 分别靶向 GPH1、FAS2、HXT6、PGI1 和 ANB1 共 5 个基因的启动子区域，而高温组的 5 个单克隆中均含有同一个 sgRNA-靶向 OLE1 基因启动子区域的 gOLE1_1。研究结果表明，OLE1 是脂肪酸合成代谢通路的关键基因，OLE1 的激活表达可以提高不饱和脂肪酸比例，降低胞内脂质过氧化水平，从而提升酵母细胞的高温耐受性（Mitsui et al.，2019b；Li et al.，2019a，2017a）。

2. 耐乙醇

酿酒酵母可以有效发酵乙醇，但高浓度乙醇对酿酒酵母细胞有毒性，会影响细胞生长、营养物质运输和乙醇发酵。乙醇对酵母细胞生理活动的影响主要体现在乙醇对细胞膜结构的破坏、糖酵解途径相关代谢酶活性的变化及生物大分子的合成与代谢受阻。目前，已知酵母菌株的乙醇耐受能力与电化学梯度、海藻糖、热激蛋白、DNA 损伤修复等均密切相关（Xin et al.，2020；Riles and Fay，2019；Morard et al.，2019）。

细胞膜是乙醇毒害的主要部位，细胞膜上的多个蛋白质被证明与乙醇耐受性相关。*ADP1* 是一个可能的多重药物或溶剂外排泵蛋白基因，在模式酿酒酵母 BY4741 中过表达该基因，突变体在添加 5%～7.5%（*V/V*）的乙醇条件下生长速率和乙醇发酵效率都好于野生型，乙醇产率和产量分别比野生型提高 20%～50%。在另外一个研究报道中，对 21 个 ABC（ATP-binding cassette）超家族外排泵编码基因在乙醇耐性中的作用进行了研究，发现 *PDR18* 基因的表达有利于酿酒酵母细胞耐受高浓度乙醇，而且发现过表达菌株胞内乙醇浓度下降，此外，过表达菌株在乙醇胁迫条件下，细胞膜的透性也下降。进一步用强启动子 PDR5 调控 *PDR18* 基因表达，所得到的工程菌株比亲本菌株乙醇浓度提高 6%，得率提高了 17%，证明这个外排泵基因对乙醇耐性和乙醇生产具有重要作用。研究者还发现编码调控甘油外排的 *FPS1* 基因的表达可导致酵母细胞内乙醇浓度下降，过表达该基因可提高终点乙醇浓度，证明质膜甘油通道与乙醇耐性相关（Yang et al.，2013；Teixeira et al.，2012，2009）。

麦角固醇是细胞膜固醇类的主要化合物，具有调节蛋白质与细胞膜脂质平衡、降低细胞膜的通透性、稳固细胞膜的稳定性等作用。研究表明，酵母菌株细胞膜中麦角固醇的含量对酵母的乙醇耐受能力有着显著影响，且胞内麦角固醇含量与乙醇耐受性呈正相关。乙醇会抑制酵母细胞 HMG-CoA 酶的活力，使得固醇的代谢合成受阻，致使酵母细胞内固醇总量减少，但固醇中麦角固醇的含量比例却明显增加，可见麦角固醇与酵母乙醇耐受性能之间关系密切。此外，麦角固醇不仅增强了酵母菌株的乙醇耐受性，而且促进了酵母菌株的生长并提高了菌株的乙醇产量（Vanegas et al.，2012；Zhou et al.，2007）。

分析质膜蛋白的氨基酸组成和质膜流动性的研究表明，酵母细胞乙醇耐受性增强是由于氨基酸补充掺入到质膜中，随后导致质膜在受到乙醇压力时有效降低膜的流动性。同时，另一项研究发现，L-脯氨酸的积累也可以提高酵母细胞的乙醇耐受性。可通过构建携带 *PRO1* 突变等位基因（*pro*^{D154N}，编码 Asp154Asn 突变 γ-谷氨酰激酶）的菌株在细胞内积累 L-脯氨酸。γ-谷氨酰激酶和 γ-谷氨酰磷酸还原酶催化了 L-脯氨酸合成的前两步反应，可构建酶活性增加的突变株。当在 9% 和 18%乙醇存在下生长时，突变株显示出比其亲代株更高的细胞活力。此外，当其功能需要利用 L-脯氨酸的另一个基因 *PUT1* 被破坏时，突变体也表现出对含有高浓度乙醇的不利环境的更大耐受性。这是因为当 *PUT1* 基因不能正常发挥功能时，会有更多的 L-脯氨酸积累。另外，过表达色氨酸生物合成基因 *TRP1*～*TRP5* 和色氨酸渗透酶基因 *TAT2* 对于改善乙醇耐受性起到积极作用，并且 *URA7* 和 *GAL6*

的敲除可用于提高乙醇耐受性（Hirasawa et al.，2007；Yazawa et al.，2007；Takagi et al.，2005）。

在耐乙醇酵母菌株中，大量海藻糖可能在高乙醇浓度的生长条件下积累；相反，在高乙醇存在下，海藻糖含量少的细胞表现出生长迟缓现象。通过抑制 *ATH1* 转录来减少海藻糖的降解，从而提高酿酒酵母的乙醇耐受性及其发酵能力。将扣囊复膜酵母编码海藻糖-6-磷酸合酶的 *TPS1* 基因整合到酿酒酵母基因组中获得工程菌，海藻糖含量可达到 6.23 g/100 g 干细胞，而扣囊复膜酵母的海藻糖含量少于工程菌，为 4.05 g/100 g 干细胞；工程酵母的乙醇耐受能力得到提高，在 18 mL 乙醇/100 mL 溶液中细胞存活率达到 25.1%。此外，过表达 *TPS1* 基因并缺失海藻糖酶基因 *NTH1* 的工程菌株在有无乙醇胁迫的情况下均显示出更高的海藻糖积累，从而获得更强的乙醇耐受性（Divate et al.，2016；Cao et al.，2014；Jung and Park，2005）。

利用转座突变体可以识别乙醇耐性相关基因，在研究中发现，*CMP2*、*IMD4*、*SSK2*、*PPG1*、*DLD3*、*PAMI* 和 *MSN2* 这 7 个基因敲除后，酿酒酵母菌株乙醇耐受性提高，其中 3 个基因（*SSK2*、*PPG1* 和 *PAMI*）敲除后耐热性能也有提高，这与之前发现的乙醇耐受性与耐热性具有某些共同的分子机制是一致的。SSK2 是 HOG1 渗透胁迫信号转导途径的成分之一，是蛋白激酶编码基因（图 3-8），这个研究结果与日本研究人员发现的乙醇耐受性基因和渗透耐受性基因部分重叠的结果一致。日本学者对酿酒酵母非必需基因单敲除突变体进行研究，结果发现，446 个基因敲除突变株在 8%乙醇中出现生长缺陷。在这些突变株中，有 359 个基因是乙醇特异反应的，也就是只对乙醇敏感，而 242 个基因只对高渗敏感，有 87 个基因对乙醇胁迫和高渗胁迫都敏感。其中，*PPG1* 是丝氨酸/苏氨酸蛋白磷酸酶编码基因，参与糖原的积累，有报道表明，糖原的积累有助于细胞抵御各种胁迫因素（Kim et al.，2011；Yoshikawa et al.，2009）。

最近的研究还揭示了许多其他与乙醇耐受性相关的基因（Ma and Liu，2012；张秋梅等，2009），其相关的代谢途径见表 3-1。

表 3-1　乙醇胁迫响应相关的基因

细胞生理代谢功能	基因
脂类代谢	*ETR1 FAA1 GRE2 MCR1 OPI3 PCT1*
胁迫反应	*AHP1 APN2 ATG8 ATH1 CTT1 DAK1 DDR2 GCY1 GPD1 GRE2 GRE3 GRX1 GRX2 GRX4 HOR2 HOR7 HSP12 HSP26 HSP30 HSP42 HSP78 HSP82 HSP104 LHS1 MCR1 NTH1 PRB1 PRX1 RPN4 SOD2 SSA1 SSA2 SSA3 SSA4 STF2 TPS1 TPS2 TSL1 UBI4 YDL124W*
线粒体功能	*ATP14 ATP18 ATP19 CYC7 COX15 FAA1 MCR1 RDL1 SDH4 STF1 STF2*
转录调控	*EMI2 PNC1 PCL5 PHD1 RPN4*
物质转运	*AGP1 ATG8 ATP14 ATP18 ATP19 CCC2 CTR2 DDI1 DIPS FAA1 GLK1 HSP78 HSP82 HXK1 HXT6 HXT7 KHA1 LHS1 MCH4 MEP2 PDR15 PIC2 PMP1 PTR2 SDS24 SIA1 SPF1 SSA1 SSA2 SSA3 SSA4 SSU1 TPO1*

续表

细胞生理代谢功能	基因
蛋白质折叠	CPR6 ERO1 EUG1 HSP26 HSP82 HSP104 HSP78 PDI1 SSA1 SSA2 SSA3 SSA4 SSE2 SSE1
蛋白质修饰	ERO1 FAA1 GIP2 SPF1 PKP2 UBC8 UBI4 UGP1
糖代谢	ATH1 CDC19 CIT1 ENO1 ENO2 GRE3 NQM1 NTH1 NTH2 PFK26 PGK1 PGM2 SDH4 TDH1 TDH3 TPS1 UGP1
细胞骨架和形态发生	ALF1 APQ12 ARC18 ARP6 BEM2 BEM4 BUB3 BUD25 CYK3 GIN4 HOF1 KAR3 KEL1 HSP42 IRC15
氨基酸和维生素代谢	ADH1 ADH22 ADH3 ADH5 ALD2 ALD4 ARG44 CIT1 CIT22 GND2 GPD1 OPI3 PCT1 PNC1 PUT1 PYC1 SER3 SFA1 SOL4 UGA1 YAT2
离子浓度动态平衡	ATP14 ATP18 ATP19 CCC2 CTR2 KHA1 MEP2 PIG2 PMP1 SPF1 SSU1

3. 耐高渗

面对高渗压力环境时，酵母细胞会通过调用不同的应激反应来应对，同时细胞也会激活一系列复杂的程序协助细胞渡过难关。酿酒酵母的渗透感应有两种方式：一种是胞内溶质浓度骤然上升，另一种是细胞外膜上感应蛋白被激活或抑制。高渗胁迫能够诱导细胞内产生某些可溶性物质以增大内渗透压，如甘油、海藻糖、多元醇、赤藓糖等。

酵母细胞为应对不同压力会调用不同的应激反应，激活一系列复杂的程序来协助细胞渡过难关，如细胞周期、转录、翻译等。酵母细胞调控高渗压力的主要途径是控制甘油合成转运的高渗透压甘油（HOG）信号途径，HOG 信号途径包括细胞膜渗透感应器、胞内以 Hog1 丝裂原激活蛋白激酶（MAPK）为核心的信号转导途径，以及细胞质和细胞核的效应器（图 3-8）。高渗压力会激活 Hog1 MAPK 并引发细胞质和细胞核效应器的反应，细胞质应激反应包括甘油转运、离子流控制、代谢酶类的激活和抑制以及蛋白质翻译，细胞核应激反应包括对细胞周期的调控和基因表达的调控（Dunayevich et al.，2018；Hohmann et al.，2007）。

酵母对渗透胁迫的另一个重要反应是关闭 Fps1，阻止细胞内甘油的输出（图 3-8）。Fps1 是跨膜通道蛋白，控制着胞内甘油的输出，高渗压力下 Hog1 MAPK 控制的 Rgc2 蛋白被磷酸化，进而控制 Fps1 通道的活性，减少甘油的输出。同时，一些特殊的蛋白通道调控着甘油的快速输入和输出，Stl1 转运蛋白靠 Hog1 诱导，能把环境中的甘油转运到细胞体内，增加细胞内甘油的积累。另外，在酵母细胞处于高渗透压胁迫下，3-磷酸甘油脱氢酶基因在通过合成代谢途径增加甘油积累的过程中发挥着极其重要的作用。GPD1 突变致使菌株在高渗环境下停止生长，而且在高渗胁迫下 GPD1 的表达量和酶活力都将会有一定程度的上升（Lee and Levin，2015；Beese et al.，2009）。

研究发现，OLE1 基因在酿酒酵母中异位过表达时，细胞膜中油酸含量显著增加，菌株对各种环境压力具有较高的耐受性、较低的膜渗透性并减少了细胞内部过氧化氢含量。另外，在 *HOG1* 缺失时，*OLE1* 介导的应激耐受能力显著减弱。*OLE1* 过表达激活了保留在细胞质中的 Hog1。通过筛选两株耐受高达 30%（*m/V*）葡萄糖的菌株，鉴定了两个基因 *TIS11* 和 *SDS23*，通过过表达这两个基因，证明它们赋予渗透胁迫耐受性的能力。这两个转座子突变体在含有 30%（*m/V*）葡萄糖的 YPD 富培养基中比对照菌株生长得更快，并且显示出对超高浓度葡萄糖响应的 Hog1p 激活（Kim and Kim，2018；Nasution et al.，2017）。利用紫外线诱变筛选获得耐高渗的酿酒酵母，并通过转录组测序对差异表达基因及 SNP 发生基因进行表型网络分析后，发现 Ste12 和 Tup1 转录因子与菌株的高渗耐受性有关。对两株基因缺失株和两株基因补充株的生长及生理性状进行了测定和分析，发现 *STE12* 基因对酿酒酵母高糖耐受性的影响主要是通过对膜蛋白和细胞膜通透性的调节。*TUP1* 基因主要通过调控细胞呼吸强度和糖利用能力来影响酿酒酵母的高糖耐受性。为研究 *TUP1* 基因对酿酒酵母细胞耐高糖性状的影响，利用 Cre/loxP 系统对转录因子 *TUP1* 进行基因编辑，*TUP1* 基因缺失虽然减弱了菌株的呼吸能力，但却提高了菌株在高浓度葡萄糖培养基中的生长和发酵能力，*TUP1* 基因可能通过调节酿酒酵母细胞呼吸强度来调控细胞的高糖应激反应（陈英等，2020）。

4. 耐抑制物

木质纤维素原料主要由纤维素、半纤维素和木质素组成。这三种组分缠绕在复杂的结构中，限制了纤维素的有效释放，最终影响了酶解效率。因此，预处理过程在木质纤维素生物燃料生产过程中至关重要，预处理增加了纤维素酶和半纤维素酶的表面积，降低了纤维素的相对分子质量和结晶度，从而有效释放酵母可以利用的单糖。在预处理过程中，糖的释放通常伴随着抑制物的产生，如弱酸、呋喃和酚类化合物（Guo and Olsson，2014；Jönsson et al.，2013）。

弱酸是木质纤维素水解产物中最常见的抑制物，其毒性在不同的酸碱度条件下有所不同。分子状态的弱酸进入细胞后解离成质子和阴离子，导致细胞内酸化，对酵母细胞造成毒性。作为弱酸的主要部分，乙酸主要来自半纤维素的水解。同时，乙酸也是乙醇发酵的副产物。先前的研究表明，浓度为 5 g/L 的乙酸严重抑制了酵母细胞的生长和发酵表型。未解离的乙酸通过被动扩散和甘油水通道蛋白 Fps1 的促进扩散进入酵母细胞，然后解离为质子和乙酸根离子（图 3-8）。积累的质子会引起环境的酸化，导致一种不平衡状态。为了防御这种不平衡，细胞保护系统（如 H^+-ATPase 和其他依赖于 ATP 的跨膜蛋白）可以被乙酸胁迫激活。质子可以被泵出细胞，也可以储存在液泡中。同时，乙酸根离子能激活高渗透压甘油反应蛋白 Hog1，进一步诱导通道蛋白 Fps1 的磷酸化和降解，导致养分吸收减少（Femandez-Nino et al.，2015；Mollapour and Piper，2006）。

转录因子 Haap1 是调节酵母响应乙酸胁迫的核心转录因子，在酵母细胞受到乙酸刺激时，基因 *HAAP1* 发生显著上调。酵母细胞中过表达 *HAAP1*，工程菌的乙酸耐受性提高，且 *HAAP1* 过表达降低了酵母胞内乙酸积累。同时研究表明，转录因子 Ace2 和 Sfp1 对菌株耐受性也具有显著影响。通过表达其编码基因 *ACE2* 和 *SFP1*，工程菌在乙酸和糠醛胁迫条件下的发酵效率显著提高，乙醇的生产量分别提高了 3 倍和 4 倍。另外，*PMA1*、*FPS1*、*QDR3* 等基因也调控酵母乙酸耐受，其中过表达 *PMA1* 基因或者敲除 *FPS1* 和 *QDR3* 基因均可显著提高酵母细胞对乙酸的耐受能力，加快细胞生长速度、提高乙醇发酵性能（Swinnen et al.，2017；Chen et al.，2016；Tanaka et al.，2012）。

糠醛和 5-羟甲基糠醛（5-hydroxymethylfurfural，5-HMF）是纤维素水解液中最主要的呋喃类化合物，是在高温高压条件下由葡萄糖和木糖降解而释放出来的。呋喃以多种方式影响细胞的生理活性，如损伤 DNA、RNA 和蛋白质结构，降低胞内 ATP 含量。幸运的是，酵母能够通过依赖于 NAD(P)H 的还原途径将呋喃降解为毒性较低的化合物。在厌氧条件下，酵母可以将糠醛转化为糠醛醇，其毒性较弱。糠醛诱导活性氧在酵母细胞内积累，导致线粒体、液泡膜、肌动蛋白细胞骨架和核染色质受损（Liu et al.，2020a；Jönsson and Martin，2016；Zhu et al.，2014）。

对于木质纤维素原料预处理时降解产生的水解抑制物，其相关研究主要集中在揭示抑制物的毒性机理和抑制物的耐受机理等方面。例如，在糠醛存在下，*ZWF1* 基因在酿酒酵母中的过表达可以提高对糠醛的耐受性，从而提高生长速度。通过转录激活因子 MSN2 和氧化应激调节剂 YAP1 的过表达，可调控乙醇发酵过程中的氧化还原平衡，增强工程菌对糠醛的耐受性。另外，研究表明，在酿酒酵母中，糠醛和羟甲基糠醛的代谢分别与 NADH 和 NADPH 有关。在酿酒酵母中，异源表达了从大肠杆菌来源的 NADH 脱氢酶，其催化 NADH 转化为 NAD^+，并增加细胞对糠醛的敏感性，通过过表达 *GLR1*、*OYE2*、*ZWF1* 和 *IDP1* 基因，负责 NADPH 和 $NADP^+$ 的相互转化，增强了糠醛耐受性。此外，随着辅因子相关基因的表达，还观察到代谢通量的显著再分布。这些结果表明，基于 NADPH 的细胞内氧化还原扰动在糠醛耐受性中起关键作用，这表明单基因操作是增强耐受性并随后利用木质纤维素水解物获得更高乙醇产率的有效策略（Lin et al.，2009；Sasano et al.，2012；Kim et al.，2013；Liu et al.，2020b）。

木质纤维原料预处理过程中木质素的降解会产生大量的酚类物质，具有代表性的化合物如香草醛、丁香醛等。酚类化合物不仅可以影响微生物的生长，还可以影响最终的乙醇产率。酚类化合物会影响微生物细胞膜的完整性，从而破坏细胞膜的选择透过性和细胞内酶的反应环境。有研究报道，漆酶是一种能作用于酚类抑制剂的酶。漆酶可用于发酵前的酶促生物解毒。在酿酒酵母中过表达外源白

腐真菌 *Trametes versicolor* 的漆酶基因，可增强菌体对松柏醛（1.25 mmol/L）的转化能力，相应地提高菌体生长和发酵性能。在酵母中过表达子囊真菌（*Melanocarpus albomyces*）的漆酶基因也得到了类似的结果（Gu et al.，2019；Kiiskinen and Saloheimo，2004）。

菌株以木质纤维素水解液进行驯化，通过转录组数据分析和基因组测序找到了香草醛耐受性的相关基因。高香草醛耐受性菌株和亲本菌株的转录组数据分析表明，大量编码氧化还原酶的基因及抗氧化胁迫的基因上调。通过对高香草醛耐受性菌株转录组中上调的 4 个氧化还原酶编码基因（*YJR096W*、*YNL134C*、*ALD6* 和 *ZWF1*）及另外 2 个具有香草醛还原活性的蛋白质（Adh6p 和 Adh7p）的编码基因进行过表达发现，过表达这些氧化还原酶的编码基因可以提高菌株的香草醛耐受性。其机制有两种：一是直接把高毒性的香草醛转化为低毒性的香草醇；二是为还原反应提供还原力。在这些已验证的、具有香草醛还原活性的蛋白质中，Adh6p 的还原活性最强。由此可见，将香草醛转化为毒性弱的香草醇是所有解毒策略中最有效的解毒方法，且提高菌株将香草醛转化为香草醇的能力对于提高菌株对香草醛的耐受性也十分有效。

其他研究表明，通过过表达参与谷胱甘肽合成的基因来增加细胞中谷胱甘肽的含量，可以提高菌株的鲁棒性，从而提高菌株对木质纤维素水解产物的耐受性。此外，菌株 BY4741 中敲除 *YRR1* 也可以显著提高菌株在香草醛胁迫下的生长能力。通过进一步比较 *YRR1* 缺失菌株和对照菌株 BY4741 的转录组发现，编码脱氢酶、ATP 转运蛋白、葡萄糖转运蛋白、核糖体合成及 rRNA 加工合成过程的相关基因显著上调。通过过表达上述基因证实，缺失菌株是通过提高 ATP 转运蛋白的表达水平，增强核糖体合成来提高菌株的香草醛耐受性。另外，基因 *PAD1* 编码苯基丙烯酸脱羧酶，其过表达增强了酵母菌株对阿魏酸、肉桂酸的转化能力，可分别较原始菌株提高 1.5 倍和 4 倍（Liu，2011；Wang et al.，2017b）。

酿酒酵母对环境胁迫耐受能力的增加对于提高鲁棒性、乙醇产率具有重要意义。工业生产中，酿酒酵母受到高温、高渗、高乙醇及抑制物等各种胁迫因素的影响，使细胞发生多种生理反应以适应新的环境。通过系统生物学及各种组学分析，挖掘并解析了与细胞生理胁迫相关的各类代谢途径和基因，为构建新一代淀粉、木质纤维素原料工业乙醇酵母奠定了基础（表 3-2；张秋梅等，2009）。

表 3-2 酿酒酵母胁迫响应的相关基因

细胞生理代谢功能	基因
脂类代谢	*CRD1 ERG28 LIPS SAC1 SCS7 CHO2 ERG3 ERG4 ERG6 SUR1 ERG2 HSV2 HTD2 IPK1 ISC1 PDR16 SUR4 VPS34 YDC1 YPC1*
磷酸代谢	*PHM8 PHO5 PHO11 PHO12*
胁迫反应	*ASG1 CCS1 DOT5 FRT1 GTS1 MXR2 WH1*

续表

细胞生理代谢功能	基因
线粒体功能	AEP2 ATP1 ATP14 ATP4 ATP5 CBP3 COQ5 COX11 COX12 COX23 COX9 CYT2 FIS1 FMC1 LPD1 MCX1 MDM32 MGM1 MEF2 MGM101 MSS2 MSS51 MTG2 OXA1 PET117 PET122 PET54 POR1 OCR QCR76 QCR8 RRF1 RSM23 RTG2 SAM37 SLS1 YSP1
质膜和液泡 ATP 酶	ATP4 ATP5 ATP14 ATP15 ATP16 ATP17 PMP1 SIA1 VMA1 VMA3 VPH1
细胞壁和蛋白质功能	HSP78 HSP82 HSP104 HSP101 SPI1 SSE2
基因表达调节	ASH1 GCN4 HST2 MIG2 SMI1 YAP1
转录调控	ACE1 ACE2 CBF1 CST6 GCR2 HAA1 INO2 IXR1 MIG1 MOT3 MSN2 MSN4 NRG1 PDR1 PDR3 PPR1 RIM101 RTG3 SKN7 STB5 STP1 SUM1 SWI6 THI2 TYE7 UGA3 UME6
物质转运	AGP2 AOR1 AZR1 FET3 FPS1 GUP1 HXT1 ITR1 MCH5 MDL1 MEP3 NHA1 OPT2 PHO84 PMA1 PMR1 RGT2 SPF1 TPO2 TPO3 TPO1 URE2 YBR241C YIA6 YMD8 YOR378W
蛋白质折叠	CAJ1 DOC1 EMC1 FES1 SSE1 SSZ1
蛋白质修饰	AIM22 ALG12 ARD1 BRE5 COS16 CPR6 CPR7 CTK1 DBF2 FPK1 EUG1 GNT1 GSH2 LAS21 HRK1 KTR4 LIP2 MCK1 MKC7 MTQ2 NAS2 NAT1 NAT3 OST4 PMT1 PMT2 PPT2 PTK2 RPN10 RPS4B SHR5 SWF1 UBC4 UBP14 UBP6 VID22 UBP15 VID28 YPK1
促分裂原激酶	HOG1
呼吸链	AAC1 ATP4 ATP19 COX9 COX20 PET10 RIP1 SDH2
糖代谢	ARI1 CAT2 FUM1 GPH1 HXK2 KGD2 NDE1 PCL7 PDA1 PDC1 PFK1 PKP1 PYC1 PYC2 RHR2 RPE1 TPS1 TPS2 YHM2 YJR096w ZWF1
细胞骨架组织和形态发生	ALF1 APQ12 ARC18 ARP6 BEM2 BEM4 BUB3 BUD25 CYK3 GIN4 HOF1 KAR3 KEL1 LDB18 MDY2 MMR1 NIP100 NUM1 POM34 RGD1 RHO4 RVS161 SAC6 SEH1 THP1 TMA23 VAC17 VAM10 VRP1 YKE2
铵盐、氨基酸及维生素代谢	ABZ2 ARG8 ARO1 ASN2 BUD16 COX10 CYS3 CYS4 DUR12 ECM31 GCN1 GCN4 GCV3 GDH1 GLY1 HIS7 LPD1 MET2 MET3 MET7 MET8 MET16 MET17 ME22 MEU1 MMP1 NPR2 NPR3 PRS3 SLM5 THI6 YBR204C
离子动态平衡	ARL1 FIT2 FIT3 FRA1 FRA2 FRE3 FRE8 TRK1

3.1.5 酿酒酵母生产乙醇

燃料乙醇的生产技术主要取决于所用的生物质原料,并根据原料性质的不同分为三代。其中,利用酿酒酵母将玉米、木薯、甘蔗和纤维生物质原料通过发酵技术转化为燃料乙醇,已成为解决世界能源危机、发展生物能源的重要手段(表 3-3)。目前,美国和巴西的燃料乙醇主要以 G1 代和 G1.5 代乙醇为主,其中美国以玉米为底物生产乙醇、巴西以甘蔗为底物生产乙醇,两国乙醇产量占全球乙醇产量的80%以上,我国乙醇年产总量占全球乙醇产量的3%(Jacobus et al.,2021)。

1. 淀粉基乙醇

淀粉基原料主要是玉米、小麦、木薯、马铃薯等,将这些原料预处理后,用酿酒酵母发酵产生乙醇。如今我国生物燃料乙醇的工厂主要是以 G1 代和 G1.5 代技术为主（表 3-4；毛开云等，2018），2021 年乙醇总产量为 1435.4 万 t。

表 3-3　生物燃料乙醇生产工艺现状

类型	原料	技术程度
G1 代粮食乙醇	玉米、小麦、水稻等粮食作物	技术成熟，已实现产业化
G1.5 代粮食乙醇	木薯、甜高粱、甘蔗等非粮作物	技术成熟，已实现产业化
G2 代纤维素乙醇	秸秆、干草、树叶等农林废弃物	工业化试验研究开发阶段，未实现产业化
G3 代微藻乙醇	微藻	研究阶段，未实现工业化

表 3-4　我国主要的生物燃料乙醇生产企业生产现状

企业名称	原料品种	乙醇产能/（万 t/年）
河南天冠企业集团有限公司	小麦、玉米、木薯	70
吉林燃料乙醇有限公司	玉米	60
中粮生化（安徽）股份有限公司	玉米、木薯	53
中粮生化能源（肇东）有限公司	玉米	27
广西中粮生物质能源有限公司	木薯、大米	20
山东龙力生物科技股份有限公司	玉米芯	5
山东富恩生物化工有限公司	木薯	12
国投广东生物能源有限公司	木薯	15
吉林省博大生化有限公司	玉米	30
国投生物能源（铁岭）有限公司	玉米	30

我国玉米乙醇的生产主要是采用"干磨"工艺处理玉米，形成直径 0.1～2 mm 的颗粒。玉米粉粒与工艺水混合形成浓度为 26%～30% 的混合物，将其加热至淀粉糊化温度，用耐热 α-淀粉酶处理生成低聚合度糊精，经糖化酶水解形成葡萄糖，添加酿酒酵母生产乙醇。另外，糖化酶处理过程中也可以添加酿酒酵母，糖化释放葡萄糖和代谢葡萄糖生产乙醇同步进行，因此该过程通常被称为同步糖化发酵（simultaneous saccharification and fermentation，SSF）。发酵结束后，乙醇浓度通常会到达 13%～18%（V/V），成熟发酵醪液被送往生物炼制蒸馏系统回收乙醇。蒸馏醪糟含有剩余玉米粉残留物（玉米纤维、玉米油、淀粉和蛋白质）和酵母菌体，被分离后形成玉米油流和酒糟。酒糟低温烘干后形成富含蛋白质的干酒糟及其可溶物（distillers dried grains with solubles，DDGS），是玉米乙醇工业重要的经济副产品。

燃料乙醇行业现在更加专注于实施削减成本的措施，以在经济衰退期间保持可持续性。其中一项措施是采用新兴的超高浓度（VHG）发酵技术，这是因为该技术具有提高过程生产率和减少污染的能力。该技术旨在降低工艺用水需求，从而降低相关的蒸馏成本、污水及其处理成本，这些成本构成了总能源成本的主要部分，而总能源成本约占总生产成本的 30%。

研究人员利用高温蒸煮玉米原料工艺生产高浓度乙醇。首先利用耐高温的淀粉酶在 95～97℃下进行液化；然后降温至 60℃后加入转化率高的糖化酶进行糖化；最后，在 28～32℃下加入干酵母悬浮液进行发酵。60 h 内，酵母菌发酵可以产生 18.3%（V/V）的乙醇，其残还原糖和总糖分别为 1.2% 和 4.1%（Puligundla et al.，2011；池振明等，1995）。

在浓醪条件下发酵，酵母细胞暴露于高渗透压环境会导致细胞脱水和质膜离子梯度崩溃，因此，在密度增加的环境中发酵时，通常导致细胞活力损失。为了应对渗透压变化，提高细胞存活率和增殖速度，酵母细胞通过激活高渗透压甘油（HOG）丝裂原激活蛋白激酶（MAPK）途径增加甘油代谢。甘油产量增加会减少产物生产量，利用合成生物学方法可下调 3-磷酸甘油脱氢酶基因（*GPD1*、*GPD2*）、甘油-1-磷酸酶基因（*GPP1*、*GPP2*）表达，降低甘油产量，同时过表达乙醇脱氢酶基因（*AcDH/ADH*）和丙酮酸甲酸裂解酶基因（*PFL*）增加乙醇产量。另外一种策略是通过异源表达磷酸转酮酶（PK）、磷酸转乙酰酶（PTA）和酰化乙醛脱氢酶（AcDH），共同构成"PKL"途径，该途径将碳从五碳糖磷酸途径分流，以增加乙醇产量，同时细胞也表现出 3-磷酸甘油脱氢酶（G3PDH）活性降低。另有研究证明，在添加营养素的 VHG 发酵中，存在渗透保护剂和使用固定化酵母细胞的情况下，合成的甘油数量总体会减少（Miasnikov and Munos，2019；Puligundla et al.，2011）。

传统发酵法生产乙醇将玉米原料粉碎，之后经液化和糖化步骤释放葡萄糖，供酿酒酵母发酵利用，其中，液化和糖化步骤需外源添加液化酶和糖化酶协助淀粉水解。如果酿酒酵母能够自行分泌糖化酶，水解液化醪产糖供自身生长，那么能够减少外源糖化酶添加，降低生产成本。目前有不同策略被用于高水平异源表达糖化酶，例如，利用不同强启动子、终止子及不同分泌信号。通常糖化酶基因来源于不同菌株，如曲霉属（*Aspergillus* sp.）、扣囊复膜酵母、里氏木霉（*Trichoderma reesei*）、血红密孔菌（*Pycnoporus sanguineus*）、米根霉（*Rhizopus oryzae*）、糖化酵母菌（*Saccharomyces diastaticus*）等，通过密码子优化后在酿酒酵母中异源表达。酵母高水平表达糖化酶，这样可以使生物炼制中添加外源糖化酶的需求量减少 65%～80%，从而大幅节约生产成本。有研究人员将淀粉酶的生产、糖化和发酵结合成一个过程，利用工程酿酒酵母 Y294 将玉米淀粉发酵生产乙醇。200 g/L 生玉米淀粉在 30℃下发酵 192 h，产生 98.13 g/L 乙醇，转化率达到 94%，与传统的同步糖化发酵（SSF）对照试验相比，添加商业颗粒淀粉酶混合物和淀粉分解酵母可使外源酶用量减少 90%（Jacobus et al.，2021；Cripwell et al.，2019）。

2. 蔗糖基乙醇

甘薯、糖蜜、甜菜、甜高粱是最常见的糖质原料。糖质原料的可发酵性成分是糖类，省去预处理过程，可以直接被酿酒酵母发酵。其原料节省了淀粉预处理以及纤维素原料酶解、脱毒等过程，能耗和成本都相应降低，是酵母乙醇发酵生产的理想原料。巴西的燃料乙醇主要是以甘蔗为原料，甘蔗价格在其国内十分低廉，因此燃料乙醇生产具有成本优势。

糖蜜是甘蔗或甜菜糖厂的糖汁或红糖、白糖精炼而产生的一种副产品，又称废糖蜜，俗称橘水。甘蔗汁精炼过程中，结晶前的预处理涉及加热步骤（最高105℃），会产生糠醛、甲醛和褐变化合物（来自氨基酸和还原糖之间的反应），最终汇聚存在于糖蜜中。另外，由于甘蔗机械化收获过程中会导致不同发酵抑制物被带入糖蜜，如植物衍生的酚类化合物和乌头酸等，因此，生物乙醇酵母菌必须能耐受这些发酵抑制剂的毒性效应。

糖蜜由 45%～60%（m/m）的蔗糖、5%～20%（m/m）的葡萄糖和果糖、低含量的磷和高含量的矿物质（如钾和钙），以及一些酵母生长抑制剂组成。糖蜜在水中稀释至最终糖浓度为 14%～18%，并加入到发酵反应器中进行发酵。以甘蔗糖蜜为培养基研究 4 株耐高糖的酿酒酵母的发酵性能，当糖浓度为 40%（m/V）时，发酵效率达到 61.5%～71.0%。此外，从甘蔗糖蜜中分离出一种具有高糖耐受性的野生酵母菌株，当糖浓度为 220 g/L 时，乙醇浓度达到了 85 g/L，乙醇产率为 3.8 g/（L·h），酵母活性保持在 90%以上。采用基因组重排技术，以酿酒酵母和耐高温马克斯克鲁维酵母为起始菌株，通过属间杂交，筛选出适合高温发酵甘蔗汁产乙醇的酵母菌种，在 40℃发酵 72 h，乙醇浓度可达 9.79%；另外，研究人员筛选获得一株耐高温酿酒酵母 YS3，可以在 40℃温度下发酵，且能够耐较高浓度的糖度，具有发酵速率较快、乙醇产量高、残糖少等优点，可以满足甘蔗汁发酵生产燃料乙醇的所有要求。为了提高酿酒酵母甘蔗糖蜜发酵的乙醇产量和耐高渗能力，研究和调控甘油合成途径的基因，构建了 *SSK1* 和 *SMP1* 双缺失菌株。使用甘蔗糖蜜作为碳源，乙醇产量增加了 6%，甘油产量减少了 35%（Bajaj et al.，2003；Fernández-López et al.，2012；王晓斐等，2008；赵琳，2013；Jagtap et al.，2019）。

3. 纤维素乙醇

目前，纤维原料主要可分为四类：林木工业剩余物、农作物纤维剩余物、工厂纤维和半纤维剩余物、城市废弃纤维废弃物。用纤维素原料生产乙醇，特别是用农作物纤维剩余物生产乙醇，是一个极具发展潜力的方向。德国和意大利在纤维素乙醇开发方面取得了显著成果。意大利是欧洲第一个使用纤维素乙醇的国家，主要以稻草和芦竹为原料。意大利石油天然气公司埃尼集团旗下的 Versalis 公司在 G2 代燃料乙醇生产方面发展迅速。德国 Clariant 公司的植物废渣千吨级中试工厂运行顺利，并于 2017 年在斯洛伐克建立 5 万吨级纤维素乙醇示范工厂，2018年在罗马尼亚建立年产能 5 万 t 的工厂。

木质纤维素原料经过预处理和酶水解后,产生主要含有葡萄糖和木糖的水解产物,并被微生物利用,通过发酵生产乙醇。半纤维素酶解后,水解液中含有大量木糖,其含量达到总糖的 30%～40%。然而,传统上用于乙醇生产的酿酒酵母是一种高效的葡萄糖消耗菌,但不能利用木糖。因此,研究人员试图通过基因工程将木糖代谢途径引入酿酒酵母,使酿酒酵母具有发酵木糖以提高乙醇产量的能力,但仍然没有高效和完美的菌株符合以下要求:能耐受高浓度抑制剂,充分利用酶解产物中难发酵的糖,并具有较高的乙醇产率。

木质纤维素原料水解后发酵工艺有两种,即分步水解发酵(separated hydrolysis and fermentation,SHF)和同步糖化发酵(SSF)。前者的工艺优点是两个反应在自身最优的反应环境下进行,反应条件互不干扰;该工艺的缺点是,纤维素酶水解产物如葡萄糖、纤维二糖的积累会反向抑制纤维素酶的活性,导致后期酶解效率下降,最终产物乙醇的产率也会显著降低。后者的优点是酿酒酵母等微生物直接利用酶解产物葡萄糖发酵生产乙醇,从而消除了葡萄糖和纤维二糖等酶解产物对纤维素酶的反向抑制作用,减少反应时间,产率也得到提高,终产物乙醇的得率会更高;但是同步进行糖化和发酵工艺也有明显的缺点,即最佳的酶解反应条件和微生物发酵产乙醇条件不一致,特别是温度不一致产生的影响最大(Olofsson et al.,2008;Hahn-Hägerdal et al.,2006)。

改造纤维素乙醇高产菌的基本策略是构建能够高效分泌纤维素的工程菌株。经过不断努力,一种或多种纤维素酶基因已成功在酿酒酵母中表达,分泌活性纤维素酶,并能在以纤维素为碳源的培养基中生长和(或)产生乙醇。纤维二糖水解酶是纤维素酶系的重要组成,是水解纤维素必需的酶系之一。然而,酿酒酵母异源表达纤维水解酶普遍存在分泌水平低的问题。最近,研究人员成功获得了高产纤维二糖水解酶 I 的酿酒酵母工程菌株。改造后的 2 株酿酒酵母分别分泌出716.43 U/mL 和 205.13 U/mL 的 CBHI(cellobiohydrolase I,纤维二糖水解酶),同时还能够利用玉米秸秆产乙醇。为了提高纤维素降解的效率,需要多种纤维素酶一起表达。在酿酒酵母中表达了一种纤维素酶系统,由内孢霉酵母(Endomycopsis fibuligera)的葡糖苷酶 1、溶纤维丁酸弧菌(Butyrivibrio fibrisolvens)的 END1、黄孢原毛平革菌(Phanerochaete chrysosporium)的纤维二糖水解酶和生黄瘤胃球菌(Ruminococcus flavefaciens)的内切葡聚糖 1 组成。体外研究表明,纤维素酶和木聚糖酶在木质纤维素生物水解中协同作用。为了在酿酒酵母中实现相同的生物转化效果,构建了两种工程酿酒酵母(INVSc1-CBH-CA 和 INVSc1-CBH-TS)共表达纤维素酶和木聚糖酶。工程酿酒酵母可以更有效地使用部分脱木质素的玉米秸秆并提高了乙醇产量。在酿酒酵母中共表达纤维素酶和木聚糖酶的策略是有效的,且为实现联合生物加工奠定了基础(Oh and Jin,2020;Xiao et al.,2019;Van Rensburg et al.,2010)。

目前，木质纤维素生产燃料乙醇的成本远远高于玉米生产燃料乙醇的成本。因此，木质纤维素燃料乙醇产业的发展离不开财税政策的大力支持。研究与开发高性能菌株，同时高效转化五碳糖和六碳糖、耐受各种纤维素水解抑制物、分泌纤维素水解酶，是木质纤维素燃料乙醇工业的重要技术问题，也是推动木质纤维素乙醇产业健康发展的核心。

4. 其他原料生产乙醇

随着燃料乙醇的快速发展，我国原料问题越来越受到关注。水葫芦和微藻是水生植物，可以利用水系统栽培，其作为生物燃料乙醇的原料具有很多优势，且不占用耕地，符合我国"不与人争粮、争地"政策。

以水葫芦为原料进行发酵，需要对其进行处理，变成可发酵糖。水葫芦有多种预处理方式，如离子液体处理、纤维素酶处理、微波处理等。利用 $NaOH/H_2O_2$ 对其进行处理，经过 24 h 后，还原糖含量到达 10.8 mg/100 mg 水葫芦叶片干重。通过研究酶水解条件，如底物浓度、pH、温度、处理时间等，可使水葫芦经过 72 h 酶解后，还原糖产量达到理论值的 41.7%。另外，通过微波预处理，可以促进酸、碱等处理的水葫芦水解液中还原糖含量的提高，达到 48.28 g/100 g 水葫芦，酿酒酵母发酵乙醇产量达到 0.132 g/g 水葫芦（Mishima et al.，2008；Mukhopadhyay et al.，2008）。

藻类（algae）利用光合作用产生淀粉和纤维素，作为第三代燃料乙醇受到广泛关注。藻类作为生产生物燃料的原料，有其独特的优点，如培养周期较短、细胞生长较快、光合效率高、CO_2 固定能力高、营养需求低等。海带为大型藻类，通过光合作用储存淀粉、纤维素等碳水化合物，经过机械或酶解方法破碎进行糖化发酵生产燃料乙醇。研究报道，海带在 170℃ 条件下利用 0.06% 的稀酸处理 15 min，再利用 β-葡糖苷酶水解，其水解液中的葡萄糖含量达 29.09%，是未处理的 4 倍。若在酸处理后同时加入纤维素酶、β-葡糖苷酶和酵母菌 *S. cerevisiae* DK 410363 进行同步糖化发酵，最终可获得 6.65 g/L 的乙醇产量。另有研究人员报道，莱茵衣藻淀粉含量达 35% 左右，经酸预处理，利用酿酒酵母 S288C 发酵生产乙醇。通过酶水解处理微藻，发酵生产乙醇产量达 0.235 g/g 微藻（Lee et al.，2013；Choi et al.，2010）。

3.1.6 非传统酵母生产乙醇

目前工业上用于燃料乙醇生产的主要是酿酒酵母，但是野生型酿酒酵母只能发酵葡萄糖、果糖等六碳糖，对木糖等五碳糖没有发酵能力。研究已发现许多能代谢木糖产生乙醇的微生物，如树干毕赤酵母、马克斯克鲁维酵母、热带假丝酵母和布鲁塞尔德克酵母。表 3-5 中列举了经过改造的酵母及发酵乙醇产量情况。

表 3-5　非传统酵母工程菌改造及应用

菌株	策略	用途和效果	参考文献
树干毕赤酵母（*Pichia stipitis*）	基因组重排	30℃，12%（*m/V*）的木糖发酵乙醇产量达到 4.1%（*m/V*），比原始菌株提高 1.5 倍	Zhang et al.，2013
	整合酿酒酵母 *URA1* 基因	30℃，78 g/L 葡萄糖生产乙醇 32 g/L	Shi and Jeffries，1998
	整合转醛醇酶突变体 TAL-Q263R（+）	30℃，5% 木糖生产乙醇 2%（*m/m*）	Chen et al.，2012
马克斯克鲁维酵母（*Kluyveromyces marxianus*）	TATA 结合蛋白 Spt15 构建突变文库	45℃，140 g/L 葡萄糖生产乙醇 57.29 g/L	Li et al.，2018a
	整合木糖异构酶基因，删除 *KmXyl1* 和 *KmXyl2*	42℃，30 g/L 木糖生产乙醇 11.52 g/L	Wang et al.，2013a
	过表达 *XR、XDH、XK*	40℃，40 g/L 葡萄糖和 20 g/L 木糖，乙醇产量 24.1 g/L，乙醇产率 0.402 g/g	Suzuki et al.，2019
	过表达糖转运蛋白 ScGAL2-N376F	30℃，40 g/L 葡萄糖和 40 g/L 木糖，乙醇产量 18.5 g/L，木糖醇产量 11 g/L	Kwon et al.，2020
	过表达树干毕赤酵母的 *XR* 基因	42℃，20 g/L 木糖产 3.55 g/L 乙醇和 11.32 g/L 木糖醇，比对照菌株高 12.24 倍和 2.7 倍	Shi et al.，2014
	表达半纤维素酶包括 β-甘露聚糖酶、β-木聚糖酶和 β-木糖苷酶	30℃，玉米芯水解发酵，工程菌乙醇产量比原始菌株高 8%	Zhou et al.，2018
产朊假丝酵母（*Candida utilis*）	整合 *XR* 和 *XDH* 基因	30℃，50 g/L 木糖生产乙醇 17.4 g/L	Tamakawa et al.，2011
热带假丝酵母（*Candida tropicalis*）	过表达 *XYL2*	乙醇得率为 0.16 g/g，比原始菌提高 5 倍	张凌燕等，2008

1. 树干毕赤酵母

树干毕赤酵母（*Pichia stipitis*）是目前已分离得到的天然微生物中发酵木糖产乙醇能力最强的酵母，发酵能力达到乙醇 0.9 g/（L·h）。作为生产木质纤维素乙醇的候选者，树干毕赤酵母不但能够发酵葡萄糖和木糖，而且能够利用木质纤维素降解产生的寡糖生产乙醇，具有对营养要求低、对污染物耐受性好、对发酵原料不挑剔的优点，可作为研究木糖发酵的模式菌来进行研究（Jeffries et al.，2007）。

树干毕赤酵母菌株中含有 *XYL1* 基因和 *XYL2* 基因（图 3-9），其中 XR 以 NADPH 或 NADH 为辅酶，可催化木糖还原成木糖醇。当 XR 以 NADH 为辅酶时，由于 XDH 以 NAD^+ 为辅酶，二者平衡了细胞内的辅因子水平而降低了副产物木糖醇的积累，这是树干毕赤酵母具有较高乙醇得率的原因之一。树干毕赤酵母对乙醇较为敏感，其自身生长对氧的依赖和本身的呼吸作用又降低了乙醇的产量，并且严格要求低水平和精确的供氧，然而这种对供氧（或通风）的控制不仅增加了工艺和控制成本，也限制了其在乙醇发酵工业生产中的实际应用（Zha et al.，2021；Slininger et al.，2011）。

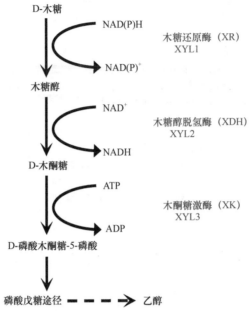

图 3-9　树干毕赤酵母木糖代谢途径

XYL1、XYL2、XYL3 分别为树干毕赤酵母中木糖还原酶、木糖醇脱氢酶、木酮糖激酶的命名

　　利用合成生物学方法将细胞改造转化为在厌氧条件下生长，酿酒酵母中的 *URA1* 基因被整合到树干毕赤酵母，以减弱树干毕赤酵母生长对氧的需求，从而提高混合型糖发酵的乙醇产率。研究表明，工程树干毕赤酵母利用 78 g/L 葡萄糖发酵，可转化生成 32 g/L 乙醇。在两轮厌氧培养驯化后，加快了细胞的生长速度；而野生型树干毕赤酵母在厌氧条件下不能生长且乙醇产量低。工程树干毕赤酵母能够在以葡萄糖为碳源时进行无氧条件下的生长，但不能利用木糖进行无氧生长。由此分析，工程菌通过发酵产生代谢能，但在葡萄糖和木糖代谢途径中选择了不同的辅因子和电子转移途径。*HEM25* 是一种影响细胞呼吸的线粒体甘氨酸转运蛋白。研究人员构建了 *HEM25* 基因缺失的树干毕赤酵母菌株，与原始菌株相比，该突变菌株的葡萄糖和木糖发酵效率增加，细胞呼吸活性显著下降；木糖生长过程中血红素含量降低，推测乙醇产量的增加是由于呼吸活性降低直接引起的（Berezka et al.，2019；Shi and Jeffries，1998）。

　　树干毕赤酵母具有去除水解副产物糠醛和 5-羟甲基糠醛的能力，使其原位解毒能力的研究越来越受到重视。针对树干毕赤酵母原位脱毒机制的研究主要集中在不同抑制物对于其自身生长代谢的影响。树干毕赤酵母可以还原糠醛和 5-羟甲基糠醛呋喃环上的醛基，其还原产物分别为糠醇和 2,5-呋喃二甲醇。利用树干毕赤酵母评估蔗渣半纤维素水解产物的乙醇生产能力，在非脱毒水解产物中发酵120 h 生产 4.9 g/L 乙醇，得率和生产强度分别为 0.20 g/g 和 0.04 g/（L·h）；改变酸碱度和活性炭吸附脱毒后，发酵 48 h 产生 6.1 g/L 乙醇，得率为 0.30 g/g，生产强度为 0.13 g/（L·h）；离子交换树脂吸附解毒后在 48 h 产生了 7.5 g/L 乙醇，得率为 0.30 g/g，生产强度为 0.16 g/（L·h）。乙酸和木质素衍生物抑制树干毕赤酵母发酵木糖产乙醇。树干毕赤酵母细胞固定化明显有利于未解毒的玉米芯水解物的发酵代谢，导致乙醇得率提高 2 倍，乙醇得率从 0.40 g/g 提高到 0.43 g/g，生产强度从 0.31 g/（L·h）提高到 0.51 g/（L·h）（Kashid and Ghosalkar，2017；Canilha et al.，2010）。

通过两种微生物混合培养实现五碳糖和六碳糖发酵的优势互补，可提高乙醇产量和得率。利用酿酒酵母和树干毕赤酵母的共培养，研究了预干燥的厨余垃圾有机部分生物转化生产乙醇。通过同时进行糖化和发酵实验，评估了从废物中生产乙醇的效率。固体负载量高达 40%（基于干质量）的废物，相当于 170 g/L 碳水化合物，而乙醇浓度可达 45 g/L。基因组改造已被广泛用于工业上重要的微生物菌株的快速改良。将酿酒酵母和树干毕赤酵母经过两轮基因组重排，获得了一个遗传稳定的高乙醇产量菌株。该菌株被命名为 TJ2-3，96 h 后能发酵木糖并产生比野生型树干毕赤酵母多 1.5 倍的乙醇（Ntaikou et al.，2018；Shi et al.，2014）。

2. 马克斯克鲁维酵母

马克斯克鲁维酵母（*Kluyveromyces marxianus*）是一种耐高温的酵母，其特点是具有在高温下生长和发酵的能力。有些 *K. marxianus* 菌株在高达 52℃ 的条件下仍然能够生长，在 40℃ 有氧状况下利用葡萄糖的生长速率仍高达（0.86～0.99）/h。除了在高温下发酵的特点外，马克斯克鲁维酵母广泛的底物谱也是使其受研究人员关注的一大原因，它能利用除了葡萄糖之外的多种碳源，如半乳糖、蔗糖、棉子糖、菊糖、木糖等。同时，马克斯克鲁维酵母是一种生物安全微生物，因此可用于食品工业的发酵和药物生产，如用于乳制品的发酵和高果糖浆的生产。马克斯克鲁维酵母进行生物工程改造后，利用廉价原料如菊粉、糖蜜、纤维素等生产生物燃料或是其他一些高附加值产品。常见的应用是利用纤维素类或其他底物生产生物燃料乙醇、木糖醇、低聚果糖等（Kumar et al.，2009）。

马克斯克鲁维酵母可以直接利用乳清中的乳糖生产乙醇，而乳清则是奶酪和酪蛋白生产的副产品。它的主要成分是乳糖（74%），其次是一些蛋白质、矿物质和脂肪。它是生产乙醇的理想廉价原料。发酵乳清生产乙醇还可以解决乳制品生产中的废水排放问题。然而，一般来说，乳清中低的乳糖含量使得发酵结束时的乙醇浓度较低，这增加了后续蒸馏的成本。但是，通过培养条件的不断优化，利用乳清中的乳糖直接生产乙醇的规模化生产也将越来越具有竞争力（Diniz et al.，2013）。

在利用菊糖方面，一般先对菊芋等原材料进行预处理，经过酸水解生成果糖和葡萄糖，进而发酵生产乙醇。另一种方法是利用菊粉酶分解菊芋产生单糖，同时糖化发酵产生乙醇。马克斯克鲁维酵母不需要进行改造，可以直接利用菊粉发酵生产乙醇。综合利用菊芋的秸秆和块茎进行了全生物质发酵，通过间歇或流加补料工艺，分别利用秸秆和块茎产生了 29.1 g/L 和 70.2 g/L 的乙醇，在分批式补料发酵的过程中达到了 0.924 g/（L·h）的乙醇得率。为了进一步提高马克斯克鲁维酵母发酵菊芋产乙醇的能力，构建了菊糖酶基因的整合表达体系并将其导入到马克斯克鲁维酵母染色体上，工程菌的菊粉酶活性显著提高。当菊芋作为发酵底物时，工程菌的乙醇浓度也增加到 76.5 g/L，比起始菌株高 5 g/L（Kim et al.，2013；Yuan et al.，2012）。

在糖蜜利用方面，马克斯克鲁维酵母占有重要地位。糖蜜通常是糖类生产过程中的副产物，价格低廉，种类繁多，有木糖母液、蔗糖糖蜜、甜菜糖蜜、葡萄糖蜜等多种类型。其中的糖类组成和含量因其来源不同而有所不同，如蔗糖糖蜜中的还原糖约占 50%。马克斯克鲁维酵母中含有编码 β-半乳糖苷酶的 *LAC4* 基因和编码乳糖渗透酶的 *LAC12* 基因，因此可以有效地将蔗糖和乳糖转化为乙醇（Oda and Nakamura，2009）。

对于纤维素类生物质资源而言，马克斯克鲁维酵母相对于酿酒酵母有很多优势。半纤维素比较容易降解，水解产生大量的木糖。木糖是五碳糖的一种，但目前包括酿酒酵母在内的大多数酵母只能发酵六碳糖。马克斯克鲁维酵母本身就含有木糖代谢的一系列基因，可以利用糖生产乙醇，因此在五碳糖的利用方面具有明显的优势。可利用合成生物学方法改造马克斯克鲁维酵母，实现木糖的高温高产乙醇。将粗糙脉孢霉木糖还原酶基因（*NcXyl1*）、树干毕赤酵母的木糖醇脱氢酶基因和白假丝酵母菌（*Candida albicans*）的木糖醇脱氢酶基因进行过表达，从而改善辅酶的不平衡。在 42℃ 条件下，木糖 118.39 g/L 生产乙醇 44.95 g/L，生产速率是 2.49 g/（L·h）。不仅如此，工程菌还可以利用混合糖发酵，在 42℃ 条件下，利用 40.96 g/L 葡萄糖和 103.97 g/L 木糖共发酵，乙醇产量为 51.43 g/L，生产速率高达 2.14 g/（L·h）（Nitiyon et al.，2016）。

马克斯克鲁维酵母低乙醇耐受性限制了其在高温乙醇发酵中的应用。通过构建 TATA 结合蛋白 *SPT15* 随机突变文库，筛选耐受乙醇且高产乙醇的马克斯克鲁维酵母。突变菌株马克斯克鲁维酵母 M2 的乙醇生产率获得提高，其中 Spt15 突变体在 31 位氨基酸（Lys→Glu）发生改变。基于 RNA-Seq 的转录组学分析揭示了：由 Spt15-M2 引起的细胞转录水平变化，与氨基酸转运、长链脂肪酸生物合成和 MAPK 信号通路相关的基因上调，与核糖体生物发生、翻译和蛋白质合成相关的基因下调（Li et al.，2018a）。

3. 热带假丝酵母

热带假丝酵母（*Candida tropicalis*）是经典的天然五碳糖发酵菌株之一，能够进行有效的木糖发酵，同时产生木糖醇和乙醇。与其他菌株相比，在木质纤维原料水解液中的耐受性和发酵性能更加优越。因此，该菌株是木糖代谢分子和调控机制基础研究的最合适材料之一（Butler et al.，2009；Rao et al.，2006）。

热带假丝酵母具有优异的木糖代谢能力和木糖醇积累过程中出色的氧化还原平衡能力。在热带假丝酵母发酵性能的研究中发现发酵葡萄糖和木糖的产率相近，最佳初始木糖浓度为 120 g/L 左右，木糖醇产量为 85.0 g/L，同时产生 7.5 g/L 乙醇，木糖利用率达到 90.0%。为提高热带假丝酵母木糖和葡萄糖代谢产生乙醇的效率，该菌株被驯化并以木糖为底物培养。菌株培养环境中，木糖浓度由 20 g/L 逐渐增加至 70 g/L，提高了生长速度及木糖利用率，混合糖的利用率达到 94.21%，乙醇产量达到 22.21 g/L，木糖醇转化率达到 0.39 g/g。进一步酶活分析发现，木糖还原酶活性对 NADPH 的亲和力从 1.3 U 增加到 11.0 U，NADH 也从 0.2 U 增加到 1.4 U，木糖醇脱氢酶的活性也由 322 U 增加到 1534 U（Ling et al.，2011；方祥年等，2004）。

热带假丝酵母 MTCC 25057 是筛选获得的一株能够同时生产纤维素酶和木聚糖酶，并将释放的糖发酵成乙醇和木糖醇的菌株。该酵母在小麦秸秆预处理液中，42℃培养条件下，纤维素酶活性达到 211.9 U/g DS，木聚糖酶活性达到 689.3 U/g DS，49 g/L 木糖转化为 15.8 g/L 木糖醇，25.4 g/L 葡萄糖转化为 7.3 g/L 乙醇。利用运动发酵单胞菌（Zymomonas mobilis）和热带假丝酵母共发酵水果及蔬菜残渣的酶水解液，从 123 g/L 的还原糖生产了 54 g/L 乙醇（Mattam et al.，2016；Patle and Lal，2007）。

热带假丝酵母是利用半纤维素水解物作为碳源生产生物燃料和增值化学品的最有前途的微生物。热带假丝酵母对糠醛表现出相当高的耐受性和较快的糠醛脱毒率。在以木糖为唯一碳源培养条件下，糠醛最大抑制浓度为 3.69 g/L，高于文献报道的大多数野生型微生物。另外，研究还发现热带假丝酵母 ADH1 的表达是由糠醛诱导的，并在糠醛耗竭后被乙醇抑制。糠醛和乙醇均可调控 ctADH1 的表达。热带假丝酵母对糠醛的耐受机制及相关代谢反应，为微生物代谢工程提供了更多信息，以实现木质纤维素的高效发酵（Wang et al.，2016a）。

4. 布鲁塞尔德克酵母

布鲁塞尔德克酵母（Dekkera bruxellensis）于 1904 年首先在啤酒中发现，然后在葡萄酒中不断发现。在葡萄酒酵母中，布鲁塞尔德克酵母可以产生 4-乙基苯酚和 4-愈创木酚，可以显著影响葡萄酒的香气。它们是导致葡萄酒风味变质的关键微生物，是葡萄酒酵母属中的主要腐化微生物。布鲁塞尔德克酵母主要以出芽方式繁殖，细胞形态会随着培养时间延长从椭圆形变为分枝状，其具有一定的乙醇发酵能力，但相对较弱，能够耐较高的乙醇浓度（Wedral et al.，2010；Oelofse et al.，2008；游雪燕等，2012）。与酿酒酵母相比，布鲁塞尔德克酵母具有更强的耐酸性，还可以利用各种碳源，如木糖和 L-阿拉伯糖。由于存在编码硝酸盐转运蛋白、亚硝酸盐还原酶和硝酸盐还原酶以及硝酸盐同化相关转录因子的基因，布鲁塞尔德克酵母也可以使用硝酸盐作为唯一的氮源。因此，布鲁塞尔德克酵母能够利用工业基质甘蔗汁中丰富的硝酸盐为氮源，发酵优势显著高于酿酒酵母。像酿酒酵母一样，布鲁塞尔德克酵母可以耐受木质纤维素水解产物中的抑制剂并进行发酵。这些特征使得布鲁塞尔德克酵母在生物燃料领域具有更大的潜力（Schifferdecker et al.，2016；Steensels et al.，2015；Galafassi et al.，2011）。

布鲁塞尔德克酵母遗传操作系统比较复杂，目前主要通过构建营养缺陷型转化系统和表达载体对其进行遗传操作，从而提高其发酵性能。调节醇脱氢酶的基因 *ADH3*，利用强组成型启动子 TEF1 过表达。与原始菌株相比，在有氧和无氧条件下，工程菌株的葡萄糖消耗速率分别提高 1.4 倍和 1.7 倍，乙醇产量分别是亲本菌株的 1.2 倍和 1.5 倍。*ADH3* 基因在布鲁塞尔德克酵母中的过度表达也降低了厌氧条件对发酵的抑制，可见代谢工程可以进一步提高布鲁塞尔德克酵母的发酵能力（Miklenić et al.，2013）。

通常用于工业乙醇生产的工程酿酒酵母对五碳糖的转化效率不高，而五碳糖在木质纤维素材料中的含量很高。布鲁塞尔德克酵母可以利用各种五碳糖，如木糖、阿拉伯糖等。比较布鲁塞尔德克酵母利用木糖和阿拉伯糖生产乙醇能力，发现两种碳源的乙醇产量相近，均为 1.9 g/L；对于木糖和葡萄糖混合糖的发酵，乙醇浓度增加到 5.9 g/L，但低于毕赤酵母（9.3 g/L）。布鲁塞尔德克酵母菌株可以通过木糖发酵生产乙醇，最大乙醇产量达到 0.9 g/g，高于葡萄糖的理论产量。因此，布鲁塞尔德克酵母成为在木质纤维素原料水解物中通过五碳糖发酵生产乙醇的理想菌株。布鲁塞尔德克酵母菌株也能够在纤维二糖作为碳源时生长并发酵产生乙醇，这对于从木质纤维素生物质生产第二代乙醇非常重要。然而，从纤维二糖生产乙醇的效率低于从葡萄糖生产乙醇，主要是由于乙醛脱氢酶活性降低引起葡萄糖抑制，产生大量乙酸（Codato et al.，2018；Blomqvist et al.，2010）。

3.1.7　总结与展望

燃料乙醇作为清洁能源受到全球广泛的关注，本节从合成生物学领域总结了燃料乙醇的生产菌种、菌种性能、生产原料等方面取得的重要研究进展。但目前利用合成生物学手段构建的新一代菌株仍存在许多问题，如原料有效利用率低、生产效率低、细胞发酵活性低等。

糖质原料目前依然是酵母乙醇发酵的主要原料，该原料成本占燃料乙醇生产成本比例的 50% 左右。因此，降低燃料乙醇生产成本的一个重要方向是开发廉价

的原料资源。以农作物秸秆和林业生产废弃物为代表的木质纤维素类生物质资源
受到人们的广泛关注。挖掘创制高效糖化酶、纤维素酶等功能元件，赋能新一代
酵母菌株，从而直接利用纤维素原料，是燃料乙醇发展的重要方向。

高温、高渗透压、抑制物等严酷的工业发酵环境往往导致酵母菌种生产效率
低下、发酵活性降低等现象。目前的遗传改造大多针对某一类环境胁迫，导致顾
此失彼。因此，需要针对工业发酵环境进行多尺度、多层次的系统生物学研究，
定位环境耐受的共性关键因子，利用合成生物学的工具，多基因协同改造，增强
菌株多重胁迫耐受能力，平衡酵母生长与乙醇生产的关系，提高生产效率。

未来结合系统生物学、合成生物学、人工智能等手段构建出新型高产菌株，
如发展利用 CO_2 为原料之一的乙醇酵母菌株，提高碳转化效率，可有效解决酵母
乙醇发酵产业中面临的产量、产品效价、生产效率低等问题，促进我国乙醇发酵
产业转型升级。

基金项目：国家重点研发计划"绿色生物制造"重点专项-2021YFC2103300；
国家自然科学基金-32071423；天津市合成生物技术创新能力提升行动-TSBICIP-
CXRC-005。

3.2　产丁醇梭菌合成生物学

闻志强[1]，姜卫红[2]，顾阳[2*]
[1] 南京师范大学食品与制药工程学院，南京　210094
[2] 中国科学院分子植物科学卓越创新中心，上海　200032
*通讯作者，Email：ygu@cemps.ac.cn

3.2.1　引言

梭菌厌氧发酵联产丙酮-正丁醇-乙醇（acetone-butanol-ethanol，ABE）的技术
可追溯到 20 世纪初的第一次世界大战期间，由于当时对橡胶的需求激增，推动了
人工合成橡胶的研究，而以丁醇为起始原料来合成丁二烯橡胶是当时生产合成橡
胶的最理想路线，并取得成功。因此，依托丙酮丁醇梭菌（*Clostridium
acetobutylicum*）、拜氏梭菌（*Clostridium beijerinckii*）为代表的产丁醇梭菌和碳水
化合物为底物的 ABE 发酵得到快速发展，一度成为仅次于乙醇的世界第二大生物
技术产业，绵延近半个世纪之久（顾阳等，2010）。由于发酵液中 ABE 三种成分
的比例大致为 3：6：1，以丙酮和正丁醇为主，两者占发酵总溶剂的 90%～95%，
因此，国内也将这一技术称之为"丙酮丁醇发酵"，且通常情况下的丁醇主要指

代正丁醇。与以石油为原料的化学法相比，现有丁醇生物发酵技术的经济性处于劣势（主要原因包括原料价格高、丁醇产量低、产物提取成本较高），但基于未来大力发展绿色生物制造产业的需求，生物法制备丁醇的技术路线依然受到广泛关注。尤其是受益于近年来合成生物学的发展，一些新的理论、方法、技术已被应用于提升生物丁醇核心技术——产丁醇梭菌的遗传改良，并取得显著进展。

　　合成生物学是以工程化设计的思路结合标准化的元器件/模块构建，进而改造天然系统或构建全新的人工生命体系。产丁醇梭菌作为一类代表性的厌氧细菌，受限于分子工具的匮乏和低效，其分子水平的基础与应用研究一度进展缓慢。然而，近年来分子生物学技术的迅猛发展为产丁醇梭菌的合成生物学研究创造了有利条件，相关研究也进入了快车道。

3.2.2　产丁醇梭菌合成生物学工具与策略

1. 产丁醇梭菌的基因失活

　　原核生物常用的基因失活技术主要是基于 DNA 同源重组的原理。然而，包括产丁醇梭菌在内的许多非模式微生物的同源重组效率较低，仅依靠宿主自身的重组系统实现基因删除难度极大。针对这一问题，研究者一方面开发了不依赖于同源重组的基因组编辑工具，另一方面则优化了产丁醇梭菌的同源重组效率及突变体筛选方式。其中，基于 CRISPR/Cas 系统的基因组编辑技术的出现促使了产丁醇梭菌遗传操作效率的显著提升。

　　1）基于二类内含子的基因失活

　　二类内含子作为一种特殊的自剪接内含子，可通过自我剪切离开 mRNA 前体，并与其对应的内含子编码蛋白（intron-encoded protein，IEP）形成"套索"结构的复合体，识别和插入到宿主染色体的特定位点。整合在染色体上的内含子序列进一步通过反转录在缺口处产生 DNA 链并修复缺口，最终在染色体的该位点形成一段插入的 DNA 双链，造成目标基因的失活（图 3-10）。目前已知二类内含子识别特定 DNA 序列时依靠的是内含子上的两个外显子结合位点 EBS1 和EBS2、与 EBS1 邻近的 δ 序列，以及目标 DNA 序列上对应的结合位点 IBS1、IBS2、δ′（Guo et al.，1997，2000；Mohr et al.，2000）。基于这一工作机制，研究者们设计了相应的计算方法用于搜寻目标基因序列上可被二类内含子识别的插入位点，并给出相应的内含子 EBS1、EBS2 和 δ 序列（Perutka et al.，2004）。通过合成含有这些 EBS1、EBS2 和 δ 序列的人工二类内含子，并通过载体导入宿主微生物中，就可以实现目标基因的失活（图 3-10）。

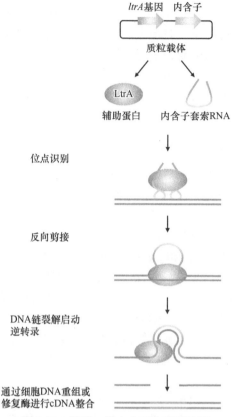

图 3-10　基于二类内含子的基因失活

二类内含子和辅助蛋白 LtrA 形成复合体。复合体识别并靶向染色体 DNA 上的特定位置，并在该处切割 DNA 产生缺口。在 ltrA（兼具内切核酸酶及逆转录酶的功能）的作用下，内含子 RNA 插入这一 DNA 缺口，并通过逆转录产生新的 DNA 序列，修补缺口并在该处形成一段新的 DNA 链

目前，基于二类内含子的基因失活技术已被用于多种微生物的遗传改造（Karberg et al.，2001；Frazier et al.，2003；Perutka et al.，2004；Yao et al.，2006）。2007 年，英国诺丁汉大学和中国科学院分子植物科学卓越创新中心的两个研究组先后建立了适用于丙酮丁醇梭菌的二类内含子基因失活方法，分别命名为 Clostron 和 Targetron（Heap et al.，2007；Shao et al.，2007）。诺丁汉大学的研究组随后还建立了网站（www.clostron.com），为研究者提供设计内含子序列的服务。基于二类内含子的基因敲除技术使得产丁醇梭菌的遗传改造得以有效实施（Gu et al.，2010；Ren et al.，2010；Xiao et al.，2011，2012；Cooksley et al.，2012），极大地促进了这类厌氧细菌的分子遗传学研究。

尽管基于二类内含子的基因失活方法效率较高，但仍存在明显的局限和不足：①对于一些较小的基因序列（如几十个核苷酸），上述网站提供的软件可能无法给

出合适的内含子插入位点；②内含子插入到基因组时可能存在脱靶效应；③不能实现基因删除，因此可能无法完全失活靶基因的功能；④对于一些共转录的基因簇，内含子插入上游基因可能会引起极性效应，影响下游基因的表达；⑤无法实现点突变等精细的基因操作。2011 年，中国科学院微生物研究所的科研人员对该方法进行了改进，通过在内含子内部引入一段目标基因的同源臂后实现对目标基因中部分 DNA 序列的删除（Jia et al.，2011），从而提高了失活目标基因的可靠性。

2）基于同源重组的基因删除

同源重组是实现微生物中基因失活的最常用方法，但由于产丁醇梭菌的同源重组效率低，早期利用这一方法在产丁醇梭菌中进行基因失活是比较困难的。一种策略是借助一段与目标基因内部序列相同的同源序列通过一次单交换，实现将外部序列插入到目标基因内部。研究者们通过这一策略在丙酮丁醇梭菌中失活了一些关键功能基因，包括 *buk* 和 *pta*（Green et al.，1996）、*aad*（Green and Bennett，1996）、*solR*（Nair et al.，1999）、*spoIIE*（Bi et al.，2011）、*sigF*（Jones et al.，2011）、*sigE* 和 *sigG*（Tracy et al.，2011）等。但基于单交换的同源重组无法实现基因删除，必须构建目标基因上、下游两段同源臂，并通过两次单交换来实现这一目标。在不借助辅助元件（如反筛选标记等）的情况下，该方法在产丁醇梭菌中的效率极低，早期研究仅报道了在丙酮丁醇梭菌中利用上述双交换的同源重组删除了 *spo0A* 基因（Harris et al.，2002）。

为了克服上述不足，美国特拉华大学 Papoutsakis 教授课题组同时选取大肠杆菌来源的毒性基因 *mazF*（反筛选因子）和抗生素抗性基因（正筛选因子）用于丙酮丁醇梭菌的基因删除操作，提高了目标突变株的检出效率（Al-Hinai et al.，2012）；同时，该方法还借助 FLP-FRT 位点特异性重组系统（Schlake and Bode，1994；Zhu and Sadowski，1995），在完成目标基因删除的突变株中表达 FLP 重组酶来剔除整合在染色体上的抗性基因，以便该抗性基因可被继续用作后续遗传操作中的正筛选标记。此外，研究者也通过引进其他反筛选因子提高产丁醇梭菌同源重组突变株的筛选效率。例如，将来自 *E. coli* 的编码胞嘧啶脱氨酶的 *codA* 基因引入梭菌中作为反筛选因子，该基因可将 5-氟胞嘧啶（5-fluorocytosine）催化为有毒的 5-氟尿嘧啶（5-fluorouracil）。因此，在筛选培养基中添加 5-氟胞嘧啶作为筛选压力，即可有助于检出重组子（Ehsaan et al.，2016）。

此外，归巢内切酶（homing endonuclease）I-SceI 系统也被引入到产丁醇梭菌中用于提高同源重组效率。I-SceI 是酿酒酵母中的一种限制性内切核酸酶，它能识别并切割一段特定的非对称 DNA 短序列（18 个碱基），由此产生一个双链 DNA 缺口诱发同源重组的修复机制，进而提高同源重组效率。该系统的主要优点是适用范围广，在革兰氏阳性菌和阴性菌中均可使用，自 1999 年这一方法被应用于大肠杆菌遗传改造之后（Posfai et al.，1999），已在其他原核生物中被大量采用（Suzuki et al.，2005；Janes and Stibitz，2006；Flannagan et al.，2008）。国内的研究者在丙酮丁醇梭菌中亦建立了该方法，并用于实现基因删除（Zhang et al.，2015a）。

3）基于 CRISPR/Cas 的基因删除

基于 CRISPR/Cas 的基因组编辑技术的出现推动生命科学研究进入了一个新时代（Jinek et al.，2012；Cong et al.，2013）。得益于这一技术手段，产丁醇梭菌的分子遗传改造效率也得到显著提升。目前，研究者在两种主要的产丁醇梭菌——丙酮丁醇梭菌和拜氏梭菌中均建立了基于 CRISPR/Cas 的基因组编辑方法，即引入了酿脓链球菌（*Streptococcus pyogenes*）来源的 Cas9 蛋白突变体 nCas9（Cas9 nickase）、设计的 sgRNA 和用于重组的目标基因上下游同源臂，通过 nCas9 蛋白的核酸切割活性在目标 DNA 序列上形成单链缺口，从而促使宿主菌启动 DNA 损伤修复机制来完成对目标基因的删除（Li et al.，2016a）。随后，类似的技术方法在其他一些产丁醇梭菌中也被建立并应用于菌株遗传改造（Wang et al.，2017c；Atmadjaja et al.，2019）。

除了 Cas9 以外，Cas12a（又称 Cpf1）是另一种主要的、可用于微生物基因组编辑的 Cas 蛋白。Cas12a 与 Cas9 蛋白功能相似，但又存在一些差异，主要体现在蛋白分子量、蛋白结构域、识别 PAM、形成末端类型等方面（Zetsche et al.，2015；Dong et al.，2016；Gao et al.，2016a）。对于产丁醇梭菌而言，使用 Cas12a 进行基因组编辑相对于 Cas9 具有一定优势。例如，Cas12a 的分子质量通常比 Cas9 小很多，表达时对于宿主微生物的负担较轻；Cas12a 识别的 PAM 多为"TTN"，因此在高 AT 含量的产丁醇梭菌染色体上可以更容易地找到合适的 Cas 结合靶点，从而在编辑一些 DNA 短序列（如小 RNA 的编码序列）时会显示出优势。基于此，研究者已在拜氏梭菌中建立了 CRISPR/Cas12a 介导的基因删除方法，显示出较高的编辑效率（Zhang et al.，2018a）。

2. 产丁醇梭菌的基因表达

提高基因表达量是微生物代谢工程中重要技术手段之一。产丁醇梭菌的外源 DNA 电转化方法的建立（Williams et al.，1990；Mermelstein and Papoutsakis，1993）实现了通过质粒将目的基因导入梭菌进行过表达的目标。

1）依赖于质粒系统的基因表达

以质粒携带目的基因实现过表达的方法简单有效，在微生物遗传改造中被普遍采用。产丁醇梭菌主要使用穿梭型质粒，即同时含有 *E. coli* 和梭菌的复制子，前者是为了借助 *E. coli* 完成质粒的构建和甲基化修饰。常用的 *E. coli* 复制子有高拷贝数的 *ColE1* 和低拷贝数的 *p15a*；而产丁醇梭菌使用的复制子则有较多选择，包括来源于 IncP 型质粒 RK2 的 *oriT* 元件，以及复制子 *pAMβ1*（*Enterococcus faecalis*，粪肠球菌）、*pCB101*（*Clostridium butyricum*，丁酸梭菌）、*pWV01*（*Streptococcus cremoris*，乳脂链球菌），可以实现载体在拜氏梭菌（*C. beijerinckii*）NCIMB 8052 中的复制。而对于丙酮丁醇梭菌，复制子的来源更为广泛。当然，不同复制子在产丁醇梭菌中的复制效率和稳定性是不同的。有研究者系统比较了含 *pBP1*、*pCB102*、*pCD6*、*pIM13* 复制子的质粒电转化丙酮丁醇梭菌中的转化率，以及在宿主细胞中的分裂稳定性（segregational stability），发现存在较大差异（Heap et al.，2009）。

启动子是重要的基因表达元件，其强度直接影响着基因的表达水平。目前，产丁醇梭菌中已被鉴定的常用启动子包括 P_{ptb}、P_{adc} 和 P_{thl} 等（Zhao et al.，2003；Sillers et al.，2009；Siemerink et al.，2011；Xiao et al.，2011，2012；Dusseaux et al.，2013）。已发现和鉴定的可用于产丁醇梭菌的诱导型启动子较少。研究者在丙酮丁醇梭菌中引入了木糖葡萄球菌（*Staphylococcus xylosus*）来源的、受木糖诱导的基因表达系统，实现以木糖为唯一碳源诱导目的基因的高表达（Girbal et al.，2003）。此外，四环素诱导的基因表达系统也在丙酮丁醇梭菌中得到建立和应用，在添加和不添加四环素的条件下，目标基因的表达量有 40 倍的差距（Dong et al.，2012）。*C. perfringens* 来源的乳糖诱导型启动子 P_{bgal} 则被用于在丙酮丁醇梭菌中建立遗传操作系统（Al-Hinai et al.，2012）。

2）整合至染色体的基因表达

尽管依赖于复制型质粒的基因过表达技术操作方便，但这类外源质粒在宿主菌中并不稳定，易于丢失，因此构建的工程菌不适用于工业应用。将外源基因通过整合至宿主菌的染色体上进行表达是构建稳定的工程菌的必要手段。

上述提及的基于 MazF 蛋白的丙酮丁醇梭菌基因删除技术亦可实现外源基因在染色体上的敲入（Al-Hinai et al.，2012）。研究者利用该方法将来源于永达尔梭菌（*Clostridium ljungdahlii*）的甲酸脱氢酶基因（*fdh*）整合至丙酮丁醇梭菌的染色体上。此外，尽管梭菌的同源重组效率较低，造成通过双交换（double crossover）同源重组完成外源基因在染色体上插入的难度较大，但借助单交换（single crossover）同源重组还是可以实现这一目标的。研究者在永达尔梭菌中通过单交换的同源重组将来源于丙酮丁醇梭菌的丁酸合成基因簇整合至染色体上进行表达，获得了可合成丁酸的工程菌株（Ueki et al.，2014）。

3. 大片段基因的染色体整合

将外源大片段 DNA 序列整合至宿主微生物染色体上，是构建微生物细胞工厂的重要技术手段。由于产丁醇梭菌较低的外源 DNA 转化效率及同源重组能力，研究者采用一些辅助手段实现这一目标。例如，选择丙酮丁醇梭菌染色体上的强启动子下游作为整合位点，引入带有不同报告基因（*ermB* 和 *pyrE*）的外源 DNA 片段，通过强启动子激活报告基因的表达，从而实现在特定培养基上筛选重组子的目的（Heap et al.，2012）。借助这一方法，研究者通过多步操作将 λ 噬菌体来源的 52.5 kb 的 DNA 成功整合至丙酮丁醇梭菌的染色体上，证明了这一技术方法的有效性。

随后，研究者还开发了适用于梭菌的位点特异性重组技术，实现大片段 DNA 序列在梭菌染色体上的整合，以及新产物的合成（Huang et al.，2019）。该技术首先借助于 CRISPR/Cas9 基因编辑系统，在永达尔梭菌染色体上整合了来自于两套异源噬菌体整合系统的 *attB* 位点。在此基础上，通过整合酶介导的 *attP-attB* 重组机制实现了外源基因簇在染色体上任一 *attB* 位点的高效插入。此外，新方法还通过基于"双整合酶-双 *attP/attB*"策略的两次重组以及 CRISPR/Cas9 定向切割的筛选作用，实现了特定目标基因簇在染色体上的整合，解决了使用单套 *attP/attB* 系统时引入其他"杂质 DNA"的缺陷，从而确保基因簇的稳定表达。最终，染色体上成功整合了异源丁酸合成途径基因簇的永达尔梭菌工程菌进行气体发酵，可生产 1.01 g/L 的丁酸，且经过 10 余代次的连续培养仍能保持这一发酵水平，显示了良好的遗传稳定性。

利用转座子技术也能够实现将大片段 DNA 序列插入到微生物宿主的染色体上。研究者开发了适用于永达尔梭菌的 Himar1 转座酶介导的转座系统，并在其内部嵌入一个异源的丙酮合成基因簇。随后，借助转座子在染色体上的插入，这一丙酮合成基因簇也被整合至永达尔梭菌的染色体上，获得了可生成丙酮的工程菌株。但由于转座子插入染色体具有极大的随机性，导致这一技术的不足之处是无法控制大片段 DNA 整合至染色体的具体位置，因而可能影响其他基因的表达（Philipps et al.，2019）。

4. 随机突变

基于转座子的基因组随机突变是微生物反向代谢工程研究的重要技术手段之一，简言之，就是利用转座子的转座机制对目标微生物的基因组进行随机插入，获得一个高覆盖率插入的突变体文库。这样一个突变库结合高通量筛选就可以用于特定表型突变菌株的筛选。获得的突变株非常便于对转座子插入位点进行精确定位，这也是相对于传统的物理、化学诱变突变株的一大优势。

对于梭菌属细菌而言，基于转座子的基因组随机突变技术最初针对的是致病梭菌——产气荚膜梭菌（*Clostridium perfringens*）和艰难梭菌（*Clostridium difficile*），包括 Mu 和 EZ-Tn5 介导的随机突变系统（Lanckriet et al.，2009；Vidal et al.，2009），以及 Tn*916* 和 Tn*5397* 转座子突变系统（Mullany et al.，1991；Wang et al.，2000）。但上述几种转座子在梭菌染色体上插入时均存在比较明显的热点区域，随机性不佳。随后，研究者也尝试将来源于链球菌的 Tn*925*、Tn*1545* 转座子以及肠球菌的 Tn*926* 转座子应用于产丁醇梭菌（Babb et al.，1993；Woolley et al.，1989），但这些转座子也存在热点插入的问题，并不适合建立高质量的梭菌转座子突变体库。

在产丁醇梭菌中应用效果较好的转座子是 *mariner* 转座子。*mariner* 转座子是 DNA 介导的转座元件，遵循"剪切-粘贴"的转座机制，且转座过程主要受转座酶控制，与宿主无关，因此具有较好的普适性（Choi and Kim，2009）。此外，由于 *mariner* 转座子在基因组上插入时识别的位点是 TA 碱基，且出现 1 个以上拷贝插入的概率极低，因此非常适合于建立低 GC 含量产丁醇梭菌的单基因突变体文库。研究者已利用 *mariner* 转座子在丙酮丁醇梭菌中建立了高效的随机突变方法，获得了高覆盖率的突变体库，并用于特定功能基因的筛选（Zhang et al.，2016）。此外，由于携带转座子的质粒在宿主细胞中长期存在可能会导致转座子的不稳定性，因此需要在完成突变体库构建后实现质粒的快速消除。为此，有研究者设计了一套诱导表达系统来控制转座子质粒在丙酮丁醇梭菌细胞中的复制，即在添加外源诱导剂时，这些质粒的复制子是不发挥功能的，因此在子代细胞中就不再含有这些外源质粒，从而保持突变体库的稳定性（Zhang et al.，2015b）。

5. 合成生物学元件开发

启动子是主要的顺式元件，在基因表达及调控中发挥重要作用。启动子的强度显著影响着下游基因的转录水平。因此，在微生物代谢工程中，通过改造启动子来优化目标基因的表达是最常用的是手段之一。根据启动基因表达方式的不同，启动子通常可分为组成型启动子和诱导型启动子。

组成型启动子的强度由自身的序列特征决定，启动子的−10 区和−35 区两个保守区域上下游、间区的序列和长度变化都影响着启动子的效率（Blazeck and Alper，2013）。根据已有报道，目前在产丁醇梭菌中比较常用的、用于基因过表达的启动子主要来自于产物合成途径的基因，例如 P_{ptb} 和 P_{thl}（Zhao et al.，2003；Sillers et al.，2009；Siemerink et al.，2011；Xiao et al.，2011，2012；Dusseaux et al.，2013）。

诱导型启动子在微生物代谢工程和代谢调控研究中也具有重要价值。根据现有文献报道，已发现和鉴定的可用于产丁醇梭菌的诱导型启动子较少。2003 年，Girbal 等基于木糖葡萄球菌（*Staphylococcus xylosus*）中的木糖操纵子元件，在丙酮丁醇梭菌中建立了一套受木糖诱导的基因表达系统。测试结果表明，该系统所控制的基因在木糖为唯一碳源的培养条件下的表达量显著高于无木糖诱导的对照条件（Girbal et al.，2003）。2012 年，国内学者在丙酮丁醇梭菌中建立了受四环素诱导的基因表达系统。在不添加四环素的条件下，该系统中的 TetR 蛋白表达后可结合至含有 *tetO* 序列的启动子上，从而抑制下游基因的表达；而当添加四环素时，

TetR 与四环素结合后解离 *tetO* 序列，解除对启动子的抑制，下游基因得以正常表达（Dong et al.，2012）。2012 年，Mohab 等以 *C. perfringens* 来源的乳糖诱导型启动子 P_{bgal} 在丙酮丁醇梭菌中驱动毒性基因 *mazF* 的表达，以之作为反向筛选标记用于基因的删除和敲入（Al-Hinai et al.，2012）。

此外，研究者还发展了适用于产丁醇梭菌的双报告基因系统，用于快速筛选人工启动子并构建启动子文库。借助该系统构建的文库中的启动子强度覆盖两个数量级，且包含多个强启动子，有效地扩充和丰富了现有的梭菌启动子资源（Yang et al.，2017a）。

3.2.3 丁醇代谢网络分析与代谢途径优化

产丁醇梭菌的发酵过程具有比较典型的产酸和产醇两个阶段。在产酸阶段，以乙酸、丁酸为主的一些有机酸被合成，同时伴随了 ATP 的产生。因此，该阶段对于产丁醇梭菌而言是重要的能量合成过程，确保了菌株的快速生长。随着产酸的进行，发酵液的 pH 不断下降，当其低至一定程度时，产丁醇梭菌的酸回用以及产醇途径开始发挥功能，乙酸和丁酸被代谢，转而合成以丁醇、乙醇及丙酮为主的多种溶剂。

1. 丁醇代谢途径与网络解析

1）丁醇合成途径及关键基因

目前已知的天然及人工构建的丁醇生物合成途径主要包括三类：CoA 依赖的合成途径；ACP 依赖的合成途径；2-酮酸合成途径（图 3-11）。

作为以代谢淀粉质及糖基原料为主的一类微生物，产丁醇梭菌中存在着 CoA 依赖的丁醇合成途径，即通过糖酵解或磷酸戊糖途径将各种单糖化合物转化为乙酰辅酶 A，并通过进一步的碳链延伸来合成丁醇等长碳链产物。从乙酰辅酶 A 到丁醇需要经过多步反应，其中最直接控制丁醇合成的是一类醛/醇脱氢酶，可催化丁酰辅酶 A 至丁醛、丁醛至丁醇这两步反应。目前，在丙酮丁醇梭菌中已经发现了至少 6 个编码醛/醇脱氢酶的基因，包括 *adhE1*、*adhE2*、*bdhA*、*bdhB*、*bdhC* 和 *edh*。其中，*adhE1* 和 *adhE2* 被认为是双功能酶，可同时催化丁酰辅酶 A 至丁醇的两步反应；而其余几个则只是单纯的醇脱氢酶，负责催化丁醛合成丁醇。另一种主要的产丁醇梭菌——拜氏梭菌中，已知至少有 1 个醛脱氢酶和 2 个醇脱氢酶基因参与丁醇的合成（Yang et al.，2018a）；其中，*adhA*（Cbei_2181）和 *adhB*（Cbei_1722）基因在产醇的开始阶段显示出较高的转录水平，因此被认为在拜氏梭菌的乙醇及丁醇合成中发挥主要作用（Wang et al.，2012，2013b）。

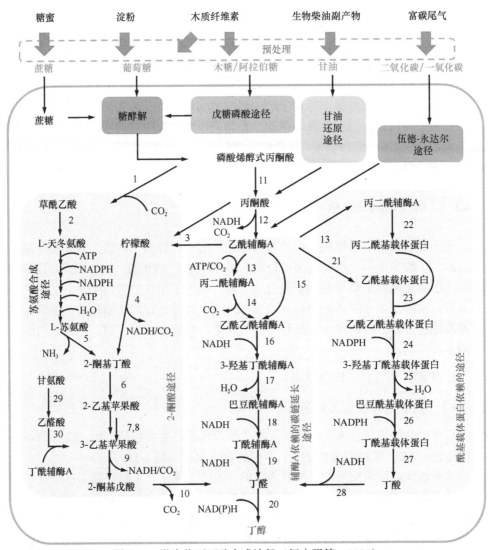

图 3-11　微生物正丁醇合成途径（闻志强等，2021）

1. 磷酸烯醇式丙酮酸羧化酶；2. 天冬氨酸转氨酶；3. 柠檬酸合酶；4. 3-异丙基苹果酸脱氢酶/异构酶；5. 苏氨酸脱水酶；6. 2-异丙基苹果酸合酶；7/8. 3-异丙基苹果酸异构酶；9. 3-异丙基苹果酸脱氢酶；10. 2-酮酸脱羧酶；11. 丙酮酸激酶；12. 丙酮酸脱氢酶复合体/丙酮酸甲酸裂解酶/丙酮酸黄素蛋白氧化还原酶；13. 硫解酶/乙酰辅酶 A 转乙酰基酶；14. 乙酰辅酶 A 羧化酶；15. 乙酰乙酰辅酶 A 合酶；16. 3-羟丁酰辅酶 A 脱氢酶/羟烷基酰辅酶 A 脱氢酶；17. 巴豆酸酶；18. 丁酰辅酶 A 脱氢酶和电子转移黄素蛋白 AB/反式-2-烯酰辅酶 A 还原酶；19. 乙醛/丁醛脱氢酶；20. 乙醇/丁醛脱氢酶；21. 乙酰辅酶转酰酶；22. 丙二酸单酰辅酶转酰酶；23. β-酮酰-ACP 合酶；24. β-酮酰-ACP 还原酶；25. β-酮酰-ACP 脱水酶；26. 烯酰-ACP 还原酶；27. 酰基-ACP 硫酯酶；28. 羧酸还原酶；29. 甘氨酸氧化酶；30. 苹果酸合酶

　　相对而言，利用 2-酮酸和 ACP 依赖的途径合成丁醇的研究报道相对较少，主要是聚焦于一些不具备天然丁醇合成能力的底盘细胞，且丁醇产量普遍较低

（Nawab et al.，2020），尚不具备工业生产价值，如恶臭假单胞菌（*Pseudomonas putida*）（Nielsen et al.，2009）、枯草芽孢杆菌（*Bacillus subtilis*）（Nielsen et al.，2009）、丁醇耐受性高的短乳杆菌（*Lactobacillus brevis*）（Berezina et al.，2010）、乙酰辅酶 A 前体丰富的解脂耶氏酵母（*Yarrowia lipolytica*）（Yu et al.，2018）、肺炎克雷伯菌（*Klebsiella pneumonia*）（Wang et al.，2014，2015b）、蓝藻（*Synechocystis*）（Lan and Liao，2012；Lan et al.，2013）、酿酒酵母（*Saccharomyces cerevisiae*）（Branduardi et al.，2013；Lian et al.，2014；Si et al.，2014）等。而产丁醇梭菌，包括丙酮丁醇梭菌和拜氏梭菌，是迄今唯一实现量产的丁醇合成微生物，在丁醇发酵的稳定性及操作简便性方面具有优势。尽管产丁醇梭菌在遗传操作效率上逊色于一些模式微生物，但近年来随着分子遗传工具的快速发展，这一问题已经得到极大的改观，产丁醇梭菌的应用潜力也在被不断发掘。

2）丁醇合成的调控因子

产丁醇梭菌的产物合成受到多层次代谢调控的影响，目前研究较多的是转录水平的代谢调控。已有多个参与控制产丁醇梭菌产物合成的转录因子被鉴定，包括丙酮丁醇梭菌中的 Spo0A、CcpA、AbrB、Rex 和 CsrA（Alsaker et al.，2004；Ren et al.，2010）。相对而言，拜氏梭菌中鉴定的转录因子较少，包括 Spo0A（Seo et al.，2017）、XylR（Xiao et al.，2012），以及双组分系统 LytS/YesN（Sun et al.，2015）。

（1）转录因子 Spo0A

Spo0A 是产丁醇梭菌中第一个被鉴定的全局性转录因子，参与调控菌株的孢子形成，以及其他一些重要的生理和代谢过程（Harris et al.，2002；Steiner et al.，2011）。在丙酮丁醇梭菌中敲除 *spoOA* 基因后，几乎所有产物合成相关的途径，关键基因的转录均发生显著变化，其中的丁醇合成途径基因 *bdhA* 和 *bdhB* 的转录水平明显下调（Tomas et al.，2003a；Alsaker et al.，2004）。相应地，过表达 *spoOA* 基因则导致 *bdhA* 和 *bdhB* 的转录水平明显上升（Alsaker et al.，2004）。通过进一步的深入解析，研究者发现 SpoOA 蛋白可以识别并结合一段特定的 DNA 基序（TGNCGAA，N=A、C、G 或 T），进而对靶基因的表达进行调控（Ravagnani et al.，2000）。

（2）全局转录因子 CcpA

CcpA（catabolite control protein A）是革兰氏阳性菌中的一个全局性转录因子。CcpA 主要参与细菌中的两类重要代谢调控机制——碳代谢物抑制（carbon catabolite repression，CCR）和碳代谢物激活效应（carbon catabolite activation，CCA），使得细菌能够快速地响应外界环境的碳源变化，并启动相应的调控机制来确保自身优先利用优质碳源（Lorca et al.，2005）。CcpA 进行转录调节时也是通过识别靶基因上游启动子区或其编码框内部的一段 DNA 基序发挥功能的。这些被 CcpA 识别的基序中，既有最早发现的两种分别为 14 个和 16 个核苷酸长度的反向回文序列，也有后期鉴定的长度可变的非典型序列（Ren et al.，2012；Yang et al.，2017b），显示出 CcpA 识别和调控靶基因的多样性。

作为一个多效调控因子，CcpA 也直接控制着产丁醇梭菌的产物合成途径。研究者发现，当敲除了丙酮丁醇梭菌中的 *ccpA* 基因后，菌株的生长和产物合成能力均受到严重损害（Ren et al.，2010）。此外，野生型菌株和突变菌株的比较转录组分析结果表明，许多产物（包括丁醇）合成途径基因的表达水平出现显著下调（Ren et al.，2012），暗示了 CcpA 蛋白对这些代谢途径的正调控作用。

（3）多效转录因子 AbrB

AbrB 是革兰氏阳性菌中的一类重要的多效调控蛋白，其参与调控菌株的多种代谢过程，如产孢、抗生素合成、生物膜形成及藻毒素合成等（Phillips and Strauch，2002；Shafikhani and Leighton，2004；Shalev-Malul et al.，2008；Park et al.，2012；Lozano Gone et al.，2014）。丙酮丁醇梭菌中存在三个序列相似度极高的 AbrB 蛋白（AbrB0310、AbrB1941 及 AbrB3647）（Scotcher et al.，2005）。对这三个 AbrB 蛋白的功能鉴定结果表明，AbrB0310 和 AbrB3647 参与调节丙酮丁醇梭菌的产物合成，可抑制丁醇合成的关键基因（Xue et al.，2016a）。其中，很多基因是受到 AbrB 蛋白直接控制的。例如，AbrB0310 可以识别并调节 *sol* 操纵子，以及 *adhE2*、*edh*、*bdhB*、*bukII*、*adc*、*pta-ack* 基因的表达；AbrB3647 可以直接调控 *sol* 操纵子及 *adhE2*、*edh*、*bdhB*、*bukII*、*bdhA* 基因的表达。而且，AbrB0310 和 AbrB3647 存在较多的共同调控靶点，暗示它们存在协同调控机制（Xue et al.，2016a）。然而，产丁醇梭菌中 AbrB 蛋白识别的 DNA 基序尚未被充分鉴定，该蛋白质的调控范围及调控机制还有待进一步深入研究。

（4）氧化还原相应蛋白 Rex

产丁醇梭菌体内的氧化还原状态（NADH/NAD$^+$）对于发酵过程由前期产酸向中、后期产丁醇转换至关重要（Girbal and Soucaille，1998；Lutke-Eversloh and Bahl，2011）。研究表明，产丁醇梭菌中存在一个比较保守的氧化还原感应因子 Rex，在细胞内还原力较充足（高 NADH/NAD$^+$比例）的情况下，Rex 可以识别并调控产物合成相关基因，如 *thl*、*crt* 及 *adhE2*，进而抑制这些基因的表达；而失活 *rex* 基因可导致 *adhE2* 基因转录水平的提升，从而影响突变菌株的丁醇和乙醇合成（Wietzke and Bahl，2012）。

借助枯草芽孢杆菌及天蓝色链霉菌中鉴定的 Rex 识别基序（Ravcheev et al.，2012），研究者在产丁醇梭菌中也发现并鉴定出许多受 Rex 直接调控的靶基因（Zhang et al.，2014a）。进一步的研究表明，Rex 可以直接结合丁醇合成的关键基

因 *adhE2* 和 *ptb-buk* 的上游非编码区，并抑制二者的转录；同时，虽然 Rex 并不能识别和结合 *sol* 操纵子及 *adc* 的上游启动子序列，但这些基因的转录水平在 *rex* 突变株中显著下调，表明其可能被 Rex 间接调控。综上，Rex 可以通过直接和间接调控的方式来影响产丁醇梭菌的产物合成途径。

（5）多因子协同调控

产丁醇梭菌的产物合成过程可以被较多调控因子协同调控。例如，丙酮丁醇梭菌的 Spo0A、CcpA 和 AbrB 均是产物合成途径的激活因子；AbrB3647 则是抑制因子（Ravagnani et al.，2000；Tomas et al.，2003a；Alsaker et al.，2004；Xue et al.，2016a）；全局性调控因子 Spo0A 和 CcpA 可通过影响其他调控因子来间接调控菌株的产物合成过程。其中，磷酸化的 Spo0A 可以通过抑制 AbrB3647（产溶剂途径的抑制因子）的表达和激活 AbrB0310（产溶剂途径的激活因子）的表达来间接激活菌株的产溶剂过程（Tomas et al.，2003a；Alsaker et al.，2004）。此外，为了防止菌体内代谢流过多流入产物合成途径而影响菌株的生长，CcpA 可以通过抑制 Spo0A 上游孤立的组氨酸激酶 CAC3319 以及激活 Spo0A 磷酸化过程中的抑制因子 CAC0437 来削弱 Spo0A 的磷酸化程度，从而弱化 Spo0A 对产溶剂途径的激活效应。CcpA 还可以通过激活 AbrB3647 的表达抑制菌株产溶剂过程（Ren et al.，2012）。以上结果一方面表明丙酮丁醇梭菌的产物合成过程是受多因子协同调控的复杂精细过程，另一方面也暗示我们可以通过对相关调控因子进行代谢改造来重塑产丁醇梭菌的产物合成能力。

调控因子识别基序在启动子区的位置分布会对后续基因的调控类型发挥重要影响。通常情况下，调控因子识别基序位于靶基因的启动子区下游或基因编码框内可抑制该基因的转录起始和延伸（Kruger et al.，1996；Puri-Taneja et al.，2006）；而识别基序如果位于靶基因启动子区的上游，则可激活下游基因的转录（Turinsky et al.，1998；Almengor et al.，2007）。产丁醇梭菌中醛/醇脱氢酶与丁醇生成密切相关。丙酮丁醇梭菌的 6 个与溶剂生成相关的醛/醇脱氢酶（*adhE1*、*adhE2*、*bdhA*、*bdhB*、*edh* 和 *yqhD*）中，位于 *sol* 操纵子中的 *adhE1* 在丙酮丁醇梭菌产溶剂过程中发挥重要的作用（Dai et al.，2016）。研究发现，许多调控因子可以通过结合位于 *sol* 操纵子上游非编码区的识别基序来调控其表达。其中，在 *sol* 操纵子上游非编码区内存在三个 CcpA 的识别位点以及一个潜在的 Spo0A 识别位点（Ravagnani et al.，2000；Thormann et al.，2002；Yang et al.，2017b），暗示 *sol* 操纵子受到这些转录因子的多重调控。

此外，研究者还发现丁醇合成途径的关键基因 *adhE2* 可以被 CcpA 激活，同时又被 AbrB0310、AbrB3647 和 Rex 抑制（Ren et al.，2012；Zhang et al.，2014a；Xue et al.，2016a）；*bdhA* 则可以被 Spo0A 和 AbrB0310 激活，被 AbrB3647 抑制；而 *bdhB* 可被 Spo0A 激活，被 AbrB3647 抑制（Tomas et al.，2003a；Alsaker et al.，

2004；Xue et al.，2016a）。这些蛋白质和基因共同构成一个复杂的调控网络。

2. 丁醇合成优化

1）代谢途径改造提升丁醇产量

目前，几种主要的天然产丁醇梭菌的丁醇产量通常为 10～15 g/L，与菌株的丁醇耐受极限（20 g/L）相比还有一定距离，因而仍有提升空间。较低的丁醇浓度会显著增加后续的产物分离能耗。据估算，产丁醇梭菌的产物分离成本约占总成本的 20%；如果丁醇浓度提高至接近 20 g/L 的水平，则可降低一半的分离成本（顾阳等，2010）。近年来，分子生物学技术的快速发展为遗传改造产丁醇梭菌提高丁醇产量提供了可能性，主要的代谢工程策略包括增强主途径、弱化或者删除副产物途径。

在强化丁醇合成主途径方面，比较通用的方法是增加前体供给，如丙酮酸、乙酰辅酶 A、丁酰辅酶 A 等，以及提升途径关键基因的表达量。有研究者借助过表达丙酮丁醇梭菌自身的 6-磷酸果糖激酶基因（*pfkA*）和丙酮酸激酶基因（*pykA*），提高了糖酵解途径的代谢通量，使得菌株的丁醇产量显著提高，达到 19.12 g/L（Ventura et al.，2013）。也有研究者对产物合成途径上的关键酶——硫解酶（thiolase）进行点突变，减弱了辅酶 A 对硫酯酶的反馈抑制，从而增强了该酶催化乙酰辅酶 A 缩合的能力，使得下游途径合成的丁醇产量明显增加（Mann and Lutke-Eversloh，2013）。类似的改造策略还包括：在丙酮丁醇梭菌中组合过表达产物合成途径的关键基因 *thl-hbd-crt-bcd*（Hou et al.，2013）；过表达醇醛脱氢酶基因 *aad*（或 *adhE*）、对 NADH 和 NADPH 具有更好亲和力的 *aad* 突变体（Harris et al.，2001；Sillers et al.，2009；Bormann et al.，2014）。

在降低产丁醇梭菌副产物合成方面，乙酸由于附加值较低，因此是首先被考虑消除的对象。研究者分别敲除了丙酮丁醇梭菌中乙酸合成途径的两个关键基因——乙酸激酶基因 *ack* 和磷酸转酰基酶基因 *pta*，除了丁醇产量有显著提升外，乙醇和丙酮的产量也有增加，表明细胞内的碳代谢流被更多地导向这些目标产物的合成（Cooksley et al.，2012；Jang et al.，2012）。此外，也有研究者聚焦于消除另一种副产物——丁酸，采用的策略是敲除丁酸合成途径的关键酶基因丁酸激酶基因 *buk*，或利用反义 RNA 技术抑制该基因的表达量。这两种方法均提升了突变株的丁醇产量（Green et al.，1996；Desai and Papoutsakis，1999）。

相比于单独强化丁醇合成途径或者阻断副产物合成途径，组合代谢工程策略往往效果更佳。例如，有研究者在同时敲除丙酮丁醇梭菌中的上述产酸途径关键酶基因 *pta* 和 *buk* 后，进一步过表达了醇醛脱氢酶基因 *adhE1* 的突变体；由于突变体对 NADH 和 NADPH 均有较好亲和力，因此其还原力获取能力强于原始的 AdhE1 蛋白，可更有效地驱动碳代谢流用于丁醇合成，使得工程菌的丁醇产量达到 18.9 g/L，优于以往改造的产丁醇梭菌（Jang et al.，2012）。此外，也有研究者连续删除了丙酮丁醇梭菌中的乳酸合成途径基因 *ldhA*、酸回用途径基因 *ctfAB*、丁酸合成途径基因 *ptb* 和 *buk*，并同时过表达了主途径上的硫解酶基因 *thl* 和 3-羟基丁酰辅酶 A 脱氢酶基因 *hbd*，所获得的工程菌在以高浓度葡萄糖为底物的连续发酵条件下，通过产物在线提取，最终收集到浓度为 500 g/L 的丁醇（Nguyen et al.，2018）。

2）代谢途径改造提高丁醇得率

野生型产丁醇梭菌发酵后的丁醇得率一般低于 0.25 g/g 葡萄糖，相对于理论得率（0.41 g/g）差距较大。因此，提高产物中的丁醇比例一直是产丁醇梭菌遗传改造的重要方面。

丙酮是产丁醇梭菌的一个主要产物，因此，丙酮合成途径也成为提高菌株丁醇得率的一个主要改造靶点。早期，有研究者尝试利用反义 RNA 技术抑制丙酮合成途径的基因表达，但发现抑制丙酮合成途径的关键基因 *adc* 的表达并未显著影响丙酮产量，而抑制另一个关键基因 *ctfAB* 则导致丙酮和丁醇产量同时下降，因此这一改造策略没有达到预期目标（Tummala et al.，2003；Sillers et al.，2009）。随后，研究者利用基于 II 类内含子的基因敲除技术在丙酮丁醇梭菌 EA2018 中首次彻底失活了 *adc* 基因，发酵实验证明该基因的缺失确实会同步影响丙酮和丁醇的产量；但经过发酵条件优化后，突变菌株的丁醇产量可以得到有效恢复，最终的丙酮产量降低至 0.1 g/L，而丁醇产量则达到 14.1 g/L，丁醇在总产物中的比例由原先的 70% 提升至 82%（Jiang et al.，2009）。

综合上述研究结果来看，产丁醇梭菌中的丙酮合成与丁醇合成密切相关，存在偶联关系，简单地阻断丙酮合成难以实现丁醇合成比例的有效提高。因此，研究者后续采用了组合代谢工程的策略来提高丁醇的得率。例如，通过敲除产酸途径以及过表达丁醇合成途径关键酶基因，获得的丁醇高产菌的丁醇比例最高可达 87.8%（Jang et al.，2012）；敲除 *adc* 基因的同时过表达 *ctfAB* 基因及产物合成主途径的 *thl-hbd-crt-bcd-adhE* 关键基因来强化丁醇合成，获得的突变株的丁醇产量和比例均有明显提高（Hou et al.，2013）。

3）改造其他非典型梭菌实现高效丁醇合成

近年来，随着合成生物学技术的发展，许多非模式梭菌由于具备一些特定的功能且可以被遗传改造而引起了研究者的广泛兴趣，包括产丁酸梭菌（如 *Clostridium butylicum* 和 *C. tyrobutyricum*）、食气梭菌（如 *C. ljungdahlii*、*C. autoethanogenum*、*C. carboxidivorans*）、纤维素降解梭菌（如 *C. cellulolyticum*、*C. cellulovoran* 和 *C. thermocellum*）、甘油利用梭菌（如 *C. pasteurianum* 和 *C. diolis*）等（Ren et al.，2016）。由于在这些梭菌中天然存在部分或全部的丁醇合成

途径基因，因此，以它们为底盘构建丁醇合成的细胞工厂具有较大的便利性。

酪丁酸梭菌（*C. tyrobutyricum*）是一类可高效利用糖基类原料生产丁酸的工业梭菌。该菌在合成丁酸和乙酸的同时，也具有回用这两种有机酸的机制，可以将其分别转化为乙酰辅酶 A 和丁酰辅酶 A。需要指出的是，与上述丙酮丁醇梭菌不同，酪丁酸梭菌的酸回用途径没有偶联丙酮合成，因此可作为一个优良的底盘细胞用于构建产丁醇工程菌株。研究者在酪丁酸梭菌中仅引入丙酮丁醇梭菌来源的、负责催化丁酰辅酶 A 合成丁醇的醇醛脱氢酶基因 *adhE2*，即可使得重组菌株生产少量丁醇；进一步缺失乙酸途径的关键基因 *ack* 后，工程菌的丁醇产量可得到显著提升（Yu et al.，2011）。随后，有研究者在优化酪丁酸梭菌的 CRISPR/Cas 基因编辑系统时将醇醛脱氢酶基因 *adhE* 替换了酪丁酸梭菌自身负责丁酸合成的 *cat1* 基因，所获得的工程菌在单批发酵时的丁醇产量可达到 26.2 g/L（Zhang et al.，2018b），显示出该菌在丁醇合成中的巨大潜力。

还有一类可利用甘油的梭菌，如巴氏梭菌（*C. pasteurianum*），尽管具有完整的丁醇合成途径，但在以甘油为唯一碳源时，其主要产物是 1,3-丙二醇而非丁醇（Kao et al.，2013）。有研究表明，引入糖基原料与甘油作为共同碳源，可以有效降低 1,3-丙二醇的产量（Sabra et al.，2014）；但要完全消除这类梭菌合成 1,3-丙二醇的能力，显然需要通过代谢工程对其进行遗传改造。研究者在巴氏梭菌中敲除了合成 1,3-丙二醇的关键脱氢酶基因 *dhaT* 后，其丁醇产量得到有效提升，且1,3-丙二醇产量显著减少，但意外的是，另一种产物 1,2-丙二醇的合成得到增强（Pyne et al.，2016）。在另一项研究中，研究者开发了一种适用于巴氏梭菌的基因无痕敲除方法，成功删除了该菌中的甘油脱水酶基因 *dhaBCE*，从而完全消除了 1,3-丙二醇的合成，而丁醇产量几乎不受影响（Schwarz et al.，2017）。他们还研究了与产物合成密切相关的脱氢酶基因 *hydA* 以及氧化还原响应调控基因 *rex* 的敲除对巴氏梭菌的影响，发现突变株的 1,3-丙二醇和丁醇产量均发生明显变化（Schwarz et al.，2017）。这些研究结果表明，在以甘油为底物时，巴氏梭菌的 1,3-丙二醇和丁醇合成途径存在紧密联系。

3.2.4 丁醇耐受性及抗逆性能优化

产丁醇梭菌的发酵产物主要包括丙酮、丁醇和乙醇。其中，丁醇对于梭菌细胞具有较大的毒性。通常情况下，当丁醇浓度达到或超过 20 g/L 时，梭菌细胞就不能正常生长和代谢了（Jin et al.，2011）。显然，梭菌的丁醇耐受性能不足已经成为其丁醇产量进一步提升的主要瓶颈（Patakova et al.，2018）。因此，有必要深入研究丁醇毒性机制和梭菌抗逆机制，据此利用各种合成生物学策略挖掘、鉴定相应抗逆元件，并解析其抗逆机理，从而提升梭菌丁醇耐受性能。

1. 丁醇毒性机制

已有研究表明,有机溶剂对细胞的危害主要取决于其在胞内的浓度和极性(LogP 值)(Inoue and Horikoshi,1989)。当 LogP 值大于 3.8 时,有机溶剂对于一般的微生物没有明显毒害效应;而 LogP 值小于 3 的有机溶剂则对大部分微生物具有明显毒性作用(Inoue and Horikoshi,1989)。正丁醇的 LogP 值为 0.8,因此对微生物具有较大毒性。发酵液中丙酮和乙醇的存在可能会进一步加剧这种毒害作用。此外,有必要区分其细胞内和细胞外丁醇(即培养基中包含的丁醇)对菌株的不同影响。通常而言,外源添加到培养基中的丁醇,即最初的细胞外丁醇,与细胞内的丁醇(即细胞自身产生的丁醇)相比,可能诱导更快/更强的破坏效应(图 3-12)(Kolek et al.,2015)。

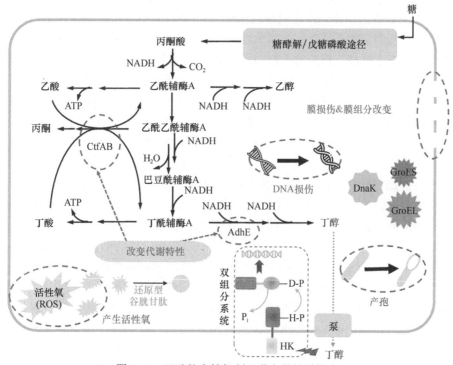

图 3-12 丁醇的毒性机制及潜在的抗逆靶点

丁醇的毒性主要表现在改变细胞形态(如改变细胞膜成分、影响细胞壁裂解、触发产孢等)、引发应激反应(如产生自由基或损伤 DNA)和改变代谢特性等几个方面。相应地,相关关键基因可成为提升梭菌抗逆性能的重要靶点。
CtfAB,辅酶 A 转移酶;AdhE,醇醛脱氢酶

1)丁醇对细胞膜及细胞形态的破坏作用

丁醇的毒性作用表现在多个方面。首先,高浓度的丁醇会改变细胞膜结构及功能,影响细胞膜生理过程中的能量产生和物质转运,导致细胞的渗透性增大、

膜电位降低、能量传导和信号转导受到阻碍；其次，细胞膜结构的破坏会造成细胞内蛋白质、RNA、磷脂等大分子流失（Sardessai et al.，2002），并引起 DNA 损伤，导致 RNA 解链和蛋白质的错误折叠等（Wang et al.，2015a）。这些破坏作用会诱导产丁醇梭菌启动应激反应系统[如热激蛋白（heat shock protein，HSP）和相关应激蛋白]做出一般性和特定的应激反应（Isar and Rangaswamy，2012），并通过调整自身的代谢或胞内氧化还原状态适应丁醇毒性环境。

细胞膜是微生物阻止外界环境中的有机溶剂进入细胞的第一道屏障。当细胞暴露在丁醇等有机溶剂环境中时，有机溶剂会嵌入脂双层膜中扰乱的磷脂双分子层结构，导致膜流动性增强，损坏细胞膜的完整性（Kurniawan et al.，2012；Papoutsakis et al.，2016），影响其作为细胞屏障的功能。研究表明，丁醇的亲脂性较强，因此会显著破坏细胞膜的磷脂组分并增加膜流动性。当丙酮丁醇梭菌的生长环境中添加1%的丁醇时，细胞膜流动性相应提高 20%～30%（Vollherbst-Schneck et al.，1984）。细胞膜流动性的增加会导致细胞膜内容物泄漏，最终导致细胞死亡。这是因为饱和脂肪酸的相变温度高于相应的不饱和脂肪酸的相变温度（Heipieper et al.，2007）。因此，学界普遍认为增加脂肪酸饱和度可以抵消溶剂引起的流动性，这也是多种微生物包括梭菌的一种耐受机制，称为同源黏性适应机制（Heipieper et al.，1996）。早在 20 世纪 80 年代，科学家就观察到丙酮丁醇菌在产丁醇或者面对丁醇胁迫压力时，细胞膜中的饱和脂肪酸与不饱和脂肪酸比值会增加这一现象（Baer et al.，1987）。另外，在丙酮丁醇梭菌中还发现了不饱和膜脂肪酸的环丙烷化现象（Lepage et al.，1987），这可能是微生物减少细胞膜中不饱和脂肪酸的另一种策略。因此，当研究者将环丙烷脂肪酸合酶基因 cfa 在产丁醇梭菌中过表达时，可以增加梭菌细胞中环丙烷脂肪酸的含量并提高其对丁醇的耐受性（Zhao et al.，2003）。

除上述机制外，梭菌还可借助细胞膜中不饱和脂肪酸的顺式/反式异构化和改变细胞膜脂质的磷脂分子头部基团组成成分等机制来增强细胞膜的坚固性，从而抵消丁醇毒性（Isar and Rangaswamy，2012）。研究者在巴氏梭菌发酵产丁醇的过程中也观察到细胞同源黏性适应现象，包括脂质化合物尾部变长、细胞膜中不饱和脂肪酸减少等（Venkataramanan et al.，2014）。此外，研究者观察到拜氏梭菌细胞膜上的缩醛磷脂成分对菌株耐受丁醇毒性也有贡献（Kolek et al.，2015）。

丁醇对细胞膜结构和功能的破坏，还会打破胞内稳态，使得胞内渗透压、pH以及温度失衡。对丙酮丁醇梭菌的野生菌株以及丁醇耐受菌株的膜蛋白比较分析结果显示，两者的区别主要在离子转运蛋白、ATP 酶，以及参与外壳和鞭毛形成的结构蛋白等方面（Mao et al.，2011）。在丙酮丁醇梭菌中，丁醇会抑制 H^+-ATP 酶活力（Bowles and Ellefson，1985）；而在拜氏梭菌中，丁醇会抑制 Na^+/H^+ 逆向转运蛋白的活性（Wang et al.，2005）。这些生物元件对于微生物维持细胞内外的 pH梯度具有重要意义。

2）应激反应

丁醇在发挥破坏作用时会引起细胞的应激反应。例如，研究表明丁醇会引发产丁醇梭菌的适应性反应以抵御毒性，包括改变生物合成和形态发生/分化程序、细胞膜或细胞壁组成（Baer et al.，1987）、芽孢产生（Harris et al.，2002）及鞭毛的变化等（Isar and Rangaswamy，2012）。此外，当产丁醇梭菌暴露于丁醇胁迫时，它通常会被诱导产生大量的胁迫反应蛋白来抵抗丁醇毒性。研究者通过对拜氏梭菌（Clostridium beijerinckii）及其耐溶剂突变体进行蛋白质印迹分析发现，当把野生型菌株和突变菌株置于浓度为 0～25 g/L 的丁醇环境中时，丁醇耐受菌株中热激蛋白的表达水平显著高于野生型菌株（Isar and Rangaswamy，2012）。在丁醇胁迫条件下，产丁醇梭菌体内的热激蛋白表达水平也会明显提高，如 GroESL、DnaKJ、HSP18 和 HSP19 等（Tomas et al.，2004）。热激蛋白能通过阻止蛋白质聚集，协助蛋白质重新折叠，抵御外界胁迫。在另一项研究中，研究者在丙酮丁醇梭菌中过表达应激反应蛋白编码基因 groESL、grpE 和 htpG 时，重组菌株的丁醇耐受性大大提高；重组菌株和野生型菌株在 2%丁醇环境中放置 2 h 后，野生型菌株无法存活，而重组菌株仍保持高活性（Mann et al.，2012），这进一步证明了热激蛋白对于梭菌抵御丁醇毒性的贡献。

此外，丙酮丁醇梭菌中的重要转录因子 Spo0A 具有多效调控功能，也与菌株的丁醇耐受密切相关（Harris et al.，2002）。Spo0A 可以上调产物合成相关基因（如 aad、ctfA、ctfB 和 adc）的表达，从而促进乙酰辅酶 A 的生成，以及乙酸和丁酸向丙酮、丁醇、乙醇的转化。而且，Spo0A 还能影响其他转录因子（如 abrB 和 sigF）的功能、DNA 合成和修复、热激蛋白等关键基因的表达。因此，Spo0A 的过表达可增强丙酮丁醇梭菌的丁醇耐受性并增强丁醇胁迫下的细胞代谢活力（Alsaker et al.，2004）。

3）影响新陈代谢

高浓度的丁醇会影响梭菌细胞的能量和基础代谢，使得物质能量供给循环、胞内氧化还原平衡被打破，从而导致细胞停止生长甚至死亡（Jin et al.，2011）。例如，丁醇对细胞膜的破坏会影响完整的 PTS（phosphotransferase system）透性酶功能，从而导致 PTS 功能障碍（Ezeji et al.，2010）。此外，PTS 的磷酸化功能依赖于细胞中磷酸烯醇式丙酮酸含量。一旦细胞膜被损坏，磷酸烯醇式丙酮酸可能会流出胞外，使得 PTS 的磷酸化功能减弱，限制菌株对碳源的摄取，进而影响糖酵解过程。

在丁醇胁迫压力下，梭菌细胞也通过调节自身的生理和代谢功能来提高对丁醇的耐受性，包括调节营养摄取、离子转运以及细胞代谢等。研究表明，微生物细胞在丁醇环境中培养时，细胞内 pH 降低，跨膜 pH 梯度消失，最终抑制细胞膜

ATPase 的活性；此外，丁醇抑制葡萄糖的吸收，从而影响细胞能量代谢并导致细胞内 ATP 水平降低（Jia et al.，2010）。研究者还发现，高耐受丁醇的丙酮丁醇梭菌突变株可以通过非磷酸转移酶系统有效吸收葡萄糖，因此推测葡萄糖摄取方式的变化可能与梭菌的丁醇耐受性有关（Zheng et al.，2009）。此外，研究者还发现梭菌可以通过改变生物合成程序以维持细胞内的氧化还原平衡。其中，还原型谷胱甘肽在提高丙酮丁醇梭菌的耐受性方面起着重要作用，可帮助宿主抵抗酸、盐和溶剂胁迫（Zhu et al.，2011）。通过在丙酮丁醇梭菌中过表达来源于大肠杆菌的、编码谷胱甘肽合成途径关键酶的基因 *gdhAB*，研究者使得重组菌可在 19 g/L 的丁醇环境中生长，且增产 10%的丁醇，达到 14.8 g/L（Zhu et al.，2011）。

2. 抗逆元件及耐受机制

目前，很多策略已经被成功用于提升梭菌的丁醇耐受性能（Peabody and Kao，2016；Patakova et al.，2018）。早期研究主要通过改变发酵条件或培养基成分，如在发酵培养基中加入适量的海藻糖、肌醇，或采用分批发酵，来缓解菌株的丁醇压力（Westhuizen et al.，1982）。另外，还可以通过创新反应器和工艺设计（如纤维床反应器/梭菌固定化、同步丁醇发酵与汽提分离等）来协助菌株抵抗丁醇毒性，获取高产表型（Xue et al.，2013，2016b）。相比之下，直接提高梭菌自身对丁醇的耐受性能是节约成本、提高经济效益最直接和高效的方法（Liu et al.，2017a）。经典的紫外诱变、化学诱变、等离子诱变、基因组文库筛选、适应性实验室进化等半理性的分子育种手段被广泛应用，获得了大量的高丁醇耐受菌株，如 BA101、GS4-3、SA-1、BKM19 等（Chen and Blaschek，1999；Jang et al.，2013；Sandoval-Espinola et al.，2013；Li et al.，2016b），但这些突变株的丁醇耐受机制及抗逆元件仍不完全清楚。近年来，高通量测序、高分辨质谱、同位素示踪等技术的突破及成本降低，极大地促进了基因组学、转录组学、蛋白质组学、代谢组学和流量组学的蓬勃发展。这为抗逆菌株的丁醇耐受机制解析提供了前所未有的机遇，也极大地促进了丁醇抗逆元件的挖掘，并为反向代谢工程改造提供了宝贵线索。目前丁醇耐受机制解析及基于毒性机制和丁醇抗逆元件的梭菌理性改造已经取得了很大进展，主要体现在以下几个方面。

首先，梭菌可通过改变或调整细胞结构来提升丁醇耐受性能。由于丁醇对细胞的破坏主要在细胞结构层面，所以细胞膜、细胞壁和细胞形态是提升梭菌耐受性能最重要的靶点。在细胞膜方面，大部分耐丁醇菌株是通过其细胞膜的组成成分及其结构发生相应改变来抵御丁醇胁迫。例如，细胞膜中反式脂肪酸比例增加，可使膜流动性降低，增加膜极性和坚固性，从而提高菌株丁醇耐受性。上述机制在产溶剂梭菌中已经被多次报道，也在前文有所论述，故不再赘述。另有研究发现，在丙酮丁醇梭菌的溶剂耐受性突变体 *Rh8* 中，脂肪酸/磷脂生物合成蛋白 PlsX

和酰基载体蛋白 FabF 表达水平的提高使其细胞膜中饱和脂肪酸含量增加,同时其溶剂耐受性也得到提高(Mao et al.,2011)。这些脂肪酸结构的变化使细胞膜组装更紧密,有助于溶剂耐受性的提高,是值得尝试的重要靶点。另外,在丙酮丁醇梭菌(Lepage et al.,1987)和拜氏梭菌 NRRL B-598(Kolek et al.,2015)中还发现了不饱和膜脂肪酸的环丙烷化现象,这可能是减少细胞膜中不饱和脂肪酸、提升丁醇耐受性能的另一种机制。因此,将环丙烷脂肪酸合酶基因 cfa 在野生型菌株和丁酸激酶失活突变株中过表达,可以增加丙酮丁醇梭菌细胞中环丙烷脂肪酸的含量,并提高其对丁醇的耐受性(Zhao et al.,2003)。在细胞壁方面,梭菌中涉及细胞壁再循环和(或)自溶的酶的活性也与丁醇耐受性有关(Webster et al.,1981;Westhuizen et al.,1982;Christian and García,1992)。研究发现,在使用丙酮丁醇梭菌 P262 以糖蜜作为底物进行的工业发酵过程中,呈现典型肿胀梭状的细胞易于退化(失去产溶剂能力),而且在较高丁醇浓度(范围 7~16 g/L)下更容易自溶。相反,同一菌株的 lyt-1 突变体(自溶缺陷突变体)在相同条件下从未表现出退化和自溶现象(Westhuizen et al.,1982)。因此,lyt-1 可能也是一个重要的作用靶点。在细胞形态方面,有研究发现,当 Spo0A(编码产孢调节因子)过表达时,梭菌的产溶剂及产孢过程也有所提前,整体上降低了丁醇产量,但菌株的耐受性能有较大提升(Harris et al.,2002)。由于 Spo0A 是一个复杂的多效调节因子,很难搞清楚究竟是哪些基因直接影响了丁醇耐受性(Wang et al.,2013c)。在最近的一个研究中,科学家利用纤维床反应器(fibrous bed bioreactor,FBB)驯化获得了一个可以耐受 21 g/L 丁醇的丙酮丁醇梭菌突变株 JB200,经过比较基因组学分析发现该菌中一个编码(孤立的)组氨酸激酶的基因意外失活。这导致突变株的耐受性能及丁醇产量均有 50%以上的提升。由于组氨酸激酶与调控因子 spo0A 关系密切,推测突变株可能是通过调节产孢过程来实现耐受性能提升的(Xu et al.,2015a)。

其次,梭菌可启动应激反应或过表达分子伴侣抵抗丁醇毒性。分子伴侣是细胞应激反应系统中的一类热激蛋白,它们在蛋白质的合成、转运、折叠和降解中都充当关键角色。微生物中热激蛋白表达量的增加有益于细胞在压力应激条件下的存活。有研究人员发现,丙酮丁醇梭菌在丁醇胁迫下,分子伴侣 GroESL 的过表达使细胞生长抑制降低了 85%,同时细胞代谢时长延长了 2.5 倍,且正丁醇产量提升了 40%。此外,他们还发现 GroESL 的过表达使得其他几种分子伴侣编码基因的表达量也有所增加,包括 dnaKJ、hsp18 和 hsp90 等(Tomas et al.,2003b;Alsaker et al.,2004)。另一个研究发现在丙酮丁醇梭菌中,从产酸阶段到产溶剂阶段的转变过程中都伴随着特定热激蛋白的产生(Pich et al.,1990)。当培养基中添加丁醇进行刺激时,可在丙酮丁醇梭菌中观察到 groES、dnaKJ、hsp18 和 hsp90 等基因的转录上调。在丙酮丁醇梭菌中过表达内源 groESL 操纵子也能使菌株耐受更高浓度的丁醇，并提升产量（Tomas et al.，2003b）。尽管多种分子伴侣或应激蛋白上调与丁醇耐受性呈正相关的现象被反复观察到，但究竟哪种伴侣蛋白在丁醇耐受性中发挥了最重要的作用还不清楚，而且耐受性增加与丁醇是否增产的关系也不完全确定。最近的研究发现（Jones et al.，2016），在丙酮丁醇梭菌 ATCC 824 中过度表达调节性 6S RNA 或 tmRNA 可以触发 GroESL 伴侣系统的过表达，也能导致更高的丁醇耐受性，但是丁醇产量有明显下降（下降了 31%）。类似地，HSP 蛋白 GrpE 和 HtpG 的过表达也能使得丙酮丁醇梭菌 ATCC 824 中的丁醇耐受性显著提高，但丁醇产量有大幅下降（Mann et al.，2012）。此外，来源于乌鲁木齐奇异球菌（*Deinococcus wulumuqiensis*）的 GroESL 和 DnaK 蛋白也在丙酮丁醇梭菌中被成功表达，赋予了菌株更高的丁醇耐受性和产量（Liao et al.，2017）。目前，分子伴侣或者应激蛋白编码基因的过表达可提升产丁醇梭菌的丁醇耐受性已经取得共识，但这一策略的效果却受到菌株或发酵条件差异的影响，这也暗示微生物的丁醇耐受能力与其丁醇合成能力之间并非简单的线性关系。

外排泵也可能是梭菌潜在的丁醇耐受靶点。以往一般认为丁醇主要通过扩散过程从梭菌细胞内排出。最近的一个基于转录组的研究结果显示，一些外排泵基因可能参与了丁醇的进出过程（Kell et al.，2015）。梭菌中的已知的外排泵主要包括 ABC（ATP-binding-cassette）、MFS（major-facilitator-superfamily）、SMR（small-multidrug-resistance）、MATE（multidrug and toxic compound extrusion）和 RND（resistance-nodulation-division）等几种类型（Schindler and Kaatz，2016），其中 RND 隔膜泵似乎对丁醇流出和耐受性特别重要（Mukhopadhyay，2015）。另外，甲酸转运蛋白（formate transporter）FocA（Reyes et al.，2011）及多重耐药外排泵（multidrug efflux pump）AcrB 转运蛋白也有助于丁醇耐受。虽然可能因细胞壁和细胞膜的结构不同，这些外排泵的组成也会有略微不同，但这些蛋白质或其同源物可以在梭菌和其他革兰氏阳性菌中找到（Fisher et al.，2014；Dehoux et al.，2016）。上述各种外排泵对丁醇耐受的作用虽在梭菌中未完全证实[仅个别已经在木质纤维素酶解液抑制物耐受研究中得到证实（Liu et al.，2018a）]，但仍提供了有希望的靶点。因此，膜转运蛋白的工程设计可能对增强梭菌的丁醇耐受能力有重要意义。

除上述细胞结构、伴侣蛋白、外排泵等，丁醇还在一定程度上诱导梭菌形成了基于代谢和运输的解毒机制，例如，将有毒化学物质代谢成毒性较小的化学物质的过程。在永达尔梭菌 *Clostridium ljungdahlii*（或称扬氏梭菌）中，已鉴定出两种丁醇脱氢酶，它们可以通过将丁醇氧化成丁酸来使该细菌消耗丁醇（Tan et al.，2014）。扬氏梭菌的丁醇脱氢酶与由 *adh1* 基因编码的丙酮丁醇梭菌的醇脱氢酶有密切相关性（Youngleson et al.，1989）。事实上，在产溶剂梭菌中还存在一些功能尚未完全了解的醇脱氢酶（Dai et al.，2016）。不能排除在特定情况下产溶剂梭菌可能以丁醇作为底物进行代谢。尽管这肯定不是产溶剂或产丁醇梭菌的理想特征，但这可能也是梭菌耐受丁醇的一种策略。最近的一个恒化驯化研究发现，热纤梭菌的醇醛脱氢酶 AdhE 发生 D494G 的氨基酸突变，或者将 *adhE* 删除，可使热纤梭菌的丁醇耐受能力从 5 g/L 提升至 15 g/L（Tian et al.，2019），基本确认了醇脱氢酶与丁醇耐受的潜在关联。

此外，在丁醇生产过程中，丙酮丁醇梭菌 ATCC 824 倾向于在其胞内积累甘油和某些氨基酸来增强丁醇耐受能力，这些物质被认为与菌株在批次培养时的对数中期和早期的稳定生长相关（Wang et al.，2016b）。甘油积累可能用于维持细胞中的渗透压和氧化还原平衡，而氨基酸（即苏氨酸、甘氨酸、丙氨酸、苯丙氨酸、酪氨酸、色氨酸、天冬氨酸和谷氨酸）含量的增加可能用于强化重新从糖酵解到 TCA 循环的代谢流方向。有研究观察到丁醇对梭菌中部分糖酵解基因的抑制（Alsaker et al.，2004；Tomas et al.，2004），并且发现当糖酵解被部分抑制时，TCA 循环的活性增加（增产还原力）可能与甘油形成时需要充足 NADH 有密切关系。此外，也有研究发现（Liyanage et al.，2000），在拜氏梭菌突变体中用反义 RNA 下调 *gldA* 基因引起的甘油脱氢酶活性降低（它可能与甘油形成呈负相关），能使菌株获得改进的丁醇耐受表型，这再次表明甘油积累与丁醇耐受有重要关联。同时，溶剂压力应激过程经常涉及的氧化应激会导致蛋白质、核酸、磷脂和膜受损，甘油和海藻糖、脯氨酸等物质是这些应激反应中的良好保护剂，然而它们在丁醇耐受性方面的具体作用机制仍有待研究（Patakova et al.，2018）。

总的来说，丁醇毒性机制的研究已经取得很大进展，与之相对应的，抗逆元件的挖掘、应用及机制解析研究也突飞猛进。更多的策略，如基于基因组网络模型及诱变/驯化-多组学联用的抗逆元件预测与挖掘、基于基因组文库或转座子突变库的抗逆元件筛选、基于蛋白质工程及蛋白突变文库的抗逆元件改造，以及基于反向遗传工程的抗逆元件应用等策略正在被引入梭菌（Patakova et al.，2018；Arsov et al.，2021）。预计在梭菌合成生物学的助推下，有望突破丁醇耐受性能不足制约产量上限这一瓶颈。

需要指出的是，正确认识丁醇耐受性能与丁醇产量的关系仍非常必要。丁醇耐受性能的提升解除了丁醇生产的上限瓶颈，但并不意味着高丁醇耐受菌株一定能增产或者高产（Nicolaou et al.，2010；Vasylkivska and Patakova，2020）。事实上，有少量研究发现，部分丁醇耐受菌株的丁醇产量反而有所降低（Mann et al.，2012；Jones et al.，2016）。因此，仍然需要通过各种手段，尤其是合成生物学策略来提高菌株的丁醇产量。另外，梭菌对底物利用水平的优化也要被高度重视，因为它们也构成了丁醇生产成本的重要组成部分。

3.2.5 产丁醇梭菌底物利用优化

传统的丁醇发酵以玉米、谷物等粮食作物为原料,原料成本几乎占总成本的60%～70%(Jiang et al.,2015)。原料成本过高导致的生产成本过高,一直是阻碍ABE 发酵持续工业化生产的主要原因(Gu et al.,2011)。同时,随着世界人口的增加、耕地面积的减少及环境变化等不利因素,粮食价格持续走高,若以粮食作物作为发酵原料,势必增加生产成本。而且,粮食安全是影响世界安全的一个重要因素,很多国家甚至以法律的形式禁止利用粮食作为大宗发酵原料。因此,当务之急是寻找廉价、易得的非粮作物替代目前传统的发酵原料,以符合科技伦理和降低生产成本(Green,2011)。

1. 纤维素

木质纤维素作为地球上数量最大的一种可再生资源,供应充足,价格低廉,是丁醇发酵的理想原料之一。木质纤维素主要由三部分组成:纤维素占 15%～40%,半纤维素占 30%～40%,木质素约占 20%(陈洪章,2011)。不同的木质纤维原料(包括软木、硬木、农业废弃物如秸秆、谷壳等),其纤维素、半纤维素和木质素含量有一定差异。木质纤维材料中的纤维素和半纤维素在木质素包裹下形成稳定的结构。纤维素由糖分子的极性基团通过氢键相连成长链,在木质素的包裹下形成坚固而稳定的晶体结构。由于产溶剂梭菌不能直接利用木质纤维素产丁醇,木质纤维素发酵前需经预处理及糖化过程。目前较成熟的纤维原料预处理及糖化的方法是在机械粉碎后用热水处理、蒸汽爆裂、氨纤维爆裂(ammonia fiber explosion,AFEX)、二氧化碳爆裂、碱处理等方法去除木质素,溶解半纤维素,破坏纤维素晶体结构(Millett,1976)。预处理后获得的固体原料可经多种工艺路线制备丁醇,包括分步水解发酵工艺(separate hydrolysis and fermentation,SHF)、同步糖化发酵工艺(simultaneous saccharification and fermentation,SSF)、同步糖化共发酵工艺(simultaneous saccharification and co-fermentation,SSCF)、整合生物加工(consolidated bioprocessing,CBP)等(Wen et al.,2020c)。在前三种工艺中,引入稀酸、稀碱以及外源纤维素酶以糖化固体原料,形成的水解液不仅含有可发酵的己糖和戊糖,还含有一些有毒抑制物,因此梭菌必须具备高效利用戊糖及耐受有毒抑制物的能力;CBP 工艺对梭菌的要求更高,需要既能高效降解木质纤维原料,又能高产丁醇。可喜的是,合成生物学的飞速进展一直在持续推动梭菌性能改善,已经在提升抑制物耐受能力、改进戊糖利用,以及直接利用纤维素产丁醇等领域取得了不少进展(顾阳等,2010;戴宗杰等,2013;肖敏等,2019;闻志强等,2021)。

1）水解液预处理抑制物的问题

　　木质纤维素原料在预处理过程中会产生诸如弱酸（如甲酸、乙酸、乙酰丙酸等）、呋喃衍生物（如羟甲基糠醛、糠醛等）、酚类（如对香豆酸、阿魏酸、水杨酸、香草酸、丁香醛等），以及乙酸钠、硫酸钠、氯化钠等对菌株有毒害作用的化合物或离子（Baral and Shah，2014）。其中，弱酸来自于半纤维素的降解，呋喃衍生物来自于戊糖和己糖，而酚类物质主要来自于木质素的分解，如图 3-13 所示。一般认为

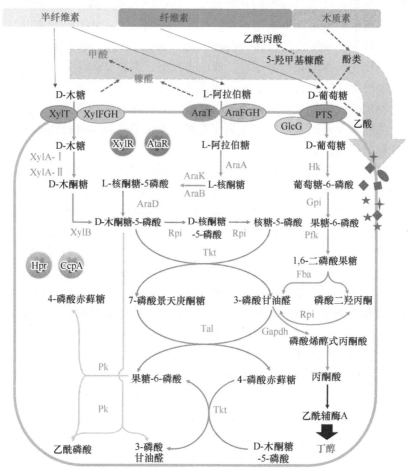

图 3-13　纤维素酶解液中的发酵抑制物及混糖组分的代谢途径

木质纤维素主要由半纤维素、纤维素和木质素构成，它们在经历物理或化学预处理及酶解后，会生成葡萄糖和木糖、阿拉伯糖等戊糖，同时产生弱酸类、呋喃类及酚类抑制物。提升梭菌抑制物耐受能力及混糖利用能力是利用纤维素水解液发酵产丁醇的重要挑战。本图显示了抑制物的产生途径、混糖代谢途径及调控蛋白。XylT/XylFGH，木糖特异性转运蛋白；AraT/AraFGH，阿拉伯糖特异性转运蛋白；PTS，己糖磷酸转移酶系统；GlcG，PTS 组成酶Ⅱ，与碳源代谢抑制效应密切相关；XylA-Ⅰ/Ⅱ，木糖异构酶；XylB，木糖激酶；AraA，阿拉伯糖异构酶；AraB/K，核酮糖激酶；AraD，核酮糖-5-磷酸异构酶；Rpi，5-磷酸核糖异构酶；Tal，转醛酶；Tkt，转酮酶；Pk，磷酸酮醇酶；Hk，己糖激酶；Gpi，果糖-6-磷酸异构酶；Gapdh，甘油醛-3-磷酸脱氢酶；Pfk，6-磷酸果糖激酶；Fba，果糖-二磷酸醛缩酶

弱酸的毒性较小；较低浓度的呋喃衍生物对溶剂发酵有利（Zaldivar et al.，1999），而高浓度时会损伤胞内 DNA，抑制糖酵解关键酶活性，破坏细胞膜，扰乱氧化还原平衡（Cho et al.，2009）；酚类物质毒性最强，能渗透到细胞内，破坏细胞结构的完整性，减少 ATP 合成（Palmqvist and Hahn-Hagerdal，2000），而且会在产酸阶段干扰乙酰辅酶 A 和丁酰辅酶 A 的代谢途径，影响后续溶剂的产生（Heipieper et al.，1994）。

改进预处理方法可以减少抑制物产生。例如，木质纤维原料水解液通过一些物理、化学和生物方法，如蒸发、树脂吸附、弱碱[如 Ca(OH)$_2$]、过氧化物酶和漆酶处理等，可降低抑制物的含量（Baral and Shah，2014），但使原料预处理成本急剧增加；优化培养基及培养条件，或改进发酵工艺，如采用分批发酵、补料发酵、连续发酵等（Lee et al.，2008），也能在一定程度上缓解抑制物毒性，但根本上还是要利用合成生物学策略，直接提高梭菌对抑制物的耐受性（Wang et al.，2018a），从而减少料液脱毒成本并简化发酵过程，提高以木质纤维素为原料的丁醇发酵过程的经济性。

由于部分抑制物的毒性机制与丁醇非常接近，前述的丁醇耐受性提升策略如物理/化学诱变、实验室适应性进化、抗逆靶点的特异性改造，以及基因组建模、多组学/文库筛选等通常也能应用于抑制物耐受性能提升，而且一些细胞膜相关基因（Wen et al.，2020a）、外排泵（Liu et al.，2018a）、应激蛋白（Luan et al.，2014）等可作为有效的靶点，此处不再详细展开。一般来说，丁醇耐受性能提升的菌株，其对某些抑制物的耐受能力也有一定程度的提升（Baral and Shah，2014；Wang et al.，2018a）。不过，需要指出的是，预处理后的水解液中抑制物种类较多，它们之间可能存在协同或拮抗的毒性效应，然而这些协同或者拮抗机制尚未完全解析清楚。要解除这些抑制效应的协同作用，难以通过理性改造个别靶点来实现。某些全局性的热激蛋白的表达可以缓解多种逆境压力对菌株的毒害（Luan et al.，2014）。另外，一些非理性的策略，如随机诱变，在多种抑制物存在的环境中通过高通量筛选可获得多重抑制物耐受菌株（Nicolaou et al.，2010）。类似地，利用适应性进化可使菌株快速适应多种水解液抑制物（Guo et al.，2012，2013）。此外，部分梭菌可以将某些高毒性抑制物转化为低毒产物，如丙酮丁醇梭菌可将糠醛和羟基糠醛分别转化为糠醇和二甲基呋喃，但产物仍具有细胞毒害作用，且该转化过程会消耗胞内还原力（Yan et al.，2012）。由于水解液抑制物对发酵菌株毒性属于生物炼制的共性瓶颈问题，抑制物的耐受在其他模式菌如大肠杆菌、酿酒酵母中研究得非常多，也有很多靶点被验证有效，这些靶点有望被引入以增强梭菌对抑制物的耐受能力（Wang et al.，2016b；Mingming et al.，2017）。

2）水解液混合糖利用的问题

如前所述，木质纤维原料的酶解液成分复杂，除了少量的乙酸、糠醛、呋喃、

5-羟甲基糠醛等发酵抑制物，主要是 D-葡萄糖、D-木糖、L-阿拉伯糖、D-半乳糖、D-甘露糖等各种糖类物质，其中木糖和阿拉伯糖两种戊糖的含量仅次于葡萄糖。由于碳源代谢抑制效应（carbon catabolite repression，CCR），在葡萄糖存在的情况下，梭菌无法高效利用木糖、阿拉伯糖等戊糖，这严重影响了丁醇发酵的生产强度及得率（Gu et al.，2014）。改进梭菌戊糖利用效率的第一步是理解梭菌的戊糖转运、代谢途径，及其碳源代谢抑制效应的调控机制，然后再进行针对性改造。当然，梭菌戊糖代谢的解析、重构及工程改造一直在交互进行，从未严格分开。

　　早在 2010 年就有科学家使用 TargeTron 结合其他遗传和生化方法，鉴定了丙酮丁醇梭菌中木糖代谢的一些关键基因，并根据他们以前的研究和比较基因组学预测，在丙酮丁醇梭菌中重建了木糖代谢途径（Gu et al.，2010）。接着，有研究者通过同位素示踪技术揭示了丙酮丁醇梭菌如何通过戊糖磷酸途径（pentose-phosphate pathway，PPP）和磷酸酮醇酶途径（phosphoketolase pathway，PK）同时代谢木糖（Liu et al.，2012）。他们用 TargeTron 敲除了 *xfp*（*CA_C1343*，编码木酮糖 5-P/果糖-6-P 磷酸酮醇酶）基因，出乎意料地发现木糖代谢没有明显变化。有趣的是，该基因与阿拉伯糖的磷酸酮醇酶代谢途径密切相关，这已被同时期的另一个报道证实（Servinsky et al.，2012）。在另一项研究中，科学家利用 TargeTron 分析了丙酮丁醇梭菌中阿拉伯糖代谢调控基因 *araR* 和核糖激酶基因 *araK* 的功能，然后重建了阿拉伯糖代谢途径（Zhang et al.，2012a）。上述研究基本上比较清晰地绘制了产溶剂梭菌中戊糖转运、代谢途径，即木糖和阿拉伯糖经各自的特异性转运蛋白进入胞内后，各自经过异构及磷酸化作用汇聚于木酮糖-5 磷酸，然后经 PPP 途径或者 PK 途径进入中心代谢，并与转运葡萄糖的磷酸转移酶系统（phosphotransferase system，PTS）和代谢途径有紧密联系（图 3-13）。

　　基于这些认识，有研究小组过表达了大肠杆菌来源的 PPP 途径转醛醇酶基因 *talA*，提升了木糖利用速率，但木糖利用仍受葡萄糖抑制（Gu et al.，2009b）。进一步，该小组过表达了内源的 PPP 途径的转醛醇酶基因 *tal*、转酮醇酶基因 *tkl*、核糖-5-磷酸异构酶基因 *rpe*、核酮糖-5-磷酸 3-差向异构酶基因 *rpi*，发现重组菌木糖利用明显增快，溶剂产量提升 42%（Jin et al.，2014）。同时，木糖转运工程研究也取得了不少进展。有研究者鉴定了拜氏梭菌中的 D-木糖特异性转运蛋白编码基因 *xylT*，然后过表达它以增强拜氏梭菌的木糖摄取（Xiao et al.，2012）。另外，科学家证明了六蛋白模块 XylFII-LytS/YesN-XylFGH 与拜氏梭菌中的木糖利用有关（Sun et al.，2015）。他们进一步证实，这是一种新的"三组分"木糖响应和调节系统，其分子机理也在随后得到了深入分析（Li et al.，2017b）。在另一项工作中（Xiao et al.，2011），有学者证实葡萄糖转运的弱化也能带来戊糖利用的改进。他们利用 TargeTron 中断了丙酮丁醇梭菌 PTS 系统组成基因 *glcG*（编码 PTS 系统的组成酶 II，与木糖代谢阻遏高度相关），然后过表达内源木糖转运蛋白基因 *xylT*、

木糖异构酶基因 *xylA* 和木酮糖激酶基因 *xylB*。获得的重组菌基本上消除了碳代谢抑制效应，溶剂产量增加 24%。

在梭菌戊糖代谢的调控机理解析方面，研究人员已经认识到，在梭菌中，碳源代谢抑制效应主要由分解代谢控制蛋白 A（CcpA）介导。它可以与组氨酸磷酸化蛋白 HPr（heat-stable, histidine, phosphoryl protein）形成复合物（Nessler et al., 2003）。该复合物可以与靶标基因的启动子区域或共转录单元编码序列中的分解代谢物响应元件（catabolite responsive element, CRE）结合以抑制转录（Lorca et al., 2005），使 CcpA 可以在一定程度上抑制木糖代谢（Ren et al., 2010）。基于构效关系的深入理解，有研究对 CcpA 蛋白进行了定点突变（V302N），以削弱其与 HPr-Ser^{46}-P 的结合能力，有效缓解 CcpA 对木糖代谢的负调控作用，从而实现葡萄糖、木糖的同步发酵（Wu et al., 2015）。由于 CcpA 是多效调控因子，直接改动可能有副作用，于是就有课题组将目光投向其具体的互作蛋白及靶标调控基因。他们在过表达木糖代谢途径操纵子之前，突变了基因上携带的 CRE 序列，使 CcpA 不能与之正常结合，从而在增强木糖代谢的同时，一定程度上豁免碳代谢抑制效应，所获得的突变株的木糖利用率提高，但仍明显落后于葡萄糖（Bruder et al., 2015）。在随后的研究中，他们利用 CRISPR/dCas9 抑制了 *hprK* 基因（编码 HPr 磷酸化酶/激酶，HPrK）的转录，以减少 CcpA 与 Hpr 的结合，从而减少负调控效应，使重组菌在一定程度上能同时利用木糖和葡萄糖（Bruder et al., 2016）。

另外，梭菌中的木糖代谢也受一些其他机制的调节。中国科学院分子植物科学卓越创新中心丁醇协作组分别在丙酮丁醇梭菌 EA2018（Hu et al., 2011）和拜氏梭菌 NCIMB 8052（Xiao et al., 2012）中鉴定出了与木糖代谢有关的转录调节因子（如 *xylR*）。*xylR* 中断失活已被证明可以显著上调木糖异构酶基因和木糖激酶基因的转录，从而促进木糖代谢利用（Xiao et al., 2012）。最近，有学者在拜氏梭菌中研究了阿拉伯糖代谢调控子编码基因 *araR* 的功能，证实 *araR* 的中断可有效提升阿拉伯糖的代谢效率（Liu et al., 2020c）。

总的来说，梭菌中的戊糖代谢途径和调控机制已经比较清晰，为水解液中的戊糖利用效率提升打下了良好基础。然而需要注意的是，上述研究多在产溶剂梭菌中进行，相关认知需要在其他梭菌中进一步验证。近期，有学者分别在酪丁酸梭菌（Yu et al., 2015b）和嗜纤维梭菌（Wen et al., 2020b）中验证了过表达 *xylT*、*xylA*、*xylB* 的作用，以及敲除 *xylR*、*araR* 并过表达 *xylT* 的作用，暗示前述梭菌的戊糖代谢途径相似性和改造策略通用性较高，在严谨验证的前提下有较好的推广价值。

3）固体原料直接利用的优化

基于木质纤维素酶解液的丁醇发酵产量已经非常接近传统玉米基发酵水平。然而，由于纤维素酶价格高昂，纤维素丁醇的整体生产成本较高，缺乏市场竞争力。如果能够将纤维素酶的生产、纤维原料的水解/糖化及丁醇发酵集成在一个反应器中一步进行，那么实际生产中的纤维素酶消耗、设备费、操作费等将大幅度降低（闻志强，2014）。整合生物加工工艺（consolidated bioprocessing，CBP）正是这样一种集成工艺技术，其生产工段少，设备和人员等投入也就比较少；而且由于操作简便，运行也将更加稳定，能够大大降低纤维素丁醇的生产成本。然而，迄今为止尚未在自然界中分离得到能直接降解木质纤维素高产丁醇的菌株或菌群。因此，必须使用合成生物学策略进行菌株或菌群改造，以实现 CBP 工艺（Wen et al.，2020c；吕阳等，2020）。目前已经有报道的 CBP 工艺产丁醇的原理如图 3-14 所示，分别介绍如下。

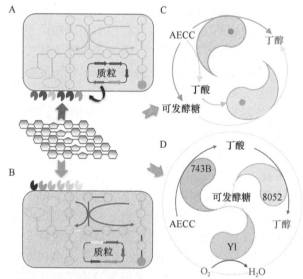

图 3-14　梭菌整合生物加工工艺法产丁醇的原理及过程

A. 改造产溶剂梭菌过表达纤维素酶；B. 在纤维素降解菌中进行丁醇代谢途径组装及重构；C. 将纤维素降解菌（如嗜纤维梭菌 DSM 743B，简称 743B）和产丁醇梭菌（如拜氏梭菌 NCIMB 8052，简称 8052）混菌培养，直接利用木质纤维原料（如碱处理玉米棒芯，简称 AECC）产丁醇；D. 在混菌培养的基础上，还可引入好氧微生物（如解脂耶氏酵母 *Yarrowia lipolytica*，简称 Yl）用于混菌体系的呼吸保护，使菌群可在微厌氧条件下直接利用木质纤维素产丁醇

（1）改造产溶剂梭菌分泌纤维素酶

尽管部分丁醇高产菌株够分泌木聚糖酶、降解木聚糖，但是由于缺乏主要的纤维素降解酶（如内切葡聚糖酶、外切葡聚糖酶和纤维二糖酶），它们基本上都不具备直接利用木质纤维素生产丁醇的能力（Willson et al.，2016）。在生物分类学中，主要的丁醇生产菌与不少纤维素降解菌亲缘关系较近（一般都属于梭菌属），有着相似的密码子偏好性；另外，梭菌合成生物学技术的发展也为纤维素酶基因异源表达奠定了基础（董红军等，2010；顾阳等，2013）。

在产丁醇梭菌中过表达纤维素酶或杂合型（嵌合型）纤维小体（一种纤维素

酶复合体）的研究已经有不少（Wen et al.，2020c）。其中分子质量较小和可溶的纤维素酶（如解纤维梭菌的 Cel5A、Cel8C 及 Cel9M 等）在丙酮丁醇梭菌中的表达已有成功的报道（Mingardon et al.，2011），但是纤维素酶组分单一，表达量少（0.5～5 mg/L），纤维素酶活性较低（仅能检测到），重组菌仍然很难直接利用木质纤维素生长和生产丁醇。

纤维小体作为一种多酶复合体，能够黏附在木质纤维素表面作用，其降解效果远优于游离的单组分纤维素酶。有趣的是，尽管丙酮丁醇梭菌中有完整的纤维小体基因簇，但是几乎不能生产有功能的纤维小体（Perret et al.，2003）。尽管这一原因迄今仍不清楚，但以丙酮丁醇梭菌为宿主表达纤维小体仍值得探索。有研究将来自解纤维梭菌的支架蛋白 miniCipC1（携带有解纤维梭菌的黏附域）和 Scaf3（携带 1 种热纤梭菌黏附域的 miniCipC1）在丙酮丁醇梭菌中成功表达，并且在体外验证了黏附域、锚定域等模块的活性，说明在丙酮丁醇梭菌中异源表达纤维小体是完全可行的（Perret et al.，2003）。更进一步，该研究小组将甘露糖酶基因 *man5K* 和支架蛋白基因 *cipC1* 整合在同一质粒上，成功实现了共表达，且可以检测到 Man5K 酶活，首次完成了完整的纤维小体在丙酮丁醇梭菌体内成功表达（Perret et al.，2004）。这是本领域的里程碑式进展，得益于梭菌分泌系统在信号肽、启动子强度及分子伴侣等方面的优化研究（Mingardon et al.，2011；Fierobe et al.，2012；Hyeon et al.，2013）。

最近，诺丁汉大学的研究者利用基于等位基因替换（allele-coupled exchange）的同源重组技术将嵌合型纤维小体表达盒（包含微型支架蛋白以及纤维素酶）整合到丙酮丁醇梭菌基因组上，同时通过膜蛋白分选酶系统将纤维小体锚定在梭菌表面（Kovács et al.，2013；Willson et al.，2016）。重组菌以木质纤维原料为唯一碳源时，生长情况较改造前有明显改善，是近期改造丁醇生产菌表达纤维素酶的一个重要进步（Willson et al.，2016）。

遗憾的是，几乎没有重组的产溶剂梭菌[过表达纤维素酶或杂合型（嵌合型）纤维小体]能以木质纤维素为唯一碳源生长。纤维素酶的表达在产溶剂梭菌中仍有很多技术性问题需要解决。例如，宿主菌在分泌表达较大分子的纤维素酶或纤维小体时，可能由于缺少某种特异性的"分子伴侣"，使得蛋白质无法有效翻译和转运，从而诱发了某种毒性机制，导致克隆子死亡（Mingardon et al.，2011）等。另外，纤维小体操纵子特殊的 RNA 剪切机制也暗示了转录后修饰的重要性（Xu et al.，2015b）。因此，如何保证分子质量大、结构复杂的纤维素酶和设计型纤维小体（designer cellulosome）的正确翻译、折叠及有效跨膜运输，是实现同步纤维素降解和丁醇发酵的核心问题。

（2）改造纤维素降解菌产丁醇

在产溶剂梭菌表达纤维素酶研究遭遇挫折时，以纤维素降解菌为底盘进行丁醇代谢途径改造成为替代性的选择。很多梭菌能够在直接降解纤维素时以醇类、有机酸类作为主要产物，包括热纤梭菌（乙醇、乙酸）（Ng et al.，1977）、解纤维梭菌（乙醇、乙酸）（Petitdemange et al.，1984）、嗜纤维梭菌（乙醇、丁酸）（Sleat et al.，1984）等。它们能分泌一种多纤维素酶复合体——纤维小体（包括外切葡聚糖酶、内切葡聚糖酶、β-葡糖苷酶等），协同降解纤维素为可发酵糖（Bayer et al.，2007）；由于在进化过程中长期处于营养匮乏的环境，它们仅能在厌氧条件下维持简单的生理代谢，而且生长缓慢。幸运的是，全基因组测序和注释加深了我们对以上纤维素降解菌的纤维素降解酶系及代谢网络的了解。梭菌遗传操作技术为我们提供了机会去改进梭菌性能或延伸代谢途径生产丁醇（Pyne et al.，2014）。在后基因组时代，随着合成生物技术发展，纤维素降解菌的丁醇代谢工程研究已取得很多进展。

　　嗜纤维梭菌（*Clostridium cellulovorans*）的主要产物也是丁酸，而且可以直接以纤维素原料为底物（Wen et al.，2020b）。尤其值得注意的是，该菌种有完整的非丙酮偶联的、CoA 依赖的丁醇合成途径，但是几乎不能生产丁醇。在嗜纤维梭菌中，重构丁醇途径长期受困于遗传操作系统和工具的匮乏。杨尚天课题组最早鉴定了该菌的限制修饰系统，并通过过表达醇醛脱氢酶的方法使该菌能利用微晶纤维素生产丁醇（Wu et al.，2015）。同期，中国科学院分子植物科学卓越创新中心杨晟-姜卫红课题组也独立开发了该菌的遗传操作系统，并在该菌中验证了TargeTron、Allelic exchange、CRISPR/Cas9 等多种遗传操作工具的效果（Wen et al.，2017）。基于这些遗传操作工具，该课题组在一个可耐受高浓度丁醇的嗜纤维梭菌驯化株中，通过补全产溶剂途径（表达 *ctfAB-adc-adhE1* 基因）的方式实现了 3.47 g/L 丁醇的生产，但有副产物丙酮的产生（Wen et al.，2019）。在接下来的研究中，他们对嗜纤维梭菌的丁醇合成途径进行了重头设计，以避免副产物丙酮的产生，并提升丁醇得率。他们聚焦于糖-乙酰辅酶 A-丁酰辅酶 A-丁醇的代谢途径的 4 个限速步骤（木糖利用、乙酸/丁酸回用、丁酰辅酶 A 可逆合成、丁醛还原），提出基于碳流"推"-"拉"策略的代谢工程改造思路。获得的工程菌的丁醇产量较野生型提升了 235 倍，达到 4.96 g/L，为重组单梭菌直接降解木质纤维原料产丁醇的最高水平，展示了嗜纤维梭菌在直接降解纤维素产丁醇领域的应用潜力（Wen et al.，2020b）。杨尚天课题组也在对嗜纤维梭菌的潜力进行持续挖掘和探索，最近的丁醇产量（以微晶纤维素为碳源）已达到 4.0 g/L（Bao et al.，2019）。

　　同为纤维素降解菌，解纤维梭菌（*C. cellulolyticum*）和热纤梭菌（*C. thermocellum*）没有像嗜纤维梭菌中那样完整的乙酰辅酶 A 到丁酸的代谢途径，产物主要是乙酸和乙醇。在解纤维梭菌和热纤梭菌中需重建乙酰辅酶 A 到丁酰辅酶 A 的碳链延长途径（包括 *thl-hbd-crt-bcd* 等基因），以及丁酰辅酶 A 的还原途径（包括 *adhE* 等基因）。最近，有研究人员分别在解纤维梭菌（Gaida et al.，2016）和热纤梭菌（Tian et al.，2019）中重建了丁醇合成途径，相应的丁醇产量分别达到 0.12 g/L 和 0.357 g/L。这暗示用单个工程菌直接降解纤维素并高效生产化学品仍然很有挑战性。

上述研究个例中，较低的底物/丁醇转化效率可能与碳源/能量供应不足（纤维素酶活力不足）及竞争性代谢途径有关，进一步提高纤维小体表达量和酶活、强化丁醇代谢流有望大幅度提高丁醇产量。然而，复杂的宿主遗传改造有时受限于遗传操作工具，而且会带来潜在的碳流或电子流的不平衡，从而影响菌株的鲁棒性（Song et al., 2014）。

（3）纤维素降解菌与丁醇生产菌混菌发酵

将纤维素降解菌与丁醇生产菌混菌培养，构建跨物种的生物丁醇炼制途径，可以有效减轻菌株代谢负担，并能在不同菌株中分别优化功能模块，开发菌群间的良性互动（Wen et al., 2017）。热纤梭菌是最有效的纤维素降解菌之一，它与丙酮丁醇梭菌、拜氏梭菌、糖丁酸多乙酸梭菌进行变温偶联发酵（sequential co-culture）时，可实现纤维素丁醇的 CBP 生产（Nakayama et al., 2011；Wen et al., 2014a），但是发酵要经历高温和中温两个阶段，延长了发酵时间。嗜纤维梭菌与拜氏梭菌同属中温细菌，前者降解纤维素和生产丁酸，为后者提供可发酵糖和丁醇合成的前体。该野生型互利共生体系可在 80 h 内以碱处理玉米棒芯为原料生产 8.3 g/L 的丁醇（Wen et al., 2014b），显示了人工合成微生物体系在纤维素炼制研究领域的巨大潜力。然而，嗜纤维梭菌的遗传操作工具匮乏，无法进一步对此体系在菌株遗传水平进行优化。为此，研究人员开发了嗜纤维梭菌的遗传操作系统，并验证了 TargeTron、Allelic exchange 和基于 CRISPR/Cas 系统的基因编辑工具在此菌中的有效性。基于上述遗传工具，他们对跨物种的丁醇合成途径进行了模块化代谢工程，分别强化了嗜纤维梭菌的丁酸供给能力和拜氏梭菌的酸回用及戊糖利用水平。最终该混菌体系可在 120 h 内降解 83.2 g/L 的碱处理玉米棒芯，生产 11.5 g/L 丁醇，接近传统玉米基原料发酵水平，有一定的工业化潜力（Wen et al., 2017）。最近，他们进一步对嗜纤维梭菌进行驯化和改造，使之耐受低 pH 并直接降解纤维素生产丁醇。将突变株与野生型拜氏梭菌联用，可使菌群在不控制 pH 的情况下自行稳定生产丁醇，提升了菌群鲁棒性，简化了发酵控制系统，有利于放大生产（Wen et al., 2020a）。

共生系统的构建相对简单，但调控过程相对比较复杂。因为人工设计的共生系统比较脆弱，一旦混菌系统中种群比例失衡，将使得营养组分摄取竞争加剧或者外界条件偏利于某阶段的非"优先"种群，互利关系将会大大削弱甚至导致共生系统崩溃。早在 1983 年，有学者尝试将丙酮丁醇梭菌和中温纤维素降解菌解纤维梭菌（C. cellulolyticum）混菌培养以利用纤维素生产丁醇，发酵 8 d 利用了 27 g/L 纤维素（较单独培养提高 3 倍）只生产了 0.8 g/L 丁醇，却积累了近 10 g/L 丁酸，未能达成直接利用纤维素高效生产丁醇的目的（Petitdemange et al., 1983），推测原因是发酵后期 pH 调控偏利于解纤维梭菌，接近中性的 pH（6.0）使丙酮丁醇梭菌酸化发酵阶段积累的丁酸丧失了转化为丁醇的契机，造成了溶剂发酵中的"Acid Crash"现象（Maddox et al.，2000）。因此，通过优化的培养基组分设计（Klitgord et al.，2010）、加强过程调控保证种群比例维持在合理区间，可使某些阶段外界条件偏利于"优先"种群，从而保证混菌系统高效稳定运行。

另外，人工合成的多种群微生物体系的性能严重依赖于菌群间的良性互动，可以通过菌株遗传改造和优化培养条件来改进（Song et al.，2014）。但是这些经验性的策略需要与菌群模型驱动的分析结合起来，以实现理性的设计和调控（Salimi et al.，2010；Zomorrodi and Segrè，2015）。

表 3-6 比较了近年来一步法（也称整合生物加工法）发酵木质纤维原料产丁醇的实例，发现通过基因工程、代谢工程手段在丁醇生产菌中异源表达纤维素酶，或在纤维素降解菌中导入丁醇合成途径的效果普遍不如将纤维素降解菌和丁醇生产菌混菌培养。原因可能在于混菌发酵时，种群间各成员分工协作，不仅解决了单菌负担过重的问题，而且形成了偏利共生或互利共生等牢固的共生关系。另外，人工设计还可以将各个优势功能模块封装在彼此正交的不同种群，对各模块分别进行优化和调节，进一步发挥各自优势，提升菌群整体效率（Wen et al.，2017）。这体现了人工菌群在复杂生物过程开发中的特殊优势，显示了合成生物学师法自然、超越自然的独特魅力。

表3-6　一步法（整合生物加工法）生产纤维素丁醇的实例比较

菌株/菌群	实现策略	体系特征	底物	产量/(g/L)
丙酮丁醇梭菌（Willson et al.，2016）	异源表达纤维素酶	纯培养/严格厌氧	微晶纤维素	未测到
热纤梭菌（Tian et al.，2019）	异源途径构建/调试	纯培养/严格厌氧	微晶纤维素	0.357
嗜纤维梭菌（Bao et al.，2019）	异源途径调试/黑箱优化	纯培养/严格厌氧	微晶纤维素	4.0
嗜纤维梭菌（Wen et al.，2019）	异源途径调试/抗逆驯化	纯培养/严格厌氧/pH 控制	AECC [a]	3.47
嗜纤维梭菌（Wen et al.，2020b）	异源途径模块化调试	纯培养/严格厌氧/pH 控制	AECC	4.96
里氏木霉/大肠杆菌（Minty et al.，2013）	分工协作/建模优化	偏利共生/好氧	微晶纤维素	1.88 [b]
嗜热厌氧杆菌/丙酮丁醇梭菌（Jiang et al.，2018）	分工协作/黑箱优化	偏利共生/严格厌氧/变温	木聚糖	8.34
快生梭菌/丙酮丁醇梭菌（Wang et al.，2015c）	分工协作/黑箱优化	偏利共生/严格厌氧	滤纸	2.69
嗜纤维梭菌/拜氏梭菌（Wen et al.，2014b）	分工协作/黑箱优化	互利共生/严格厌氧/依赖 pH 控制	AECC	8.30
嗜纤维梭菌/拜氏梭菌（Wen et al.，2017）	分工协作/代谢工程改造	互利共生/严格厌氧/依赖 pH 控制	AECC	11.5
嗜纤维梭菌/拜氏梭菌（Wen et al.，2020b）	分工协作/成员容错改造	互利共生/严格厌氧/可耐受 pH 失控	AECC	3.92

a. 碱处理玉米棒芯（alkali extracted deshelled corn cobs，AECC）的简写；b. 产物为异丁醇（因体系极具代表性，且研究结果有里程碑意义，故列入比较）。

2. 其他非粮廉价底物

优化木质纤维原料的利用一直是产丁醇梭菌的重要研究方向。虽然研究已在木质纤维原料的抑制物毒性耐受、己糖戊糖共利用以及直接降解木质纤维素产丁醇等方面取得了很大进展，但因预处理及纤维素酶成本较高，纤维素丁醇仍不具有竞争力。近年来，一些非粮廉价底物也被尝试用于丁醇生产，包括以淀粉基（或糖基）底物为代表的 C6/C5 化合物（如木薯淀粉、菊芋、藻类生物质等）、以甘油为代表的 C3 化合物、以合成气或甲醇为代表的 C1 化合物。

1）淀粉基或者糖基非粮生物质

淀粉是自然界植物产生的仅次于纤维素的第二丰富的化合物，约 60% 以糖的形式被用作粮食。由非粮作物如木薯等生产的淀粉可用于丁醇发酵，是一种典型的廉价底物。相比于纤维素，淀粉降解为糖的过程工艺简单，淀粉酶价格低廉、酶解时间短，且糖的回收率极高（Awg-Adeni et al.，2013）。一些非粮原料如木薯（Xin et al.，2012）、菊芋（Marchal et al.，1985）、甜高粱（Dehghanzad et al.，2020）、小麦 β-淀粉（淀粉糊精）（Gu et al.，2011）等的丁醇发酵水平，非常接近玉米原料。例如，1985 年有学者通过优化常规的 ABE 发酵工艺，在调控 pH 的条件下利用菊芋汁发酵能够使总溶剂产量接近 24 g/L（Marchal et al.，1985）；再如，有研究以木薯淀粉为底物，通过添加少量乙酸铵的策略，利用丙酮丁醇梭菌 EA2018 在 48 h 内生产了 19.4 g/L 溶剂，其中丁醇 13 g/L、丙酮 5 g/L，与传统玉米淀粉发酵产量接近（Gu et al.，2009a）。

2006 年前后，因国际油价飙涨，溶剂发酵产丁醇的需求有所回升。国内的溶剂发酵企业纷纷计划恢复或扩充溶剂产能（规划产能接近 100 万 t/年）。后来受油价下降及国家粮食政策影响，部分企业开始探索非粮生物质丁醇的商业化。中国科学院分子植物科学卓越创新中心丁醇协作组与企业合作进行了一些小规模的非粮生物质溶剂发酵试验，以验证生产过程的经济性。连云港联华化工有限公司在木薯进口方面具有地理优势。2010 年，丁醇协作组以高丁醇生产菌株丙酮丁醇梭菌 EA2018 作为生产菌株（Hu et al.，2011），使用半连续的操作方式，以混合玉米和木薯（质量比 1 : 1）为原料进行发酵，将生产规模扩大到 1 万 t/年，EA2018 还被授权给拥有 2 万 t/年 ABE 溶剂发酵能力的河南天冠企业集团和拥有 20 万 t/年 ABE 发酵能力的松原来禾化学有限公司（原松原吉安生化有限公司）进行发酵生产。松原来禾化学有限公司在 2010 年 3 月建成了 5 万 t/年产能的、以玉米淀粉乳为原料的半连续发酵生产线，并在 2010 年 12 月建成了 1 万 t/年产能的、以小麦 β-淀粉为原料的连续发酵生产线。丙酮丁醇梭菌 EA2018 在非粮生产线上的性能表现优异，总溶剂转化率达到 0.38 g/g 糖，浓度为 18.5 g/L，丁醇比率为 70%，已接近传统玉米发酵的性能。同期，内蒙古远兴能源有限公司新建了 ABE 试验工厂，其中的甜高粱汁中试生产线的设计产能为 300 t/年，并从丁醇协作组获授权开发产溶剂梭菌菌株 CIBT S0031。2012 年，采用甜高粱汁通过半连续发酵进行了中试规模的丁醇生产，其性能与玉米原料相似（总溶剂浓度为 17.5 g/L，转化率为 0.37 g/g）（Jiang et al.，2015）。这些非谷物原料的利用在一定程度上降低了对玉米原料的依赖性，但这些工厂没有进行最终的商业生产。尽管原因各异，高成本仍是最主要的制约因素。这些非粮淀粉基（或糖基）原料的蛋白质含量较低，发酵时通常需要额外添加营养成分（如乙酸铵、硫酸铵等），有时还需要做原料糊化或酸解等预处理，这些额外增加的成本一定程度上制约了它们对玉米的完全替代。此外，在发酵这些非粮原料时，梭菌也存在与纤维素原料发酵相似的瓶颈问题，如丁醇耐受、抑制物毒性、糖类组分高效利用等，而解决这些问题所涉及的合成生物学策略也很类似，故此处不再赘述。

　　2）甘油

　　甘油是生物柴油生产过程中的主要副产物，约占生物柴油吨位的 10%。目前市场上对于粗甘油的需求微弱，如此供过于求的境遇造成了粗甘油废料的大量积累，而粗甘油的纯化复杂且成本高昂。因此，利用梭菌发酵废甘油产丁醇成为一种可行的选择（Silva et al.，2009）。

　　巴氏梭菌（*Clostridium pasteurianum*）是目前已知的、能直接发酵甘油高效产丁醇的梭菌之一，但其副产物较多，包括 1,3-丙二醇、乙醇、乙酸、丁酸、乳酸等（Biebl，2001），其中，1,3-丙二醇是最主要的副产物，产量很高，有时甚至超过丁醇（Kao et al.，2013）。因此，主产物丁醇产量的提升，以及副产物 1,3-丙二醇、1,2-丙二醇、乙偶姻、2,3-丁二醇等的减少甚至消除，是梭菌合成生物学研究的重要任务（图 3-15）。

　　有研究表明，引入糖类作为共同碳源，通过优化甘油和糖的配比，可以显著降低 1,3-丙二醇产量（Sabra et al.，2014）。在另一个研究中，科学家对 *C. pasteurianum* ATCC 6013 进行 *N*-甲基-*N'*-硝基-*N*-亚硝基胍（NTG）化学诱变。通过单分子实时（SMRT）测序对野生型和突变株 *C. pasteurianum* M150B 菌株进行测序，发现孢子形成的主转录调节因子 Spo0A 的基因中存在突变（有碱基缺失）。所获得的突变体与野生型菌株相比，生长速度明显加快，以 100 g/L 粗甘油为底物，丁醇产量（7.1 g/L）增加 91%，并且 1,3-丙二醇产量显著减少（Sandoval et al.，2015）。但要完全消除 1,3-丙二醇的合成，则必须利用合成生物学策略对 1,3-丙二醇合成途径或者丁醇合成途径进行改造。有研究者在 *C. pasteurianum* ATCC 6013 中以 TargeTron 中断了 1,3-丙二醇脱氢酶基因 *dhaT* 后，丁醇产量提升近 30%，1,3-丙二醇产量减少超过 80%，意外的是，1,2-丙二醇代谢途径变得活跃，产生了 0.43 g/L 1,2-丙二醇（Pyne et al.，2016）；在另一个研究中（Schwarz et al.，2017），诺丁汉大学的科学家开发了一种适用于巴氏梭菌的、基于同源重组的无痕基因敲除方法，成功删除了甘油脱水酶基因（*dhaBCE*），完全消除了 1,3-丙二醇的合成，而丁醇的合成几乎不受影响（最终生产了约 7 g/L）。他们还测试了与产溶剂途径密切相关的氢酶基因 *hydA* 以及氧化还原响应调控基因 *rex* 的敲除对代谢途径的影响，发现敲除前者可使 1,3-丙二醇产量降低 19%（约 12 g/L）、丁醇产量提高 12.8%（约 7.78 g/L），敲除后者可使 1,3-丙二醇产量降低 50%（约 7 g/L）、丁醇产量提高 43%（约 9.8 g/L）。这再次证实，在以甘油为底物时，梭菌内的 1,3-丙二醇途径和丁醇合成途径在碳流及电子流方面存在紧密和复杂的联系，要完全解耦两者、实现完全的丁醇合成，必须敲除 1,3-丙二醇途径。

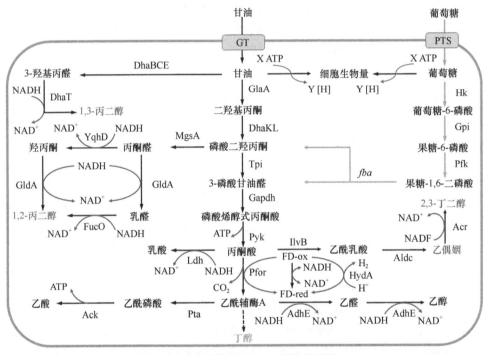

图 3-15　梭菌利用甘油产丁醇的代谢途径

DhaBCE，甘油脱水酶；DhaT，1,3-丙二醇脱氢酶；GldA，甘油-3-磷酸脱氢酶；DhaKL，磷酸二羟丙酮激酶；MgsA，甲基乙二醛合酶；YqhD，醇脱氢酶；FucO，1,2-丙二醇脱氢酶；Hk，己糖激酶；Gpi，果糖-6-磷酸异构酶；Gapdh，甘油醛-3-磷酸脱氢酶；Pfk，6-磷酸果糖激酶；Fba，果糖-二磷酸醛缩酶；Pyk，丙酮酸激酶；Pfor，丙酮酸-铁氧还蛋白氧化酶；HydA，氢酶；Pta，磷酸酰基转移酶；Ack，乙酸激酶；AdhE，醇/醛脱氢酶；IlvB，乙酰乳酸合酶；Aldc，乙酰乳酸脱羧酶；Acr，乙偶姻还原酶；GT，甘油转运蛋白；PTS，磷酸转移系统

　　除了主副产物浓度及比例，梭菌发酵粗甘油产丁醇的另一个难题是菌株对丁醇和底物的耐受性。研究人员对 *C. pasteurianum* DSM 525 进行了随机化学诱变，获得了对丁醇有更高耐受性的 *C. pasteurianum* M2 突变株，菌株 M2 能够在含有高达 10 g/L 丁醇的培养基中生长，丁醇耐受性比野生型高了将近两倍，最终的丁醇浓度达到约 12.06 g/L。另外，实验还研究了 pH 和通 N_2 对发酵的影响，结果表

明，通 N_2（pH 6.0）有利于细胞生长和 1,3-PDO 的生产，而在 pH 较低时（pH 5.0）尽管生长受到负面影响，但可以获得较高的丁醇得率（Gallardo et al.，2016）。另一项研究使用甲烷磺酸乙酯（EMS）进行随机诱变来开发 *C. pasteurianum* DSM 525 的突变菌株。还有学者用乙基甲基磺酸盐（EMS）介导的随机诱变来获得耐受高浓度粗甘油的巴氏杆菌突变菌株 *C. pasteurianum* MNO6。该突变株甚至在初始粗甘油浓度为 105 g/L 时仍可以生长。它利用粗甘油进行发酵的最大甘油利用速率可达 7.59 g/（L·h），相比野生型[4.08 g/（L·h）]有很大提高，丁醇和 1,3-PDO 的生产强度也分别达到 1.80 g/（L·h）和 1.21 g/（L·h），相比于野生型生产强度分别增加 89% 和 49%（Jensen et al.，2012）。

如今，甘油作为一种潜在的廉价非粮原料用于梭菌丁醇发酵受到越来越多的关注，但目前研究主要在巴氏梭菌中开展。一些发酵特征与巴氏梭菌类似的梭菌如二醇梭菌（*C. diolis*）等也有将甘油转化为丁醇的能力，而且其遗传操作系统已被开发出来（Li et al.，2020d），值得进行探索性研究。另外，前面提到的用于丁醇及抑制物毒性耐受的合成生物学策略及靶点也可在粗甘油发酵时进行尝试和验证，有助于推进粗甘油的高效利用。

3）合成气

合成气是化工行业常用的一种原料气，主要成分是 CO、H_2、CO_2。合成气的原料来源广泛，既可由化石燃料气化产生，亦可由农林废弃物等气化产生，甚至可以是经过处理后的工厂尾气。近年来，一碳气体的转化利用日益成为合成生物学研究的新兴前沿，利用梭菌转化合成气生产丁醇也取得不少进展。目前受到广泛关注的食气梭菌主要包括永达尔梭菌（*Clostridium ljungdahlii*）、自产醇梭菌（*Clostridium autoethanogenum*）、食一氧化碳梭菌（*Clostridium carboxidivorans*）等。

食气梭菌的产物往往以乙酸（和乙醇）为主，要使这些菌株生产丁醇，就必然要引入碳链延长和丁酰辅酶 A 还原途径。以目前研究最多的 *C. ljungdahlii*、*C. autoethanogenum* 为例，两菌通过 Wood-Ljungdahl（WL）途径（也称还原性乙酰辅酶 A 途径）来吸收和固定 CO_2 和 CO（图 3-16）。该途径是由甲基分支反应和羰基分支反应两个通路组成。CO_2 经甲基分支反应途径生成甲基四氢叶酸，随后与（CO 或 CO_2 经羰基分支反应形成的）羰基以及辅酶 A 在一氧化碳脱氢酶/乙酰辅酶 A 合酶（CODH/ACS）的催化下形成乙酰辅酶 A，然后进入中心代谢途径（贾德臣等，2019）。WL 途径的效率决定了乙酰辅酶 A 的供给水平，也决定了乙酰辅酶 A 下游途径的代谢通量。一些主要的食气梭菌 *C. ljungdahlii*、*C. autoethanogenum*、*C. aceticum* 等的遗传操作系统已经建立（Köpke et al.，2010；Valgepea et al.，2017；Lemgruber et al.，2019；Zhao et al.，2019a），引入异源的碳链延长途径以及丁酰辅酶 A 还原途径也不十分困难，但仅有少数几个产微量丁醇的报道，这暗示丁醇途径重构与调试还有问题有待解决。例外的是，食气梭菌 *C. carboxidivorans* P7

可天然地利用合成气生产一定浓度的丁醇和己醇（Shen et al.，2017），显示了极大的应用潜力。但该菌的遗传操作系统开发尚未报道，阻碍了合成生物学策略的进一步应用。

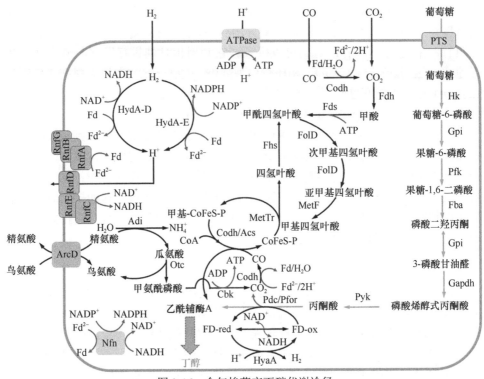

图 3-16　食气梭菌产丁醇代谢途径

Codh，一氧化碳脱氢酶；Acs，乙酰辅酶 A 合酶；Fdh，甲酸脱氢酶；Fhs，甲酰-四氢叶酸合成酶；FolD，亚甲基四氢叶酸环化酶/脱氢酶；MetF，亚甲基四氢叶酸还原酶；MetTr，甲基转移酶；Rnf，铁氧还蛋白：NAD⁺氧化还原酶；ArcD，精氨酸/鸟氨酸转运蛋白；Nfn，铁氧还蛋白依赖的电子歧化转氢酶。其他酶在前文相关图示中已经标注

目前，国内外研究者在优化和提升食气梭菌发酵性能方面做了诸多尝试，包括遗传操作工具开发、碳固定机制解析、代谢途径改造，以及培养基和发酵设备设计等（宋安东等，2014；Zhao et al.，2019a；贾德臣等，2019；Zhang et al.，2020b）。天然的食气梭菌吸收、固定和转化一碳气体速率较慢，能量代谢效率低，导致基于合成气的丁醇生产短期内无大规模生产可能，但为使用非粮廉价底物生产丁醇提供了一种新的选择。

3.2.6　总结与展望

丁醇作为一种重要大宗化学品及潜在的优质生物燃料，其生物法制备路线受到长期和广泛的关注。传统的基于淀粉质或糖基原料的梭菌发酵制丁醇工艺存在生产成本较高、相对于石化合成路线不具经济优势等不足。为增强生物丁醇制造路线的市场竞争力，除了寻求廉价替代原料外，提高菌株发酵的丁醇浓度、得率及生产强度等关键技术指标亦极其重要。为了实现这些技术指标的提升，培育和构建新型生产菌种是关键。此外，针对新构建的生物丁醇工程菌，从反应器、发酵方式、提取技术等多个角度出发，设计和集成新的系统化工艺路线，也是充分发掘和展示工程菌合成丁醇能力的重要研究内容。因此，未来的发展趋势应是以更为廉价的废弃原料配以高效的重组梭菌作为生产菌株来创建新的技术体系和工艺路线，从而降低生物丁醇的生产成本。

合成生物学技术的飞速发展，为上述瓶颈问题的突破提供了新的思想、工具和策略。例如，近年来宏基因组、宏转录组及宏蛋白质组技术的发展使得我们可以跳过微生物纯种培养环节，直接高效读取原始环境中微生物群落的基因组、转录组和蛋白质组信息，进而鉴定纤维素酶基因、研究酶表达水平及作用机理，从而为后续新的纤维素酶基因的调取、异源蛋白表达、纯化、降解机理研究，以及廉价废弃物的利用奠定基础。此外，分子遗传操作工具特别是基因编辑工具的快速迭代开发，为更复杂、更精细化地改造和重塑梭菌，以及提升菌株性能提供了技术支撑。然而，微生物对各种碳源（糖类和合成气）的利用及抗逆性状涉及基因、蛋白质、调控因子、应激行为等多个层面，很难通过单纯的基因工程或代谢工程改造简单实现。基于代谢工程的适应性进化工程可使微生物迅速获得优异表型，但是也存在基因靶点不清楚、负突变干扰等问题。因此，未来需依靠多组学技术为进化工程打开新的视角，也为反向代谢工程提供可靠的改造靶点。

合成生物学的发展还提升了研究者们对于梭菌生理、代谢过程的认识，加快了解代谢途径之间相互作用及其调控网络的复杂性。借助复杂代谢网络和动力学模型的计算机辅助设计，我们将可以通过改变最少的代谢和能量流来获得菌株的最优化生长，或者在特定条件下生产丁醇的能力。此外，合成生物学的基因组、代谢组、流量组及计算模拟技术也能为产丁醇人工菌群的设计和调控提供了丰富的工具及策略。

综上，合成生物学的模块化、标准化思想，跨物种募集、组装和调试模块的手段，以及海量数据获取、分析和计算模拟的能力，将有力促进生物丁醇的研究，有效提高其市场竞争力。

基金项目：国家重点研发计划"合成生物学"重点专项-2018YFA0901500。

3.3 新型能源微生物底盘和新型生物能源产品

何桥宁，陈云皓，邬亚伦，晏雄鹰，李涵，王依，黎佳，杨世辉*

湖北大学生命科学学院，省部共建生物催化与酶工程国家重点实验室，武汉 430062

*通讯作者，Email: Shihui.Yang@hubu.edu.cn

3.3.1 引言

随着合成生物学技术的不断发展，研究人员逐渐开辟了一条利用微生物细胞生产绿色生物燃料、实现化石燃料可再生替代的道路，以期达到绿色生产和节能减排的社会发展目的。据《中国石油产业发展报告（2020）》显示，2019 年中国生物燃料乙醇产量约 270 万 t，生物柴油产量约 103 万 t，目前我国生物燃料中占比最大的仍是生物乙醇与生物柴油。其中，生物燃料乙醇除少部分转化自木薯与糖蜜之外，大部分以玉米或小麦为原料进行生产（Wu et al., 2021a）。利用不同生物质生产乙醇的工艺不尽相同。例如，淀粉基生物原料生产乙醇时需要经过碾磨、液化及糖化，纤维素类原料生产乙醇时需要经过预处理和酶水解等工艺，糖类物质生产乙醇时则不需要碾磨、预处理和糖化等工艺。若生产过程中混入有毒物质，还会添加解毒工序。发酵过程所用发酵微生物目前仍以酿酒酵母为主，最后经过蒸馏脱水得到无水乙醇（曹运齐等，2019）。生物柴油生产除常见的废油脂化工加氢催化工艺外，通过微生物生产脂质也是一个方向。

可以预见，除乙醇汽油和生物柴油外，高效氢能源与完善的锂电池技术也将成为未来家庭与公共交通工具动力的主要提供方式，但是在影响电池效率的极端气候区域以及航海与航空领域，相当一段时间内仍将继续以液体燃料为主导。生物喷气燃料（jet fuel）是一种多达 1000 种不同化合物的复杂混合物，JetA、JetA-1 和 JP-10 等生物喷气燃料的主要成分为碳链长度 C9-C16 的线型烷烃、支链烷烃和环烷烃等，冬季用的低黏度燃油 Diesel 1-D 的碳链长度则为 C8-C25（Walls and Rios-Solis, 2020）。此外，具有较高能量密度的类异戊二烯类能源产品，如蒎烯、法尼烯等，也是具有极大发展潜力的新型燃料产品。

尽管可以利用模式底盘细胞如酿酒酵母和大肠杆菌等通过代谢工程改造实现这些新型燃料产品或其前体的生产，但往往需要进行重新设计、优化和适配以提高生产效率。因此，系统研究已知优良的模式底盘细胞，同时挖掘更多具有不同优良特性的非模式微生物底盘细胞，进而合理设计、优化生物合成途径与底盘细胞，可以拓展生物燃料的品种，提高产品产量，并可为合成生物学研究提供基础依据与改造工具（Liu et al., 2021a; Zhang et al., 2021a）。基于系统生物学可以更深入理解底盘细胞代谢网络、调控机制等方面，结合合成生物学"设计-构建-测试-学习（design-build-test-learn，DBTL）"策略，对能源微生物底盘细胞进行多维度的理性或半理性改造，挖掘、设计生物元件与线路，构建、优化能源产品合成途径，联合代谢途径的时空调控，构建高效能源微生物底盘，帮助实现从"建物致知"向"建物致用"发展，实现能源产品的理性设计，多元化及产业化发展（Zhang et al.，2021a；Liu et al.，2021a）。本文主要针对液体燃料能源产品及其合成途径与主要改造策略、目前常用或有潜力的能源微生物底盘细胞，以及系统与合成生物学在高效能源细胞工厂构建与优化中的应用进行分析，探讨高效能源微生物底盘理性设计与应用的瓶颈及对策。

3.3.2　生物能源产品及合成途径

生物液体燃料主要包括微生物细胞工厂利用天然或异源代谢途径生产的醇、脂、萜类化合物及烃类等化合物，本部分就主要生物液体燃料产品类型、合成途径、微生物细胞工厂及改造策略等内容进行概述（图 3-17）。

1. 醇类生物能源产品及合成途径

乙醇是生物燃料中研究历史长、产业化成熟的产品，尽管以非粮木质纤维素为原料的第二代纤维素乙醇、以藻类为原料的第三代微藻乙醇不断发展，但除了生产成本制约二代和三代燃料乙醇的产业化外，乙醇本身热值低、易吸附水等特点也是影响生物乙醇发展的因素。而碳原子数大于 2 的高级醇相比于乙醇更有作为生物燃料及燃油添加剂的应用前景，主要包括三碳醇（正丙醇、异丙醇、1,3-丙二醇）、四碳醇（正丁醇、异丁醇、2-丁醇和 2,3-丁二醇）、五碳醇（正戊醇、2-甲基-1-丁醇和 3-甲基-1-丁醇）、六碳醇（正己醇）和七碳醇（正庚醇）。含有 4 个碳原子及以上链长的丁醇、戊醇等长链高级醇具有与汽油相似的能量密度，以及作为燃料的一些更好特性，能够替代或者与汽油合并使用，因而被认为是较好的能源替代产品（马晓焉等，2021）。

正丁醇的天然生产菌株是丙酮丁醇梭菌（*Clostridium acetobutylicum*），通过乙酰辅酶 A 依赖的途径合成正丁醇，在 3.2 节已有详细介绍。首先，2 个乙酰辅酶 A 分子缩合生成乙酰乙酰辅酶 A，然后经过一步还原和脱水、再次还原脱去羧基，生成丁酰辅酶 A，然后经过还原脱去辅酶 A，醛基还原成羟基，合成正丁醇（图 3-17 途径 A）。这一代谢途径也被移植进入异源的底盘细胞，如大肠杆菌（*Escherichia coli*）、细长聚球藻（*Synechococcus elongatus*）、枯草芽孢杆菌（*Bacillus subtilis*）和恶臭假单胞菌（*Pseudomonas putida*），但是产量均不理想。美国加州大学洛杉矶分校 James C. Liao 教授课题组通过创建辅酶 A 非依赖型的正丁醇合成

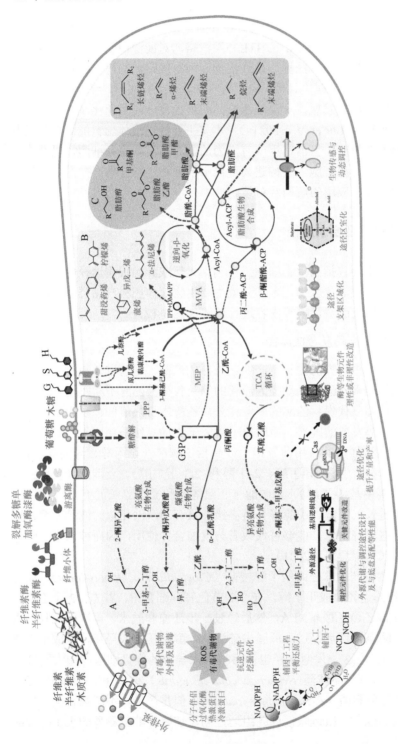

图 3-17 生物能源产品合成途径及关键改造技术

灰色字体表示各生物能源产品合成途径中的关键酶和蛋白质；红色字体表示胞内重要代谢途径各代谢途径中的关键中间代谢物；橙色字体表示能源细胞工厂关键改造策略与技术；A、B、C 和 D 四个区域中分别用蓝色、绿色、棕色、紫色表示各类生物能源产品。其他描述为各种能够提升生物能源产品产量的改造策略。
区域 A：醇类生物能源产品，包括 3-甲基-1-丁醇（3-methy-1-butanol）、异丁醇（isobutanol）、2,3-丁二醇（2,3-butanediol）、2-丁醇（2-butanol）和 2-甲基-1-丁醇（2-methy-1-butanol）；区域 B：萜类生物能源产品，包括甜没药烯（bisabolene）、柠檬烯（limonene）、异戊二烯（isoprene）、蒎烯（pinene）和 α-法尼烯（α-farnesene）；区域 C：脂肪酸类生物能源产品，包括脂肪醇（fatty alcohols）、甲基酮（methyl ketones）、脂肪酸乙酯（fatty acid ethyl ester, FAEE）和脂肪酸甲酯（fatty acid methyl ester, FAME）；区域 D：烃类生物能源产品，包括长链烯烃（long-chain alkene）、末端烯烃（terminal alkene）和烷烃（alkane）

途径解决该问题（Atsumi et al.，2008a，b）；同时，将新的反式烯酰辅酶 A 还原酶替换原生的丁酰辅酶 A 脱氢酶，从而改变代谢反应方向，可将原有的巴豆酰辅酶 A 向丁酰辅酶 A 的可逆反应改变为单向不可逆反应。该酶的另一优势是摆脱了原生丁酰辅酶 A 脱氢酶对传递电子的黄素蛋白的依赖，从而可将 NADH 作为唯一的辅因子；结合大肠杆菌底盘细胞 NADH 消耗途径等代谢反应的优化，进一步使正丁醇产量达到 30 g/L，产率达到理论水平的 88%（Shen et al.，2011）。

异丁醇、2-甲基-1-丁醇和 3-甲基-1-丁醇等支链高级醇的生物合成依赖于分支酸合成途径。首先，支链氨基酸（缬氨酸、亮氨酸和异亮氨酸）通过支链氨基酸转氨酶得到相应的氧化酸；其次，支链氧化酸通过脱羧反应转化为支链醛，支链醛进而被乙醇脱氢酶还原为相应的支链醇（图 3-17 途径 A）。在支链氨基酸代谢途径中，相应的中间体 α-酮酸也可以通过脱羧和还原的方式合成支链醇。缬氨酸的中间体 α-酮异戊酸在 α-酮酸脱羧酶的作用下发生脱羧生产异丁醇。美国加州大学洛杉矶分校 James C. Liao 教授课题组在 *E. coli* 中成功构建异丁醇合成代谢途径，取得了异丁醇产量 22 g/L、理论转化率 86% 的成果（Atsumi et al.，2008b）。美国 Gevo 公司与该团队合作，利用酿酒酵母（*Saccharomyces cerevisiae*）作为细胞工厂实现异丁醇的商业化生产，并将其用作航空燃料。目前，通过在梭菌属（*Clostridium* sp.）、枯草芽孢杆菌、运动发酵单胞菌（*Zymomonas mobilis*）和真氧产碱杆菌（*Ralstonia eutropha*）等不同底盘细胞中表达不同来源的 α-酮酸脱羧酶，以及进行代谢途径优化，实现了异丁醇的异源合成和产量的提升（马晓焉等，2021）。在运动发酵单胞菌中引入外源途径可生产 4 g/L 异丁醇（Qiu et al.，2020），而在大肠杆菌中引入来自运动发酵单胞菌的 Entner-Doudoroff（ED）途径相关基因并增强丙酮酸的积累，实现了 13.67 g/L 的异丁醇产量（Liang et al.，2018）。基于 BmoR 生物传感器，从大肠杆菌异丁醇生产菌株的常压室温等离子体（atmospheric and room temperature plasma，ARTP）诱变后的诱变库中筛选得到异丁醇产量达 56.5 g/L 的突变体（于勇等，2021）。另外，酮醇酸还原异构酶 IlvC 是异丁醇合成途径中仅存的 NAD(P)H 依赖型还原酶。美国加州理工学院 Frances H. Arnold 教授课题组通过定向进化策略对其 NAD(P)H 的结合口袋进行改造，得到以 NADH 作为还原力供体的酮醇酸还原异构酶，将异丁醇的合成途径由 NAD(P)H 依赖型彻底转化为 NADH 型，实现了完全厌氧的异丁醇发酵，最终达到理论产率的 100%（Bastian et al.，2011）。

2-甲基-1-丁醇和 3-甲基-1-丁醇燃烧热的能量密度分别为 28.2 MJ/L 和 33.23 MJ/L，与汽油（34.8 MJ/L）接近，二者可以替代乙醇作为汽油的添加剂或者替换产品。2-甲基-1-丁醇和 3-甲基-1-丁醇生物合成途径与异丁醇相似，分别由异亮氨酸和亮氨酸的前体脱羧及还原产生（图 3-17 途径 A）。有研究人员在钝齿棒杆菌（*Corynebacterium crenatum*）中引入非天然代谢途径生产支链醇，通过组合链延伸途径、异亮氨酸生物合成途径和脱羧反应实现了 2-甲基-1-丁醇和 3-甲基-1-丁醇的高效生产，分别达到了 5.26 g/L 和 3.78 g/L（Su et al.，2020）。脂肪醇的生产可以通过 Ehrlich 途径将支链氨基酸转化为醇，但是这种途径产生的醇的碳原子数受支链氨基酸碳原子数的限制而无法合成 C＞5 的酮酸前体。为了克服这一限制，研究人员将亮氨酸合成途径中 LeuABCD 催化的碳链延伸反应改造为碳链迭代延长的反应，通过理性改造手段扩大了异丙基苹果酸合酶 LeuA 的底物结合口袋，得到了可以催化 C7–C9 酮酸合成的一系列异丙基苹果酸合酶突变体，实现了 C6–C8 非天然长链醇的微生物合成（Zhang et al.，2008）。

2,3-丁二醇的高热值及其提高燃料辛烷值的能力使之成为一种很有前途的燃油添加剂，它可由丙酮酸在不同酶的催化作用下逐步催化为 α-乙酰乳酸、乙偶姻，最终转化为 2,3-丁二醇（图 3-17 途径 A）。克雷伯氏菌（*Klebsiella* sp.）、类芽孢杆菌（*Paenibacillus* sp.）和肠杆菌（*Enterobacter* sp.）等菌属广泛拥有生产 2,3-丁二醇的能力。华东理工大学沈亚领教授课题组通过插入失活 *swrW* 基因减少生产过程中的泡沫，使黏质沙雷菌（*Serratia marcescens*）的 2,3-丁二醇产量达到了 152 g/L（Zhang et al.，2010）。在运动发酵单胞菌中，引入来自枯草芽孢杆菌的乙酰乳酸合成酶 Als、乙酰乳酸脱羧酶 AldC 和 2,3-丁二醇脱氢酶 Bdh，构建的重组菌株 2,3-丁二醇产量达 13.3 g/L（Yang et al.，2016b），后续美国国家可再生能源实验室的研究人员将 2,3-丁二醇的产量进一步提高到 120 g/L 以上（Zhang et al.，2019a）。由于 2-丁醇拥有更高的辛烷值而得到工业界的广泛关注，目前有利用罗伊氏乳杆菌（*Lactobacillus diolivorans*）在厌氧发酵情况下将 2,3-丁二醇转化为 2-丁醇的研究报道（Russmayer et al.，2019）。2,3-丁二醇还可以转化为甲基乙基酮并与之结合，经加氢反应可转化为辛烷，用于生产优质航空燃料（Bialkowska，2016）。

2. 脂肪酸类生物能源产品及合成途径

脂肪酸是具有易获取和可再生特点的理想生物燃料前体。基于碳链长度，脂肪酸可分成短链（C1～C6）、中链（C7～C14）、长链（C15～C19）和超长链（≥C20）四类。短链脂肪酸包括甲酸、乙酸、丙酸、丁酸、戊酸、己酸及对应异构体（如异丁酸）；短链脂肪酸可以作为前体，通过碳链延长得到中、长链脂肪酸（Li et al.，2018b），同时也可以通过还原短链脂肪酸得到醇、烃等生物燃料。中、长链脂肪酸是生物柴油或是航空煤油的主要组分，可直接替代或与化石柴油调和使用（Wu et al.，2019c；Wang et al.，2021b）；若中、长链脂肪酸中存在支链，可进一步提高生物燃料品质，使之具有更低的冰点、浊点等（Yi et al.，2020）。超长脂肪酸一般作为人类和动物的营养补充剂，如花生四烯酸（arachidonic acid，AA）、二十碳五烯酸（eicosapentaenoic acid，EPA）等（Fan et al.，2018；Wang et al.，2021b）。

脂肪酸的合成可分为Ⅰ型和Ⅱ型两种。Ⅰ型主要存在于哺乳动物和部分真菌中，一般只能合成棕榈酸，产品单一。Ⅱ型则主要存在于细菌、植物和线粒体中，能合成不饱和脂肪酸、支链脂肪酸、羟基脂肪酸等产品（Zhou et al.，2020）。脂肪酸的生物合成包括起始合成与碳链延长两部分（图 3-17 途径 B）：①乙酰辅酶A 在乙酰辅酶 A 羧化酶的催化作用下转化成丙二酰辅酶 A；②丙二酰辅酶 A 在脂肪酸合酶的催化下，迭代共轭循环碳链延长（Cho et al.，2020；Choi et al.，2020）。在细菌中，这一反应由多个基因编码的Ⅱ型脂肪酸合酶 FAS Ⅱ 组成；而在酵母、真菌等中，由Ⅰ型脂肪酸合酶 FAS Ⅰ 催化，由 *FAS1*（β 亚基）和 *FAS2*（α 亚基）共同编码的蛋白质组成（D'Espaux et al.，2015；Das et al.，2020）。

乙酰辅酶 A 是脂肪酸生物合成的重要前体，也是糖代谢过程的关键一环，常通过阻断副反应、优化合成代谢或引入新途径来提高乙酰辅酶 A 的生产。在大肠杆菌中，一些内源性反应会争夺乙酰辅酶 A 前体，转化为乳酸、乙醇、琥珀酸、乙酸酯和甲酸酯等副产物；敲除这些途径的关键基因，可以优化乙酰辅酶 A 供给，提高生物燃料产量（Zhu et al.，2021）。引入外源途径，如通过引入磷酸戊糖解酮酶途径，扩大葡萄糖到乙酰辅酶 A 的流通量，可以增强碳流转向产物生产（Zhu et al.，2021）。在大肠杆菌中构建的 EP-bifido 途径则将糖酵解与戊糖磷酸途径分流结合，进而产生较多的乙酰辅酶 A，使得构建的工程菌株能够将脂肪酸产量（2.13 g/L）提高约 56.5%（Wang et al.，2019b）。天然糖酵解途径生产乙酰辅酶A 的理论碳收率仅有 66.7%，研究人员设计构建了环形非氧化糖酵解途径（non-oxidative glycolysis，NOG）来提高乙酰辅酶 A 含量。在该途径中，磷酸转酮酶将 3 分子果糖-6-磷酸分解成 3 分子乙酰磷酸和 3 分子 4-磷酸赤藓糖。3 分子4-磷酸赤藓糖通过碳重排重新生成 2 分子果糖-6-磷酸。净反应是 1 分子果糖-6-磷酸生成 3 分子乙酰磷酸而没有碳损失，理论上可最大化碳利用（Bogorad et al.，2013）。随后，研究人员进一步优化 NOG 途径，最终使工程菌株能够在葡萄糖基本培养基中有氧生长，且碳转化率近 100%（Lin et al.，2018）。

硫酯酶 TesA 是脂肪酸合成过程中链长控制的关键酶，也是提高中链脂肪酸合成能力的重要酶，过表达该基因可有效提升脂肪酸含量。通过对大肠杆菌硫酯酶进行底物选择性的定向设计，针对 TesA 酰基结合口袋，预测与底物结合密切相关的热点残基，采用半理性设计策略、高通量筛选、底物选择性表征等获得最优突变体，然后引入到脂肪酸合成工程菌，辛酸产量比野生型提高 10 倍，在 5 L 发酵罐中产量达 2.7 g/L（Deng et al.，2020）。

通过在解脂耶氏酵母（*Yarrowia lipolytica*）中过表达来自丙酮丁醇梭菌的 *gapC*基因和卷枝毛霉（*Mucor circinelloides*）的 *MCE2* 基因提高 NAD(P)H 供给，其脂质产量最高可达 90 g/L，产率达 1.2 g/（L·h）（Qiao et al.，2017）。在不透明红球菌（*Rhodococcus opacus*）中，研究人员通过敲除酰基辅酶 A 合成酶与脂肪酶特异性折叠酶，并过表达三种脂肪酶及优化培养条件等，达到了 50.2 g/L 的脂肪酸产量（Kim et al.，2019）。在大肠杆菌中，通过非遗传改造、压力选择，结合生物传感器调节，筛选出高性能的亚种群（不同亚种群之间脂肪酸丰度差异最高可达 9 倍），使脂质最高产量达 21.5 g/L（Xiao et al.，2016）。而在酿酒酵母中，同时提高胞质内乙酰辅酶 A、丙二酰辅酶 A、ATP 和 NAD(P)H 供应，并限制氮供应控制碳流向，可使脂肪酸产量提高至 33.4 g/L（Yang et al.，2018b）。原生动物破囊壶菌（*Thraustochytrid* T18）在过表达木糖异构酶和木糖激酶后能利用大量木糖，脂质含量达 87 g/L（Merkx-Jacques et al.，2018）。此外，从红树林环境中筛选得到的黑素短梗霉（*Aureobasidium melanogenum*）菌株可高产含烷烃及脂肪酸的粗重油（Xin et al.，2017），因此优良的菌株背景能为能源合成生物学提供一些基础。可用作燃料的脂肪酸微生物底盘细胞生产情况见表 3-7。

　　反式 β-氧化途径能够与辅酶 A 硫酯中间体作用，直接使用乙酰辅酶 A 进行酰基链延伸，不需要依赖 ATP 激活丙二酰辅酶 A，这一特性使相关能源产品的合成具有最大的碳利用效率。例如，最早被发现能够利用乙醇和乙酸为底物生产丁酸的克氏梭菌（*Clostridium kluyveri*），可以通过天然 β-氧化途径合成中链脂肪酸（Liu et al.，2021a）。通过突变 *E. coli* 的 *fadR*、*atoC* 及 *crp* 基因，并敲除 *arcA*、*adhE*、*pta* 和 *frdA* 基因构建的反式 β-氧化途径可产生至少 6 g/L 的脂肪酸（Dellomonaco et al.，2011）；这一途径也在 *E. coli* 中被广泛用于生产各类醇、烃等高级生物燃料（Sheppard et al.，2016）。通过整合硫解酶、水解酶、脱氢酶和还原酶，以及来自高等植物湿地萼距花（*Cuphea palustris*）的硫酯酶 CpTE，在酿酒酵母中构建出了人工反式 β-氧化途径，可以生产中链脂肪酸（C8-C10），虽然目前产量仍较低（Lian and Zhao，2015）。

　　脂肪酸还可作为前体转化为脂肪醇、脂肪酮、烷（烯）烃等其他高级生物燃料。脂肪醇类产品一般通过各类末端还原酶从酰基辅酶 A 或脂肪酸还原得到，具有高能量密度、低挥发性的特点（Das et al.，2020）。甲基酮最早在芸香（*Ruta graveolens*）中发现，具有高度还原的脂肪族特性，可用作生物柴油。目前，脂肪链甲基酮可以从两种途径出发。一条是 β-氧化途径，通过在大肠杆菌中过表达内源编码羟脂酰辅酶 A 脱氢酶/烯脂酰辅酶 A 合酶 FadB 和脂酰辅酶 A 硫酯酶 FadM 的基因及异源表达藤黄微球菌（*Micrococcus luteus*）的高特异性酰基辅酶 A 氧化酶基因生成甲基酮，以葡萄糖为底物，最高产量为 3.4 g/L（Goh et al.，2014）；进一步通过挖掘比较不同来源的 *fadM* 基因，以甘油为底物的甲基酮产量最高可提高到 4.4 g/L（Yan et al.，2020）。另一条途径中，在大肠杆菌中异源过表达来自野生番茄（*Solanum habrochaites*）的硫酯酶 Shmks2 和脱羧酶 Shmks1，并敲除原有的 *adhE*、*ldhA*、*poxB* 和 *pta* 基因，最终实现约 500 mg/L 的甲基酮生产（Park et al.，2012）。其他链长较短（C4-C7）的酮类途径也有相关研究，可参考相关文献（Srirangan et al.，2016；Yuzawa et al.，2018）。

表 3-7　生物能源产品对应生产菌株、生产方式及产量（除特殊标注外，产量单位均为 g/L）

类别	产物	结构	底盘	规模与方式	底物	产量	参考文献
醇类	异丙醇		E. coli	300 mL 摇瓶，气提法分批发酵	葡萄糖	143	Inokuma et al., 2010
	1-丁醇		C. acetobutylicum JB200	250 mL 生物反应器，分批发酵	葡萄糖	20.3	Xu et al., 2015a
			E. coli	1 L 产品原位分离生物反应器，同步线性葡萄糖补料分批发酵	葡萄糖	30	Shen et al., 2011
	异丁醇		I.diolivorans & S. marcescens	生物反应器系统，分批发酵	葡萄糖	13.4	Russmayer et al., 2019
			Z. mobilis	100 mL 摇瓶，分批发酵	葡萄糖	4	Qiu et al., 2020
			C. thermocellum	试管，分批发酵	纤维素	5.4	Lin et al., 2015
			S. cerevisiae	NA	葡萄糖	5.8	Dundon et al., 2012
	2,3-丁二醇		S. marcescens	250 mL 摇瓶，分批发酵	葡萄糖	42.5	Rao et al., 2012
			S. marcescens	3.7 L 发酵罐，补料分批发酵	蔗糖	152	Zhang et al., 2010
			Z. mobilis	125 mL 摇瓶，分批发酵	葡萄糖	13.3	Yang et al., 2016b
	2-甲基-1-丁醇		B. flavum	150 mL 摇瓶，分批发酵	葡萄糖/浮萍破碎物	19.5/17.5	Su et al., 2017
			E. coli	125 mL 摇瓶，分批发酵	葡萄糖	1.25	Cann and Liao, 2008
			C. crenatum	500 mL 摇瓶，分批发酵	葡萄糖	5.26	Su et al., 2020
	3-甲基-1-丁醇		E. coli	250 mL 摇瓶，两相发酵	葡萄糖	9.5	Connor et al., 2010
			B. flavum	150 mL 摇瓶，分批发酵	葡萄糖/浮萍破碎物	0.79/0.78	Su et al., 2017
	1,3-丙二醇		C. crenatum	500 mL 摇瓶，分批发酵	葡萄糖	3.78	Su et al., 2020
			V. natriegens	500 mL 摇瓶，分批发酵	甘油	56.2	Zhang et al., 2021b

续表

类别	产物	结构	底盘	规模与方式	底物	产量	参考文献
脂肪酸类	脂质	略	Y. lipolytica	3 L 生物反应器，分批发酵	葡萄糖	90.00	Qiao et al., 2017
				250 mL 摇瓶，分批发酵	果糖	5.51	Lazar et al., 2014
				250 mL 摇瓶，分批发酵	蔗糖	9.15	Lazar et al., 2014
				2 L 反应器，分批发酵	半乳糖	3.22	Lazar et al., 2015
				3 L 反应器，补料分批发酵	木糖	16.50	Niehus et al., 2018
			E. coli	0.45 L 反应器，补料分批发酵	葡萄糖	21.50	Xiao et al., 2016
			L. starkeyi	250 mL 摇瓶，分批发酵	葡萄糖、木糖	12.60	Zhao et al., 2008
			Thraustochytrid T18	7 L 反应器，补料分批发酵	葡萄糖、木糖	87.00	Merkx-Jacques et al., 2018
	脂肪酸	略	S. cerevisiae	1 L 反应器，补料分批发酵	葡萄糖	33.40	Yu et al. 2018b
			R. opacus	6.6 L 反应器，补料分批发酵	葡萄糖	50.20	Kim et al., 2019
			C. glutamicum	300 mL 带挡板摇瓶，分批发酵	葡萄糖	1.07	Ikeda et al., 2020
	脂肪酸乙酯	略	Y. lipolytica	250 mL 摇瓶，分批发酵	葡萄糖	0.137	Xu et al., 2016
			R. toruloides	1 L 反应器，补料分批发酵	葡萄糖	9.97	Zhang et al., 2021b
	蜡酯	略	A. baylyi	250 mL 摇瓶，分批发酵	葡萄糖	1.82	Luo et al., 2020
	甲基酮		E. coli	2 L 反应器，补料分批发酵	葡萄糖	3.40	Goh et al., 2014
			P. putida	15 mL 试管，分批发酵	葡萄糖	1.10	Dong et al., 2019
	粗重油（脂肪酸和烷烃）	略	A. melanogenum	10 L 反应器，分批发酵	葡萄糖	43.00	Xin et al., 2017

续表

类别	产物	结构	底盘	规模与方式	底物	产量	参考文献
类异戊二烯(航空燃料)	蒎烯		E. coli	摇瓶, 分批发酵	葡萄糖	0.14	Tashiro et al., 2016
			Y. lipolytica	摇瓶, 分批发酵	水解液	0.036	Wei et al., 2021
			C. glutamicum	摇瓶, 分批发酵	葡萄糖	27 μg/g	Kang et al., 2014
			R. sphaeroides	155 mL 透明瓶, 分批发酵	CO_2	0.54 mg/L	Wu et al., 2021b
	桧烯		E. coli	5 L 反应瓶, 甘油补料分批发酵	甘油	2.65	Zhang et al., 2014b
			S. cerevisiae	摇瓶, 分批发酵	葡萄糖	0.018	Ignea et al., 2014
	柠檬烯		E. coli	摇瓶, 补料分批发酵	葡萄糖	1.29	Wu et al., 2019b
				3.1 L 反应器, 两相补料分批分批发酵	甘油	3.6	Rolf et al., 2020
			Y. lipolytica	1.5 L 反应器, 补料分批发酵	甘油	0.17	Cheng et al., 2019a
			S. cerevisiae	摇瓶, 分批发酵	葡萄糖	0.92	Cheng et al., 2019b
	法尼烯		E. coli	分批发酵	甘油	8.74	You et al., 2017
			S. cerevisiae	NA	NA	104.3	Amyris 公司
			P. pastoris	摇瓶, 分批发酵	油酸、山梨醇	2.56	Liu et al., 2019b
			Y. lipolytica	1 L 反应器, 补料分批发酵	葡萄糖	2.56	Liu et al., 2021c
				200 t 反应器, 补料分批发酵	甘蔗糖浆	130	Meadows et al., 2016
	甜没药烯		E. coli	50 mL 摇瓶, 分批发酵	葡萄糖	0.91	Peralta-Yahya et al., 2011
			S. cerevisiae	5 mL 摇瓶, 分批发酵	甘露糖与葡萄糖	0.99	Peralta-Yahya et al., 2012
			R. capsulatus	摇瓶, 分批发酵	葡萄糖	1.08	Zhang et al., 2021c

续表

类别	产物	结构	底盘	规模与方式	底物	产量	参考文献
脂肪烃	短链烃 (C1-C6)	略	E. coli	光照生物反应器	甘油	0.11~0.14	Amer et al., 2020a
		略	Synechocystis sp. PCC6803	光照生物反应器	CO_2	0.026	Wang et al., 2013d
	中链烃 (C7-C14)		E. coli	5 L 反应器，补料分批发酵	葡萄糖	1.01	Wang et al., 2018b
				6.6 L 反应器，补料分批发酵	葡萄糖	0.58	Choi and Lee, 2013
				5 L 反应器，补料分批发酵	葡萄糖	2.5	Fatma et al., 2018
				100 mL 摇瓶，分批发酵	葡萄糖	0.26	Song et al., 2016
			S. cerevisiae	250 mL 摇瓶，分批发酵	葡萄糖	22 μg/g	Buijs et al., 2015
	长链烃 (C15-C19)	略	R. opacus	6.6 L，补料分批发酵	葡萄糖	5.2	Kim et al., 2019
			Y. lipolytica	3 L 反应器，补料分批发酵	葡萄糖	0.017	Xu et al., 2016
			A. melanogenum	10 L 反应器，分批发酵	葡萄糖	32.5	Liu et al., 2014
			S. cerevisiae	NA	葡萄糖	86 μg/g	Bernard et al., 2012

NA，相关资料中对此数据并未进行详实报道。

3. 萜类生物能源产品及合成途径

萜类化合物具有作为生物燃料和其他商业产品应用的广阔前景，目前很多公司如美国 Amyris、瑞士 Evolva、荷兰 Isobionics 等都以细菌或酵母作为底盘细胞来生产商用萜类物质。萜类化合物中的单萜（C10）及倍半萜（C15）具有替代柴油和汽油的潜力，如单萜中的蒎烯、桧烯和柠檬烯，倍半萜中的法尼烯、甜没药烯等，均有较好的十六烷值等作为柴油燃料的特性。蒎烯、桧烯和柠檬烯的独特理化性质使其具有高能量密度和高燃烧热值的特点，其具有和航空燃料 JP-10 相似的热量密度，可开发为新一代生物航空燃料，用作喷气式飞机混合燃料的重要组分。

萜类化合物的生物合成途径主要包括甲羟戊酸途径（mevalonate pathway，MVA）和 2-甲基赤藓糖醇-4-磷酸途径（2-C-methyl-D-erythritol-4-phosphate pathway，MEP）。MVA 途径普遍存在于古细菌、真核生物、植物细胞质，以及包括哺乳细胞在内的真核生物中。乙酰辅酶 A 首先经不同的酶催化到甲羟戊酸，然后甲羟戊酸转化生成异戊烯基焦磷酸（isopentenyl pyrophosphate，IPP）和二甲基丙烯基焦磷酸（dimethylallyl pyrophosphate，DMAPP）。MEP 途径主要存在于大多数细菌、藻类和植物的叶绿体中。丙酮酸和甘油醛-3-磷酸在 1-脱氧-D-木酮糖-5-磷酸合酶（1-deoxy-D-xylulose-5-phosphate synthase，DXPS）的催化下缩合生成 1-脱氧-D-木酮糖-5 磷酸（1-deoxy-D-xyulose-5-phosphate，DXP）；DXP 经异构、磷酸化、环化等步骤形成 MEP，然后再经相关酶催化磷酸化、环化形成 IPP；IPP 被异戊烯基焦磷酸异构酶催化为其同分异构体 DMAPP。与 MEP 途径相比，MVA 途径需要的辅因子量更低（Li et al.，2020b）。上述两个途径生成的 DMAPP 和 IPP 经缩合产生香叶酰焦磷酸（geranyl pyrophosphate，GPP），GPP 作为萜类化合物生物合成的重要前体物质进入后续途径。研究人员还构建了一条以异戊二烯醇或者戊二烯醇作为起始底物的异戊醇利用途径（isopentenol utilization pathway，IUP），利用来源于酿酒酵母的胆碱激酶（choline kinase，ScCK）和 MVA 途径自身的异戊基激酶（isopentenyl phosphate kinase，IPK）依次催化两步磷酸化反应合成 IPP 和 DMAPP，可用于萜类化合物的生产。相较于 MVA 和 MEP 途径，IUP 途径只需要 ATP 作为辅因子，仅需两步反应，途径更简单，不会与中心碳代谢竞争碳流（Chatzivasileiou et al.，2019）。

单萜化合物是指分子中含有两个异戊二烯单位（C5 单元）的萜烯及其衍生物，常见的有蒎烯、桧烯、柠檬烯等。在真核生物中，通常由 MVA 途径生成 GPP，然后分别在蒎烯合酶、桧烯合酶以及柠檬烯合酶的催化作用下生成蒎烯、桧烯和柠檬烯（图 3-17 途径 C）。在细菌中，则是在 MEP 通路下，由丙酮酸和甘油醛-3-磷酸生成二甲基烯丙基焦磷酸和异戊烯基焦磷酸盐，在香叶二磷酸合酶（geranyl diphosphate synthase，GPPS）催化下合成 GPP，然后经外源引入的合酶催化生成。

通过引入外源 MVA 代谢途径并整合不同来源的蒎烯合成酶，在大肠杆菌中实现了不同类型蒎烯的生物合成（Sarria et al.，2014）。其中，结合诱变、优化蒎烯合成酶等途径，蒎烯产量提升到 140 mg/L。最近，国防科技大学文理学院朱凌云副教授课题组通过融合 GPPS 和蒎烯合酶（pinene synthase，PS）蛋白，以及过表达内源 *idi*、*dxs* 和 *dxr* 基因和改造 RBS 位点等一系列手段，在类球红细菌（*Rhodobacter sphaeroides*）中可以生产 539.84 μg/L 的蒎烯（Wu et al.，2021b）。解脂耶氏酵母中也有利用木质纤维素水解液作为底物生产 36.1 mg/L 蒎烯的报道（Wei et al.，2021）。在大肠杆菌中引入外源 MVA 途径构建桧烯的合成途径，并表达来自大冷杉（*Abies grandis*）的 GPP 合成酶以及来自鼠尾草（*Salvia pomifera*）的桧烯合成酶，摇瓶产量达 82.18 mg/L，发酵罐中达 2.65 g/L（Zhang et al.，2014b）。在酿酒酵母中表达鼠尾草的桧烯合成酶，桧烯的滴度可达 17.5 mg/L（Ignea et al.，2014）。同样，通过异源代谢途径的引入，以及代谢工程和合成生物学改造，柠檬烯的滴度在大肠杆菌中以葡萄糖或甘油作为碳源分别可达 1.29 g/L（Wu et al.，2019b）和 3.63 g/L（Rolf et al.，2020）；在酿酒酵母中以葡萄糖为碳源，柠檬烯的产量为 917.7 mg/L（Cheng et al.，2019b）。

倍半萜是指由 3 分子异戊二烯聚合而成、分子中含有 15 个 C 原子的化合物，常见的有法尼烯和甜没药烯。法尼烯的生物合成是通过表达法尼烯合酶，催化法尼基焦磷酸（farnesyl pyrophosphate，FPP）生成得到。多种植物来源的法尼烯合酶被用于微生物细胞工厂构建生产法尼烯。通过利用来自青蒿（*Artemisia annua*）和挪威云杉（*Pieca abies*）的萜类合成酶及 MVA 代谢途径，美国 Amyris 公司利用大肠杆菌和酿酒酵母生产法尼烯，产量分别达到 1.1 g/L 和 728 mg/L；该公司针对相应的酿酒酵母菌株进行一系列随机突变和进化，进一步提高产量至理论值的 50%。2010 年，该公司公布的法尼烯产量为 104.3 g/L，产率为 16.9 g/（L·d）（George et al.，2015）。2016 年，该公司利用酿酒酵母生产法尼烯的规模达到 200 t（张云丰等，2021）。在解脂耶氏酵母中，通过非同源末端连接（non-homologous end joining，NHEJ）介导染色体基因整合构建过表达 MVA 途径和 α-法尼烯合酶基因的菌株文库，经优化筛选得到的最佳解脂耶氏酵母菌株的 α-法尼烯产量也达到了 25.55 g/L（Liu et al.，2019b）。

将来自于大冷杉的甜没药烯合酶（*Abies grandis*（E）-α-bisabolene synthase）基因 *Ag1* 在大肠杆菌中异源表达，甜没药烯的产量可达 400 mg/L 左右，经过一系列代谢工程手段，在大肠杆菌和酿酒酵母中的产量最终能达到 900 mg/L 左右（Peralta-Yahya et al.，2011）。进一步结合合成生物学手段阻断胡萝卜素生成，优化主要代谢通路，摇瓶中甜没药烯的产量为 800 mg/L，发酵罐可达 5.2 g/L（Ozaydin et al.，2013）。厦门大学袁吉锋教授课题组利用 CRISPR 技术改造荚膜红细菌（*Rhodobacter capsulatus*）的代谢通路，使该菌可生产 1089.7 mg/L 的甜没药烯，经发酵罐补料分批培养，产量达 9.8 g/L（Zhang et al.，2021c）。

4. 脂肪烃类生物能源产品及合成途径

脂肪烃根据其碳链的长短，同样可以分为短链（C1～C6）、中链（C7～C14）、长链（C15～C19）和超长链（≥C20）四类。其中，短链脂肪烃如丙烷、丁烷和异丁烷等气体常用作家庭烹饪和燃料发电；中链脂肪烃，如庚烷和壬烷等可以用作汽油、柴油燃料等；长链脂肪烃则多用作润滑剂（Amer et al.，2020b）。脂肪烃的天然代谢途径主要在脂肪酸代谢途径的基础上合成，以脂肪酰-酰基载体蛋白、脂肪酸或脂肪醛等物质为基础，可通过脂肪醛的去羰基化、脂肪酸的脱羧、头对头的碳氢化合物生物合成及聚酮合酶（polyketide synthase，PKS）途径四种方式合成（Kang and Nielsen，2017）。

脂肪醛的去羰基化反应中，大多数合成烷烃/烯烃的途径先通过脂肪酰基载体蛋白还原酶（acyl-ACP reductase，AAR）或脂酰辅酶 A 还原酶（fatty acyl-CoA reductase，FAR）得到脂肪醛或游离脂肪酸，然后经由醛脱羰酶将脂肪醛转化为烷烃/烯烃，并产生 CO_2、CO 和甲酸盐，醛脱甲酰加氧酶（aldehyde-deformylating oxygenase，ADO）常参与这一转化过程（Li et al.，2012）。脂肪酸的脱羧可以通过细胞色素 P450 酶 OleTJE 及醛脱羧酶 UndA 和 UndB 等酶直接将脂肪酸转化脱羧为端烯烃（图 3-17 途径 D）。将来自于假单胞菌属（*Pseudomonas*）的醛脱羧酶 UndA 和 UndB 在大肠杆菌中表达时，可以直接产生端烯烃。头对头的碳氢化合物的生物合成是在 *OleABCD* 基因编码的酶催化下利用脂肪酰-酰基载体蛋白作为前体物质合成：OleABCD 蛋白复合体通过 OleA 蛋白介导的非脱羧卤化和凝结作用将脂肪酰-酰基载体蛋白转化为 β-酮酸并释放两分子的辅酶 A，β-酮酸进一步在 OleD 蛋白作用下被 NAD(P)H 还原为 β-羟酸，β-羟酸在 OleC 蛋白的作用下利用 ATP 催化生成烯烃（Kalia et al.，2019）。PKS 途径从脂肪酰基载体蛋白开始，由 3-β-酮酰基合酶、酰基转移酶和酰基载体蛋白进行碳链延伸得到 β-酮基，然后由 β-酮还原酶、脱水酶、烯酰还原酶还原为 β-羟基，最后被硫酯酶催化脱羧和脱水释放烯烃产物（Kang and Nielsen，2017）。

通过对宿主菌株进行代谢途径改造或引入新酶能够显著提高烃类的产量（表 3-7）。例如，通过对野生型不透明红球菌中参与烃类化合物降解的单加氧酶基因 *alk-1* 进行敲除，使得不透明红球菌 ROPA2 生产长链烃的产量达到了 5.2 g/L（Kim et al.，2019）。在大肠杆菌中敲除 *yqhD* 并过表达 *fadR*，发酵 48 h 后烷烃产量为 1.009 mg/L，其中十七碳烯占烃类物质总量的 84%（Wang et al.，2018b）。通过优化参与烃类化合物合成相关的遗传元件，结合代谢模型对预测的基因进行过表达或敲除，获得了 318 mg/L 的烃类化合物产量，比原始大肠杆菌菌株提高 111 倍；进一步对主要碳代谢流中的关键基因 *plsX* 进行敲除，最终烃类化合物的产量提高到 2.5 g/L（Fatma et al.，2018）。对于短链烃如丙烷、丁烷及异丁烷的生物合成，已有研究证实在 30 mmol/L 氨基酸供给的条件下，在大肠杆菌中引入小球藻来源的脂肪酸光脱羧酶（fatty acid photodecarboxylase from *Chlorella variabilis*，CvFAP）突变体 CvFAP$_{G462I}$ 能够使得丙烷、丁烷及异丁烷的产量分别达到 109.7 mg/L、142 mg/L 和 112.1 mg/L（Amer et al.，2020a）。其他微生物细胞利用不同底物进行烃类化合物生产的例子参见表 3-7（Wang et al.，2013c；Bernard et al.，2012；Buijs et al.，2015；Choi and Lee，2013；Liu et al.，2014；Xu et al.，2016）。

3.3.3 生物能源产品代谢途径改造优化的主要策略

1. 增强底物转运与代谢效率

增强底物尤其是碳源的转运和代谢速率，如调节转运蛋白、控制全局调控因子及引入外源代谢途径均有助于碳源转运与代谢，实现高效物质转化和生物量积累，以及生物能源产品的可持续经济生产。葡萄糖、木糖是木质纤维素中的纤维素与半纤维素水解后的主要产物，可用于微生物细胞工厂发酵生产能源产品，例如，大肠杆菌中就存在磷酸葡萄糖转移酶系统（phosphotransferase system，PTS），以及 XylFGH 和 XylE 两个高、低亲和力的木糖转运系统，可同时利用葡萄糖和木糖进行混合发酵（Khunnonkwao et al.，2018）。但在葡萄糖存在的条件下，大多数微生物受到碳分解代谢物阻遏（carbon catabolite repression，CCR）作用，只有将葡萄糖消耗后才能继续利用其他糖类。同时，由于葡萄糖和木糖的转运蛋白识别位点十分保守，两者的转运存在竞争关系（Sun et al.，2012），葡萄糖的存在会极大地抑制木糖的转运，解除二者的竞争性转运能够增强糖的利用。利用这些策略已经在多种底盘细胞中进行了糖类转运的系统改造。

目前，已在大肠杆菌中展开了多种利用内源或者外源转运蛋白提高底盘细胞对碳源吸收和转化的研究。通过控制葡萄糖与木糖转运蛋白的表达、磷酸葡萄糖转移酶系统 *pstG* 基因的缺失突变或者改变 Crp 等全局调控蛋白，可以促进微生物底盘细胞对葡萄糖与木糖的吸收（Luo et al.，2014；Jarmander et al.，2014；Groff et al.，2012；Cirino et al.，2006）。通过对同源或异源木糖转运蛋白改造，也得到了对木糖专一性增强的转运蛋白，进而提高了底盘细胞对木糖的利用。例如，利用定点突变对里氏木霉（*Trichoderma reesei*）中具有更高木糖转运活性的新转运蛋白 Xltr1p 进行改造，得到了完全失去葡萄糖转运能力的突变体 Xltr1p^{N326F}，并且成功在酿酒酵母中表达并发挥功能（Jiang et al.，2020）。更多相关工作可参见齐鲁工业大学鲍晓明教授课题组的综述（Wang et al.，2021c）。此外，研究人员删除了大肠杆菌中编码葡萄糖异构酶的 *pgi* 基因，然后经实验室适应性进化使菌株的葡萄糖吸收速率和生物量均显著提高，其中，转氢酶基因 *pntAB*、*sthA* 的突变有助于解决代谢过程中产生的 NAD(P)H 和 NADH 不平衡问题,磷酸葡萄糖转移酶系统的 *crr* 基因突变则促进丙酮酸的积累(Long et al.,2018)。

2. 增强对水解液抑制物、有毒中间代谢产物及产物的耐受与转化能力

废弃生物质木质纤维素经过传统预处理过程通常会产生大量副产物,如呋喃、有机酸和酚类物质。这些水解液中的抑制物及生物燃料产品与中间产物本身的细胞毒性(如高级醇、萜烯类)会抑制细胞工厂的效率,制约生物燃料的工业化生产。通过对底盘细胞的设计改造,增强对水解液抑制物、有毒中间代谢产物及产物的耐受与转化能力,从菌株环境耐受和外排有毒产物两个方面提高重组菌株鲁棒性,可以帮助实现高滴度、高得率、高产率纤维素燃料的经济生产。

提高底盘细胞对抑制物的耐受性,对底盘细胞的高效生产具有重要作用。膜损伤通常被认为是胁迫导致细胞毒性的主要机制,Tan 等(2017)过表达 *pssA* 基因在提升磷脂头部磷乙醇胺含量的同时也增加了脂肪酸尾部的平均长度和不饱和度,通过分子动力学验证了其含量增加能够增大对乙醇渗透到疏水核心的阻力并增加膜厚度,显著提升了大肠杆菌对乙酸、糠醛、甲苯、乙醇和低 pH 的耐受性。通过对酿酒酵母中 NAD(P)H 依赖基因 *GRE2* 进行改造及提高细胞外 K^+ 和 pH 等方法,提高了菌株对底物的耐受性(Lam et al.,2021)。同样,在酿酒酵母过表达乙醛脱氢酶 ALD6(Park et al.,2011b)及在大肠杆菌中异源表达热带假丝酵母(*Candida tropicalis*)乙醇脱氢酶基因 *ctADH1*(Wang et al.,2016c)都提高了菌株对糠醛的耐受性。湖北大学杨世辉教授课题组在运动发酵单胞菌中过表达 RNA 结合蛋白基因 *hfq*,可提高菌株对乙醇的耐受性,并解析了该基因增强菌株乙醇耐受性的潜在机制(Tang et al.,2022)。该课题组还发现,胞内半胱氨酸与多种抑制物的耐受性相关,添加半胱氨酸有效地改善了运动发酵单胞菌在玉米芯水解液中的发酵性能,生长速率从 0.070 h^{-1} 提高至 0.188 h^{-1},乙醇生成速率从 0.38 g/(L·h)提高至 0.55 g/(L·h)(Yan et al.,2022)。

外排系统的优化设计也可提高底盘细胞对有毒物质的抗性。大肠杆菌拥有天然的外排系统(如 AcrAB-TolC),可将宿主的溶剂、抗生素和其他药物分子外排到胞外,减轻产物细胞毒性(Dunlop et al.,2011)。对于没有对应产物外排系统的菌株,如酿酒酵母,则通过引入异源的外排蛋白,帮助异源合成过程中的有毒物质排出宿主。例如,在酿酒酵母中表达来源于解脂耶氏酵母的内源外排蛋白 ABC2 和 ABC3,发现酿酒酵母对十一烷的耐受性显著提高,对癸烷的耐受性提高了 80 倍(Chen et al.,2013)。在酿酒酵母中表达来自子囊菌门真菌(*Grosmannia clavigera*)的外排蛋白 GcABC-G1,也提高了细胞在柠檬烯或蒎烯胁迫下的耐受性(Wang et al.,2013e)。Basler 等(2018)报道了过表达恶臭假单胞菌 DOT-T1E 来源的 RND(resistance nodulation cell division)型的外排泵 TtgABC,可以显著提高细胞在正丁醇、异丁醇、异戊二醇和异戊醇等有毒化合物存在时的存活率。另外，通过适应性进化和蛋白质工程，截短酿酒酵母相关萜类蛋白 Tcb3p，影响蛋白质分泌，从而降低了柠檬烯对酿酒酵母细胞的损伤，使耐受性提高了 9 倍（Brennan et al.，2015）。

通过实验室适应性进化（adaptive laboratory evolution，ALE）提高菌株对水解液抑制物的耐受性也是一种行之有效的策略（Qureshi et al.，2015）。Royce 等在使用辛酸驯化菌株大肠杆菌 MG1655 的过程中得到了一株对辛酸、己酸、癸酸、正丁醇和异丁醇耐受性都增强的菌株（Royce et al.，2015）。湖北大学杨世辉教授课题组通过 ALE 方法得到了运动发酵单胞菌耐酸菌株 3.6 M（Yang et al.，2020b）；农业部沼气科学研究所何明雄教授团队通过全局转录机制工程 gTME（global transcription machinery engineering）使用易错 PCR 对转录因子 RpoD 进行突变，得到了 3 株糠醛耐受菌株（Tan et al.，2015），后续研究还通过对运动发酵单胞菌进行多轮 ARTP 诱变，得到了能够耐受乙酸和低 pH 的菌株 AQ8-1 及 AC8-9（Wu et al.，2019a）。改善运动发酵单胞菌木质纤维素水解物抑制剂耐受性的研究进展可参考湖北大学杨世辉教授课题组撰写的综述文献（Yang et al.，2018c）。此外，清华大学李春教授课题组在酿酒酵母中，基于非理性方法，首先使用 Golden Gate 组装进行包含多个抗逆基因线路的多重抗逆防御系统的菌株库构建，然后模拟燃料乙醇工厂发酵的培养基、高温、高糖、乙醇毒害等环境，筛选得到了一株抗逆高产乙醇酿酒酵母菌株 A233，糖利用率提升近 50%，乙醇产量提升了 6.9%（Xu et al.，2020a）。

3. 辅因子改造与物质能量平衡

辅因子一般包括 $NADH/NAD^+$、$NAD(P)H/NADP^+$ 及能量分子 ATP/ADP 等，其所处的状态和水平决定了生物合成途径或者关键酶的效率。优化胞内辅因子供应以满足合成途径对辅因子数量的需求以及实现辅因子供需一致性（细胞可以提供的辅因子与细胞及代谢通路利用的一致性）是实现工业化目标的关键，可以通过提高胞内（特定细胞器内）辅因子水平、平衡辅因子稳态、提高辅因子活性等方式重建辅因子生物合成；也可以改造胞内辅因子的再生途径，创制人工新辅因子途径，调控其形式和浓度，实现目标产品碳通量最大化（郭潇佳等，2021；刘美霞等，2020）。

大肠杆菌生产异丁醇的合成途径需要大量的 $NAD(P)H$ 作为还原力，但糖酵解过程的还原力通常是 NADH 形式，从而导致供需不平衡的情况。研究人员通过增强表达转氢酶基因 pntAB[将质子 H^+ 从 NADH 转到 $NADP^+$ 上生成 $NAD(P)H$] 和 NAD 激酶基因 yfjB（将 NAD^+ 转化为 $NADP^+$），实现还原力从 NADH 到 $NAD(P)H$ 的高效转化，进而将在厌氧条件下的异丁醇产量提高了 80%（Shi et al.，2013）。

另外，通过过表达转氢酶基因 *udhA* 催化 NAD(P)H 转换为 NAD⁺，使胞内 NADH 含量增加，最终也将丁醇产量提高了 25.6%（Saini et al.，2016）。为了增加 NAD(P)H 的生产速率，通常删除糖酵解途径的磷酸葡萄糖异构酶基因 *pgi* 或者磷酸果糖激酶基因 *pfkA/pfkB*，将碳流转向戊糖磷酸途径，并过表达来自戊糖磷酸途径的葡萄糖-6-磷酸脱氢酶基因 *zwf* 和 6-磷酸葡萄糖酸脱氢酶基因 *gnd*，以提供更多的辅因子 NAD(P)H，从而保证大肠杆菌在目标产物生产过程中的还原力供应（Sundara Sekar et al.，2017；Siedler et al.，2011）。

此外，ED 代谢途径也常作为 NAD(P)H 的来源之一。宾夕法尼亚州立大学的 Howard Salis 教授课题组在大肠杆菌中构建了来源于运动发酵单胞菌的 ED 代谢途径，并利用 RBS 文库调控相关基因的表达，重组大肠杆菌产生的 NAD(P)H 较野生型提高了 25 倍，有效提升了萜类化合物的产量（Ng et al.，2015）。中国科学院青岛生物能源与过程研究所刘会洲研究员团队将大肠杆菌中 1,3-丙二醇的发酵与异戊二烯的生产相结合，通过过表达转氢酶 PntAB 将 NADH 转化为 NAD(P)H，实现了由 MVA 途径供给还原力协同生产异戊二烯生物燃料化学品（Guo et al.，2019）。

在生物体中，大量氧化还原反应通过天然的辅酶因子 NAD⁺和 NADP⁺获取电子。美国加州大学尔湾分校李晗教授课题组和加州大学戴维斯分校 Justin B. Siegel 教授课题组在大肠杆菌中构建了辅酶因子烟酰胺单核苷酸（nicotinamide mononucleotide，NMN），人工辅酶因子 NMN 只能被工程改造后的目标代谢途径识别，而不能被天然氧化还原反应利用；同时，该人工辅酶因子在底盘细胞体内的效率较高，可以介导糖酵解途径为细胞生长提供碳源，该体系有助于实现代谢路线在工程菌中的正交化（Black et al.，2020）。中国科学院大连化学物理研究所赵宗保研究员团队通过交叉筛选获得了偏好性非天然辅因子烟酰胺胞嘧啶二核苷酸（nicotinamide cytosine dinucleotide，NCD）的苹果酸酶突变体，成功构建了依赖于 NCD 的正交氧化还原体系，并将 NCD 关联的氧化还原配对拓展至亚磷酸脱氢酶、乳酸脱氢酶、甲酸脱氢酶等氧化还原元件（Guo et al.，2020b）；更重要的是，该团队创制了细胞内源胞嘧啶核苷三磷酸 CTP（cytidine triphosphate）和烟酰胺单核苷酸 NMN 原位合成 NCD 的 NCD 合酶，构建了 NCD 自给平台菌株，并将其成功构建高选择性物质代谢途径，有助于在代谢水平进行正交氧化还原途径调控，为合成生物学能源产品的高效生产提供了新工具（Wang et al.，2021d；郭潇佳等，2021）。

4. 纤维小体的构建与应用

本书 2.2 节部分对纤维小体已有介绍。纤维小体是细菌分泌的高效降解木质纤维素的多酶复合体，随着对纤维小体架构和高效作用机制的认识逐渐深入，还可以利用纤维小体构建具备邻近效应与底物通道效应等多重协同效应的高性能多酶复合体，用于其他酶类的组装。在酿酒酵母中，利用人工纤维小体架构将两个酶形成底物通道产 2,3-丁二醇，并通过改变支架蛋白中黏连模块的数目优化两种酶的配比，显著提升了 2,3-丁二醇产量（Kim and Hahn，2014）。利用人工纤维小体架构在解脂耶氏酵母表面展示脂肪酶、羧酸还原酶、乙醛脱羧酶，将甘油三酯直接一锅法转化为脂肪烃，使初始反应速率提升了 17 倍，转化率则由游离酶的 7%～32% 提升到 71%～84%（Yang et al.，2018d）。该团队进一步使用人工纤维小体架构将脂肪酶和 P450 脂肪酸脱羧酶固定在纤维素上，同样实现了甘油三酯到脂肪烃的高效转化，并且固定化的催化剂可以回收和多次重复使用（Li et al.，2019b）。

中国科学院青岛生物能源与过程研究所崔球研究员团队提出了 β-葡糖苷酶（BGL）与纤维小体协同作用的整合生物糖化策略，实现了 BGL 在热纤梭菌（*Clostridium thermocellum*）中的高水平表达和外泌，提高了糖化效率，通过与不同菌株混合培养可以生产不同的平台化合物（Liu et al.，2020e；崔球等，2021）。也有研究人员在马克斯克鲁维酵母（*Kluyveromyces marxianus*）表面展示了具有 63 个酶组分的纤维小体，并将表达的基因整合到基因组上，在微晶纤维素和磷酸膨胀纤维素中分别产生 3.09 g/L 和 8.61 g/L 乙醇（Anandharaj et al.，2020）。

基于纤维小体超分子体系自组装和多酶体系协同作用的优势，研究人员进一步开发出了不同功能的仿纤维小体，例如，选取包括杨树（*Populus*）SP1 蛋白（Heyman et al.，2007）、AKAP 信号复合体中的互作多肽（Kang et al.，2019）和极端嗜热古菌的二类分子伴侣（Mitsuzawa et al.，2009）等作为支架蛋白；开发了稳定、易制备、易回收的纳米颗粒（Kim et al.，2012；Lu et al.，2019a），使用易定制的 DNA（Chen et al.，2017）作为支架蛋白，提高了各类组装酶系的活性或效率。除常规酶系外，研究人员将 dCas9 蛋白与纤维素酶系的融合或利用 SpyCatchter-SpyTag 连接，利用正交的 dCas9 蛋白对 DNA 位点识别的特异性，组装了以 DNA 为脚手架的两组分仿纤维小体（Berckman and Chen，2020）。相信将来通过纤维小体，不仅可以提高酶系效率，还可以通过高效模块化自组装及多层次协同，构建高效微生物细胞工厂。

5. 途径支架区域化及途径区室化应用

途径支架区域化主要通过 RNA、DNA 及蛋白支架来实现。武汉大学刘天罡教授课题组设计了一种人工蛋白骨架结构，该结构基于一对简单的多肽相互作用标签 RIAD 和 RIDD，实现了两种酶体外及体内的有效组装。通过构建多酶复合物的方式链接生物合成的关键代谢节点来实现目标途径产量的提升，尤其针对具有不同空间分布酶的人造代谢体系，不仅解决了底物传递通道问题，也缓解了人工代谢体系的不平衡问题（Kang et al.，2019）。研究人员在酵母表面展示了类纤维素体三功能合成支架实现底物通道的作用，将乙醇脱氢酶、甲醛脱氢酶和甲酸脱氢酶按顺序连接到支架上使得 NADH 的生产效率提高了 5 倍（Liu et al.，2013）。

Tippmann 等（2017）利用亲和体支架，通过蛋白亲和作用实现酶的共定位，将法尼基焦磷酸合酶（farnesyl pyrophosphate synthase，FPPS）和法尼烯合酶（farnesene synthase，FS）空间距离拉近，改善了经 MVA 途径流向法尼烯的通量，使酿酒酵母中法尼烯产量提高了 135%。

　　为了加速构建最佳构型的支架蛋白系统，中国科学院深圳先进技术研究院戴俊彪研究员团队开发了基于 Golden Gate 分子工具包的人工蛋白支架系统，该工具可以尝试不同结构域类型、数量和位置，并通过酵母双杂交或者双分子荧光互补实验进行验证（Li et al.，2018c）。研究人员构建了一个包含 8 个酶及对应 RNA 适配体的支架系统，该系统保证了各个酶之间有合适的距离和角度，能够使中间体直接导向级联体的下一个酶而实现底物通道效应，该支架使脂肪酰基载体蛋白还原酶和醛脱甲酰氧化酶之间保持 120° 角时，可使十五烷产量提高 2.4 倍（Sachdeva et al.，2014）。研究人员以质粒作为支架，通过能够识别特定 DNA 序列的锌指蛋白将目标蛋白固定到质粒的特定位置上实现多酶组装系统，提升了白藜芦醇、1,2-丙二醇和甲羟戊酸酯的产量（Conrado et al.，2012）。

　　途径区室化主要利用细胞器进行关键酶的区域表达，不仅能够消除代谢途径在胞内复杂网络中的干扰，还能限制中间体在细胞器内的扩散和转化，也能够降低反应过程对细胞的毒性。羧化体、线粒体、过氧化物酶体等多种细胞器已经应用于能源产品的生产。细菌微区室是细胞器的原核形式，现已知存在羧化体、1,2-丙二醇利用微区室和乙醇胺利用微区室三种类型（王琛等，2020）。在大肠杆菌中人工合成来自于蓝藻的羧化体，为使用羧化体构建代谢节点提供了思路（Sutter et al.，2019）。例如，通过在大肠杆菌中编码新的羧化体蛋白外壳包裹[Fe-Fe]-氢化酶构成了可利用 NAD(P)H 生产氢气的纳米反应器（Li et al.，2020c）。此外，研究人员利用 PduA 蛋白 C 端修饰的 PduA* 和互补的卷曲螺旋肽构建了一个三组分系统，将其引入产乙醇工程大肠杆菌时，该系统能够形成一种相互作用的胞内丝状结构，聚集的代谢酶增加了其局部的有效浓度，使乙醇产量得到提高（Lee et al.，2018）。

　　在真核微生物中对细胞器的应用则更为普遍，有研究表明，线粒体内的乙酰辅酶 A 浓度比细胞质中的浓度高 20～30 倍（Weinert et al.，2014）。因此，将关键酶定位在线粒体中能够提高其对乙酰辅酶 A 的利用。浙江大学于洪巍教授课题组将整个 MVA 途径的关键酶定位于酿酒酵母线粒体，实现了 MVA 途径在胞质和线粒体的双重定位，最终异戊二烯的产量达到 2.5 g/L（Lv et al.，2016）。过氧化物酶体包含脂质生物合成、脂肪酸的 α- 和 β-氧化、磷酸戊糖途径的氧化分支等多种途径，从而可产生大量乙酰辅酶 A 和辅因子，将异源脂酰辅酶 A 还原酶和长链酰基辅酶 A 定位到酿酒酵母过氧化物酶体，可使脂酰辅酶 A 通过 β-氧化生成的中间体大多转化成为中链脂肪醇（Sheng et al.，2016），使中链脂肪酸产量提高 3.34 倍，总脂肪酸产量提高 15.6%（Chen et al.，2014a）。参照天然细胞器微室结构，还能够利用自组装蛋白的可控表达和组装特性，构建包装有催化蛋白的人工细胞器，目前，已成功在真核生物中实现了去甲乌药碱（Lau et al.，2018）与脱氧紫色杆菌素（Zhao et al.，2019b）等高值化合物的高效合成。

6. 生物传感与动态调控

基于转录因子的生物传感器（transcription-factor-based biosensor，TFB）通常用于代谢物检测、适应性进化和代谢流量控制（Ding et al.，2021）。代谢途径的动态调控是代谢途径优化中最有效的策略之一，构建高效价、高产率和高产量的微生物细胞工厂需要生长与产量之间的平衡，为此，调节基因表达和调控对于优化及精确控制复杂的代谢通量是必要的，可参考构建微生物细胞工厂的基因表达调控的最新进展（Jung et al.，2021）。而根据动态调控的响应来源，可将调控分为响应外界的调控、响应代谢物浓度的调控、基于群体感应（quorum sensing，QS）的调控（张晨阳等，2021）。天然响应外界调控包括：常见的各类化学药品诱导型启动子如 P_{lac} 和 P_{tet}（Skerra，1994），环境响应型启动子如响应 pH 的 P_{GAS}（Yin et al.，2017），热诱导的融合启动子 P_L（Zhou et al.，2012），溶解氧响应的启动子 P_{nar}（Hwang et al.，2017），光诱导型启动子 P_{c120} 和蓝光诱导 AraC 二聚体家族（Zhao et al.，2018a；Romano et al.，2021）等。研究人员通过在大肠杆菌中尝试不同启动子来启动香草醛酸盐感应系统 VanR-VanO 中的结合位点 VanO，筛选到拥有 14 倍动态检出范围的生物传感器（Kunjapur and Prather，2019）。

通过将发酵过程分为高氧诱导生长阶段和低氧诱导生产阶段，溶解氧响应的启动子 P_{nar} 已经成功应用于大肠杆菌 D-乳酸、2,3-丁二醇和 1,3-丙二醇合成的动态调控，产量分别为 113.12 g/L、48.0 g/L、15.8 g/L（Hwang et al.，2017）。另外，响应胞外 pH 扰动的跨膜单组分调节器 CadCΔ 被应用于解决 D-木糖氧化途径中D-木糖酸瞬时积累所造成的培养基酸化问题，可以最大限度地减少过多 D-木糖酸积累对细胞生长的影响，使得乙二醇产量提高了 170%（Tashiro et al.，2016）。在酿酒酵母中构建的 OptoEXP 光控制开关的启动子 P_{c120} 在黑暗状态下失活无法开启转录，在蓝光照射下可以启动下游基因的表达，从而实现了蓝光和黑暗诱导的生产模式间的细胞代谢状态切换，异丁醇的产量达到 3.37 g/L（Zhao et al.，2018a）。

代谢物响应动态调控中，可以通过启动子改造优化动态调节，例如，通过改变 PdhR 在启动子结合序列与位置优化丙酮酸响应基因回路动态范围（Xu et al.，2020b），使用 Fap 和 P_{GAP} 的顺式作用模块构建了基于 FapR 的丙二酰辅酶 A 调控因子型生物传感器，实现了有毒中间体丙二酰辅酶 A 的平衡调控，使脂肪酸产量成功提高了 2.1 倍（Xu et al.，2014）。通过将大肠杆菌的外源脂肪酸乙酯生物合成途径分为生产脂肪酸、乙醇和脂肪酸乙酯三个模块，构建动态传感调节系统，根据中间代谢物调控代谢通路将乙醇和酰基辅酶 A 转化为脂肪酸乙酯，将产物滴度提高至 1.5 g/L（Zhang et al.，2012b）。Snoek 等对效应物结合域（effector-binding domain，EBD）使用易错 PCR 进行突变并使用流式细胞荧光分选（fluorescence-activated cell sorting，FACS）筛选粘康酸诱导的转录因子 BenM 变体，得到特异性响应己二酸的变体，并增加了动态范围和检测范围（Snoek et al.，2020）。清华大学邢新会教授和张翀副教授团队通过对胞内色氨酸产生响应的前导肽类传感器 TnaC 协调 RNA 聚合酶、核糖体和 Rho 转录终止因子三种大分子在转录翻译过程中的动力学行为，调节重要的细菌种间信号分子吲哚的合成，并且通过构建的流式-测序（FACS-Seq）高通量分析流程验证了 TnaC 的功能，提出了背后的可能动力学机制（Wang et al.，2020a）。

群体感应调控最早发现于费氏弧菌（*Vibrio fischeri*），LuxR 和产生酰基高丝氨酸内酯的 LuxI 酶组合，通过调控细胞密度依赖性基因 *luxI* 和 *luxR* 的表达水平，改变触发基因表达的切换时间。目前该系统已应用到 1,4-丁二醇（Liu and Lu，2015）、甜没药烯（Kim et al.，2017a）及通过触发切换三羧酸循环重定向为异丙醇的生产研究中（Soma and Hanai，2015）。研究人员采用 Esa-PesaR 激活群体感应系统对大肠杆菌 4-羟基苯基乙酸生物合成途径进行动态控制，在不添加外源诱导剂的情况下，4-羟基苯基乙酸产量达到 17.39 g/L，滴度较静态控制途径提高了 46.4%（Shen et al.，2019a）。

基于翻译后水平调节反应时间更短的独特优越性，江南大学刘立明教授课题组构建了可同时开关不同基因表达的动态双功能分子开关，通过不断筛选优化平衡细胞生长和产物合成的碳流量，最终使大肠杆菌生产莽草酸达到 14.33 g/L、生产 D-葡萄糖二酸达到已知最高产率[0.0325 g/（L·h）]（Hou et al.，2020）。另外，该团队还实现了工程化改造大肠杆菌的生命周期，帮助底盘在生长与产物积累间进行切换，通过敲除或者过表达半时序寿命相关基因来控制大肠杆菌生长模式，构建了基于重组酶的不同输出机制，使细胞在生长模式和产物生产模式间进行切换，重组菌株可实现 52%（质量百分比）乳酸-羟基丁酸共聚酯及 29.8 g/L 丁酸的生产（Guo et al.，2020a）。

借助数学模型的辅助，可以在不了解机制的情况下，一定程度上减少工程量并给出方向性的指导，在算法优秀的情况下甚至能够快速、精准地实现生物传感器性能的调节。江南大学邓禹教授课题组将人工智能应用于预测与优化全细胞微生物传感器的动态范围，建立的基于卷积神经网络的深度学习分类模型可实现核糖体结合位点到生物传感器动态范围的可预测翻译调整，预测性能十分优异（Ding et al.，2020；丁娜娜等，2021）。

3.3.4 模式与非模式能源微生物底盘

由于长链醇、脂肪酸酯、萜类及烷烃等化合物各自拥有特殊的性质，成为生物乙醇之外的理想生物燃料。尽管可以利用微生物天然代谢途径或通过代谢工程改造实现这些化合物及其前体的生产，但这些途径往往需要进行重新设计、优化、适配以提高效率。因此，系统研究已知优良的模式底盘细胞，同时挖掘更多具有不同优良特性的非模式微生物底盘细胞，进而通过合理设计、优化生物合成途径与底盘细胞，可以拓展生物燃料的品种，提高产品产量，向着高效细胞工厂理性设计及生物燃料产品的多元化与产业化方向发展（Liu et al.，2021a；Zhang et al.，2021a；杨永富等，2021a）。本节将针对部分代表性模式与非模式工业微生物菌株包括鲁棒性在内的特殊生理特点、底物利用能力、能源产品的生产能力及基因组编辑工具的开发等方面的研究进展进行简单阐述（表 3-8）。

大肠杆菌（*Escherichia coli*）是研究最为广泛和深入的模式原核微生物，生长速度快，可利用多种底物进行有氧或厌氧生长。大肠杆菌拥有丰富的启动子与 RBS 等生物元件，以及基于人工智能（artificial intelligence，AI）理性设计人工启动子的方法（Wang et al.，2020c）。代谢途径构建过程中的多种 DNA 片段拼接组装技术，如 Golden Gate 组装、Gibson 组装、环形聚合酶延伸克隆（circular polymerase extension cloning，CPEC）（Quan and Tian，2011）等方法均成功应用于大肠杆菌。同时，在大肠杆菌中建立了多种高效的同源重组系统、基因组与碱基编辑系统及多种多重自动基因组编辑技术（于勇等，2021）。

大肠杆菌自身不具备生产生物燃料的能力，但其遗传背景清晰、遗传操作工具多样的优点使其成为生产多种能源产品的重要模式微生物底盘细胞（Wang et al.，2017d）。通过代谢工程和合成生物学方法将异源能源产品生产代谢途径引入大肠杆菌的研究可以追溯到 1991 年，研究人员将运动发酵单胞菌编码乙醇合成途径丙酮酸脱氢酶和乙醇脱氢酶的基因 *pdc* 和 *adh* 引入到大肠杆菌中实现了乙醇的生产（Ohta et al.，1991）。尽管美国杜邦（DuPont）和 Genomatica 公司分别利用大肠杆菌实现了 1,3-丙二醇和 1,4-丁二醇的工业化生产，同时通过改造大肠杆菌实现了包括醇、脂肪酸和萜类衍生物等能源产品的生产，然而目前利用大肠杆菌实现生物燃料商业化生产的报道尚不多见（Bulthuis et al.，2002；Yim et al.，2011）。

酿酒酵母（*Saccharomyces cerevisiae*）是研究最为广泛深入的模式真核微生物，已经有大量综述文献，本文不做具体阐述。需要强调的一点是，酿酒酵母除了拥有一系列合成生物学方法技术和体系及各种丰富的数据库外，其长期作为工业生产菌株已建立起成熟的商业化设施体系，它也是包括生物燃料在内的多种高附加值产品的优良生产菌株。2,3-丁二醇（Kim et al.，2017b）、角鲨烯（Kwak et al.，2017）等都已实现在酿酒酵母中的生产，美国 Gevo 公司和 Amyris 公司利用酿酒酵母分别实现了异丁醇和法尼烯的工业化生产。

表 3-8　部分生产新型能源产品微生物底盘特性

	菌株名称	基因组信息	遗传操作系统、工具	生理性能与特点	底物利用	产物及产业化产品
模式菌株	大肠杆菌（Escherichia coli）	4.64 Mb GC 50.8%	生理元件种类与数量丰富，途径构建方法及基因组编辑等遗传操作工具多样	遗传背景清晰，可利用多种底物进行有氧或厌氧生长且生长速度快	戊糖、己糖、甘油和淀粉	醇、脂肪酸和萜衍生物；1,3-丙二醇和1,4-丁二醇（Genomatica）工业化生产
	酿酒酵母（Saccharomyces cerevisiae）	11.8 Mb GC 38.2% 16条染色体	同源重组介导的多重基因组编辑、巨核酶介导的多重基因组编辑、TALEN介导的CRISPR/Cas9、Cas12a多重基因组编辑和	遗传背景清晰，鲁棒性强	淀粉、蔗糖和己糖	脂肪烃、甜没药烯、法尼烯、柠檬烯、桉烯、乙醇、辛醇、脂肪酸和脂肪酸乙酯
革兰氏阴性菌	恶臭假单胞菌（Pseudomonas putida）	6.2 Mb GC 61.5%	ssDNA重组工程；CRISPR/Cas9	生长快速，营养需求低	芳香族化合物和己糖（葡萄糖和果糖）	对苯二甲酸、3-己烯二酸、2-己烯二酸、1,6-己二醇、ε-己内酰胺和ε-己内酯
	拜氏不动杆菌（Acinetobacter baylyi）	3.6 Mb GC 40.3%	自然转化效率高（可摄取线性DNA并发生同源重组），同源重组，缺口修复	降解长链二羧酸及芳香族化合物的独特代谢途径，可利用木质纤维素中的芳香族化合物，生长迅速（倍增时间小于35 min）	葡萄糖、木糖、甘油、醋酸、乙醇和丙酮酸等碳源	脂质（蜡酯、甘油三酯）
	运动发酵单胞菌（Zymomonas mobilis）	2.2 Mb GC 46.1% 4个内源质粒（32~40 kb）	生物调控元件预测及双荧光报告基因定量系统、内外源CRISPR/Cas基因组编辑与调控技术及gRNA设计网络工具CRISpy-pop	目前已知唯一厌氧条件下利用ED途径的微生物；葡萄糖代谢速率快、乙醇产量高且耐受性强	天然菌株仅利用葡萄糖、果糖和蔗糖；重组菌株可利用阿拉伯糖和木糖等碳源	2,3-丁二醇、异丁醇和法尼烯等能源产品的生物商业化生产及纤维素乙醇商业化生产
	需钠弧菌（Vibrio natriegens）	5.17 Mb（3.24 Mb和1.92 Mb） GC 45.0%	转座子突变、CRISPR/（d）Cas9、多重基因组编辑	高生长速率和底物消耗率	糖、醇和有机酸等碳源	1,3-丙二醇（56.2 g/L）

续表

菌株名称	基因组信息	遗传操作系统、工具	生理性能与特点	底物利用	产物及产业化产品
革兰氏阳性菌 谷氨酸棒杆菌 (Corynebacterium glutamicum)	3.28 Mb GC 53.8%	多酶组装、基因组编辑技术、无细胞合成生物学	细胞代谢灵活且耐受性好	糖、醇和有机酸等碳源	乙醇、乙二醇、1,2-丙二醇、1,3-丙二醇和异丁醇、2,3-丁二醇和异丁醇
不透明红球菌 (Rhodococcus opacus)	8.38 Mb GC 67.1% 9个内源质粒 (37~172 kb)	多种诱导表达系统、逻辑线路 (如 AND、NAND、IMPLY 逻辑门) 及不同芳香化合物的生物传感器、接合转移和电转化等多种遗传操作手段、内源质粒8可用于基因组整合	独特的 β-酮己二酸及 ED 途径、较好的木质纤维素生物转化能力、耐受性好、有多种消耗降解芳香化合物的代谢途径、可同时利用葡萄糖和苯酚、并能积累累油脂	天然菌株可利用多种废弃生物质；重组菌株可利用阿拉伯糖、木糖等戊糖和己糖	三酰甘油
丙酮丁醇梭菌 (Clostridium acetobutylicum)	4.1 Mb GC 30.8%	sRNA 系统控制基因表达	具有完整的纤维素酶系，存在产酸阶段和产溶剂阶段等不同生理状态	葡萄糖	丁醇、丙酮和丁酸
热纤梭菌 (Clostridium thermocellum)	3.56 Mb GC 39.1%	内源 I-B 型 CRISPR 和异源 II 型 CRISPR	纤维素小体	木质纤维素原料	乙醇、丁醇和异丁醇
真核生物 里氏木霉 (Trichoderma reesei)	34 Mb GC 52.0%	CRISPR/Cas9 基因组编辑系统及高通量基因敲除方法	丰富的木质纤维素酶	木质纤维素原料	纤维素酶商业化生产菌株
解脂耶氏酵母 (Yarrowia lipolytica)	20.5 Mb (6 条染色体) GC 49.0%	多种 DNA 组装技术、基因组编辑技术和计算工具	适合脂肪酸产生和脂质积累的代谢途径、高度耐受有机化合物、高盐浓度和高浓度 pH、可高密度发酵	木质纤维素原料	脂质、脂肪酸乙酯、柠檬烯、派烯、桧烯、柠檬烯、法尼烯和长链脂肪烃；赤藓糖醇及二十碳五烯酸工业生产

恶臭假单胞菌（*Pseudomonas putida*）是一种革兰氏阴性菌，属于荧光假单胞菌属。恶臭假单胞菌 KT2440 是其模式菌株，基因组大小约为 6.2 Mb，GC 含量为 61.5%，具有生长快速、生理稳定性强、营养需求低和对压力高耐受性的特征（Loeschcke and Thies，2015；Nikel et al.，2014a，b）。恶臭假单胞菌代谢多样，含有多种碳、氮、磷源利用和分解的近 1256 个代谢途径（Loeschcke and Thies，2015；Nikel and De Lorenzo，2018），以及一个与果糖摄取和磷酸化有关的磷酸烯醇式丙酮酸依赖性糖转运系统（Pfluger-Grau and De Lorenzo，2014）。除了可通过对恶臭假单胞菌内源代谢途径的基因编辑获得具有工业价值的目标化合物外（Sonoki et al.，2018；Smanski et al.，2016），还能够构建人工代谢途径来制造复杂的、新的自然分子（Nikel and de Lorenzo，2018）。

拜氏不动杆菌（*Acinetobacter baylyi*）属于假单胞菌属，是严格需氧的革兰氏阴性菌。拜氏不动杆菌 ADP1 菌株含有一个约 3.6 Mb 的基因组，无内源质粒，GC 含量为 40.3%（Metzgar et al.，2004）。同时，它具有很高的自然转化效率，能够在自然状态下摄取线性 DNA 并发生同源重组（Young et al.，2005）。拜氏不动杆菌可以利用包括甘油、木糖、葡萄糖、醋酸、乙醇和丙酮酸等在内的多种碳源（Salcedo-Vite et al.，2019）；其在富营养培养基中生长迅速，倍增时间小于 35 min。此外，它还具有降解各种长链二羧酸及芳香族化合物的独特代谢途径，在自然状态下通过 β-酮己二酸途径分解芳香族化合物，因此可以利用木质纤维素降解过程中衍生的芳香族化合物抑制物（Fuchs et al.，2011；Zhao et al.，2012）。拜氏不动杆菌 ADP1 菌株在缺乏氮源的条件下，会产生蜡酯（wax esters）和甘油三酯（triacylglycerols）（Santala et al.，2011a，b）。这些特性使拜氏不动杆菌有潜力成为优良的能源微生物底盘细胞。

运动发酵单胞菌（*Zymomonas mobilis*）是兼性厌氧革兰氏阴性菌，是除酵母之外的一种天然乙醇生产菌株。运动发酵单胞菌是目前已知唯一可在厌氧条件下利用 ED 途径的微生物，具有葡萄糖代谢速率快、乙醇产量高（可达理论最高产量的 97%）、对高浓度乙醇（16%，*V*/*V*）耐受性好等工业生产特性（Wang et al.，2018c；杨永富等，2021a，b）。运动发酵单胞菌基因组大小约为 2.2 Mb，并含有 4 个内源质粒（Yang et al.，2018b）。运动发酵单胞菌的遗传操作工具也相对完备（Yang et al.，2018b），除了常规的同源重组和 CRISPR/Cas9 基因编辑方法，已经成功开发了基于外源 CRISPR/Cas12a 和内源 I-F 型 CRISPR/Cas 系统的基因编辑体系，以及基于 dCas9 的 CRISPRi 技术和 gRNA 设计网络工具 CRISpy-pop（Shen et al.，2019b；Cao et al.，2017；Zheng et al.，2019；Banta et al.，2020；Wang et al.，2020c），为基因组编辑改造提供了多样化的遗传工具。同时，比较基因组学、转录组学、蛋白质组学、代谢组学及代谢网络模型等系统生物学研究也在运动发酵单胞菌中大量开展，解析了一系列突变菌株的基因型与表型之间的联系，并为开发生物元件及菌株理性设计改造提供了丰富的组学数据及遗传改造位点（Liu et al.，2018b；Vera et al.，2020；Ong et al.，2020；Yang et al.，2019b；杨永富等，2021a）。

运动发酵单胞菌野生型菌株仅可利用葡萄糖、果糖和蔗糖，经过代谢工程手段改造的重组菌株可利用阿拉伯糖、木糖和甘露糖等多种碳源（Liu et al.，2018b）。此外，运动发酵单胞菌还可以利用来自工业、农业和城市废弃物的多种生物质原料处理后的单糖，有助于将废弃物转化为高值生物燃料或化学品（杨永富等，2021a）。近年来，与运动发酵单胞菌抗逆特征（如耐低 pH、耐高温、抑制物）相关的元件也相继得到挖掘鉴定（Yang et al.，2020a，b；Yan et al.，2021；Li et al.，2021）。运动发酵单胞菌具有天然生产乙醇的优势，在该菌中实现了厌氧连续发酵联产生物乙醇和生物降解塑料 PHB，在 20 多次的厌氧连续发酵中乙醇产量大于 9%（V/V），产率稳定在 90%以上（Li et al.，2022）。此外，运动发酵单胞菌还被改造用于 2,3-丁二醇、异丁醇、法尼烯等能源产品的生物合成；同时，它在利用纤维素类生物质进行生物炼制生产生物能源方面的优势逐渐显现，具有作为木质纤维素生物燃料微生物细胞工厂的潜力（杨永富等，2021a）。

需钠弧菌（*Vibrio natriegens*）是近年来受到关注的一种极具潜力的兼性厌氧革兰氏阴性菌，基因组大约 5.17 Mb，由大小约为 3.24 Mb 和 1.92 Mb 的两条染色体组成，无内源质粒。需钠弧菌拥有高生长速率，是已知生长倍增时间最短的细菌（9.8 min），并且能够利用包括糖、醇和有机酸等多种工业相关底物基质作为碳源，具有高底物摄取速率与消耗率（Thoma and Blombach，2021；Zhang et al.，2021b）。

近年来针对多种抗生素对需钠弧菌生长影响的研究推动了包括广泛宿主型复制子 RSF1010、p15A 和 pMB1 衍生质粒在内的多种可稳定遗传穿梭质粒的构建（Dalia et al.，2017a），可应用于菌株的改造和异源蛋白的表达（Jain and Srivastava，2013）。同时，一系列常用诱导型启动子，如 P_{tet}、P_{BAD} 以及依赖 IPTG 或温度诱导的启动子，也在需钠弧菌中得到应用（Lee et al.，2019；Weinstock et al.，2016；Tschirhart et al.，2019）。除了利用需钠弧菌的天然转化能力，多样化的转化方法也已建立并完善（Dalia et al.，2017a，b）。多种基因组编辑方法和工具，包括转座子突变、同源重组、CRISPR/（d）Cas9 以及基因组多基因同时编辑（multiplex genome editing by natural transformation，MuGENT）也在需钠弧菌中成功建立（Dalia et al.，2017a，b；Lee et al.，2019；吴凤礼等，2020）。

需钠弧菌由于其底物利用范围广、摄取率高、生长快速、生物元件与遗传工具丰富、基因编辑技术完善等优点，正成为一种重要的新型底盘细胞，具有作为生物化工产品及生物燃料细胞工厂的潜力（Xu et al.，2021；Wu et al.，2020b；Peng et al.，2020）。例如，通过异源途径构建和优化、细胞转录调控因子工程化和全局转录组分析、辅因子工程化增强细胞内还原力、途径工程化减少毒性中间产物的积累及副产物形成的策略，需钠弧菌中 1,3-丙二醇的产量达到了 56.2 g/L

（Zhang et al.，2021b）。

　　谷氨酸棒杆菌（*Corynebacterium glutamicum*）是革兰氏阳性菌中的一种重要模式工业微生物，谷氨酸棒杆菌 ATCC13032 基因组大小为 3.28 Mb，GC 含量为 53.8%（Kalinowski et al.，2003）。谷氨酸棒杆菌具有广泛的天然底物谱，可以同时利用混合物中的各种碳源：糖类，如葡萄糖、蔗糖、麦芽糖等；醇类，如乙醇和肌醇等；有机酸，如乙酸盐、柠檬酸盐、乳酸盐、丙酸盐和丙酮酸盐等（Zhao et al.，2018b）。

　　谷氨酸棒杆菌是绿色生物制造氨基酸产业的核心菌株，目前，已经在谷氨酸棒杆菌中建立了完备的基因组代谢模型（Mei et al.，2016）、单链 DNA 重组、碱基编辑等基因组编辑工具（Jiang et al.，2017；Liu et al.，2017c；Cho et al.，2017；Li et al.，2020a）及代谢途径组装方法（Becker et al.，2018a；Baritugo et al.，2018）。内源、异源及合成启动子文库、核糖体结合位点 RBS 文库、基于 sRNA 和分子伴侣 Hfq 的人工小 RNA 介导的基因表达弱化均被开发用于基因的调控（王钰等，2021；Sun et al.，2019）。最近，利用 sRNA 调控模块和外源的群体感应系统相结合的方式还实现了谷氨酸棒杆菌中基因表达的动态调控（Liu et al.，2021d）。另外，高效的基因表达弱化工具 CRISPRi 也在该菌中建立，如基于 CRISPR/dCas9 帮助实现了丁酸和角鲨烯产量的提高（Yoon and Woo，2018；Park et al.，2019），在多基因表达调控中有明显优势的 CRISPR/Cas12a（dCpf1）也被开发利用（Liu et al.，2019c；Li et al.，2020a）。

　　这些工具和方法的开发使得谷氨酸棒杆菌的底物利用谱得到了进一步扩展，同时也成功设计了许多代谢途径与调控策略，用于生产有机酸、醇类、蛋白质等多种生物化学品（Becker et al.，2018b）。谷氨酸棒杆菌体内存在的独特脂质稳态机制也有望使它成为脂肪酸类生物能源生产的潜在主力（Ikeda et al.，2020）。

　　不透明红球菌（*Rhodococcus opacus*）是一种重要的革兰氏阳性菌，不透明红球菌 PD630 菌株的基因组大小为 8.38 Mb，含有 9 个大小为 37~172 kb 的内源质粒；除了内源质粒 8 可用于外源基因的整合（Chen et al.，2014b），包括 pAL5000、pNG2、pGA1、pSR1、pB264 等在内的多种外源质粒也都能在不透明红球菌 PD630 中稳定复制表达（DeLorenzo et al.，2018；Anthony et al.，2019；Ellinger and Schmidt-Dannert，2017）。同时，多种抗生素筛选标记、不同强度启动子、诱导型启动子、基于 T7 RNA 聚合酶的诱导表达系统、AND 和 NAND 逻辑门、IMPLY 逻辑门及不同芳香化合物的传感器等已被研究应用（Anthony et al.，2019；DeLorenzo et al.，2017，2018；DeLorenzo and Moon，2019）。来源于嗜热链球菌的 dCas9$_{sth1}$ 也被开发用于不透明红球菌基因的抑制表达（DeLorenzo et al.，2018），通过基因组代谢模型的构建与应用，发现了磷酸戊糖途径通量增加能够显著提高甘油三酯（triacylglycerol，TAG）积累的机制（Sundararaghavan et al.，2020）。

另外，不透明红球菌具有广泛的底物利用特性，能够利用包括甘油、玉米水解液、柳枝稷裂解油、木质素、半纤维素等多种广泛的废弃生物质资源生产油脂（He et al.，2017；Herrero et al.，2016；Wei et al.，2015b；Le et al.，2017；Kurosawa et al.，2015a；Hetzler and Steinbuchel，2013）。代谢途径改造进一步拓展了重组菌株利用阿拉伯糖、木糖等戊糖和己糖的能力（Kurosawa et al.，2015b，2013；Hetzler et al.，2013）。通过异源漆酶的表达分泌，重组不透明红球菌 PD630 还能将废弃木质素不同组分转化为脂质（Xie et al.，2019），凸显了其作为能源微生物底盘底物利用的潜力。

丙酮丁醇梭菌（*Clostridium acetobutylicum*）是目前生物发酵进行丁醇生产的主要工业菌株，在 3.2 节已有介绍。丙酮丁醇梭菌是专性厌氧革兰氏阳性菌，遇恶劣环境产孢子，能够利用淀粉、糖蜜等糖类原料发酵生产大宗化学品丁醇、丙酮和丁酸等，也被称为产溶剂梭菌（闻志强等，2021）。丙酮丁醇梭菌 ATCC824 的基因组由 3.94 Mb 的染色体和一个 19.2 kb 的大质粒 pSOL 组成，基因组 GC 含量低，仅为 30.8%（Nolling et al.，2001）。借助于基因组学等研究工具，该菌进行溶剂合成相关的遗传基础已经基本阐明（Gheshlaghi et al.，2009；Lee et al.，2008）。针对该菌株的遗传操作系统和工具不断完善，TargeTron 靶向基因编辑技术、CRISPR/Cas9、CRISPR/nCas9 及其辅助的碱基编辑系统，以及噬菌体丝氨酸整合酶介导的不依赖同源重组的染色体整合方法的建立，极大地推进了丙酮丁醇梭菌作为合成生物学底盘细胞的发展（闻志强等，2021）。

热纤梭菌（*Clostridium thermocellum*，或称 *Acetivibrio thermocellus*）是高效降解木质纤维素的主要模式菌株之一，其分泌的纤维小体这一超分子酶系复合物受到广泛关注和研究（Tafur Rangel et al.，2020），在 2.2 节已有介绍。热纤梭菌作为厌氧、嗜热的革兰氏阳性菌，能够整合糖化和发酵过程为一步，即纤维素分解和乙醇生产同时进行。美国达特茅斯学院 Lee Lynd 教授课题组以该菌株为模式菌株，提出一体化生物加工（consolidated bioprocessing；CBP）的概念。在此基础上，中国科学院青岛生物能源与过程研究所的崔球研究员和冯银刚研究员团队另辟蹊径，提出了基于纤维小体全菌催化剂的木质纤维素"整合生物糖化"（consolidated bio-saccharification，CBS）策略，一方面采取类似 CBP 方式有机整合酶的生产和水解步骤，节约了酶成本；另一方面在下游发酵步骤上进行一定程度分离，将可发酵糖作用于下游平台化学品，相比 CBP 具有显著的产品出口灵活性（Liu et al.，2020e）。在重组热纤梭菌菌株表达来自运动发酵单胞菌的丙酮酸脱羧酶基因 *pdc*，可增强乙醇的产量（Kannuchamy et al.，2016）。基于 CBP 策略，Lee Lynd 教授课题组还对热纤梭菌进行了系统的代谢工程改造，实现了 29.9 g/L 的乙醇产量（Holwerda et al.，2020）。此外，热纤梭菌的嗜热性可以帮助醇类产品（如乙醇）的去除和回收，这一特性使得该菌株可与其他产乙醇和戊糖发酵微生物共培养（Demain et al.，2005）。

里氏木霉（*Trichoderma reesei*）是木质纤维素生物质降解的模式真核生物。与热纤梭菌利用纤维小体降解纤维素不同的是，里氏木霉是纤维素酶自由酶体系的代表，也是蛋白质和酶的生产平台（Bischof et al.，2016）。里氏木霉基因组大小约为 34 Mb，含有 9129 个预测基因，GC 含量为 52.0%（Martinez et al.，2008）。基因敲除是里氏木霉进行菌株改造的重要手段，由同源介导的双链 DNA 修复（homology directed repair，HDR）实现，基于 CRISPR/Cas9 基因组编辑技术的高效基因敲除手段也逐渐被开发利用（郝珍珍，2019）。里氏木霉可以利用多种廉价木质纤维素原料作为碳源，通过细胞产生的木质纤维素分解酶转化为简单的可发酵糖，然后用于微生物发酵生产能源产品及生物化学品的生产（Belal，2013；Saravanakumar and Kathiresan，2014；Xu et al.，2015c）。

解脂耶氏酵母（*Yarrowia lipolytica*）是重要的脂质生产真核非模式微生物，其作为非常规双态酵母，由 6 条大小为 2.3～4.2 Mb 的染色体组成，基因组大小约为 20.5 Mb，GC 含量为 49.0%（Bae et al.，2020）。解脂耶氏酵母是研究二态性、耐盐性、异源蛋白表达和脂质积聚的模型系统（Thevenieau et al.，2009）。

很多重要的合成生物学工具在解脂耶氏酵母中得到开发和应用，如 DNA 组装技术、用于构建表达盒的 DNA 元件、基因组编辑技术和计算工具（Larroude et al.，2018）。解脂耶氏酵母的底物利用谱丰富，可以利用葡萄糖、甘油、蔗糖、淀粉、菊粉、纤维二糖等碳源生长（Tsigie et al.，2011）。此外，其胞内含有大量供应的乙酰辅酶 A（Zhu and Jackson，2015），也为以乙酰辅酶 A 为前体生产的能源产品提供了充足的前体物质（Li and Alper，2016）。代谢途径改造工具的改进、充足的前体物质、优异的底物利用能力及在高细胞密度下生长并产生大量效价分子的能力（Darvishi et al.，2017；Guo et al.，2016），使得解脂耶氏酵母被广泛设计用于如脂类及其衍生物、法尼烯、番茄红素、β-胡萝卜素等燃料和高值生物化学品的生产（Cavallo et al.，2017；Guo et al.，2016；Ledesma-Amaro et al.，2016；Ledesma-Amaro and Nicaud，2016；Liu et al.，2019b，2020d）。

上述菌株的特点可以简单总结如图 3-18 所示。整体来说，模式菌株的遗传操作体系完备，基因组编辑及筛选工具丰富；尽管野生型菌株在底物利用、产物生成及鲁棒性等方面并不具备特别的优势，但是可以通过理性设计与高效改造快速提升其性能，并且实现了一些产品的商业化生产。同时，尽管目前由于遗传工具的制约限制了非模式微生物发展为高效细胞工厂，但是它们具备的底物利用广泛、鲁棒性强及生理代谢能力独特等优势值得进一步挖掘利用，为人工细胞工厂的设计提供生物元件、线路与途径等资源，以及基因优化、途径组装和调控等技术与策略。无论是在模式微生物底盘细胞的完善，还是在非模式微生物底盘性能的挖掘及技术的开发等方面，近年来逐步得到发展完善的系统生物学与合成生物学技术可以推动这些目标的实现。

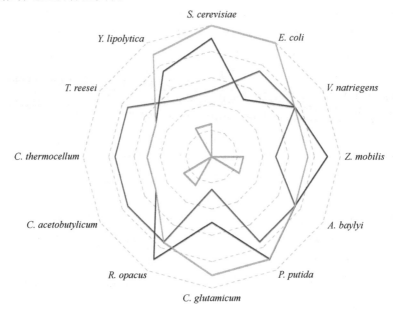

图 3-18 部分生物能源生产底盘特性总结

3.3.5 系统生物学与合成生物学技术的应用

新一代测序技术（next generation sequencing，NGS）与质谱（mass spectrometry，MS）技术的发展，以及多层次组学数据的结合与解析推动了在基因组层面对生物体"基因-RNA-蛋白质-代谢-表型"变化规律与调控机制的深入研究，加快了系统生物学（systems biology）技术在生命科学领域的应用。组学驱动的系统生物学推进了生物元件的挖掘与鉴定，以及代谢途径与调控网络的描述与理解，促进了生物调控与功能元件、线路及底盘细胞的理性设计及高效基因组编辑工具的开发。

在系统生物学研究的基础上，通过引入工程学思想策略，并与现代生物学、系统科学及合成科学进行融合，使生物技术系统化和标准化，形成了在理性设计指导下重组或从头合成新的、具有特定功能"人造生命"为目标的合成生物学（synthetic biology）；同时，建立了合成生物学"设计-构建-测试-学习（design-build-test-learn，DBTL）"的研究策略，借助高通量自动化定量检测技术及人工智能分析平台，对底盘细胞进行多维度的理性或半理性改造，有助于生物燃料高产细胞工厂的设计、优化与应用，实现生物能源产品的经济生产。

在能源产品的生产过程中，多种不同特点的底盘细胞在底物利用、生物燃料产品生产、鲁棒性增强等性能方面的提升是改造与进化研究的重点。如上所述，目前得到系统研究的底盘细胞数量有限，即使是广泛研究的模式微生物底盘，其基因组的组成与结构、基因序列所包含的遗传信息及调控机制尚不清晰；生物元件及人工组合、设计的基因回路在底盘细胞的应用和适配也存在诸多问题，极易陷入"设计-构建-调试"的死循环。因此，仍需要进一步发展和应用系统与合成生物学技术，挖掘更多性能特异的底盘细胞，设计、优化天然及人工酶与代谢途径，开发、完善高效自动化的生物元件-途径-底盘的挖掘、设计、组装、编辑与筛选鉴定工具及平台，建立基于机器学习的元件-途径-底盘的人工智能设计及自动化高通量元件-途径-底盘的筛选、鉴定与应用体系（储攀等，2021）（图 3-19），为性能优良的人工能源细胞工厂及菌群的构建与应用奠定坚实的理论和技术基础，实现能源产品的绿色生物制造，降低对化石能源的依赖和对环境的影响。

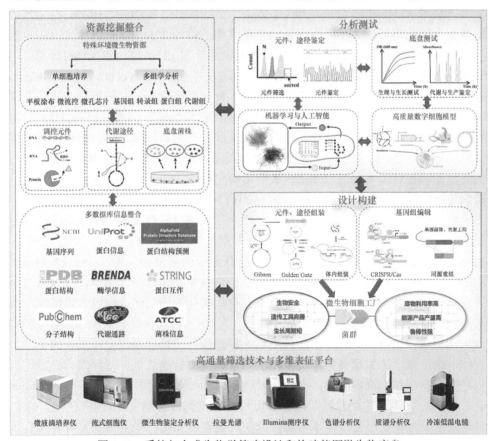

图 3-19 系统与合成生物学策略设计和构建能源微生物底盘

1. 特殊环境微生物资源的挖掘与应用

在自然演化过程中，微生物在适应环境变化的过程中逐步形成自己独特的生理特性及对应的代谢途径以满足菌株生存和生长的需要。为了实现生物能源产品绿色生物制造的目标，可以结合从环境中筛选具有特殊功能的微生物底盘细胞，整合数据库资源，解析增强底物利用、生物燃料生产以及细胞鲁棒性的生物元件、途径和调控机制，开发完善基因组设计、合成、编辑工具，改造现有底盘微生物或从头构建人工微生物细胞来实现能源产品产业化、人工细胞工厂的理性构建，利用廉价、可再生生物质资源高效合成各种清洁能源，解决环境污染、温室效应和能源短缺等问题。

宏基因组学（metagenomics）是通过提取某一环境中所有微生物基因组 DNA构建文库，筛选出新的功能基因或生物活性酶的方法，突破了环境微生物难培养的研究瓶颈，从而可以绕过培养难题，在基因组层次研究基因资源及生物燃料的合成潜力。长读长的第三代测序技术 PacBio、Oxford Nanopore 及高通量染色质构象捕获技术（high-throughput chromosome conformation capture，Hi-C）在宏基因组数据上的应用可以大幅提高组装的完整性和准确性（Bertrand et al.，2019）。宏转录组学（meta-transcriptomics）是对微生物群落的 rRNA 和 mRNA 的研究，可以排除基因组中非转录部分，专注基因表达部分的了解（Silva et al.，2021）。Jimenez等（2018）通过宏转录组学研究了甘蔗渣上细菌群落中酶的时间表达变化，发现木质素降解发生在菌群成长的最后阶段。宏蛋白质组学（meta-proteomics）是对环境微生物的全部蛋白质进行研究，可以从肽段与结构域来对酶的组成进行分析（Silva et al.，2021）。通过该技术，可以揭示在环境中起主导作用的菌群结构。另外，若能在环境中发现未知蛋白表现出特定模式，还可能揭示新的蛋白质作用机制等（Kleiner，2019；Mayers et al.，2017）。

将多种宏组学结合起来是目前在环境中挖掘优良底盘细胞、酶和基因的好方法。结合宏组学手段在红树林中发现了高产重油的黑素短梗霉（Xin et al.，2017）；通过分析瘤胃菌群发现了降解和发酵木质纤维素的高效微生物（Gharechahi and Salekdeh，2018）；通过开发利用食木白蚁肠道共生微生物复合菌群，可以高效地降解桦树木材及杂酚类化合物，并且将其有效转化为清洁的生物燃气或甲烷产品（Ali et al.，2021）。

从环境中挖掘高效利用木质纤维素水解液成分的酶和基因也是重要的手段。例如，在土壤、奶牛瘤胃等环境中发现了多种具有较高活性、特异性和稳定性的内切葡聚糖酶和木聚糖酶等，可用于木质纤维素水解产物的高效利用（Pabbathi et al.，2023）。木糖异构酶途径是酿酒酵母进行二代燃料乙醇生产的主要途径，木糖异构酶的异源表达更是低成本能源产品生产的有效策略，但是该酶来源有限且很难进行异源表达。从牛瘤胃宏基因组中挖掘的一种木糖异构酶 Ru-xylA 能够在酿酒酵母中达到 1.31 U/mg 的酶活，经过诱变筛选，酶活提升了 68%，增强了酿酒酵母的木糖代谢能力（Hou et al.，2016）。此外，通过土壤宏基因组文库筛选新型木糖异构酶的策略也被相继应用于微生物中（Brat et al.，2009；Parachin and Gorwa-Grauslund，2011）。

2. 底盘细胞基因组信息的挖掘与应用

底盘细胞基因组信息的挖掘与应用是能源微生物底盘改造的关键，20 世纪以来，高通量基因测序与质谱技术的建立和发展，大大降低了微生物组学研究成本，积累了大量的基因组、转录组、蛋白质组、代谢组学数据以及基因组代谢模型资源，建立了各种不同的公共数据库与数据分析平台。传统的基因组学挖掘，重点在于找到相关有价值的合成基因，在应用过程中通常直接将负责目的代谢产物的合成酶作为靶点，利用系统进化树分析关联序列的酶基因。例如，通过对酸性环境下大肠杆菌的基因组信息挖掘，研究人员发现传感激酶 CpxA 可通过组氨酸残基的质子化感应酸性环境并激活配对的调控蛋白 CpxR 启动不饱和脂肪酸合成，相关基因 *fabA* 和 *fabB* 的表达则提高了细胞膜磷脂中不饱和脂肪酸的比例，降低了细胞膜流动性和质子通透性，从而提高了 pH 耐受性（Xu et al.，2020c）。

基于基因组图谱和测序技术的比较基因组学，通过对已知基因和基因组结构的比较，除了可以了解基因功能与表达机理，也可针对整个基因簇或者相关区域，分析不同分子间的相关性（Guarnieri et al.，2018）。例如，在完成高山被孢霉（*Mortierella alpina*）ATCC 32222 全基因组测序之后，利用基因组信息构建了该菌株的脂质合成途径（Wang et al.，2011）。将发酵丝孢酵母（*Trichosporon fermentans*）CICC136 的基因组与圆红冬孢酵母（*Rhodotorula toruloides*）NP11 和解脂耶氏酵母 CLIB122 等产油微生物菌株进行比较基因组学分析发现，发酵丝孢酵母 CICC136 具有高度的基因重复性和独特的基因组组成，脂肪酸延伸和降解相关的基因数量高出 3~4 倍，具有较强的脂肪酸合成和代谢能力（Shen et al.，2016）。

利用海量基因组信息，结合多组学数据，可以有效地缩小候选基因的筛选范围，提高挖掘效率，获取相关合成途径的关键基因元件。结合数据库系统生物学数据，通过生物信息学手段和方法，也可以通过对不同基因的结构、功能、互作关系以及相关的表达调控机制进行挖掘鉴定，识别特定功能基因，挖掘具有潜力的生物合成基因簇及代谢途径（Challis，2008）。湖北大学杨世辉教授课题组利用运动发酵单胞菌多组学数据预测不同强度的启动子，并且利用建立的生物元件定量鉴定系统对上述预测的启动子和 RBS 等调控元件进行定量检测，证明了利用组学数据预测生物元件的可行性（Yang et al.，2019b）。该课题组进一步研究运动发酵单胞菌内源强启动子 P_{gap} 突变体库在大肠杆菌中的表达强度，结合流式细胞分选及 NGS 分析对在大肠杆菌中表达增强的 P_{gap} 突变体的序列分析结果表明，启动子 UP-元件序列是制约其兼容性的因素之一，该研究也建立了研究启动子等生物元件在不同底盘细胞兼容性的策略（Song et al.，2022）。针对生产脂肪酸类能源产品微生物的多组学技术联用，可以帮助从全局角度理解产油微生物生理代谢及脂质积累特征。基于组学分析的遗传改造和发酵过程控制相关工作已被总结，可参见江南大学陈海琴教授课题组相关综述（卢恒谦等，2021）。

3. 基因组尺度代谢网络模型或数字细胞的建立与应用

基因组尺度的代谢网络模型（genome scale metabolic network model，GSMM）的出现，可以更有效地预测和理解微生物胞内代谢微观机理及其对设计行为的响应，实现不同背景条件的代谢假设分析，帮助寻找潜在的代谢工程改造靶点。目前，在枯草芽孢杆菌、大肠杆菌、谷氨酸棒杆菌和酿酒酵母等微生物中，均实现了基于该模型的菌株设计和表型预测分析，基因组尺度的代谢网络模型得到广泛应用（张晨阳等，2021；Orth et al.，2011；Lu et al.，2019b）。在 GSMM 基础上，结合多组学数据的基于约束的代谢模型，以及结合基因表达和蛋白质翻译过程的综合代谢网络模型，进一步优化模型预测能力（Yang et al.，2016c；Bordbar et al.，2014；Lerman et al.，2012）。然而，这些模型都是基于真实动态代谢状态的理想化假设（稳态假设），以及基于真实环境的生物代谢非稳态模型，如非稳态通量平衡分析法（unsteady-state flux balance analysis，uFBA）（Bordbar et al.，2017）、GEM-VI 方法（Buchweitz et al.，2020）等，能够进一步提高代谢建模的预测准确度（周静茹等，2021）。

代谢网络模型在能源产品生产的应用中发挥了重要作用。通过利用 OptForce 算法对大肠杆菌 iAF1260 模型中脂肪酸的合成进行预测，过表达 *fadZ* 及硫酯酶基因，并敲除 *FadD*，使 M9 培养基中 C14-C16 脂肪酸的产量达到 1.7 g/L（Ranganathan et al.，2012）。酿酒酵母目前已经构建了 13 个 GSMM（张晨阳等，2021）。Bro 等（2006）借助 GSMM 模型 GSMM-iFF708，利用 MOMO 算法，以乙醇为产物进行代谢调控，利用数据库中生化反应及热力学限制分析，选择其中引入外源酶 GapN 的策略可完全消除甘油形成，提升乙醇收率 10%。Dobsond 等（2010）以 Yeast1 模型作为初始模型，整合 iLN800 对模型的脂质合成进行优化，并可引入参数进行优化，建立了 Yeast4 模型；然后通过优化鞘脂代谢、脂肪酸、甘油酯和甘油磷脂代谢，并结合多数据库注释的功能基因分析，添加约束条件等逐步构建升级到了 Yeast8 模型，这也是目前最全面的 GSMM。基于酿酒酵母 iMM904 模型，使用 OptKnock 算法对 2,3-丁二醇生产菌株进行设计，通过破坏乙醇脱氢酶途径并构建外源的 2,3-丁二醇合成途径，最终在厌氧条件下获得 2.29 g/L（0.113 g/g）产量（Ng et al.，2012）。另外，通过对卷枝毛霉、高山被孢霉及解脂耶氏酵母进行微生物基因组规模的代谢模型比较分析发现，卷枝毛霉具有更多参与碳水化合物、氨基酸和脂质代谢的基因，显示了卷枝毛霉底物利用多样化的能力，进而帮助提高其脂质含量（Vongsangnak et al.，2016）。

虽然目前模型的建立和应用能够帮助发掘不同底盘细胞能源产品合成代谢的潜在操作靶点，在全局水平进行理解和调控，加快代谢途径的理性改造、节约成本、增加工业微生物底盘的鲁棒性，使之具有更广的底物谱和产物水平（张晨阳等，2021），但是由于受到实验数据缺乏的限制，目前的代谢网络模型在精准预测等方面仍面临诸多挑战（Yeoh et al.，2021；Wang et al.，2021e）。数字细胞（Digital Cell）可以帮助总结目前所有可及的数据，构成一个复杂的多网络模型，找出当前生物体系网络的边界，发现模型的局限，为实验设计提供安全、有效、便捷的框架工具（Carrera and Covert，2015）。这一概念最早可以追溯到 1999 年，Tomita 等人希望开发一个软件，在分子水平上建立模型，对细胞结构和功能进行分析、整合，不仅包括 DNA、RNA 和蛋白质等代谢物质，还包含基因表达调控、信号传递，以及前文提到的代谢反应模型（Tomita et al.，1999）。2012 年，Karr 和 Markus 等构建的人类生殖支原体（*Mycoplasma genitalium*）全细胞模型，可以解释所有注释的基因功能，能从分子相互作用角度解释一些发生的行为（Karr et al.，2012）。最近，美国斯坦福大学 Markus W. Covert 教授课题组构建大肠杆菌的数字模型，包含了 43%基因功能，并且还在不断完善（Sun et al.，2021），相信该工作会成为原核生物数字模型研究的范例，推动全细胞模型研究的发展。

4. 新型能源产品合成与调控途径的设计与测试

代谢途径的设计是新型能源产品在底盘细胞中生产的关键，基于代谢网络计算分析的策略能够快速、综合并系统地从多个潜在代谢途径中快速确定可能的优势途径及对应的基因（马红武等，2018），可以实现底盘细胞对底物的高效利用或者新能源产品的合成优势。例如，在 KEGG 数据库的基础上拓展酶反应，建立了非天然反应数据库 ATLAS（Hadadi et al.，2016），利用该数据库已经设计了多条生产丁酮的新途径（Tokic et al.，2018）。中国科学院天津工业生物技术研究所马红武研究员团队通过整合天然反应数据库 MetaCyc 和 ATLAS 数据库建立复合代谢反应集，利用组合算法进行一碳化合物利用途径的挖掘设计，提出了多条理论上碳利用率为 100%的非天然途径，进一步对途径进行评估、新酶挖掘和优化，最终在体外得到一条碳利用率达 88%的途径（Yang et al.，2019c）。

中国科学院上海营养与健康研究所胡黔楠研究员团队在途径模型选择上针对大肠杆菌开发了 EcoSynther 生物合成评估平台，整合了超过 10 000 个大肠杆菌的非原生反应，并利用基于概率的算法来搜索路径，能够搜索产生目标分子所需的前体和异体反应，并能利用通量平衡分析来计算每个候选途径的理论产率（Ding et al.，2017）。另外，该团队还建立了底盘宿主选择的生物推理系统 CF-Targeter，该系统不仅能识别实验验证的途径，而且能帮助研究人员在其他生物宿主中生产目的产物时减少异源表达步骤和提高最大理论产量（Ding et al.，2019）。

Chatsurachai 等（2012）开发了一个非原生代谢物生产中异体途径生物信息学设计平台，可通过逐级扩展算法将来源于 KEGG、BRENDA 和 ENZYME 3 个数据库中的异源代谢物和反应添加到底盘细胞代谢模型中以合成新的产物，预测出大肠杆菌和酿酒酵母仅需引入甘油脱氢酶和 1,3-丙二醇氧化还原酶便可实现 1,3-丙二醇的生产。Kuwahara 等（2016）开发的 MRE 平台能够在考虑竞争性内源反应的同时，通过指定起始和目标化合物给出生物合成途径设计及外源酶建议。Whitmore 等（2019）开发的 RetSynth 软件则能够确定底盘细胞中目标化合物合成的所有最佳和次佳合成途径。这些工具和数据库的开发为途径的理性设计与鉴定奠定了技术基础。

5. 基因组编辑工具的开发与应用

基因组编辑工具是帮助科学家们改造生物的有利工具，目前主流的基因组编辑技术是 CRISPR/Cas9 技术及其衍生出的 CRISPR/Cas12a、CRISPR/Cas13a 技术，并在微生物合成生物学领域得到广泛应用（曹中正等，2020；Liu et al.，2021a）。研究人员敲除木糖产乙醇菌株的内源性乙醇生产基因后，引入生产正丁醇的相关基因，使大肠杆菌中正丁醇的产量达到 4.32 g/L（Abdelaal et al.，2019）。通过使用 CRISPR/Cas9 技术完全敲除酿酒酵母乙醇脱氢酶基因 *ADH2*，使生物乙醇的产量提高了 74.7%（Xue et al.，2018）。北京化工大学刘子鹤教授课题组构建了一种 gRNA-tRNA 阵列 CRISPR/Cas9（gRNA-tRNA array for CRISPR/Cas9，GTR-CRISPR）系统，用于酿酒酵母的多基因编辑，通过该系统简化酵母脂质代谢网络，将游离脂肪酸产量提高了 30 倍（Zhang et al.，2019b）。在解脂耶氏酵母中利用 CRISPRa 系统提高 β-葡糖苷酶的表达，获得了以纤维二糖为碳源的改良菌株，拓宽了这一工程菌的底物利用范围（Schwartz et al.，2018）。尽管 CRISPR 技术极大地促进了能源产品生产底盘合成生物学的发展，但是该技术仍存在一定局限性，如外源 Cas 蛋白的细胞毒性、编辑的脱靶率、PAM 的依赖性、多基因与大片段基因编辑效率低以及生物安全性等问题（Yao et al.，2018；Naeem et al.，2020；杨永富等，2021a；李洋等，2021）。

为了解决这些问题，研究人员在多个微生物中开发出了基于微生物自身内源 CRISPR/Cas 系统的基因组编辑技术，如运动发酵单胞菌、冰岛硫化叶菌（*Sulfolobus islandicus*）和酪丁酸梭菌（*Clostridium tyrobutyricum*）等（Zheng et al.，2020）。利用运动发酵单胞菌内源 I-F 型 CRISPR/Cas 基因编辑系统，可以快速实现基因插入、缺失和单碱基编辑等，编辑效率高达 100%，且不受外源 Cas 蛋白毒性的影响（Zheng et al.，2019）。底盘细胞内源 CRISPR/Cas 系统的挖掘与鉴定，主要通过生物信息学方法，以 CRISPR/Cas 系统应具有的特征为指标，在基因组数据中检索具有疑似结构特征的基因座进行预测和鉴定。目前主要有两种方法：第一种方法以 CRISPR 阵列结构特征为检索手段，即连续相同且具有回文性质的 24～47 bp 重复序列；也可通过前导序列的多序列比对预测 CRISPR 阵列（Amitai and Sorek，2016）。目前，已开发出多种以 CRISPR 阵列特征检索为主要分析手段的 CRISPR/Cas 预测挖掘工具，如 CRISPRFinder（Grissa et al.，2007）、CRT（Bland et al.，2007）、CRISPRdigger（Ge et al.，2016）等。第二种方法是以 Cas 蛋白的检索为主要手段，以 Cas 基因中的核心基因如 *Cas1* 为参照，鉴定候选 CRISPR/Cas 基因座的基点（Shmakov et al.，2015）。此外，MacSyFinder 软件基于已知的 Cas 蛋白序列来构建模型，通过确定成分的遗传组成和组织模型来对 Cas 蛋白质的相似性进行检索（Abby et al.，2014），HMMCAS 则用于在线查询及预测 Cas 蛋白（Chai et al.，2019）。整合以上两种分析手段的优势开发的 CRISPRCasFinder 软件则更加方便、准确、高效（Couvin et al.，2018）。Shmakov 等（2017）设计开发了一条发现新型 II 类 CRISPR/Cas 系统的工作流程，发现了 6 种新型的 CRISPR/Cas 亚型，其中部分系统已被确证具有前所未有的功能特征，说明来自于移动遗传元件的 II 类 CRISPR/Cas 系统可能具有独立的进化起源。

6. 底盘细胞基因组改造与细胞工厂构建

底盘细胞和异源代谢通路的适配是高效合成目标产品的核心与关键，对底盘细胞的基因组改造既包括"自上而下"的传统目标导向策略（通过对基因组中非必需的编码和非编码区域进行大规模的删减得到"最小基因组"），也包括"自下而上"的正向工程学策略（由生物元件到模块再到基因组合成组装与底盘细胞构建）。基因组精简可以改善底盘细胞对底物、能量及辅因子的利用效率，优化代谢途径，可从理论上最大化利用基因资源与能力，从而实现高效转化生产目标产品。目前已经在包括大肠杆菌、枯草芽孢杆菌、酿酒酵母等不同微生物中实现了基因组简化的目标，并且基因组精简的底盘细胞已证实能够提高目标产物的产量。山东大学卞小莹教授课题组利用此前开发的高效基因编辑技术（Wang et al.，2018d）在伯克氏菌（*Schlegelella brevitalea*）DSM7029 中删除转座子、原噬菌体等基因优化底盘，显著提高了伯克氏菌生产抗癌药物等异源天然产物的产量，并揭示了细胞早期自溶的机制（Liu et al.，2021e）。湖北大学杨世辉教授课题组利用前期开发的、基于外源 CRISPR/Cas12a 及内源 I-F 型 CRISPR/Cas 系统的基因编辑体系，敲除了运动发酵单胞菌 ZM4 菌株 4 个内源质粒得到重组菌株 ZMNP，该菌株对木糖二次母液的利用率优于野生型 ZM4，进一步研究揭示过氧化物感应转录调控因子 OxyR 的突变引起的抗氧化应激反应与 ZMNP 鲁棒性增强相关（Geng et al.，2022）。

基因组精简可用于天然代谢产物生产细胞工厂的构建，帮助解释相关代谢机制（林璐等，2020；杨永富等，2021a）。2016 年，最小人工基因组 Syn3.0 的从头合成在合成生物学发展上具有里程碑意义（Hutchison et al.，2016）。2021 年，在

Syn3.0 基础上，将模块化的基因回补，进一步探索了影响细胞形态和正常分裂相关的基因，有效帮助理解未知基因（Pelletier et al.，2021）。最近，研究人员将大肠杆菌的一个环状染色体人工分成 3 个，建立了由 3 条 1 Mb 染色体编程的大肠杆菌菌株，各部分保留对应的基因工程操作位点，可通过使用不同的选择标记，偶联在 3 个基因组株之间进行交换（Yoneji et al.，2021），这一工作有助于加快基因组合成与人工能源底盘细胞构建的研究。

酵母人工染色体的合成及染色体整合为一条染色体的工作推动了酵母基因组合成的研究与应用（Shao et al.，2018）。SCRaMbLE 是一种在合成酵母基因组中实现的新系统，通过诱导大量染色体重排产生具有较大基因型多样性的菌株。该技术被用于快速构建酵母人工合成染色体，从而得到性状更加优良的菌株，例如，研究人员构建了酵母合成染色体 synV，提升了木糖的利用效率（Blount et al.，2018）。利用 SCRaMbLE 对含有合成型 XII 号染色体的酵母菌株进行重排，提高了底盘细胞的乙醇耐受性及发酵产量（Luo et al.，2018）；进一步从不同合成型菌株出发重排，可以更有针对性地得到与工业环境适配性更好的耐高温、耐酸碱、耐抑制物的底盘细胞（谢泽雄，2019；王会等，2020；Keasling et al.，2021）。

7. 菌群的开发与利用

如上所述，微生物能源产品的生产一般都是采用代谢工程的手段提高底盘细胞的发酵性能，但是在改造过程中引入的外源基因对细胞生长和代谢流平衡存在影响，制约了微生物细胞工厂的发展。CBP 菌株的构建期望通过一种微生物同时完成从木质纤维素水解酶的生产、降解到生物化品的合成这三大功能，从而降低木质纤维素的降解转化成本。然而传统的 CBP 系统无论是改造木质纤维素利用菌株生产化学品，还是引入木质纤维素降解酶，都存在大量的基因编辑工作（Del Vecchio et al.，2018）。

开发构建系统鲁棒和稳定的人工菌群，能够减轻单一微生物底盘的代谢负担、优化代谢路径、增强对环境波动的适应型和稳定性（钱秀娟等，2020）。混合培养木质纤维素降解菌株和目标能源产品生产菌株可以成为克服单一 CBP 菌株存在的技术瓶颈，用于如生物乙醇、丁醇、脂质等的生产。用于能源产品生产的人工菌群的开发利用可以从两个方面展开：扩大底物利用，将菌群分工，各自区域化、模块化行使功能，从而大大提高底物利用；增强生物生产，降低单菌整合异源途径存在的代谢负荷、串扰、负通路效应（包括中间体的毒性）及细胞内竞争资源限制的问题。

Flores 等设计了一个大肠杆菌-大肠杆菌人工多菌体系，包含了野生型 *E. coli* W 和产乙醇菌 *E. coli* LY180，这两种菌经过改造后分别只利用葡萄糖和木糖。该人工多菌体系在葡萄糖：木糖为 2∶1 的混合底物中生产乙醇的产量（46 g/L）明显高于单菌 LY180 体系的产量（36 g/L）（Flores et al.，2019）。大肠杆菌混合培养体系生产的 α-蒎烯比单培养高出 1.9 倍（Niu et al.，2018）。利用从环境中筛选的最佳纤维素降解效率的快生梭菌（*Clostridium celerecrescens*）N3-2 与丙酮丁醇梭菌共培养，丁醇产量可达 3.73 g/L（Wang et al.，2015）。Patle 和 Lal 等（2007）构建了运动发酵单胞菌和热带假丝酵母的人工多菌体系，将来自果蔬的废弃木质纤维素合成乙醇，得率高达 97.7%。将里氏木霉、酿酒酵母和木糖发酵酵母（*Scheffersomyces stipitis*）进行混合培养，以未经脱毒的稀酸预处理后的麦草浆为底物，实现纤维素酶生产，以及己糖和戊糖同时利用，进行乙醇生产（Brethauer and Studer，2014）。里氏木霉和大肠杆菌组成的人工多菌体系以木质素为底物，可实现 1.88 g/L 的异丁醇生产（Minty et al.，2013）。微生物脂质生产方面，以甘蔗糖蜜为底物，共培养小球藻（*Chlorella* sp.）KKU-S2 和球形环孢菌（*Torulaspora globosa*）YU5/2，油脂产量达到 0.33 g/L（Papone et al.，2015）。

人工菌群的混合培养还可被用于合成多种天然产物，如白藜芦醇、柚皮素、红景天苷、洛伐他汀等高附加值化合物。基于各种优化数据对人工多菌体系进行计算和模拟的计算辅助方法的完善也有助于人工多菌体系的准确构建。目前已经发展的人工多菌体系构建的计算辅助方法已经涵盖了代谢网络的构建方法（如 PROM 和 GEMINI 算法等）、多菌体系代谢相互作用的模拟算法（如 Joint-FBA 和 NECom 算法等）、代谢调控算法（如蛋白质相互作用网络分析法等）。此外，计算数据还可与转录组、蛋白质组和其他组学数据相结合，对人工多菌体系进行全面评估。但目前能够用于全面评估、预测和计算人工多菌体系的程序和方法相对较少，仍需进一步开发（刘骥翔等，2021）。

3.3.6 总结与展望

1. 新型能源产品微生物底盘改造面临的挑战

近年来，随着代谢工程、系统生物学与合成生物学等技术的快速发展，利用微生物底盘构建细胞工厂合成能源产品已取得显著成果，但仍有很多挑战需要攻克。例如，一些高值的航空燃料产品尚未实现异源合成；而对于多数已经实现异源合成的能源产品而言，现阶段绝大部分能源微生物底盘细胞的生产能力与工业生产的要求之间也还存在较大的距离。究其原因，对天然合成途径及其中生物元件功能（包括关键酶构效关系）的认识不足、不同底盘细胞与异源途径不适配、异源产物与代谢中间物对底盘细胞的毒性等，这些都是微生物底盘高效合成能源产品的阻碍和挑战。

目前，微生物细胞工厂的设计构建是能源产品工业生物技术面临的主要问题。异源代谢途径组装操作复杂、基因组编辑效率不高的问题，可以通过开发更加高效的多片段及长片段 DNA 组装技术,以及多位点、高效率基因组编辑手段实现不同复杂能源产品在底盘细胞中的异源合成。然而,以基因敲除和过表达为主要策略的静态调控不可避免地带来了细胞代谢流与能量流失衡、生长阻滞和毒性中间体积累等问题,限制了细胞工厂的生产能力、碳收率和产物产量,通过构建调控元件并设计基因线路以精确调节物质流及能量流的动态调控策略,可以帮助能源产品实现高效生产(于政等,2020)。

重要模式微生物,以及具有强工业鲁棒性、高生产强度与低发酵成本等优势的传统工业发酵菌株都被逐渐开发为良好的能源微生物细胞底盘(Choi et al.,2019;Campbell et al.,2017;杨永富等,2021a)。经过代谢途径改造之后的菌株虽然能生产目标产品,但其产量及规模仍存在问题。解析不同微生物底盘细胞与异源途径之间的适配机制,进一步提高元件、模块、途径与底盘之间的适配性有助于上述问题的解决;另外,还应研究如何解决萜烯类航空燃料产物、中间代谢物等容易对细胞造成毒性的问题,以及怎样利用途径区室化、代谢调控特异性转运蛋白等技术实现毒性物质的封存或者高效转运,解析能源产品在微生物底盘细胞中合成后的运输和储存机制,提高生产的可持续性。

能源产品的工业化还面临着生物发酵过程如何优化放大的问题。通过对同一细胞工厂在不同发酵规模上的比较组学分析,可揭示出在逐级放大过程中的宏观发酵表型与微观细胞代谢的变化,有助于解决发酵放大中的瓶颈问题。另外,针对同一发酵过程中的各组学数据的整合分析及整合模型建立,也有助于加深在发酵过程中细胞内各不同分子水平上的动态变化。发酵过程的多组学整合分析以及整合流体力学与细胞代谢动力学的分析可能成为有效的解决方法(王冠等,2021)。

2. 新型能源产品微生物细胞工厂构建的发展趋势

近年来,AI 技术的飞速发展为合成生物学的能源产品微生物底盘细胞的高效构建提供了新的机遇,使人工分子的设计与合成生物系统的构建成为可能,蛋白质分子、药物小分子、DNA 调控元件等的人工合成已广泛应用于各个领域。随着各类组学数据的大量积累,基于深度学习的预测模型在合成生物学领域展现出广阔的应用前景(Zou et al.,2019),如在处理基因组数据场景下 DNA 基序的识别发现、基因元件相互作用的预测、基因表达量预测以及基因调控网络的预测等。基于人工智能的设计模型,已逐渐被应用于对未知化学反应的探索等方面,成功实现了基因调控序列、新型人工蛋白质以及基于 CRISPR/Cas 编辑技术的 gRNA 等的合成设计(王也等,2021)。

酶是细胞完成代谢催化的基本功能单元,也是微生物底盘细胞构建的基础。酶的挖掘、获取及合理改造是实现目的产物高效合成的有效手段。深度学习方法由于其强大的泛化和特征提取能力,被应用于蛋白质结构与功能预测、蛋白质定位、药物靶点预测等。祖先序列重构技术常用于酶资源的挖掘与改造，该技术通过序列比对以及分析多个物种的蛋白质序列的一致性来构建进化树，根据进化树的展示结果及亲缘关系来构建酶的突变体，从而提高酶的生化特性（Gumulya et al.，2018）。催化效率低、底物选择性不高、灵敏性低的酶，往往需要进一步优化改造。科学家们发展出了蛋白质非理性设计—半理性设计—理性设计的蛋白质改造技术，以此获得有催化新功能的酶（Sheldon and Pereira，2017；曲戈等，2019）。

随着 AI 技术的发展，酶的改造与机器学习结合的策略能快速获得高活性、高选择性的酶。蛋白质的从头设计于 2016 年入选 Science 杂志的十大科学突破，目标是创造自然界不存在的、具有特定功能的酶。美国华盛顿大学 David Baker 教授课题组搭建的功能强大的 Rosetta 软件集合了蛋白质从头设计、酶活性中心分析、分子对接以及计算建模和分析等多种优势软件（Leaver-Fay et al.，2011）。基于深度学习的 Rosetta 软件还可以在不依靠同源序列、数据库及二级结构等情况下，仅根据蛋白质的氨基酸序列即可预测出蛋白质的三维结构（Anishchenko et al.，2021），对于酶结构的解析可以帮助实现对其功能和机制的理解。

谷歌 DeepMind 团队于 2018 年提出 AlphaFold 模型，利用深度神经网络对成对氨基酸之间的距离及化学键角度进行预测，实现了对蛋白质序列的准确预测（Senior et al.，2020）。2020 年第 14 届国际蛋白结构预测竞赛（The Critical Assessment of protein Structure Prediction，CASP）上，AlphaFold2 的蛋白质结构预测准确性可与冷冻电镜、核磁共振或 X 射线晶体等实验技术解析的结构相媲美。AlphaFold2 是基于大量基因组数据构建的一种深度神经网络，可以从基因序列中预测蛋白质的属性，如氨基酸对之间的距离、化学键及角度，实现对蛋白质结构的准确预测（Jumper et al.，2021）。目前，AlphaFold2 算法已在开源平台 GitHub 公布，可供所有研究人员免费下载使用（https://github.com/deepmind/alphafold）。

近些年来，基于代谢网络计算分析的途径设计，以其快速、综合和系统的优势，逐渐受到新途径挖掘与设计的青睐，可帮助解决传统设计方式存在的底盘细胞基因组信息不明确、遗传改造工具不完善、基因代谢调控网络复杂等问题，如前面提到的马红武研究员团队挖掘设计的碳高效利用非天然途径（Yang et al.，2019c）。基因组尺度的代谢网络模型也是一种广泛使用的途径设计方法（Gu et al.，2019），计算模拟结果可以指导底盘细胞途径改造以提高相关产品的产率。韩国科学技术研究院 Sang Yup Lee 教授课题组结合大肠杆菌 iJO1366 模型模拟分析的结果，对合成芳香型聚酯途径中的相关基因进行敲除，使聚苯乳酸酯的产量显著增加（Gibson et al.，2009）。

自动化、智能化的合成生物学平台，可加速能源产品合成途径在不同底盘细胞中的装配和优化过程，缩短细胞工厂的自动化 DBTL 周期。构建表征良好的元件库可帮助实现元件和基因设计的选择与优化，借助各种计算机辅助设计

（computer aided design，CAD）工具加速设计过程，提高设计的可预测性（Hillson et al.，2019；Chao et al.，2017），构建高效稳定、可工业化推广的能源生产微生物底盘。例如，通过高通量蛋白质和途径工程可促进底物利用与产品合成，包括木糖代谢酶筛选（Hughes et al.，2011）、木糖代谢途径优化（Du et al.，2012）和提升酵母抗逆性，从而提高纤维素乙醇产量（Si et al.，2017）。最近，英国曼彻斯特大学 SYNBIOCHEM 生物铸造厂建立了生物合成设计、酶筛选和路径优化的（半）自动化管道，能够在实验设计方法的指导下，迭代 DBTL 循环（Carbonell et al.，2018）。Agile 生物铸造厂开发的自动推荐工具（automated recommendation tool，ART）结合了机器学习和贝叶斯集成方法来预测生产水平，并指导后续 DBTL 周期的实验（Radivojevic et al.，2020）。

底盘细胞的多层次改造会对复杂调控的生命系统产生不利影响，甚至导致细胞活性降低或丧失，限制细胞工厂的应用。针对该问题，无细胞蛋白合成系统（cell-free protein synthesis，CFPS）可以提供很好的解决方案。CFPS 作为一种体外生命模拟体系，以外源 DNA 或 mRNA 为模板，利用细胞提取物中的蛋白质合成机器、蛋白质折叠因子及其他相关酶系，通过添加氨基酸、聚合酶、能量、辅因子等物质，在体外完成蛋白合成翻译及翻译后修饰过程（Liu et al.，2017b）。CFPS 相较于体内细胞系统，其可控性和可操作性更强，可在蛋白质合成过程中随时对系统进行人为干预，调控蛋白质表达。同时，由于 CFPS 与现代生物技术系统相容性高，更容易实现蛋白质的高通量筛选和工业化生产。由于萜类能源产品的毒性会对细胞造成损伤，CFPS 便成了萜类能源产品生产的强大平台。2017 年，研究人员利用该系统设计了包含 27 种酶的体系，将葡萄糖转化为单萜产品；通过引入柠檬烯合成酶的突变体，使桧烯产量达到 15.9 g/L，达理论产率的 94.5%，柠檬烯产量达 12.5 g/L（Korman et al.，2017）。中山大学刘建忠教授课题组利用无细胞系统平台实现了从葡萄糖到蒎烯的生产，通过优化无细胞反应混合物的组成与设计，确定了蒎烯生产中最重要的参数，最终使蒎烯产量提高了 57%，最高达 1256.31 mg/L（Niu et al.，2020）。虽然体外无细胞蛋白合成系统易于操作，但是酶纯化和辅助因子补充的高成本给其工业化应用带来了障碍。

除此之外，设计平台软件和设计原则在设计过程中也至关重要，它们可以帮助研究人员从全局出发，快速高效地完成生物元件、逻辑线路、代谢途径及基因组的设计。例如，为全基因组合成设计的 BioStudio 软件，使研究人员可以按照一定的原则进行全基因组范围的重编程设计，已被应用于酵母染色体合成项目 Syn2.0 的设计中（Richardson et al.，2017）。同时，国际遗传工程机器大赛（International Genetically Engineered Machine Competition，iGEM）作为培养和发展合成生物学研究后备人才的全球竞技性赛事，也推动了合成生物学教育与研究的发展，涌现出了 FLAME、EasyBBK、S-Din 和 CRAFT 等软件作品，帮助指导实验方向及提升实验效率，受到研究人员的广泛关注。但是，由于生命系统的复杂性及数据与算法等方面的局限性，目前距离理性设计平台的真正实现还有很大差距（伍克煜等，2020）。

一系列生物元件、逻辑线路及模块化的代谢途径在前期通过人工理性设计或基于实验经验的非理性设计之后，都会产生大量的突变体或候选目标（崔金明等，2018）。由于传统的检测方法存在较大的试错成本，且难以满足合成生物学对大量定量化生物元件、逻辑线路/代谢调控途径组合的需求，亟须一种高效、快速、准确的方法来解决这一问题。现在已有许多高通量或自动化筛选检测技术用来提高测试效率，包括微流控（microfluidics）芯片技术、荧光激活液滴分选（fluorescence activated droplet sorting，FADS）系统、流式细胞荧光分选、Biolog 表型芯片、微孔板高通量筛选技术、Bioscreen C 微生物自动生长培养仪，以及基于拉曼光谱、傅里叶变换红外光谱或近红外光谱等电学和先进光谱传感器的筛选技术平台（杨永富等，2021a）。

基于生物传感器的检测筛选技术也被开发利用，通常包括基于蛋白质和核酸的生物传感器（Packer and Liu，2015）。基于微流控技术开发的全自动高通量微液滴培养仪（microbial microdroplet culture system，MMC）可以在多达 200 个 2 μL 体积的液滴中进行自动化和高通量的微生物培养及适应性进化，大大减少菌株改造后的传代筛选与培养时间（Jian et al.，2020；陈政霖等，2019）。中国科学院青岛生物能源与过程研究所徐健研究员团队开发的基于介电单细胞捕获-释放的拉曼激活液滴分选（positive dielectrophoresis-based Raman-activated droplet sorting，pDEP-RADS）技术可以实现基于分子光谱的非标记式单细胞精度的高通量酶活筛选，利用此技术筛选到了已报道的 3 个高效二酰甘油酰基转移酶基因，耗时仅 10 min，而前期基于传统方法对这 3 个强功能基因的筛选和表征历时长达数月，这种高通量筛选技术可以显著提升生物能源底盘细胞的改造与筛选速度，并且可以从菌群等尚难培养微生物中直接挖掘酶和细胞工厂等生物资源（Wang et al.，2020b）。对于未来高效能源产品的微生物底盘开发，使用合适的高通量筛选技术快速筛选到适合的生物元件、线路及其组合显得尤为重要。

基金项目：国家重点研发计划"合成生物学"重点专项-2022YFA0911800。

参 考 文 献

曹运齐, 刘云云, 胡南江, 等. 2019. 燃料乙醇的发展现状分析及前景展望. 生物技术通报, 35: 163-169.
曹中正, 张心怡, 徐艺源, 等. 2020. 基因组编辑技术及其在合成生物学中的应用. 合成生物学, 1: 413-426.
陈洪章. 2011. 纤维素生物技术. 北京: 化学工业出版社.

陈英, 卢志龙, 张穗生, 等. 2020. Tup1 基因缺失对酿酒酵母耐高糖性状的影响. 广西科学院学报, 36(3): 338-343.

陈政霖, 马春玄, 邢新会, 等. 2019. 微生物微培养系统研究现状与展望. 生物工程学报, 35: 1151-1161.

池振明, 刘建国, 许平. 1995. 利用中温蒸煮工艺进行高浓度酒精发酵. 生物工程学报, 3: 228-232.

储攀, 朱静雯, 黄文琦, 等. 2021. 底盘-回路耦合: 合成基因回路设计新挑战. 合成生物学, 2: 91-105.

崔金明, 张炳照, 马迎飞, 等. 2018. 合成生物学研究的工程化平台. 中国科学院院刊, 33: 1249-1257.

戴宗杰, 董红军, 朱岩, 等. 2013. 生物丁醇代谢工程的研究进展. 生物加工过程, 11(2): 58-64.

丁娜娜, 周胜虎, 邓禹. 2021. 基于转录因子的代谢物生物传感器的研究进展. 生物工程学报, 37: 911-922.

董红军, 张延平, 李寅. 2010. 丙酮丁醇梭菌的遗传操作系统. 生物工程学报, 26(10): 1372-1378.

方祥年, 黄炜, 夏黎明. 2004. 假丝酵母发酵玉米芯半纤维素水解液生产木糖醇. 生物工程学报, 20(2): 295-298.

冯银刚, 刘亚君, 崔球. 2022. 纤维小体在合成生物学中的应用研究进展. 合成生物学, 1: 138-154.

顾阳, 蒋宇, 吴辉, 等. 2010. 生物丁醇制造技术现状和展望. 生物工程学报, 26(7): 914-923.

顾阳, 杨晟, 姜卫红. 2013. 产溶剂梭菌分子遗传操作技术研究进展. 生物工程学报, 29(8): 1133-1145.

郭潇佳, 李青, 万里, 等. 2021. 创制非天然辅酶偏好型甲醇脱氢酶. 合成生物学, 4: 651-661.

郝珍珍. 2019. 里氏木霉中 CRISPR-Cas9 基因组编辑及木糖调控基因表达方法的建立. 北京: 中国农业科学院硕士学位论文.

贾德臣, 姜卫红 顾阳. 2019. 食气梭菌的研究进展. 微生物学通报, 46(2): 374-387.

李洋, 申晓林, 孙新晓, 等. 2021. CRISPR 基因编辑技术在微生物合成生物学领域的研究进展. 合成生物学, 2: 106-120.

林璐, 吕雪芹, 刘延峰, 等. 2020. 枯草芽孢杆菌底盘细胞的设计、构建与应用. 合成生物学, 1: 247-265.

刘骥翔, 刘裕, 苏海佳, 等. 2021. 人工多菌体系的设计与构建: 合成生物学研究新前沿. 合成生物学, 4: 635-650.

刘美霞, 李强子, 孟冬冬, 等. 2020. 烟酰胺类辅酶依赖型氧化还原酶的辅酶偏好性改造及其在合成生物学中的应用. 合成生物学, 1: 570-582.

卢恒谦, 陈海琴, 唐鑫, 等. 2021. 组学技术在产油微生物中的应用. 生物工程学报, 37: 846-859.

吕阳, 蒋羽佳, 陆家声, 等. 2020. 基于一体化生物加工过程的木质纤维素合成生物丁醇的研究进展. 生物工程学报, 36(12): 2755-2766.

马红武, 陈修来, 袁倩倩, 等. 2018. 面向生物合成的代谢工程策略设计. 中国科学院院刊, 33: 1166-1173.

马晓焉, 王雪芹, 马炼杰, 等. 2021. 高级醇的微生物绿色制造. 生物工程学报, 37: 1721-1736.

毛开云, 范月蕾, 王跃, 等. 2018. 生物燃料乙醇蓄势待发. 高科技与产业化, 6: 4-13.

钱秀娟, 陈琳, 章文明, 等. 2020. 人工多细胞体系设计与构建研究进展. 合成生物学, 1: 267-284.

曲戈, 朱彤, 蒋迎迎, 等. 2019. 蛋白质工程: 从定向进化到计算设计. 生物工程学报, 35: 1843-1856.

宋安东, 张炎达, 杨大娇, 等. 2014. 合成气厌氧发酵生物反应器的研究进展. 生物加工过程, 12(6): 96-102.

田宜水, 单明, 孔庚. 2021. 我国生物质经济发展战略研究. 中国工程科学, 23(1): 133-140.

王琛, 赵猛, 丁明珠, 等. 2020. 生物支架系统在合成生物学中的应用. 化工进展, 39: 4557-4567.

王冠, 田锡炜, 夏建业, 等. 2021. 大数据-模型混合驱动下生物过程优化与放大的新机遇与挑战. 生物工程学报, 37: 1004-1016.

王会, 戴俊彪, 罗周卿. 2020. 基因组的“读-改-写”技术. 合成生物学, 1: 503-515.

王也, 王昊晨, 晏明皓, 等. 2021. 生物分子序列的人工智能设计. 合成生物学, 2: 1-14.

王钰, 郑平, 孙际宾. 2021. 谷氨酸棒杆菌的代谢工程使能技术研究进展. 生物工程学报, 37: 1603-1618.

闻志强. 2014. 以碱处理玉米棒芯为原料直接生产丁醇的厌氧梭菌混菌发酵过程及代谢工程研究. 杭州: 浙江大学博士学位论文.

闻志强, 孙小曼, 汪庆卓, 等. 2021. 梭菌正丁醇代谢工程研究进展. 合成生物学, 2(2): 194-221.

吴凤礼, 梁艳霞, 张媛媛, 等. 2020. 新型生长快速需钠弧菌基因组无痕编辑体系构建. 生物工程学报, 36: 2387-2397.

伍克煜, 刘峰江, 许浩, 等. 2020. 合成生物学基因设计软件: iGEM 设计综述. 生物信息学, 18: 8-15.

肖敏, 吴又多, 薛闯. 2019. 丁醇的生物炼制及研究进展. 生物加工过程, 17(1): 60-71.

谢泽雄, 陈祥荣, 肖文海, 等. 2019. 基因组再造与重排构建细胞工厂. 化工学报, 10: 3712-3721.

徐丽丽, 沈煜, 鲍晓明. 2010. 酿酒酵母纤维素乙醇统合加工(CBP)的策略及研究进展. 生物工程学报, 26(7): 1-10.

杨永富, 耿碧男, 宋皓月, 等. 2021a. 合成生物学时代基于非模式细菌的工业底盘细胞研究现状与展望. 生物工程学报, 37(3): 874-910.

杨永富, 耿碧男, 宋皓月, 等. 2021b. 运动发酵单胞菌底盘细胞研究现状及展望. 合成生物学, 2: 59-90.

游雪燕, 庄海宁, 冯涛. 2012. 葡萄酒中 *Brettanomyces* 酒香酵母属不良风味的研究进展. 中国酿造, 31(12): 9-12.

于勇, 朱欣娜, 毕昌昊, 等. 2021. 大肠杆菌细胞工厂的创建技术. 生物工程学报, 37: 1564-1577.

于政, 申晓林, 孙新晓, 等. 2020. 动态调控策略在代谢工程中的应用研究进展. 合成生物学, 1: 440-453.

张晨阳, 武耀康, 徐显皓, 等. 2021. 工业微生物代谢网络模型的研究进展及应用. 生物工程学报, 37: 860-873.

张凌燕, 张梁, 丁重阳, 等. 2008. 代谢工程改善野生酵母利用木糖产乙醇的性能. 生物工程学报, 24(6): 950-956.

张秋梅, 赵心清, 姜如娇, 等. 2009. 酿酒酵母乙醇耐性的分子机制及基因工程改造. 生物工程学报, 25(4): 481-487.

张云丰, 何丹, 卢欢, 等. 2021. 代谢工程改造酿酒酵母底盘细胞. 科学通报, 66: 310-318.

周静茹, 刘鹏, 夏建业, 等. 2021. 基于约束的基因组规模代谢网络模型构建方法研究进展. 生物工程学报, 37: 1526-1540.

左顾, 张明明, 程诚, 等. 2014. 不同宿主来源的工程酿酒酵母混合糖代谢比较. 微生物学通报, 10: 1648.

Abby S S, Neron B, Menager H, et al. 2014. MacSyFinder: A program to mine genomes for molecular systems with an application to CRISPR-Cas systems. PLoS One, 9: e110726.

Abdelaal A S, Jawed K, Yazdani S S. 2019. CRISPR/Cas9-mediated engineering of *Escherichia coli* for n-butanol production from xylose in defined medium. J Ind Microbiol Biotechnol, 46: 965-975.

Al-Hinai M A, Fast A G Papoutsakis E T. 2012. Novel system for efficient isolation of *Clostridium* double-crossover allelic exchange mutants enabling markerless chromosomal gene deletions and

DNA integration. Appl Environ Microbiol, 78(22): 8112-8121.

Ali S S, Mustafa A M, Sun J. 2021. Woodfeeding termites as an obscure yet promising source of bacteria for biodegradation and detoxification of creosote-treated wood along with methane production enhancement. Bioresour Technol, 338: 125521.

Almengor A C, Kinkel T L, Day S J, et al. 2007. The catabolite control protein CcpA binds to Pmga and influences expression of the virulence regulator Mga in the Group A streptococcus. J Bacteriol, 189(23): 8405-8416.

Alsaker K V, Spitzer T R, Papoutsakis E T. 2004. Transcriptional analysis of *spo0A* overexpression in *Clostridium acetobutylicum* and its effect on the cell's response to butanol stress. J Bacteriol, 186(7): 1959-1971.

Amer M, Hoeven R, Kelly P, et al. 2020a. Renewable and tuneable bio-LPG blends derived from amino acids. Biotechnol Biofuels, 13: 125.

Amer M, Toogood H, Scrutton N S. 2020b. Engineering nature for gaseous hydrocarbon production. Microb Cell Fact, 19: 209.

Amitai G, Sorek R. 2016. CRISPR-Cas adaptation: Insights into the mechanism of action. Nat Rev Microbiol, 14: 67-76.

Anandharaj M, Lin Y J, Rani R P, et al. 2020. Constructing a yeast to express the largest cellulosome complex on the cell surface. Proc Natl Acad Sci USA, 117: 2385-2394.

Anishchenko I, Baek M, Park H, et al. 2021. Protein tertiary structure prediction and refinement using deep learning and Rosetta in CASP14. Proteins, 89: 1722-1733.

Anthony W E, Carr R R, Delorenzo D M, et al. 2019. Development of *Rhodococcus opacus* as a chassis for lignin valorization and bioproduction of high-value compounds. Biotechnol Biofuels, 12: 192.

Arendt P, Miettinen K, Pollier J, et al. 2017. An endoplasmic reticulum-engineered yeast platform for overproduction of triterpenoids. Metab Eng, 40: 165-175.

Arsov A, Petrov K, Petrova P. 2021. How to outwit nature: Omics insight into butanol tolerance. Biotechnol Adv, 46: 107658.

Atmadjaja A N, Holby V, Harding A J, et al. 2019. CRISPR-Cas, a highly effective tool for genome editing in *Clostridium saccharoperbutylacetonicum* N1-4(HMT). FEMS Microbiol Lett, 366(6): fnz059.

Atsumi S, Cann A F, Connor M R, et al. 2008a. Metabolic engineering of *Escherichia coli* for 1-butanol production. Metab Eng, 10: 305-311.

Atsumi S, Hanai T, Liao J C. 2008b. Non-fermentative pathways for synthesis of branched-chain higher alcohols as biofuels. Nature, 451: 86-89.

Awg-Adeni D S, Bujang K B, Hassan M A, et al. 2013. Recovery of glucose from residual starch of sago hampas for bioethanol production. BioMed Research International, 2013(14): 935852.

Babb B L, Collett H J, Reid S J, et al. 1993. Transposon mutagenesis of *Clostridium acetobutylicum* P262: Isolation and characterization of solvent deficient and metronidazole resistant mutants. FEMS Microbiol Lett, 114(3): 343-348.

Bae S J, Park B G, Kim B G, et al. 2020. Multiplex gene disruption by targeted base editing of *Yarrowia lipolytica* genome using cytidine deaminase combined with the CRISPR/Cas9 system. Biotechnol J, 15: e1900238.

Baer S H, Blaschek H P, Smith T L. 1987. Effect of butanol challenge and temperature on lipid composition and membrane fluidity of butanol-tolerant *Clostridium acetobutylicum*. Appl Environ Microbiol, 53(12): 2854-2861.

Bajaj B K, Taank V, Thakur R L. 2003. Characterization of yeasts for ethanolic fermentation of molasses with high sugar concentrations. J Sci Ind Res India, 62(11): 1078-1085.

Banta A B, Enright A L, Siletti C, et al. 2020. A high-efficacy CRISPR interference system for gene function discovery in *Zymomonas mobilis*. Appl Environ Microbiol, 86(23): e01621-20.

Bao T, Zhao J, Li J, et al. 2019. n-Butanol and ethanol production from cellulose by *Clostridium cellulovorans* overexpressing heterologous aldehyde/alcohol dehydrogenases. Bioresour Techno, 285: 121316-121316.

Baral N R, Shah A. 2014. Microbial inhibitors: Formation and effects on acetone-butanol-ethanol fermentation of lignocellulosic biomass. Appl Microbiol Biotechnol, 98(22): 9151-9172.

Baritugo K A, Kim H T, David Y, et al. 2018. Metabolic engineering of *Corynebacterium glutamicum* for fermentative production of chemicals in biorefinery. Appl Microbiol Biotechnol, 102: 3915-3937.

Basler G, Thompson M, Tullman-Ercek D, et al. 2018. A *Pseudomonas putida* efflux pump acts on short-chain alcohols. Biotechnol Biofuels, 11: 136.

Basso T O, de Kok S, Dario M, et al. 2011. Engineering topology and kinetics of sucrose metabolism in *Saccharomyces cerevisiae*, for improved ethanol yield. Metab Eng, 13(6): 694-703.

Bastian S, Liu X, Meyerowitz J T, et al. 2011. Engineered ketol-acid reductoisomerase and alcohol dehydrogenase enable anaerobic 2-methylpropan-1-ol production at theoretical yield in *Escherichia coli*. Metab Eng, 13: 345-352.

Bayer E A, Lamed R, Himmel M E. 2007. The potential of cellulases and cellulosomes for cellulosic waste management. Curr Opin Biotechnol, 18(3): 237-245.

Becker J, Boles E. 2003. A modified *Saccharomyces cerevisiae* strain thatconsumes L-arabinose and produces ethanol. Appl Environ Microbiol, 69(7): 4144-4150.

Becker J, Giesselmann G, Hoffmann S L, et al. 2018a. *Corynebacterium glutamicum* for sustainable bioproduction: From metabolic physiology to systems metabolic engineering. Adv Biochem Eng Biotechnol, 162: 217-263.

Becker J, Rohles C M, Wittmann C. 2018b. Metabolically engineered *Corynebacterium glutamicum* for bio-based production of chemicals, fuels, materials, and healthcare products. Metab Eng, 50: 122-141.

Beese S E, Negishi T, Levin D E. 2009. Identification of positive regulators of the yeast Fpsl glycerol channel. PLoS Genet, 5(11): el000738.

Belal E B. 2013. Bioethanol production from rice straw residues. Braz J Microbiol, 44: 225-234.

Bengtsson O, Hahn-Hägerdal B, Gorwa-Grauslund M F. 2009. Xylose reductase from *Pichia stipitis* with altered coenzyme preference improves ethanolic xylose fermentation by recombinant *Saccharomyces cerevisiae*.Biotechnol Biofuels, 2: 9.

Berckman E A, Chen W. 2020. A modular approach for dCas9-mediated enzyme cascading via orthogonal bioconjugation. Chem Commun(Camb), 56: 11426-11428.

Berezina O V, Zakharova N V, Brandt A, et al. 2010. Reconstructing the clostridial n-butanol metabolic pathway in *Lactobacillus brevis*. Appl Microbiol Biotechnol, 87(2): 635-646.

Berezka K, Semkiv M, Borbuliak M, et al. 2019. Insertional tagging of the *Scheffersomyces stipitis* gene HEM25 involved in regulation of glucose and xylose alcoholic fermentation. Cell Biol Int, 45(3): 507-517.

Bernard A, Domergue F, Pascal S, et al. 2012. Reconstitution of plant alkane biosynthesis in yeast demonstrates that *Arabidopsis* ECERIFERUM1 and ECERIFERUM3 are core components of a very-long-chain alkane synthesis complex. Plant Cell, 24: 3106-3118.

Bertrand D, Shaw J, Kalathiyappan M, et al. 2019. Hybrid metagenomic assembly enables high-resolution analysis of resistance determinants and mobile elements in human microbiomes. Nat

Biotechnol, 37: 937-944.

Bi C, Jones S W, Hess D R, et al. 2011. SpoIIE is necessary for asymmetric division, sporulation, and expression of sigmaF, sigmaE, and sigmaG but does not control solvent production in *Clostridium acetobutylicum* ATCC 824. J Bacteriol, 193(19): 5130-5137.

Bialkowska A M. 2016. Strategies for efficient and economical 2,3-butanediol production: New trends in this field. World J Microb Biot, 32(12): 200.

Biebl H. 2001. Fermentation of glycerol by *Clostridium pasteurianum* - batch and continuous culture studies. J Ind Microbiol Biotechnol, 27(1): 18.

Bischof R H, Ramoni J, Seiboth B. 2016. Cellulases and beyond: The first 70 years of the enzyme producer *Trichoderma reesei*. Microb Cell Fact, 15: 106.

Black W B, Zhang L, Mak W S, et al. 2020. Engineering a nicotinamide mononucleotide redox cofactor system for biocatalysis. Nat Chem Biol, 16: 87-94.

Bland C, Ramsey T L, Sabree F, et al. 2007. CRISPR recognition tool (CRT): A tool for automatic detection of clustered regularly interspaced palindromic repeats. BMC Bioinformatics, 8: 209.

Blazeck J, Alper H S. 2013. Promoter engineering: Recent advances in controlling transcription at the most fundamental level. Biotechnol J, 8(1): 46-58.

Blomqvist J, Eberhard T, Schürer J, et al. 2010. Fermentation characteristics of *Dekkera bruxellensis* strains. Appl Microbiol Biotechnol, 87(4): 1487-1497.

Blount B A, Gowers G F, Ho J C H, et al. 2018. Rapid host strain improvement by *in vivo* rearrangement of a synthetic yeast chromosome. Nat Commun, 9: 1932.

Bogorad I W, Lin T S, Liao J C. 2013. Synthetic non-oxidative glycolysis enables complete carbon conservation. Nature, 502: 693-697.

Bordbar A, Monk J M, King Z A, et al. 2014. Constraint-based models predict metabolic and associated cellular functions. Nat Rev Genet, 15: 107-120.

Bordbar A, Yurkovich J T, Paglia G, et al. 2017. Elucidating dynamic metabolic physiology through network integration of quantitative time-course metabolomics. Sci Rep, 7: 46249.

Bormann S, Baer Z C, Sreekumar S, et al. 2014. Engineering *Clostridium acetobutylicum* for production of kerosene and diesel blendstock precursors. Metab Eng, 25: 124-130.

Bowles L K, Ellefson W L. 1985. Effects of butanol on *Clostridium acetobutylicum*. Appl Environ Microbiol, 50(5): 1165-1170.

Branduardi P, Longo V, Berterame N M, et al. 2013. A novel pathway to produce butanol and isobutanol in *Saccharomyces cerevisiae*. Biotechnol Biofuels, 6(1): 68.

Brat D, Boles E, Wiedemann B. 2009. Functional expression of a bacterial xylose isomerase in *Saccharomyces cerevisiae*. Appl Environ Microbiol, 75: 2304-2311.

Brennan L, Owende P. 2010. Biofuels from microalgae a review of technologies for production, processing, and extractions of biofuels and co-products. Renew Sustain Energy Rev, 14(2): 557-577.

Brennan T C, Williams T C, Schulz B L, et al. 2015. Evolutionary engineering improves tolerance for replacement jet fuels in *Saccharomyces cerevisiae*. Appl Environ Microbiol, 81: 3316-3325.

Brethauer S, Studer M H. 2014. Consolidated bioprocessing of lignocellulose by a microbial consortium. Energy Environ Sci, 7: 1446-1453.

Bro C, Regenberg B, Forster J, et al. 2006. In silico aided metabolic engineering of *Saccharomyces cerevisiae* for improved bioethanol production. Metab Eng, 8: 102-111.

Brondijk T H, Konings W N, Poolman B. 2001. Regulation of maltose tramport in *Saccharomyces cerevisiae*. Arch Mierobiol, 176: 96-105.

Bruder M, Moo-Young M, Chung D A, et al. 2015. Elimination of carbon catabolite repression in

Clostridium acetobutylicum—a journey toward simultaneous use of xylose and glucose. Appl Microbiol Biotechnol, 99(18): 7579-7588.

Bruder M R, Pyne M E, Moo-Young M, et al. 2016. Extending CRISPR/Cas9 technology from genome editing to transcriptional engineering in the genus *Clostridium*. Appl Environ Microbiol, 82(20): 6109-6119.

Buchweitz L F, Yurkovich J T, Blessing C, et al. 2020. Visualizing metabolic network dynamics through time-series metabolomic data. BMC Bioinformatics, 21: 130.

Buijs N A, Zhou Y J, Siewers V, et al. 2015. Long-chain alkane production by the yeast *Saccharomyces cerevisiae*. Biotechnol Bioeng, 112: 1275-1279.

Bulthuis B A, Gatenby A A, Haynie S L, et al. 2002. Method for the production of glycerol by recombinant organisms. US6358716.

Butler G, Rasmussen M D, Lin M F, et al. 2009. Evolution of pathogenicity and sexual reproduction in eight *Candida tropicalis* genomes. Nature, 459(7247): 657-662.

Campbell K, Xia J, Nielsen J. 2017. The impact of systems biology on bioprocessing. Trends Biotechnol, 35: 1156-1168.

Canilha L, Carvalho W, Felipe M D, et al. 2010. Ethanol production from sugarcane bagasse hydrolysate using *Pichia stipitis*. Appl Biochem Biotechnol, 161(1-8): 84-92.

Cann A F, Liao J C. 2008. Production of 2-methyl-1-butanol in engineered *Escherichia coli*. Appl Microbiol Biotechnol, 81: 89-98.

Cao Q H, Shao H H, Qiu H, et al. 2017. Using the CRISPR/Cas9 system to eliminate native plasmids of *Zymomonas mobilis* ZM4. Biosci Biotech Bioch, 81: 453-459.

Cao T S, Chi Z, Liu G L, et al. 2014. Expression of TPS1 gene from *Saccharomycopsis fibuligera* A11 in *Saccharomyces* sp. W0 enhances trehalose accumulation, ethanol tolerance, and ethanol production. Mol Biotechnol, 56(1): 72-78.

Carbonell P, Jervis A J, Robinson C J, et al. 2018. An automated design-build-test-learn pipeline for enhanced microbial production of fine chemicals. Commun Biol, 1: 66.

Carrera J, Covert M W. 2015. Why build whole-cell models? Trends Cell Biol, 25: 719-722.

Carroll D. 2014. Genome engineering with targetable nucleases. Annu Rev Biochem, 83: 409-439.

Caspeta L, Chen Y, Ghiaci P, et al. 2014. Altered sterol composition renders yeast thermotolerant. Science, 346(6205): 75-78.

Cavallo E, Charreau H, Cerrutti P, et al. 2017. *Yarrowia lipolytica*: A model yeast for citric acid production. FEMS Yeast Res, 17(8): fox084.

Chai G, Yu M, Jiang L, et al. 2019. HMMCAS: A web tool for the identification and domain annotations of CAS proteins. IEEE/ACM Trans Comput Biol Bioinform, 16: 1313-1315.

Challis G L. 2008. Genome mining for novel natural product discovery. J Med Chem, 51: 2618-2628.

Chao R, Mishra S, Si T, et al. 2017. Engineering biological systems using automated biofoundries. Metab Eng, 42: 98-108.

Chatsurachai S, Furusawa C, Shimizu H. 2012. An *in silico* platform for the design of heterologous pathways in nonnative metabolite production. BMC Bioinformatics, 13: 93.

Chatzivasileiou A O, Ward V, Edgar S M, et al. 2019. Two-step pathway for isoprenoid synthesis. Proc Natl Acad Sci U S A, 116: 506-511.

Chen B, Ling H, Chang M W. 2013. Transporter engineering for improved tolerance against alkane biofuels in *Saccharomyces cerevisiae*. Biotechnol Biofuels, 6(1): 21.

Chen C K, Blaschek H P. 1999. Acetate enhances solvent production and prevents degeneration in *Clostridium beijerinckii* BA101. Appl Microbiol Biotechnol, 52(2): 170-173.

Chen D H, Madan D, Weaver J, et al. 2013. Visualizing GroEL/ES in the act of encapsulating a folding protein. Cell, 153(6): 1354-1365.

Chen H, Zhu C, Zhu M, et al. 2019. High production of valencene in *Saccharomyces cerevisiae* through metabolic engineering. Microb Cell Fact, 18(1): 195.

Chen L, Zhang J, Chen W N. 2014a. Engineering the *Saccharomyces cerevisiae* beta-oxidation pathway to increase medium chain fatty acid production as potential biofuel. PLoS One, 9: e84853.

Chen Q, Yu S, Myung N, et al. 2017. DNA-guided assembly of a five-component enzyme cascade for enhanced conversion of cellulose to gluconic acid and H_2O_2. J Biotechnol, 263: 30-35.

Chen S H, Hwang D R, Chen G H, et al. 2012. Engineering transaldolase in *Pichia stipitis* to improve bioethanol production. ACS Chem Biol, 7(3): 481-486.

Chen Y, Ding Y, Yang L, et al. 2014b. Integrated omics study delineates the dynamics of lipid droplets in *Rhodococcus opacus* PD630. Nucleic Acids Res, 42: 1052-1064.

Chen Y, Sheng J, Jiang T, et al. 2016. Transcriptional profiling reveals molecular basis and novel genetic targets for improved resistance to multiple fermentation inhibitors in *Saccharomyces cerevisiae*. Biotechnol Biofuels, 9: 9.

Cheng B Q, Wei L J, Lv Y B, et al. 2019a. Elevating limonene production in oleaginous yeast *Yarrowia lipolytica* via genetic engineering of limonene biosynthesis pathway and optimization of medium composition. Biotechnol Bioprocess Eng, 24: 500-506.

Cheng S, Liu X, Jiang G, et al. 2019b. Orthogonal engineering of biosynthetic pathway for efficient production of limonene in *Saccharomyces cerevisiae*. ACS Synth Biol, 8: 968-975.

Cho D H, Lee Y J, Um Y, et al. 2009. Detoxification of model phenolic compounds in lignocellulosic hydrolysates with peroxidase for butanol production from *Clostridium beijerinckii*. Appl Microbiol Biotechnol, 83(6): 1035-1043.

Cho I J, Choi K R, Lee S Y. 2020. Microbial production of fatty acids and derivative chemicals. Curr Opin Biotechnol, 65: 129-141.

Cho J S, Choi K R, Prabowo C P S, et al. 2017. CRISPR/Cas9-coupled recombineering for metabolic engineering of *Corynebacterium glutamicum*. Metab Eng, 42: 157-167.

Choi K H, Kim K J. 2009. Applications of transposon-based gene delivery system in bacteria. J Microbiol Biotechnol, 19(3): 217-228.

Choi K R, Jang W D, Yang D, et al. 2019. Systems metabolic engineering strategies: Integrating systems and synthetic biology with metabolic engineering. Trends Biotechnol, 37: 817-837.

Choi K R, Jiao S, Lee S Y. 2020. Metabolic engineering strategies toward production of biofuels. Curr Opin Chem Biol, 59: 1-14.

Choi S P, Nguyen M T, Sim S J. 2010. Enzymatic pretreatment of *Chlamydomonas reinhardtii* biomass for ethanol production. Bioresour Technol, 101(14): 5330-5336.

Choi Y J, Lee S Y. 2013. Microbial production of short-chain alkanes. Nature, 502: 571-574.

Christian C, García J L. 1992. Reconstruction and expression of the autolytic gene from *Clostridium acetobutylicum* ATCC 824 in *Escherichia coli*. FEMS Microbiol Lett, (1): 13-20.

Cirino P C, Chin J W, Ingram L O. 2006. Engineering *Escherichia coli* for xylitol production from glucose-xylose mixtures. Biotechnol Bioeng, 95: 1167-1176.

Codato C B, Martini C, Ceccato-Antonini S R, et al. 2018. Ethanol production from *Dekkera bruxellensis* in synthetic media with pentose Ceccato-Antonini. Braz J Chem Eng, 35(1): 11-17.

Cong L, Ran F A, Cox D, et al. 2013. Multiplex genome engineering using CRISPR/Cas systems. Science, 339(6121): 819-823.

Connor M R, Cann A F, Liao J C. 2010. 3-Methyl-1-butanol production in *Escherichia coli*: Random mutagenesis and two-phase fermentation. Appl Microbiol Biotechnol, 86: 1155-1164.

Conrado R J, Wu G C, Boock J T, et al. 2012. DNA-guided assembly of biosynthetic pathways promotes improved catalytic efficiency. Nucleic Acids Res, 40: 1879-1889.

Cooksley C M, Zhang Y, Wang H, et al. 2012. Targeted mutagenesis of the *Clostridium acetobutylicum* acetone-butanol-ethanol fermentation pathway. Metab Eng, 14(6): 630-641.

Couvin D, Bernheim A, Toffano-Nioche C, et al. 2018. CRISPRCasFinder, an update of CRISRFinder, includes a portable version, enhanced performance and integrates search for Cas proteins. Nucleic Acids Res, 46: W246-W251.

Cripwell R A, Rose S H, Favaro L, et al. 2019. Construction of industrial *Saccharomyces cerevisiae* strains for the efficient consolidated bioprocessing of raw starch. Biotechnol Biofuels, 12: 201.

Cunha J T, Soares P O, Romaní A, et al. 2019. Xylose fermentation efficiency of industrial *Saccharomyces cerevisiae* yeast with separate or combined xylose reductase/xylitol dehydrogenase and xylose isomerase pathways. Biotechnol Biofuels, 12: 20.

Dai Z J, Dong H J, Zhang Y P, et al. 2016. Elucidating the contributions of multiple aldehyde/alcohol dehydrogenases to butanol and ethanol production in *Clostridium acetobutylicum*. SciRep, 6: 28189.

Dalia T N, Hayes C A, Stolyar S, et al. 2017a. Multiplex genome editing by natural transformation (MuGENT) for synthetic biology in *Vibrio natriegens*. ACS Synth Biol, 6: 1650-1655.

Dalia T N, Yoon S H, Galli E, et al. 2017b. Enhancing multiplex genome editing by natural transformation (MuGENT) via inactivation of ssDNA exonucleases. Nucleic Acids Res, 45: 7527-7537.

Danzi S E, Bali M, Michels C A. 2003. Clustered-charge to alaninlo scanning mutagenesis of the Mal63 MAL-aetivator C-terminal regulatory domain. Curr genet, 44(4): 173-183.

Darvishi F, Fathi Z, Ariana M, et al. 2017. *Yarrowia lipolytica* as a workhorse for biofuel production. Biochem Eng J, 127: 87-96.

Das M, Patra P, Ghosh A. 2020. Metabolic engineering for enhancing microbial biosynthesis of advanced biofuels. Renew Sustain Energy Rev, 119: 109562.

Davison S A, den Haan R, Van Zyl W H. 2016. Heterologous expression of cellulase genes in natural *Saccharomyces cerevisiae* strains. Appl Microbiol Biotechnol, 100(18): 8241-8254.

Davison S A, den Haan R, Van Zyl W H. 2020. Exploiting strain diversity and rational engineering strategies to enhance recombinant cellulase secretion by *Saccharomyces cerevisiae*. Appl Microbiol Biotechno, 104(12): 5163-5184.

Dehghanzad M, Shafiei M, Karimi K. 2020. Whole sweet sorghum plant as a promising feedstock for biobutanol production via biorefinery approaches: Techno-economic analysis. Renew Energ, 158: 332-342.

Dehoux P, Marvaud J C, Abouelleil A, et al. 2016. Comparative genomics of *Clostridium bolteae* and *Clostridium clostridioforme* reveals species-specific genomic properties and numerous putative antibiotic resistance determinants. BMC Genomics, 17(1): 819.

Del Vecchio D, Qian Y, Murray R M, et al. 2018. Future systems and control research in synthetic biology. Annu Rev Control, 45: 5-17.

Dellomonaco C, Clomburg J M, Miller E N, et al. 2011. Engineered reversal of the beta-oxidation cycle for the synthesis of fuels and chemicals. Nature, 476: 355-359.

Delorenzo D M, Henson W R, Moon T S. 2017. Development of chemical and metabolite sensors for *Rhodococcus opacus* PD630. ACS Synth Biol, 6: 1973-1978.

Delorenzo D M, Moon T S. 2019. Construction of genetic logic gates based on the T7 RNA polymerase expression system in *Rhodococcus opacus* PD630. ACS Synth Biol, 8: 1921-1930.

Delorenzo D M, Rottinghaus A G, Henson W R, et al. 2018. Molecular toolkit for gene expression control and genome modification in *Rhodococcus opacus* PD630. ACS Synth Biol, 7: 727-738.

Demain A L, Newcomb M, Wu J H. 2005. Cellulase, clostridia, and ethanol. Microbiol Mol Biol Rev, 69: 124-154.

Deng X, Chen L, Hei M, et al. 2020. Structure-guided reshaping of the acyl binding pocket of TesA thioesterase enhances octanoic acid production in *E. coli*. Metab Eng, 61: 24-32.

Desai R P, Papoutsakis E T. 1999. Antisense RNA strategies for metabolic engineering of *Clostridium acetobutylicum*. Appl Environ Microbiol, 65(3): 936-945.

D'espaux L, Mendez-Perez D, Li R, et al. 2015. Synthetic biology for microbial production of lipid-based biofuels. Curr Opin Chem Biol, 29: 58-65.

Ding N, Yuan Z, Zhang X, et al. 2020. Programmable cross-ribosome-binding sites to fine-tune the dynamic range of transcription factor-based biosensor. Nucleic Acids Res, 48: 10602-10613.

Ding N, Zhou S, Deng Y. 2021. Transcription-factor-based biosensor engineering for applications in synthetic biology. ACS Synth Biol, 10: 911-922.

Ding S, Cai P, Yuan L, et al. 2019. CF-Targeter: A rational biological cell factory targeting platform for biosynthetic target chemicals. ACS Synth Biol, 8: 2280-2286.

Ding S, Liao X, Tu W, et al. 2017. EcoSynther: A customized platform to explore the biosynthetic potential in *E. coli*. ACS Chem Biol, 12: 2823-2829.

Diniz R H S, Rodrigues M Q R B, Fietto L G, et al. 2013. Optimizing and validating the production of ethanol from cheese whey permeate by *Kluyveromyces marxianus* UFV-3. Biocatal Agric Biotechnol, 3(2): 111-117.

Divate N R, Chen G H, Wang P M, et al. 2016. Engineering *Saccharomyces cerevisiae* for improvement in ethanol tolerance by accumulation of trehalose. Bioengineered, 7(6): 445-458.

Dobson P D, Smallbone K, Jameson D, et al. 2010. Further developments towards a genome-scale metabolic model of yeast. BMC Syst Biol, 4: 145.

Dong D, Ren K, Qiu X, et al. 2016. The crystal structure of Cpf1 in complex with CRISPR RNA. Nature, 532(7600): 522-526.

Dong H, Tao W, Zhang Y, et al. 2012. Development of an anhydrotetracycline-inducible gene expression system for solvent-producing *Clostridium acetobutylicum*: A useful tool for strain engineering. Metab Eng, 14(1): 59-67.

Dong J, Chen Y, Benites V T, et al. 2019. Methyl ketone production by *Pseudomonas putida* is enhanced by plant-derived amino acids. Biotechnol Bioeng, 116: 1909-1922.

Du J, Yuan Y, Si T, et al. 2012. Customized optimization of metabolic pathways by combinatorial transcriptional engineering. Nucleic Acids Res, 40: e142.

Dunayevich P, Baltanás R, Clemente J A, et al. 2018. Heat-stress triggers MAPK crosstalk to turn on the hyperosmotic response pathway, Sci Rep, 8(1): 15168.

Dundon C A, Aristidou A, Hawkins A, et al. 2012. Methods of increasing dihydroxy acid dehydratase activity to improve production of fuels, chemicals, and amino acids. US8273565B2.

Dunlop M J, Dossani Z Y, Szmidt H L, et al. 2011. Engineering microbial biofuel tolerance and export using efflux pumps. Mol Syst Biol, 7: 487.

Dusseaux S, Croux C, Soucaille P, et al. 2013. Metabolic engineering of *Clostridium acetobutylicum* ATCC 824 for the high-yield production of a biofuel composed of an isopropanol/butanol/ethanol mixture. Metab Eng, 18: 1-8.

Ehsaan M, Kuit W, Zhang Y, et al. 2016. Mutant generation by allelic exchange and genome resequencing of the biobutanol organism *Clostridium acetobutylicum* ATCC 824. Biotechnol Biofuels, 9: 4.

Ellinger J, Schmidt-Dannert C. 2017. Construction of a BioBrick compatible vector system for *Rhodococcus*. Plasmid, 90: 1-4.

Ezeji T, Milne C, Price N D, et al. 2010. Achievements and perspectives to overcome the poor solvent resistance in acetone and butanol-producing microorganisms. Appl Microbiol Biotechnol, 85(6): 1697-1712.

Fan Y, Meng H M, Hu G R, et al. 2018. Biosynthesis of nervonic acid and perspectives for its production by microalgae and other microorganisms. Appl Microbiol Biotechnol, 102: 3027-3035.

Fatma Z, Hartman H, Poolman M G, et al. 2018. Model-assisted metabolic engineering of *Escherichia coli* for long chain alkane and alcohol production. Metab Eng, 46: 1-12.

Favaro L, Jansen T, Van Zyl W H. 2019. Exploring industrial and natural *Saccharomyces cerevisiae* strains for the bio-based economy from biomass: The case of bioethanol. Crit Rev Biotechnol, 39(6): 800-816.

Fernández-López C L, Torrestiana-Sánchez B, Salgado-Cervantes M A, et al. 2012. Use of sugarcane molasses "B" as an alternative for ethanol production with wild-type yeast *Saccharomyces cerevisiae* ITV-01 at high sugar concentrations. Bioprocess Biosyst Eng, 35(35): 605-614.

Fernández-Niño M, Marquina M, Swinnen S, et al. 2015. The cytosolic pH of individual *Saccharomyces cerevisiae* cells is a key factor in acetic acid toleran. Appl Environ Microbiol, 81(22): 7813-7821.

Fierobe H P, Mingardon F, Chanal A. 2012.Engineering cellulase activity into *Clostridium Acetobutylicum*. //Gilbert H J. Cellulases. San Diego: Elsevier Academic Press Inc. : 301-316.

Fisher M A, Boyarskiy S, Yamada M R, et al. 2014. Enhancing tolerance to short-chain alcohols by engineering the *Escherichia coli* AcrB efflux pump to secrete the non-native substrate n-butanol. ACS Synth Biol, 3(1): 30-40.

Flannagan R S, Linn T, Valvano M A. 2008. A system for the construction of targeted unmarked gene deletions in the genus Burkholderia. Environ Microbiol, 10(6): 1652-1660.

Flores A D, Ayla E Z, Nielsen D R, et al. 2019. Engineering a synthetic, catabolically orthogonal coculture system for enhanced conversion of lignocellulose-derived sugars to ethanol. ACS Synth Biol, 8: 1089-1099.

Frazier C L, San Filippo J, Lambowitz A M, et al. 2003. Genetic manipulation of *Lactococcus lactis* by using targeted group II introns: Generation of stable insertions without selection. Appl Environ Microbiol, 69(2): 1121-1128.

Fuchs G, Boll M, Heider J. 2011. Microbial degradation of aromatic compounds - from one strategy to four. Nat Rev Microbiol, 9: 803-816.

Gaida S M, Liedtke A, Jentges A H W, et al. 2016. Metabolic engineering of *Clostridium cellulolyticum* for the production of n-butanol from crystalline cellulose. Microb Cell Fact, 15(1): 1.

Galafassi S, Merico A, Pizza F, et al. 2011. *Dekkera/Brettanomyces* yeasts for ethanol production from renewable sources under oxygen-limited and low-pH conditions. J Ind Microbiol Biotechnol, 38(8): 1079-1088.

Galazka J M, Tian C, Beeson W T, et al. 2010. Cellodextrin transport in yeast for improved biofuel production. Science, 330(6000): 84-86.

Gallardo R, Alves M, Rodrigues L R. 2016. Influence of nutritional and operational parameters on the production of butanol or 1,3-propanediol from glycerol by a mutant *Clostridium pasteurianum*. N Biotechnol, 34: 59-67.

Gan Y M, Lin Y P, Guo Y F, et al. 2018. Metabolic and genomic characterisation of stress-tolerant industrial *Saccharomyces cerevisiae* strains from TALENs-assisted multiplex editing. FEMS Yeast Res, 18(5): foy045.

Gao P, Yang H, Rajashankar K R, et al. 2016. Type V CRISPR-Cas Cpf1 endonuclease employs a unique mechanism for crRNA-mediated target DNA recognition. Cell Res, 26(8): 901-913.

Ge R, Mai G, Wang P, et al. 2016. CRISPRdigger: Detecting CRISPRs with better direct repeat annotations. Sci Rep, 6: 32942.

Geng B, Liu S, Chen Y, et al. 2022. A plasmid-free *Zymomonas mobilis* mutant strain reducing reactive oxygen species for efficient bioethanol production using industrial effluent of xylose mother liquor. Front Bioeng Biotechnol, 10: 1110513.

George K W, Alonso-Gutierrez J, Keasling J D, et al. 2015. Isoprenoid drugs, biofuels, and chemicals —artemisinin, farnesene, and beyond. Adv Bioche m Eng Biotechnol, 148: 355-389.

Ghang D M, Yu L, Lim M H, et al. 2007. Efficient one-step starch utilization by industrial strains of *Saccharomyces cerevisiae* expressing the glucoamylase and alpha-amylase genes from *Debaryomyces occidentalis*. Biotechnol Lett, 29(8): 1203-1208.

Gharechahi J, Salekdeh G H. 2018. A metagenomic analysis of the camel rumen's microbiome identifies the major microbes responsible for lignocellulose degradation and fermentation. Biotechnol Biofuels, 11: 216.

Gheshlaghi R, Scharer J M, Moo-Young M, et al. 2009. Metabolic pathways of clostridia for producing butanol. Biotechnol Adv, 27: 764-781.

Gibson D G, Young L, Chuang R Y, et al. 2009. Enzymatic assembly of DNA molecules up to several hundred kilobases. Nat Methods, 6: 343-345.

Girbal L, Mortier-Barriere I, Raynaud F, et al. 2003. Development of a sensitive gene expression reporter system and an inducible promoter-repressor system for *Clostridium acetobutylicum*. Appl Environ Microbiol, 69(8): 4985-4988.

Girbal L, Soucaille P. 1998. Regulation of solvent production in *Clostridium acetobutylicum*. Trends Biotechnol, 16(1): 11-16.

Goh E B, Baidoo E E K, Burd H, et al. 2014. Substantial improvements in methyl ketone production in *E. coli* and insights on the pathway from *in vitro* studies. Metab Eng, 26: 67-76.

Green E M, Bennett G N. 1996. Inactivation of an aldehyde/alcohol dehydrogenase gene from *Clostridium acetobutylicum* ATCC 824. Appl Biochem Biotechnol, 57-58: 213-221.

Green E M. 2011. Fermentative production of butanol—the industrial perspective. Curr Opin Biotechnol, 22(3): 337-343.

Green E M, Boynton Z L, Harris L M, et al. 1996. Genetic manipulation of acid formation pathways by gene inactivation in *Clostridium acetobutylicum* ATCC 824. Microbiology, 142(Pt 8): 2079-2086.

Grissa I, Vergnaud G, Pourcel C. 2007. CRISPRFinder: A web tool to identify clustered regularly interspaced short palindromic repeats. Nucleic Acids Res, 35: W52-57.

Groff D, Benke P I, Batth T S, et al. 2012. Supplementation of intracellular XylR leads to coutilization of hemicellulose sugars. Appl Environ Microbiol, 78: 2221-2229.

Gu C, Kim G B, Kim W J, et al. 2019. Current status and applications of genome-scale metabolic models. Genome Biol, 20: 121.

Gu H, Zhu Y, Peng Y, et al. 2019. Physiological mechanism of improved tolerance of *Saccharomyces cerevisiae* to lignin-derived phenolic acids in lignocellulosic ethanol fermentation by short-term adaptation. Biotechnol Biofuels, 12: 268.

Gu Y, Ding Y, Ren C, et al. 2010. Reconstruction of xylose utilization pathway and regulons in Firmicutes. BMC Genomics, 11: 255.

Gu Y, Hu S, Chen J, et al. 2009a. Ammonium acetate enhances solvent production by *Clostridium acetobutylicum* EA 2018 using cassava as a fermentation medium. J Ind Microbiol Biotechnol, 36(9): 1225-1232.

Gu Y, Jiang Y, Wu H, et al. 2011. Economical challenges to microbial producers of butanol: Feedstock, butanol ratio and titer. Biotechnol J, 6(11): 1348-1357.

Gu Y, Jiang Y, Yang S, et al. 2014. Utilization of economical substrate-derived carbohydrates by solventogenic clostridia: Pathway dissection, regulation and engineering. Curr Opin Biotechnol, 29: 124-131.

Gu Y, Li J, Zhang L, et al. 2009b. Improvement of xylose utilization in *Clostridium acetobutylicum* via expression of the talA gene encoding transaldolase from *Escherichia coli*. J Biotechnol, 143(4): 284-287.

Guadalupe-Medina V, Wisselink H W, Luttik M A, et al. 2013. Carbon dioxide fixation by Calvin-Cycle enzymes improves ethanol yield in yeast. Biotechnology for Biofuels, 6(1): 125.

Guarnieri M T, Levering J, Henard C A, et al. 2018. Genome sequence of the oleaginous green alga, *Chlorella vulgaris* UTEX 395. Front Bioeng Biotechnol, 6: 37.

Gumulya Y, Baek J M, Wun S J, et al. 2018. Engineering highly functional thermostable proteins using ancestral sequence reconstruction. Nat Catal, 1: 878-888.

Guo H T, Zimmerly S, Perlman P S, et al. 1997. Group II intron endonucleases use both RNA and protein subunits for recognition of specific sequences in double-stranded DNA. EMBO J, 16(22): 6835-6848.

Guo H, Karberg M, Long M, et al. 2000. Group II introns designed to insert into therapeutically relevant DNA target sites in human cells. Science, 289(5478): 452-457.

Guo H, Su S, Madzak C, et al. 2016. Applying pathway engineering to enhance production of alpha-ketoglutarate in *Yarrowia lipolytica*. Appl Microbiol Biotechnol, 100: 9875-9884.

Guo J, Cao Y, Liu H, et al. 2019. Improving the production of isoprene and 1,3-propanediol by metabolically engineered *Escherichia coli* through recycling redox cofactor between the dual pathways. Appl Microbiol Biotechnol, 103: 2597-2608.

Guo L, Diao W W, Gao C, et al. 2020a. Engineering *Escherichia coli* lifespan for enhancing chemical production. Nat Catal, 3: 307-318.

Guo T, He A Y, Du T F, et al. 2013. Butanol production from hemicellulosic hydrolysate of corn fiber by a *Clostridium beijerinckii* mutant with high inhibitor-tolerance. Bioresour Technol, 135: 379-385.

Guo T, Yan T, Zhang Q Y, et al. 2012. *Clostridium beijerinckii* mutant with high inhibitor tolerance obtained by low-energy ion implantation. J Ind Microbiol Biotechnol, 39(3): 401-407.

Guo X, Liu Y, Wang Q, et al. 2020b. Non-natural cofactor and formate-driven reductive carboxylation of pyruvate. Angew Chem Int Ed Engl, 59: 3143-3146.

Guo Z, Olsson L. 2014. Physiological response of *Saccharomyces cerevisiae* to weak acids present in lignocellulosic hydrolysate. FEMS Yeast Research, 14(8): 1234-1248.

Gurgu L, Lafraya Á, Polaina J, et al. 2011. Fermentation of cellobiose to ethanol by industrial *Saccharomyces* strains carrying the β-glucosidase gene (BGL1) from *Saccharomycopsis fibuligera*. Bioresour Technol, 102(8): 5229-5236.

Ha S J, Kim H, Lin Y, et al. 2013. Single amino acid substitutions in HXT2.4 from *Scheffersomyces stipitis* lead to improved cellobiose fermentation by engineered *Saccharomyces cerevisiae*. Appl Environ Microbiol, 79(5): 1500-1507.

Hadadi N, Hafner J, Shajkofci A, et al. 2016. ATLAS of Biochemistry: A repository of all possible biochemical reactions for synthetic biology and metabolic engineering studies. ACS Synth Biol, 5: 1155-1166.

Hahn J S, Hu Z, Thiele D J, et al. 2004. Genome-wide analysis of the biology of stress responses through heat shock transcription factor. Mol Cell Biol, 24(12): 5249-5256.

Hahn-Hägerdal B, Galbe M, Gorwa-Grauslund M F, et al. 2006. Bio-ethanol—The fuel of tomorrow from the residues of today. Trends Biotechnol, 24(12): 549-556.

Harris L M, Blank L, Desai R P, et al. 2001. Fermentation characterization and flux analysis of recombinant strains of *Clostridium acetobutylicum* with an inactivated solR gene. J Ind Microbiol Biotechnol, 27(5): 322-328.

Harris L M, Welker N E Papoutsakis E T. 2002. Northern, morphological, and fermentation analysis of spo0A inactivation and overexpression in *Clostridium acetobutylicum* ATCC 824. J Bacteriol, 184(13): 3586-3597.

Hayashi N R, Arai H, Kodama T, et al. 1999. The cbbQ genes, located downstream of the form I and form II RubisCO genes, affect the activity of both RubisCOs. Biochem Biophys Res Commun, 265(1): 177-183.

He Y C, Li X L, Ben H X, et al. 2017. Lipid production from dilute alkali corn stover lignin by *Rhodococcus* Strains. ACS Sustain Chem Eng, 5: 2302-2311.

Heap J T, Ehsaan M, Cooksley C M, et al. 2012. Integration of DNA into bacterial chromosomes from plasmids without a counter-selection marker. Nucleic Acids Res, 40(8): e59.

Heap J T, Pennington O J, Cartman S T, et al. 2007. The ClosTron: A universal gene knock-out system for the genus *Clostridium*. J Microbiol Methods, 70(3): 452-464.

Heap J T, Pennington O J, Cartman S T, et al. 2009. A modular system for *Clostridium* shuttle plasmids. J Microbiol Methods, 78(1): 79-85.

Heipieper H J, Meulenbeld G, Oirschot Q V, et al. 1996. Effect of environmental factors on the trans/cis ratio of unsaturated fatty acids in *Pseudomonas putida* S12. Appl Environ Microbiol, 62(8): 2773-2777.

Heipieper H J, Neumann G, Cornelissen S, et al. 2007. Solvent-tolerant bacteria for biotransformations in two-phase fermentation systems. Appl Microbiol Biotechnol, 74(5): 961-973.

Heipieper H J, Weber F J, Sikkema J, et al. 1994. Mechanisms of resistance of whole cells to toxic organic solvents. Trends Biotechnol, 12(10): 409-415.

Hemsworth G R, Davies G J, Walton P H. 2013. Recent insights into copper-containing lytic polysaccharide mono-oxygenases. Curr Opin Struct Biol, 23(5): 660-668.

Herrero O M, Moncalian G, Alvarez H M. 2016. Physiological and genetic differences amongst *Rhodococcus* species for using glycerol as a source for growth and triacylglycerol production. Microbiology (Reading), 162: 384-397.

Hetzler S, Broker D, Steinbuchel A. 2013. Saccharification of cellulose by recombinant *Rhodococcus opacus* PD630 strains. Appl Environ Microbiol, 79: 5159-5166.

Hetzler S, Steinbuchel A. 2013. Establishment of cellobiose utilization for lipid production in *Rhodococcus opacus* PD630. Appl Environ Microbiol, 79: 3122-3125.

Heyman A, Barak Y, Caspi J, et al. 2007. Multiple display of catalytic modules on a protein scaffold: Nano-fabrication of enzyme particles. J Biotechnol, 131: 433-439.

Hillson N, Caddick M, Cai Y, et al. 2019. Building a global alliance of biofoundries. Nat Commun, 10: 2040.

Hirasawa T, Yoshikawa K, Nakakura Y, et al. 2007. Identification of target genes conferring ethanol stress tolerance to *Saccharomyces cerevisiae* based on DNA microarray data analysis. J Biotechnol, 131(1): 34-44.

Hoang Nguyen Tran P, Ko J K, Gong G, et al. 2020. Improved simultaneous co-fermentation of glucose and xylose by *Saccharomyces cerevisiae* for efficient lignocellulosic biorefinery. Biotechnol Biofuels, 13: 12.

Hohmann S, Krantz M, Nordlander B. 2007. Yeast osmoregulation. Methods Enzymol, 428: 29-45.

Holwerda E K, Olson D G, Ruppertsberger N M, et al. 2020. Metabolic and evolutionary responses of *Clostridium thermocellum* to genetic interventions aimed at improving ethanol production.

Biotechnol Biofuels, 13: 40.

Hou J, Gao C, Guo L, et al. 2020. Rewiring carbon flux in *Escherichia coli* using a bifunctional molecular switch. Metab Eng, 61: 47-57.

Hou J, Shen Y, Jiao C, et al. 2016. Characterization and evolution of xylose isomerase screened from the bovine rumen metagenome in *Saccharomyces cerevisiae*. J Biosci Bioeng, 121: 160-165.

Hou X, Peng W, Xiong L, et al. 2013. Engineering *Clostridium acetobutylicum* for alcohol production. J Biotechnol, 166(1-2): 25-33.

Hu S, Zheng H, Gu Y, et al. 2011. Comparative genomic and transcriptomic analysis revealed genetic characteristics related to solvent formation and xylose utilization in *Clostridium acetobutylicum* EA 2018. BMC Genomics, 12: 93.

Huang H, Chai C, Yang S, et al. 2019. Phage serine integrase-mediated genome engineering for efficient expression of chemical biosynthetic pathway in gas-fermenting *Clostridium ljungdahlii*. Metab Eng, 52: 293-302.

Hughes S R, Butt T R, Bartolett S, et al. 2011. Design and construction of a first-generation high-throughput integrated robotic molecular biology platform for bioenergy applications. J Lab Autom, 16: 292-307.

Hutchison C A, 3rd, Chuang R Y, Noskov V N, et al. 2016. Design and synthesis of a minimal bacterial genome. Science, 351: aad6253.

Hwang H J, Kim J W, Ju S Y, et al. 2017. Application of an oxygen-inducible nar promoter system in metabolic engineering for production of biochemicals in *Escherichia coli*. Biotechnol Bioeng, 114: 468-473.

Hyeon J E, Jeon S D, Han S O. 2013. Cellulosome-based, *Clostridium*-derived multi-functional enzyme complexes for advanced biotechnology tool development: Advances and applications. Biotechnol Adv, 31(6): 936-944.

Ignea C, Pontini M, Maffei M E, et al. 2014. Engineering monoterpene production in yeast using a synthetic dominant negative geranyl diphosphate synthase. ACS Synth Biol, 3: 298-306.

Ikeda M, Takahashi K, Ohtake T, et al. 2020. A futile metabolic cycle of fatty acyl-CoA hydrolysis and resynthesis in *Corynebacterium glutamicum* and its disruption leading to fatty acid production. Appl Environ Microbiol, 87(4): e02469-20.

Inokuma K, Liao J C, Okamoto M, et al. 2010. Improvement of isopropanol production by metabolically engineered *Escherichia coli* using gas stripping. J Biosci Bioeng, 110: 696-701.

Inoue A, Horikoshi K. 1989. A Pseudomonas thrives in high concentrations of toluene. Nature, 338(6212): 264-266.

Isar J, Rangaswamy V. 2012. Improved n-butanol production by solvent tolerant *Clostridium beijerinckii*. Biomass & Bioenergy, 37: 9-15.

Jacobus A P, Gross J, Evans J H, et al. 2021. *Saccharomyces cerevisiae* strains used industrially for bioethanol production. Essays Biochem, 65(2): 147-161.

Jagtap R S, Mahajan D M, Mistry S R, et al. 2019. Improving ethanol yields in sugarcane molasses fermentation by engineering the high osmolarity glycerol pathway while maintaining osmotolerance in *Saccharomyces cerevisiae*. Appl Microbiol Biotechnol, 103(2): 1031-1042.

Jain A, Srivastava P. 2013. Broad host range plasmids. FEMS Microbiol Lett, 348: 87-96.

Janes B K, Stibitz S. 2006. Routine markerless gene replacement in *Bacillus anthracis*. Infect Immun, 74(3): 1949-1953.

Jang Y S, Lee J Y, Lee J, et al. 2012. Enhanced butanol production obtained by reinforcing the direct butanol-forming route in *Clostridium acetobutylicum*. mBio, 3(5): e00314-12.

Jang Y S, Malaviya A, Lee S Y. 2013. Acetone-butanol-ethanol production with high productivity using *Clostridium acetobutylicum* BKM19. Biotechnol Bioeng, 110(6): 1646-1653.

Jarmander J, Hallstrom B M, Larsson G. 2014. Simultaneous uptake of lignocellulose-based monosaccharides by *Escherichia coli*. Biotechnol Bioeng, 111: 1108-1115.

Jeffries T W, Grigoriev I V, Grimwood J, et al. 2007. Genome sequence of the lignocellulose-bioconverting and xylose-fermenting yeast *Pichia stipitis*. Nat Biotechnol, 25(3): 319-326.

Jensen T, Kvist T, Mikkelsen M J, et al. 2012. Production of 1,3-PDO and butanol by a mutant strain of *Clostridium pasteurianum* with increased tolerance towards crude glycerol. AMB Express, 2(1): 44.

Jia K, Zhu Y, Zhang Y, et al. 2011. Group II intron-anchored gene deletion in *Clostridium*. PLoS One, 6(1): e16693.

Jia K Z, Zhang Y P, Li Y. 2010. Systematic engineering of microorganisms to improve alcohol tolerance. Eng Life Sci, 10(5): 422-429.

Jian X, Guo X, Wang J, et al. 2020. Microbial microdroplet culture system (MMC): An integrated platform for automated, high-throughput microbial cultivation and adaptive evolution. Biotechnol Bioeng, 117: 1724-1737.

Jiang Y, Guo D, Lu J, et al. 2018. Consolidated bioprocessing of butanol production from xylan by a thermophilic and butanologenic *Thermoanaerobacterium* sp. M5. Biotechnol Biofuels, 11(1): 89.

Jiang Y, Liu J, Jiang W, et al. 2015. Current status and prospects of industrial bio-production of n-butanol in China. Biotechnol Adv, 33(7): 1493-1501.

Jiang Y, Qian F, Yang J, et al. 2017. CRISPR-Cpf1 assisted genome editing of *Corynebacterium glutamicum*. Nat Commun, 8: 15179.

Jiang Y, Shen Y, Gu L, et al. 2020. Identification and characterization of an efficient d-Xylose transporter in *Saccharomyces cerevisiae*. J Agri Food Chem, 68: 2702-2710.

Jiang Y, Xu C, Dong F, et al. 2009. Disruption of the acetoacetate decarboxylase gene in solvent-producing *Clostridium acetobutylicum* increases the butanol ratio. Metab Eng, 11(4-5): 284-291.

Jimenez D J, Chaib De Mares M, Salles J F. 2018. Temporal expression dynamics of plant biomass-degrading enzymes by a synthetic bacterial consortium growing on sugarcane bagasse. Front Microbiol, 9: 299.

Jin C, Yao M F, Liu H F, et al. 2011. Progress in the production and application of n-butanol as a biofuel. Renew Sust Energ Rev, 15(8): 4080-4106.

Jin L, Zhang H, Chen L, et al. 2014. Combined overexpression of genes involved in pentose phosphate pathway enables enhanced D-xylose utilization by *Clostridium acetobutylicum*. J Biotechnol, 173: 7-9.

Jinek M, Chylinski K, Fonfara I, et al. 2012. A programmable dual-RNA-guided DNA endonuclease in adaptive bacterial immunity. Science, 337(6096): 816-821.

Jones A J, Venkataramanan K P, Papoutsakis T. 2016. Overexpression of two stress-responsive, small, non-coding RNAs, 6S and tmRNA, imparts butanol tolerance in *Clostridium acetobutylicum*. FEMS Microbiol Lett, 363(8): fnw063.

Jones S W, Tracy B P, Gaida S M, et al. 2011. Inactivation of σF in *Clostridium acetobutylicum* ATCC 824 blocks sporulation prior to asymmetric division and abolishes σE and σG protein expression but does not block solvent formation. J Bacteriol, 193(10): 2429-2440.

Jönsson L J, Alriksson B, Nilvebrant N O. 2013. Bioconversion of lignocellulose: Inhibitors and detoxification. Biotechnol Biofuels, 6(1): 16.

Jönsson L J, Martin C. 2016. Pretreatment of lignocellulose: Formation of inhibitory by-products and strategies for minimizing their effects. Bioresource Technol, 199: 103-112.

Jumper J, Evans R, Pritzel A, et al. 2021. Highly accurate protein structure prediction with AlphaFold. Nature, 596: 583-589.

Jung S W, Yeom J, Park J S, et al. 2021. Recent advances in tuning the expression and regulation of genes for constructing microbial cell factories. Biotechnol Adv, 50: 107767.

Jung Y J, Park H D. 2005. Antisense-mediated inhibition of acid trehalase (ATH1) gene expression promotes ethanol fermentation and tolerance in *Saccharomyces cerevisiae*. Biotechnol Lett, 27(23-24): 1855-1859.

Kalia V C, Ray S, Patel S.K.S, et al. 2019. The dawn of novel biotechnological applications of polyhydroxyalkanoates. Heidelberg: Springer Berlin.

Kalinowski J, Bathe B, Bartels D, et al. 2003. The complete *Corynebacterium glutamicum* ATCC 13032 genome sequence and its impact on the production of L-aspartate-derived amino acids and vitamins. J Biotechnol, 104: 5-25.

Kang M K, Eom J H, Kim Y, et al. 2014. Biosynthesis of pinene from glucose using metabolically-engineered *Corynebacterium glutamicum*. Biotechnol Lett, 36: 2069-2077.

Kang M K, Nielsen J. 2017. Biobased production of alkanes and alkenes through metabolic engineering of microorganisms. J Ind Microbiol Biotechnol, 44: 613-622.

Kang W, Ma T, Liu M, et al. 2019. Modular enzyme assembly for enhanced cascade biocatalysis and metabolic flux. Nat Commun, 10: 4248.

Kannuchamy S, Mukund N, Saleena L M. 2016. Genetic engineering of *Clostridium thermocellum* DSM1313 for enhanced ethanol production. BMC Biotechnol, 16(Suppl1): 34.

Kao W C, Lin D S, Cheng C L, et al. 2013. Enhancing butanol production with *Clostridium pasteurianum* CH$_4$ using sequential glucose-glycerol addition and simultaneous dual-substrate cultivation strategies. Bioresour Technol, 135: 324-330.

Karberg M, Guo H, Zhong J, et al. 2001. Group II introns as controllable gene targeting vectors for genetic manipulation of bacteria. Nat Biotechnol, 19(12): 1162-1167.

Karr J R, Sanghvi J C, Macklin D N, et al. 2012. A whole-cell computational model predicts phenotype from genotype. Cell, 150: 389-401.

Kashid M, Ghosalkar A. 2017. Evaluation of fermentation kinetics of acid-treated corn cob hydrolysate for xylose fermentation in the presence of acetic acid by *Pichia stipitis*. 3 Biotech, 7(4): 240.

Keasling J, Garcia Martin H, Lee T S, et al. 2021. Microbial production of advanced biofuels. Nat Rev Microbiol, 19: 701-715.

Kell D B, Swainston N, Pir P, et al. 2015. Membrane transporter engineering in industrial biotechnology and whole cell biocatalysis. Trends Biotechnol, 33(4): 237-246.

Khramtsov N, McDade L, Amerik A, et al. 2011. Industrial yeast strain engineered to ferment ethanol from ligocellulosic biomass. Bioresour Technol, 102(17): 8310-8313.

Khunnonkwao P, Jantama S S, Kanchanatawee S, et al. 2018. Re-engineering *Escherichia coli* KJ122 to enhance the utilization of xylose and xylose/glucose mixture for efficient succinate production in mineral salt medium. Appl Microbiol Biotechnol, 102: 127-141.

Kiiskinen L L, Saloheimo M. 2004. Molecular cloning and expression in *Saccharomyces cerevisiae* of a laccase gene from the ascomycete *Melanocarpus albomyces*. Appl Environ Microbiol, 70(1): 137-144.

Kim B, Kim H S. 2018. Identification of novel genes to assign enhanced tolerance to osmotic stress in *Saccharomyces cerevisiae*. FEMS Microbiol Lett, 365(14): fny149.

Kim D, Hahn J S. 2013. Roles of the Yap1 transcription factor and antioxidants in *Saccharomyces cerevisiaes* tolerance to furfural and 5-hydroxymethylfurfural, which function as thiol-reactive electrophiles generating oxidative stress. Appl Environ Microbiol, 79(16): 5069-5077.

Kim D M, Nakazawa H, Umetsu M, et al. 2012. A nanocluster design for the construction of artificial cellulosomes. Catal Sci Technol, 2: 499-503.

Kim E M, Woo H M, Tian T, et al. 2017a. Autonomous control of metabolic state by a quorum sensing (QS)-mediated regulator for bisabolene production in engineered *E. coli*. Metab Eng, 44: 325-336.

Kim H M, Chae T U, Choi S Y, et al. 2019. Engineering of an oleaginous bacterium for the production of fatty acids and fuels. Nat Chem Biol, 15: 721-729.

Kim H S, Kim N R, Yang J, et al. 2011. Identification of novel genes responsible for ethanol and/or thermotolerance by transposon mutagenesis in *Saccharomyces cerevisiae*. Appl Microbiol Biotechnol, 91(4): 1159-1172.

Kim S, Hahn J S. 2014. Synthetic scaffold based on a cohesin-dockerin interaction for improved production of 2,3-butanediol in *Saccharomyces cerevisiae*. J Biotechnol, 192 Pt A: 192-196.

Kim S, Park J M, Kim C H. 2013. Ethanol production using whole plant biomass of Jerusalem artichoke by *Kluyveromyces marxianus* CBS1555. Appl Biochem Biotechnol, 169(5): 1531-1545.

Kim S J, Sim H J, Kim J W, et al. 2017b. Enhanced production of 2,3-butanediol from xylose by combinatorial engineering of xylose metabolic pathway and cofactor regeneration in pyruvate decarboxylase-deficient *Saccharomyces cerevisiae*. Bioresour Technol, 245: 1551-1557.

Kleiner M. 2019. Metaproteomics: Much more than measuring gene expression in microbial communities. mSystems, 4(3): e00115-19.

Klitgord N, Segrè D, Papin J A. 2010. Environments that induce synthetic microbial ecosystems. PLoS Comput Biol, 6(11): e1001002.

Kolek J, Patakova P, Melzoch K, et al. 2015. Changes in membrane plasmalogens of *Clostridium pasteurianum* during butanol fermentation as determined by lipidomic analysis. PLoS One, 10(3): e0122058.

Köpke M, Held C, Hujer S, et al. 2010. *Clostridium ljungdahlii* represents a microbial production platform based on syngas. Proc Natl Acad Sci USA, 107(29): 13087.

Korman T P, Opgenorth P H, Bowie J U. 2017. A synthetic biochemistry platform for cell free production of monoterpenes from glucose. Nat Commun, 8: 15526.

Kovács K, Willson B J, Schwarz K, et al. 2013. Secretion and assembly of functional mini-cellulosomes from synthetic chromosomal operons in *Clostridium acetobutylicum* ATCC 824. Biotechnol Biofuels, 6(1): 117.

Kruger S, Gertz S, Hecker M. 1996. Transcriptional analysis of bglPH expression in *Bacillus subtilis*: evidence for two distinct pathways mediating carbon catabolite repression. J Bacteriol, 178(9): 2637-2644.

Kumar S, Singh S P, Mishra I M, et al. 2009. Ethanol and xylitol production from glucose and xylose at high temperature by *Kluyveromyces* sp. IIPE453. J Ind Microbiol Biotechnol, 36(12): 1483-1489.

Kunjapur A M, Prather K L J. 2019. Development of a vanillate biosensor for the vanillin biosynthesis pathway in *E. coli*. ACS Synth Biol, 8: 1958-1967.

Kurniawan Y, Venkataramanan K P, Scholz C, et al. 2012. n-Butanol partitioning and phase behavior in DPPC/DOPC membranes. J Phys Chem B, 116(20): 5919-5924.

Kurosawa K, Laser J, Sinskey A J. 2015a. Tolerance and adaptive evolution of triacylglycerol-producing *Rhodococcus opacus* to lignocellulose-derived inhibitors. Biotechnol Biofuels, 8: 76.

Kurosawa K, Plassmeier J, Kalinowski J, et al. 2015b. Engineering L-arabinose metabolism in triacylglycerol-producing *Rhodococcus opacus* for lignocellulosic fuel production. Metab Eng,

30: 89-95.

Kurosawa K, Wewetzer S J, Sinskey A J. 2013. Engineering xylose metabolism in triacylglycerol-producing *Rhodococcus opacus* for lignocellulosic fuel production. Biotechnol Biofuels, 6: 134.

Kuwahara H, Alazmi M, Cui X, et al. 2016. MRE: A web tool to suggest foreign enzymes for the biosynthesis pathway design with competing endogenous reactions in mind. Nucleic Acids Res, 44: W217-225.

Kwak S, Kim S R, Xu H, et al. 2017. Enhanced isoprenoid production from xylose by engineered *Saccharomyces cerevisiae*. Biotechnol Bioeng, 114: 2581-2591.

Kwon D H, Kim S B, Park J B, et al. 2020. Overexpression of mutant galactose permease (ScGal2 _N376F) effective for utilization of glucose/xylose or glucose/galactose mixture by engineered *Kluyveromyces marxianus*. J Microbiol Biotechnol, 30(12): 1944-1949.

Lam F H, Turanli-Yildiz B, Liu D, et al. 2021. Engineered yeast tolerance enables efficient production from toxified lignocellulosic feedstocks. Sci Adv, 7(26): eabf7613.

Lan E I, Liao J C. 2012. ATP drives direct photosynthetic production of 1-butanol in cyanobacteria. Proc Natl Acad Sci U S A, 109(16): 6018-6023.

Lan E I, Ro S Y, Liao J C. 2013. Oxygen-tolerant coenzyme A-acylating aldehyde dehydrogenase facilitates efficient photosynthetic n-butanol biosynthesis in cyanobacteria. Energy Environ Sci, 6(9): 2672-2681.

Lanckriet A, Timbermont L, Happonen L J, et al. 2009. Generation of single-copy transposon insertions in *Clostridium perfringens* by electroporation of phage mu DNA transposition complexes. Appl Environ Microbiol, 75(9): 2638-2642.

Larroude M, Rossignol T, Nicaud J M, et al. 2018. Synthetic biology tools for engineering *Yarrowia lipolytica*. Biotechnol Adv, 36: 2150-2164.

Lau Y H, Giessen T W, Altenburg W J, et al. 2018. Prokaryotic nanocompartments form synthetic organelles in a eukaryote. Nat Commun, 9: 1311.

Lazar Z, Dulermo T, Neuveglise C, et al. 2014. Hexokinase—A limiting factor in lipid production from fructose in *Yarrowia lipolytica*. Metab Eng, 26: 89-99.

Lazar Z, Gamboa-Melendez H, Le Coq A M, et al. 2015. Awakening the endogenous Leloir pathway for efficient galactose utilization by *Yarrowia lipolytica*. Biotechnol Biofuels, 8: 185.

Le R K, Das P, Mahan K M, et al. 2017. Utilization of simultaneous saccharification and fermentation residues as feedstock for lipid accumulation in *Rhodococcus opacus*. AMB Express, 7: 185.

Leaver-Fay A, Tyka M, Lewis S M, et al. 2011. ROSETTA3: An object-oriented software suite for the simulation and design of macromolecules. Methods Enzymol, 487: 545-574.

Ledesma-Amaro R, Lazar Z, Rakicka M, et al. 2016. Metabolic engineering of *Yarrowia lipolytica* to produce chemicals and fuels from xylose. Metab Eng, 38: 115-124.

Ledesma-Amaro R, Nicaud J M. 2016. *Yarrowia lipolytica* as a biotechnological chassis to produce usual and unusual fatty acids. Prog Lipid Res, 61: 40-50.

Lee H H, Ostrov N, Wong B G, et al. 2019. Functional genomics of the rapidly replicating bacterium *Vibrio natriegens* by CRISPRi. Nat Microbiol, 4: 1105-1113.

Lee J, Levin D E. 2015. Rgc2 regulator of glycerol channel Fps1 functions as a homo- and heterodimer with Rgc1. Eukaryot Cell, 14(7): 719-725.

Lee J Y, Li P, Lee J, et al. 2013. Ethanol production from *Saccharina japonicausing* an optimized extremely low acid pretreatment followed by simultaneous saccharification and fermentation. Bioresour Technol, 127: 119-125.

Lee M J, Mantell J, Hodgson L, et al. 2018. Engineered synthetic scaffolds for organizing proteins within the bacterial cytoplasm. Nat Chem Biol, 14: 142-147.

Lee S M, Min O C, Park C H, et al. 2008. Continuous butanol production using suspended and immobilized *Clostridium beijerinckii* NCIMB 8052 with supplementary butyrate. Energ Fuel, 22(5): 3459-3464.

Lee S Y, Park J H, Jang S H, et al. 2008. Fermentative butanol production by *Clostridia*. Biotechnol Bioeng, 101: 209-228.

Lemgruber R d S P, Valgepea K, Tappel R, et al. 2019. Systems-level engineering and characterisation of *Clostridium autoethanogenum* through heterologous production of poly-3-hydroxybutyrate (PHB). Metab Eng, 53: 14-23.

Lepage C, Fayolle F, Hermann M, et al. 1987. Changes in membrane lipid composition of *Clostridium acetobutylicum* during acetone-butanol fermentation: Effects of solvents, growth temperature and pH. Microbiology, 133(1): 103-110.

Lerman J A, Hyduke D R, Latif H, et al. 2012. In silico method for modelling metabolism and gene product expression at genome scale. Nat Commun, 3: 929.

Li A, Wen Z, Fang D, et al. 2020d. Developing *Clostridium diolis* as a biorefinery chassis by genetic manipulation. Bioresour Technol, 305: 123066.

Li F, Yang K, Xu Y, et al. 2019b. A genetically-encoded synthetic self-assembled multienzyme complex of lipase and P450 fatty acid decarboxylase for efficient bioproduction of fatty alkenes. Bioresour Technol, 272: 451-457.

Li H, Alper H S. 2016. Enabling xylose utilization in *Yarrowia lipolytica* for lipid production. Biotechnol J, 11: 1230-1240.

Li J, Xu J, Cai P, et al. 2015. Functional analysis of two L-arabinose transporters from filamentous fungi reveals promising characteristics for improved pentose utilization in *Saccharomyces cerevisiae*. Appl Environ Microbiol, 81(12): 4062-4070.

Li J X, Wang C Y, Yang G H, et al. 2017b. Molecular mechanism of environmental D-xylose perception by a XylFII-LytS complex in bacteria. Proc Natl Acad Sci U S A, 114(31): 8235-8240.

Li M, Chen J, Wang Y, et al. 2020a. Efficient multiplex gene repression by CRISPR-dCpf1 in *Corynebacterium glutamicum*. Front Bioeng Biotechnol, 8: 357.

Li M, Hou F, Wu T, et al. 2020b. Recent advances of metabolic engineering strategies in natural isoprenoid production using cell factories. Nat Prod Rep, 37: 80-99.

Li N, Chang W C, Warui D M, et al. 2012. Evidence for only oxygenative cleavage of aldehydes to alk (a/e) nes and formate by cyanobacterial aldehyde decarbonylases. Biochemistry, 51: 7908-7916.

Li P, Fu X, Li S, et al. 2018a. Engineering TATA-binding protein Spt15 to improve ethanol tolerance and production in *Kluyveromyces marxianus*. Biotechnol Biofuels, 11: 207.

Li P, Fu X, Zhang L, et al. 2017a. The transcription factors Hsf1 and Msn2 of thermotolerant *Kluyveromyces marxianus* promote cell growth and ethanol fermentation of *Saccharomyces cerevisiae* at high temperatures. Biotechnol Biofuels, 10: 289.

Li P, Fu X, Zhang L, et al. 2019a. CRISPR/Cas-based screening of a gene activation library in *Saccharomyces cerevisiae* identifies a crucial role of OLE1 in thermotolerance. Microb Biotechnol, 12(6): 1154-1163.

Li Q, Chen J, Minton N P, et al. 2016a. CRISPR-based genome editing and expression control systems in *Clostridium acetobutylicum* and *Clostridium beijerinckii*. Biotechnol J, 11(7): 961-972.

Li R, Shen W, Yang Y, et al. 2021. Investigation of the impact of a broad range of temperatures on the physiological and transcriptional profiles of *Zymomonas mobilis* ZM4 for high-temperaturetolerant recombinant strain development. Biotechnol Biofuels, 14: 146.

Li S B, Qian Y, Liang Z W, et al. 2016b. Enhanced butanol production from cassava with *Clostridium acetobutylicum* by genome shuffling. World J Microbiol Biotechnol, 32(4): 53.

Li T, Chen X, Cai Y, et al. 2018c. Artificial protein scaffold system (AProSS): An efficient method to optimize exogenous metabolic pathways in *Saccharomyces cerevisiae*. Metab Eng, 49: 13-20.

Li T, Huang S, Zhao X, et al. 2011. Modularly assembled designer TAL effector nucleases for targeted gene knockout and gene replacement in eukaryotes. Nucleic Acids Res, 39(14): 6315-6325.

Li T, Jiang Q, Huang J, et al. 2020c. Reprogramming bacterial protein organelles as a nanoreactor for hydrogen production. Nat Commun, 11: 5448.

Li W, Wu H, Li M, et al. 2018b. Effect of NADPH availability on free fatty acid production in *Escherichia coli*. Biotechnol Bioeng, 115: 444-452.

Li Y, Wang Y, Wang R, et al. 2022. Metabolic engineering of *Zymomonas mobilis* for continuous co-production of bioethanol and poly-3-hydroxybutyrate (PHB). Green Chem, 24: 2588-2601.

Lian J, Si T, Nair N U, et al. 2014. Design and construction of acetyl-CoA overproducing *Saccharomyces cerevisiae* strains. Metab Eng, 24: 139-149.

Lian J, Zhao H. 2015. Reversal of the beta-oxidation cycle in *Saccharomyces cerevisiae* for production of fuels and chemicals. ACS Synth Biol, 4: 332-341.

Liang S, Chen H, Liu J, et al. 2018. Rational design of a synthetic Entner-Doudoroff pathway for enhancing glucose transformation to isobutanol in *Escherichia coli*. J Ind Microbiol Biotechnol, 45: 187-199.

Liao Z, Zhang Y, Luo S, et al. 2017. Improving cellular robustness and butanol titers of *Clostridium acetobutylicum* ATCC824 by introducing heat shock proteins from an extremophilic bacterium. J Biotechnol, 252: 1-10.

Lin F M, Qiao B, Yuan Y J. 2009. Comparative proteomic analysis of tolerance and adaptation of ethanologenic *Saccharomyces cerevisiae* to furfural, a lignocellulosic inhibitory compound. Appl Environ Microbiol, 75(11): 3765-3776.

Lin P P, Jaeger A J, Wu T Y, et al. 2018. Construction and evolution of an *Escherichia coli* strain relying on nonoxidative glycolysis for sugar catabolism. Proc Natl Acad Sci U S A, 115: 3538-3546.

Lin P P, Mi L, Morioka A H, et al. 2015. Consolidated bioprocessing of cellulose to isobutanol using *Clostridium thermocellum*. Metab Eng, 31: 44-52.

Ling H, Cheng K, Ge J, et al. 2011. Statktical optimization of xylitol production from corncob hemicelluloses hydrolysate by *Candida tropicalis* HDY-02. N Biotechnol, 28(6): 673-678.

Liu C G, Li K, Li K Y, et al. 2020b. Intracellular redox perturbation in *Saccharomyces cerevisiae* improved furfural tolerance and enhanced cellulosic bioethanol production. Front Bioeng Biotechnol, 8: 615.

Liu F, Banta S, Chen W. 2013. Functional assembly of a multi-enzyme methanol oxidation cascade on a surface-displayed trifunctional scaffold for enhanced NADH production. Chem Commun (Camb), 49: 3766-3768.

Liu H, Lu T. 2015. Autonomous production of 1,4-butanediol via a de novo biosynthesis pathway in engineered *Escherichia coli*. Metab Eng, 29: 135-141.

Liu H, Shi F, Tan S, et al. 2021c. Engineering a bifunctional ComQXPA-PsrfA quorum-sensing circuit for dynamic control of gene expression in *Corynebacterium glutamicum*. ACS Synth Biol, 10: 1761-1774.

Liu H, Song Y, Fan X, et al. 2020d. *Yarrowia lipolytica* as an oleaginous platform for the production of value-added fatty acid-based bioproducts. Front Microbiol, 11: 608662.

Liu J, Jiang Y, Chen J, et al. 2020c. Metabolic engineering and adaptive evolution of *Clostridium beijerinckii* to increase solvent production from corn stover hydrolysate. J Agric Food Chem, 68(30): 7916-7925.

Liu J, Lin Q L, Chai X Y, et al. 2018a. Enhanced phenolic compounds tolerance response of *Clostridium beijerinckii* NCIMB 8052 by inactivation of Cbei_3304. Microb Cell Fact, 17(1): 35.

Liu J, Wang Y, Lu Y, et al. 2017c. Development of a CRISPR/Cas9 genome editing toolbox for *Corynebacterium glutamicum*. Microb Cell Fact, 16: 205.

Liu J, Zhou H, Yang Z, et al. 2021d. Rational construction of genome-reduced Burkholderiales chassis facilitates efficient heterologous production of natural products from proteobacteria. Nat Commun, 12: 4347.

Liu L, Zhang L, Tang W, et al. 2012. Phosphoketolase pathway for xylose catabolism in *Clostridium acetobutylicum* revealed by C-13 metabolic flux analysis. J Bacteriol, 194(19): 5413-5422.

Liu R, Liang L, Freed E F, et al. 2021e. Directed evolution of CRISPR/Cas systems for precise gene editing. Trends Biotechnol, 39: 262-273.

Liu S, Qureshi N, Hughes S R. 2017a. Progress and perspectives on improving butanol tolerance. World J Microbiol Biotechnol, 33(3): 51.

Liu W, Tang D, Wang H, et al. 2019c. Combined genome editing and transcriptional repression for metabolic pathway engineering in *Corynebacterium glutamicum* using a catalytically active Cas12a. Appl Microbiol Biotechnol, 103: 8911-8922.

Liu X, Wang H, Wang B, et al. 2018b. Efficient production of extracellular pullulanase in *Bacillus subtilis* ATCC6051 using the host strain construction and promoter optimization expression system. Microb Cell Fact, 17: 163.

Liu Y Y, Chi Z, Wang Z P, et al. 2014. Heavy oils, principally long-chain n-alkanes secreted by *Aureobasidium pullulans* var. *melanogenum* strain P5 isolated from mangrove system. J Ind Microbiol Biotechnol, 41: 1329-1337.

Liu Y, Cruz-Morales P, Zargar A, et al. 2021a. Biofuels for a sustainable future. Cell, 184(6): 1636-1647.

Liu Y, Guo X, Geng J, et al. 2017b. In vitro synthetic biology: Cell-free protein synthesis. Chinese Science Bulletin, 62: 3851-3860.

Liu Y, Jiang X, Cui Z, et al. 2019b. Engineering the oleaginous yeast *Yarrowia lipolytica* for production of alpha-farnesene. Biotechnol Biofuels, 12: 296.

Liu Y, Lin Y, Guo Y, et al. 2021b. Stress tolerance enhancement via SPT15 base editing in *Saccharomyces cerevisiae*. Biotechnol Biofuels, 14(1): 155.

Liu Y J, Li B, Feng Y, et al. 2020e. Consolidated bio-saccharification: Leading lignocellulose bioconversion into the real world. Biotechnol Adv, 40: 107535.

Liu Z, Zhang Y, Nielsen J. 2019a. Synthetic biology of yeast. Biochemistry, 58(11): 1511-1520.

Liu Z L. 2011. Molecular mechanisms of yeast tolerance and in situ detoxification of lignocellulose hydrolysates. Appl Microbiol Biotechnol, 90(3): 809-825.

Liu Z L, Ma M. 2020a. Pathway-based signature transcriptional profiles as tolerance phenotypes for the adapted industrial yeast *Saccharomyces cerevisiae* resistant to furfural and HMF. Appl Microbiol Biotechnol, 104(8): 3473-3492.

Liyanage H, Young M, Kashket E R. 2000. Butanol tolerance of *Clostridium beijerinckii* NCIMB 8052 associated with down-regulation of *gldA* by antisense RNA. J Mol Microbiol Biotechnol, 2(1): 87-93.

Loeschcke A, Thies S. 2015. *Pseudomonas putida*-a versatile host for the production of natural products. Appl Microbiol Biotechnol, 99: 6197-6214.

Long C P, Gonzalez J E, Feist A M, et al. 2018. Dissecting the genetic and metabolic mechanisms of adaptation to the knockout of a major metabolic enzyme in *Escherichia coli*. Proc Natl Acad Sci U S A, 115: 222-227.

Lorca G L, Chung Y J, Barabote R D, et al. 2005. Catabolite repression and activation in *Bacillus subtilis*: Dependency on CcpA, HPr, and HprK. J Bacteriol, 187(22): 7826-7839.

Lozano Gone A M, Dinorin Tellez Giron J, Jimenez Montejo F E, et al. 2014. Behavior of transition state regulator AbrB in batch cultures of *Bacillus thuringiensis*. Curr Microbiol, 69(5): 725-732.

Lu H, Chen H, Tang X, et al. 2021. Application of omics technology in oleaginous microorganisms. Sheng Wu Gong Cheng Xue Bao, 37: 846-859.

Lu H, Li F, Sanchez B J, et al. 2019b. A consensus *S. cerevisiae* metabolic model Yeast8 and its ecosystem for comprehensively probing cellular metabolism. Nat Commun, 10: 3586.

Lu L, Zhang L, Yuan L, et al. 2019a. Artificial cellulosome complex from the Self-Assembly of Ni-NTA-Functionalized polymeric micelles and cellulases. Chembiochem, 20: 1394-1399.

Luan G, Dong H, Zhang T, et al. 2014. Engineering cellular robustness of microbes by introducing the GroESL chaperonins from extremophilic bacteria. J Biotechnol, 178: 38-40.

Luo J, Sun X, Cormack B P, et al. 2018. Karyotype engineering by chromosome fusion leads to reproductive isolation in yeast. Nature, 560(7718): 392-396.

Luo Y, Zhang T, Wu H. 2014. The transport and mediation mechanisms of the common sugars in *Escherichia coli*. Biotechnol Adv, 32: 905-919.

Luo Z, Wang L, Wang Y, et al. 2018. Identifying and characterizing SCRaMbLEd synthetic yeast using ReSCuES. Nat Commun, 9: 1930.

Lutke-Eversloh T, Bahl H. 2011. Metabolic engineering of *Clostridium acetobutylicum*: Recent advances to improve butanol production. Curr Opin Biotechnol, 22(5): 634-647.

Lv X, Wang F, Zhou P, et al. 2016. Dual regulation of cytoplasmic and mitochondrial acetyl-CoA utilization for improved isoprene production in *Saccharomyces cerevisiae*. Nat Commun, 7: 12851.

Ma M, Liu Z L. 2012. Molecular mechanisms of ethanol tolerance in *Saccharomyces cerevisiae*. //Microbial Stress Tolerance for Biofuels: Systems Biology. Berlin, Heidelberg: Springer: 77-115.

Maddox I S, Steiner E, Hirsch S, et al. 2000. The cause of "Acid crash" and "Acidogenic fermentations" during the batch Acetone-Butanol-Ethanol(ABE)fermentation process. J Mol Microbiol Biotechnol, 2(1): 95-100.

Madhavan A, Tamalampudi S, Ushida K, et al. 2009. Xylose isomerase from polycentric fungus Orpinomyces: Gene sequencing, cloning, and expression in *Saccharomyces cerevisiae* for bioconversion of xylose to ethanol. Appl Microbiol Biotechnol, 82(6): 1067-1078.

Magalhães R S S, Popova B, Braus G H, et al. 2018. The trehalose protective mechanism during thermal stress in *Saccharomyces cerevisiae*: The roles of Ath1 and Agt1. FEMS Yeast Res, 18(6): foy066.

Maier T. 2017. Fatty acid synthases: Re-engineering biofactories. Nat Chem Biol, 13(4): 344-345.

Mann M, Dragovic Z, Schirrmacher G, et al. 2012. Over-expression of stress protein-encoding genes helps *Clostridium acetobutylicum* to rapidly adapt to butanol stress. Biotechnol Lett, 34(9): 1643-1649.

Mann M S, Lutke-Eversloh T. 2013. Thiolase engineering for enhanced butanol production in *Clostridium acetobutylicum*. Biotechnol Bioeng, 110(3): 887-897.

Mao S M, Luo Y M, Bao G H, et al. 2011. Comparative analysis on the membrane proteome of *Clostridium acetobutylicum* wild type strain and its butanol-tolerant mutant. Mol Biosyst, 7(5):

1660-1677.

Marchal R, Blanchet D, Vandecasteele J P. 1985. Industrial optimization of acetone-butanol fermentation: A study of the utilization of Jerusalem artichokes. Appl Microbiol Biotechnol, 23(2): 92-98.

Marques W L, Mans R, Marella E R, et al. 2017. Elimination of sucrose transport and hydrolysis in *Saccharomyces cerevisiae*: A platform strain for engineering sucrose metabolism. FEMS Yeast Res, 17(1): fox006.

Marsit S, Dequin S. 2015. Diversity and adaptive evolution of Saccharomyces wine yeast: A review. FEMS Yeast Res, 15(7): fov067.

Martinez D, Berka R M, Henrissat B, et al. 2008. Genome sequencing and analysis of the biomass-degrading fungus *Trichoderma reesei* (syn. *Hypocrea jecorina*). Nat Biotechnol, 26: 553-560.

Mattam A J, Kuila A, Suralikerimath N, et al. 2016. Cellulolytic enzyme expression and simultaneous conversion of lignocellulosic sugars into ethanol and xylitol by a new *Candida tropicalis* strain. Biotechnol Biofuels, 9: 157.

Mavrommati M, Daskalaki A, Papanikolaou S, et al. 2022. Adaptive laboratory evolution principles and applications in industrial biotechnology. Biotechnol Adv, 54: 107795.

Mayers M D, Moon C, Stupp G S, et al. 2017. Quantitative metaproteomics and activity-based probe enrichment reveals significant alterations in protein expression from a mouse model of inflammatory bowel disease. J Proteome Res, 16: 1014-1026.

McMahon M A, Rahdar M. 2021. Gene disruption using chemically modified CRISPR-Cpf1 RNA. Methods Mol Biol, 2162: 49-60.

Meadows A L, Hawkins K M, Tsegaye Y, et al. 2016. Rewriting yeast central carbon metabolism for industrial isoprenoid production. Nature, 537: 694-697.

Mei J, Xu N, Ye C, et al. 2016. Reconstruction and analysis of a genome-scale metabolic network of *Corynebacterium glutamicum* S9114. Gene, 575: 615-622.

Merkx-Jacques A, Rasmussen H, Muise D M, et al. 2018. Engineering xylose metabolism in *thraustochytrid* T18. Biotechnol Biofuels, 11: 248.

Mermelstein L D, Papoutsakis E T. 1993. *In vivo* methylation in *Escherichia coli* by the *Bacillus subtilis* phage phi 3T I methyltransferase to protect plasmids from restriction upon transformation of *Clostridium acetobutylicum* ATCC 824. Appl Environ Microbiol, 59(4): 1077-1081.

Metzgar D, Bacher J M, Pezo V, et al. 2004. *Acinetobacter* sp. ADP1: An ideal model organism for genetic analysis and genome engineering. Nucleic Acids Res, 32: 5780-5790.

Miasnikov A, Munos J W. 2019. Altered host cell pathway for improved ethanol production. U.S. Patent and Trademark Office. U.S. Patent No. 10240168.

Miklenić M, Štafa A, Bajić A, et al. 2013. Genetic transformation of the yeast *Dekkera/Brettanomyces bruxellensis* with non-homologous DNA. J Microbiol Biotechnol, 23(5): 674-680.

Millett M A. 1976. Physical and chemical pretreatments for enhancing cellulose saccharification. Biotechnol Bioeng Symp, 6(6): 125.

Mingardon F, Chanal A, Tardif C, et al. 2011. The issue of secretion in heterologous expression of *Clostridium cellulolyticum* cellulase-encoding genes in *Clostridium acetobutylicum* ATCC 824. Appl Environ Microbiol, 77(9): 2831-2838.

Mingming Z, Keyu Z, Aamer M, et al. 2017. Deletion of acetate transporter gene *ADY2* improved tolerance of *Saccharomyces cerevisiae* against multiple stresses and enhanced ethanol production in the presence of acetic acid. Bioresour Techno, 245(Pt B): 1461-1468.

Minty J J, Singer M E, Scholz S A, et al. 2013. Design and characterization of synthetic fungal-bacterial consortia for direct production of isobutanol from cellulosic biomass. Proc Natl Acad

Sci U S A, 110(36): 14592-14597.

Mishima D, Kuniki M, Sei K, et al. 2008. Ethanol production from candidate energy crops: Water hyacinth (*Eichhornia crassipes*) and water lettuce (*Pistia atration* L.). Bioresour Technol, 99(7): 2495-2500.

Mitsui R, Yamada R, Ogino H. 2019a. CRISPR system in the yeast *Saccharomyces cerevisiae* and its application in the bioproduction of useful chemicals. World J Microbiol Biotechnol, 35(7): 111.

Mitsui R, Yamada R, Ogino H. 2019b. Improved stress tolerance of *Saccharomyces cerevisiae* by CRISPR-Cas-Mediated genome evolution. Appl Biochem Biotechnol, 189(3): 810-821.

Mitsuzawa S, Kagawa H, Li Y, et al. 2009. The rosettazyme: A synthetic cellulosome. J Biotechnol, 143: 139-144.

Mohd Azhar S H, Abdulla R, Jambo S A, et al. 2017. Yeasts in sustainable bioethanol production: A review. Biochem Biophys Rep, 10: 52-61.

Mohr G, Smith D, Belfort M, et al. 2000. Rules for DNA target-site recognition by a lactococcal group II intron enable retargeting of the intron to specific DNA sequences. Genes Dev, 14(5): 559-573.

Mollapour M, Piper P W. 2006. Hog1p mitogen-activated protein kinase determines acetic acid resistance in *Saccharomyces cerevisiae*. FEMS Yeast Res, 6(8): 1274-1280.

Morard M, Macías L G, Adam A C, et al. 2019. Aneuploidy and ethanol tolerance in *Saccharomyces cerevisiae*. Front Genet, 10: 82.

Moses S B G, Otero R R C, Grange D C L, et al. 2002. Dirrerent genetic backgrounds influence the secretory expression of the LKA1-encoded *Lipomyces kononenkoae* α-amylase in industrial strains of *Saccharmoyces cerevisiae*. Biotechnol Lett, 24: 651-656.

Mukhopadhyay A. 2015. Tolerance engineering in bacteria for the production of advanced biofuels and chemicals. Trends Microbiol, 23(8): 498-508.

Mukhopadhyay S, Mukherjee P S, Chatterjee N C. 2008. Optimization of enzymatic hydrolysis of water hyacinth by *Trichoderma reesei* vis-a-vis production of fermentable sugars. Acta Aliment Hung, 37(3): 367-377.

Mullany P, Wilks M, Tabaqchali S. 1991. Transfer of *Tn916* and *Tn916*ΔE into *Clostridium difficile*: Demonstration of a hot-spot for these elements in the *C. difficile* genome. FEMS Microbiol Lett, 79(2-3): 191-194.

Naeem M, Majeed S, Hoque M Z, et al. 2020. Latest developed strategies to minimize the off-target effects in CRISPR-Cas-mediated genome editing. Cells, 9(7): 1608.

Nair R V, Green E M, Watson D E, et al. 1999. Regulation of the sol locus genes for butanol and acetone formation in *Clostridium acetobutylicum* ATCC 824 by a putative transcriptional repressor. J Bacteriol, 181(1): 319-330.

Nakamura N, Yamada R, Katahir S, et al. 2008. Effective xylose/cellobiose co-fermentation and ethanol production by xylose-assimilating *S. cerevisiae* via expression of glucosidase on its cell surface. Enzyme Microb Technol, 43: 233-236.

Nakayama S, Kiyoshi K, Kadokura T, et al. 2011. Butanol production from crystalline cellulose by cocultured *Clostridium thermocellum* and *Clostridium saccharoperbuiylacetonicum* N1-4. Appl Environ Microbiol, 77(18): 6470-6475.

Nasution O, Lee Y M, Kim E, et al. 2017. Overexpression of OLE1 enhances stress tolerance and constitutively activates the MAPK HOG pathway in *Saccharomyces cerevisiae*. Biotechnol Bioeng, 114(3): 620-631.

Nawab S, Wang N, Ma X, et al. 2020. Genetic engineering of non-native hosts for 1-butanol production and its challenges: A review. Microb Cell Fact, 19(1): 79.

Nessler S, Fieulaine S, Poncet S, et al. 2003. HPr kinase/phosphorylase, the sensor enzyme of catabolite repression in gram-positive bacteria: Structural aspects of the enzyme and the complex with its protein substrate. J Bacteriol, 185(14): 4003-4010.

Ng C Y, Farasat I, Maranas C D, et al. 2015. Rational design of a synthetic Entner-Doudoroff pathway for improved and controllable NADPH regeneration. Metab Eng, 29: 86-96.

Ng C Y, Jung M Y, Lee J, et al. 2012. Production of 2,3-butanediol in *Saccharomyces cerevisiae* by in silico aided metabolic engineering. Microb Cell Fact, 11: 68.

Ng T K, Weimer P J, Zeikus J G. 1977. Cellulolytic and physiological properties of *Clostridium thermocellum*. Arch Microbiol, 114(1): 1-7.

Nguyen M T, Choi S P, Lee J, et al. 2009. Hydrothermal acid pretreatment of *Chlamydomonas reinhardtii* biomass for ethanol production. J Microbiol Biotechnol, 19(2): 161-166.

Nguyen N P, Raynaud C, Meynial-Salles I, et al. 2018. Reviving the Weizmann process for commercial n-butanol production. Nat Commun, 9(1): 3682.

Nicolaou S A, Gaida S M, Papoutsakis E T. 2010. A comparative view of metabolite and substrate stress and tolerance in microbial bioprocessing: From biofuels and chemicals, to biocatalysis and bioremediation. Metab Eng, 12(4): 307-331.

Niehus X, Crutz-Le Coq A M, Sandoval G, et al. 2018. Engineering *Yarrowia lipolytica* to enhance lipid production from lignocellulosic materials. Biotechnol Biofuels, 11: 11.

Nielsen D R, Leonard E, Yoon S H, et al. 2009. Engineering alternative butanol production platforms in heterologous bacteria. Metab Eng, 11(4-5): 262-273.

Nielsen J. 2019. Yeast systems biology: Model organism and cell factory. Biotechnol J, 14(9): e1800421.

Nikel P I, De Lorenzo V. 2018. *Pseudomonas putida* as a functional chassis for industrial biocatalysis: From native biochemistry to trans-metabolism. Metab Eng, 50: 142-155.

Nikel P I, Kim J, De Lorenzo V. 2014a. Metabolic and regulatory rearrangements underlying glycerol metabolism in *Pseudomonas putida* KT2440. Environ Microbiol, 16: 239-254.

Nikel P I, Martinez-Garcia E, De Lorenzo V. 2014b. Biotechnological domestication of pseudomonads using synthetic biology. Nat Rev Microbiol, 12: 368-379.

Nitiyon S, Keo-Oudone C, Murata M, et al. 2016. Efficient conversion of xylose to ethanol by stress-tolerant *Kluyveromyces marxianus* BUNL-21. Springerplus, 5: 185.

Niu F X, He X, Wu Y Q, et al. 2018. Enhancing production of pinene in *Escherichia coli* by using a combination of tolerance, evolution, and modular co-culture engineering. Front Microbiol, 9: 1623.

Niu F X, Huang Y B, Shen Y P, et al. 2020. Enhanced production of pinene by using a cell-free system with modular co-catalysis. J Agr Food Chem, 68: 2139-2145.

Nolling J, Breton G, Omelchenko M V, et al. 2001. Genome sequence and comparative analysis of the solvent-producing bacterium *Clostridium acetobutylicum*. J Bacteriol, 183: 4823-4838.

Ntaikou I, Menis N, Alexandropoulou M, et al. 2018. Valorization of kitchen biowaste for ethanol production via simultaneous saccharification and fermentation using co-cultures of the yeasts *Saccharomyces cerevisiae* and *Pichia stipitis*. Bioresour Technol, 263: 75-83.

Oda Y, Nakamura K. 2009. Production of ethanol from the mixture of beet molasses and cheese whey by a 2-deoxyglucose-resistant mutant of *Kluyveromyces marxianus*. FEMS Yeast Res, 9(5): 742-748.

Oelofse A, Pretorius I S, du Toit M. 2008. Significance of *Brettanomyces* and *Dekkera* during winemaking: A synoptic review. S Afr J Enol Vitic, 29(2): 128-144.

Oh E J, Jin Y S. 2020. Engineering of *Saccharomyces cerevisiae* for efficient fermentation of cellulose. FEMS Yeast Res, 20(1): foz089.

Ohta K, Beall D S, Mejia J P, et al. 1991. Genetic improvement of *Escherichia coli* for ethanol production: Chromosomal integration of *Zymomonas mobilis* genes encoding pyruvate decarboxylase and alcohol dehydrogenase II. Appl Environ Microbiol, 57: 893-900.

Olofsson K, Bertilsson M, Lidén G. 2008. A short review on SSF—an interesting process option for ethanol production from lignocellulosic feedstocks. Biotechnol Biofuel, 1(1): 7.

Ong W K, Courtney D K, Pan S, et al. 2020. Model-driven analysis of mutant fitness experiments improves genome-scale metabolic models of *Zymomonas mobilis* ZM4. PLoS Comput Biol, 16: e1008137.

Orth J D, Conrad T M, Na J, et al. 2011. A comprehensive genome-scale reconstruction of *Escherichia coli* metabolism—2011. Mol Syst Biol, 7: 535.

Ozaydin B, Burd H, Lee T S, et al. 2013. Carotenoid-based phenotypic screen of the yeast deletion collection reveals new genes with roles in isoprenoid production. Metab Eng, 15: 174-183.

Pabbathi N P P, Velidandi A, Tavarna T, et al. 2023. Role of metagenomics in prospecting novel endoglucanases, accentuating functional metagenomics approach in second-generation biofuel production: A review. Biomass Convers Biorefin, 13(2): 1371-1398.

Packer M S, Liu D R. 2015. Methods for the directed evolution of proteins. Nat Rev Genet, 16: 379-394.

Palmqvist E Hahn-Hagerdal B. 2000. Fermentation of lignocellulosic hydrolysates. I: Inhibition and detoxification. Bioresour Techno, 74(1): 17-24.

Papone T, Kookkhunthod S, Paungbut M, et al. 2015. Producing of microbial oil by mixed culture of microalgae and oleaginous yeast using sugarcane molasses as carbon substrate. Journal of Clean Energy Technologies, 4: 253-256.

Papoutsakis E T, Sandoval N R. 2016. Engineering membrane and cell-wall programs for tolerance to toxic chemicals: Beyond solo genes. Curr Opin Microbiol, 33: 56-66.

Parachin N S, Gorwa-Grauslund M F. 2011. Isolation of xylose isomerases by sequence- and function-based screening from a soil metagenomic library. Biotechnol Biofuels, 4: 9.

Park J, Rodriguez-Moya M, Li M, et al. 2012. Synthesis of methyl ketones by metabolically engineered *Escherichia coli*. J Ind Microbiol Biotechnol, 39: 1703-1712.

Park J, Yu B J, Choi J I, et al. 2019a. Heterologous production of squalene from glucose in engineered *Corynebacterium glutamicum* using multiplex CRISPR interference and high-throughput fermentation. J Agr Food Chem, 67: 308-319.

Park K S, Seol W, Yang H Y, et al. 2011a. Identification and use of zinc finger transcription factors that increase production of recombinant proteins in yeast and mammalian cells. Biotechnol Prog, 21(3): 664-670.

Park S E, Koo H M, Park Y K, et al. 2011b. Expression of aldehyde dehydrogenase 6 reduces inhibitory effect of furan derivatives on cell growth and ethanol production in *Saccharomyces cerevisiae*. Bioresour Technol, 102: 6033-6038.

Park S Y, Choi S K, Kim J, et al. 2012. Efficient production of polymyxin in the surrogate host *Bacillus subtilis* by introducing a foreign ectB gene and disrupting the *abrB* gene. Appl Environ Microbiol, 78(12): 4194-4199.

Patakova P, Kolek J, Sedlar K, et al. 2018. Comparative analysis of high butanol tolerance and production in clostridia. Biotechnol Adv, 36(3): 721-738.

Patle S, Lal B. 2007. Ethanol production from hydrolysed agricultural wastes using mixed culture of *Zymomonas mobilis* and *Candida tropicalis*. Biotechnol Lett, 29: 1839-1843.

Peabody G L, Kao K C. 2016. Recent progress in biobutanol tolerance in microbial systems with an emphasis on *Clostridium*. FEMS Microbiol Lett, 363(5): fnw017.

Pelletier J F, Sun L, Wise K S, et al. 2021. Genetic requirements for cell division in a genomically minimal cell. Cell, 184: 2430-2440. e2416.

Peng Y, Han X, Xu P, et al. 2020. Next-generation microbial workhorses: Comparative genomic analysis of fast-growing *Vibrio* strains reveals their biotechnological potential. Biotechnol J, 15: e1900499.

Peralta-Yahya P P, Ouellet M, Chan R, et al. 2011. Identification and microbial production of a terpene-based advanced biofuel. Nat Commun, 2: 483.

Peralta-Yahya P P, Zhang F, Del Cardayre S B, et al. 2012. Microbial engineering for the production of advanced biofuels. Nature, 488: 320-328.

Perret S, Belaich A, Fierobe H P, et al. 2004. Towards designer cellulosomes in *Clostridia*: Mannanase enrichment of the cellulosomes produced by *Clostridium cellulolyticum*. J Bacteriol, 186(19): 6544-6552.

Perret S, Casalot L, Fierobe H P, et al. 2003. Production of heterologous and chimeric scaffoldins by *Clostridium acetobutylicum* ATCC 824. J Bacteriol, 186(1): 253-257.

Perutka J, Wang W, Goerlitz D, et al. 2004. Use of computer-designed group II introns to disrupt *Escherichia coli* DExH/D-box protein and DNA helicase genes. J Mol Biol, 336(2): 421-439.

Petitdemange E, Caillet F, Giallo J, et al. 1984. *Clostridium cellulolyticum* sp. nov., a cellulolytic, mesophilic species from decayed grass. Int J Syst Microbiol, 34(2): 155-159.

Petitdemange E, Fond O, Caillet F, et al. 1983. A novel one step process for cellulose fermentation using mesophilic cellulolytic and glycolytic *Clostridia*. Biotechnol Lett, 5(2): 119-124.

Pfluger-Grau K, De Lorenzo V. 2014. From the phosphoenolpyruvate phosphotransferase system to selfish metabolism: A story retraced in *Pseudomonas putida*. FEMS Microbiol Lett, 356: 144-153.

Philipps G, de Vries S, Jennewein S. 2019. Development of a metabolic pathway transfer and genomic integration system for the syngas-fermenting bacterium *Clostridium ljungdahlii*. Biotechnol Biofuels, 12: 112.

Phillips Z E, Strauch M A. 2002. *Bacillus subtilis* sporulation and stationary phase gene expression. Cell Mol Life Sci, 59(3): 392-402.

Pich A, Narberhaus F, Bahl H. 1990. Induction of heat shock proteins during initiation of solvent formation in *Clostridium acetobutylicum*. Appl Microbiol Biotechnol, 33(6): 697-704.

Posfai G, Kolisnychenko V, Bereczki Z, et al. 1999. Markerless gene replacement in *Escherichia coli* stimulated by a double-strand break in the chromosome. Nucleic Acids Res, 27(22): 4409-4415.

Pretorius I S, Boeke J D. 2018. Yeast 2.0-connecting the dots in the construction of the world's first functional synthetic eukaryotic genome. FEMS Yeast Res, 18(4): foy032.

Puligundla P, Smogrovicova D, Obulam V S, et al. 2011. Very high gravity(VHG)ethanolic brewing and fermentation: A research update. J Ind Microbiol Biotechnol, 38(9): 1133-1144.

Puri-Taneja A, Paul S, Chen Y, et al. 2006. CcpA causes repression of the phoPR promoter through a novel transcription start site, P(A6). J Bacteriol, 188(4): 1266-1278.

Pyne M E, Bruder M, Moo-Young M, et al. 2014. Technical guide for genetic advancement of underdeveloped and intractable *Clostridium*. Biotechnol Adv, 32(3): 623-641.

Pyne M E, Sokolenko S, Liu X, et al. 2016. Disruption of the reductive 1,3-propanediol pathway triggers production of 1,2-propanediol for sustained glycerol fermentation by *Clostridium pasteurianum*. Appl Environ Microbiol, 82(17): 5375-5388.

Qiao K, Wasylenko T M, Zhou K, et al. 2017. Lipid production in *Yarrowia lipolytica* is maximized by engineering cytosolic redox metabolism. Nat Biotechnol, 35: 173-177.

Qiu M, Shen W, Yan X, et al. 2020. Metabolic engineering of *Zymomonas mobilis* for anaerobic isobutanol production. Biotechnol Biofuels, 13: 15.

Qu G, Zhu T, Jiang Y, et al. 2019. Protein engineering: From directed evolution to computational design. Sheng Wu Gong Cheng Xue Bao, 35: 1843-1856.

Quan J, Tian J. 2011. Circular polymerase extension cloning for high-throughput cloning of complex and combinatorial DNA libraries. Nature Protocols, 6: 242-251.

Qureshi A S, Zhang J, Bao J. 2015. High ethanol fermentation performance of the dry dilute acid pretreated corn stover by an evolutionarily adapted *Saccharomyces cerevisiae* strain. Bioresour Technol, 189: 399-404.

Radivojevic T, Costello Z, Workman K, et al. 2020. A machine learning automated recommendation tool for synthetic biology. Nat Commun, 11: 4879.

Ranganathan S, Tee T W, Chowdhury A, et al. 2012. An integrated computational and experimental study for overproducing fatty acids in *Escherichia coli*. Metab Eng, 14: 687-704.

Rao R S, Jyothi C, Prakasham R, et al. 2006. Xylitol production from com fiber and sugarcane bagasse hydrolysates by *Candida tropicalis*. Bioresour Technol, 7(15): 1974-1978.

Ravagnani A, Jennert K C, Steiner E, et al. 2000. Spo0A directly controls the switch from acid to solvent production in solvent-forming clostridia. Mol Microbiol, 37(5): 1172-1185.

Ravcheev D A, Li X, Latif H, et al. 2012. Transcriptional regulation of central carbon and energy metabolism in bacteria by redox-responsive repressor Rex. J Bacteriol, 194(5): 1145-1157.

Reid W V, Ali M K, Field C B. 2020. The future of bioenergy. Glob Chang Biol, 26(1): 274-286.

Ren C, Gu Y, Hu S, et al. 2010. Identification and inactivation of pleiotropic regulator CcpA to eliminate glucose repression of xylose utilization in *Clostridium acetobutylicum*. Metab Eng, 12(5): 446-454.

Ren C, Gu Y, Wu Y, et al. 2012. Pleiotropic functions of catabolite control protein CcpA in butanol-producing *Clostridium acetobutylicum*. BMC Genomics, 13: 349.

Ren C, Wen Z, Xu Y, et al. 2016. Clostridia: A flexible microbial platform for the production of alcohols. Curr Opin Chem Biol, 35: 65-72.

Reyes L H, Almario M P, Kao K C. 2011. Genomic library screens for genes involved in n-butanol tolerance in *Escherichia coli*. PLoS One, 6(3): e17678.

Richardson S M, Mitchell L A, Stracquadanio G, et al. 2017. Design of a synthetic yeast genome. Science, 355: 1040-1044.

Riles L, Fay J C. 2019. Genetic basis of variation in heat and ethanol tolerance in *Saccharomyces cerevisiae*. G3 (Bethesda), 9(1): 179-188.

Rolf J, Julsing M K, Rosenthal K, et al. 2020. A gram-scale limonene production process with engineered *Escherichia coli*. Molecules (Basel, Switzerland), 25(8): 1881.

Romano E, Baumschlager A, Akmeric E B, et al. 2021. Engineering AraC to make it responsive to light instead of arabinose. Nat Chem Biol, 17: 817-827.

Royce L A, Yoon J M, Chen Y, et al. 2015. Evolution for exogenous octanoic acid tolerance improves carboxylic acid production and membrane integrity. Metab Eng, 29: 180-188.

Russmayer H, Marx H, Sauer M. 2019. Microbial 2-butanol production with *Lactobacillus diolivorans*. Biotechnol Biofuels, 12: 262.

Sabra W, Groeger C, Sharma P N, et al. 2014. Improved n-butanol production by a non-acetone producing *Clostridium pasteurianum* DSMZ 525 in mixed substrate fermentation. Appl Microbiol Biotechnol, 98(9): 4267-4276.

Sachdeva G, Garg A, Godding D, et al. 2014. *In vivo* co-localization of enzymes on RNA scaffolds increases metabolic production in a geometrically dependent manner. Nucleic Acids Res, 42: 9493-9503.

Saini M, Li S Y, Wang Z W, et al. 2016. Systematic engineering of the central metabolism in *Escherichia coli* for effective production of n-butanol. Biotechnol Biofuels, 9: 69.

Saini P, Beniwal A, Kokkiligadda A, et al. 2018. Response and tolerance of yeast to changing environmental stress during ethanol fermentation. Process Biochem, 72: 1-12.

Sakihama Y, Hasunuma T, Kondo A. 2015. Improved ethanol production from xylose in the presence of acetic acid by the overexpression of the HAA1 gene in *Saccharomyces cerevisiae*. J Biosci Bioeng, 119(3): 297-302.

Salcedo-Vite K, Sigala J C, Segura D, et al. 2019. *Acinetobacter baylyi* ADP1 growth performance and lipid accumulation on different carbon sources. Appl Microbiol Biotechnol, 103: 6217-6229.

Salimi F, Kai Z, Mahadevan R. 2010. Genome-scale metabolic modeling of a clostridial co-culture for consolidated bioprocessing. Biotechnol J, 5(7): 726-738.

Saloheimo A, Rauta J, Stasyk O V, et al. 2007. Xylose transport studies with xylose-utilizing *Saccharomyces cerevisiae* strains expressing heterologous and homologous permeases. Appl Microbiol Biotechnol, 74(5): 1041-1052.

Sander J D, Dahlborg E J, Goodwin M J, et al. 2011. Selection-free zinc-finger-nuclease engineering by context-dependent assembly (CoDA). Nat Methods, 8(1): 67-69.

Sandoval N R, Venkataramanan K P, Groth T S, et al. 2015. Whole-genome sequence of an evolved *Clostridium pasteurianum* strain reveals Spo0A deficiency responsible for increased butanol production and superior growth. Biotechnol Biofuels, 8: 227.

Sandoval-Espinola W J, Makwana S T, Chinn M S, et al. 2013. Comparative phenotypic analysis and genome sequence of *Clostridium beijerinckii* SA-1, an offspring of NCIMB 8052. Microbiology, 159 (Pt 12): 2558-2570.

Santala S, Efimova E, Karp M, et al. 2011a. Real-time monitoring of intracellular wax ester metabolism. Microb Cell Fact, 10: 75.

Santala S, Efimova E, Kivinen V, et al. 2011b. Improved triacylglycerol production in *Acinetobacter baylyi* ADP1 by metabolic engineering. Microb Cell Fact, 10: 36.

Saravanakumar K, Kathiresan K. 2014. Bioconversion of lignocellulosic waste to bioethanol by *Trichoderma* and yeast fermentation. 3 Biotech, 4: 493-499.

Sardessai, Yogita, Bhosle, et al. 2002. Tolerance of bacteria to organic solvents. Res Microbiol, 153(5): 263-268.

Sarokin L, Carlson M. 1984. Upstream region required for regulated expression of the glucose-repressible SUC2 gene of *Saccharomyces cerevisiae*. Mol Cell Biol, 4: 2750-2757.

Sarria S, Wong B, Garcia Martin H, et al. 2014. Microbial synthesis of pinene. ACS Synth Biol, 3: 466-475.

Sasano Y, Watanabe D, Ukibe K, et al. 2012. Overexpression of the yeast transcription activator Msn2 confers furfural resistance and increases the initial fermentation rate in ethanol productionf. J Biosci Bioeng, 113(4): 451-455.

Schifferdecker A J, Siurkus J, Andersen M R, et al. 2016. Alcohol dehydrogenase gene ADH3 activates glucose alcoholic fermentation in genetically engineered *Dekkera bruxellensis* yeast. Appl Microbiol Biotechnol, 100(7): 3219-3231.

Schindler B D, Kaatz G W. 2016. Multidrug efflux pumps of Gram-positive bacteria. Drug Resist Updat, 27: 1-13.

Schlake T, Bode J. 1994. Use of mutated FLP recognition target (FRT) sites for the exchange of expression cassettes at defined chromosomal loci. Biochemistry, 33(43): 12746-12751.

Schwartz C, Curtis N, Lobs A K, et al. 2018. Multiplexed CRISPR activation of cryptic sugar metabolism enables *Yarrowia lipolytica* growth on cellobiose. Biotechnol J, 13: e1700584.

Schwarz K M, Grosse-Honebrink A, Derecka K, et al. 2017. Towards improved butanol production through targeted genetic modification of *Clostridium pasteurianum*. Metab Eng, 40: 124-137.

Scotcher M C, Rudolph F B, Bennett G N. 2005. Expression of *abrB310* and *SinR*, and effects of decreased *abrB310* expression on the transition from acidogenesis to solventogenesis, in *Clostridium acetobutylicum* ATCC 824. Appl Environ Microbiol, 71(4): 1987-1995.

Senior A W, Evans R, Jumper J, et al. 2020. Improved protein structure prediction using potentials from deep learning. Nature, 577: 706-710.

Seo S O, Wang Y, Lu T, et al. 2017. Characterization of a *Clostridium beijerinckii* spo0A mutant and its application for butyl butyrate production. Biotechnol Bioeng, 114(1): 106-112.

Servinsky M D, Germane K L, Liu S, et al. 2012. Arabinose is metabolized via a phosphoketolase pathway in *Clostridium acetobutylicum* ATCC 824. J Ind Microbiol Biotechnol, 39(12): 1859-1867.

Shafikhani S H, Leighton T. 2004. AbrB and Spo0E control the proper timing of sporulation in *Bacillus subtilis*. Curr Microbiol, 48(4): 262-269.

Shalev-Malul G, Lieman-Hurwitz J, Viner-Mozzini Y, et al. 2008. An AbrB-like protein might be involved in the regulation of cylindrospermopsin production by *Aphanizomenon ovalisporum*. Environ Microbiol, 10(4): 988-999.

Shao L, Hu S, Yang Y, et al. 2007. Targeted gene disruption by use of a group II intron (targetron) vector in *Clostridium acetobutylicum*. Cell Res, 17(11): 963-965.

Shao Y, Lu N, Wu Z, et al. 2018. Creating a functional single-chromosome yeast. Nature, 560(7718): 331-335.

Sheldon R A, Pereira P C. 2017. Biocatalysis engineering: The big picture. Chem Soc Rev, 46: 2678-2691.

Shen C R, Lan E I, Dekishima Y, et al. 2011. Driving forces enable high-titer anaerobic 1-butanol synthesis in *Escherichia coli*. Appl Environ Microbiol, 77: 2905-2915.

Shen Q, Chen Y, Jin D, et al. 2016. Comparative genome analysis of the oleaginous yeast *Trichosporon fermentans* reveals its potential applications in lipid accumulation. Microbiol Res, 192: 203-210.

Shen S, Gu Y, Chai C, et al. 2017. Enhanced alcohol titre and ratio in carbon monoxide-rich off-gas fermentation of *Clostridium carboxidivorans* through combination of trace metals optimization with variable-temperature cultivation. Bioresour Technol, 239: 236-243.

Shen W, Zhang J, Geng B, et al. 2019a. Establishment and application of a CRISPR-Cas12a assisted genome-editing system in *Zymomonas mobilis*. Microb Cell Fact, 18: 162.

Shen Y P, Fong L S, Yan Z B, et al. 2019b. Combining directed evolution of pathway enzymes and dynamic pathway regulation using a quorum-sensing circuit to improve the production of 4-hydroxyphenylacetic acid in *Escherichia coli*. Biotechnol Biofuels, 12: 94.

Sheng J, Stevens J, Feng X. 2016. Pathway compartmentalization in peroxisome of *Saccharomyces cerevisiae* to produce versatile medium chain fatty alcohols. Sci Rep, 6: 26884.

Sheppard M J, Kunjapur A M, Prather K L J. 2016. Modular and selective biosynthesis of gasoline-range alkanes. Metab Eng, 33: 28-40.

Shi A, Zhu X, Lu J, et al. 2013. Activating transhydrogenase and NAD kinase in combination for improving isobutanol production. Metab Eng, 16: 1-10.

Shi J, Zhang M, Zhang L, et al. 2014. Xylose-fermenting *Pichia stipitis* by genome shuffling for improved ethanol production. Microb Biotechnol, 7(2): 90-99.

Shi N Q, Jeffries T W. 1998. Anaerobic growth and improved fermentation of *Pichia stipitis* bearing a URA1 gene from *Saccharomyces cerevisiae*. Appl Microbiol Biotechnol, 50(3): 339-345.

Shi S, Liang Y, Ang E L, et al. 2019. Delta Integration CRISPR-Cas(Di-CRISPR)in *Saccharomyces cerevisiae*. Methods Mol Biol, 1927: 73-91.

Shmakov S, Abudayyeh O O, Makarova K S, et al. 2015. Discovery and functional characterization of diverse class 2 CRISPR-Cas systems. Mol Cell, 60: 385-397.

Shmakov S, Smargon A, Scott D, et al. 2017. Diversity and evolution of class 2 CRISPR-Cas systems. Nat Rev Microbiol, 15: 169-182.

Shui W, Xiong Y, Xiao W, et al. 2015. Understanding the mechanism of thermotolerance distinct from heat shock response through proteomic analysis of industrial strains of *Saccharomyces cerevisiae*. Mol Cell Proteomics, 14(7): 1885-1897.

Si T, Chao R, Min Y, et al. 2017. Automated multiplex genome-scale engineering in yeast. Nat Commun, 8: 15187.

Si T, Luo Y, Xiao H, et al. 2014. Utilizing an endogenous pathway for 1-butanol production in *Saccharomyces cerevisiae*. Metab Eng, 22: 60-68.

Siedler S, Bringer S, Bott M. 2011. Increased NADPH availability in *Escherichia coli*: Improvement of the product per glucose ratio in reductive whole-cell biotransformation. Appl Microbiol Biotechnol, 92: 929-937.

Siemerink M A, Kuit W, Lopez Contreras A M, et al. 2011. D-2,3-butanediol production due to heterologous expression of an acetoin reductase in *Clostridium acetobutylicum*. Appl Environ Microbiol, 77(8): 2582-2588.

Sillers R, Al-Hinai M A, Papoutsakis E T. 2009. Aldehyde-alcohol dehydrogenase and/or thiolase overexpression coupled with CoA transferase downregulation lead to higher alcohol titers and selectivity in *Clostridium acetobutylicum* fermentations. Biotechnol Bioeng, 102(1): 38-49.

Silva G D, Mack M, Contiero J. 2009. Glycerol: A promising and abundant carbon source for industrial microbiology. Biotechnol Adv, 27(1): 30-39.

Silva J P, Ticona A R P, Hamann P R V, et al. 2021. Deconstruction of lignin: From enzymes to microorganisms. Molecules (Basel, Switzerland), 26(8): 2299.

Skerra A. 1994. Use of the tetracycline promoter for the tightly regulated production of a murine antibody fragment in *Escherichia coli*. Gene, 151: 131-135.

Sleat R, Mah R A, Robinson R. 1984. Isolation and characterization of an anaerobic, cellulolytic bacterium, *Clostridium cellulovorans* sp. nov. Appl Environ Microbiol, 48(1): 88-93.

Slininger P J, Thompson S R, Weber S, et al. 2011. Repression of xylose-specific enzymes by ethanol in *Scheffersomyces* (*Pichia*) *stipitis* and utility of repitching xylose-grown populations to eliminate diauxic lag. Biotechnol Bioeng, 108(8): 1801-1815.

Smanski M J, Zhou H, Claesen J, et al. 2016. Synthetic biology to access and expand nature's chemical diversity. Nat Rev Microbiol, 14: 135-149.

Snoek T, Chaberski E K, Ambri F, et al. 2020. Evolution-guided engineering of small-molecule biosensors. Nucleic Acids Res, 48: e3.

Soma Y, Hanai T. 2015. Self-induced metabolic state switching by a tunable cell density sensor for microbial isopropanol production. Metab Eng, 30: 7-15.

Song H, Ding M Z, Jia X Q, et al. 2014. Synthetic microbial consortia: From systematic analysis to construction and applications. Chem Soc Rev, 43(20): 6954-6981.

Song H, Yang Y, Li H, et al. 2022. Determination of nucleotide sequences within promoter regions affecting promoter compatibility between *Zymomonas mobilis* and *Escherichia coli*. ACS Synth Biol, 11: 2811-2819.

Song X, Yu H, Zhu K. 2016. Improving alkane synthesis in *Escherichia coli* via metabolic engineering. Appl Microbiol Biotechnol, 100: 757-767.

Sonoki T, Takahashi K, Sugita H, et al. 2018. Glucose-free cis, cis-muconic acid production via new metabolic designs corresponding to the heterogeneity of lignin. ACS Sustain Chem Eng, 6: 1256-1264.

Srirangan K, Liu X, Akawi L, et al. 2016. Engineering *Escherichia coli* for microbial production of Butanone. Appl Environ Microbiol, 82: 2574-2584.

Steensels J, Daenen L, Malcorps P, et al. 2015. Brettanomyces yeasts - From spoilage organisms to valuable contributors to industrial fermentations. Int J Food Microbiol, 206: 24-38.

Steiner E, Dago A E, Young D I, et al. 2011. Multiple orphan histidine kinases interact directly with Spo0A to control the initiation of endospore formation in *Clostridium acetobutylicum*. Mol Microbiol, 80(3): 641-654.

Su H, Chen H, Lin J. 2020. Enriching the production of 2-Methyl-1-Butanol in fermentation process using *Corynebacterium crenatum*. Curr Microbiol, 77: 1699-1706.

Su H, Lin J, Wang Y, et al. 2017. Engineering *Brevibacterium flavum* for the production of renewable bioenergy: C4-C5 advanced alcohols. Biotechnol Bioeng, 114: 1946-1958.

Subtil T, Boles E. 2012. Competition between pentoses and glucose during uptake and catabolism in recombinant *Saccharomyces cerevisiae*. Biotechnol Biofuels, 5: 14.

Sun D, Chen J, Wang Y, et al. 2019. Metabolic engineering of *Corynebacterium glutamicum* by synthetic small regulatory RNAs. J Ind Microbiol Biotechnol, 46: 203-208.

Sun G, Ahn-Horst T A, Covert M W. 2021. The *E. coli* whole-cell modeling project. EcoSal Plus, 9(2): eESP00012020.

Sun H, Jia H, Li J, et al. 2017. Rational synthetic combination genetic devices boosting high temperature ethanol fermentation. Synth Syst Biotechnol, 2(2): 121-129.

Sun L, Zeng X, Yan C, et al. 2012. Crystal structure of a bacterial homologue of glucose transporters GLUT1-4. Nature, 490: 361-366.

Sun Z, Chen Y, Yang C, et al. 2015. A novel three-component system-based regulatory model for D-xylose sensing and transport in *Clostridium beijerinckii*. Mol Microbiol, 95(4): 576-589.

Sundara Sekar B, Seol E, Park S. 2017. Co-production of hydrogen and ethanol from glucose in *Escherichia coli* by activation of pentose-phosphate pathway through deletion of phosphoglucose isomerase (pgi) and overexpression of glucose-6-phosphate dehydrogenase (zwf) and 6-phosphogluconate dehydrogenase (gnd). Biotechnol Biofuels, 10: 85.

Sundararaghavan A, Mukherjee A, Sahoo S, et al. 2020. Mechanism of the oxidative stress-mediated increase in lipid accumulation by the bacterium, *R. opacus* PD630: Experimental analysis and genome-scale metabolic modeling. Biotechnol Bioeng, 117: 1779-1788.

Sutter M, Laughlin T G, Sloan N B, et al. 2019. Structure of a synthetic beta-carboxysome Shell. Plant Physiol, 181: 1050-1058.

Suzuki N, Nonaka H, Tsuge Y, et al. 2005. Multiple large segment deletion method for *Corynebacterium glutamicum*. Appl Microbiol Biotechnol, 69(2): 151-161.

Suzuki T, Hoshino T, Matsushika A. 2019. High-temperature ethanol production by a series of recombinant xylose-fermenting *Kluyveromyces marxianus* strains. Enzyme Microb Technol, 129: 109359.

Swinnen S, Henriques S F, Shrestha R, et al. 2017. Improvement of yeast tolerance to acetic acid through Haa1 transcription factor engineering: Towards the underlying mechanisms. Microbial Cell Factories, 16(1): 7.

Tafur Rangel A E, Croft T, Gonzalez Barrios A F, et al. 2020. Transcriptomic analysis of a *Clostridium thermocellum* strain engineered to utilize xylose: Responses to xylose versus cellobiose feeding. Sci Rep, 10: 14517.

Takagi H, Takaoka M, Kawaguchi A, et al. 2005. Effect of L-proline on sake brewing and ethanol stress in *Saccharomyces cerevisiae*. Appl Environ Microbiol, 71(12): 8656-8662.

Tamakawa H, Ikushima S, Yoshida S. 2011. Ethanol production from xylose by a recombinant *Candida utilis* strain expressing protein-engineered xylose reductase and xylitol dehydrogenase. Biosci Biotechnol Biochem, 75(10): 1994-2000.

Tan F R, Dai L C, Wu B, et al. 2015. Improving furfural tolerance of *Zymomonas mobilis* by rewiring a sigma factor RpoD protein. Appl Microbiol Biotechnol, 99: 5363-5371.

Tan Y, Liu J J, Liu Z, et al. 2014. Characterization of two novel butanol dehydrogenases involved in butanol degradation in syngas-utilizing bacterium *Clostridium ljungdahlii* DSM 13528. J Basic Microbiol, 54(9): 996-1004.

Tan Z, Khakbaz P, Chen Y, et al. 2017. Engineering *Escherichia coli* membrane phospholipid head distribution improves tolerance and production of biorenewables. Metab Eng, 44: 1-12.

Tanaka K, Ishii Y, Ogawa J, et al. 2012. Enhancement of acetic acid tolerance in *Saccharomyces cerevisiae* by overexpression of the HAA1 gene, encoding a transcriptional activator. Appl Environ Microbiol, 78(22): 8161-8163.

Tang Y, Wang Y, Yang Q, et al. 2022. Molecular mechanism of enhanced ethanol tolerance associated with *hfq* overexpression in *Zymomonas mobilis*. Front Bioeng Biotechnol, 10: 1098021.

Tashiro M, Kiyota H, Kawai-Noma S, et al. 2016. Bacterial production of pinene by a laboratory-evolved pinene-synthase. ACS Synth Biol, 5: 1011-1020.

Teixeira M C, Godinho C P, Cabrito T R, et al. 2012. Increased expression of the yeast multidrug resistance ABC transporter Pdr18 leads to increased ethanol tolerance and ethanol production in high gravity alcoholic fermentation. Microb Cell Fact, 11: 98.

Teixeira M C, Raposo L R, Mira N P, et al. 2009. Genome-wide identification of *Saccharomyces cerevisiae* genes required for maximal tolerance to ethanol. Appl Environ Microbiol, 75(18): 5761-5772.

Thevenieau F, Nicaud J M, Gaillardin C. 2009. Applications of the non-conventional yeast *Yarrowia lipolytica*. Yeast Biotechnology: Diversity and Applications. Dordrecht: Springer: 589-613.

Thoma F, Blombach B. 2021. Metabolic engineering of *Vibrio natriegens*. Essays Biochem, 65(2): 381-392.

Thormann K, Feustel L, Lorenz K, et al. 2002. Control of butanol formation in *Clostridium acetobutylicum* by transcriptional activation. J Bacteriol, 184(7): 1966-1973.

Tian L, Conway P M, Cervenka N D, et al. 2019. Metabolic engineering of *Clostridium thermocellum* for n-butanol production from cellulose. Biotechnol Biofuels, 12(1): 186.

Tippmann S, Anfelt J, David F, et al. 2017. Affibody scaffolds improve sesquiterpene production in *Saccharomyces cerevisiae*. ACS Synth Biol, 6: 19-28.

Tokic M, Hadadi N, Ataman M, et al. 2018. Discovery and evaluation of biosynthetic pathways for the production of five methyl ethyl ketone precursors. ACS Synth Biol, 7: 1858-1873.

Tomas C A, Alsaker K V, Bonarius H P, et al. 2003a. DNA array-based transcriptional analysis of asporogenous, nonsolventogenic *Clostridium acetobutylicum* strains SKO1 and M5. J Bacteriol, 185(15): 4539-4547.

Tomas C A, Beamish J, Papoutsakis E T. 2004. Transcriptional analysis of butanol stress and tolerance in *Clostridium acetobutylicum*. J Bacteriol, 186(7): 2006-2018.

Tomas C A, Welker N E, Papoutsakis E T. 2003b. Overexpression of groESL in *Clostridium acetobutylicum* results in increased solvent production and tolerance, prolonged metabolism, and changes in the cell's transcriptional program. Appl Environ Microbiol, 69(8): 4951-4965.

Tomita M, Hashimoto K, Takahashi K, et al. 1999. E-CELL: Software environment for whole-cell simulation. Bioinformatics, 15: 72-84.

Tracy B P, Jones S W, Papoutsakis E T. 2011. Inactivation of σE and σG in *Clostridium acetobutylicum* illuminates their roles in clostridial-cell-form biogenesis, granulose synthesis, solventogenesis, and spore morphogenesis. J Bacteriol, 193(6): 1414-1426.

Trevisol E T, Panek A D, De Mesquita J F, et al. 2014. Regulation of the yeast trehalose-synthase complex by cyclic AMP-dependent phosphorylation. Biochim Biophys Acta, 1840(6): 1646-1650.

Tschirhart T, Shukla V, Kelly E E, et al. 2019. Synthetic biology tools for the fast-growing marine bacterium *Vibrio natriegens*. ACS Synth Biol, 8: 2069-2079.

Tsigie Y A, Wang C Y, Truong C T, et al. 2011. Lipid production from *Yarrowia lipolytica* Po1g grown in sugarcane bagasse hydrolysate. Bioresour Technol, 102: 9216-9222.

Tummala S B, Welker N E, Papoutsakis E T. 2003. Design of antisense RNA constructs for downregulation of the acetone formation pathway of *Clostridium acetobutylicum*. J Bacteriol, 185(6): 1923-1934.

Turinsky A J, Grundy F J, Kim J H, et al. 1998. Transcriptional activation of the *Bacillus* subtilis ackA gene requires sequences upstream of the promoter. J Bacteriol, 180(22): 5961-5967.

Ueki T, Nevin K P, Woodard T L, et al. 2014. Converting carbon dioxide to butyrate with an engineered strain of *Clostridium ljungdahlii*. mBio, 5(5): e01636-01614.

Valgepea K, Loi K Q, Behrendorff J B, et al. 2017. Arginine deiminase pathway provides ATP and boosts growth of the gas-fermenting acetogen *Clostridium autoethanogenum*. Metab Eng, 41: 202-211.

Van Rensburg P, Van Zyl W H, Pretorius I S. 2010. Engineering yeast for efficient cellulose degradation. Yeast, 14(1): 67-76.

Van Vleet J H, Jeffries T W. 2009. Yeast metabolic engineering for hemicellulosic ethanol production. Curr Opin Biotechnol, 20(3): 300-306.

Vanegas J M, Contreras M F, Faller R, et al. 2012. Role of unsaturated lipid and ergosterol in ethanol tolerance of model yeast biomembranes. Biophy J, 102(3): 507-516.

Vasylkivska M, Patakova P. 2020. Role of efflux in enhancing butanol tolerance of bacteria. J Biotechnol, 320: 17-27.

Venkataramanan K P, Kurniawan Y, Boatman J J, et al. 2014. Homeoviscous response of *Clostridium pasteurianum* to butanol toxicity during glycerol fermentation. J Biotechnol, 179: 8-14.

Ventura J R, Hu H, Jahng D. 2013. Enhanced butanol production in *Clostridium acetobutylicum* ATCC 824 by double overexpression of 6-phosphofructokinase and pyruvate kinase genes. Appl Microbiol Biotechnol, 97(16): 7505-7516.

Vera J M, Ghosh I N, Zhang Y, et al. 2020. Genome-scale transcription-translation mapping reveals features of *Zymomonas mobilis* transcription units and promoters. mSystems, 5(4): e00250-20.

Vidal J E, Chen J M, Li J H, et al. 2009. Use of an EZ-Tn5-based random mutagenesis system to identify a novel toxin regulatory locus in *Clostridium perfringens* strain 13. PLoS One, 4(7): e6232.

Vollherbst-Schneck K, Sands J A, Montenecourt B S. 1984. Effect of butanol on lipid composition and fluidity of *Clostridium acetobutylicum* ATCC 824. Appl Environ Microbiol, 47(1): 193-194.

Vongsangnak W, Klanchui A, Tawornsamretkit I, et al. 2016. Genome-scale metabolic modeling of *Mucor circinelloides* and comparative analysis with other oleaginous species. Gene, 583: 121-129.

Walls L E, Rios-Solis L. 2020. Sustainable production of microbial isoprenoid derived advanced biojet fuels using different generation feedstocks: A review. Front Bioeng Biotechnol, 8: 599560.

Wang C, Pfleger B F, Kim S W. 2017d. Reassessing *Escherichia coli* as a cell factory for biofuel production. Curr Opin Biotechnol, 45: 92-103.

Wang C, Yang L, Shah A A, et al. 2015a. Dynamic interplay of multidrug transporters with TolC for isoprenol tolerance in *Escherichia coli*. Sci Rep, 5: 16505.

Wang C, Zhao J, Qiu C, et al. 2017b. Coutilization of D-glucose, D-xylose, and L-arabinose in *Saccharomyces cerevisiae* by coexpressing the metabolic pathways and evolutionary engineering. Biomed Res Int, 2017: 5318232.

Wang F, Kashket S, Kashket E R. 2005. Maintenance of ΔpH by a butanol-tolerant mutant of *Clostridium beijerinckii*. Microbiology, 151(2): 607.

Wang G, Tian X, Xia J, et al. 2021e. New opportunities and challenges for hybrid data and model driven bioprocess optimization and scale-up. Sheng Wu Gong Cheng Xue Bao, 37: 1004-1016.

Wang H, Roberts A P, Lyras D, et al. 2000. Characterization of the ends and target sites of the novel conjugative transposon Tn5397 from *Clostridium difficile*: Excision and circularization is mediated by the large resolvase, TndX. J Bacteriol, 182(13): 3775-3783.

Wang J, Yu H, Song X, et al. 2018b. The influence of fatty acid supply and aldehyde reductase deletion on cyanobacteria alkane generating pathway in *Escherichia coli*. J Ind Microbiol Biotechnol, 45: 329-334.

Wang L, Chen W, Feng Y, et al. 2011. Genome characterization of the oleaginous fungus *Mortierella alpina*. PLoS One, 6: e28319.

Wang M, Fan L, Tan T. 2014. 1-Butanol production from glycerol by engineered *Klebsiella pneumoniae*. RSC Adv, 4(101): 57791-57798.

Wang M, Hu L, Fan L, et al. 2015b. Enhanced 1-butanol production in engineered *Klebsiella pneumoniae* by NADH regeneration. Energ Fuel, 29(3): 1823-1829.

Wang M, Luan T, Zhao J, et al. 2021c. Progress in studies on production of chemicals from xylose by *Saccharomyces cerevisiae*. Sheng Wu Gong Cheng Xue Bao, 37: 1042-1057.

Wang Q, Feng Y, Lu Y, et al. 2021b. Manipulating fatty-acid profile at unit chain-length resolution in the model industrial oleaginous microalgae *Nannochloropsis*. Metab Eng, 66: 157-166.

Wang Q, Venkataramanan K P, Huang H, et al. 2013c. Transcription factors and genetic circuits orchestrating the complex, multilayered response of *Clostridium acetobutylicum* to butanol and butyrate stress. BMC Syst Biol, 7(1): 120.

Wang Q, Xu J, Sun Z, et al. 2019b. Engineering an *in vivo* EP-bifido pathway in *Escherichia coli* for high-yield acetyl-CoA generation with low CO_2 emission. Metab Eng, 51: 79-87.

Wang R, Li L, Zhang B, et al. 2013a. Improved xylose fermentation of *Kluyveromyces marxianusat* elevated temperature through construction of a xylose isomerase pathway. J Ind Microbiol Biotechnol, 40(8): 841-854.

Wang S, Cheng G, Joshua C, et al. 2016a. Furfural tolerance and detoxification mechanism in *Candida tropicalis*. Biotechnol Biofuels, 9: 250.

Wang S, Dong S, Wang P, et al. 2017c. Genome editing in *Clostridium saccharoperbutylacetonicum* N1-4 with the CRISPR/Cas9 system. Appl Environ Microbiol, 83(10): e00233-17.

Wang S, He Z, Yuan Q. 2016c. Xylose enhances furfural tolerance in *Candida tropicalis* by improving NADH recycle. Chem Eng Sci, 158: 37-40.

Wang S, Sun X, Yuan Q. 2018a. Strategies for enhancing microbial tolerance to inhibitors for biofuel production: A review. Bioresour Technol, 258: 302-309.

Wang T, Zheng X, Ji H, et al. 2020a. Dynamics of transcription-translation coordination tune bacterial indole signaling. Nat Chem Biol, 16: 440-449.

Wang W, Liu X, Lu X 2013d. Engineering cyanobacteria to improve photosynthetic production of alka(e)nes. Biotechnol Biofuels, 6: 69.

Wang X, Feng Y, Guo X, et al. 2021d. Creating enzymes and self-sufficient cells for biosynthesis of the non-natural cofactor nicotinamide cytosine dinucleotide. Nat Commun, 12: 2116.

Wang X, He Q, Yang Y, et al. 2018c. Advances and prospects in metabolic engineering of *Zymomonas mobilis*. Metab Eng, 50: 57-73.

Wang X, Liang Z, Hou J, et al. 2017a. The absence of the transcription factor Yrrlp, identified from comparative genome profiling, increased vanillin tolerance due to enhancements of ABC transporters expressing, rRNA processing and ribosome biogenesis in *Saccharomyces cerevisiae*. Front Microbiol, 8: 367-378.

Wang X, Liao B, Li Z, et al. 2021a. Reducing glucoamylase usage for commercial-scale ethanol production from starch using glucoamylase expressing *Saccharomyces cerevisiae*. Bioresour Bioprocess, 8: 20.

Wang X, Xin Y, Ren L, et al. 2020b. Positive dielectrophoresis-based Raman-activated droplet sorting for culture-free and label-free screening of enzyme function *in vivo*. Sci Adv, 6: eabb3521.

Wang X, Yang J, Yang S, et al. 2019a. Unraveling the genetic basis of fast l-arabinose consumption on top of recombinant xylose-fermenting *Saccharomyces cerevisiae*. Biotechnol Bioeng, 116(2): 283-293.

Wang X, Zhou H, Chen H, et al. 2018d. Discovery of recombinases enables genome mining of cryptic biosynthetic gene clusters in Burkholderiales species. Proc Natl Acad Sci USA, 115: E4255-E4263.

Wang Y, Li X, Blaschek H P. 2013b. Effects of supplementary butyrate on butanol production and the metabolic switch in *Clostridium beijerinckii* NCIMB 8052: Genome-wide transcriptional analysis with RNA-Seq. Biotechnol Biofuels, 6(1): 138.

Wang Y, Li X, Mao Y, et al. 2012. Genome-wide dynamic transcriptional profiling in *Clostridium beijerinckii* NCIMB 8052 using single-nucleotide resolution RNA-Seq. BMC Genomics, 13: 102.

Wang Y, Lim L, Diguistini S, et al. 2013e. A specialized ABC efflux transporter GcABC-G1 confers monoterpene resistance to *Grosmannia clavigera*, a bark beetle-associated fungal pathogen of pine trees. New Phytol, 197: 886-898.

Wang Y, Wang H, Wei L, et al. 2020c. Synthetic promoter design in *Escherichia coli* based on a deep generative network. Nucleic Acids Res, 48: 6403-6412.

Wang Y F, Tian J, Ji Z H, et al. 2016b. Intracellular metabolic changes of *Clostridium acetobutylicum* and promotion to butanol tolerance during biobutanol fermentation. Int J Biochem Cell Biol, 78: 297-306.

Wang Z, Cao G, Zheng J, et al. 2015. Developing a mesophilic co-culture for direct conversion of cellulose to butanol in consolidated bioprocess. Biotechnol Biofuels, 8: 84.

Webster J R, Reid S J, Jones D T, et al. 1981. Purification and characterization of an autolysin from *Clostridium acetobutylicum*. Appl Environ Microbiol, 41(2): 371.

Wedral D, Shewfelt R, Frank J. 2010. The challenge of *Brettanomyces* in wine. LWT-Food Sci Technol, 43(10): 1474-1479.

Wei L J, Zhong Y T, Nie M Y, et al. 2021. Biosynthesis of alpha-pinene by genetically engineered *Yarrowia lipolytica* from low-cost renewable feedstocks. J Agr Food Chem, 69: 275-285.

Wei N, Oh E J, Million G, et al. 2015a. Simultaneous utilization of cellobiose, xylose, and acetic acid from lignocellulosic biomass for biofuel production by an engineered yeast platform. ACS Synth Biol, 4(6): 707-713.

Wei N, Quarterman J, Kim S R, et al. 2013. Enhanced biofuel production through coupled acetic acid and xylose consumption by engineered yeast. Nat Commun, 4(10): 2580.

Wei Z, Zeng G, Kosa M, et al. 2015b. Pyrolysis oil-based lipid production as biodiesel feedstock by

Rhodococcus opacus. Appl Biochem Biotechnol, 175: 1234-1246.

Weinert B T, Iesmantavicius V, Moustafa T, et al. 2014. Acetylation dynamics and stoichiometry in *Saccharomyces cerevisiae*. Mol Syst Biol, 10: 716.

Weinstock M T, Hesek E D, Wilson C M, et al. 2016. *Vibrio natriegens* as a fast-growing host for molecular biology. Nat Methods, 13: 849-851.

Wen Z, Ledesma-Amaro R, Lin J, et al. 2019. Improved n-butanol production from *Clostridium cellulovorans* by integrated metabolic and evolutionary engineering. Appl Environ Microbiol, 85(7): e02560-18.

Wen Z, Ledesma-Amaro R, Lu M, et al. 2020a. Combined evolutionary engineering and genetic manipulation improve low pH tolerance and butanol production in a synthetic microbial *Clostridium* community. Biotechnol Bioeng, 117(7): 2008-2022.

Wen Z, Ledesma-Amaro R, Lu M, et al. 2020b. Metabolic engineering of *Clostridium cellulovorans* to improve butanol production by consolidated bioprocessing. ACS Synth Biol, 9(2): 304-315.

Wen Z, Li Q, Liu J, et al. 2020c. Consolidated bioprocessing for butanol production of cellulolytic Clostridia: Development and optimization. Microb Biotechnol, 13(2): 410-422.

Wen Z, Minton N P, Zhang Y, et al. 2017. Enhanced solvent production by metabolic engineering of a twin-clostridial consortium. Metab Eng, 39: 38-48.

Wen Z, Wu M, Lin Y, et al. 2014a. A novel strategy for sequential co-culture of *Clostridium thermocellum* and *Clostridium beijerinckii* to produce solvents from alkali extracted corn cobs. Process Biochem, 49(11): 1941-1949.

Wen Z, Wu M, Lin Y, et al. 2014b. Artificial symbiosis for acetone-butanol-ethanol (ABE) fermentation from alkali extracted deshelled corn cobs by co-culture of *Clostridium beijerinckii* and *Clostridium cellulovorans*. Microbial Cell Factories, 13(1): 1-11.

Westhuizen A, Jones D T, Woods D R. 1982. Autolytic activity and butanol tolerance of *Clostridium acetobutylicum*. Appl Environ Microbiol, 44(6): 1277-1281.

Whitmore L S, Nguyen B, Pinar A, et al. 2019. RetSynth: Determining all optimal and sub-optimal synthetic pathways that facilitate synthesis of target compounds in chassis organisms. BMC Bioinformatics, 20: 461.

Wiedemann B, Boles E. 2008. Codon-optimized bacterial genes improve L-arabinose fermentation in recombinant *Saccharomyces cerevisiae*.Appl Environ Microbiol, 74(7): 2043-2050.

Wietzke M, Bahl H. 2012. The redox-sensing protein Rex, a transcriptional regulator of solventogenesis in *Clostridium acetobutylicum*. Appl Microbiol Biotechnol, 96(3): 749-761.

Wilde C, Gold N D, Bawa N, et al. 2012. Expression of a library of fungal β-glucosidases in *Saccharomyces cerevisiae* for the development of a biomass fermenting strain. Appl Microbiol Biotechnol, 95(3): 647-659.

Williams D R, Young D I, Young M. 1990. Conjugative plasmid transfer from *Escherichia coli* to *Clostridium acetobutylicum*. J Gen Microbiol, 136(5): 819-826.

Wills C. 1990. Regulation of sugar and ethanol metabolism in *Saccharomyces cerevisiae*. Crit Rev Biochem Mol Biol, 25(4): 245-280.

Willson B J, Kovacs K, Wilding-Steele T, et al. 2016. Production of a functional cell wall-anchored minicellulosome by recombinant *Clostridium acetobutylicum* ATCC 824. Biotechnol Biofuels, 9: 109.

Woolley R C, Pennock A, Ashton R J, et al. 1989. Transfer of Tn1545 and Tn916 to *Clostridium acetobutylicum*. Plasmid, 22(2): 169-174.

Wu B, Qin H, Yang Y, et al. 2019a. Engineered *Zymomonas mobilis* tolerant to acetic acid and low pH via multiplex atmospheric and room temperature plasma mutagenesis. Biotechnol Biofuels, 12: 10.

Wu B, Wang Y W, Dai Y H, et al. 2021a. Current status and future prospective of bio-ethanol industry in China. Renew Sustain Energy Rev, 145: 111079.

Wu F, Chen W, Peng Y, et al. 2020b. Design and reconstruction of regulatory parts for fast-growing *Vibrio natriegens* synthetic biology. ACS Synth Biol, 9: 2399-2409.

Wu F, Qiao X, Zhao Y, et al. 2020a. Targeted mutagenesis in *Arabidopsis thaliana* using CRISPR-Cas12b/C2c1. J Integr Plant Biol, 62(11): 1653-1658.

Wu J, Cheng S, Cao J, et al. 2019b. Systematic optimization of limonene production in engineered *Escherichia coli*. J Agr Food Chem, 67: 7087-7097.

Wu J, Wang Z, Duan X, et al. 2019c. Construction of artificial micro-aerobic metabolism for energy- and carbon-efficient synthesis of medium chain fatty acids in *Escherichia coli*. Metab Eng, 53: 1-13.

Wu X, Ma G, Liu C, et al. 2021b. Biosynthesis of pinene in purple non-sulfur photosynthetic bacteria. Microb Cell Fact, 20: 101.

Wu Y, Yang Y P, Ren C, et al. 2015. Molecular modulation of pleiotropic regulator CcpA for glucose and xylose coutilization by solvent-producing *Clostridium acetobutylicum*. Metab Eng, 28: 169-179.

Xia P F, Zhang G C, Walker B, et al. 2017. Recycling carbon dioxide during xylose fermentation by engineered *Saccharomyces cerevisiae*. ACS Synth Biol, 6(2): 276-283.

Xiao H, Gu Y, Ning Y, et al. 2011. Confirmation and elimination of xylose metabolism bottlenecks in glucose phosphoenolpyruvate-dependent phosphotransferase system-deficient *Clostridium acetobutylicum* for simultaneous utilization of glucose, xylose, and arabinose. Appl Environ Microbiol, 77(22): 7886-7895.

Xiao H, Li Z L, Jiang Y, et al. 2012. Metabolic engineering of D-xylose pathway in *Clostridium beijerinckii* to optimize solvent production from xylose mother liquid. Metab Eng, 14(5): 569-578.

Xiao W, Li H, Xia W, et al. 2019. Co-expression of cellulase and xylanase genes in *Sacchromyces cerevisiae* toward enhanced bioethanol production from corn stover. Bioengineered, 10(1): 513-521.

Xiao Y, Bowen C H, Liu D, et al. 2016. Exploiting nongenetic cell-to-cell variation for enhanced biosynthesis. Nat Chem Biol, 12: 339-344.

Xie S, Sun S, Lin F, et al. 2019. Mechanism-guided design of highly efficient protein secretion and lipid conversion for biomanufacturing and biorefining. Adv Sci (Weinh), 6: 1801980.

Xin F H, Zhang Y, Xue S J, et al. 2017. Heavy oils (mainly alkanes) over-production from inulin by *Aureobasidium melanogenum* 9-1 and its transformant 88 carrying an inulinase gene. Renew Energy, 105: 561-568.

Xin L, Li Z, Zheng J, et al. 2012. Yeast extract promotes phase shift of bio-butanol fermentation by *Clostridium acetobutylicum* ATCC824 using cassava as substrate. Bioresour Technol, 125: 43-51.

Xin Y, Yang M, Yin H, et al. 2020. Improvement of ethanol tolerance by inactive protoplast fusion in *Saccharomyces cerevisiae*. Biomed Res Int, 2020: 1979318.

Xu C, Huang R, Teng L, et al. 2015b. Cellulosome stoichiometry in *Clostridium cellulolyticum* is regulated by selective RNA processing and stabilization. Nat Commun, 6: 6900.

Xu J, Dong F, Wu M, et al. 2021. *Vibrio natriegens* as a pET-compatible expression host complementary to *Escherichia coli*. Front Microbiol, 12: 627181.

Xu K, Qin L, Bai W X, et al. 2020a. Multilevel defense system (MDS) relieves multiple stresses for economically boosting ethanol production of industrial *Saccharomyces cerevisiae*. ACS Energy Lett, 5: 572-582.

Xu M M, Zhao J B, Yu L, et al. 2015a. Engineering *Clostridium acetobutylicum* with a histidine kinase knockout for enhanced n-butanol tolerance and production. Appl Microbiol Biotechnol,

99(2): 1011-1022.

Xu P, Li L, Zhang F, et al. 2014. Improving fatty acids production by engineering dynamic pathway regulation and metabolic control. Proc Natl Acad Sci USA, 111: 11299-11304.

Xu P, Qiao K, Ahn W S, et al. 2016. Engineering *Yarrowia lipolytica* as a platform for synthesis of drop-in transportation fuels and oleochemicals. Proc Natl Acad Sci USA, 113: 10848-10853.

Xu Q, Himmel M E, Singh A. 2015c. Production of ethanol from engineered *Trichoderma reesei* direct microbial conversion of biomass to advanced biofuels. Amsterdam: Elsevier: 197-208.

Xu X, Li X, Liu Y, et al. 2020b. Pyruvate-responsive genetic circuits for dynamic control of central metabolism. Nat Chem Biol, 16: 1261-1268.

Xu Y, Zhao Z, Tong W, et al. 2020c. An acid-tolerance response system protecting exponentially growing *Escherichia coli*. Nat Commun, 11: 1496.

Xue C, Liu F, Xu M, et al. 2016b. Butanol production in acetone-butanol-ethanol fermentation with in situ product recovery by adsorption. Bioresour Technol, 219: 158-168.

Xue C, Zhao X Q, Liu C G, et al. 2013. Prospective and development of butanol as an advanced biofuel. Biotechnol Adv, 31(8): 1575-1584.

Xue Q, Yang Y, Chen J, et al. 2016a. Roles of three AbrBs in regulating two-phase *Clostridium acetobutylicum* fermentation. Appl Microbiol Biotechnol, 100(21): 9081-9089.

Xue T, Liu K, Chen D, et al. 2018. Improved bioethanol production using CRISPR/Cas9 to disrupt the ADH2 gene in *Saccharomyces cerevisiae*. World J Microbiol Biotechnol, 34: 154.

Yamamoto N, Maeda Y, Ikeda A, et al. 2008. Regulation of thermotolerance by stress-induced transcription factors in *Saccharomyces cerevisiae*. Eukaryot Cell, 7(5): 783-790.

Yan Q, Simmons T R, Cordell W T, et al. 2020. Metabolic engineering of beta-oxidation to leverage thioesterases for production of 2-heptanone, 2-nonanone and 2-undecanone. Metab Eng, 61: 335-343.

Yan X, Wang X, Yang Y, et al. 2022. Cysteine supplementation enhanced inhibitor tolerance of *Zymomonas mobilis* for economic lignocellulosic bioethanol production. Bioresour Technol, 349: 126878.

Yan Z, Bei H, Ezeji T C. 2012. Biotransformation of furfural and 5-hydroxymethyl furfural(HMF)by *Clostridium acetobutylicum* ATCC 824 during butanol fermentation. N Biotechnol, 29(3): 345-351.

Yan Z, Zhang J, Bao J. 2021. Increasing cellulosic ethanol production by enhancing phenolic tolerance of *Zymomonas mobilis* in adaptive evolution. Bioresour Technol, 329: 124926.

Yang G, Jia D, Jin L, et al. 2017a. Rapid generation of universal synthetic promoters for controlled gene expression in both gas-fermenting and saccharolytic *Clostridium* species. ACS Synth Biol, 6(9): 1672-1678.

Yang J, Kim H E, Jung Y H, et al. 2020a. Zmo0994, a novel LEA-like protein from *Zymomonas mobilis*, increases multi-abiotic stress tolerance in *Escherichia coli*. Biotechnol Biofuels, 13: 151.

Yang K M, Woo J M, Lee S M, et al. 2013. Improving ethanol tolerance of *Saccharomyces cerevisiae* by overexpressing an ATP-binding cassette efflux pump. Chen Eng Sci, 103(15): 74-78.

Yang K X, Li F, Qiao Y G, et al. 2018d. Design of a new multienzyme complex synthesis system based on *Yarrowia lipolytica* simultaneously secreted and surface displayed fusion proteins for sustainable production of fatty acid-derived hydrocarbons. ACS Sustain Chem Eng, 6: 17035-17043.

Yang L, Yurkovich J T, Lloyd C J, et al. 2016c. Principles of proteome allocation are revealed using proteomic data and genome-scale models. Sci Rep, 6: 36734.

Yang P, Wu Y, Zheng Z, et al. 2019a. CRISPR/Cas9 approach constructing cellulase sestc-engineered *Saccharomyces cerevisiae* for the production of orange peel ethanol. Front Microbiol, 9: 2436.

Yang P, Zhang H, Jiang S. 2016a. Construction of recombinant sestc *Saccharomyces cerevisiae* for consolidated bioprocessing, cellulase characterization, and ethanol production by in situ fermentation. 3 Biotech, 6(2): 192.

Yang Q, Yang Y, Tang Y, et al. 2020b. Development and characterization of acidic-pH-tolerant mutants of *Zymomonas mobilis* through adaptation and next-generation sequencing-based genome resequencing and RNA-Seq. Biotechnol Biofuels, 13: 144.

Yang S, Mohagheghi A, Franden M A, et al. 2016b. Metabolic engineering of *Zymomonas mobilis* for 2,3-butanediol production from lignocellulosic biomass sugars. Biotechnol Biofuels, 9: 189.

Yang S, Vera J M, Grass J, et al. 2018b. Complete genome sequence and the expression pattern of plasmids of the model ethanologen *Zymomonas mobilis* ZM4 and its xylose-utilizing derivatives 8b and 2032. Biotechnol Biofuels, 11: 125.

Yang X, Yuan Q, Luo H, et al. 2019c. Systematic design and in vitro validation of novel one-carbon assimilation pathways. Metab Eng, 56: 142-153.

Yang Y F, Hu M M, Tang Y, et al. 2018c. Progress and perspective on lignocellulosic hydrolysate inhibitor tolerance improvement in *Zymomonas mobilis*. Bioresour Bioprocess, 5: 6.

Yang Y, Nie X, Jiang Y, et al. 2018a. Metabolic regulation in solventogenic clostridia: Regulators, mechanisms and engineering. Biotechnol Adv, 36(4): 905-914.

Yang Y, Shen W, Huang J, et al. 2019b. Prediction and characterization of promoters and ribosomal binding sites of *Zymomonas mobilis* in system biology era. Biotechnol Biofuels, 12: 52.

Yang Y, Zhang L, Huang H, et al. 2017b. A flexible binding site architecture provides new insights into CcpA global regulation in Gram-positive bacteria. mBio, 8(1): e02004-16.

Yao J, Zhong J, Fang Y, et al. 2006. Use of targetrons to disrupt essential and nonessential genes in *Staphylococcus aureus* reveals temperature sensitivity of Ll.LtrB group II intron splicing. RNA, 12(7): 1271-1281.

Yao R, Liu D, Jia X, et al. 2018. CRISPR/Cas9/Cas12a biotechnology and application in bacteria. Synth Syst Biotechnol, 3: 135-149.

Yazawa H, Iwahashi H, Uemura H. 2007. Disruption of URA7 and GAL6 improves the ethanol tolerance and fermentation capacity of *Saccharomyces cerevisiae*. Yeast, 24(7): 551-560.

Ye S, Kim J W, Kim S R. 2019. Metabolic engineering for improved fermentation of L-arabinose. J Microbiol Biotechnol, 29(3): 339-346.

Yeoh J W, Jayaraman S S, Tan S G, et al. 2021. A model-driven approach towards rational microbial bioprocess optimization. Biotechnol Bioeng, 118: 305-318.

Yi J S, Yoo H W, Kim E J, et al. 2020. Engineering *Streptomyces coelicolor* for production of monomethyl branched chain fatty acids. J Biotechnol, 307: 69-76.

Yim H, Haselbeck R, Niu W, et al. 2011. Metabolic engineering of *Escherichia coli* for direct production of 1,4-butanediol. Nat Chem Biol, 7: 445-452.

Yin X, Shin H D, Li J, et al. 2017. Pgas, a low-pH-induced promoter, as a tool for dynamic control of gene expression for metabolic engineering of *Aspergillus niger*. Appl Environ Microbiol, 83(6): e03222-16.

Yoneji T, Fujita H, Mukai T, et al. 2021. Grand scale genome manipulation via chromosome swapping in *Escherichia coli* programmed by three one megabase chromosomes. Nucleic Acids Res, 49(15): 8407-8418.

Yoon J, Woo H M. 2018. CRISPR interference-mediated metabolic engineering of *Corynebacterium glutamicum* for homo-butyrate production. Biotechnol Bioeng, 115: 2067-2074.

Yoshikawa K, Tanaka T, Furusawa C, et al. 2009. Comprehensive phenotypic analysis for identification of genes affecting growth under ethanol stress in *Saccharomyces cerevisiae*. FEMS

Yeast Res, 9(1): 32-44.

You S, Yin Q, Zhang J, et al. 2017. Utilization of biodiesel by-product as substrate for high-production of beta-farnesene via relatively balanced mevalonate pathway in *Escherichia coli*. Bioresour Technol, 243: 228-236.

Young D M, Parke D, Ornston L N. 2005. Opportunities for genetic investigation afforded by *Acinetobacter baylyi*, a nutritionally versatile bacterial species that is highly competent for natural transformation. Annu Rev Microbiol, 59: 519-551.

Youngleson J S, Jones W A, Jones D T, et al. 1989. Molecular analysis and nucleotide sequence of the *adh1* gene encoding an NADPH-dependent butanol dehydrogenase in the Gram-positive anaerobe *Clostridium acetobutylicum*. Gene, 78(2): 355-364.

Yu A, Zhao Y, Pang Y, et al. 2018. An oleaginous yeast platform for renewable 1-butanol synthesis based on a heterologous CoA-dependent pathway and an endogenous pathway. Microb Cell Fact, 17(1): 166.

Yu L, Xu M, Tang I C, et al. 2015. Metabolic engineering of *Clostridium tyrobutyricum* for n-butanol production through co-utilization of glucose and xylose. Biotechnol Bioeng, 112(10): 2134-2141.

Yu M, Zhang Y, Tang I C, et al. 2011. Metabolic engineering of *Clostridium tyrobutyricum* for n-butanol production. Metab Eng, 13(4): 373-382.

Yu R, Nielsen J. 2019. Big data in yeast systems biology. FEMS Yeast Res, 19(7): foz070.

Yu Y, Zhu X, Bi C, et al. 2021. Construction of *Escherichia coli* cell factories. Sheng Wu Gong Cheng Xue Bao, 37: 1564-1577.

Yuan J, Ching C B. 2016. Mitochondrial acetyl-CoA utilization pathway for terpenoid productions. Metab Eng, 38: 303-309.

Yuan W J, Chang B L, Ren J G, et al. 2012. Consolidated bioprocessing strategy for ethanol production from Jerusalem artichoke tubers by *Kluyveromyces marxianus* under high gravity conditions. J Appl Microbiol, 112(1): 38-44.

Yuzawa S, Mirsiaghi M, Jocic R, et al. 2018. Short-chain ketone production by engineered polyketide synthases in *Streptomyces albus*. Nat Commun, 9: 4569.

Zaldivar J, Martinez A, Ingram L O. 1999. Effect of selected aldehydes on the growth and fermentation of ethanologenic *Escherichia coli*. Biotechnol Bioeng, 65(1): 24-33.

Zetsche B, Gootenberg J S, Abudayyeh O O, et al. 2015. Cpf1 Is a single RNA-guided endonuclease of a class 2 CRISPR-Cas system. Cell, 163(3): 759-771.

Zha J, Yuwen M, Qian W, et al. 2021. Yeast-based biosynthesis of natural products from xylose. Front Bioeng Biotechnol, 9: 634919.

Zhang B, Li L, Zhang J, et al. 2013. Improving ethanol and xylitol fermentation at elevated temperature through substitution of xylose reductase in *Kluyveromyces marxianus*. J Ind Microbiol Biotechnol, 40(3-4): 305-316.

Zhang F, Carothers J M, Keasling J D. 2012b. Design of a dynamic sensor-regulator system for production of chemicals and fuels derived from fatty acids. Nat Biotechnol, 30: 354-359.

Zhang H, Liu Q, Cao Y, et al. 2014b. Microbial production of sabinene—a new terpene-based precursor of advanced biofuel. Microb Cell Fact, 13: 20.

Zhang J, Chen Y, Fu L, et al. 2021a. Accelerating strain engineering in biofuel research via build and test automation of synthetic biology. Curr Opin Biotechnol, 67: 88-98.

Zhang J, Hong W, Zong W, et al. 2018a. Markerless genome editing in *Clostridium beijerinckii* using the CRISPR-Cpf1 system. J Biotechnol, 284: 27-30.

Zhang J, Zong W, Hong W, et al. 2018b. Exploiting endogenous CRISPR-Cas system for multiplex genome editing in *Clostridium tyrobutyricum* and engineer the strain for high-level butanol production. Metab Eng, 47: 49-59.

Zhang K, Sawaya M R, Eisenberg D S, et al. 2008. Expanding metabolism for biosynthesis of nonnatural alcohols. Proc Natl Acad Sci USA, 105: 20653-20658.

Zhang L, Leyn S A, Gu Y, et al. 2012a. Ribulokinase and transcriptional regulation of arabinose metabolism in *Clostridium acetobutylicum*. J Bacteriol, 194(5): 1055-1064.

Zhang L, Nie X, Ravcheev D A, et al. 2014a. Redox-responsive repressor Rex modulates alcohol production and oxidative stress tolerance in *Clostridium acetobutylicum*. J Bacteriol, 196(22): 3949-3963.

Zhang L, Sun J, Hao Y, et al. 2010. Microbial production of 2,3-butanediol by a surfactant (serrawettin)-deficient mutant of *Serratia marcescens* H30. J Ind Microbiol Biotechnol, 37: 857-862.

Zhang L, Zhao R, Jia D, et al. 2020b. Engineering *Clostridium ljungdahlii* as the gas-fermenting cell factory for the production of biofuels and biochemicals. Curr Opin Chem Biol, 59: 54-61.

Zhang M, Chou Y C, Franden M A, et al. 2019a. Engineered *Zymomonas* for the production of 2,3-butanediol. US20190153483A1.

Zhang N, Shao L, Jiang Y, et al. 2015a. I-SceI-mediated scarless gene modification via allelic exchange in *Clostridium*. J Microbiol Methods, 108: 49-60.

Zhang W, Mitchell L A, Bader J S, et al. 2020a. Synthetic genomes. Annu Rev Biochem, 89: 77-101.

Zhang Y, Grosse-Honebrink A, Minton N P. 2015b. A universal mariner transposon system for forward genetic studies in the genus *Clostridium*. PLoS One, 10(4): e0122411.

Zhang Y, Li Z, Liu Y, et al. 2021b. Systems metabolic engineering of *Vibrio natriegens* for the production of 1,3-propanediol. Metab Eng, 65: 52-65.

Zhang Y, Song X, Lai Y, et al. 2021c. High-yielding terpene-based biofuel production in *Rhodobacter capsulatus*. ACS Synth Biol, 10: 1545-1552.

Zhang Y, Wang J, Wang Z, et al. 2019b. A gRNA-tRNA array for CRISPR/Cas9 based rapid multiplexed genome editing in *Saccharomyces cerevisiae*. Nat Commun, 10: 1053.

Zhang Y, Xu S, Chai C, et al. 2016. Development of an inducible transposon system for efficient random mutagenesis in *Clostridium acetobutylicum*. FEMS Microbiol Lett, 363(8): fnw065.

Zhao E M, Suek N, Wilson M Z, et al. 2019b. Light-based control of metabolic flux through assembly of synthetic organelles. Nat Chem Biol, 15: 589-597.

Zhao E M, Zhang Y, Mehl J, et al. 2018a. Optogenetic regulation of engineered cellular metabolism for microbial chemical production. Nature, 555: 683-687.

Zhao N, Qian L, Luo G, et al. 2018b. Synthetic biology approaches to access renewable carbon source utilization in *Corynebacterium glutamicum*. Appl Microbiol Biotechnol, 102: 9517-9529.

Zhao R, Liu Y, Zhang H, et al. 2019a. CRISPR-Cas12a-mediated gene deletion and regulation in *Clostridium ljungdahlii* and tts application in carbon flux redirection in synthesis gas fermentation. ACS Synth Biol, 8(10): 2270-2279.

Zhao X, Kong X, Hua Y, et al. 2008. Medium optimization for lipid production through co-fermentation of glucose and xylose by the oleaginous yeast *Lipomyces starkeyi*. Eur J Lipid Sci Technol, 110: 405-412.

Zhao X B, Zhang L H, Liu D H. 2012. Biomass recalcitrance. Part I: The chemical compositions and physical structures affecting the enzymatic hydrolysis of lignocellulose. Biofuel Bioprod Biorefin, 6: 465-482.

Zhao Y S, Hindorff L A, Chuang A, et al. 2003. Expression of a cloned cyclopropane fatty acid synthase gene reduces solvent formation in *Clostridium acetobutylicum* ATCC 824. Appl

Environ Microbiol, 69(5): 2831-2841.

Zheng Y, Han J, Wang B, et al. 2019. Characterization and repurposing of the endogenous Type I-F CRISPR-Cas system of *Zymomonas mobilis* for genome engineering. Nucleic Acids Res, 47: 11461-11475.

Zheng Y, Li J, Wang B, et al. 2020. Endogenous Type I CRISPR-Cas: From foreign DNA defense to prokaryotic engineering. Front Bioeng Biotechnol, 8: 62.

Zheng Y N, Li L Z, Xian M, et al. 2009. Problems with the microbial production of butanol. J Ind Microbiol Biotechnol, 36(9): 1127-1138.

Zhou J, Chu J, Wang Y H, et al. 2007. Role of ergosterol on ethanol production and tolerance by *Saccharomyces cerevisiae*. J Shanghai Jiaotong Univ, 25(1): 12-16.

Zhou J, Zhu P, Hu X, et al. 2018. Improved secretory expression of lignocellulolytic enzymes in *Kluyveromyces marxianus* by promoter and signal sequence engineering. Biotechnol Biofuels, 11: 235.

Zhou J S, Zhang L, Zhang L. 2020. Advances on mechanism and drug discovery of Type-II fatty acid biosynthesis pathway. Acta Chimica Sinica, 78: 1383-1398.

Zhou L, Niu D D, Tian K M, et al. 2012. Genetically switched D-lactate production in *Escherichia coli*. Metab Eng, 14: 560-568.

Zhou Y J, Buijs N A, Zhu Z, et al. 2016. Harnessing yeast peroxisomes for biosynthesis of fatty-acid-derived biofuels and chemicals with relieved side-pathway competition. J Am Chem Soc, 138(47): 15368-15377.

Zhu J, Chen L, Dong Y, et al. 2014. Spectroscopic and molecular modeling methods to investigate the interaction between 5-hydroxymethyl-2-furfural and calf thymus DNA using ethidium bromide as a probe. Spectrochim Acta A Mol Biomol Spectrosc, 124: 78-83.

Zhu L, Zhang J, Yang J, et al. 2021. Strategies for optimizing acetyl-CoA formation from glucose in bacteria. Trends Biotechnol, 40(2): 149-165.

Zhu L J, Dong H J, Zhang Y P, et al. 2011. Engineering the robustness of *Clostridium acetobutylicum* by introducing glutathione biosynthetic capability. Metab Eng, 13(4): 426-434.

Zhu Q, Jackson E N. 2015. Metabolic engineering of *Yarrowia lipolytica* for industrial applications. Curr Opin Biotechnol, 36: 65-72.

Zhu X D, Sadowski P D. 1995. Cleavage-dependent ligation by the FLP recombinase: Characterization of a mutant FLP protein with an alteration in a catalytic amino acid. J Biol Chem, 270(39): 23044-23054.

Zomorrodi A R, Segrè D. 2015. Synthetic ecology of Microbes: Mathematical models and applications. J Mol Biol, 428(5): 837-861.

Zou J, Huss M, Abid A, et al. 2019. A primer on deep learning in genomics. Nat Genet, 51: 12-18.

第4章 合成生物学驱动一碳资源直接转化为生物燃料

4.1 一氧化碳到生物燃料——能源梭菌合成生物学

马小清，范奕萱，刘自勇，吕明，李福利[*]

中国科学院青岛生物能源与过程研究所，青岛 266101

[*]通讯作者，Email：lifl@qibebt.ac.cn

4.1.1 引言

合成气是一种主要成分包含 CO、CO_2 和 H_2 的混合气体。其来源非常广泛，包括化石燃料的不完全燃烧、植物生物质或城市固体废物的气化，以及钢铁冶炼等工业生产活动（Henstra et al.，2007）。

最传统的合成气制备方法是以煤炭等化石燃料为原材料。煤炭气化获得的合成气以 CO（约 40%）、H_2（约 30%）和 N_2（约 30%）为主要成分（Li et al.，2012）。但由于化石燃料经济和环境的不可持续性，未来将不再是合成气制备的最佳原料。相比于化石燃料，植物生物质是地球上最为丰富的可再生资源，由于其可再生性和生物可降解性，被认为是未来替代或补充化石燃料的主力军。植物生物质气化产生的合成气主要包含 CO、CO_2、H_2 和 CH_4，生物质来源、气化技术及气化条件不同，气体比例也各不相同（Ciliberti et al.，2020；Janajreh et al.，2021）。例如，将甘蔗渣通过气流床气化获得的合成气含有大约 53%的 CO、28%的 H_2、17%的 CO_2 和 2%的 CH_4（Furtado et al.，2020）。此外，钢铁冶炼等工业生产活动常伴随大量一碳气体产生。在炼钢过程中大约 50%的碳以一氧化碳（CO）的形式排放，不同的炼钢过程排放的气体组分中 CO 的比例变化较大，其中转炉气中 CO 含量最高（40%～70%），并含有一定比例的 CO_2（10%～20%）、N_2（15%～30%）和 H_2（1%～2%）。这些工业废气要么直接燃烧，要么用来给钢铁厂供热或发电，利用效率较低（Molitor et al.，2016；Bengelsdorf et al.，2018）。通过固碳微生物发酵生产乙醇、丁醇等生物燃料，联产蛋白饲料，是一种较好的可再生能源生产模式，有助于"碳达峰、碳中和"目标的实现。

1. 自养产乙酸细菌的发现

固碳微生物可将游离态的一碳气体直接转化为有机物加以利用，在地球生物圈的碳循环中扮演着重要角色，也是目前合成气生物发酵的主要研究对象。能够利用合成气作为碳源和能量来源的微生物，主要是以产乙酸细菌为主的厌氧微生物。1932 年，Fischer 和他的同事们首次报道了消化污泥中从 CO_2/H_2 到乙酸的厌氧转化过程（Fischer et al.，1932）。随后，Wieringa 等分离到第一个已知的自养产乙酸细菌，并命名为醋酸梭菌（*Clostridium aceticum*）。遗憾的是，该菌株在第二次世界大战期间丢失（Bengelsdorf et al.，2018；De Tissera et al.，2019）。因此，科学家们利用 1942 年从马粪中分离的热醋穆尔氏菌（*Moorella thermoacetica*）（最初命名为 *Clostridium thermoaceticum*）阐明了产酸的生化反应。为了纪念参与这项研究的主要科学家 Harland G. Wood 和 Lars Ljungdahl，这一 CO_2 固定代谢过程被命名为伍德-永达尔（Wood-Ljungdahl）途径，简称 WL 途径（Fontaine et al.，1942）。下一个被分离出来的自养产乙酸细菌是蚁酸醋酸梭菌（*Clostridium formicoaceticum*），但该菌不能利用 CO_2 和 H_2 生长（Andreesen et al.，1970）。科学家们多年后才发现，该菌可利用 CO 和 CO_2 自养生长（Lux and Drake，1992）。1977 年，科学家分离出来 Na^+ 依赖的伍氏醋酸杆菌（*Acetobacterium woodii*）（Balch et al.，1977）。1981 年，醋酸梭菌（*C. aceticum*）的孢子制备在加利福尼亚大学伯克利分校的实验室冰箱中发现，并成功复苏（Braun et al.，1981）。自此以后，超过 60 株可自养产乙酸细菌得到分离和鉴定。这些细菌大部分都能利用 CO_2/H_2 自养生长，只有少数可同时利用 CO 作为碳源，Drake 给这类利用 WL 途径固定 CO_2 的厌氧菌定义了一个统一的名称，即产乙酸细菌（acetogen）（Drake，1994）。当然，这一定义同时包含了那些无法利用 CO_2 自养生长，但可以利用有机能量来源固定 CO_2 的厌氧微生物。本章我们主要讨论那些能够利用合成气作为碳源和能源自养生长并产乙酸的微生物。

2. 伍德-永达尔途径及能量代谢机制

1）伍德-永达尔途径

伍德-永达尔（WL）途径又称还原性乙酰辅酶 A 途径，由甲基分支和羧基分支两条通路组成，如图 4-1 所示。甲基分支（methyl branch）通路：1 分子 CO_2 经由甲酸脱氢酶（formate dehydrogenase，FDH）还原成甲酸，随后在甲酰四氢叶酸合成酶作用下生成甲酰四氢叶酸，接着依次在亚甲基四氢叶酸环化水解酶、亚甲基四氢叶酸脱氢酶和亚甲基四氢叶酸还原酶的作用下生成甲基四氢叶酸；最后，甲基转移酶将甲基转移至一个类咕啉铁硫蛋白上形成甲基类咕啉铁硫蛋白（methyl-CoFeS）。羧基分支（carbonyl branch）通路：1 分子 CO_2 由一氧化碳脱氢酶/乙酰辅酶 A 合酶复合体（CO dehydrogenase/acetyl-CoA synthase，CODH/ACS）

催化形成 CO，最后在 CODH/ACS 催化下，甲基基团、羰基基团和辅酶 A 共同合成乙酰辅酶 A。CODH/ACS 是一个包含两个 α 亚基和两个 β 亚基的四聚体（α2β2），其中 α 亚基催化乙酰辅酶 A 合成，β 亚基催化 CO_2 的还原（图 4-2，Doukov et al.，2002；Grahame，2003）。当产乙酸细菌以 CO_2 为唯一碳源时，CO_2 可直接进入甲基分支，在 CODH/ACS 的催化作用下还原为 CO 进入羰基分支；以 CO 为唯一碳源时，CO 可以直接进入羰基分支，但需要由一氧化碳脱氢酶（CODH）氧化为 CO_2 进入甲基分支，该过程伴随还原型铁氧还蛋白（reduced ferredoxin，Fd_{red}）的产生。最终，WL 途径产生的乙酰辅酶 A 在磷酸转乙酰基酶（phosphotransacetylase，PTA）和乙酸激酶（acetate kinase，ACK）的催化下转化为乙酸。

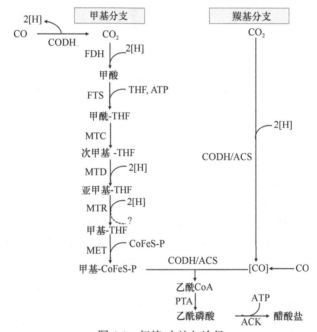

图 4-1　伍德-永达尔途径

ACK，乙酸激酶；ACS，乙酰辅酶 A 合酶；CODH，一氧化碳脱氢酶；FDH，甲酸脱氢酶；FTS，甲酰-四氢叶酸合成酶；MTC，亚甲基四氢叶酸环化水解酶；MTD，亚甲基四氢叶酸脱氢酶；MTR，亚甲基四氢叶酸还原酶；MET，甲基转移酶；PTA，磷酸乙酰转移酶；THF，四氢叶酸

2）能量代谢机制

　　整个 WL 途径中甲酰四氢叶酸的生成需要消耗 1 分子 ATP，而乙酰辅酶 A 通过 PTA 和 ACK 转化为乙酸的过程会产生 1 分子 ATP，两者相抵，ATP 净生成为 0。但是产乙酸细菌的正常生长需要能量，这说明产乙酸细菌存在其他 ATP 产生

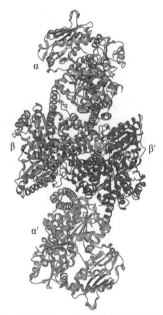

图 4-2　一氧化碳脱氢酶/乙酰辅酶 A 合酶复合体结构图（Doukov et al.，2002）

机制，这种机制随着跨膜的 Rnf 复合体的发现和解析逐渐被阐明。Rnf 复合体是一个细胞膜结合的离子转运系统，由于最初发现于荚膜红杆菌氮固定过程（*Rhodobacter* nitrogen fixation）而得名。Rnf 复合体可以将 Fd_{red} 的电子传递给 NAD^+，生成 NADH，电子传递的放能反应驱动细胞内外钠离子或质子进行跨膜转运，形成细胞膜内外的电化学渗透势，进而驱动细胞膜上的 ATP 酶工作合成 ATP，实现从电子传递的化学能到 ATP 的转化过程（图 4-3）。在伍氏醋酸杆菌中，跨膜的 Rnf 酶复合体，通过驱动钠离子形成电化学渗透势，进而形成 ATP（Hess et al.，2013）。在永达尔梭菌（*Clostridium ljungdahlii*）中，已经发现了 Rnf 复合体，并有研究证明在永达尔梭菌中产生的是质子（H^+）依赖的电化学渗透势（Tremblay et al.，2012）。在热醋穆尔氏菌中，没有跨膜的 Rnf 复合体，Ech（energy-converting hydrogenase）复合体扮演着与 Rnf 复合体类似的角色，但是将 Fd_{red} 的电子传递给 H^+产生 H_2。另外，热醋穆尔氏菌还拥有细胞色素和醌类，推测这些物质也可介导电子传递，但目前尚无实验证据（Schuchmann and Müller，2014）。

　　另外，一些产乙酸细菌还可通过精氨酸脱氨酶途径（arginine deiminase，ADI 途径）产生 ATP。在 ADI 途径中，精氨酸脱氨酶（*arcA* 编码）将 L-精氨酸转化成 L-瓜氨酸和氨；随后，L-瓜氨酸的氨甲酰基通过鸟氨酸转氨淀粉酶（*arcB* 编码）与磷酸偶联产生 L-鸟氨酸和氨甲酰磷酸酯；氨甲酰磷酸酯通过氨基甲酸激酶（*arcC* 编码）磷酸化 ADP 从而产生 ATP。由 *arcD* 或 *arcE* 编码的 L-精氨酸和 L-鸟氨酸转运蛋白也在该途径中具有关键作用。*arcA*～*arcE* 通常组成一个基因簇（ADI 基因簇）。基因组分析表明，在自产醇梭菌（*Clostridium autoethanogenum* DSM 10061）、克萨氏梭菌（*Clostridium coskatii*）和永达尔梭菌（*C. ljungdahlii* DSM 13528）等基因组中均发现 ADI 基因簇；同时，自产醇梭菌中该基因簇的功能也已经得到验证（Valgepea et al.，2017a）。

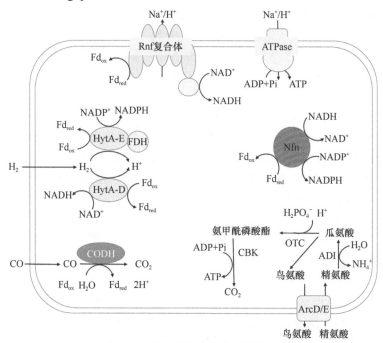

图 4-3　产乙酸细菌能量代谢机制

ADI，精氨酸脱氨酶；CBK，氨基甲酸激酶；CODH，一氧化碳脱氢酶；OTC，鸟氨酸转氨淀粉酶；HytA-D，HytABCD 氢化酶；HytA-E，HytCBDE1AE2 氢化酶；Rnf，铁氧还蛋白：NAD⁺氧化还原酶；ArcD/E，精氨酸/鸟氨酸转运蛋白

3）电子歧化反应

如上所述，在自养产乙酸细菌中，Fd_{red} 作为初始能量驱动细胞的整个代谢活动。根据目前的研究，Fd_{red} 可通过多种途径生成（图 4-3）。

当产乙酸细菌以 CO 或合成气为碳源和能源自养生长时，CO 通过 CODH 氧化成 CO_2 可直接产生 Fd_{red}（Drake et al.，1980）。目前产乙酸细菌中确定的 CODH 是一氧化碳脱氢酶/乙酰辅酶 A 合酶复合体（CODH/ACS）（图 4-1），在 WL 途径中，它的功能是合成乙酰辅酶 A。由于所有拥有 WL 途径的产乙酸细菌中都有该酶复合体，但并不是所有产乙酸细菌都可以利用 CO，所以在永达尔梭菌等能够利用 CO 的产乙酸细菌中应该存在其他 CODH 催化 CO 的氧化反应。

当以 CO_2 和 H_2 作为碳源和能量来源时，具有电子歧化功能（electron bifurcating）的氢化酶（hydrogenase）可将两分子 H_2 转化为 Fd_{red} 和 NADH 或

NADPH。在伍氏醋酸杆菌中，氢化酶复合体具有 4 个亚基（HydABCD），可氧化 H_2 还原 NAD^+ 和氧化型铁氧还蛋白（oxidized ferredoxin，Fd_{ox}）。目前，该氢化酶的活性已在伍氏醋酸杆菌和热醋穆尔氏菌中得到验证（Schuchmann and Müller，2012；Wang et al.，2013a）。在自产醇梭菌中存在一个不同的氢化酶复合体，该氢化酶包含 6 个亚基（HytCBDE1AE2），且是 NADPH 特异的。该酶和甲酸脱氢酶（FDH）共同组成电子歧化酶复合体，可利用 H_2 直接将 CO_2 还原成甲酸（Wang et al.，2013b）。在永达尔梭菌中注释了 4 种不同类型的氢化酶（复合体）基因，但蛋白质组数据只清晰地表明了 HytCBDE1AE2 复合体的活性，关于其他氢化酶的功能仍缺乏生化证据（Richter et al.，2016）。

铁氧还蛋白依赖的电子歧化转氢酶（electron-bifurcating and ferredoxin-dependent transhydrogenase Nfn）复合体是首次在克氏梭菌（*Clostridium kluyveri*）中发现的（Wang et al.，2010），它能够催化 $NADP^+$ 的还原，以及 Fd_{red} 和 NADH 的氧化反应，调控细胞内的还原力池，以维持细胞内的能量代谢平衡。在热醋穆尔氏菌和自产醇梭菌等产乙酸细菌中也发现了类似的电子歧化酶活性（Huang et al.，2012；Mock et al.，2015）。

在甲基分支途径最后一步氧化还原反应，即亚甲基四氢叶酸还原酶催化亚甲基四氢叶酸还原生成甲基四氢叶酸的过程中，若以 NADH 作为电子供体，则是一个高度放能的过程，因此有研究人员推测该过程可能通过电子歧化生成 Fd_{red}（图 4-1）。后来的研究表明，在伍氏醋酸杆菌中该过程确实是 NADH 依赖的，但不存在电子歧化（Bertsch et al.，2015）；而在热醋穆尔氏菌中，该反应过程的电子供体同样是 NADH 并且与电子歧化反应偶联，但电子受体尚不清楚（Mock et al.，2014）。根据基因组代谢模拟推测，在永达尔梭菌和自产醇梭菌中，该过程是 NADH 依赖的电子歧化过程并能还原 Fd_{ox}（Valgepea et al.，2017a）。最近 Yi 等（2021）对永达尔梭菌的亚甲基四氢叶酸还原酶进行了原位纯化及活性鉴定，结果表明该酶并非电子歧化酶，并且以 Fd_{red} 为电子供体。

3. 食气梭菌及其中心代谢途径

利用一碳资源的厌氧梭状芽孢杆菌属（*Clostridium*）（又可称食气梭菌）是产乙酸细菌中的重要类群（表 4-1），尤其是永达尔梭菌（*C. ljungdahlii*）、自产醇梭菌（*C. autoethanogenum*）、拉格斯代尔梭菌（*C. ragsdalei*）及食一氧化碳梭菌（*C. carboxidivorans*）等菌株也是目前合成气发酵中研究较多的。食气梭菌除了与其他产乙酸细菌一样利用 WL 途径固碳之外，还具有独特的能量分配和利用途径，在不同生长条件下具有不同的能量代谢和产物合成多样性。乙酸和乙醇是大部分食气梭菌的主要发酵产物，另一些食气梭菌还可在一碳气体生长条件下合成乳酸、丁醇、2,3-丁二醇等高值化合物（图 4-4），具有良好的工业应用前景。

表 4-1　食气梭菌及其主要特征

菌种	底物	产物	最适温度 $(Tem_{opt})/℃$	最适 pH (pH_{opt})	基因组	遗传学工具	参考文献
Clostridium aceticum	H_2+CO_2/CO	乙酸	30	8.3	完成	有	Lux and Drake, 1992; Braun et al., 1981
Clostridium autoethanogenum	H_2+CO_2/CO	乙酸、乙醇、2,3-丁二醇、乳酸	37	5.8~6.0	完成	有	Abrini et al., 1994; Köpke et al., 2011
Clostridium carboxidivorans	H_2+CO_2/CO	乙酸、乙醇、丁酸、丁醇、己酸、己醇	38	6.2	完成	有	Liou et al., 2005; Fernández-Naveira et al., 2017b; Cheng et al., 2019a
Clostridium coskatii	H_2+CO_2/CO	乙酸、乙醇	37	5.8~6.5	完成		Zahn and Saxena, 2012
Clostridium difficile	H_2+CO_2/CO	乙酸、乙醇、丁酸	35~40	6.5~7.0	完成	有	Köpke et al., 2013
Clostridium drakei	H_2+CO_2/CO	乙酸、乙醇、丁酸	30~37	5.5~7.5	完成		Liou et al., 2005; Gößner et al., 2008
Clostridium formicoaceticum	CO	乙酸、甲酸	37	8.1	完成		Andreesen et al., 1970; Lux and Drake, 1992
Clostridium ljungdahlii	H_2+CO_2/CO	乙酸、乙醇、2,3-丁二醇、乳酸	37	6.0	完成	有	Tanner et al., 1993; Köpke et al., 2010; Köpke et al., 2011
Clostridium magnum	H_2+CO_2	乙酸	30~32	7.2	完成		Schink, 1984; Bomar et al., 1991
Clostridium methoxybenzovorans	H_2+CO_2	乙酸、甲酸	37	7.4	Contig		Mechichi et al., 1999
Clostridium ragsdalei	H_2+CO_2/CO	乙酸、乙醇、2,3-丁二醇、乳酸	37	6.3	Contig		Huhnke et al., 2008; Köpke et al., 2011
Clostridium scatologenes	H_2+CO_2/CO	乙酸、乙醇、丁酸	37~40	5.4~7.0	完成		Liou et al., 2005

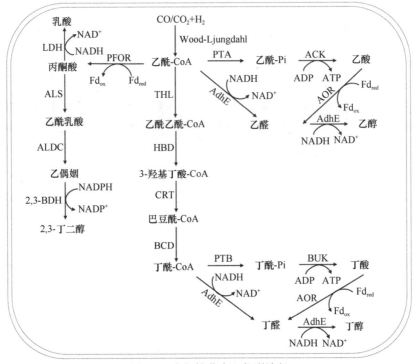

图 4-4　食气梭菌中心代谢途径

ACK，乙酸激酶；AdhE，醛醇脱氢酶；ALDC，乙酰乳酸脱羧酶；ALS，乙酰乳酸合成酶；AOR，醛：铁氧还蛋白氧化还原酶；BCD，丁酰辅酶 A 脱氢酶；2,3-BDH，2,3-丁二醇脱氢酶；BUK，丁酸激酶；CRT，巴豆酶；HBD，3-羟基丁酸辅酶 A 脱氢酶；LDH，乳酸脱氢酶；PFOR，丙酮酸：铁氧还蛋白氧化还原酶；PTA，磷酸乙酰转移酶；PTB，磷酸转丁酰酶；THL，硫解酶

在乙酰辅酶 A 向乙醇转化过程中，存在两条途径：一条途径是乙酰辅酶 A 经磷酸乙酰转移酶（PTA）和乙酸激酶（ACK）催化生成乙酸，然后经醛：铁氧还蛋白氧化还原酶（aldehyde：ferredoxin oxidoreductase，AOR）和双功能醛醇脱氢酶（acetaldehyde/alcohol dehydrogenase，AdhE）连续催化生成乙醇的 AOR 途径；另一条是乙酰辅酶 A 经 AdhE 连续还原成乙醛、乙醇的 AdhE 途径。AOR 途径由于代谢过程中伴随着 ATP 和还原力的生成，因此成为主要的乙醇合成途径（Liew et al.，2017；Liu et al.，2020a）。

乙酰辅酶 A 还可在丙酮酸：铁氧还蛋白氧化还原酶（pyruvate：ferredoxin oxidoreductase，PFOR）的作用下转化为丙酮酸，丙酮酸在乳酸脱氢酶（lactate dehydrogenase，LDH）的作用下直接转化为乳酸。丙酮酸到 2,3-丁二醇的转化过程主要分三步：丙酮酸由乙酰乳酸合成酶（acetolactate synthase，ALS）转化成乙酰乳酸，乙酰乳酸随后由乙酰乳酸脱羧酶（acetolactate decarboxylase，ALDC）转化成乙偶姻，乙偶姻被 2,3-丁二醇脱氢酶（2,3-butanediol dehydrogenase，2,3-BDH）

催化转化成 2,3-丁二醇（Köpke et al.，2011）。

　　食一氧化碳梭菌（*C. carboxidivorans*）和德雷克梭菌（*C. drakei*）等食气梭菌的天然代谢终产物还包含丁酸。这些菌的基因组中具有硫解酶（THL）编码基因，该酶可催化乙酰辅酶 A 生成乙酰乙酰辅酶 A，而乙酰乙酰辅酶 A 可在 3-羟基丁酸辅酶 A 脱氢酶（3-hydroxybutyryl-CoA dehydrogenase，HBD）、巴豆酸酶（crotonase，CRT）、丁酰辅酶 A 脱氢酶（butyryl-CoA dehydrogenase，BCD）的作用下转化为丁酰辅酶 A。编码这些酶的基因通常位于同一个基因簇，形成 *bcs*（butyryl-CoA synthesis）操纵子（Bengelsdorf et al.，2018）。另外，电子转运黄素蛋白（electron-transferring flavoprotein）EtfA 和 EtfB 对丁酰辅酶 A 脱氢酶（BCD）的活性至关重要，也是 *bcs* 操纵子的一部分（Inui et al.，2008）。最后，丁酰辅酶 A 在磷酸转丁酰酶（photransbuturylase，PTB）和丁酸激酶（butyrate kinase，BUK）的作用下形成丁酸。此外，在食一氧化碳梭菌等能够合成丁醇的食气梭菌中，丁酰辅酶 A 可直接通过 AdhE 途径合成丁醇，也可以通过 AOR 途径，经过丁酸再转化成丁醇（Fernández-Naveira et al.，2017a）。食一氧化碳梭菌是产物谱最为丰富的食气梭菌之一，不仅能产乙醇、丁酸和丁醇，还可合成己酸和己醇等（Fernández-Naveira et al.，2017b）。

　　能够通过厌氧发酵直接固定一碳气体的产乙酸细菌，具有成为一系列高价值化学品和生物燃料的微生物生产平台的潜力。近年来，作为能够利用工业废气发酵生产生物燃料和化学品的微生物，产乙酸细菌已经引起了人们的广泛关注。事实上，食气梭菌发酵一碳气体生产乙醇和 2,3-丁二醇等不仅是令人鼓舞的愿景，也逐渐成为现实。自 2012 年和 2013 年 LanzaTech 公司分别于上海宝钢集团和北京首钢集团成功试运营利用钢厂废气生产燃料乙醇（10 万加仑/年）的工厂之后，2015 年第四季度，LanzaTech 公司与北京首钢集团正式启动年产 5 万 t（1700 万加仑）的工业废气制燃料乙醇项目，并于 2018 年 5 月投产。自此，LanzaTech 公司成功在商业规模上实现了利用自产醇梭菌发酵钢厂废气生产乙醇。除了乙醇，LanzaTech 也计划利用独特的微生物能力扩大产品多样性。与此同时，提高气体发酵效率和实现产品的多样化也成为科学界的重要使命。

4.1.2　利用一碳资源的梭菌合成生物学工具与策略

　　长久以来，基因组信息和遗传学工具的缺乏，阻碍了厌氧产乙酸微生物生产平台的发展。近年来，随着测序技术的进步以及各种遗传学工具的迅速发展，利用一碳资源的梭菌合成生物学平台与技术也得到迅速发展。

1. 系统生物学分析

　　对自养产乙酸细菌碳源代谢、能量代谢及氧化还原平衡等系统性的描述，不仅是我们了解这种古老代谢方式的基础，也是指导其工程化策略、构建合成气发酵细胞工厂的重要工具。除了 WL 途径的生化反应细节，与其关联的碳源、能量及氧化还原代谢也需要更深入的了解。同时，想获得最优的发酵性能，也需要了解微生物系统对生物过程参数的响应机制。

1）全基因组建模

基因组序列注释为重建微生物全基因组规模的生化反应网络提供了可能性。全基因组代谢网络是在基因组序列的基础上，结合基因功能注释信息，把基因编码蛋白所催化的生化反应构建为一个代谢网络，反映了基因-蛋白质-生化反应之间的相互关系，从而有效地转化为数学模型在计算机上进行模拟、分析，并用实验数据加以验证、提出假设（Price et al.，2004）。这种网络能从全局的角度为探索和揭示生物代谢机制提供一个有效的框架，建立基因型与表型的关系。2013 年，该领域领先的模拟团队首次对永达尔梭菌进行了基因组尺度的建模（genome-scale modeling，GSM）。该模型（iHN637）包含了 637 个基因、785 个反应和 698 个代谢物，绘制了碳固定和能量守恒相关通路，以及主要的中心代谢和生物合成途径（Nagarajan et al.，2013）。对 iHN637 模型的分析表明，基于黄素的电子歧化反应在自养过程能量守恒中具有关键作用。随后，Chen 等（2015）利用该模型开发了一个鼓泡塔反应器时空代谢模型并模拟分析了重要过程参数和细胞学等对发酵性能的影响，包括乙醇滴度、酸醇比、CO 和 H_2 的转化率等；该研究表明，数学建模是通过实验方法了解、评估和优化合成气发酵过程之外的补充工具。OptKnock是一种基因敲除优化计算框架，可以识别预期能够增强目标产物合成的敲除策略。Chen 和 Henson（2016）将 iHN637 模型与 OptKnock 结合，进行模拟代谢工程改造，将合成气转化为丁醇及丁酸等目标产物。

2016 年，与永达尔梭菌十分相近的自产醇梭菌（*C. autoethanogenum*）全基因组代谢模型得以构建（Marcellin et al.，2016）。该模型（iCLAU786）涉及 1002个反应、1075 个代谢物和 805 个独特基因。随后，Valgepea 等（2017a）对该模型进行了改进，用于挖掘新的 ATP 合成途径并通过计算模拟证明。由于精氨酸脱氨酶途径可以产生 ATP，添加精氨酸不仅可以促进生长，还可减少乙酸的生成。随后，Valgepea 等（2017b）再次改进 iCLAU786 模型，并用于准确预测细胞生长表型。细胞代谢模型结合双相流体动力学还可以模拟和优化气体发酵反应器。Li 等（2019）结合 iCLAU786 模型与流体力学研究，比较了有液循环和无液循环鼓泡塔反应器的性能，证明液相循环反应器有利于提高 CO 转化率、生物质产量和乙醇产量，增加 CO 流量、减小 CO 气泡，缩短柱高度以利于乙醇的合成。

最近，Song 等（2020）对德雷克梭菌（*C. drakei*）的基因组序列进行了组装，构建了一个包含 771 个基因、922 个反应及 854 个代谢产物的基因组代谢模型（iSL771），并验证了 iSL771 可以准确预测以果糖或 H_2/CO_2 为碳（能）源时的生长速率和产物合成速率（Song et al.，2020）。

合成气利用菌的天然发酵产物主要是乙醇和乙酸等有机小分子，若将合成气发酵菌与碳链延长菌共同培养，或可扩大发酵产物范围，例如，可利用合成气生产中链脂肪酸（medium chain fatty acid，MCFA）或醇等。为了探索这些可能性，Benito-Vaquerizo 等（2020）构建了一个多物种的基因组代谢模型，用以计算模拟利用合成气共培养自产醇梭菌和克氏梭菌生产中链脂肪酸或醇的发酵过程，通过群落通量平衡分析深入了解两个菌株的代谢及相互作用，并揭示了促进丁酸和己酸合成的潜在策略。

2）转录组分析

GSM 分析是鉴定生物体代谢潜能的有用工具。值得注意的是，分析不同条件下的代谢表型还需要参考其他的信息，如转录组或蛋白质组数据。关于永达尔梭菌的最早的两个基于 RNA 测序比较转录组研究发表于 2013 年（Nagarajan et al.，2013；Tan et al.，2013）。通过自养和异养条件下的转录组比较分析，对永达尔梭菌的自养代谢途径有了进一步了解。随后，Whitham 等（2015）通过基于 RNA 测序的差异表达分析揭示了永达尔梭菌在混合培养条件下的氧耐受性机制。该研究表明，CLJU_c39340 编码的赤鲜素蛋白（rubrerythrin）参与氧气和活性氧的解毒，而氧的解毒过程与辅因子的再生和替换、底物和能量代谢密切相关。Liu 等（2020a）比较了永达尔梭菌合成气发酵指数生长期和稳定期的转录组，结果表明，在指数生长期，与 ATP 合成相关的基因包括 Rnf-ATP 酶复合体基因、AdhE 通路基因、乙酸合成基因和 Nfn 复合体基因等相较于稳定期具有较高的转录水平。在可以利用 CO 的产乙酸细菌中，CO 首先通过一氧化碳脱氢酶的催化产生 CO_2 和 Fd_{red}，Fd_{red} 作为初始能量驱动细胞的整个代谢活动（见 4.1.1 节）。最近，Zhu 等（2020a）比较了永达尔梭菌分别以 CO 和 H_2 为能源时的转录组数据，发现一个一氧化碳脱氢酶基因（CLJU_c09110）在以 CO 为碳源和能源的发酵过程中转录水平显著提高，推测该基因编码的一氧化碳脱氢酶是永达尔梭菌进行 CO 固定的关键酶。

在自产醇梭菌利用 CO 的过程中，氢化酶在能量代谢过程中发挥着重要作用。目前已经鉴定的氢化酶与甲酸脱氢酶（FDH）共同组成电子歧化酶复合体从而发挥作用（Wang et al.，2013b）。RNA 测序分析表明，编码该酶复合体的 *hyt-fdh* 基因簇（编码 HytABCDE1E2 和 FDH）及周边基因在自产醇梭菌连续培养过程中持续高水平表达（Mock et al.，2015）。Marcellin 等（2016）比较了自产醇梭菌自养和异养条件下的转录组数据，自养条件下，编码 Rnf 复合体的基因表达水平显著上调；参与 WL 途径还原性分支的所有基因均显著上调。另外，该研究还发现一个新的甘油醛 3-磷酸脱氢酶(glyceraldehyde-3-phosphate dehydrogenase，GAPDH)，能够利用 NAD^+ 或 $NADP^+$ 将 3-磷酸甘油酸转化为 3-磷酸甘油醛，预测可降低糖异生过程中 ATP 的消耗，提高合成代谢能力。

3）蛋白质组分析

蛋白质组是指利用质谱（mass spectrometry，MS）手段对特定条件下存在于细胞中的蛋白质（蛋白质组）进行分析的实验。某种程度上，蛋白质组学方法比转录组分析更有优势，因为受翻译调控、翻译后修饰和蛋白质水解等的影响，mRNA 并不是始终与翻译后的蛋白质丰度相关。

目前基于 MS 的蛋白质组学分析方法可对特定条件下的单一蛋白质组进行绝对定量，或对同一物种不同条件下的蛋白质组进行相对定量以比较蛋白丰度。在众多蛋白质定量技术中，相对和绝对定量同位素标记技术（isobaric tags for relative and absolute quantitation，iTRAQ）是应用最为广泛的方法之一（Bantscheff et al.，2012），关于自产醇梭菌（Marcellin et al.，2016）和永达尔梭菌（Richter et al.，2016）的蛋白质组学分析即用到该方法。Marcellin 等（2016）在自产醇梭菌分批发酵的指数中期取样，比较了自养和异养条件下 540 种蛋白质的丰度差异。结果表明，Rnf 复合物的三个亚基（RnfG、RnfD 和 RnfC）、两个醛：铁氧还蛋白氧化还原酶（AOR：CAETHG_0092、CAETHG_0102）和乙醇脱氢酶（CAETHG_1841）在自养条件下丰度更高。Richter 等（2016）的研究则对永达尔梭菌中心能量代谢进行了更为完整的描述。该蛋白质组分析比较了连续发酵条件下产酸期和产醇期近 2000 种蛋白质的丰度。结果表明，在产酸期和产醇期，参与中心代谢的酶丰度没有差异。即使在产酸期，与产醇相关的蛋白丰度也是足够的。因此，乙醇的合成是由热动力学而不是基因调控的，当细胞中的乙酸浓度达到热力学阈值时，会促使细胞将还原力分流到乙醇合成中。

4）基于多组学数据的系统性研究

Marcellin 团队利用基因组代谢模拟和多组学手段对自产醇梭菌进行了多个系统水平的研究。研究人员利用 GSM，结合转录组学、蛋白质组学和代谢组学数据，系统分析了气体自养和果糖异养条件下的生长。代谢组学分析表明，在自养生长过程中，细胞内 NAD^+ 浓度远高于异养生长，而 NADH 浓度则保持一致。可将电子从 Fd_{red} 传递给 NAD^+ 的 Rnf 复合物在自养条件下高表达，但在异养条件下完全不表达，这与它维持质子梯度产生 ATP 的功能相吻合。在自养条件下，高 NAD^+/NADH 浓度比可能有助于推动 Rnf 的正向反应（Marcellin et al.，2016）。随后，该团队在不同的气液传质速率下进行合成气连续发酵，通过生理学数据、细胞内外代谢组及转录组数据测定，结合基因组代谢模型分析，系统性地描述了连续发酵时，碳源、能源和氧化还原代谢之间的关系。研究数据表明，自产醇梭菌在达到较高生物量时，产物由乙酸转向乙醇以维持 ATP 稳态，这种调节机制最终导致胞内乙酰辅酶 A 消耗殆尽，以及代谢停滞。这种碳流的重新分配不是由基因转录水平的变化驱动的（Valgepea et al.，2017b）。通过全基因组建模，结合蛋白质组、代谢组及气体分析，Valgepea 等（2018）研究了添加 H_2 对自产醇梭菌气体发酵的影响。研究发现，底物气体中的 H_2 显著影响碳流分布，可减少底物以 CO_2 的形式损失，并增加流向乙醇合成的比例。定量蛋白质组学分析未发现蛋白质水平的显著差异，表明该过程涉及翻译后调控。代谢模拟表明，细胞可直接利用 H_2 将 CO_2 还原成甲酸。同时，代谢模拟结合蛋白质组数据显示，乙醇主要通过乙醛∶AOR 途径合成。

比较基因组序列分析表明，自产醇梭菌（*C. autoethanogenum*）和永达尔梭菌（*C. ljungdahlii*）基因组核苷酸序列的一致性为 99.3%（Bengelsdorf et al.，2016），因此，所有根据自产醇梭菌基因组特征获得的信息都适用于永达尔梭菌；反之亦然。

2. 遗传转化体系

自养产乙酸细菌作为底盘细胞生产众多化学品和生物燃料的潜力可通过代谢工程改造的策略实现，而这依赖于有效的遗传学工具和基因转移方法。

1）穿梭载体

可复制质粒是进行遗传学操作的基本工具。许多实验都是从将重组质粒转化到目标菌株开始的，然后通过添加合适的抗生素，利用质粒编码的抗生素抗性标记来选择含有质粒的重组细胞。实际操作中，重组质粒通常在大肠杆菌（*E. coli*）中构建和扩增，然后转移（"穿梭"）到相应的目标菌株中进行实验。因此，穿梭质粒需要具有能够在两种宿主中进行复制和稳定存在的特性。若穿梭质粒通过菌株接合进行转移，还需包含与供体菌株相容的转移功能元件。

从 1990 年开始，陆续报道了几种能够在梭菌中应用的穿梭质粒（Swinfield et al.，1990；Sloan et al.，1992；Davis et al.，2000；Purdy et al.，2002）。但这些质粒由不同的研究团队构建，具有不同的功能和宿主范围。如果更换宿主和研究目的，需要对穿梭载体进行改造，该过程耗时耗力。基于上述考虑，2009 年，英国的 Minton 研究组开发了梭菌-大肠杆菌穿梭质粒的标准化模块系统 pMTL80000（Heap et al.，2009）。该系统包含 4 个模块，即革兰氏阳性复制子、筛选标记基因、革兰氏阴性复制子，以及针对不同研究目的的应用特异性元件，每种模块提供多种选择。Heap 等（2009）对不同的模块组合进行了比较，在实验室进行了广泛测试，使研究人员能够根据特定宿主和研究目的快速选择合适的模块组合，为进行特定的基因工程实验提供了一个方便快捷的平台。

2）筛选标记

在产乙酸细菌中最常用的筛选标记仍然是抗生素抗性基因。在报道的穿梭质粒中，用于革兰氏阳性菌的抗性标记基因主要是甲砜霉素/氯霉素抗性基因 *catP* 和红霉素抗性基因 *ermB*。在 Minton 研究组开发的质粒模块系统中，选择了 4 种已经证明在一株或多株梭菌中有效的抗性基因。其中，*catP* 和 *ermB* 应用最为广泛；对产气荚膜梭菌（*C. perfringens*）和多种革兰氏阳性菌有效的四环素抗性基因 *tetA*、壮观霉素腺苷酸转移酶基因 *aad*（9）也在列（Heap et al.，2009）。对嗜热合成气利用菌而言，构建尿嘧啶营养缺陷型菌株不失为最佳选择。

3）转化方法

构建厌氧产乙酸细菌遗传学操作平台，使用较多的方法是接合转移和电转化。首个实现遗传改造的产乙酸细菌是艰难梭菌（*C. difficile*），当时其尚未归类于产乙酸细菌，该研究的主要目的是阐明其致病机制。研究人员将一个带有内源性革兰氏阳性复制子的质粒从大肠杆菌供体细胞中转移到艰难梭菌细胞中，同时，通过规避宿主限制酶酶切体系，使接合转移效率达到 $1.0 \times 10^{-6} \sim 1.0 \times 10^{-5.5}$ 个接合子/供体细胞（Purdy et al.，2002）。为了提高接合转移效率、高效地转移大质粒，Philipps 等（2019）在原有接合转移方法的基础上，开发了三母本接合转移方法，即受体菌株、供体菌株和辅助菌株，其中辅助菌株携带的质粒提供进行接合转移的功能基因。

第一个建立遗传改造体系、用于构建微生物化学品合成平台的产乙酸细菌是永达尔梭菌。通过电转化方法，将带有丙酮丁醇梭菌（*C. acetobutylicum*）丁醇合成基因的梭菌-大肠杆菌穿梭载体 pIMP1 导入永达尔梭菌中，重组菌株能够产生丁醇。尽管电转化效率及丁醇产量相对较低，但该研究为首个产乙酸细菌微生物平台的构建迈出了重要的一步（Köpke et al.，2010）。随后，通过优化转化过程、提高转化效率，同源重组等基因编辑方法得以在永达尔梭菌中应用。

4）启动子

代谢工程策略的成功与否，很大程度上取决于控制外源基因表达的启动子的选择。针对蛋白质过表达的应用需求，pMTL80000 模块化质粒可选择两种组成型启动子，分别是来自丙酮丁醇梭菌的硫解酶基因启动子（P_{thl}）和生孢梭菌（*C. sporogenes* NCIMB 10696）的铁氧还蛋白基因启动子（P_{fdx}）（Heap et al.，2009）。研究人员利用 β-半乳糖苷酶活性比较了源自丙酮丁醇梭菌的 4 个组成型启动子 P_{thl}、P_{araE}（阿拉伯糖-质子转运蛋白基因启动子）、P_{ptb}（磷酸转丁酰酶基因启动子）和 P_{adc}（乙酸乙酰脱羧酶基因启动子）在永达尔梭菌中的表达强度，发现 P_{thl} 和 P_{araE} 比其余两个启动子的表达活性高 6 倍左右（Tummala et al.，1999；Huang et al.，2016）。

　　另一重要的遗传操作工具是可诱导型启动子。可诱导型启动子具有广泛的应用，包括基因回补研究、可调控蛋白表达及转座子突变研究等。乳糖诱导型启动子系统由组成型表达的转录激活因子 *bgaR* 和 β-半乳糖苷酶基因（*bgaL*）上游的启动子组成。BgaR 能够在乳糖存在的条件下与 *bgaL* 启动子结合并将其激活。该系统首先在产气荚膜梭菌中确认能够有效实现乳糖诱导型蛋白表达（Hartman et al.，2011）。随后在丙酮丁醇梭菌中用于诱导反向筛选标记的表达，进行无标记基因敲除（Al-Hinai et al.，2012）。将该启动子应用于永达尔梭菌，诱导质粒上携带的 *adhE1* 基因的表达，表达水平比野生型菌株提高了 30 倍（Banerjee et al.，2014）。另一被证实能够在食气梭菌中行使功能的诱导型启动子是四环素诱导启动子 P_{tet}。Fagan 和 Fairweather（2011）利用优化后的 P_{tet} 在艰难梭菌中诱导反义 RNA 的表达，以研究其蛋白转运系统。后来，Ransom 等（2015）同样利用该启动子在艰难梭菌中诱导了荧光蛋白的表达。在自产醇梭菌中构建 CRISPR/Cas9 敲除系统时，研究人员在原 P_{tet} 的基础上设计了 12 个突变体，最终选择 P_{tet}-IPL12 诱导 *cas9* 的表达（Nagaraju et al.，2016）。最近，精氨酸脱氨酶途径在伍氏醋酸杆菌中的过表达同样用到了四环素诱导启动子（Beck et al.，2020）。

3. 基因编辑及表达策略

1）ClosTron 技术

　　ClosTron 技术是基于细菌 II 类内含子的基因插入型失活突变策略。II 类内含子是在真核生物细胞器及细菌中发现的一类独特的、具有催化功能的 RNA，也是可移动的逆转录元件。对来自乳酸乳球菌 *Lactococcus lactis* 的 Ll.LtrB 内含子的研究表明，内含子剪切后产生的 RNA 套索与内含子编码的反转录酶形成的 RNA 蛋白复合体，通过所谓的"反转录归巢"机制介导其移动；剪切的内含子 RNA 可通过反向拼接直接插入到双链 DNA 目标位点的有义链上，然后内含子编码蛋白在反义链的特异位点进行切割，并以断裂位点的 3′端为引物合成插入的内含子 RNA 的 cDNA。在这一过程中，特异位点的识别主要通过剪切的内含子 RNA 套索与目标 DNA 位点之间的碱基配对完成。由于 Ll.LtrB 内含子的移动不受宿主的影响，由其改造的遗传元件可广泛应用于革兰氏阴性菌及革兰氏阳性菌（Karberg et al.，2001；Frazier et al.，2003；Yao et al.，2006）。另外，为了能够快速地筛选到突变体，研究人员设计了一种巧妙的解决方案：在 II 类内含子中引入抗生素抗性基因；该抗性基因被一个能够自我剪接的 I 类内含子中断，只有 II 类内含子成功插入目标位点后，嵌套的 I 类内含子才能够剪接出来，恢复抗性基因的完整性。因此，抗生素抗性的获得与 II 类内含子的整合密切关联，可用于整合子的正向筛选，这样的一种筛选标记称为反转录转座激活标记

（Zhong et al.，2003）。Heap 等（2007）利用Ⅱ类内含子及反转录转座激活红霉素抗性标记（*erm*），开发了一种广泛适用于梭菌属的基因突变系统，称为ClosTron技术，并利用该技术成功获得 6 个丙酮丁醇梭菌突变株及 5 个艰难梭菌突变株。同时，该系统也成功应用于永达尔梭菌和自产醇梭菌等食气梭菌。

2）同源重组

随着转化过程的优化及转化效率的提高，可利用自杀质粒通过同源重组在永达尔梭菌中进行基因敲除。美国麻省理工学院的研究人员利用该方法将调控鞭毛合成的σ因子编码基因敲除，证明了该方法在永达尔梭菌中的可行性（Leang et al.，2013）。由于转化线性 DNA 无法获得转化子，而整个质粒的整合可通过单交换和双交换两种方式发生（图 4-5）。单交换重组子不稳定，可再次发生染色体内重组，具有回复成野生型的风险。相比单交换，双交换需要两个同源臂均发生重组，重组子数量更少，并且由于两种重组子均携带筛选标记，无法从众多重组子中快速筛选出想要的突变体。为了能够快速筛选突变体并重复利用筛选标记，该研究组随后又开发了反向筛选标记 *catP* 和 Cre/loxP 系统，利用 Cre/loxP 将反选标记和载体骨架去除。研究人员利用该技术成功将丁酸合成途径整合到永达尔梭菌基因组中（Ueki et al.，2014）。

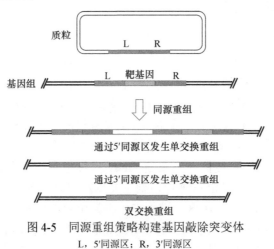

图 4-5 同源重组策略构建基因敲除突变体

L，5'同源区；R，3'同源区

想要获得一种合适的反选标记既耗时又耗力。为了解决这一难题，Minton 研究组在丙酮丁醇梭菌中开发了一种新的整合策略，称为等位基因耦合交换（allele-coupled exchange，ACE）（Heap et al.，2012）。该策略的原理是：转入的质粒通过单交换整合后，染色体内的二次重组会使质粒携带的等位基因耦合到基因组等位基因上，形成新的筛选标记用于双交换重组子的筛选；发生重组的顺序由高度不对称的同源臂支配，长的同源臂引导首次重组（质粒整合），短的同源臂引导再次重组（质粒骨架的切除）。利用该方法进行的最实用的例子是对 *pyrE* 基因的敲除（Ng et al.，2013）。*pyrE* 和 *pyrF* 基因是尿嘧啶合成必需基因，可作为营养缺陷型选择标记。同时，*pyrE* 和 *pyrF* 基因编码的乳清酸磷酸核糖基转移酶和乳清酸核苷脱羧酶能够将无毒的 5-氟乳清酸（5-fluoroorotic acid，5-FOA）降解成有毒性的 5-氟-dUMP，从而将细胞杀死。因此，利用 *pyrE* 突变株作为背景菌株，外源的 *pyrE* 基因可作为反向筛选标记。ACE 质粒系统已成功用于永达尔梭菌和自产醇梭菌的基因组编辑（De Tissera et al.，2019）。

3）CRISPR/Cas 体系

CRISPR 及相关蛋白质是原核生物进化出的获得性免疫系统，用于抵御噬菌体、质粒等外源 DNA 的入侵（Horvath and Barrangou，2010）。在细菌和古菌中，CRISPR 系统共分成 3 类，其中 Ⅰ 类和 Ⅲ 类需要多种 CRISPR 相关蛋白（Cas 蛋白）共同发挥作用，而 Ⅱ 类系统只需要一种 Cas9 蛋白即可，这为其广泛应用提供了便利条件（Makarova et al.，2011）。近年来，CRISPR/Cas9 系统已被开发成一种强大的遗传操作工具，广泛应用于高效的基因组编辑（图 4-6）。目前，来自酿脓链球菌（*Streptococcus pyogenes*）的 CRISPR/Cas9 系统应用最为广泛（Cong et al.，2013）。

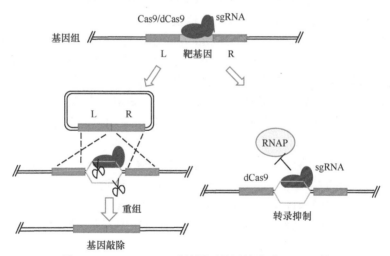

图 4-6　CRISPR/Cas9 系统用于基因敲除或 RNA 干扰

dCas9，失去核酸酶活性的 Cas9；L，5′同源区；R，3′同源区；RNAP，RNA 聚合酶；sgRNA，单一向导 RNA

2016 年，Huang 等首次在永达尔梭菌中建立 CRISPR/Cas9 基因编辑技术。该系统包含单一向导 RNA（single guide RNA，sgRNA）和 Cas9 表达盒子，以及用于修复双链断裂的供体 DNA，并利用源自丙酮丁醇梭菌的两个组成型启动子（P*thl* 和 P*araE*）分别调控 Cas9 核酸酶和 sgRNA 的表达。利用该技术对编码磷酸转乙酰基酶（CLJU_c12770，*pta*）、醛醇脱氢酶（CLJU_c16510，*adhE1*）、乙酰基转移酶（CLJU_c39430，*ctf*）和乳清酸磷酸核糖转移酶（CLJU_c35680，*pryE*）的四个基因进行精准删除，效率分别达到 100%、>75%、100%和>50%（Huang et al.，2016）。同年，CRISPR/Cas9 技术同样应用在自产醇梭菌中。与永达尔梭菌不同的是，*Cas9* 基因和 sgRNA 分别位于两个质粒上，sgRNA 由内源 Wood-Ljungdahl 基因簇启动子调控表达，而 Cas9 由四环素诱导型启动子调控表达（Nagaraju et al.，2016）。随后在 2018 年，来自美国麻省理工学院的团队首次利用失活的 Cas9，在永达尔梭菌中建立 CRISPRi（CRISPR interference）系统进行转录调控。该系统通过严谨调控 *cas9* 的表达，可使磷酸转乙酰基酶的活性降低 97%，同时有望实现基因的动态调控（Woolston et al.，2018a）。

由于梭状芽孢杆菌基因组 GC 含量较低（大约 30%），CRISPR/Cas9 系统的应用具有一定局限性。CRISPR/Cas12a 是另一种在基因编辑中有巨大潜力的 CRISPR/Cas 系统。与 Cas9 不同，Cas12a 能够独立处理前 crRNA（CRISPR RNA），获得成熟的 crRNA，并在成熟的单链 crRNA 的引导下靶向富含 T 的原间隔序列邻近基序（protospacer adjacent motif，PAM），对靶 DNA 形成一个 5′端延伸的双链断裂（Fonfara et al.，2016），在梭菌中进行基因编辑比 Cas9 更具有优势。因此，Zhao 等（2019）在永达尔梭菌中建立了 CRISPR/Cas12a 基因编辑系统，该系统包含 crRNA 和 Cas12a 表达盒，以及用于修复双连断裂的供体 DNA，其中 *cas12a* 基因来自于土拉弗朗西斯菌（*Francisella tularensis*），并由基因 CLJU_c01440 的启动子（P_{01440}）控制其表达。研究人员同时优化电转化条件，以补偿 Cas12a 造成的双链断裂修复效率低的问题。同样，针对上述 4 个基因，编辑效率可达到 80%～100%。在此基础上，研究人员又利用 DNA 酶活性失活的 Cas12a 蛋白构建了 CRISPRi 系统，用于抑制目标基因的表达，结果表明，该系统对大多数目的基因的抑制效率都超过 80%。

最近，来自德国的研究组开发了基于 CRISPR/Cas 系统的单碱基编辑方法。该工具利用失活的 Cas9 以及活性可诱导的胞嘧啶核苷脱氨酶，实现目标序列从胞嘧啶到胸腺嘧啶的碱基替换，并且该过程不涉及 DNA 切割、供体 DNA 和同源重组介导的修复，克服了传统 CRISPR/Cas 系统在细菌中利用的瓶颈问题（Xia et al.，2020）。

4）噬菌体整合酶系统

尽管 CRISPR/Cas 系统能在梭菌中进行高效基因敲除，但由于食气梭菌大多同源重组效率较低，进行大片段的基因组整合可能较为困难。在此之前，已报道的关于大片段基因的导入方法仅局限于质粒载体表达和基于同源同组的染色体单交换插入，前者游离质粒不稳定的问题限制了其在工业中的应用，后者则是一个耗时的过程。同时，整合质粒同源区域之间的重组也会造成质粒丢失的风险。

噬菌体丝氨酸整合酶属于位点特异的重组酶，能够切割双链 DNA，产生 4 条 DNA 单链用于交换和再连接。该酶介导的吸附整合系统（Att/Int）能够通过噬菌体吸附位点（*attP*）和细菌吸附位点（*attB*）进行精准的 DNA 重排。与同源重组不同，这一发生在特定位点的 DNA 重组不需要额外的同源臂、内源 DNA 修复机制或其他辅助因子的参与。2019 年，中国科学院分子植物科学卓越创新中心顾阳团队利用噬菌体吸附整合系统，在永达尔梭菌中构建了 CRISPR/Cas9 辅助的噬菌体丝氨酸整合酶介导的大片段基因整合系统。研究人员在确认永达尔梭菌基因组没有噬菌体整合位点以后，利用 CRISPR/Cas9 技术将 CLJU_08380（乙偶姻合成关键基因）替换成噬菌体 ΦCD27（来自艰难梭菌）的细菌吸附位点 *attB*，随后以该重组菌株为底盘，将含有 ΦCD27 整合酶和 *attP* 位点的外源质粒整合到 *attB* 位点（图 4-7）。该系统的有效性随后又通过外源丁酸合成途径的整合进行了验证（Huang et al.，2019）。

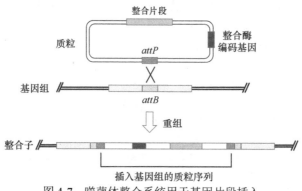

图 4-7　噬菌体整合系统用于基因片段插入

尽管该系统能够有效地进行大片段的基因组整合，但同时也存在缺陷：由于载体骨架也一同整合到基因组中，导致抗性基因无法在后续的遗传操作中重复利用。因此，研究人员对该系统进行改良，构建了双整合酶盒式交换（dual integrase cassette exchange）系统。在原底盘细胞中，将 CLJU_08380 的相邻基因（CLJU_08360）替换成噬菌体 ΦCD31 的 *attB*，构建具有两个人工 *attB* 的底盘细胞。随后将含有 ΦCD27 和 ΦCD31 吸附整合元件的质粒转入底盘细胞，期望通过双重整合，将两个 *attP* 位点之间的抗性基因整合到基因组上。但在鉴定重组子时发现，仅有 30%的克隆为双交换整合子，有相当一部分的重组子只发生了单交换整合。研究人员再次对系统进行优化，将靶向 ΦCD27 整合酶的 CRISPR/Cas9 质粒与双整合酶质粒一并转入底盘细胞，消除了单交换整合子，在不引入抗性基因和载体骨架的情况下，成功地将丁酸合成途径整合到基因组中，并实现相关基因的稳定表达（Huang et al.，2019）。

5）转座子基因整合系统

Mariner 转座元件是一类由 DNA 介导的小转座元件，编码的唯一蛋白是 Mariner 转座酶。转座子本身则由两端大约 30 bp 的末端反向重复序列（inverted terminal repeat，ITR）定义。来自西方角蝇（*Haematobia irritants*）的 Himar1 转座酶是 Mariner 转座元件的唯一必需因素，它能够利用简单的"剪切-粘贴"机制，将转座子随机插入到 TA 目标位点，因此非常适合像梭状芽孢杆菌属这样低 GC 含量的细菌。2010 年，为了研究艰难梭菌的感染机制，研究人员将 Himar1 转座系统用于构建其随机突变体库（图 4-8）。结果表明，该系统发生基因组插入的频率约为 4.5×10^{-4}，大约 98%的突变体仅发生单个插入；并且，对突变体库进行表型筛选后获得了孢子形成/萌发缺陷菌株和尿嘧啶营养缺陷菌株，验证了该基因整合系统在梭状芽孢杆菌中的有效性（Cartman and Minton，2010）。直到 2019 年，德国的研究人员首次利用该系统，在永达尔梭菌中进行多基因整合，利用木糖诱导型启动子调控 Himar1 的表达，并优化接合转移方法，成功将＞5 kb 的丙酮合成基因簇整合到永达尔梭菌基因组中。整合基因簇的功能随后通过相关酶的表达及产物形成得到验证（Philipps et al.，2019）。

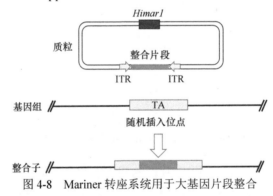

图 4-8　Mariner 转座系统用于大基因片段整合

4.1.3　代谢途径优化

随着遗传学工具的不断完善，可以采用各种代谢工程手段来加速气体发酵菌株的开发。目前从工业化的角度来看，微生物气体发酵技术面临的重大挑战主要包括：气液传质效率低导致的细胞生物量低、发酵产物谱范围窄及产物得率低。第一个问题的解决方案主要取决于反应器设计和工艺优化，而要克服另外两个问题，或许利用代谢工程手段对菌株进行代谢途径改造是关键突破口。

1. 碳源代谢调控

碳源代谢调控一般是指通过修饰代谢途径增强碳代谢或驱动碳源流向目标产物。其中一项代表性的研究是针对伍氏醋酸杆菌 *A. woodii* 的代谢改造。伍氏醋酸杆菌是首个得到深入研究的产乙酸细菌，因此对其碳代谢及能量代谢的阐述也相对清楚。Straub 等（2014）利用质粒过表达体系，针对 WL 途径中可能的限速酶进行了过表达以增强代谢强度，在控制 pH 的分批发酵条件下，工程菌株的乙酸浓度相比于原始菌株提高了 14%。

能够利用 CO 的产乙酸细菌通常编码两种一氧化碳脱氢酶（CODH）：一种能够直接催化 CO 氧化生成 CO_2，另一种是与乙酰辅酶 A 合酶偶联的 CODH/ACS 复合体。自产醇梭菌等能够利用 CO 的食气梭菌基因组具有三个 CODH 编码基因，通常认为 CODH1 和 CODH2 参与 CO 的氧化，而 CODH/ACS 复合体参与 WL 途径乙酰辅酶 A 的合成。Köpke 和 Liew（2016）的研究表明，敲除 CODH1 或 CODH2 会影响菌株对 CO 的利用，而过表达 CODH/ACS 复合体的重组菌株以 CO 为唯一碳源和能量来源时，生长迟缓期缩短 4.2 天，乙醇产量提高 21%，乳酸浓度是对照菌株的 2.7 倍。

食气梭菌在由乙酰辅酶 A 向乙醇转化过程中，存在 AOR 和 AdhE 两条途径（见 4.1.1 节）。永达尔梭菌基因组编码两个醛：铁氧还蛋白氧化还原酶 AOR1 和 AOR2，以及两个双功能醛醇脱氢酶 AdhE1 和 AdhE2。Leang 等（2013）的研究表明，以果糖为碳源时，细胞生长和乙醇合成不受 AdhE2 的影响；相反，二者受到 AdhE1 的影响。Banerjee 等（2014）利用乳糖诱导启动子诱导 adhE1 的过表达，使碳源更多流向乙醇合成，以果糖为碳源时，过表达菌株乙醇产量提高到野生型的 1.5 倍。Liew 等（2017）的研究表明，在自养条件下，AOR 途径是乙醇合成的关键途径，但敲除 *aor2* 可使乙醇合成浓度提高 70%，敲除 *adhE1* 或 *adhE2* 可使自养条件下的乙醇合成浓度最高提高 80%。Liu 等（2020a）研究发现，AOR 和 AdhE 途径不仅可以还原乙酸产生乙醇，还可以氧化乙醇生成乙酸。乙醇合成主要发生于指数期，而在稳定生长期，AOR2 和 AdhE1 也会参与乙醇氧化，生成乙酸，这就解释了为什么这两个基因的敲除会增强乙醇合成。

在能够产 3-羟基丁酸的永达尔梭菌工程菌株中，乙酰辅酶 A 可通过 PTA 转化成乙酰磷酸再进一步生成乙酸，也可以通过异源的硫解酶（thiolase）转化成乙酰乙酰辅酶 A 再进一步转化成 3-羟基丁酸。研究人员通过 CRISPRi 下调 *pta* 的表达，使碳源更多流向目标产物 3-羟基丁酸（Woolston et al.，2018a）。

在食气梭菌利用合成气的过程中，产物往往不止乙酸和乙醇，发酵终产物还常包含 2,3-丁二醇和乳酸等。每种产物的合成及产量是代谢过程中碳源平衡和能量平衡的结果，在菌株改造过程中，受到能量代谢和氧化还原平衡的限制，仅对碳源代谢进行调控往往达不到理想效果。

2. 能量代谢调控

在产乙酸细菌中，NAD^+/NADH 是参与细胞能量代谢的关键辅因子和电子载体。NAD^+/NADH 值反映了胞内的氧化还原状态，并影响能量转化。在永达尔梭菌中，甲酸脱氢酶（FDH）是催化 NADH 生物合成途径的关键酶。Han 等（2016）过表达甲酸脱氢酶，最终使指数期胞内 NADH 浓度提高了 4.3 倍。尽管该研究的目的并非提高气体利用效率及发酵产物产量，但却对永达尔梭菌能量代谢调控具有借鉴意义。

在产溶剂梭菌中，铁氧还蛋白-NAD^+还原酶（ferredoxin-NAD^+ reductase，FNR）可催化从 Fd_{red} 到 NAD^+ 的电子转移，在细胞氧化还原平衡和产醇代谢过程中具有重要功能。另外，研究人员多次证明过表达来自丙酮丁醇梭菌的 AdhE2 可促进丁醇合成，并且 AdhE2 以 NADH 为辅因子。因此，研究人员推测在食一氧化碳梭菌中同时过表达 FNR 和 AdhE2 或可促进醇类合成。结果表明，合成气发酵时，AdhE2 和 FNR 共同过表达菌株可增加 18%丁醇和 22%乙醇产量，并且表现酸回用现象，在发酵末期仅产生不到 0.15 g/L 的酸（丁酸和乙酸）（Cheng et al.，2019a）。

3. 提高产物多样性

随着遗传转化方法及遗传学工具的不断发展，产乙酸细菌作为底盘细胞，生产各种化学品和生物燃料的潜力得到挖掘。到目前为止，通过异源基因的导入，食气梭菌的产物谱已经扩展到丁醇、丙酮、异丙醇、3-羟基丁酸等十几种化学品（表 4-2）。

表 4-2 食气梭菌代谢产物谱

菌种	产品	方法	参考文献
C. ljungdahlii	丁醇	质粒过表达外源丁醇合成途径（来自 C. acetobutylicum）	Köpke et al.，2010
C. autoethanogenum			Köpke and Liew，2011
C. aceticum	丙酮	质粒过表达外源丙酮合成途径（来自 C. acetobutylicum）	Schiel-Bengelsdorf and Dürre，2012
C. ljungdahlii	丙酮、异丙醇	质粒过表达外源丙酮合成途径（来自 C. acetobutylicum）	Banerjee et al.，2014
			Bengelsdorf et al.，2016
			Jones et al.，2016
C. ljungdahlii	丙酮、异丙醇	基因组整合丙酮合成途径（来自 C. acetobutylicum）	Philipps et al.，2019
C. ljungdahlii	丁酸	基因组整合丁酸合成途径（来自 C. acetobutylicum）	Ueki et al.，2014
			Huang et al.，2019
C. autoethanogenum	3-羟基丙酸	质粒过表达丙二酰辅酶 A 还原酶（malonyl-coenzyme A reductase）基因（来自 Chloroflexus aurantiacus）	Köpke and Chen，2013

菌种	产品	方法	参考文献
C. autoethanogenum	甲羟戊酸、异戊二烯、法尼烯	质粒过表达甲羟戊酸途径（mevalonate pathway）相关基因、脱氧木酮糖-5-磷酸合成酶（deoxyxylulose-5-phosphate synthase）编码基因；异戊二烯合成或法尼烯合成	Chen et al., 2013
C. autoethanogenum	内消旋 2,3-丁二醇、甲基乙基酮,2-丁醇	敲除内源 2,3-丁二醇脱氢酶（2,3-butanediol dehydrogenase）基因 质粒过表达外源 *S*-特异性丁二醇脱氢酶（来自 *Klebsiella pneumoniae*）及二醇脱水酶（diol dehydratase）编码基因（来自 *Klebsiella oxytoca*）	Mueller et al., 2013
C. autoethanogenum	丁酸丁酯	质粒过表达非特异乙酰转移酶（unspecific acetyltransferase）基因（来自 *Acinetobacter baylyi*）	Liew and Köpke, 2016.

在永达尔梭菌中首次表达的异源代谢途径即丁醇合成途径。研究人员将来自丙酮丁醇梭菌的产丁醇途径相关基因（*thlA*、*crt*、*hbd*、*bcd*、*adhE* 和 *bdhA*）克隆到穿梭载体 pIMP1 上，并将质粒转至永达尔梭菌胞内。重组菌以合成气为碳源时，最高可获得 2 mmol/L 丁醇。但遗憾的是，在培养结束时，丁醇最终转化成了丁酸（Köpke et al.，2010）。随后，研究人员对表达质粒进行了一系列改进，包括更换启动子、在丁醇合成操纵子中增加电子转移黄素蛋白编码基因（*etfA* 和 *etfB*），并去掉 *adhE* 和 *bdhA* 基因。优化后的重组质粒转化至永达尔梭菌和自产醇梭菌后，以钢厂转炉气为碳源（44% CO、32% N_2、22% CO_2、2% H_2）获得了 25.7 mmol/L 的丁醇（Köpke and Liew，2011）。Ueki 等（2014）利用同源重组将来自丙酮丁醇梭菌的丁酸合成途径整合到永达尔梭菌基因组上，同时修饰核糖体结合位点增强关键酶的翻译，阻断乙酰辅酶 A 向乙酸转化的代谢途径，并敲除用于乙醇合成的双功能醛醇脱氢酶基因 *adhE1*。通过上述基因编辑得到的重组菌株，分别以 H_2 或 CO 为电子供体时，大约 50% 及 70% 碳和电子流向丁酸合成。Huang 等（2019）利用噬菌体整合技术将该丁酸合成途径整合到永达尔梭菌基因组上，重组菌株发酵合成气（CO_2/CO）3 天内可产生 1.01 g/L 丁酸。

构建丙酮细胞工厂也是产乙酸细菌合成生物学研究的焦点。将来自丙酮丁醇梭菌的丙酮合成途径（*thlA*、*ctfA*、*ctfB* 和 *adc*）在醋酸梭菌中过表达，重组菌株以 H_2 和 CO_2 为能源和碳源可产生 9 mg/L 丙酮（Schiel-Bengelsdorf and Dürre，2012）。Banerjee 等（2014）通过穿梭质粒将丙酮丁醇梭菌的丙酮合成途径转至永达尔梭菌中，并利用乳糖诱导启动子（P_{bgaL}）控制其表达，以 CO 为碳源时摇瓶发酵可获得 817 mg/L（14.1 mmol/L）丙酮。另一项研究中，研究人员利用 *pta-ack* 启动子控制丙酮合成途径在永达尔梭菌中的表达，但重组菌株以合成气为碳源进

行摇瓶发酵时，未检测到丙酮的产生，反而检测到 1.4 mmol/L 的异丙醇
（Bengelsdorf et al.，2016）。有研究表明，外源添加的丙酮在永达尔梭菌中可被一
个仲醇脱氢酶（CLJU_c24860）转化成异丙醇（Köpke et al.，2014a）。因此，Jones
等（2016）敲除了相应的仲醇脱氢酶基因并优化了丙酮合成操纵子，在以果糖为
碳源的高细胞密度连续发酵过程中，最终获得 10.8 g/L（186 mmol/L）的丙酮；
此外，发酵产物中还检测到了 3-羟基丁酸，预测是由 2,3-丁二醇脱氢酶催化丙酮
合成中间产物乙酰乙酸转化而来的（Jones et al.，2016）。为了验证转座子基因整合
系统的有效性，Philipps 等（2019）将丙酮合成基因簇整合到永达尔梭菌基因组上，
重组菌株的发酵产物中可检测到 0.6 mmol/L 丙酮及 2.4 mmol/L 异丙醇。

此外，基于质粒异源基因表达体系，在自产醇梭菌或永达尔梭菌中分别实现
了 3-羟基丙酸、甲羟戊酸、异戊二烯、法尼烯、丁酸丁酯、甲基乙基酮和仲丁醇
等产物的合成（Bengelsdorf et al.，2018；Diner et al.，2018）。

4. 提高产物专一性

产物专一性的提高，通常是通过基因敲除或失活等手段阻断副产物合成途径，
使碳源专一性地流向目标产物。因此，从广义上说，产物专一性的提高也是通过调
节碳源代谢的方式实现的。例如，上文提到，目标产物丙酮可被仲醇脱氢酶转化成
异丙醇，因此敲除该仲醇脱氢酶基因即实现了丙酮的高专一性合成。同样的，Ueki
等（2014）在异源表达丁酸合成途径的同时，通过基因敲除阻断 *pta* 依赖的乙酸合成
和 *adhE1* 依赖的乙醇合成途径，使得 50% 以上的碳和电子流向丁酸合成。

自产醇梭菌和永达尔梭菌等食气梭菌，除了将乙酰辅酶 A 转化成乙酸和乙醇
外，还可转化成丙酮酸，并进一步生成乳酸或 2,3-丁二醇。为了提高目标产物乙
醇的产量，可通过阻断乳酸和 2,3-丁二醇等副产物代谢途径，提高乙醇合成的专
一性。Nagaraju 等（2015）将催化丙酮酸转化成乳酸的乳酸脱氢酶基因（*ldh*）敲
除后，发酵产物中不再出现乳酸。除此之外，乙酸、乙醇和 2,3-丁二醇产量也有所
提高。丙酮酸到 2,3-丁二醇的转化过程主要分三步（见 4.1.1 节），研究人员将催化
乙偶姻转化成 2,3-丁二醇的 2,3-丁二醇脱氢酶基因敲除后，2,3-丁二醇产量下降了
70% 以上，而乙醇产量几乎不受影响（李福利等，2021）。此外，Köpke 等（2014b）
通过分别敲除乙酰乳酸合酶基因、乙酰乳酸脱羧酶基因以及 2,3-丁二醇脱氢酶基因，
构建了几乎不产或少产 2,3-丁二醇或其前体的重组菌株，以提高自产醇梭菌的乙醇
产量，但工程菌株的发酵数据并未公布。

4.1.4 合成气发酵

通过合成生物技术构建细胞工厂与通过过程工程技术提升发酵水平是密切相
关的，是合成生物技术真正走向绿色生物制造的重要环节。利用微生物发酵合成

气生产化学品，与传统 Fischer-Tropsch 催化合成相比具有诸多优势。相较于化学催化高温高压的条件，生物催化转化反应条件温和，能耗较低。较高的产物专一性和较低的硫敏感性可以使反应过程更加稳定。另外，$H_2/CO/CO_2$ 比例不需要严格限制，可根据菌株的抑制灵敏性灵活供给。然而，利用产乙酸细菌进行合成气发酵也面临诸多挑战。

1. 反应器设计与优化

气液传质是合成气发酵面临的主要挑战。气体底物传至细胞内反应位点，需要首先穿过气液界面，然后在发酵培养基中分散并穿过微生物细胞膜，最终在细胞内到达反应位点，这一过程面临一系列微尺度的阻力。对于 CO、H_2 等难溶解气体来说，主要的传质阻力来自气体分子穿过气液界面扩散时遇到的阻力（Vega et al.，1988；Klasson et al.，1991），这些阻力可通过增加气泡的表面积体积比克服。

因此，科学家研究了各种反应器结构以解决这一难题。不同反应器中用以提高传质效率的技术包括优化气体压力、液体流速和使用微气泡，并设计各种叶轮用以剪切和破碎气泡。目前用于气体发酵的反应器主要类型有连续搅拌釜式反应器（continuous stirred tank reactor，CSTR）、鼓泡塔反应器（bubble column reactor，BCR）、膜生物反应器、中空纤维膜反应器（hollow fiber membrane reactor，HFR）及滴流床反应器（trickle bed reactor，TBR）。

连续搅拌釜式反应器的基本原理是：利用一个旋转的叶轮来破碎气泡，从而降低单个气泡的体积，增加气泡的总表面积（气液界面面积），因此，即使在低表面气体流速的情况下也可保证足够的气液传质速率（图 4-9）。CSTR 是目前实验室规模下研究合成气发酵使用最广泛的反应器类型（Mohammadi et al.，2012；Groher and Weuster-Botz，2016；Kantzow and Weuster-Botz，2016；Acharya et al.，2019；Mayer and Weuster-Botz，2017）。尽管多项研究表明，随着叶轮转速的增加，细胞浓度和产物得率也增加，但对大规模的生产过程来说，较高能量输入也面临经济上的挑战（Yasin et al.，2015）。

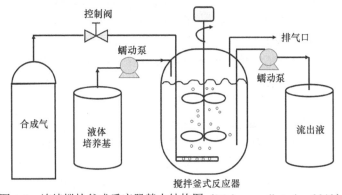

图 4-9　连续搅拌釜式反应器基本结构图（Mohammadi et al.，2012）

鼓泡塔反应器是一种充满液体的圆柱形容器，气体从底部利用非机械搅拌的喷射方式进行传送。由于相对较低的投入和运行成本，这一类反应器被认为是最有潜力进行商业规模气体发酵的反应器（图 4-10）。需要指出的是，鼓泡塔反应器的径长比是需要关注的重要因素，想要获得足够的气液传质速率，液面必须足够高，以维持足够的气体分压。目前，关于实验室规模下利用鼓泡塔反应器进行合成气连续发酵的研究也有相关报道（Datar et al.，2004；Rajagopalan et al.，2002；Chang et al.，2001）。但已得到的发酵数据远不如搅拌釜式反应器。原因可能是降低功率输入导致的底物传质效率降低，当然也可能与发酵微生物和培养条件有关（Bengelsdorf et al.，2018；Shen et al.，2014）。

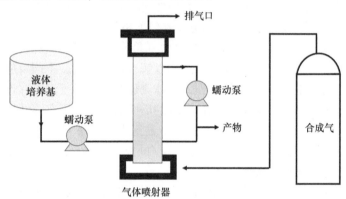

图 4-10　鼓泡塔反应器基本结构图（Rajagopalan et al.，2002）

膜生物反应器是一类利用膜来促进生物膜形成的反应器，其中一个子类型就是中空纤维膜反应器（HFR）。该类型反应器由微孔或无孔的膜组成，底物气体导入到纤维膜的空腔中，微生物细胞则吸附在膜的外表面上，纤维膜浸泡在由外部容器盛放的液体培养基中（图 4-11）（Zhang et al.，2013）。Shen 等（2014）在中空纤维膜反应器中利用食一氧化碳梭菌进行合成气连续发酵，同时改变合成气流量、储液罐和模块间的液体再循环和稀释速率等条件，乙醇最大浓度可达 24 g/L，是乙酸的 4.8 倍。研究表明，发酵性能不仅与气液传质速率有关，还与膜模块的物理特性以及附着在膜上的生物膜特性（生物污染及磨损等）有关。

滴流床反应器是用惰性填料填充的塔，并以顺流或逆流的方式供给气流和培养基，这类反应器的名字来源于液体培养基穿过惰性材料孔隙或惰性材料间气体时的滴流现象（图 4-12）。气体流速、液体再循环速率和填料尺寸是影响滴流床反应器传质效率的主要因素。在滴流床反应器（体积 0.5 L，直径 51 mm，高度 610 mm，以直径 6 mm 的钠钙玻璃珠为载体）中进行拉格斯代尔梭菌的半连续发酵，在很低的气体流速下，CO 和 H_2 转化率分别达到 91% 和 68%，液体循环中乙酸和乙醇最大浓度分别达到 12 g/L 和 5.7 g/L（Devarapalli et al.，2016）。此外，Devarapalli

等（2017）还研究了连续发酵条件下稀释度和气体流速对产物形成与气体转化率的影响。结果表明，在稀释率为 0.009 h^{-1} 时，气体流速保持在 1.5～2.8 标准立方厘米/分钟（sccm）时，CO 和 H_2 的转化率均达到 90% 以上；在顺流模式下，随着气体流速从 2.8 sccm 增加到 18.9 sccm，稀释率从 0.009 h^{-1} 增加到 0.012 h^{-1}，总气体吸收率增加了一倍以上，乙醇产率增加了 5 倍以上，最高乙醇浓度、产率以及与乙酸的摩尔比分别为 13.2 g/L、158 mg/（L·h）和 4:1。

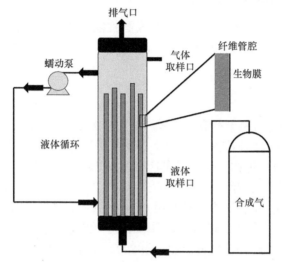

图 4-11　中空纤维膜反应器基本结构图（Zhang et al.，2013）

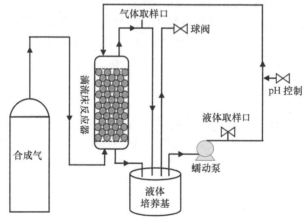

图 4-12　滴流床半连续发酵装置结构图（Devarapalli et al.，2016）

另外，研究人员也尝试将不同类型反应器联用。Richter 等（2013）用两种反应器建立了两阶连续发酵工艺，利用永达尔梭菌发酵合成气产乙醇。该系统由一个用于细胞生长阶段的 1 L 连续搅拌釜反应器和一个用于生产乙醇的 4 L 鼓泡塔反应器组成，鼓泡塔反应器配有一个细胞回收模块以积累生物量。两个阶段都采用气体循环以增加气液传质。在对两个阶段的操作条件进行相应的优化后，在第二阶段，细胞密度高达 10 g DW/L。乙醇的连续生产浓度达到 450 mmol/L（2.1%），乙醇的生产速率可达 0.37 g/（L·h）。化学计量评估表明，来自 CO 和 H_2 的 28% 碳和 74% 氢用于乙醇合成。

2. 发酵参数控制与优化

反应器、微生物和培养环境是影响发酵性能的三个因素。除了反应器设计和工艺优化，温度、pH、液体培养基等因素是保证发酵状态和微生物代谢特征的重要控制参数。

1）气体供应

由于 CO 和 H_2 均属于难溶解气体，除了通过设计不同的反应器来解决气液传质的问题，还可通过控制气体供给速率、搅拌或摇动、增压等方式增加气体供应，因此，气体分压对微生物生长和代谢具有很大影响。研究发现，在 1.6 个大气压（atm）的分压下，反应速率与 CO 分压呈线性关系；而在 2.5 atm 分压时，培养物短暂地吸收 CO 后，便不再继续利用 CO。推测可能是溶解的一氧化碳浓度达到毒性水平，细胞浓度却不足以保持传质极限。当细胞浓度足够时，逐渐增加压力，CO 分压最高可达 10 atm（Vega et al.，1988）。Hurst 和 Lewis（2010）研究了 CO 分压对食一氧化碳梭菌发酵的影响，将 CO 分压从 0.35 atm 增加到 2.0 atm，细胞密度随之增加了 4.4 倍；随着 CO 分压提高，乙醇合成也由非生长相关转换为生长相关，产量随之增加。在合成气发酵中，通过氢化酶氧化 H_2 产生还原力有助于引导碳源合成产物。Skidmore 等（2013）通过 H_2 利用动力学研究表明，H_2 分压可通过影响氢化酶的活性，进而影响合成气转化。

2）发酵 pH

pH 是发酵过程中需要控制的关键参数之一。大部分产乙酸细菌的最适 pH 在 5.0～9.8。通常情况下，与只产乙酸的产乙酸细菌相比，能够产溶剂的产乙酸细菌最适 pH 范围较低（De Tissera et al.，2019）。在较低 pH 下，乙酸对细胞的毒害更大。通过细胞膜进入细胞的乙酸电离会破坏膜间的质子势，从而破坏能量平衡和一些物质的转运。因此，降低培养基中的 pH 可使细胞从产酸转变为产溶剂状态，使乙醇和其他一些高还原性的物质产量增加（Fernández-Naveira et al.，2017a；Grethlein et al.，1990；Phillips et al.，1993）。Gaddy 和 Clausen（1992）便利用这一特点，在一个两级连续搅拌釜式反应器中进行永达尔梭菌的合成气发酵。第一个反应器的 pH 设置为 5，以促进细胞生长；第二个反应器的 pH 为 4～4.5，以促进乙醇合成。相同的策略同样适用于自产醇梭菌的发酵（Richter et al.，2013；

Abubackar et al.，2015a）。Infantes 等（2020）的研究表明，在永达尔梭菌分批发酵时，培养 24 h 后，将 pH 从 5.9 降到 4.8，同时降低气体流速可获得最高的乙醇/乙酸比率，但产率会降低。但也有研究发现，在 pH 低于 6.0 的条件下发酵，无法使拉格斯代尔梭菌的乙醇产量增加（Kundiyana et al.，2011）。

3）发酵温度

发酵温度直接影响微生物的生长状况。大部分产乙酸细菌都是嗜温菌，最适生长温度为 30～40℃。研究表明，降低培养温度或可提高菌株对溶剂的耐受性。例如，对拉格斯代尔梭菌来说，在 32℃时发酵，乙醇产量高于在最适生长温度下（37℃）发酵（Kundiyana et al.，2011）。另外，采用两步温度法，利用食一氧化碳梭菌进行合成气发酵，即先在 37℃培养 24 h 后，再转至 25℃直至发酵结束，既可解决细菌絮结的问题，又可提高乙醇产量（Shen et al.，2017，2020）。

4）液体培养基

在合成气发酵过程中，细菌消耗 CO 或 CO_2+H_2 作为碳源和能量来源。而细菌生长所需要的其他元素，如氮、硫、磷、微量元素和金属离子及维生素等，则由液体培养基提供。目前，研究人员针对自产醇梭菌（Guo et al.，2010；Abubackar et al.，2015b）、永达尔梭菌（Phillips et al.，1993）、拉格斯代尔梭菌（Kundiyana et al.，2011；Saxena and Tanner，2011，2012）、食一氧化碳梭菌（Shen et al.，2017）和醋酸梭菌（Sim and Kamaruddin，2008）等菌株的合成气发酵，开展了液体培养基的优化，以促进细胞生长和目标产物形成，并降低成本。

酵母抽提物富含蛋白质、维生素和微量元素，是常规的培养基成分，但其成本较高。而玉米浆、麦芽提取物以及植物提取液等成本相对低廉，有望取代酵母提取物。研究表明，以 10～20 g/L 的玉米浆取代 1 g/L 酵母提取物，提高了拉格斯代尔梭菌的乙醇产量和丁醇产量（Maddipati et al.，2011）。Thi 等（2020）研究发现，在自产醇梭菌发酵培养基中采用玉米浆、麦芽或植物提取物，与添加酵母提取物相比，细胞生长和乙醇产量相当，其中，添加麦芽或植物提取物时，乙醇产量甚至还会提高。

微量元素对细胞生长和产物形成具有重要影响，因为许多参与 WL 途径和乙醇合成途径的酶需要金属离子作为辅因子（Ragsdale，2008）。例如，镍是一氧化碳脱氢酶和乙酰辅酶 A 合酶等酶的辅因子（Ragsdale and Kumar，1996），添加镍离子可以提高多个合成气利用菌的 CO 利用率和乙醇产量（Simpson et al.，2011）。去掉培养基中的 Cu^{2+} 并增加 Ni^{2+}、Zn^{2+}、SeO_4^{2+} 和 WO_4^{2+} 浓度可促进 C. ragsdalei 的乙醇产量（Saxena and Tanner，2011）。而对食一氧化碳梭菌而言，提高 Ni^{2+}、Cu^{2+}、Co^{2+}、SeO_4^{2+} 和 WO_4^{2+} 浓度，降低 MoO_4^{2+}、Zn^{2+} 和（NH_4）$_2SO_4 \cdot FeSO_4$ 浓度，同时添加 $FeCl_3 \cdot 6H_2O$，可提高乙醇产量（Shen et al.，2017）；其后的研究证实减

少 MoO_4^{2+}能够促进碳固定和溶剂合成（Han et al.，2020），而缺乏 WO_4^{2+}会抑制乙醇产生而促进有机酸积累（Fernández-Naveira et al.，2019）。

5）气体组成

用于发酵的合成气主要成分为 CO、CO_2 和 H_2。不同来源的合成气气体组成也不尽相同（Köpke et al.，2011；Ciliberti et al.，2020）。永达尔梭菌等食气梭菌可以利用 CO 为碳源和能量来源，也可以利用 CO_2 和 H_2 为碳源和能源。不同的碳源和能源利用会造成不同的能量代谢方式并影响细胞生长及产物组成（Hermann et al.，2020；Esquivel-Elizondo et al.，2017）。通过热力学计算，在乙酸和乙醇合成过程中，CO 作为能源可以获得更多能量。实际的发酵过程中，永达尔梭菌在以 CO 为能源时，生物量和产物量都优于以 H_2 作为能源时，且以 CO 为唯一碳源时，ATP 合成速率和还原性代谢物产量达到最大（Hermann et al.，2020）。在同样的发酵条件下，永达尔梭菌以 H_2 为能源时，主要产物为乙酸，而以 CO 为能源时，主要产物为乙醇（Zhu et al.，2020）。

另外，研究发现，利用永达尔梭菌进行分批发酵时，当气体中同时存在 CO 和 H_2 时，高浓度的 H_2 有利于乙酸的生成，而高浓度的 CO 有助于乙醇生成（Jack et al.，2019）。在连续发酵过程中，H_2 可以和 CO 共同被利用，并且 H_2 的添加提高了自产醇梭菌的生物量及乙醇产量，结果展现出 CO 和 H_2 利用的协同性（Valgepea et al.，2018）。以拉格斯代尔梭菌进行合成气发酵时，纯 CO 发酵可获得最高浓度的挥发性脂肪酸（El-Gammal et al.，2017）。

3. 发酵产物

如上文所述，除了原有的天然代谢产物乙酸、乙醇、丁醇等，通过代谢工程手段已将产乙酸细菌的产物谱扩展到十几种化学品，但这些发酵产物均局限于概念验证阶段，距离规模化工业生产还有很长的路要走。对于最有潜力实现工业化生产的乙醇、2,3-丁二醇等发酵产物来说，科学文献中报告的大多数研究都是在体积小于 10 L 的实验室生物反应器上进行的，除了 Kundiyana 等（2010）对拉格斯代尔梭菌的研究，该项目是在一个 100 L 的中试规模发酵罐中进行的。

此外，LanzaTech 公司与北京首钢集团合作，实现了钢厂尾气发酵制乙醇的商业化。除了最初的工业乙醇作为汽油添加剂，LanzaTech 公司还与世界上最大的尼龙生产商 Invista、韩国能源和石化公司 SK innovation 合作，研究尼龙和橡胶的新生产工艺的前体丁二烯；同时，与赢创工业（Evonik Industries）合作开发特种塑料前体。赢创工业于近期宣布成功利用合成气生产 PLEXIGLAS®前体中的 2-羟基异丁酸。

4.1.5 总结与展望

目前，全球范围内的能源危机有愈演愈烈之势，摆脱对化石能源的依赖、寻求可替代能源越来越重要。此外，如何减少温室气体的排放也是一个紧迫的问题，已经成为当前社会面临的最重要挑战之一。近年来，一碳气体的转化利用作为前沿研究领域引起了国内外研究者的广泛兴趣，生物转化路线为一碳气体的资源化利用提供了除物理化学催化以外的另一种选择。利用生物技术转化和工业富碳尾气（如钢铁厂的尾气等），可以通过碳的捕获中和由化石能源引起的碳排放，不仅可有效降低现有生物制造产业的原料成本，而且有助于缓解企业一碳废气排放所引发的环境问题，对工业可持续发展具有重要意义。

利用微生物发酵一碳气体生产生物燃料和高值化学品，是一种有望替代化学合成法的极具前景的转化方法。产乙酸细菌尤其是食气梭菌作为能够利用一碳气体的主要成员，是构建一碳气体微生物转化平台的理想底盘之一。长久以来，由于缺乏可用的基因组序列和遗传工具，阻碍了微生物生产平台的开发。近年来，测序技术的进步及遗传操作工具的发展，使得通过基因编辑对微生物进行理性设计成为可能。到目前为止，研究者已经通过分子工程手段在优化气体转化、产物多样性及产物专一性等方面做了诸多尝试。但由于对相关生理代谢分子机制认识的局限性以及现有遗传工具的低效性，目前的进展并不理想。开展更深入的系统生物学研究，更全面、细致地了解产乙酸细菌进行一碳气体转化过程的分子机制，才能为工程化改造提供理论依据。同时，优化现有基因编辑技术，开发功能更为强大的遗传操作工具，以期能够快速、高效地进行工程化改造，也是开发一碳气体微生物转化平台的必经之路。

此外，要实现一碳气体发酵的工业化，必须考虑到经济性。由于气体发酵的特殊性，想要获得最优的发酵性能，除了优化发酵温度、pH 以及培养基成分等传统发酵参数之外，提高气体转化效率是首要解决的难题。目前，研究者们设计出多种反应器以提高气液传质效率，但这些反应器的研究多限于实验室规模。对于工业规模的气体发酵而言，由于缺少布局，能否同时解决发酵性能和经济性还有待进一步研究。

总之，我们相信，尽管面临技术挑战和市场准入障碍，但随着科学界的努力和技术的进步，特别是食气梭菌合成生物学的发展，微生物对一碳气体的转化将对建立可持续发展社会做出重大贡献。

基金项目：国家自然科学基金-U22A20425、U21B2099；中国科学院洁净能源创新研究院联合基金-DNL202013；山东能源研究院专项基金-SEIS202104。

4.2 二氧化碳到生物燃料——能源微藻合成生物学

朱涛，辛一，王纬华，王勤涛，徐健[*]

中国科学院青岛生物能源与过程研究所，青岛 266101

[*]通讯作者，Email：xujian@qibebt.ac.cn

4.2.1 引言

微藻通常是指个体微小、富含叶绿素、可进行光合作用的微生物，并不是一个分类学上的专门术语。微藻在自然界分布广泛，具有极强的环境适应性，分布于淡水、海水和土壤中，在极地、热泉、盐湖、沙漠等极端生境中也可找到其踪迹。微藻形态各异，可划分为原核微藻和真核微藻：原核微藻指的是无细胞核结构的"蓝藻"（也称为蓝细菌或蓝绿藻）；顾名思义，真核微藻是真核生物，包括绿藻、红藻、隐藻、甲藻、金藻、黄藻、硅藻、褐藻、裸藻、轮藻等。微藻种类繁多，有报道认为自然界中微藻在种（species）水平上的数目约为 72 500 种，其中包含约 8000 种原核微藻（蓝藻）（Guiry，2012；De Clerck et al.，2013；Levasseur et al.，2020）。

微藻是生态系统食物链的基本组成部分，也是地球演化过程中氧气的主要生产者。微藻自身的固碳量可达全球生物固碳总量的 40%，是人类尚未充分开发利用的重要生物资源（Chisti，2007）。与陆生植物相比，微藻具有生长速度快、固碳能力强、养殖占地少，以及可累积油脂、糖、蛋白质和高值化合物等特性，此类生理特征决定了其在生物能源生产、高值活性化合物制备、生态环境治理、二氧化碳封存等领域具有重要的应用前景（Lam and Lee，2012）。早在 20 世纪七八十年代，以细长聚球藻（Shestakov and Khyen，1970）和莱茵衣藻（Hoober，1989）为代表的微藻遗传操作体系的建立为藻类遗传和生物技术的发展奠定了良好基础。近年来，受高通量测序技术的推动，微藻作为一个群体的遗传背景日趋清晰。运用传统代谢工程策略和新兴合成生物学技术，已在微藻中实现了多种油脂、醇、烃、醛、酮、酸、萜及糖类化合物的生物合成，使之成为可持续合成生物能源和高值化学品的重要平台（Hamed，2016；Levasseur et al.，2020）。因此，以微藻作为底盘的生物制造产业，未来有望成为能源产业的重要组成部分。

虽然微藻作为重要的非粮原料引起了世界各国的广泛关注，但基于微藻的生物能源产业发展仍面临诸多挑战。首先，目前虽然有三万多种微藻记录在册，但仅有少数微藻（如螺旋藻、小球藻、盐生杜氏藻和雨生红球藻等）实现了产业化养殖（Hamed，2016）；其次，微藻培养过程涉及光照、温度、营养盐等理化因子，尤其是对光照的需求较高，难以实现高密度培养，这导致规模化培养过程中微藻的生物质产量偏低（Fasaei et al.，2018）；再次，微藻中油脂、烃类和碳水化合物等的产量偏低，虽然基于缺氮诱导等培养优化或者固碳关键酶过表达等基因工程操作可提高能源化合物的产量，但是目前仅能在少数模式体系中实现特定产品的高效定向累积（Xin et al.，2017）；最后，受微藻细胞壁生化组成等因素的影响，由微藻生物质转化为能源产品的生物炼制工艺相对复杂、成本高昂（Ward et al.，2014）。

合成生物学的快速发展为微藻生物能源产业带来了新的机遇。合成生物学研究的不同维度涉及多种颠覆性理论、技术和方法，聚焦微藻养殖和生物能源生产，这些颠覆性的成果在藻种选育、固碳和光合效率提升、全新固碳途径构建、微藻异养和混养模式开发、细胞工厂与培养工艺适配、能源产品提取和微藻综合利用的协调性等领域具有广阔的应用前景，这将实质性提高微藻养殖的经济性，未来从根本上突破微藻生物能源产业的技术瓶颈。本节将结合微藻基础生物学研究的相关进展，从原核微藻和真核微藻两个部分阐述能源微藻合成生物学研究的底盘细胞、使能技术、细胞工厂及面向规模化培养的合成生物学策略。

4.2.2　原核能源微藻合成生物学

1. 重要底盘细胞

原核微藻（蓝藻）之所以成为能源合成生物学研究的重要候选底盘微生物，除具备微藻的光合效率高、生长快、易改造、节约土地等天然优势外，还具备理想的合成生物学底盘细胞的一些其他典型特征（Gale et al.，2019）。

（1）种类繁多

根据《伯杰氏系统细菌学手册》，参考其形态特征，蓝藻可分成 5 个类群（Subsection Ⅰ～Ⅴ），即二分裂单细胞类群（Subsection Ⅰ）、多分裂单细胞类群（Subsection Ⅱ）、丝状多细胞类群（Subsection Ⅲ）、可形成固氮异形胞的丝状蓝藻类群（Subsection Ⅳ）、分支丝状蓝藻类群（Subsection Ⅴ）（Shih et al.，2013）。丰富多样的蓝藻种质资源是筛选性能优异的光合微生物底盘细胞的基本前提。

（2）结构简单

与植物、真核微藻不同，蓝藻自身缺乏其他膜结构的细胞器，没有真正意义的细胞核、线粒体等。内共生假说认为，蓝藻是植物叶绿体的祖先。蓝藻的细胞构造与革兰氏阴性菌相似，其光合作用的部位称为类囊体，以平行或卷曲方式分布于细胞内部。蓝藻细胞内还有糖原、多聚磷酸、蓝藻肽（cyanophycin）等储藏物。少数蓝藻还含有由多个伪空胞（gas vesicle，两末端圆锥状的中空圆柱体）单元叠加而成的气囊，可以调节细胞的漂浮力。蓝藻执行二氧化碳固定功能的羧酶体是细菌区室化（bacterial microcompartment）结构的典型代表，此类结构特征非常契合合成生物学模块化和正交性的设计理念。总之，蓝藻自身的结构特征天然赋予其简约而高效的生理特性，这对维系其合成生物学研究中元件、途径、系统的独立性和可移植性意义重大。

（3）具备相对成熟的遗传操作工具

如前所述，蓝藻遗传改造的历史可以追溯至 1970 年，Shestakov 和 Khyen 等首次证实了一株蓝藻组囊藻 R2（*Anacystis nidulans* R2）可以天然吸收外源 DNA，开启了蓝藻遗传改造的篇章（Shestakov and Khyen，1970）。组囊藻 R2 藻株后来被重新命名，即为细长聚球藻（*Synechococcus elongatus*）PCC 7942。而后，多株单细胞蓝藻被证实可以被遗传转化，再后来，接合转移技术被运用于丝状蓝藻的遗传改造。近年来，电穿孔、基因枪、脂质体介导法、农杆菌介导法等工具和方法的引入，大大提高了克服整个蓝藻群体遗传改造屏障的可能性。以发掘可遗传操作型蓝藻为出发点的生物探测体系的建立，为能源微藻合成生物学注入了新的思想和活力（Bishé et al.，2019）。

（4）具有相对清晰的遗传背景

蓝藻基础生物学研究的重要模式生物集胞藻 PCC 6803 早在 1996 年就完成了全基因组测序，是第一个被测序的光合生物。蓝藻的基因组大小差异较大（多为 1.6～9.1 Mb）（Wu et al.，2007），根据 NCBI 基因组数据库的最新数据，目前已公开了 650 余种蓝藻的基因组序列（https://www.ncbi.nlm.nih.gov/genome，截至 2021 年 9 月）。此外，宏基因组、宏转录组、蛋白质组数据的与日俱增，也对从进化和生境适应角度深度认识蓝藻的遗传背景作出了很大贡献。由于高通量测序成本逐步降低，蓝藻基础、应用研究的深度和广度日趋拓展，此类光合微生物的遗传背景正以前所未有的速度被解析和展现。

（5）基因表达调控工具日趋完善

大肠杆菌、酿酒酵母等异养底盘微生物的快速升级发展，极大地推动了微藻基因表达调控工具的开发完善。近年来，在启动子、核糖体结合位点、核糖体开关、报告基因、模块化载体系统和无痕选择系统的设计等层面都有许多新的进展，可从基因表达的多个维度实现对蓝藻底盘细胞的升级改造（Sun et al.，2018），我们将在使能工具部分进行详细介绍。

（6）已建立部分蓝藻代谢网络模型

从全局水平上认识蓝藻的代谢过程对发展其能源合成生物技术具有重要指导意义。物种特异性或者环境应答特异性的代谢通量分析可为深度发掘有潜力的原核微藻底盘细胞奠定基础。同时，可重定向碳硫分配，靶向性提升蓝藻细胞工厂的整体性能（Hendry et al.，2020）。目前，化学计量模型和动力学模型已在多株蓝藻中实现了代谢模型指导下的底盘细胞优化和目标化合物产量提升。

　　许多模式蓝藻和非模式蓝藻具备发展成为生物能源底盘细胞的潜质，或者已经被开发成高效的微藻底盘。除了前述蓝藻作为一个群体的共性特征外，下面将结合其形态特征对当前一些重要原核能源微藻底盘细胞及其特性进行简要介绍（图4-13）。

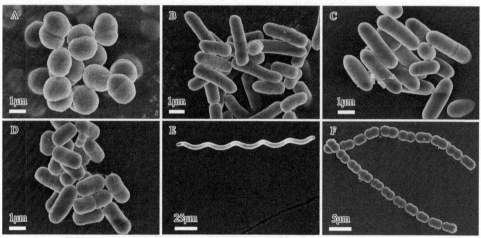

图 4-13　重要原核能源微藻底盘细胞的显微形态特征（扫描电镜照片）

A. 集胞藻 PCC 6803；B. 细长聚球藻 PCC 7942；C. 细长聚球藻 UTEX 2973；D. 聚球藻 PCC 7002；E. 钝顶节旋藻；F. 鱼腥藻 PCC 7120

1）集胞藻属（*Synechocystis*）

（1）集胞藻 PCC 6803

　　集胞藻属是 Subsection Ⅰ 二分裂单细胞蓝藻，集胞藻 PCC 6803 是其典型代表（图 4-13 A）。该藻株由 Kunisawa 于 1968 年分离自美国加利福尼亚州奥克兰市的一个淡水池塘（藻株编号为 Berkeley strain 6803）（Stanier et al.，1971），其基因组大小为 3.57 Mb，包含 7 个内源质粒（Kaneko et al.，1996；Ikeuchi and Tabata，2001；Trautmann et al.，2012；Yu et al.，2013）。自集胞藻 PCC 6803 被分离纯化以来，受自发突变或未知选择压力等因素的影响，在趋光性、运动能力、葡萄糖耐受性等方面发生显著差异，目前已衍生出了多个亚株（Ikeuchi and Tabata，2001；Trautmann et al.，2012）。追溯集胞藻 PCC 6803 各亚株的系统发育关系，可为优质能源微藻底盘细胞的开发奠定良好基础。概言之，Berkeley strain 6803 被分离保藏后，最先进化出了运动型（motile）集胞藻 PCC 6803 和非运动型（non-motile）集胞藻 ATCC 27184 亚株。而基因组重测序和进化分析表明，所有葡萄糖耐受型（glucose-tolerant，GT）亚株均由非运动型集胞藻 ATCC 27184 亚株衍生而来，包括集胞藻 PCC 6803 GT-I、GT-S 以及 GT-kazusa（该亚株即为第一个被测序的集胞藻 PCC 6803）。运动型集胞藻 PCC 6803 则衍生出多株葡萄糖敏感型亚株，包括 PCC-P 和 PCC-N（positive/negative phototaxis）以及 PCC-M（Moscow）亚株。

集胞藻 PCC 6803 在能源微藻合成生物技术领域被广泛关注主要有以下几个方面的原因。第一，该藻株是第一个被全基因组测序的光合微生物（基因组序列公布于 1996 年）。第二，该藻株很容易吸收外源 DNA 并具备较高的同源重组效率，可实现外源途径在其基因组上的靶向稳定整合（Kaneko et al.，1996；Ikeuchi and Tabata，2001；Trautmann et al.，2012；Yu et al.，2013）。第三，该藻株为第一个被建立基因组规模代谢网络模型的光合生物（Fu，2009）。此外，该藻株还具备以下优势：①可在光合自养、混养或者光激活异养条件下生长；②属于中温蓝藻，具有良好的抗逆性能，可耐受低温（15℃）、高渗、高盐（1 mol/L NaCl）等培养条件；③具有成熟的遗传操作系统和基因表达调控工具，可从基因复制、转录、转录后、翻译和翻译后等各个层面调节目标途径的表达等。

（2）集胞藻 PCC 6714

除集胞藻 PCC 6803 外，集胞藻 PCC 6714 也是一株具备开发潜力的微藻底盘（Kopf et al.，2014；Kamravamanesh et al.，2017）。集胞藻 PCC 6714 原始采集地与集胞藻 PCC 6803 类似，均由 Kunisawa 分离自美国加州奥克兰市的一个淡水池塘。因其 16S rRNA 与集胞藻 PCC 6803 有 99.4%的序列一致性，故这两株藻的比较基因组学研究为发展以集胞藻作为底盘的合成生物技术奠定了良好基础。有数据显示，集胞藻 PCC 6714 与集胞藻 PCC 6803 在全基因组水平上有 75%左右的蛋白编码基因是保守的，而两者之间的遗传差异又赋予了集胞藻 PCC 6714 一些新的生理特性。集胞藻 PCC 6714 作为光合微生物底盘细胞的优势可以概括为：①可利用碳酸盐、乙酸、葡萄糖、甘油等作为碳源生长，利于内源或者异源能源化合物的合成与产量提升（Kamravamanesh et al.，2017）；②与集胞藻 PCC 6803 一样，具备便捷的遗传操作系统（Joset，1988；Marraccini et al.，1993）；③相容性物质累积、钠钾离子转运、细胞表面糖基化修饰等生命过程与集胞藻 PCC 6803 有较大差异，因此在耐盐性能和抵抗生物污染等方面有一定特色。

2）聚球藻属（*Synechococcus*）

根据 Algaebase 网站的数据，聚球藻属目前已鉴定了 93 种（包含 17 个亚种，截至 2021 年 9 月）。聚球藻在富营养化的河口和海洋生态系统中具有很高的丰度，目前已发现多株聚球藻具备微生物底盘细胞的开发潜力，下面将分别予以介绍。

（1）细长聚球藻 PCC 7942

如前所述，细长聚球藻（*Synechococcus elongatus*）PCC 7942（图 4-13 B）是第一株被证实可遗传转化的单细胞蓝藻（Shestakov and Khyen，1970），早期被称

为组囊藻（*Anacystis nidulans*）R2。其基因组大小约为 2.7 Mb，GC 含量为 55.4%，包含 2661 个编码基因。该藻株还含有 2 个内源质粒（pANL 和 pANS），是开展昼夜节律、光合作用、环境胁迫应答等研究的优良模式藻株。细长聚球藻 PCC 7942 作为光合微生物底盘细胞的优势可以概括为：基因组拷贝数低，易于获得纯合突变株；基因组上携带多个中性位点，利于外源靶标途径的表达；作为昼夜节律研究的典型模式，具备开展合成生物学研究所需的多组学基础数据支撑。

（2）细长聚球藻 UTEX 2973

细长聚球藻 UTEX 2973 藻株的分离可追溯至 1955 年，Kratz 和 Myers 首先分离了一株可耐受高温、快速生长的组囊藻（*Anacystis nidulans*），此后该藻株被保藏至 UTEX 藻类保藏中心，被命名为 *Synechococcus leopoliensis* UTEX 625（Kratz and Myers，1955）。美国华盛顿大学 Pakrasi 团队后来的研究发现 *Synechococcus leopoliensis* UTEX 625 失去了耐高温和速生的特性，是未分离纯化的混合藻株。在对 UTEX 625 分离纯化过程中，鉴定了一个具备速生、耐高温和高光的克隆，因其与细长聚球藻 PCC 7942 亲缘关系非常相近（全基因组序列相似性 99.8%），故重新命名为细长聚球藻 UTEX 2973（图 4-13 C）。UTEX 2973 作为光合微生物底盘细胞的优势可以概括为：生长速度快[最适培养条件下可接近酵母工业菌株（代时约为 1.9 h）]；具有高温、高光耐受性[温度＞40℃、光强＞500 μmol photons/（$m^2 \cdot s$）条件下，生长良好]；遗传背景清晰，可以遗传改造等（Yu et al.，2015）。

（3）细长聚球藻 PCC 11801 和细长聚球藻 PCC 11802

与异养微生物底盘相比，生长速度慢是开发蓝藻底盘细胞面临的重要瓶颈问题。除细长聚球藻 UTEX 2973 外，以发掘速生蓝藻为导向，近年来又有两株可遗传改造的聚球藻被分离鉴定，分别为细长聚球藻 PCC 11801 和 PCC 11802。这两株聚球藻均分离自印度孟买的波瓦伊湖，其中细长聚球藻 PCC 11801 与 PCC 7942 全基因水平的序列一致性约为 83%，除了具备细长聚球藻属藻株作为底盘细胞的典型特征外，该藻株还有两个显著优势：一是 PCC 11801 无需高浓度 CO_2 通气培养（通空气）即具备很高的生长速率（代时为 2.3 h）；二是与其他聚球藻相比，该藻株基因组上携带较为新颖且涉及翻译后修饰、信号转导等途径的关键酶，可提升其逆境适应性（Jaiswal et al.，2018）。细长聚球藻 PCC 11802 与 PCC 11801 全基因组序列相似性 97%，与 PCC 11801 相比，PCC 11802 在高温高碳条件下具有生长优势。此外，在高碳培养条件下，PCC 11802 卡尔文循环中间代谢物含量较高且其 rubisco 等固碳限速酶的活性抑制减弱，使得该藻株在开发合成生物学底盘细胞方面更具潜力（Jaiswal et al.，2020）。

（4）聚球藻 PCC 7002 和聚球藻 PCC 11901

聚球藻 PCC 7002（图 4-13 D）早期被称为 *Agmenellum quadruplicatum* PR-6，

于 1961 年分离自波多黎各（Puerto Rico）马格耶斯岛（Magueyes）海岸的鱼栏底泥样品，是一株单细胞海洋蓝藻。其原始生境光照、温度、盐度等的大幅度波动，赋予了该藻株超强的逆境适应能力（Ludwig and Bryant，2012）。该藻株基因组大小约为 3.0 Mb，包含 6 个内源质粒，也是蓝藻基础生物学研究的重要模式生物之一。聚球藻 PCC 7002 作为合成生物学底盘细胞的独特优势可以概括为：①广耐盐性，适宜海水培养基养殖，节约淡水资源；②生长速度快，最适培养条件下[38℃、1% CO_2、250 μmol photons/（$m^2 \cdot s$）]代时可达 2.6 h；③具备高效的、基于内源质粒的基因表达和基因回补体系（Ruffing et al.，2016）。

聚球藻 PCC 11901 的原始采集地为新加坡柔佛河（Johor river）河口漂浮式渔场的海水样品，是最近分离的一株具有快速生长能力、可遗传转化的海洋蓝藻。该藻株基因组大小约为 3.0 Mb，目前已鉴定了 1 个内源质粒（4 个疑似质粒测序未能实现环化），其与聚球藻 PCC 7002 全基因水平的序列一致性约为 96.76%（Włodarczyk et al.，2020）。据报道，在改良培养基及补料分批培养条件下，该藻株的生物质合成能力最高可达 33 g/L，是目前蓝藻培养的最高生物质产量，这成为该藻株作为能源微藻底盘细胞的显著优势。但是，聚球藻 PCC 7002 和 PCC 11901 均为钴胺素维生素 B_{12}）合成缺陷型，这提示在开发以海洋聚球藻为代表的微藻底盘时，钴胺素合成是需要重点关注的代谢途径之一（Perez et al.，2016a，b；Włodarczyk et al.，2020）。

3）节旋藻属（*Arthrospira*）

节旋藻是不形成异形胞的丝状蓝藻（Subsection Ⅲ），目前已实现规模化培养和商业化开发。节旋藻属和螺旋藻属蓝藻的分类受早期技术限制、标准差异及商业化推广的影响较大，目前仍存在一些争议。学术界较为接受的观点是商业上一直被称为螺旋藻的藻株在蓝藻分类上其实属于节旋藻，如钝顶节旋藻（*Arthrospira platensis*）（图 4-13 E）、极大节旋藻（*Arthrospira maxima*）等。节旋藻是优质的天然蛋白质食品源（蛋白质含量可达 60% 以上），也具备很高的保健及药用价值。迄今为止，已经在 NCBI 公开全基因组序列的节旋藻约有 13 株，其基因组大小为 5~7 Mb。节旋藻作为合成生物学底盘细胞的独特优势可以概括为：其是世界范围内可规模化养殖的主要经济微藻，具有较为成熟的培养工艺；适宜高盐、高碱环境培养，抗生物污染能力强；节旋藻整个生命周期多以螺旋状藻丝形式存在，且细胞内具有伪空胞，漂浮性能好，利于采集；可利用海水养殖，节省淡水资源。

节旋藻作为能源微藻底盘细胞的弊端是其遗传改造系统尚不成熟。有观点认为，节旋藻属藻株自身的限制性修饰系统、转座系统和 CRISPR 系统非常发达，阻碍了外源 DNA 的引入（Cheevadhanarak et al.，2012；Perera et al.，2016；Xu et al.，2016）。尽管自 2001 年以来，陆续有文献报道借助质粒系统（Toyomizu et al.，

2001）、Tn5 转座系统（Kawata et al.，2004；Jeamton et al.，2017）、农杆菌转化系统（Dehghani et al.，2018），在添加限制性内切核酸酶抑制剂、阳离子脂质体包裹等措施辅助下，实现了节旋藻中外源 DNA 的导入，但是，其遗传改造的可行性和改造藻株的稳定性仍是发展节旋藻能源底盘的瓶颈。前述遗传操作的探索主要在钝顶节旋藻（*Arthrospira platensis*）PCC 9438、钝顶节旋藻（*Arthrospira platensis*）NIES-39、钝顶节旋藻（*Arthrospira platensis*）UTEX LB2340 等藻株中开展，这为后续开发以这些重要藻株为底盘的微藻合成生物学奠定了基础。

4）细鞘丝藻属（*Leptolyngbya*）

细鞘丝藻属是盐湖和热泉等极端生境的优势蓝藻之一，此类生境的一些细鞘丝藻具备较为宽泛的温度和盐度耐受区间，是开发能源微藻底盘的重要候选资源。根据 Algaebase 的统计，目前已经鉴定了 162 种细鞘丝藻（包含 17 个亚种，截至 2021 年 9 月），而已经公布全基因组测序的细鞘丝藻约有 10 株。根据文献报道，细鞘丝藻属的蓝藻多不能自然转化，但是依赖接合转移技术可稳定地进行遗传改造（Taton et al.，2012）。

细鞘丝藻 BL0902 是加州大学圣地亚哥分校 James W. Golden 团队从加州帝王谷 Carbon Capture 集团微藻养殖场的开放池中分离鉴定的一株细鞘丝藻。该藻株作为能源微藻底盘具备以下特色：已证实可户外规模化养殖，且其户外生长能力与商业化藻株节旋藻相当；温度耐受范围广，在 22～40℃范围内可正常生长；代谢途径中无毒素合成基因，生物安全性高；可利用尿素作为氮源生长；已建立基于接合转移法的遗传改造体系等（Taton et al.，2012）。

此外，对陆生的细鞘丝藻 NIES-2104 和水生的鲍氏细鞘丝藻（*Leptolyngbya boryana*）PCC 6306 的比较基因组研究发现，鲍氏细鞘丝藻 PCC 6306 具有完整的固氮酶系（Shimura et al.，2015）。后来的研究发现，有些可遗传改造的鲍氏细鞘丝藻可在微氧环境下固氮，并且具有利用葡萄糖异养生长的能力，这些特性在应用场景层面为能源原核微藻底盘的开发提供了更多选择（Tsujimoto et al.，2015）。

5）鱼腥藻属（*Anabaena*）

鱼腥藻是可形成固氮异形胞的丝状蓝藻（Subsection Ⅳ），其藻丝由两种形状不同的细胞组成，即营养细胞和异形胞。缺氮条件下营养细胞到异形胞的分化涉及细胞分裂终止、光合放氧反应消失、微氧环境的形成和固氮酶表达等事件。异形胞中固氮酶催化固氮反应时可同步生成重要的燃料分子——氢气。因此，对鱼腥藻合成生物能源的认识由来已久（Tamagnini et al.，2002）。

鱼腥藻 PCC 7120（图4-13 F）是鱼腥藻属的重要代表。其基因组大小约为 6.4 Mb，包含 6 个内源质粒。1984 年，美国密西根州立大学 Peter Wolk 实验室在国际上首先建立了鱼腥藻 PCC 7120 的接合转移系统，开启了丝状蓝藻遗传改造的篇章，受此引领的鱼腥藻 PCC 7120 基础生物学研究，为开发以鱼腥藻 PCC 7120 作为底盘细胞的合成生物学研究打下了坚实的基础。该藻株的特色之处概括如下：具有天然固氮能力，可适应缺氮培养环境，并可用于生物肥料开发；该藻株的形态为丝状体，利于养殖采收。

6）其他能源蓝藻底盘细胞

蓝藻是地球上最古老的光合放氧原核微生物，在地球从无氧环境到有氧环境的转变中发挥了重要作用。从蓝藻的进化地位、分布特征、繁殖方式、生态适应性等各个层次来分析，当前用于微生物底盘细胞开发的蓝藻仅是这个巨大群体中的少数成员（Stucken et al.，2013），自然界尤其是极端生境中仍有大量的优质蓝藻资源值得发掘和开发。下面将结合其形态分类，简单总结除前述蓝藻底盘外已经完成基因组测序且建立遗传转化体系的具有应用潜力的蓝藻（表 4-3）。

表 4-3　原核能源微藻底盘细胞简介

形态分类	藻株	基因组大小（包含内源质粒）/Mb	基因组公布年份	研究深度[b]
Subsection Ⅰ 二分裂单细胞	*Synechocystis* sp. PCC 6803	3.95	1996	2699
	Synechocystis sp. PCC 6714	3.74	2014	37
	Cyanothece sp. ATCC 51142	5.46[a]	2008	77
	Synechococcus elongatus PCC 7942	2.74	2004	829
	Synechococcus elongatus UTEX 2973	2.74	2015	33
	Synechococcus sp. PCC 7002	3.41	2008	328
	Synechococcus elongatus PCC 11801	2.70	2018	9
	Synechococcus elongatus PCC 11802	2.70	2020	2
	Synechococcus elongatus PCC 11901	3.47	2019	1
	Thermosynechococcus elongatus PKUAC-SCTE542	2.65	2019	2
	Thermosynechococcus elongatus BP-1	2.59	2004	91
	Microcystis aeruginosa PCC 7806	5.14	2017	97
Subsection Ⅱ 多重分裂单细胞	*Chroococcidiopsis* sp. CCMEE 029	测序完成	尚未公开	9
Subsection Ⅲ 丝状蓝藻	*Arthrospira platensis* PCC 9438	6.09	2012	20
	Arthrospira platensis NIES-39	6.79	2010	15
	Arthrospira platensis UTEX LB2340	6.42	2020	5
	Leptolyngbya sp. BL0902	4.71	2020	3
	Leptolyngbya sp. NIES-2104	6.39	2015	1
	Leptolyngbya boryana PCC 6306	7.26	2013	2

续表

形态分类	藻株	基因组大小（包含内源质粒）/Mb	基因组公布年份	研究深度 [b]
Subsection Ⅳ 丝状可形成异形胞	*Anabaena* sp. PCC 7120	7.21	2004	949
	Nostoc punctiforme PCC 73102	9.06	2008	50
	Anabaena variabilis ATCC 29413	7.40	2005	101
Subsection Ⅴ 分枝状蓝藻	*Fischerella muscicola* PCC 7414	6.90	2012	4
	Chlorogloeopsis fritschii PCC 6912	7.77	2019	12

[a] 蓝杆藻 ATCC 51142 自身还包含一个 430 kb 的线性基因组；

[b] 以藻株名称作为关键词在 PubMed 中检索发表论文的数量（截至 2021 年 9 月）。

（1）嗜热聚球藻属（*Thermosynechococcus*）

该藻类为 Subsection Ⅰ 二分裂单细胞，隶属色球藻目，如细长嗜热聚球藻 BP-1（Muhlenhoff and Chauvat，1996；Iwai et al.，2004）和细长嗜热聚球藻 PKUAC-SCTE542（Tang et al.，2018；Liang et al.，2019），此类藻株的最大特点是最适生长温度约为 55℃，适宜高温培养。

（2）微囊藻属（*Microcystis*）

铜绿微囊藻（*Microcystis aeruginosa*）（Subsection Ⅰ）是水华蓝藻的优势物种之一，尽管其具备规模化养殖的优势，由于此类藻株可以合成微囊藻毒素（环状七肽化合物），其合成生物学研究仍面临诸多挑战。铜绿微囊藻 PCC 7806 已被一些实验室证实可遗传改造（Dittmann et al.，1997；Nakasugi and Neilan，2005；Nakasugi et al.，2007）。

（3）拟色球藻属（*Chroococcidiopsis*）

该藻类为 Subsection Ⅱ 多重分裂单细胞，隶属宽球藻目，其原始栖息地多为极端炎热和寒冷的干燥沙漠，但其适应持续干旱或者干燥/湿润循环的分子机制尚不清晰。拟色球藻 CCMEE 029 采集自以色列内盖夫沙漠（Negev Desert），被证实可与鱼腥藻/念珠藻来源的复制子兼容，具有较高的遗传转化效率，具备开发成为优质抗逆蓝藻底盘细胞的潜力（Billi et al.，2001；Napoli et al.，2021）。

（4）席藻属（*Phormidium*）

该藻类为 Subsection Ⅲ 丝状蓝藻，隶属颤藻目。腔隙席藻（*Phormidium lacuna*）HE10DO 和 HE10JO 是海洋藻株，此类丝状蓝藻被证实可以自然转化，为发掘丝状蓝藻底盘细胞奠定了良好的基础（Nies et al.，2020）。因节旋藻与席藻在细胞形态、运动特性和繁殖方式上有很多相似之处，且基因组上均包含自然转化必需的遗传元件，故席藻自然转化对节旋藻的合成生物学研究也有借鉴意义。

（5）念珠藻属（*Nostoc*）

该藻类为 Subsection Ⅳ 丝状可形成异形胞等特化细胞，隶属念珠藻目。点形念珠藻 PCC 73102 是可以遗传改造的具有固氮能力的丝状蓝藻（Cohen et al.，1994），其特点是营养细胞除了可分化为异形胞外，还可以形成藻殖段（hormogonium）或静息孢子（akinete）（Meeks，2003）。与鱼腥藻 PCC 7120 相比，该藻株的抗逆和固氮能力更强，且具有可以合成伪枝藻素等活性化合物（Soule et al.，2007）、氢气（Lindberg et al.，2002）和萜烯类化合物等生物能源的潜力（Agger et al.，2008）。

（6）费氏藻属（*Fischerella*）和拟绿胶藻属（*Chlorogloeopsis*）

该藻类为 Subsection Ⅴ 可形成特化细胞的分枝状蓝藻，隶属真枝藻目。*Fischerella muscicola* PCC 7414 和 *Chlorogloeopsis fritschii* PCC 6912 是目前已被证实可以遗传改造的蓝藻（Stucken et al.，2012）。Subsection Ⅴ 蓝藻可发生不对称的细胞分裂形成真正的分枝表型，其形态相对复杂，因而具有很强的抵御干旱和强光照射等胁迫的能力。前述藻株遗传改造瓶颈的攻克为未来开发结构复杂的抗逆蓝藻底盘细胞提供了有利技术支撑。

2. 关键使能技术

化石资源的日益短缺和环境污染的日益加剧，为包括微藻在内的可再生生物质能源提供了更大的发展空间。但是，与异养底盘微生物相比，蓝藻合成生物学使能技术的发展相对滞后，这也是蓝藻底盘细胞开发、自养型细胞工厂构建滞后于大肠杆菌、酵母菌等异养体系的重要原因。此外，在大肠杆菌或酵母中已开发的一些成熟合成生物学工具与蓝藻的兼容性较差。底盘细胞自身的基因组特征是开发包含 DNA 合成、测序、设计、组装、基因/基因组编辑、元件和回路工程、系统计算和建模等在内的多维度合成生物学使能技术不容忽视的重要因素。目前用于合成生物学研究的多数模式和非模式蓝藻的基因组都是多拷贝的（基因组多倍性，polyploidy），这很大程度上阻碍了原核微藻关键使能技术的发展。然而，合成生物学涵盖"设计-构建-测试-学习"的各个层面，在使能技术开发的诸多环节，来源于蓝藻基础生物学研究的多种工具、方法乃至理论确有不同程度的发展和创新，本节试图对此进行简单总结。

1）重要元件

（1）转录相关元件

①启动子（promoter）：启动子是蓝藻合成生物学研究的核心元件之一（Camsund and Lindblad，2014）。目前，蓝藻中已经鉴定了一定数量有功能的启动子元件，但是，其在不同藻株中驱动不同基因表达时的活性仍有较大差异（Santos-Merino et al.，2019）。

内源性组成型启动子：集胞藻 PCC 6803 中衍生自 P_{cpcB}（藻蓝蛋白 β 亚基基因启动子）的 P_{cpc560} 是以代谢工程和合成生物学为导向而鉴定的组成型蓝藻强启动子（Zhou et al.，2014）。此外，已有工作系统性地分析了集胞藻 PCC 6803（Liu and Pakrasi，2018）、细长聚球藻 PCC 7942（Sengupta et al.，2019）和聚球藻 PCC 7002（Ruffing et al.，2016）等模式蓝藻的内源性启动子，其中很多为组成型元件。

光照、CO_2、紫外照射等环境因子响应的诱导型启动子：作为光合微生物，蓝藻中早期鉴定的强启动子多来自光合作用和卡尔文循环相关的基因，其中许多启动子受光照、CO_2 或者多种环境因素的调控。例如，P_{psbA2}（光系统 II 的 D1 蛋白基因启动子）受光的调控（Englund et al.，2016），P_{cpcB} 和 P_{rbcL}（核酮糖 1,5-二磷酸羧化酶/单加氧酶大亚基基因启动子)受到光照和 CO_2 的双重调控等(Sengupta et al.，2019)。

金属离子等微量元素响应的启动子：蓝藻可通过严格调控金属离子的吸收应对细胞内潜在的氧化胁迫和蛋白质变性，此类金属响应机制成为开发蓝藻金属离子调控型启动子的重要基础（Michel et al.，2001；Peca et al.，2007，2008）。目前已在蓝藻中鉴定了铜、锌、钴、镍、铁等多种金属离子响应的启动子，其中有些具备宽泛的基因诱导表达区间，如集胞藻 PCC 6803 中，镍离子可促使 P_{nrsB} 的驱动强度提高 1000 倍（Peca et al.，2007），而铁离子可使得 P_{isiAB} 的活性被显著抑制（Kunert et al.，2003）。

代谢物诱导型启动子：此类元件包括一些蓝藻内源的、受硝酸盐/铵盐调控的启动子（Omata et al.，1999；Qi et al.，2005），以及大肠杆菌等来源的可被 IPTG（Huang et al.，2010）、阿拉伯糖（Cao et al.，2017）、鼠李糖（Kelly et al.，2018）、脱水四环素（Huang and Lindblad，2013）等诱导的启动子。

人工合成启动子：此类启动元件多为异源嵌合或者蓝藻内源启动子的改造版本，例如，通过改造一些启动子-10 区和转录起始位点（TSS）之间狭窄区域的少数几个碱基，就可以大幅改变启动子强度（Huang and Lindblad，2013）。人工启动子在不同蓝藻底盘之间移植性、摆脱昼夜节律干扰等方面也具优势（Camsund and Lindblad，2014；Santos-Merino et al.，2019）。

总体而言，因诱导型启动子需要各类诱导因素的介入，考虑到诱导剂毒性、成本等因素，除光照、CO_2 等环境因子响应的诱导型启动子外，以组成型启动子驱动基因表达所构建的原核微藻细胞工厂，在规模化养殖时的操作便捷性和应用潜力更大。

②报告基因：报告基因是合成生物学研究中基因表达强度定性定量分析、亚细胞定位的可视化，以及关键蛋白与细胞组分互作分析的重要使能工具。细菌荧光素酶基因（luxAB）是蓝藻中较早使用的基因表达报告系统，主要用于昼夜节律和环境胁迫下的基因表达分析（Johnson and Golden，1999；Fernandez-Pinas et al.，

2000）。细菌荧光素酶作为报告系统的最大优势是该酶的半衰期非常短，因此可以实时反映基因的表达情况，具有灵敏度高、检测线性范围广、分析方法简便及适合高通量筛选等特点（Ghim et al.，2010）。因蓝藻自身含有叶绿素、藻蓝素等光合色素，具有较强的红色自发荧光，因此，荧光蛋白报告系统在蓝藻中的应用受到一定程度的限制（Yokoo et al.，2015）。但是，仍有许多荧光蛋白被成功应用于蓝藻中，如绿色荧光蛋白（GFP）、绿色荧光蛋白 mut3（GFPmut3）、superfolderGFP（sfGFP）、增强型黄色荧光蛋白（eYFP）及黄光 GFP 突变体 *Venus* 等（Chabot et al.，2007；Yokoo et al.，2015；Mahbub et al.，2020）。在蓝藻中构建双荧光报告系统时，因 mCherry 易受蓝藻自发荧光的影响，而 CFP 的细胞光毒性较大，异养体系中常用的 GFP/mCherry 和 GFP/CFP 等组合在蓝藻中运用时仍存在很多问题。近年来，基于对红色荧光蛋白的改造开发出了橙色光区的报告蛋白，如 mOrange2，避免了前述问题，在蓝藻双荧光报告系统的构建方面具有较大应用潜力。此外，mTurquiose、mNeonGreen、Ypet 等新型荧光素的开发，也为未来蓝藻合成生物学重要功能元件的筛选、评估和应用注入了新的活力（Cheng and Lu，2012；Ruffing et al.，2016；Jordan et al.，2017；Santos-Merino et al.，2019）。

③筛选标签：抗生素抗性基因是蓝藻代谢工程和合成生物学研究的重要正向筛选工具。目前已经发现多种抗生素抗性基因可作为筛选标记应用于蓝藻合成生物学，如壮观霉素、链霉素、卡那霉素、新霉素、氯霉素、红霉素、庆大霉素抗性基因等（Heidorn et al.，2011；Taton et al.，2014）。除此之外，蓝藻中还建立了构建无痕敲除突变株的负向筛选技术：第一步先同时引入抗生素抗性基因和敏感基因（如蔗糖致死基因 *sacB*）；第二步利用内源天然序列替换选择标记，维持转基因实现无痕敲除（Lea-Smith et al.，2016）。

④终止子：不同转录终止子的转录终止效率差别巨大，在构建多基因代谢途径或复杂遗传环路时，为避免不同转录单元之间的相互影响，筛选高效的转录终止元件对蓝藻合成生物学研究意义重大。原核生物的转录终止子分为依赖蛋白辅因子（Rho 因子）的终止和不依赖于蛋白辅因子的终止。转录终止信号存在于 RNA 产物 3'端，可阻断下游基因的转录表达，并影响 RNA 加工过程和半衰期。迄今为止，在蓝藻基因组中还未发现大肠杆菌 Rho 因子的同源物。因此，一般认为蓝藻内源的转录终止子为不依赖于 Rho 因子的终止子（Wan and Xu，2005；Vijayan et al.，2011；Ramey et al.，2015；Kelly et al.，2019；Riaz-Bradley，2019）。此类转录终止机制依赖 RNA 上富含 GC 的发夹结构和其后的多聚 U 区，最终导致转录延伸复合物（由 RNA 聚合酶、双链 DNA 和前体 RNA 构成）的解聚，实现转录终止。蓝藻内源 T_{rbcS} 和大肠杆菌 T_{rrnB} 是为数不多的、用于蓝藻能源产品合成的转录终止子（Wang et al.，2013c；Lin et al.，2017a）。近年来，以集胞藻 PCC 6803 为研究模式，已有针对蓝藻内源、异源和人工合成转录终止子的相关研究。其中，

对 7 个蓝藻光合作用相关基因的内源转录终止子文库的研究证实，有些转录终止子的终止效率的差别可达 10 倍（Liu and Pakrasi，2018）；此外，还发现所有转录终止子均不能完全阻断下游基因的表达，即均可发生转录通读。这表明转录终止子未来也是藻类合成生物学研究需要关注的重要元件。而集胞藻 PCC 6803 中对 19 个不同来源（大肠杆菌、病毒、蓝藻及人工合成）转录终止子的系统评价，则鉴定了 11 个具有较强转录终止活性的重要转录终止子元件。该工作还证实了所鉴定的部分转录终止子确实可在蓝藻体内实现诱导型的严谨转录调控（Kelly et al.，2019）。

⑤转录因子：尽管原核生物转录起始不需要转录因子参与，RNA 聚合酶便可与启动子结合，但是转录因子能够与启动子上游的调节序列结合调控基因表达，因此转录因子（transcription factor，TF）也是转录水平调控的重要组成部分（Perez-Rueda et al.，2004；Wu et al.，2007）。早在 2007 年，就有学者基于已经完成 21 株蓝藻基因组序列的测序，采用多种生物信息学分析方法从中鉴定了 1288 个潜在的转录调控因子，并以此构建了蓝藻 cTFbase 转录因子数据库，此类元件的数据库对基于转录因子的基因表达和代谢调控研究意义重大（Wu et al.，2007）。但是，因蓝藻内源转录因子的调控常常涉及多种代谢通路，有时对底盘细胞的生命过程可能产生不可预知的影响。因此，当采用异源启动元件驱动基因表达时，异源转录因子的引入也是转录调控的有效途径。例如，当蓝藻遗传构建中采用 P_{tac} 和 P_{trc} 时，可引入乳糖操纵子阻遏物 Lac I 精确调控基因表达（Geerts et al.，1995；Huang et al.，2010）。

（2）翻译相关元件

①核糖体结合位点（RBS）：RBS 的位置和序列显著影响核糖体结合速率及翻译效率，同时该元件在串联基因表达和代谢途径组合方面发挥重要作用。虽然异养体系中基于生物信息学分析和报告系统印证的 RBS 预测研究已开展近十年（Salis，2011），针对蓝藻 RBS 相对系统的工作仍非常匮乏，目前仅在少数模式蓝藻中有一些报道。Englund 等（2016）对 BioBrick 标准元件库 RBS、少数集胞藻 PCC 6803 内源 RBS 和人工合成 RBS 的研究表明，蓝藻中选用不同 RBS 时，基因表达差异很大。而 Liu 和 Pakrasi（2018）则集中分析了集胞藻 PCC 6803 内源的光系统相关基因的 RBS，发现 RBS-ndhJ 和 RBS-psaF 具有较高的活性。近年来，在生物信息学辅助下，集胞藻 PCC 6803（Heidorn et al.，2011；Taton et al.，2014）、聚球藻 PCC 7002（Wang et al.，2018a）和细长聚球藻 PCC 7942（Taton et al.，2014）中以 RBS 为改造靶点的合成生物学研究也逐步开展起来。

②核糖体开关（riboswitch）：核糖体开关既是 mRNA 上的重要结构元件，又是合成生物学研究的重要调控工具，尤其将多基因组装成操纵子时，不同强度的 RBS 文库是调控基因表达、蛋白质合成的有效使能工具。因本章原核微藻合成生物学基因表达调控技术部分已有详细介绍，在此不再赘述。

③反义 RNA（antisense RNA，asRNA）：已有研究表明，许多内源反义 RNA
在蓝藻基因表达调控中发挥重要作用（如 IsrR 等）（Duhring et al.，2006；Georg et
al.，2009）。通过反义 RNA 控制 mRNA 的翻译是近年来合成生物学新型的基因表
达调控方式。受差异转录组（differential RNA sequencing，dRNAseq）测序技术的
推动，全基因组水平的、高分辨率的转录起始位点（transcriptional start site，TSS）
分析已在许多模式蓝藻[如集胞藻 PCC 6803（Mitschke et al.，2011a）、鱼腥藻 PCC
7120（Mitschke et al.，2011b）和细长聚球藻 UTEX 2973（Tan et al.，2018）等]
中系统开展，有意思的是，此类研究发现大量的 TSS 位于功能基因的反义链上，
这表明蓝藻中有大量的 asRNA，这为未来开发基于 asRNA 工具奠定了坚实的基
础（Mitschke et al.，2011a）。细长聚球藻 PCC 7942 中已经开发了基于内源 asRNA
（如蛋白酶编码基因 clp 的 asRNA）的、控制必需基因表达的有效工具（Holtman
et al.，2005）。除内源 asRNA 外，还可以通过人工设计在天然状态下不存在的反
义 RNA 来调节靶基因的表达，在本章的原核微藻合成生物学基因编辑和基因表
达调控技术部分将进行简单介绍。

（3）翻译后相关元件

蛋白质降解标签：原核生物翻译后的蛋白质降解过程参与细胞的生长、分化
以及应急反应等多种生理活动，基于翻译后的生命过程也可开发重要的合成生物
学使能工具。在原核生物中，SsrA 标签（11 个氨基酸残基组成的小肽）作为修饰
多肽的降解靶点，对细胞内蛋白质的质量控制至关重要，其最后三个氨基酸的改
变可以改变蛋白质的稳定性。SsrA-ClpX C 端标记系统是大肠杆菌蛋白降解的有
效工具，其作用原理是：新生蛋白质在从核糖体释放之前被 SsrA RNA 编码的短
肽共翻译标记，从而可被 ATP 依赖的蛋白酶特异性降解。蓝藻具有类似的蛋白质
循环系统，可识别 ClpX 蛋白标签。目前在集胞藻 PCC 6803 中已经开发了内源的、
基于该系统的蛋白质降解工具，以 SsrA 标签的不同突变体标记 eYFP 羧基端可将
eYFP 降解的幅度控制在 1%～50%，成为调节蛋白质水平和蛋白质周转率的重要
工具（Landry et al.，2013）。此外，早期研究也证实羧基端 SsrA 蛋白降解标签
eYFP-ASV（BBa_E0436）、eYFP-AAV（BBa_E0434）和 eYFP-LAV（BBa_E0432）
在集胞藻 PCC 6803 中可靶向控制报告蛋白的降解速率（Huang et al.，2010）。

2）元件的组装及标准化

核心合成生物学元件（如遗传回路和代谢途径等）的标准化、便捷组装与整
合是合成生物学研究中实现基因高效表达的重要研究目标。

（1）中性位点

蓝藻中常用的基因表达方式是将目标途径通过同源重组方式整合至基因组的

中性位点上。蓝藻的中性位点通常位于基因间隔区或者非转录序列，其改造对蓝藻自身的生理代谢无显著影响。目前已在许多模式蓝藻中鉴定了多个中性位点（如细长聚球藻 PCC 7942 的 NS1～NS5，集胞藻 PCC 6803 的 *slr0168*、*slr2030-31* 和 *phaAB* 等）（Xia et al.，2019）。已有报道在 *slr2030-31* 位点引入了长达 20.8 kb 的片段，这显示了蓝藻中性位点整合方式的应用潜力（Tsujimoto et al.，2018）。此外，细长聚球藻 PCC 7942 中已开发了针对中性位点整合的 SyneBrick 合成生物学基因表达平台，可实现外源途径的可控诱导表达（Kim et al.，2017）。

（2）质粒载体

除中性位点外，质粒表达载体也是原核微藻合成生物学中基因表达的重要使能工具。pAQ1 是聚球藻 PCC 7002 的内源质粒，具有较高的拷贝数。有研究证实，与中性位点整合相比，外源途径在该质粒上的表达更具优势（Nozzi et al.，2017）。蓝藻常用的穿梭载体多为 RSF1010 及其衍生质粒：一方面，此类质粒可实现异源途径的高效组装和表达（Liu et al.，2018）；另一方面，其载体骨架上可携带重组酶和核酸酶，利于底盘细胞的工程改造（Xia et al.，2019）。近年来，在对穿梭载体 RSF1010 进行深入认识的基础上，结合蓝藻内源质粒 pANS、pCA2.4、pCB2.4、pDU1、pDC1、pFDA 的特点和大肠杆菌的复制子特性，已经构建了一些新型的穿梭载体用于蓝藻合成生物学研究（Chen et al.，2016；Liu and Pakrasi，2018）。

（3）CyanoVECTOR

为了组织和注释各种蓝藻合成生物学相关元件及模块，便于蓝藻穿梭载体的电子克隆和构建，Taton 等（2014）开发了 CyanoVECTOR，为未来原核微藻合成生物学元件标准化奠定了良好基础。

（4）CyanoGATE

基于 II 型限制性内切核酸酶技术开发的 Golden Gate 模块化组装工具近年来在蓝藻合成生物学中也有应用。该系统包含可用于转化多种模式蓝藻（如集胞藻 PCC 6803、细长聚球藻 PCC 7942 和 UTEX 2973 等）的内源、异源和人工合成的一百多种元件（如启动子、终止子、连接子、荧光标记物、抗生素抗性基因等）。此外，CyanoGATE 系统还与高等植物和微藻的模块化组装系统具有较好的兼容性，极大地便利了不同合成生物学组装工具之间的元件交流。为显示该系统适宜高通量构建、组装，研究者利用其自动组装特性制备了 200 多种元件组合体（Vasudevan et al.，2019）。

3）外源 DNA 导入技术

（1）自然转化

蓝藻不经任何处理直接吸收外源 DNA 的基因转移系统。如前所述，许多蓝藻,特别是一些无异形胞分化能力的 Subsection Ⅰ 单细胞藻株(如细长聚球藻 PCC 7942、聚球藻 PCC 7002、集胞藻 PCC 6803 等)具备天然的、吸收外源 DNA 的能力。因此,宿主细胞无须制备成感受态,即可实现环形或者线性 DNA 的导入。具备自然转化能力的藻株在发展原核微藻底盘方面具有一定的优势。

（2）诱导转化

通过人工制备蓝藻感受态（原生质体）将外源 DNA 导入的基因转移系统,如利用溶菌酶、钙离子或者氯化钠等处理蓝藻细胞,实现外源 DNA 的转入。早期 *Gloeocapsa alpicola* 的遗传转化正是借助此类诱导技术完成的（Devilly and Houghton,1977）。诱导转化还可以提高具备天然转化能力的蓝藻的遗传转化效率。

（3）电转化

电转化是利用高压电脉冲将外源 DNA 导入蓝藻细胞的技术。对于一些细胞结构复杂的蓝藻,电转化是较为理想的基因导入工具。早在 1989 年,就有学者利用电击转化法将穿梭质粒 pRL6 成功导入了鱼腥藻 M131 藻株中（Thiel and Poo,1989）。电转化法在念珠藻属、眉藻属、聚球藻属、色球藻属蓝藻的遗传改造中也有所应用（Billi et al.,2001；Koksharova and Wolk,2002）。

（4）接合转移

接合转移是蓝藻基因转移系统中普遍使用的一种方法（图 4-14）。该方法借助广宿主质粒,使 DNA 通过细胞间的接触从细菌转移至蓝藻。接合转移涉及三类质粒:接合质粒（conjugative plasmid,具有自主转移特性,其上 *tra* 基因簇编码的蛋白能驱动运载质粒从细菌到蓝藻细胞）、辅助质粒（helper plasmid,含有识别 *oriT* 的 *mob* 基因和甲基化酶基因）和运载质粒（cargo plasmid）。运载质粒可以是在蓝藻中能自主复制的穿梭载体（含有蓝藻复制位点、转移位点 *oriT*、目的基因和选择标记等）,也可以是无法自主复制、需依赖同源重组整合至蓝藻基因组上的"自杀载体"。接合转移法解决了一些丝状蓝藻的遗传改造难题,对于难以自然转化的单细胞蓝藻的遗传改造也有贡献。

4）基因编辑和基因表达调控技术

（1）CRISPR/Cas 基因编辑

CRISPR/Cas 是原核生物的天然免疫系统,作为基因编辑工具,具备高效、精确的优势,已在动物、植物和微生物中广泛应用。因多数蓝藻的基因组是多拷贝的,与传统的遗传改造方法相比,CRISPR/Cas 基因编辑系统在蓝藻基因改造和合成生物学研究中独具优势,一定程度上可减少构建基因工程藻株及分离纯化所需的时间。CRISPR/Cas9 是在蓝藻中较早使用的新型基因编辑系统（Behler et al.,2018；Sun et al.,2018）。简言之,该系统利用 crRNA 和 tracrRNA 或融合的 sgRNA

来指导 Cas9 核酸酶结合 DNA 并产生双链断裂。在模式蓝藻细长聚球藻 UTEX 2973 和 PCC 7942 的研究中发现，Cas9 的高量表达可产生细胞毒性（Li et al.，2016a；Wendt et al.，2016）。受此驱动，研究者将 CRISPR/Cas12a（Cpf1）系统引入蓝藻中，最先在细长聚球藻 UTEX 2973 成功实现了 *nblA* 基因的敲除和 *psbA* 基因的定点突变，且证实该系统无细胞毒性。同时，CRISPR/Cas12a 系统也被应用于集胞藻 PCC 6803 和鱼腥藻 PCC 7120 中（Ungerer and Pakrasi，2016）。值得一提的是，通过对 CRISPR/Cas12a 系统的优化，在鱼腥藻 PCC 7120 实现了 118 kb 大片段的删除（Niu et al.，2019），充分展示了 CRISPR/Cas 基因编辑工具在蓝藻合成生物学研究中的应用潜力。

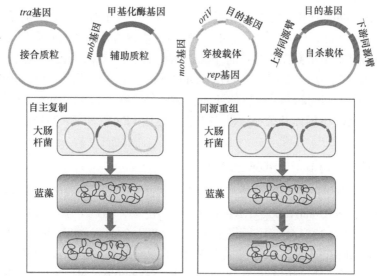

图 4-14　蓝藻接合转移示意图

（2）CRISPR 干扰（CRISPR interference，CRISPRi）

　　CRISPRi 是一种 RNA 介导的转录抑制方法，由无核酸酶活性的 dCas9 蛋白和 sgRNA 两个组件构成。其工作原理是：sgRNA 引导 dCas9 结合至 DNA 靶点形成三元复合体，由此带来的空间位阻可调节靶点的转录。CRISPRi 可同时抑制多个位点（包括编码和非编码区）的表达，但不会改变靶点的序列，甚至能完成基因组规模的调控。有报道在细长聚球藻 PCC 7942 中利用 CRISPRi 技术可抑制 *glgC*、*sdhA* 和 *sdhB* 等基因的表达，进而成功提高琥珀酸的产量（Huang et al.，2016）。集胞藻 PCC 6803 中的研究结果进一步印证了 CRISPRi 技术可在原核微藻中同时抑制多个基因的表达（Yao et al.，2016）。此外，还有工作证实集胞藻 PCC 6803 中 CRISPRi 技术可同时有效抑制脂酰 ACP 消耗途径的多达 6 个基因，显著提高脂肪醇产量，并且依赖前述基因表达的抑制成功确定了脂酰 ACP 消耗途径的关键节点（Kaczmarzyk et al., 2018）。

（3）核糖体开关（riboswitch）

核糖体开关位于 mRNA 的 5'非翻译区（5'UTR），可折叠成对小分子代谢物和信号分子等有响应的特定构象，而这些构象的改变甚至可以独立于启动子之外调节基因的表达，因此也是重要的合成生物学使能工具。核糖体开关据其功能可分为转录开启/关闭型（transcriptional on/off）和翻译开启/关闭型（translational on/off）。蓝藻中使用的许多核糖体开关是由茶碱诱导的，其中翻译开启型核糖体开关的研究相对系统。以 P_{conII} 为驱动元件，分别与 6 个茶碱诱导的翻译开启型核糖体开关（riboswitch A～F）组合，已在细长聚球藻 PCC 7942、鱼腥藻 PCC 7120、细鞘丝藻 BL 0902 和聚球藻 WHsyn 等多株蓝藻中证实了核糖体开关的重要调控作用（Nakahira et al., 2013；Ma et al., 2014）。茶碱诱导的转录开启型 theo/pbuE* 是由茶碱响应元件和腺苷酸诱导的 pbuE 组成的杂合核糖体开关，已被运用于调控鱼腥藻 PCC 7120 合成 1-丁醇（Higo and Ehira, 2019）。此外，蓝藻内源的转录关闭型钴胺素（cobalamin）核糖体开关和 2-氨基嘌呤（2-aminopurine）响应的 xpt（C74U）/metW 核糖体开关在蓝藻中也有所运用（Perez et al., 2016a；Higo et al., 2017）。

（4）核糖体调节子（riboregualtor）

核糖体调节子的作用机制是基于顺式抑制 RNA（cis-repressed RNA）和反式激活 RNA（trans-activating RNA）相互作用调节基因表达。核糖体调节子 taR*2/crR*2 已于 2014 年应用于集胞藻 PCC 6803（Abe et al., 2014），以此调节转录因子 cyAbrB2 表达时活性可提高 50 倍（Ueno et al., 2017）；而其与核糖开关调控相结合，可实现调控区间约 78 倍的上调（Sakamoto et al., 2018）。taR*2/crR*2 的升级版本 taR*2/MicFM7.4（Sakai et al., 2015）、taR*4/cr*4 和 taR*4/cr*4-AA 等在集胞藻 PCC 6803 中也有研究（Sakamoto et al., 2018），并且 taR*2/crR*2 也已应用于鱼腥藻 PCC 7120 异形胞中特异基因的表达。总之，反式激活 RNA 的稳定性和结构微调是优化核糖体调节子功能强有力的手段。

（5）绝缘子（insulator）

绝缘子可消除启动子和 RBS 的干涉效应，提高合成生物学元件的模块化性能，绝缘子自身不影响基因的表达，其作用机制是阻断其他调控元件对基因的活化或失活效应。有学者系统分析了大肠杆菌基因组上的潜在绝缘子元件，筛选获得高效的绝缘元件 RiboJ。该元件主体部分为具有催化活性的核酶（ribozyme）序列，还包含 3'发夹结构，能帮助把核糖体结合位点（RBS）中的 Shine-Dalgrano（SD）序列暴露出来（Lou et al., 2012）。RiboJ 绝缘子与改造版 RBS 的组合使用已经在许多模式蓝藻中获得验证，结果证实 RiboJ 的引入在集胞藻 PCC 6803、鱼腥藻

PCC 7120 和细鞘丝藻 BL 0902 中均可提高报告蛋白的表达量（Taton et al.，2014）。

（6）sRNA 调节工具

sRNA 调节工具位于 5′UTR 的顺式作用元件称为 RNA-IN，独立表达的反义 RNA 称为 RNA-OUT。前面已经对蓝藻内源的 asRNA 有所介绍，除此之外，人工设计的反义 RNA 在靶点基因表达调控方面的应用概述如下：在聚球藻 PCC 7120 中运用衍生自大肠杆菌的 IS10 sRNA 工具能够以严谨型模式调控基因表达（Zess et al.，2016）。在集胞藻 PCC 6803 中已经使用的 sRNA 包括源于大肠杆菌的 PTRNA （paired termini *trans*-sRNA）（Nakashima et al.，2006）和 Hfq/MicC （Na et al.，2013）。在鱼腥藻 PCC 7120 中也有运用目标特异性反义 RNA （target-specific antisense RNA，asRNA）的报道（Higo et al.，2017）。

（7）全局转录机器工程（global transcription machinery engineering，gTME）

Sigma 因子是转录机器的重要组成部分，是控制原核生物转录起始的关键调控蛋白，在面临环境胁迫和生长信号刺激时，蓝藻通常依赖 Sigma 因子启动维系代谢平衡的一系列必需基因。由于蓝藻基因组通常编码多个 Sigma 因子，代谢工程的有效实施很大程度上依赖于复杂基因调控网络的揭示和 Sigma 因子调控回路的深度表征。受蓝藻基础生物学研究的驱动，学术界对许多模式蓝藻中关键 Sigma 因子的调控机制和调控网络已有较为深刻的认识。原核微藻 Sigma 因子在转录层面的调控作用可以归纳为三个层次：Sigma 因子自身与代谢重平衡（如集胞藻 PCC 6803 中的 SigF 和鱼腥藻 PCC 7120 中的 SigJ 可调节中心碳代谢关键步骤并决定富碳化合物碳流分配）（Yoshimura et al.，2007；Flores et al.，2019）、Sigma 因子与其他因子的协同（如同时超表达集胞藻 PCC 6803 的 SigE 和 Rre37，并结合敲除乙酸激酶可显著提升琥珀酸和乳酸的产量）（Osanai et al.，2015）、Sigma 因子级联信号网络（如集胞藻 PCC 6803 中 SigB/C/D 可抑制 *sigH* 的表达，但可提高 *sigF/G/I* 的表达量）（Matsui et al.，2007）。传统的基于转录因子编码基因敲除或者过表达的策略，在提高底盘细胞抗逆性和目标产品产量的同时，常常带来细胞工厂的一些不良表型（Srivastava et al.，2021）。全局转录工程（gTME）可利用特定功能转录因子的理性改造来激活或抑制特定代谢途径中多个基因的协同表达，是一种新型的改进细胞表型的定向进化方法（Lanza and Alper，2011），在原核微藻合成生物学研究中也具有很大的应用潜力。

3. 能源产品细胞工厂

1）氢气

氢气是一种理想的清洁可再生能源，具有巨大的商业潜力，利用生物氢作为能源已经在许多领域得到应用。蓝藻光合制氢是以太阳能为能源、水为原料，通过蓝藻的光合作用及其特有的产氢酶系把水分解为氢气和氧气。其特点是催化效率高、能量消耗小。产氢酶系可分为固氮酶（nitrogenase）和氢化酶（hydrogenase）（Tamagnini et al.，2007）。氢化酶又可分为双向氢化酶（bidirectional hydrogenase）与吸氢酶（uptake hydrogenase）。光合固氮酶和氢化酶都对氧气高度敏感。提高氢化酶的氧气耐受性已成为酶改进的主要目标。目前主要使用两种靶向工程策略：①减少进入活性位点的氧气；②通过增加活性位点附近的甲硫氨酸残基出现的频率来清除氧气。固氮蓝藻使用含钼（Mo）固氮酶催化氮气还原为氨，同时形成氢气（Bothe et al.，2010）。属于五聚体 Hox 类的蓝藻双向[NiFe]-氢化酶使用 NAD(P)H/NAD(P)$^+$ 催化可逆的氢气产生/吸收，而一些藻株使用黄素氧还蛋白或铁氧还蛋白作为电子载体（Carrieri et al.，2011）。仅在氮气固定菌株中发现的蓝藻摄取[NiFe]-氢化酶，其是一种异源二聚体酶，具有约 60 kDa 的大亚基（HupL），其中包含活性位点和一个约 35 kDa 的小亚基（HupS），通过一组 FeS 簇参与电子转移。

在蓝藻中引入异源氢化酶有望提高其产氢效率。在蓝藻中实现异源氢化酶的活性表达具有一定的挑战性，因为氢化酶催化活性位点的组装需要额外的组装因子，这些组装因子对与它们共同进化的氢化酶而言通常具有特异性。与 [NiFe]-氢化酶相比，[FeFe]-氢化酶的异源表达具有更简单的成熟途径、单体和保守的结构，使[FeFe]-氢化酶在蓝藻中的异源表达更容易获得成功。来自巴氏梭菌（Clostridium pasteurianum）和莱茵衣藻（Chlamydomonas reinhardtii）的功能性[FeFe]-氢化酶已在聚球藻 PCC 7942 和集胞藻 PCC 6803 中成功表达。研究人员在聚球藻 PCC 7942 中表达来自丙酮丁醇梭菌的[FeFe]-氢化酶基因 hydA，以及组装因子 hydE、hydF 和 hydG，所得藻株在缺氧条件下的光依赖性 HydA 活性比内源性[NiFe]-氢化酶高出 500 倍以上。添加外源性铁氧还蛋白可以调节表达 HydA 氢化酶的藻株中氧化还原通量，显著提高氢气的产量（Ducat et al.，2011）。

光合自养的固氮菌可以利用细胞的内源性固氮酶光解水产生氢气。某些丝状蓝藻通过将固氮酶隔离在内部微氧的分化细胞异形胞中来保护其免受氧气的影响。在鱼腥藻 PCC 7120 中采用异形胞特异性启动子 P$_{hetN}$ 异源表达 Shewanella oneidensis MR-1 来源的[FeFe]-氢化酶操纵子，可在有氧条件下生长的鱼腥藻 PCC 7120 中检测到有活性的[FeFe]-氢化酶。结果表明，异形胞能够保护[FeFe]-氢化酶免受氧气的失活作用。在鱼腥藻 PCC 7120 的异形胞中过表达黄素二铁蛋白编码基因 flv3B 可以显著提高氢气的产量。黄素二铁蛋白的过表达有可能加速了氧气的消耗，并通过诱导双向氢化酶基因的表达，实现了氢气产量的提升（Roumezi et al.，2020）。

研究人员通过在集胞藻 PCC 6803 中构建光合系统 I-氢化酶融合系统，大幅提高了光合产氢效率。集胞藻 PCC 6803 的 NiFe 氢化酶 HoxYH 与靠近 4Fe4S 簇 F$_B$、通常向铁氧还蛋白提供电子的光系统 I 亚基 PsaD 融合，所得含有 psaD-hoxYH 的突变体在光合自养条件下生长，在厌氧条件下产生的氢气浓度可达 500 μmol/L，并且不吸收产生的氢气。数据表明，含有 psaD-hoxYH 的突变体中光合产氢很可能同时基于有氧和无氧光合作用（Appel et al.，2020）。

2）乙醇

蓝藻乙醇光合细胞工厂的开发都是通过丙酮酸脱羧酶（pyruvate decarboxylase，Pdc）-Ⅱ型乙醇脱氢酶（alcohol dehydrogenase Ⅱ，AdhⅡ）途径引入、重构和调控而实现的。其中，丙酮酸脱羧酶催化丙酮酸脱羧，生成乙醛和二氧化碳。Ⅱ型乙醇脱氢酶负责催化乙醛与乙醇之间的可逆反应。蓝藻乙醇细胞工厂最初是在聚球藻 PCC 7942 中构建的。1999 年，研究人员首次将运动发酵单胞菌（*Zymomonas mobilis*）来源的丙酮酸脱羧酶（*pdc*$_{ZM}$）-Ⅱ型乙醇脱氢酶（*adhII*$_{ZM}$）途径引入集胞藻 PCC 7942，采用 P$_{rbc}$ 启动子控制表达，在培养 28 天后工程藻株的乙醇产量为 0.23 g/L（Deng and Coleman，1999）。

2009 年，Algenol 公司采用集胞藻 PCC6803 内源的乙醇脱氢酶基因 *slr1192* 代替 *adhII*$_{ZM}$，采用铜离子诱导型的 P$_{petJ}$ 启动子控制整条途径表达，工程藻株培养 37 天后乙醇产量达到 3.6 g/L。相较于运动发酵单胞菌来源的 AdhII$_{ZM}$，Slr1192 的优势在于以乙醛和 NADPH 作为底物催化生成乙醇的活性较高，而集胞藻 PCC 6803 中 NADPH 的含量远超 AdhII$_{ZM}$ 所需的辅酶 NADH 的含量（Takahashi et al.，2008）。研究人员通过在集胞藻 PCC6803 基因组上将 P$_{rbc}$ 启动子控制的 *pdc*$_{ZM}$-*slr1192* 途径增加一个拷贝可以使乙醇产量大幅提高，培养 26 天后从 2 g/L 提高至 5.5 g/L，产率达到 212 mg/（L·d）（Gao et al.，2012a）。Algenol 公司以集胞藻 PCC 6803 为底盘细胞测定了大量不同启动子驱动 *pdc*$_{ZM}$-*slr1192* 途径的表达水平以及对乙醇合成能力的影响。其中，采用铜离子诱导型启动子 P$_{ziaA}$ 时，工程藻株经过 30 天培养，乙醇产量可达 7.1 g/L，实现了长时间内稳定的乙醇光合合成。Algenol 公司将其研发的蓝藻直接制乙醇技术（direct to ethanol technology）从实验室规模推进到中试规模，2015 年获得美国总统绿色化学挑战奖。采用该技术，每固定 1 t 二氧化碳可以生产 125 加仑（437.18 L）乙醇，每年每英亩（4046.86 m^2）可产 8000 加仑乙醇。研究人员还开发出基于微液滴的单细胞筛选平台，通过将液滴中的乙醇转化为高荧光化合物试卤灵（resorufin），用于高产乙醇的集胞藻 PCC 6803 突变株筛选（Abalde-Cela et al.，2015）。

3）丁醇

（1）1-丁醇

丁醇因为具有热值高、性能好、使用便捷等优势，可作为汽油的替代燃料。

2011 年，研究人员将经过修饰的、CoA 依赖的 1-丁醇生产途径引入到聚球藻 PCC 7942 中，首次实现了从 CO_2 生产 1-丁醇。CoA 依赖的 1-丁醇生产途径共包括 5 种酶，用于将乙酰辅酶 A 转化为 1-丁醇：①乙酰辅酶 A 乙酰转移酶（AtoB）；②3-羟基丁酰-CoA 脱氢酶（Hbd）；③巴豆酸酶（Crt）；④反式烯酰辅酶 A 还原酶（Ter）；⑤双功能醛/醇脱氢酶（AdhE2）。利用 NADH 作为还原力的齿垢密螺旋体 Ter 将巴豆酰辅酶 A 还原为丁酰辅酶 A，从而避免了使用需要梭菌铁氧还蛋白的丙酮丁醇梭菌丁酰辅酶 A 脱氢酶。添加多组氨酸标签提高了 Ter 的整体活性，并导致更高的 1-丁醇产量。去除氧气是该 1-丁醇光合合成的重要因素。

通过对集胞藻 PCC 6803 的系统模块化改造，实现了 1-丁醇的高效生物合成。首先，系统地筛选了诸如乙酰乙酰辅酶 A 合酶编码基因 *nphT7*、醇脱氢酶编码基因 *slr1192* 等 1-丁醇生物合成关键基因和途径，然后引入集胞藻 PCC 6803 中并进行重塑，优化表达单元的 5′非编码区以调节蛋白的表达水平，通过调控乙酸代谢，引入磷酸转酮酶（phosphoketolase）重新定向碳代谢流和中心代谢以增强前体供应，同时进行培养工艺优化，最终实现 4.8 g/L 的 1-丁醇积累，最大合成速率可达 302 mg/（L•d）（Liu et al.，2019a）。

（2）异丁醇

异丁醇具有高热值、易混合、高辛烷值等优势，可作为补充或替代汽油的新型生物燃料。2013 年，研究人员通过在集胞藻 PCC 6803 中表达来自 Ehrlich 途径的两个异源基因，即来自乳酸乳球菌（*Lactococcus lactis*）的 α-酮异戊酸脱羧酶（α-ketoisovalerate decarboxylase）基因 *kivd* 和乙醇脱氢酶（alcohol dehydrogenase）基因 *adhA*，成功构建了产异丁醇的工程藻株。该工程藻株可以在气密瓶中利用 50 mmol/L 碳酸氢盐生成 90 mg/L 的异丁醇，而无需任何诱导剂或抗生素来维持其异丁醇生产。葡萄糖存在的情况下，异丁醇的产量仅有少量提高（含量 114 mg/L）。基于同位素示踪分析发现，与野生型藻株相比，该突变株葡萄糖利用率显著降低，主要采用自养代谢进行生物质和异丁醇合成。由于异丁醇有细胞毒性，并且在培养过程中也可能被羟基自由基光化学降解，使用油醇（oleyl alcohol）作为溶剂原位收集异丁醇，在混养条件下异丁醇的最终含量为 298 mg/L（Varman et al.，2013）。

在产异丁醇的集胞藻 PCC 6803 突变株中，来自乳酸乳球菌的 α-酮异戊酸脱羧酶 Kivd 的异源表达导致异丁醇和 3-甲基-1-丁醇的合成。Kivd 的低活性被鉴定为异丁醇代谢途径中的瓶颈，通过将 286 位丝氨酸替换为苏氨酸（Kivd^{S286T}）来减小其底物结合袋的大小，可以提高其活性。然而，异丁醇产量仍然较低。

培养条件对集胞藻 PCC 6803 突变株中的异丁醇产量有显著影响。在中等光照强度[50 µmol photons/（m^2•s）]下生长的、用 HCl 调节 pH 的培养物显示出最高的异丁醇产量，其中第 10 天和第 40 天在三角瓶中的异丁醇产量分别为 194 mg/L 和 435 mg/L，最终累积的异丁醇达到 911 mg/L；最大产率为 43.6 mg/（L•d），出现在第 4 天和第 6 天之间。当 Kivd^{S286T} 与下游的另一个基因在单个操纵子和收敛定向操纵子中共表达时,其表达水平受到显著影响。此外,由密码子优化的 *slr1192* 编码的 Adh 的过表达,以及来自大肠杆菌的乙酰羟酸异构还原酶(acetohydroxy acid isomeroreductase,IlvC)和二羟酸脱水酶(dihydroxy acid dehydratase,IlvD)的共表达,有望进一步提高集胞藻 PCC 6803 中异丁醇的产量(Miao et al.,2018)。

4)丙烷

丙烷是液化石油气的主要成分。在集胞藻 PCC 6803 中敲除脂酰 ACP 合成酶,引入组成型启动子 P$_{trc}$ 驱动的小球藻(*Chlorella variabilis*)来源的脂肪酸光脱羧酶(fatty acid photodecarboxylase,FAP)突变体 CvFAPG462V 和脆弱拟杆菌(*Bacteroides fragilis*)来源的丁酰-ACP 硫酯酶 Tes4,经过改造的蓝藻藻株丙烷产量为 11.1 mg/(L·d)(Amer et al.,2020)。

5)脂肪族化合物

(1)脂肪酸酯

脂肪酸酯(fatty acid ester)是生物柴油的关键成分。研究人员通过对蓝藻进行遗传改造,构建细胞工厂,将二氧化碳转化为分泌到胞外的脂肪酸甲酯(fatty acid methyl ester,FAME),而不需要甲醇作为甲基供体。为了生产 FAME,脂肪酸生物合成途径的产物酰基-ACP 首先被加州月桂(*Umbellularia californica*)来源的硫酯酶'UcFatB1 转化为游离脂肪酸(free fatty acid,FFA)。接下来,通过使用来自黑腹果蝇(*Drosophila melanogaster*)的保幼激素酸-*O*-甲基转移酶(juvenile hormone acid *O*-methyltransferase,JHAMT)和 *S*-腺苷甲硫氨酸(*S*-adenosylmethionine,SAM)作为甲基供体,将 FFA 转化为相应的 FAME,并分泌到细胞外,从而允许通过溶剂覆盖进行简单的产物分离。而在传统的藻类生物柴油生产中,必须首先收获藻类生物质并进行处理,以提取甘油三酯(triacylglycerol,TAG)进行酯交换。通过优化启动子和 RBS 元件,在 10 天内产生了高达 120 mg/L 的 FAME。

对于聚球藻 PCC 7942 中的脂肪酸乙酯(fatty acid ethyl ester,FAEE)生产,首先通过引入来自运动发酵单胞菌的丙酮酸脱羧酶和乙醇脱氢酶构建乙醇生物合成途径。不动杆菌(*Acinetobacter baylyi*)来源的蜡酯合成/甘油二酯酰基转移酶(wax ester synthase/acyl-CoA:diacylglycerol acetyl transferase,WS/DGAT)AtfA 在产乙醇藻株中的进一步表达导致乙醇减少 40%,并检测到痕量的棕榈酸乙酯。通过引入构巢曲霉来源的磷酸转酮酶(phosphoketolase)和枯草芽孢杆菌来源的磷酸转乙酰酶(phosphotransacetylase)来增加乙酰辅酶 A 库和 FAEE 生产。通过培养优化,FAEE 产量最终进一步增加到 50.0 mg/g DCW(Lee et al.,2017)。考虑到乙醇副产物的出现，WS/DGAT 对底物乙醇的低特异性可能是 FAEE 生产的瓶颈。

（2）脂肪烃

由于脂肪烃生物燃料具有高能量密度、低吸湿性和低挥发性，且与现有发动机和运输设施相兼容等优点，已经成为传统石化液体燃料的最佳替代品之一。基于蓝藻作为光合能源微生物体系的优势，通过蓝藻高效定向生物合成脂肪烃，实现单一生物体内直接利用太阳能和二氧化碳高效制备新型优质生物液体燃料具有重要意义。

脂肪烃在蓝藻中广泛存在，通过代谢工程改造在多种模式蓝藻中显著提高了脂肪烃的产量。催化脂肪酸生物合成第一步的多亚基乙酰辅酶 A 羧化酶的过表达被证明是提高蓝藻脂肪烃产量的有效方法（Tan et al., 2011; Wang et al., 2013c）。通过阻断竞争途径，如聚-β-羟基丁酸（PHB）途径，也可以提高蓝藻脂肪烃的产量（Wang et al., 2013c）。脂酰 ACP 合成酶（acyl-ACP synthetase, AAS）的过表达有利于蓝藻脂肪烃的生产（Gao et al., 2012b）。因为 AAR-ADO 途径的酰基-ACP 前体主要来自 AAS 介导的游离脂肪酸（free fatty acid, FFA）的再激活，该部分游离脂肪酸来自膜脂的水解而不是脂肪酸的从头合成（Gao et al., 2012b）。因此，通过水解膜脂释放 FFA 的脂酶的过表达也有利于脂肪烃的生产（Wang et al., 2013c; Peramuna et al., 2015）。例如，通过 AAR、ADO 和脂肪酶 Npun_F5141 的过表达及高光培养，念珠藻 PCC 73102 中的十七烷产量得到显著提高，达到细胞干重（DCW）的 12.9%（Peramuna et al., 2015）。研究结果显示，在一定程度上脂肪烃生物合成基因的过表达是提高脂肪烃产量的有效方法（Xie et al., 2017）。此外，通过将脂肪烃生物合成基因插入基因组上的不同位点来增加基因的拷贝数，可以进一步提高蓝藻脂肪烃的产量（Wang et al., 2013c）。

除了上述蓝藻来源的脂肪烃生物合成途径外，三种新鉴定的脂肪酸脱羧酶在蓝藻中成功异源表达，用于将 FFA 前体转化为脂肪烃（Yunus et al., 2018; Knoot and Pakrasi, 2019），包括来自荧光假单胞菌 Pf-5 的 UndA（Rui et al., 2014）和 UndB（Rui et al., 2015），以及来自小球藻的脂肪酸光脱羧酶（FAP）（Sorigue et al., 2017）。尽管 UndA 和 UndB 与另外两种产生 1-烯烃的酶催化类似的反应，即来自聚球藻 PCC 7002 的 Ols（Mendez-Perez et al., 2011）和来自耐盐咸海鲜球菌 *Jeotgalicoccus* 的 OleT$_{JE}$（Rude et al., 2011），但它们对中等链长的 FFA（C10-C16）而不是长链底物的特异性更好。UndA 蛋白的苯丙氨酸 239 到丙氨酸突变（UndA-F239A）增加了其对长链脂肪酸的酶活性，并提高了其与蓝藻脂肪酸组合的相容性（Knoot and Pakrasi, 2019）。来自真核藻类的 FAP 介导了脂肪酸底物向脂肪烃的光驱动转化，底物链长范围很广（C12-C18），对十六酸有更高的底物特异性（Sorigue et al., 2017）。当在含有截短的大肠杆菌硫酯酶'TesA 的集胞藻 PCC 6803

的 *aas* 突变体中表达时，FAP 可以显著提高脂肪烃的产量。通过去除 FAP 的叶绿体转运肽（'FAP）、增加光照强度，脂肪烃产量进一步增加到 77.1 mg/g DCW（Yunus et al.，2018）。

6）萜类化合物

萜类化合物是自然界广泛存在的一大类异戊二烯衍生物（isoprenoid），主要从植物、微生物中分离得到。萜类通式是（C_5H_8）$_n$（n 是异戊二烯的单元数）。根据 n 的数目，萜类化合物可分为半萜（C5）、单萜（C10）、倍半萜（C15）、二萜（C20）、二倍半萜（C25）、三萜（C30）、四萜（C40）和多萜（>C40）等。萜类有着重要的生物学功能和应用价值，结构的多样性使得其成为汽油、柴油和航空燃料等的替代品。倍半萜法尼烯（farnesene）、甜没药烯（bisabolene）、单萜柠檬烯（limonene）、β-石竹烯均可作为生物燃料。

（1）法尼烯

法尼烯是一种长链碳氢化合物（$C_{15}H_{24}$），可作为航空燃料的理想替代品。研究人员报告了改造丝状蓝藻鱼腥藻 PCC 7120（*Anabaena* sp. PCC 7120）光合生产法尼烯。化学合成密码子优化的法尼烯合酶（farnesene synthase）基因在鱼腥藻 PCC 7120 中表达，使其能够通过其内源性甲基-D-赤藓糖醇-4-磷酸（methylerythritol phosphate，MEP）途径合成法尼烯。从工程蓝藻中释放的法尼烯挥发到光合反应器顶部空间，并通过在树脂柱中吸附而回收。法尼烯的最大光合生产能力为（69.1 ± 1.8）μg/（L·OD·d）。与野生型相比，产生法尼烯的蓝藻在高光下 PSⅡ活性比野生型高出 60%。

（2）甜没药烯

甜没药烯是一种倍半萜化合物，分子式是 $C_{15}H_{24}$。在集胞藻 PCC 6803 中通过天然途径关键酶的连续异源表达改善了甜没药烯的合成效率。甜没药烯合酶的表达足以完成甜没药烯的生物合成途径。来自大肠杆菌的法尼基焦磷酸合酶（farnesyl-pyrophosphate synthase）的表达并没有提升甜没药烯的产量，而通过额外过度表达 MEP 途径中 1-脱氧-D-木酮糖-5-磷酸合酶（1-deoxy-D-xylulose-5-phosphate synthase，DXS）和 IPP/DMAPP 异构酶（IPP/DMAPP isomerase，IDI）显著提高了单位细胞的产量。然而，在缺少碳源的情况下，DXS 和 IDI 的过度表达会导致显著的生长障碍。工程藻株在生长 12 天后，甜没药烯的产量达到了 9 mg/L。当培养物在高细胞密度（high cell density，HCD）系统中生长时，所有生产藻株中的甜没药烯浓度增加了一个数量级。具有改进的 MEP 途径的藻株增加量是其余工程藻株的两倍，培养 10 天后甜没药烯产量超过 180 mg/L。此外，这两种 MEP 酶的过表达避免了先前报道的、在对初级代谢有利的 HCD 条件下培养时甜没药烯产量的降低。合成途径的微调在蓝藻萜类高效合成平台的优化中扮演着重要的角色（Rodrigues and Lindberg, 2021）。

（3）柠檬烯

Kiyota 等（2014）在集胞藻 PCC 6803 中引入荆芥（*Schizonepeta tenuifolia*）来源的柠檬烯合酶（limonene synthase, lms）基因，工程藻株中柠檬烯的产量为 41 μg/（L·d）。通过过表达 MEP 途径中的 *dxs*、*crtE* 和 *ipi* 基因来增加柠檬烯合成的底物牻牛儿基焦磷酸（GPP）的供应，使得柠檬烯的产量提高了 1.4 倍。Halfmann 等（2014）在鱼腥藻 PCC 7120 中引入北美云杉（Sitka spruce）的柠檬烯合酶基因，同时引入了 DXP 操纵单元（dxs-ipphp-gpps）来过表达 MEP 途径的限速酶，工程藻株中的柠檬烯产率可达到 3.6 μg/（L·OD·h）左右。Davies 等（2014）在聚球藻 PCC 7002 中表达了留兰香（*Mentha spicata*）的柠檬烯合酶基因，得到 4 mg/L 的柠檬烯，生产过程中十二烷的覆盖可能会起到富集的作用，解除反馈抑制，使得柠檬烯的产量进一步提高。

（4）β-石竹烯

双环倍半萜类化合物 β-石竹烯是高能量密度的萜烯化合物，作为潜在的航空燃料备受瞩目。将青蒿（*Artemisia annua*）来源的 β-石竹烯合酶基因在集胞藻 PCC 6803 中表达，β-石竹烯的产量约为 4 mg/g DCW（Reinsvold et al., 2011）。在聚球藻 UTEX2973 中通过构建 β-石竹烯合成途径、优化相关关键合酶、增强前体供应等一系列策略实现了在摇瓶中约 121.22 μg/L 的 β-石竹烯的合成。在此基础上，通过培养条件的优化实现在光生物反应器中进行高密度培养，最终 β-石竹烯产量达到约 212.37 μg/L（李树斌等，2020）。

4. 面向规模化培养的合成生物学策略

1）逆境胁迫的适应

生物胁迫（生物污染）是制约户外开放条件下微藻规模化培养的瓶颈问题之一，其中浮游动物、杂菌、杂藻和病毒是微藻规模化培养中面临的主要威胁。对生物污染源与微藻之间相互作用机制的解析，有助于对生物污染的防治。研究人员通过失活 O-抗原合成相关基因对胞外脂多糖进行修饰，获得对特定的蓝藻病毒（噬藻体）免疫的鱼腥藻 PCC 7120 突变株（Xu et al., 1997）。研究人员发现，通过改变海洋聚球藻的噬藻体受体位点来限制噬藻体的吸附，同样可以赋予海洋聚球藻对噬藻体的抗性（Stoddard et al., 2007）。研究人员通过削弱脂多糖的 O-抗原合成和转运，赋予聚球藻 PCC 7942 两项适用于规模化培养的理想特性：对阿米巴变形虫（*Amoeba*）的捕食抗性和自絮凝能力（Simkovsky et al., 2012）。

　　考虑到成本等限制性因素，蓝藻的规模化培养通常在户外开放环境下开展，这就对底盘细胞的抗逆性能和鲁棒性提出了更高的要求。采用基因工程和合成生物学手段对模式藻株进行改造，有助于提升其抗逆性能。目前的改造策略主要包括两种：一是引入有效的异源抗逆元件；二是强化蓝藻自身的抗逆元件。极端微生物在长期的自然进化过程中进化出严苛环境下生长所需的各种抗逆元件和机制，将相关抗逆元件和机制引入模式蓝藻底盘细胞改善其抗逆性能已经被证实具有良好的效果。

　　盐生隐杆藻（*Aphanothece halophytica*）能够在浓度为 3 mol/L NaCl 的高渗条件下生长（Brock，1976），在该藻株中已经鉴定到了一系列在高盐条件下活跃表达的元件。其中，将盐离子从胞内泵到胞外以减轻胞内压力的 Na^+/H^+ 逆向转运蛋白由 *nhaP* 基因编码，在淡水蓝藻聚球藻 PCC 7942 中过表达该基因，获得了可以耐受 0.5 mol/L NaCl 胁迫的工程藻株，在该藻株中进一步表达大肠杆菌来源的过氧化氢酶基因 *katE*，提升了藻株在海水中生长的能力（Waditee et al.，2002；Wutipraditkul et al.，2005）。

　　甘氨酸甜菜碱的合成和积累是 *Aphanothece halophytica* 藻株中另一种重要的抵抗胞外高渗胁迫的耐盐机制。与之相比，淡水藻聚球藻 PCC 7942 和鱼腥藻 PCC 7120 则会在胞内合成并积累蔗糖或海藻糖作为相容性物质。向鱼腥藻 PCC 7120 中引入甘氨酸甜菜碱合成途径后，可以显著提升工程藻株的耐盐能力（Waditee-Sirisattha et al.，2012）。

　　在聚球藻 PCC 7942 中表达外源胁迫耐受基因可以改善其在户外胁迫条件下的抗逆性能。研究结果表明，细长嗜热聚球藻（*Thermosynechococcus elongatus*）BP-1 来源的热激蛋白编码基因 *hspA* 和 *Solanum commersonii* 来源的渗调蛋白（osmotin）编码基因的过表达显著改善了聚球藻 PCC 7942 的高温、高光和高盐耐受性，使其能够在室外海水培养条件下有效生长。抗逆性能改善的工程藻株的碳水化合物生产效率比对照藻株高 15～30 倍（Su et al.，2017）。

　　抗氧化酶的异源表达被证明是改善蓝藻抗逆性能的有效策略。在聚球藻 PCC 7942 中持续表达激烈火球菌（*Pyrococcus furiosus*）来源的超氧化物还原酶（superoxide reductase，SOR）基因，可以显著改善工程藻株氧化胁迫条件下的生长情况、增加对 PSⅡ的保护作用，并减少脂质过氧化和游离脯氨酸。除了提高细胞针对活性氧（reactive oxygen species，ROS）的解毒能力外，引入 *SOR* 基因的工程藻株还提高了对高光、紫外线、溶剂和高温的耐受性及恢复能力。通过抗氧化剂的组成型表达增强天然应激反应，有望构建总体上对非生物胁迫更具耐受性的蓝藻藻株（Kitchener and Grunden，2018）。

　　当环境条件变化时，蓝藻细胞中各种响应机制会被激发。针对此类内源性抗逆途径和机制的强化，也是改善蓝藻细胞抗逆性能的重要策略。蓝藻中具有全局性生理和代谢影响的热激蛋白系统和转录调控系统，已经被证实是提升蓝藻抗逆能力的有效靶点。

热激蛋白是细胞响应高温和其他胁迫的一类功能性蛋白质。在多种环境胁迫下，热激蛋白的表达都会上调，以缓解变性蛋白的聚集沉淀并促进新生蛋白质的正常折叠。在鱼腥藻 PCC 7120 中过表达热激蛋白 GroESL 编码基因，提高了工程藻株对高温和高盐环境下的适应能力（Chaurasia and Apte，2009）；在集胞藻 PCC 6803 中过表达热激蛋白 ClpB1 编码基因，促进了工程藻株对高温胁迫做出及时响应，存活率提高了近 20 倍。同时，过表达 ClpB1 与另一种热激蛋白 DnaK2，进一步提高了藻株的高温耐受性（Gonzalez-Esquer and Vermaas，2013）。

在蓝藻中通过引入外源/人工合成的转录因子，或者改造内源全局性转录因子来优化藻株的抗逆性能已有成功案例。集胞藻 PCC 6803 中的 Sigma 因子对藻株的温度和光照的耐受性有明显的调控作用，其中 sigB 基因编码的 Sigma 因子负责调控多种压力应激元件和途径（热激蛋白、相容性物质合成等）的表达水平（Nikkinen et al.，2012）。sigB 基因的过表达会显著提升藻株对高温、丁醇的耐受性（Kaczmarzyk et al.，2014）。在鱼腥藻 PCC 7120 中过表达 DNA 结合蛋白编码基因 all3940 赋予了工程藻株对重金属、紫外、盐、高温等多种逆境胁迫的耐受性（Narayan et al.，2016）。

聚球藻 UTEX 2973 是一株在高温高光条件下快速生长的藻株，生长代时仅为 1.5 h。而相同条件下，包括其近缘物种聚球藻 PCC 7942 在内的大多数蓝藻都不能生长。聚球藻 UTEX 2973 和聚球藻 PCC 7942 的基因组序列一致性高达 99.8%。为了鉴定决定聚球藻胁迫耐受能力的关键基因，研究人员采用了"基因互补"策略发现，所有高温、高光耐受的聚球藻 PCC 7942 突变株在其 FoF1 ATP 合成酶 α 亚基（AtpA）的 252 位氨基酸均有一个 C252Y（色氨酸到酪氨酸）的点突变。而针对该位点的饱和突变发现，将半胱氨酸（cysteine，C）突变为任何一种共轭氨基酸（苯丙氨酸、酪氨酸、组氨酸、色氨酸）都能够使得聚球藻 PCC 7942 获得高温、高光的耐受能力。通过系统的生化、生理和代谢水平研究发现，C252Y 点突变造成了 FoF1 ATP 合成酶 α 亚基蛋白水平和 FoF1 ATP 合成酶活性的显著提高，增加了胞内 ATP 水平，显著提高了胁迫条件下的光系统 II 核心 D1 蛋白的转录水平、光合放氧、线性电子传递速率，乃至糖原积累速率（Lou et al.，2018）。

2）工程过程的适配

在蓝藻的规模化培养过程中，采收环节往往需要用到离心、过滤等手段，难度较大，相应的成本也比较高。通过基因工程手段对细胞骨架蛋白和肌动蛋白等相关靶点（如 FtsZ、MreB 等）进行改造，可以有效地改变蓝藻的细胞形态，增加细胞长度（Jordan et al.，2017）。加长的细胞表现出更好的沉降性能，有利于藻细胞的采收。通过对蓝藻细胞表面进行修饰和改造，可以改善细胞的絮凝性能，或者通过特异性地吸附对藻细胞进行低成本采收。

对蓝藻细胞内的产物提取来说，通过细胞的可控裂解或者引入特异性转运蛋白，可以显著降低破碎藻细胞所需的成本。脂肪酸是合成多种生物燃料的前体。研究人员通过在蓝藻中引入镍离子诱导型启动子控制的噬菌体穿孔素-内溶素（holin-endolysin）裂解系统，成功实现了温和、可控的蓝藻细胞裂解（Liu and Curtiss，2009），从而释放出脂肪酸。为了减少镍离子对环境的影响，研究人员通过引入 CO_2 缺乏诱导型启动子控制的酯酶进一步开发了蓝藻可控裂解绿色回收系统（green-recovery）（Liu et al.，2011）。当 CO_2 供应不足时，酯酶就会被诱导表达，膜脂中的甘油二酯被酯酶降解，导致细胞裂解，脂肪酸被释放到培养基中。通过引入高温诱导型启动子控制的热稳定型脂肪酶，进一步开发了不依赖于光照的"热回收"（thermo-recovery）系统，在藻细胞浓缩后高温诱导酯酶表达，裂解细胞释放出脂肪酸（Liu and Curtiss，2012）。

4.2.3　真核能源微藻合成生物学

1. 重要底盘细胞

1）莱茵衣藻

莱茵衣藻（*Chlamydomonas reinhardtii*）属于绿藻门（Chlorophyta）衣藻科（Chlamydomonadaceae），是一种可进行光合作用的双鞭毛微藻。作为生理学和生物化学的模式物种，莱茵衣藻的研究史已逾 30 年，现已具备标准化的培养条件（Hoober，1989）、清晰的生活史（张学成等，2005）、完善的基因组信息（Merchant et al.，2007），以及多样的遗传操作方法（Hoober，1989）。莱茵衣藻在能源领域具有重要潜力：特定条件下，其含油量可达细胞干重的 20%以上，可用于生物柴油生产（Scranton et al.，2015）；通过限制硫元素供给，莱茵衣藻的产氢量可达 42 mL/（L·d），持续光-氢转化效率可达 0.1%以上（Melis et al.，2000）；此外，由于莱茵衣藻在胁迫条件下的淀粉含量大幅上升，可达 25 μg/（10^6 个细胞）以上（Torres-Romero et al.，2020），因而也被视作淀粉制乙醇产业的重要底盘细胞。莱茵衣藻属于淡水种，常用培养基为 TAP 培养基，培养温度为 22～24℃，培养光照强度为 40～60 μmol photons/（m^2·s），摇瓶或通气培养均可；此外，莱茵衣藻还可在乙酸作为碳源的情况下，进行无光异养培养（Hoober，1989）。莱茵衣藻的单倍体细胞有正、负两种配子，都可进行营养繁殖。两种配子融合可形成二倍体合子，合子可通过减数分裂产生单倍体细胞，也可通过营养分裂产生二倍体细胞（张学成等，2005）。莱茵衣藻单倍体的核基因组大小为 121 Mb，GC 含量为 64%左右，分为 17 条染色体，含有 15 000～16 000 个蛋白质编码基因，属于 1226 个基因家族。

平均每条基因含有 8.3 个外显子，内含子的平均长度为 373 bp（Merchant et al.，2007）。莱茵衣藻的叶绿体和线粒体基因组大小分别为 203 828 bp 和 15 758 bp，GC含量分别约 35%和 45%，分别编码 99 个基因和 13 个基因（Hoober 1989；Maul et al.，2002）。

基因工程技术作为合成生物学的重要基石，现已在莱茵衣藻中简单而普遍地应用：在转化技术方面，利用基因枪、电穿孔、农杆菌或玻璃珠涡旋可实现细胞核、叶绿体和线粒体基因组遗传转化（Debuchy et al.，1989；Kindle，1990；Shimogawara et al.，1998；Kumar et al.，2004）；在筛选标记方面，已开发出 *arg*7[恢复精氨酸原营养（Debuchy et al.，1989；Purton and Rochaix，1995）]、*ble*[提供博来霉素抗性（Stevens et al.，1996）]、*aph8*[提供帕罗霉素抗性（Sizova et al.，2013）]、*hyg*[提供潮霉素 B 抗性（Berthold et al.，2002）]等一系列标签。然而，莱茵衣藻遗传转化仍有不少问题需要解决，例如，叶绿体基因组的多拷贝，使其需要几轮转化及筛选才能获得纯合子（Day and Goldschmidt-Clermont，2011）；此外，核转化多导致转化片段的随机整合，从而增加了基因沉默的风险，因而必须筛选多个转化子，才能获得稳定的转化株系。

利用基因工程和合成生物学技术，目前已经可以用莱茵衣藻生产 29 种外源蛋白（Scranton et al.，2015），包括紫外线保护剂金属硫蛋白（Zhang et al.，2006）、抗体（Rasala et al.，2010）、抗癌蛋白 TNF 相关凋亡诱导配体 TRAIL（Yang et al.，2006）、别藻蓝蛋白（Su et al.，2005）和糖蛋白激素促红细胞生成素（Eichler-Stahlberg et al.，2009），以及各种疫苗（Almaraz-Delgado et al.，2014；Rasala and Mayfield，2015）。莱茵衣藻中表达的蛋白副产物还包括一系列用作饲料添加剂和人类营养补充剂的营养品，包括植酸酶、木聚糖酶和牙鲆生长激素等（Kim et al.，2002；Yoon et al.，2011）。据报道，经过基因改造，乳腺相关血清淀粉样蛋白 MAA 在莱茵衣藻中的累积量可达可溶蛋白的 5%以上（Manuell et al.，2007）。此外，通过莱茵衣藻基因工程，还可生产有机硒和类胡萝卜素等高附加值产品（Couso et al.，2011；Hou et al.，2013）。

2）三角褐指藻

三角褐指藻（*Phaeodactylum tricornutum*）属于硅藻门（Bacillariophyta）羽纹藻纲（Pennatae），有卵形、梭形、三出放射形三种形态的细胞。这三种形态的细胞在不同培养环境下可以互相转变。在正常的液体培养条件下，常见的是三出放射形细胞和梭形细胞。其中，三出放射形态的细胞有三个臂，臂长 6~8 μm。细胞中心部分有 1 个细胞核和 1~3 片黄褐色的色素体。梭形细胞长约 20 μm，有 2个略钝而弯曲的臂。卵形细胞长 8 μm，宽 3 μm，只有 1 个硅质壳面，无壳环带（梁英，1998）。除了在海洋生态中扮演关键角色以外（Bowler et al.，2010），三角褐指藻也是一种重要的实验室模式物种，此外，其户外大规模养殖的可行性也已得到证实，开放跑道池和密闭光反应器均可使用（Meiser et al.，2004；Guler et al.，2019）。三角褐指藻胞内可积累多不饱和脂肪酸、TAG、甾醇、岩藻黄素等多种高值化合物（Hamilton et al.，2015；Gao et al.，2017；D'Adamo et al.，2019），其中，在板式密闭光反应器中，三角褐指藻 UTEX 640 在高光强刺激下，其 TAG 积累量可达干重的 45%，产量可达 58.5 mg/（L·d）（Rodolfi et al.，2017），因此有发展成为生物柴油细胞工厂的巨大潜力。

　　三角褐指藻是海水种，常用培养基为 f/2 培养基，培养温度为 20～25℃，最适光照强度范围为 70～80 μmol photons/（m²·s）。除光自养之外，三角褐指藻也可以通过添加葡萄糖、乙酸、果糖或甘油实现混养，其中，甘油的混养效果最好，而且可以促进生物质、TAG 和二十碳五烯酸（eicosapentaenoic acid，EPA）的大量积累（Villanova et al.，2017）。三角褐指藻 CCAP1055/1 核基因组大小为 27.4 Mb，GC 含量约为 48%，分为 88 条染色体，含有 10 402 个蛋白编码基因（Bowler et al.，2008）。三角褐指藻的叶绿体和线粒体基因组大小分别为 117 369 bp 和 77 055 bp，GC 含量分别约为 33% 和 35%，分别编码 162 个基因和 60 个基因（Oudot-Le Secq et al.，2007；Liu et al.，2020b）。

　　三角褐指藻在基因工程中的优势在于，其 GC 含量与大多数物种相似，因此在外源蛋白表达时，可以省去密码子优化的麻烦；此外，三角褐指藻细胞较大，常用于亚细胞定位研究（Butler et al.，2020）。目前，基于电击或基因枪的细胞核与叶绿体转化方法已在三角褐指藻中建立（Xie et al.，2014；Kira et al.，2016）。在此基础上，内源启动子、模块化载体骨架、筛选标记、亚细胞定位均取得了长足发展。在三角褐指藻基因工程中，最常用的载体骨架是 pPhaT-1，含有抗博来霉素的 *sh-ble* 筛选标记，常用来进行异源或内源蛋白表达（Jeon et al.，2017）。而 pPhAP1 载体骨架可用于多种荧光蛋白（包括 LUC、GUS、GFP、YFP、CFP 等）的超表达，常被用来进行亚细胞定位（Lin et al.，2017b）。

　　3）微拟球藻

　　微拟球藻（*Nannochloropsis* sp.）是一类球形的单细胞真核微藻，曾被认为是一种海洋小球藻，Hibberd 等（1981）发现其与小球藻的叶绿素成分有显著差异，从而被独立命名为微拟球藻。微拟球藻直径 2～5 μm，既有海水种也有淡水种，营浮游生活（Hu and Gao，2003）。在分类学上，微拟球藻属于不等鞭毛门（Heterokontophyta）真眼点藻纲（Eustigmatophyceae），属内现已命名 6 个种，分别为 *N. gaditana*、*N. salina*、*N. granulata*、*N. limnetica*、*N. oceanica* 和 *N. oculata*。微拟球藻具备许多亚细胞结构，其叶绿体由 4 层生物膜包裹，表明其源于次级内共生（Reyes-Prieto et al.，2007）。在氮元素缺乏的条件下，微拟球藻的 TAG 含量可达其生物质的 60%以上（Rodolfi et al., 2009）。此外，一些微拟球藻藻株由于同时具备较快的生长速度[超过 10 g/（L·d）]，而被视为潜力巨大的生物柴油来源（Zou et al., 2000）。

目前在微拟球藻中，研究较多的是海水种微拟球藻，如海洋微拟球藻（*N. oceanica*），其常用培养基为 f/2 培养基，培养温度为 22～25℃，最适光照强度范围为 40～60 μmol photons/（m^2·s）。不同种微拟球藻的核基因组大小略有差别，大约在 30～35 Mb，GC 含量为 53%～54%，其中，海洋微拟球藻 IMET1 可分为 30 条染色体，含有 10 363 个蛋白编码基因（Wang et al., 2014a; Gong et al., 2020）。此外，微拟球藻的叶绿体和线粒体基因组大小分别为 114 867～117 806 bp 和 38 057～42 206 bp，GC 含量分别为 33%～34%和 31%～32%，其中，叶绿体基因组编码 156～160 个基因，线粒体基因组编码 63～64 个基因（Wei et al., 2013）。

在基因工程技术方面，目前多种微拟球藻种系中都已建立成熟而稳定的细胞核基因转化方法，以电击转化为主要技术（Kilian et al., 2011; Vieler et al., 2012），基因枪及农杆菌转化也有零星报道（Cha et al., 2011; Kang et al., 2015）。可使用的基因操作技术包括随机整合介导的过表达（Kang et al., 2015）与亚细胞定位（Zienkiewicz et al., 2017）、基于 RNA 干扰的基因敲低（Wei et al., 2017b）、基于同源重组或 CRISPR/Cas9 的基因敲除（Kilian et al., 2011; Wang et al., 2016）等。由于微拟球藻核基因组的遗传与复制相当稳定，因此，随机整合、RNA 干扰等技术在微拟球藻中使用时，几乎不会发生回复突变或基因丢失。除了细胞核转化之外，海洋微拟球藻 IMET1 中也报道了基于绿色荧光蛋白信号的叶绿体转化工作，表明叶绿体转化在微拟球藻中是可行的（Gan et al., 2018）。在筛选标记方面，*ble* 和 *hyg* 是微拟球藻常用的抗性筛选标签，而 *ble* 比 *hyg* 的稳定性更佳。

4）其他能源微藻

小球藻属于绿藻门（Chlorophyta）绿球藻目（Chlorococcales）小球藻科（Chlorellaceae），是一种单细胞球形微藻，我国常见的种类有蛋白核小球藻、椭圆小球藻、普通小球藻等。小球藻的特色是除光自养之外，还可以进行基于葡萄糖（约 60 g/L）的异养发酵。异养发酵时的普通小球藻（*Chlorella protothecoides*）含油量可达干重的 55%（Miao and Wu, 2004），生物质增量大于 1 g/（L·h）（Xu et al., 2006），因而是重要的能源藻种。在组学资源方面，*C. variabilis*、*C. vulgaris*、*C. sorokiniana* 的基因组序列都已公布（Blanc et al., 2010; Arriola et al., 2018; Guarnieri et al., 2018），转录组和蛋白质组也有颇多研究（Gao et al., 2014; Fan et al., 2015; Azaman et al., 2020）。

黄丝藻属于黄藻门（Xanthophyta）黄丝藻目（Heterotrichales）黄丝藻科

（Tribonemataceae）。与其他微藻不同，黄丝藻呈不分枝丝状体，在我国多有分布。黄丝藻可在工业污水中生长，常被用于环境净化（Cheng et al.，2017；Wang et al.，2019）。其中，小型黄丝藻（*Tribonema minus*）研究报道最多。在开放式跑道池培养时，其一年内平均生物质积累量可达 16 g/（m²·d）（Davis et al.，2021）。小型黄丝藻也可通过添加葡萄糖（80 g/L）实现异养（Zhou et al.，2017）。作为重要的能源微藻，小型黄丝藻的特色在于无需营养元素缺乏条件诱导，即可大量积累油脂，其含量可达干重的 50%以上（Wang et al.，2013d）。目前小型黄丝藻已完成基因组的测序与注释（Mahan et al.，2021），且有少量的转录组和代谢组研究（Wang et al.，2018b）。

布朗葡萄藻（*Botryococcus braunii*）属于绿藻门（Chlorophyta）共球藻纲（Trebouxiophyceae），是一种呈串状集落生长的淡水单细胞微藻，可细分为 A 型、B 型和 L 型 3 个亚种。布朗葡萄藻的产烃量可达细胞干重的 80%以上，且其烃的组成、结构与石油极其相似（Metzger and Largeau，2005）；此外，一些布朗葡萄藻株系可高产 TAG（Yamaguchi et al.，1987），因此，布朗葡萄藻在能源领域具有巨大潜力（Cheng et al.，2019b）。然而，相对缓慢的生长速度，阻碍了其在工业化培养中的应用（Fang et al.，2015）。为了突破该瓶颈，业界在其关键酶鉴定方面做了许多工作（Niehaus et al.，2011；Uchida et al.，2015，2018；Tsou et al.，2018）。2017 年，B 型布朗葡萄藻的基因组公布（Daniel et al. 2017），在此基础上，针对缺氮等条件刺激的布朗葡萄藻 A 型和 B 型的转录组研究也陆续有了报道（Baba et al.，2012；Ioki et al.，2012；Molnar et al.，2012；Fang et al.，2015），这些研究使业界对其产烃途径有了初步了解。

此外，斜生栅藻（*Scenedesmus obliquus*）、微茫藻（*Micractinium pusillum*）等也有成为能源微藻的潜力。虽然这些微藻均已证明大规模培养的可行性，且有较丰富的组学基础，培养工艺也各具特色，然而，它们在合成生物学中的共同瓶颈在于遗传转化体系尚未完全建立，虽然已有一些转化方法的报道（Liu et al.，2013；Shin et al.，2020；Zhang et al.，2020），但其系统化的代谢工程仍然任重道远。

2. 关键使能技术

1）重要元件的标准化

作为光合自养型细胞工厂，微藻比异养宿主如大肠杆菌和酵母具有更强的持续生产潜力。然而，要实现微藻在合成生物学中的潜力，需要使微藻更易于工程改造，关键是使用标准化的合成生物学元件。在莱茵衣藻中，Crozet 等（2018）按照标准的元件制式，克隆了 119 个已公开序列的元件，这些元件包括启动子、非编码区、终止子、标签、报告子、抗性基因和内含子。在微拟球藻中，Poliner

等（2018）综述了已在微拟球藻中应用的 13 种启动子（LDSP、β-tub、UEP、HSP、CMV35S、VCP、EF、Hsp20、Hsp70A、SQD、RiBi、TCT、ATPase）、7 种报告系统（GUS、GFP、shCP、sfCherry、YFP、CFP、LUC）、3 种标签（FLAG、HIS、MYC）和 2 种抗性基因（sh-ble、hygR）。在三角褐指藻中，常用的抗性基因是 sh-ble，启动子常来自碱性磷酸酶、硝酸还原酶、谷氨酰胺合成酶、延长因子-2 等，由于三角褐指藻细胞较大，因此各种荧光蛋白和荧光素酶的编码基因（如 LUC、GUS、GFP、YFP、CFP 等）常被用作报告基因（Butler et al., 2020）。

2）外源 DNA 的导入技术

与已经可以进行常规遗传转化的模式物种不同，真核微藻中目前可以进行稳定遗传转化的，只有莱茵衣藻、微拟球藻和 2～3 种模式硅藻。在微藻中，常用的遗传转化技术包括电穿孔法、基因枪法、玻璃珠法、农杆菌法等（Li et al., 2020）。

电穿孔法常用于莱茵衣藻和微拟球藻的细胞核转化，具有很高的转化效率，但该技术需要配备电转化仪和电击杯，成本较高，操作也比较复杂。该技术通过高强度的电场作用，在细胞膜上形成纳米级的充水空穴，瞬时提高膜通透性，从而吸收周围介质中的 DNA。主要步骤包括：①电击前基于山梨醇或甘露醇的细胞环境去离子化；②细胞与质粒的有效混合、低温（4～10℃）孵育；③高场强下的电击导入，关键参数是场强、电阻和电容，取决于胞壁结构，为了实现有效电穿孔，该场效应可造成 50% 左右的细胞死亡（即不可逆电穿孔）；④电击后的营养补给与低光复苏；⑤筛选压力下的阳性转化子遴选，常用琼脂平板筛选。

基因枪技术，又被称为生物弹道技术或微粒轰击技术，是用高压氦气或氮气加速，将包裹了 DNA 的球状金粉或者钨粉颗粒直接送入完整细胞中的一种技术。基因枪法几乎可用于所有微藻，既可进行细胞核转化，也可进行细胞器转化，是最为通用的转化方法，但该技术需要配备高压轰击枪和微粒，成本较高，操作也比较复杂。基因枪法的主要步骤包括：①子弹制备，常用子弹是包裹着 DNA 的金粉或钨粉，粒径视细胞大小而定；②藻泥制备，基因枪法常需要大量的微藻细胞堆积而成的藻泥，黏稠度以恰好能流动为宜；③基因枪轰击，关键参数是轰击压力和轰击距离，取决于细胞壁结构；④轰击后的营养补给与低光复苏；⑤筛选压力下的阳性转化子遴选，常用液体法结合琼脂平板筛选。

玻璃珠转化法操作简单，成本低，然而目前仅可用于莱茵衣藻的细胞核转化，而且需要先去除细胞壁以提高转化效率。大致步骤如下（Kindle, 1990）：取 3 mL 培养至对数中期的莱茵衣藻，12 000 r/min 离心 2 min，弃上清，用 300 μL TAP 重悬衣藻细胞，加入 3 μg 线性质粒以及 300 mg 灭菌烘干的玻璃珠，将充分振荡 30 s 后的衣藻转入 20 mL 新鲜的 TAP 中，20℃黑暗复苏过夜。复苏后衣藻离心浓缩至 150 μL，均匀涂布于含 15 μg/mL 博来霉素的 TAP 平板上，于光照培养箱中培养，温度 20℃，光照 16 h，黑暗 8 h，单藻落 2～4 周后出现。

农杆菌转化法常使用根癌农杆菌（*Agrobacterium tumefaciens*），其 Ti 质粒上有一段 T-DNA，在侵染细胞时，根癌农杆菌可将该 T-DNA 插入到微藻基因组中，由于插入位点是随机的，因此这种方法也可以用来构建随机突变体库，以鉴定未知基因的功能。目前，莱茵衣藻和微拟球藻中都已实现了农杆菌转化（Cha et al.，2011；Pratheesh et al.，2014）。其主要步骤为：①菌株准备：将携带载体的根癌农杆菌涂在 20 mg/L 利福平和 50 mg/L 卡那霉素的 LB 平板上，28℃培养 48 h 后，将单克隆挑入添加上述抗生素的 LB 中，28℃，220 r/min 孵育过夜；②诱导培养基配制：在培养基中加入 100 μmol/L 乙酰紫杉醇和 1 mmol/L 甘氨酸甜菜碱，调节 pH 至 5.2；③*vir* 基因诱导：根癌农杆菌以 4000 r/min 离心 5 min，重悬于诱导培养基中，于 25℃下以 100 r/min 孵育 4 h；④藻株准备：将微藻单克隆接种到培养基中，光照培养直到细胞密度为（1～3）×10^6 个细胞/mL 时，5000 r/min 离心 5 min 以收获藻体；⑤侵染与筛选：在含有农杆菌培养物的培养基中重悬，25℃孵育 30 min，轻轻搅拌以侵染微藻细胞，随后以 5000 r/min 的速度离心 5 min，重悬于 1 mL 液体培养基中，并涂于含有筛选压力的琼脂平板上直至克隆长出。由于农杆菌需要与微藻在淡水中共培养，因此该方法目前主要应用于淡水微藻；如果想用于海水藻的遗传转化，则需要先摸索微藻与农杆菌的共培养方法。

3）基因编辑和基因表达调控技术

遗传操作技术是合成生物学的核心技术之一，涉及的具体技术包括蛋白超表达、基因敲除、基因敲低、基因编辑等。需要注意的是，进行真核微藻的遗传操作时，最好能在具备完善的组学信息、代谢通路、标准化元件和遗传转化技术的基础上开展。

蛋白过表达技术是利用高效转录的启动子及终止子元件，实现蛋白编码基因的大量表达，该技术在表达异源蛋白时优势明显，是将其他物种的优秀性状引入微藻的利器，目前已在真核能源微藻中大量使用（Fukuda et al.，2018；Atikij et al.，2019；Chungjatupornchai et al.，2019；Li et al.，2019；Haslam et al.，2020）。由于微藻可以通过随机整合的方式，将外源 DNA 片段整合到基因组中，因此只要设计一段含有筛选标记的 DNA 序列，将其导入微藻细胞，即可通过筛选压力，得到稳定整合外源序列的藻株。随机整合技术常用的表达结构是"启动子 1-蛋白编码基因-终止子 1-启动子 2-筛选标记-终止子 2"，或者"启动子-蛋白编码基因-筛选标记-终止子"。然而，随机整合会带来内源基因沉默的风险，而且载体的表达效率也因为整合位点的不同而可能产生波动；瞬时表达虽然可避免随机整合的风险，但由于无法长期稳定表达，因而不利于表达产物的持续、大量积累。

针对上述瓶颈，业界又开发了基因敲入（knock in）技术。基因敲入是利用同源重组的原理，利用微藻基因组中的同源序列，用外源超表达序列替换原有序列，从而实现定点整合的技术，现已在莱茵衣藻、微拟球藻和细小裸藻（*Euglena gracilis*）中得到应用（Kilian et al.，2011；Shin et al.，2016；Nomura et al.，2019）。基因敲入常选取基因组中易于表达的非编码区域，这样既可进行蛋白编码基因的高效表达，又不会对内源基因表达造成影响。值得一提的是，同源重组除了用来实现基因敲入之外，也是基因敲除的利器。然而，由于大多数真核微藻是通过随机方式来整合外源序列，因此核基因组天然同源重组的效率极低（<1%），需要通过抑制随机整合的内源酶类、超表达同源重组酶类（如 Rad 系列和 Rec 系列），以及借助定点切割工具如 CRISPR 等，从而提高微藻同源重组的效率。

在进行真核微藻遗传操作时，超表达技术常用来增强基因的转录或表达，而当需要抑制基因表达时，常用的方法是基因敲除（knock out）和基因敲低（knock down）。基因敲除在此特指定点敲除，是针对序列已知的基因，通过将该基因进行移码突变或片段删除，达到抑制表达的目的。真核微藻的基因敲除可通过多种方法实现，如同源重组、锌指核酸酶（ZFN）、转录激活因子样效应物核酸酶（transcription activator-like effector nuclease，TALEN）和 CRISPR/Cas9。其中，CRISPR/Cas9 是当下最为流行的一种基因敲除及基因编辑技术，该技术中的 Cas9 蛋白在一段 RNA 指导下，能够定向寻找目标 DNA 序列，然后对该序列进行特定 DNA 修饰，具有非常精准、廉价、易于使用且功能强大的特点。CRISPR/Cas9 可以造成基因的移码突变，从而实现基因敲除。当前，基因敲除技术已在多种真核微藻中应用，包括莱茵衣藻（CRISPR/Cas9）（Baek et al.，2016；Shin et al.，2016，2019）、三角褐指藻（CRISPR/Cas9）（Serif et al.，2018；Moosburner et al.，2020）、微拟球藻（同源重组、TALEN、CRISPR/Cas9）（Wang et al.，2016；Ajjawi et al.，2017；Nobusawa et al.，2017，2019；Verruto et al.，2018；Naduthodi et al.，2019；Billey et al.，2021）、金牛鹅球藻（*Ostreococcus tauri*）（同源重组）（Lozano et al.，2014）和扁藻（*Tetraselmis* sp.）（CRISPR/Cas9）（Chang et al.，2020）。然而，由于它完全抹除了基因功能，因此基因敲除技术在进行致死基因的遗传操作及功能鉴定时，常需要提供特殊的培养条件，甚至无法得到突变株。

基因敲低技术则是通过抑制微藻内源蛋白编码基因的转录水平，实现该蛋白质的表达抑制。该技术主要用于抑制内源基因。与基因敲除相比，由于该技术不会造成转录的完全缺失，因而可用于致死基因的遗传操作。在微藻中，基因敲低主要是借助 RNA 干扰（RNA interference，RNAi）技术，该技术已在多种微藻中得以成功应用。从原理上看，RNAi 是由双链 RNA（double-stranded RNA，dsRNA）介导的同源 RNA 降解过程。外源导入的 dsRNA 会被微藻内的核酸内切酶 Dicer 切割成小干扰 RNA（small interfering RNA，siRNA），siRNA 不仅能引导 RNA 诱导的沉默复合物（RNA-induced silencing complex，RISC）切割同源单链 mRNA，而且可作为引物与靶 RNA 结合，并在 RNA 聚合酶作用下合成更多新的 dsRNA，从而使 RNAi 的作用进一步放大。在实际操作中，需要制备总长 200～250 bp 的目标基因同源序列的发夹结构，按照"启动子 1-发夹结构-终止子 1-启动子 2-筛选标记-终止子 2"的顺序构建载体，通过遗传转化实现基因敲低。目前，莱茵衣藻、微拟球藻和杜氏盐藻（*Dunaliella salina*）中都已成功应用了基于 RNAi 的基因敲低技术（Jia et al.，2009；Grewe et al.，2014；Liu et al.，2016；Wei et al.，2017b；Xin et al.，2017，2019）。然而，虽然 RNAi 具有强大的基因敲低功能，但在微藻中应用时，其波动的敲低效率，以及基于脱靶效应的干扰回复，都使该方法的稳定性和效率受到一定的影响。

基因编辑（gene editing），又称基因组编辑（genome editing），是一种能对生物体基因组特定目标基因进行精确修饰的基因工程技术。该技术利用基因工程改造的核酸酶（或称"分子剪刀"），在基因组中特定位置产生位点特异性双链断裂，诱导生物体通过非同源末端连接或同源重组来修复，这种易错修复常导致靶向突变，从而实现基因编辑。与前述超表达、基因敲除及敲低等面向整个基因的技术不同，基因编辑的对象是几十个、几个甚至单个碱基。该技术常用的工具包括同源重组和核酸酶，而核酸酶中的 ZFN、TALEN 和 CRISPR/Cas9 由于具有位点精确、操作简单、效率较高等特征，被并称为基因编辑的"三大利器"。其中，ZFN 是一类人工合成的限制性内切核酸酶，由锌指 DNA 结合域与限制性内切核酸酶的 DNA 切割域融合而成，每个锌指 DNA 结合域可以识别 9 bp 长度的特异性序列，可通过模块化组合单个锌指，来获得特异性识别足够长的 DNA 序列的锌指 DNA 结合域。由于 DNA 结合元件的相互影响，ZFN 的精确度常常不可预测。与 ZFN 相比，TALEN 是更精确、高效和特异的核酸酶，由一个包含核定位信号（nuclear localization signal，NLS）的 N 端结构域、一个包含可识别特定 DNA 序列的典型串联 TALE 重复序列的中央结构域，以及一个具有 *Fok* I 核酸内切酶功能的 C 端结构域组成，人工 TALEN 元件识别的特异性 DNA 序列长度一般为 14～20 bp。然而，TALEN 的制备成本比较昂贵，无法大规模应用。与 TALEN 相比，CRISPR/Cas9 的精确度略低，但却是最快捷、最便宜的方法，此外，CRISPR/Cas9 可以使用其约 80nt CRISPR sgRNA 直接定位不同的 DNA 序列，而 ZFN 和 TALEN 方法都需要对定位到每个 DNA 序列的蛋白质进行构建。

4）表型检测技术

随着工程藻株的生产通量越来越高，传统的表型鉴定技术已经逐渐无法满足能源微藻合成生物学的需求，此外，能源微藻中生物质积累、光合速率等也是重要的评估参数，因此高通量、高灵敏度、多表型并行检测的新技术成为当前的发展重点。比较常用的方法包括荧光激活细胞分选（fluorescence-activated cell sorting，FACS）、傅里叶变换红外光谱法（Fourier transform infrared spectroscopy，FTIR）、拉曼光谱法（Raman spectrometry）等。其中，荧光激活细胞分选是基于前述的传统荧光法，da Silva 等（2009）利用尼罗红-FACS，监测了小球藻内部脂质沿细胞周期的积累情况；Periera 等（2011）应用 BODIPY-FACS 从环境样品中分离富脂微藻，所用时间比传统筛选方法缩短了近 3 周。傅里叶变换红外光谱自2002 年开始应用于微藻细胞大分子的检测，常用来研究营养物质与细胞碳分配之间的关系（Giordano et al.，2001；Dean et al.，2010；James et al.，2011），而且可以对微藻样品中的脂质进行绝对定量（Laurens and Wolfrum，2011）。需要注意的是，FTIR 定量时，需要首先建立微藻内部大分子信息的模型，而且大多数 FTIR 检测需要先对样品进行脱水处理。

拉曼光谱是一种散射光谱，在近红外到近紫外区域的入射激光可以激发分子到其虚能态。当分子弛豫时，它会发出与入射激光不同波长的光子。入射光子和发射光子之间波长的差异（位移）称为"拉曼位移"，通常用波数表示，波数是波长的倒数。拉曼光谱检测光激发分子发出的光，每个波数移位代表一个特定分子结构的不同振动模式，因此，几乎每种分子都会产生独特的拉曼效应和拉曼位移（即"拉曼谱"）。在生物学研究中，由于拉曼光谱是活细胞中各种分子的自发光谱，因而可以快速、无创、活体检测细胞内容物，而且无须对细胞做脱水前处理，因而具有巨大的原位检测优势，鉴于此，拉曼光谱在近年来受到了广泛关注。在真核微藻中，拉曼光谱早期常用来研究光合色素（Wu et al.，1998），于 2010年首次应用于脂质检测。Samek 等（2010）利用单细胞激光俘获拉曼光谱，对几种微藻在缺氮条件下的拉曼光谱进行了研究，成功地定量了微藻细胞脂质的不饱和度和转变温度等一些对生物柴油品质鉴定相当重要的参数。至今，拉曼光谱已在多种能源微藻中建立了相对成熟的油脂检测方法（Wu et al.，2011a；Lee et al.，2013；Wang et al.，2014b），而且诞生了利用拉曼光谱对细胞中包括多糖、油脂、蛋白质等多种成分并行检测的"表型组"方法学（He et al.，2017，2019）。虽然拉曼光谱在微藻表型检测中具有显著优势，但该方法仍有很大的改进空间，如微藻自发荧光的去除、拉曼信号的增强等。

3. 能源产品细胞工厂

真核能源微藻具有生产生物柴油、氢气、萜类、燃料乙醇等的巨大潜力（Georgianna and Mayfield，2012），然而天然微藻细胞面临产品产量较低、生长速度不足、抗逆性不强等诸多问题，亟待人工改造。遗传工具和生物信息学的快速发展，促进了对真核微藻基因组的理解与改造，进而使能源微藻细胞工厂的人工构建成为可能。目前在研的能源微藻细胞工厂构建策略，主要包括优化光利用、改变碳流途径，以及提高下游的脂质、氢、萜烯及多糖产量等。

1）提高光合效率

真核微藻已经具备大型的捕光复合体（light-harvesting complex，LHC），以便最大限度地利用光能，提高光合效率。然而，在具有饱和光的人工培养条件下，虽然 LHC 中的部分多余能量可通过热传递和荧光猝灭耗散，但其他无法耗散的能量则导致直接光损伤和基于活性氧的间接光抑制。此外，由于 LHC 体积较大，因而限制了光在培养基中的有效传播，使得高密度培养无法进行。为了解决这一问题，Mussgnug 等（2007）通过 RNAi 技术，沉默了莱茵衣藻中所有 20 种 LHC 蛋白亚基，使工程株中 20 种 LHC 亚基的 mRNA 表达水平分别降为亲本的 0.1%～26%，而其叶绿素含量较亲本减少 68%。通过改造，工程株的透光率提高了 290%，而且表现出较少的荧光猝灭。此外，在强光条件下，工程株对光抑制的敏感性降低，生长速度也得以提高（Mussgnug et al.，2007）。

光损伤的主要目标之一是光系统Ⅱ（photosystem Ⅱ，PSⅡ），PSⅡ是一种多蛋白复合体，可进行光驱动的水氧化；而当光照过量时，PSⅡ中 D1 亚基的降解速度显著增加。Rea 等（2011）通过易错 PCR 耦合电离辐射突变技术，获得了强光条件下放氧量比对照高 4.5 倍的突变株。Gimpel 和 Mayfield（2013）还在莱茵衣藻中测试了一些异源的编码 D1 亚基的 *psbA* 基因，结果证明，通过在莱茵衣藻中表达其中部分 *psbA* 基因，可能有助于提高其胞内光合效率。

2）调配胞内碳流

在自养条件下生长的真核微藻中，所有新产生的、包括能源产品在内的生物质，都起源于对 CO_2 的固定。在绝大多数真核微藻中，CO_2 固定的第一步，是外源 CO_2 与 1,5-二磷酸核酮糖（ribulose-1,5-biphosphate，RuBP）在 RuBP 羧化酶/加氧酶（RuBP carboxylase/oxygenase，rubisco）的催化下发生羧化反应，生成 3-磷酸甘油酸。RuBP 随后可在卡尔文循环中再生，以继续固定 CO_2。该再生过程除了需要酶催化外，也需要大量的 ATP 和 NADPH 等能量物质，这些能量物质由光系统Ⅰ和光系统Ⅱ通过转化光能来提供（Raines，2011）。多项研究均表明，当微藻处于低浓度 CO_2、强光或高温等胁迫生境下（如沙漠环境），rubisco 是卡尔文循环驱动微藻碳流的关键环节，也是光合作用中决定碳同化速率的关键酶（Raines，2011；Ducat and Silver，2012）。虽然 rubisco 催化效率并不高，但自养真核微藻中常含有高浓度的 rubisco（可能是地球上含量最多的蛋白质），以维持稳定的 CO_2 固定速率（Whitney et al.，2011）。此外，rubisco 对氧也有亲和力，因此是真核微藻光呼吸的关键酶。莱茵衣藻由于可进行无光异养培养，因此是研究 rubisco 功能的理想材料：Genkov 等（2010）将拟南芥和向日葵的 rubisco 小亚基编码基因 *rbcS* 引入莱茵衣藻 *rbcS* 缺陷株，体外酶活反应表明工程株 rubisco 对 CO_2

的固定速率最高可上调 20%。向莱茵衣藻 rubisco 大亚基编码基因 *rbcL* 缺陷株中引入经过优化的烟草 *rbcL*，可使工程株 rubisco 对 CO_2 的固定速率上调 14%（Rebeiz et al.，2010）。此外，可根据环境培养条件调整 rubisco 丰度，以平衡胞内的能量利用和碳同化。Johnson（2011）通过在 MRL1 缺陷菌株的核基因组中表达不同水平的 rbcL mRNA 成熟因子 MRL1，从而通过结合诱导启动子，根据培养条件（如光强和 CO_2 浓度）来调节 rubisco 积累。Wei 等（2017a）通过在微拟球藻中过表达微拟球藻内源 rubisco 激活蛋白，实现了微拟球藻 rubisco 大亚基蛋白质含量提高 45%，同时突变株生长速度提高 32%，生物量积累提高 46%，油脂积累提高 41%，光合作用提高 28%。

除了 rubisco 之外，真核微藻的异养培养也是碳流优化的研究热点。异养培养的真核微藻可以达到比光自养更高的细胞密度，而且封闭发酵罐中的培养条件更易于控制。然而，有些微藻只能自养培养，即使对于一些可异养的微藻，其对有机碳源的选择也具有高度特异性，从而提高了生产成本。目前在团藻（*Volvox carteri*）、莱茵衣藻和三角褐指藻中，都尝试了导入 HUP1 己糖转运基因，以提高细胞对己糖（六碳糖）的利用能力（Hallmann and Sumper，1996；Fischer et al.，1999；Zaslavskaia et al.，2001；Doebbe et al.，2007）。然而，考虑到己糖的成本和污染风险，因此，己糖可能不是能源微藻异养的最佳选择，还需要对更廉价的有机碳源进行研究和发掘。

3）微藻生物柴油

真核微藻胞内的油脂分为两大类，即极性脂和中性脂。极性脂包括多种磷脂和糖脂，是构成各种细胞器膜及细胞质膜的主要成分。中性脂包括甘油三酯（TAG）、甘油二酯（diacylglycerol，DAG）和胆固醇等，通常是细胞在环境胁迫条件（如缺氮、高光等）下积累的产物，用于储存能量以便在条件适宜时重新支持细胞的生长和分裂。其中，TAG 是中性脂的主要成分，也是生产生物柴油的主要原料。TAG 在酸碱催化剂作用下与甲醇发生转酯化反应生成脂肪酸甲酯（生物柴油）和副产物甘油。

理论上讲，真核微藻的 TAG 代谢通路应与植物相似，主要分为脂肪酸的从头合成与 Kennedy 途径。脂肪酸生物合成以叶绿体为主要场所（Ohlrogge and Browse，1995），起始于乙酰辅酶 A，在乙酰辅酶 A 羧化酶（acetyl-CoA carboxylase，ACC）的催化下合成丙二酸单酰辅酶 A。丙二酸单酰辅酶 A 在丙二酸单酰-CoA-ACP 转酰酶（malonyl-CoA-ACP transacylase，MAT）作用下生成丙二酸单酰-ACP。其后，丙二酸单酰-ACP 通过一系列的缩合、还原、脱水、还原形成十六酯-酰基载体蛋白（palmitoyl-ACP，C16：0-ACP），该化合物随后形成甘油脂质，构成叶绿体中的类囊体和被膜，或被转运到内质网，合成 TAG 或细胞其他部位的甘油酯。

在形成甘油脂质的过程中，定位于叶绿体被膜上的脂酰-ACP 硫酯酶（acyl-ACP thioesterase，TE）将脂肪酸基团从 ACP 上释放出来，随后在脂酰辅酶 A 合成酶（acyl-CoA synthetase，ACS）的作用下，脂酰基被结合到细胞溶质中的乙酰辅酶 A 上，形成脂酰辅酶 A。三分子脂酰辅酶 A 在内质网中通过 Kennedy 途径先后结合在甘油-3-磷酸分子的 sn-1、sn-2 和 sn-3 位置生成 TAG（Kresge et al.，2005）。其中，甘油-3-磷酸脂酰转移酶（glycerol 3-phosphate acyltransferase，GPAT）和溶血磷脂酸酰基转移酶（lysophosphatidic acid acyltransferase，LPAT）分别将前两个脂酰基结合在甘油-3-磷酸分子的 sn-1 和 sn-2 位，磷脂酸酯酶（phosphatidic acid phosphatase，PAP）随后除去 sn-3 位上的磷酸基团，形成 DAG。最后，由甘油二酯酰基转移酶（diacylglycerol acyltransferase，DGAT）催化脂酰辅酶 A 和甘油二酯（DAG）形成 TAG。

在脂肪酸从头合成途径中，丙二酸单酰辅酶 A 的合成被认为是脂肪酸从头合成的限速步骤（Li-Beisson et al.，2019）。虽然通过对微藻 ACC 的改造增加油脂积累的案例较少，但 2015 年，Gomma 等（2015）在四尾栅藻中异源过表达酵母中的 ACC 实现了脂肪酸含量提高 1.6 倍。MAT 在生成丙二酸单酰-ACP 过程中发挥重要作用，最近在微藻中通过对 MAT 的改造也实现了微藻油脂含量的提高。Chen 等（2017）通过在微拟球藻内对 MAT 过表达，不仅实现了中性脂含量 31% 的提高，同时发现 MAT 过表达还可以增强光合效率和生长速度（Chen et al.，2017）。硫酯酶（TE）可以水解脂酰-ACP，释放游离脂肪酸，因此在决定脂肪酸链长方面发挥重要作用，在微藻中同样可以利用硫酯酶实现脂肪酸链长的调控（Gong et al.，2011；Radakovits et al.，2011；Lin and Lee，2017；Tan and Lee，2017）。Wang 等（2021a）在微拟球藻中利用高等植物湿地萼距花（*Cuphea palustris*）硫酯酶基因 *CpTE* 过表达，实现了 C8 和 C10 等中链脂肪酸在微拟球藻细胞中的大幅提升；利用微拟球藻内源 *NoTE1*，实现了在微拟球藻中理性调控长链和超长链脂肪酸的相对含量。Lin 等（2018）在杜氏盐藻中过表达 C14 特异性硫酯酶，实现了 C12：0 和 C14：0 分别提高 34%和 96%。

现有证据表明，Kennedy 通路的最后一步反应是该通路的限速步骤，DGAT 被认为是生物中最重要的 TAG 合成酶之一（Chen and Smith，2012）。目前共发现 3 个 DGAT 家族，分别被命名为 I 型、II 型和 III 型 DGAT。与大多高等植物、动物和真菌仅有 1～2 个 II 型 DGAT 同工酶（以下简称 DGAT2）相比，绝大多数真核微藻都拥有更多的 DGAT2（Chen and Smith，2012），这引起了业界对于微藻 DGAT2 起源、进化与功能的广泛关注。其中，微拟球藻含有多达 11 个 *DGAT2* 基因（简称 NoDGAT2）（Wang et al.，2014a），结合其多样化的上游调控因子及下游 TAG 产物，形成了独具特色的 NoDGAT2 功能调控机制。Zienkiewicz 等（2017）和 Li 等（2016b）分别在海洋微拟球藻中过表达 NoDGAT2A 和 NoDGAT2K，可使 TAG 含量较对照组分别提高 75% 和 69%。在此基础上，Xin 等（2017）发现微拟球藻中的 NoDGAT2A、2D 和 2C 分别偏好饱和、单不饱和与多不饱和的脂酰 CoA 底物；而 NoDGAT2J 和 NoDGAT2K 则分别对 EPA-CoA 和亚油酰 CoA 具有偏好性（Xin et al.，2019），并基于此提出了"真核微藻 TAG 分子理性设计"的概念。

此外，基于转录因子的微藻油脂合成代谢工程研究也有不少例子。例如，Ngan 等（2015）发现 *PSR1* 基因是莱茵衣藻细胞质中积累油脂的关键基因，对其过表达可以提高 100% 的 TAG 含量。Yamaoka 等（2019）发现莱茵衣藻中 bZIP1 转录因子可以响应内质网胁迫，在内质网胁迫条件下，bZIP1 敲低的突变株中，Ⅱ型 DGAT 基因表达量上升，TAG 含量可以提高 5.8～9.4 倍。Kwon 等（2018）在微拟球藻中发现过表达 bZIP1 转录因子可以提高 Kennedy 通路和脂肪酸合成相关的酶，进而使中性脂和总脂肪酸分别增加 33% 和 21%。Zhang 等（2022）在微拟球藻中发现了一个蓝光感应转录因子 NobZIP77。当培养环境中氮素丰富时，其会通过与目标 DNA 调控序列的结合，抑制 NoDGAT2B 等 TAG 合成酶的转录表达，从而关闭 TAG 生产线。然而，当环境中氮素耗尽时，细胞中通常吸收蓝光的叶绿素 a 会减少，导致更多蓝光进入 NobZIP77 所在的细胞核。这样，暴露在蓝光下的 NobZIP77 会从其目标 DNA 调控序列上解离，因此 NoDGAT2B 等 TAG 合成酶的转录表达被"解锁"，从而触发 TAG 的生产。

4）微藻制氢

氢气是一种新型清洁能源，与传统能源相比，氢气在燃烧时不会产生 CO_2，是燃料电池的最佳选择。莱茵衣藻在制氢工业中具有很大潜力，缺硫条件下，氢气可由莱茵衣藻自发生成，其产氢活性主要来自[FeFe]-氢化酶 HYDA1，该酶也可以通过 PS Ⅱ 电子链解耦剂 DCMU 进行体外诱导（Meuser et al.，2012）。虽然莱茵衣藻可以产氢，但在光合作用比较活跃时，其产生的氧气可使氢化酶失活，导致产氢无法持续进行。为了解决这一问题，研究者设计了二阶产氢策略，细胞首先光合生长以积累生物量，然后利用这种高生物量，在缺氧条件下生产氢气（Esquivel et al.，2011）。在代谢工程领域，通过向莱茵衣藻中引入豆科固氮根瘤菌中的豆血红蛋白，可使莱茵衣藻的产氢量增加 4 倍（Wu et al.，2011b）；Kosourov 等（2011）通过截短莱茵衣藻的光合天线，在高光缺硫条件下，使突变体的产氢量增加了 8 倍；此外，通过对微藻产氢途径进行生物信息学运算后发现，在循环电子流被抑制的条件下，微藻的产氢量可能会上升（Dal'Molin et al.，2011），该预言在高产氢突变体 *Stm6* 的表型中得到证实（Kruse et al.，2005）。因此，抑制循环电子流可能是未来微藻产氢代谢工程的重要目标。

4.2.4　总结与展望

合成生物学以工程化的理念为工业、农业、环保和医疗等领域的诸多问题提供了全新的解决途径。一方面，微藻生物能源作为一项极具发展潜力的绿色光合生物制造路线，迫切需要与合成生物学新型的理念、思路、技术和方法深度融合；另一方面，合成生物学强劲的生命力也需要在包括微藻等特色光合生物在内的能源生命体系中得以实现。下面将结合本章对原核微藻和真核微藻重要底盘细胞、使能技术、细胞工厂和面向规模化培养的合成生物学策略等层面的讨论，对未来微藻能源合成生物学的发展方向进行总结与展望。

微藻育种仍是能源微藻合成生物学发展的基石。虽然过去传统藻种选育为藻类生物技术的发展积累了丰富的种质资源，但由于技术自身缺陷（如自然育种筛选周期长、诱变育种遗传稳定性差、基因工程育种遗传改造相对单一）带来的可规模化培养藻种资源的匮乏仍是发展微藻生物能源的首要障碍。目前亟须借助合成生物学的理论、技术和方法，在可遗传改造和可规模化培养微藻种质资源发掘方面取得突破，为优质能源微藻底盘细胞的筛选和开发奠定基础。

光合微生物兼容的高效合成生物学使能工具的开发是未来发展能源微藻产业的必要条件。在遗传操作层面，需要发展更高效、便捷的微藻遗传转化方法，进一步提高微藻遗传转化效率；在合成元件鉴定和组装层面，基于微藻内源和人工设计的新型元件的筛选评价与微藻特异性元件组装系统的适配将为高效合成微藻能源产品提供新的动力；在微藻光合固碳效率层面，利用合成生物学技术对捕光天线复合体的改造和微藻光谱利用区间的拓展也是较为公认的提升藻类光合作用效率的新思路。在调控微藻细胞高氧生理特性层面，天然和智能人工抗氧化酶的筛选和构建、外源血红蛋白等抗氧化元件的引入、异形胞等具备微氧环境中特化细胞的利用将是克服微藻光合细胞工厂高效表达厌氧合成途径的重要策略。

系统生物学是未来能源微藻细胞工厂与微藻先进生物制造技术密切衔接的重要保障。包括基因组学、转录组学、蛋白质组学和代谢组学等在内的多组学方法的全面发展，从前所未有的深度和广度上揭示了微藻细胞工厂的基础生物学特征，这推动了微藻作为一个群体代谢模型的建立和优化。微藻群体微观水平的探究将为辅助微藻育种、提高太阳能转化效率、提高能源产品产量乃至设计细胞工厂的规模化培养工艺等奠定坚实基础。

此外，微藻光合细胞工厂的产业化、规模化应用，一方面，需要高效光合培养装置和微藻培养、采收、产物分离纯化等工艺的开发；另一方面，针对规模化培养和全流程工艺的要求，对微藻光合细胞工厂进行定制化设计和构建，有望实现细胞工厂与过程工程的深度融合，从而充分挖掘微藻细胞工厂合成能源产品的效能。

基金项目：国家重点研发计划"合成生物学"重点专项-2018YFA0902500；国家自然科学基金-31570068、31972853、31200001。

4.3 甲醇到生物燃料——甲醇利用微生物合成生物学

高教琪，姚伦，周雍进

中国科学院大连化学物理研究所，大连 116023

*通讯作者，Email：zhouyongjin@dicp.ac.cn

4.3.1 引言

甲醇作为重要的基础化工原料，来源稳定，价格相对低廉，可通过煤炭、天然气、生物质等原料，利用成熟技术快速、大量制备。近年来，利用 CO_2 直接加氢制备甲醇的技术也逐步成熟，有望实现甲醇的可持续供应（Shih et al.，2018）。以甲醇为原料生物合成能源和化学品有望避免"与人争粮、与粮争地"。另外，甲醇还原度高于糖类，更适合合成高还原度的能源和化学品。因此，以甲醇为原料合成生物燃料和化学品逐渐成为新的研究热点。

自然界中存在多种甲基营养（methylotrophy）微生物，能够以甲烷、甲醇、甲酸等一碳化合物为碳源和能源生长，其中，能够利用甲醇的微生物主要有甲醇细菌（如扭脱甲基杆菌和甲醇芽孢杆菌等）和甲醇酵母（如巴斯德毕赤酵母和多形汉逊酵母等），广泛分布于废水、土壤和植物表面等。甲基营养微生物能够利用自然界中产生的甲醇，主要包括植物代谢（如细胞壁合成）和植物体降解过程中产生的甲醇（Galbally and Kirstine，2002）。由于甲醇是微生物甲烷代谢的中间产物，因此甲烷氧化菌也能够利用甲醇为底物生长。

甲基营养微生物中甲醇代谢起始于甲醇的氧化生成甲醛，该反应由甲醇脱氢酶/甲醇氧化酶催化，是甲醇代谢的关键酶。目前已发现三类甲醇脱氢酶/氧化酶：①吡咯喹啉醌（pyrroloquinoline quinone，PQQ）依赖的甲醇脱氢酶（methanol dehydrogenase，MDH），该酶依赖细胞色素 c 介导电子传递；②烟酰胺腺嘌呤二核苷酸（nicotinamide adenine dinucleotide，NAD$^+$）依赖的甲醇脱氢酶；③氧依赖的醇氧化酶（alcohol oxidase，AOX），前两者存在于甲醇细菌中，氧依赖的甲醇氧化酶则存在于甲醇酵母。

甲醇代谢途径包括甲醇异化途径和同化途径。在异化途径中，甲醇被彻底氧化生成二氧化碳，为细胞提供能量；同化途径则使一碳化合物进入中心碳代谢。甲基营养微生物中主要有三条同化途径：存在于细菌的核酮糖单磷酸途径

（ribulose monophosphate pathway，RuMP）和丝氨酸循环（serine cycle），以及存在于酵母中的木酮糖单磷酸途径（xylulose monophosphate pathway，XuMP）。

此外，在遗传背景清晰的模式微生物如大肠杆菌、谷氨酸棒杆菌和酿酒酵母中重构甲醇代谢途径，构建了合成型的甲基营养微生物，成功使甲醇进入初级代谢并合成目标产物（Wang et al.，2020b）。然而，合成型甲醇营养微生物普遍面临异源甲醇代谢途径与宿主内生代谢途径不匹配、甲醇利用速率低以及菌株生长缓慢等问题。

4.3.2　甲醇细菌

1. 重要底盘细胞

1）扭脱甲基杆菌

扭脱甲基杆菌（*Methylobacterium extorquens*）最初从甲胺培养基的空气污染物中分离得到，属于革兰氏阴性 α 变形菌，是目前研究最为详细的甲醇细菌。扭脱甲基杆菌是兼性甲基营养菌，不仅能以还原性的一碳化合物（甲醇、甲胺）为底物生长，也能以乙酸、琥珀酸等二碳和多碳化合物为底物生长（Peel and Quayle，1961；Schneider et al.，2012）。扭脱甲基杆菌的基因组测序最早于 2009 年完成，其中，扭脱甲基杆菌 AM1（*M. extorquens* AM1）全基因组大小为 6.88 Mb，包括一个 5.51 Mb 的环状染色体 DNA、一个 1.26 Mb 的巨型质粒（megaplasmid）以及三个普通质粒；扭脱甲基杆菌 DM4（*M. extorquens* DM4）全基因组大小 6.12 Mb，包括一个 5.94 Mb 的环状染色体 DNA 和两个普通质粒（Vuilleumier et al.，2009）。目前已经完成了多株扭脱甲基杆菌的基因组测序（Marx et al.，2012；Vuilleumier et al.，2009）（表 4-4）。

表 4-4　扭脱甲基杆菌不同菌株及其基因组信息

菌株	分离地点	C1 底物	基因组
AM1	甲胺培养基的空气污染物（Peel and Quayle，1961）	甲醇、甲胺	染色体：5.51 Mb 巨型质粒：1.26 Mb 质粒：44 kb，38 kb，25 kb（Vuilleumier et al.，2009）
DM4	卤代烃污染物处理工厂的土壤中（Gälli and Leisinger，1985）	甲醇、二氯甲烷（Kohler-Staub et al.，1986）	染色体：5.94 Mb 质粒：140 kb，39 kb（Vuilleumier et al.，2009）
PA1	拟南芥叶际（Knief et al.，2010）	甲醇、甲胺（Knief et al.，2010）	染色体：5.47 Mb（Marx et al.，2012）
CM4	石油化工厂的土壤中（Doronina et al.，1996）	甲醇、甲胺、氯甲烷（Doronina et al.，1996）	染色体：5.78 Mb 质粒：380 kb，23 kb（Marx et al.，2012）
BJ001	杨树（*Populus deltoides × nigra* DN34）的内生菌（Van Aken et al.，2004）	甲醇、甲胺（Van Aken et al.，2004）	染色体：5.8 Mb 质粒：25 kb，23 kb（Marx et al.，2012）

扭脱甲基杆菌利用 PQQ 依赖型的甲醇脱氢酶氧化甲醇,其甲醇氧化过程在细胞周质空间进行。细胞中含有两类甲醇脱氢酶:一类为依赖钙离子的甲醇脱氢酶(MxaFI),其是异四聚体($\alpha_2\beta_2$),包含两个大的催化亚基(α 亚基,MxaF)和两个小亚基(β 亚基,MxaI),两个活性中心分别结合一分子 PQQ 和一分子钙离子;另一类为近年来发现的依赖镧系金属的甲醇脱氢酶(XoxF),其为同型二聚体,活性中心结合镧系金属离子(Good et al.,2016)。扭脱甲基杆菌基因组含有一个 MxaFI 基因(*mxaFI*)和两个 XoxF 基因(*xoxF1* 和 *xoxF2*),其中,XoxF1 在扭脱甲基杆菌中起主要催化作用。此外,还在扭脱甲基杆菌中发现了一个在甲醇氧化中起辅助作用的、依赖镧系金属的甲醇脱氢酶 ExaF(Good et al.,2016)。

扭脱甲基杆菌利用丝氨酸循环途径同化甲醇,丝氨酸循环起始于亚甲基四氢叶酸(methylene-H_4F)与甘氨酸缩合形成丝氨酸,该步骤由丝氨酸羟甲基转移酶(serine hydroxymethyltransferase)催化。丝氨酸经过多步反应生成乙醛酸和乙酰辅酶 A,乙醛酸用于甘氨酸再生(图 4-15),而乙酰辅酶 A 通过乙基丙二酰辅酶 A 途径(ethylmalonyl-CoA pathway,EMCP)被细胞利用。丝氨酸循环与细胞中的多个反应(如糖异生途径、三羧酸循环等)偶联,其调控机制也相对复杂。

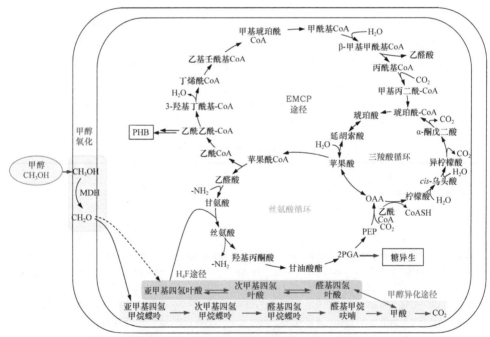

图 4-15　扭脱甲基杆菌的甲醇代谢途径(Ochsner et al.,2015)

MDH,甲醇脱氢酶;2PGA,2-磷酸甘油酸;PEP,磷酸烯醇式丙酮酸;OAA,草酰乙酸;
EMCP,乙基丙二酰辅酶 A 途径

2）甲醇芽孢杆菌

甲醇芽孢杆菌（*Bacillus methanolicus*）为革兰氏阳性甲基营养菌。其中，菌株 MGA3 由淡水沼泽地土壤中分离得到。甲醇芽孢杆菌是嗜热菌，能够在 37～65℃条件下生长，最适生长温度为 50～53℃（Schendel et al.，1990）。MGA3 和 PB1 是两种最常用的野生型菌株，基因组测序于 2012 年完成，二者均含有一个环状染色体（3.4 Mb）。此外，菌株 MGA3 含有两个质粒（pBM19 和 pBM69），而 PB1 只含有一个质粒（pBM20）（Heggeset et al.，2012）。甲醇芽孢杆菌为兼性甲基营养菌，能够利用甲醇、甘露醇、葡萄糖、阿拉伯糖醇等为底物生长（Delepine et al.，2020）。甲醇芽孢杆菌具有很强的氨基酸合成能力，例如，野生型菌株 MGA3 在以甲醇为碳源条件下，能够合成 0.4 g/L 的 L-赖氨酸、12 g/L 的 L-丙氨酸以及 60 g/L 的 L-谷氨酸等（Brautaset et al.，2010）。

甲醇芽孢杆菌编码 NAD^+ 依赖的甲醇脱氢酶。不同于扭脱甲基杆菌，该酶位于细胞质中。菌株 MGA3 和 PB1 的基因组中均含有三个甲醇脱氢酶基因，两个位于染色体上，一个位于质粒上。研究发现，甲醇芽孢杆菌中还存在甲醇脱氢酶激活蛋白（activator protein，ACT），ACT 属于 Nudix 水解酶家族，能够将烟酰胺单核苷酸（NMN）从 NAD 辅因子上水解下来，从而改变甲醇脱氢酶的催化机制（Kloosterman et al.，2002）。体外实验表明，该激活蛋白能够大幅提高甲醇脱氢酶的催化活性（达 40 倍）（Arfman et al.，1991）。

甲醇芽孢杆菌通过核酮糖单磷酸途径（RuMP）进行一碳同化，可分为固定、水解和重排三个过程。在固定过程中，甲醛与 5-磷酸核酮糖（ribulose 5-phosphate，Ru5P）在 3-己酮糖-6-磷酸合酶的催化下缩合形成 6-磷酸己酮糖（hexulose 6-phosphate，H6P）；在水解过程中，果糖-6-磷酸（fructose 6-phosphate，F6P）在磷酸果糖激酶（phosphofructokinase，PFK）催化下形成 1,6-二磷酸果糖（fructose 1,6-bisphosphate，FBP），进而分解形成 3-磷酸甘油醛（glyceraldehyde 3-phosphate，GAP）和磷酸二羟丙酮（dihydroxyacetone phosphate，DHAP）；在重排过程中，果糖-6-磷酸和磷酸丙糖重新形成 5-磷酸核酮糖，用于甲醛同化（图 4-16）（Pfeifenschneider et al.，2020）。

2. 关键使能技术

1）遗传操作工具

甲醇细菌尤其是在模式菌扭脱甲基杆菌中，已建立了较为完善的遗传操作体系，包括基因表达、基因敲除、转座子突变，以及基于 CRISPR/Cas9 的基因编辑和基因调控等工具（表 4-5），为甲醇细菌的深入研究和开发利用奠定了基础。

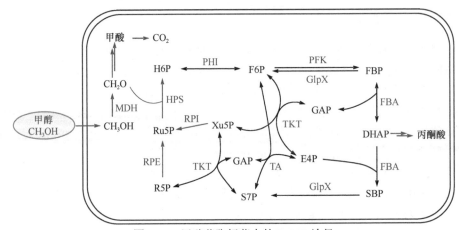

图 4-16 甲醇芽孢杆菌中的 RuMP 途径

H6P，6-磷酸己酮糖；F6P，果糖-6-磷酸；FBP，1,6-二磷酸果糖；DHAP，磷酸二羟丙酮；SBP，景天庚酮糖-1, 7-
二磷酸；S7P，景天庚酮糖-7-磷酸；R5P，核糖-5-磷酸；E4P，赤藓糖 4-磷酸；GAP，3-磷酸甘油醛；Xu5P，木酮
糖-5-磷酸；Ru5P，核酮糖-5-磷酸；MDH，甲醇脱氢酶；PHI，6-磷酸-3-己酮糖异构酶；PFK，磷酸果糖激酶；GlpX，
果糖-1,6-二磷酸酶；FBA，果糖 1,6-二磷酸醛缩酶；TA，转醛醇酶；TKT，转酮酶；RPE，核酮糖 5-磷酸 3-表异构
酶；RPI，核糖-5-磷酸异构酶；HPS，3-己酮糖-6-磷酸合酶

表 4-5　甲醇细菌的遗传操作工具（修改自 Ochsner et al.，2015）

	遗传操作工具	备注	参考文献
启动子	P_{mxaF}/P_{lac}	pCM80（TetR），pCM160（KanR）IncP oriV，oriT	Marx and Lidstrom，2001
	Methylobricks（P_{mxaF}），P_{fumC}，P_{coxB}，P_{tuf}	pCM80（TetR、KanR）来源	Schada von Borzyskowski et al.，2015
	苯甲酸异丙酯诱导的 P_{mxaF}	调节蛋白基因 cymR 位于染色体或质粒表达	Choi et al.，2006；Chou and Marx，2012
	苯甲酸异丙酯/脱水四环素诱导的 P_R	pLC290，pLC291	Chubiz et al.，2013
	苯甲酸异丙酯诱导的 Psyn2	pQ2148，严谨调控的启动子	Kaczmarczyk et al.，2013
	PL-lacO、PL/O4、PL/O4/O3、PL/O4/A1 等	启动子文库，IPTG 诱导	Carrillo et al.，2019
自主复制质粒	pRK310、pDN19、pCM51、pCM62、pCM66、pCM130、pCM132	穿梭质粒在大肠杆菌、扭脱甲基杆菌中自主复制	Ditta et al.，1985；Marx and Lidstrom，2001
	pHCMC04、pNW33N	穿梭质粒，在大肠杆菌、甲醇芽孢杆菌中自主复制	Nguyen et al.，2005；Nilasari et al.，2012
	pCM80、pCM160	扭脱甲基杆菌基因表达载体	Brautaset et al.，2010；Marx and Lidstrom，2001
	pHP13，pTH1mp-lysC	甲醇芽孢杆菌表达载体	Cue et al.，1997
	pCM168/pCM172	整合外源基因至扭脱甲基杆菌基因组 katA 位点	Marx and Lidstrom，2001
	Nham-3、Mex-DM4、Mrad-JCM	自主复制微小染色体	Carrillo et al.，2019

续表

	遗传操作工具	备注	参考文献
转座子质粒	pCM639	Tn5 转座子 IsphoA/hah-Tc	Marx et al.，2003
	pAlmar3	Mariner 转座子	Metzger et al.，2013
基因定点敲除载体	pAYC61	自杀质粒载体	Chistoserdov et al.，1994
	pCM184	Cre/loxP 系统，无标签基因敲除	Marx and Lidstrom，2002
	pCM433	依赖 SacB 系统的基因敲除	Marx，2008
CRISPR 系统	CRISPRi	基于 CRISPR/dCas9 的基因转录抑制	Mo et al.，2020；Schultenkämper et al.，2019
	CRISPR/Cas9	基于 CRISPR/Cas9 的基因编辑	Tapscott et al.，2019

2）酶的筛选与改造

研究开发更高效的催化酶系是构建微生物细胞工厂合成能源和化学品的重要研究内容。甲醇细菌中甲醇脱氢酶是甲醇代谢途径的关键限速酶，该酶催化甲醇代谢的第一步反应，即甲醇氧化生成甲醛。因此，许多研究聚焦于挖掘和改造甲醇脱氢酶（凡立稳等，2021）。

根据电子受体的不同，甲醇脱氢酶可分为三类：吡咯喹啉醌（PQQ）依赖型、烟酰胺腺嘌呤双核苷酸（NAD）依赖型和氧依赖型的甲醇脱氢酶。此外，非天然甲基营养菌中存在的某些醇脱氢酶也能催化甲醇氧化生成甲醛（表 4-6），一些醇脱氢酶的催化性能甚至优于天然甲醇细菌来源的甲醇脱氢酶，这些醇脱氢酶被广泛用于构建合成型甲基营养菌（Wang et al.，2020b）。

表 4-6　不同来源甲醇脱氢酶及其特点

甲醇脱氢酶		来源宿主	特点	参考文献
甲基营养菌的甲醇脱氢酶	PQQ 依赖型	革兰氏阴性甲基营养菌（扭脱甲基杆菌等）	存在于细胞周质空间，通过 PQQ 捕获电子，对甲醇的亲和力及催化效率较高	Day and Anthony，1990；Schmidt et al.，2010
	NAD⁺依赖型	嗜热型革兰氏阳性菌（甲醇芽孢杆菌）	存在于细胞质中，以 NAD⁺为电子受体，耐高温，对甲醇的亲和性较低	Krog et al.，2013
	氧依赖型醇氧化酶（AOX）	甲醇酵母（巴斯德毕赤酵母、汉逊酵母）	存在于过氧化物酶体中，以氧为电子受体，生成过氧化氢	Cregg et al.，1989；Shleev et al.，2006
非甲基营养菌的醇脱氢酶	NAD⁺依赖型	嗜热脂肪芽孢杆菌	较高的底物亲和性和催化活性	Sheehan et al.，1988
	NAD⁺依赖型	谷氨酸棒杆菌	依赖锌离子，底物谱较广	Witthoff et al.，2013
	NAD⁺依赖型	钩虫贪铜菌	对 ACT 不敏感，底物谱较广，对甲醇的亲和力较低	Wu et al.，2016
	NAD⁺依赖型	解木糖赖氨酸芽孢杆菌	无须 ACT 激活，其最适反应条件为 pH 9.5 和 55℃	Lee et al.，2020

定向进化是甲醇脱氢酶改造的主要手段。Wu 等（2016）对来源于钩虫贪铜菌（*Cupriavidus necator*）的甲醇脱氢酶进行定点饱和突变和高通量筛选，获得了对甲醇亲和性大幅度提高，而对其他长链醇亲和性显著降低的突变体，其催化甲醇氧化的 k_{cat}/K_m 值提高了 6 倍。Woolston 等（2018b）通过利用大肠杆菌的甲醛响应启动子 P_{frm} 及其调节蛋白 FrmR 构建了胞内甲醛响应系统；Roth 等（2019）利用该系统开发了噬菌体辅助的非连续进化技术，利用该技术对甲醇芽孢杆菌的甲醇脱氢酶 2（Mdh2）进行定向进化和筛选，使酶的最大反应速率 V_{max} 提高了 3.5 倍。与此同时，来源于不同甲基营养菌的多个甲醇脱氢酶的晶体结构也已经被解析（Cao et al.，2018；Culpepper and Rosenzweig，2014；Deng et al.，2018），为甲醇脱氢酶的理性改造奠定了基础。

利用 DNA 支架、蛋白支架、连接肽、配体-受体相互作用等将反应途径中的多个酶组装成多酶复合体，能够产生底物通道效应（substrate channeling），减少反应中间物的扩散，从而获得高效催化特性。Price 等（2016）利用 SH3 结构域及其配体分别与甲醇脱氢酶（MDH）、6-磷酸己酮糖合成酶（Hps）以及 6-磷酸己酮糖异构酶（Phi）融合，构建了包括三个酶的多酶复合体，大幅提高了以甲醇和核酮糖 5-磷酸为底物时果糖-6-磷酸的合成。Fan 等（2018）利用柔性连接肽将嗜热脂肪芽孢杆菌（*B. stearothermophilus*）的甲醇脱氢酶与来源于甲醇芽孢杆菌的 3-己酮糖-6-磷酸合成酶及 6-磷酸-3-己酮糖异构酶进行融合表达，形成多酶复合体后显著提高了甲醇氧化及果糖-6-磷酸的合成效率。

3）实验室适应性进化

微生物代谢和调控网络极为复杂，一方面使得人工理性设计和改造难以获得预期表型，另一方面使微生物细胞在各种环境条件下都具有很强的适应性。因此，适应性进化在构建稳定的微生物细胞工厂、提高细胞性状过程中发挥重要作用，这对于遗传背景不甚清晰的甲醇细菌尤为重要。

扭脱甲基杆菌正常培养条件下的甲醇浓度一般不超过 1%（*V/V*），Belkhelfa 等（2019）运用实验室适应性进化大幅提升了扭脱甲基杆菌的甲醇耐受性，使其能够在高浓度（10%，*V/V*）的甲醇培养基中稳定生长，该菌株在低浓度甲醇培养基中（1%，*V/V*）也能够比原始菌株产生更多的生物量。作者通过基因组测序发现 *metY* 基因是该菌株的常见突变位点，*metY* 编码 O-乙酰基-L-高丝氨酸巯基化酶，在高浓度甲醇条件下催化甲醇生成甲硫氨酸类似物甲氧嘧啶，该基因突变导致其编码的酶失去催化活性，在高浓度的甲醇条件下无法合成有毒物甲氧嘧啶，从而解除了高浓度甲醇对细胞的毒性。此外，转录组测序结果表明，进化菌株在高浓度甲醇培养基中细胞的伴侣蛋白（chaperonin）和蛋白酶表达量显著上调，显示细胞通过这两类蛋白质的过表达来应对高浓度甲醇条件下合成的非正常蛋白（Belkhelfa et al.，2019）。

另外，适应性进化也是解决高浓度产物对细胞毒害作用的有效方法之一。青岛农业大学杨松团队通过实验室适应性进化筛选到能够耐受较高浓度目标产物（正丁醇，0.5%）的突变株（BHBT3 和 BHBT5），研究发现，突变株的 *kefB* 基因（编码 K^+/H^+ 逆向转运蛋白）发生突变，导致细胞的丁醇耐受性提高。该研究结果为提高细胞产物耐受性提供了解决思路（Hu et al.，2016）。

4）系统生物学研究

随着 DNA 高通量测序和质谱等组学技术的发展，多种组学数据大量涌现，对生命过程的认识进入了数据化和系统化时代。系统生物学研究同样也在甲醇细菌中广泛开展，包括基因组、转录组、蛋白质组、代谢物组、代谢流组等多种组学研究，以及基于此建立的全基因组规模的代谢网络模型、代谢动力学模型等，并应用于甲醇细胞工厂的整体设计、改造和优化。近年来甲醇细菌相关的系统生物学研究见表 4-7。

表 4-7　甲醇细菌的系统生物学研究

组学研究	菌株	研究内容	参考文献
基因组	*Methylobacterium extorquens* AM1，*M. extorquens* DM4	全基因组测序，基因组比较研究	Vuilleumier et al.，2009
	M. extorquens PA1，*M. extorquens* CM4，*M. extorquens* BJ001，*M. radiotolerans* strain JCM 2831，*Methylobacterium* sp. strain 4-46，*M. nodulans* strain ORS 2060	全基因组测序	Marx et al.，2012
转录组	*M. extorquens* AM1	DNA 微阵列技术分析转录组	Okubo et al.，2007
	Bacillus methanolicus MGA3	转录组分析，用于功能基因注释，发掘操纵子、转录起始位点等	Irla et al.，2015
蛋白质组	*M. extorquens* AM1	甲醇和非甲醇为底物生长条件下蛋白质组比较分析	Bosch et al.，2008；Laukel et al.，2004
	B. methanolicus MGA3	不同碳源（甲醇或甘露醇）和温度（50℃和37℃）条件下的比较蛋白质组分析	Müller et al.，2014
代谢物组	*M. extorquens* AM1	甲醇和琥珀酸为底物条件下的代谢物组分析及其比较研究	Guo and Lidstrom，2008
	M. extorquens AM1	细胞定量代谢物组	Kiefer et al.，2008
	M. extorquens AM1	甲醇生长条件下乙醛酸合成代谢分析	Peyraud et al.，2009
	M. extorquens AM1	甲醇生长条件下代谢物鉴定分析	Yang et al.，2013
	B. methanolicus MGA3	定量代谢物组	Carnicer et al.，2016
代谢流组	*M. extorquens* AM1	甲醇代谢的碳代谢流组分析（^{13}C 标记）	Peyraud et al.，2011；Van Dien et al.，2003

续表

组学研究	菌株	研究内容	参考文献
代谢流组	*B. methanolicus* MGA3	不同底物（甲醇、甘露醇或阿拉伯醇）条件下 ^{13}C 代谢流比较分析	Delepine et al.，2020
基因组代谢网络模型	*M. extorquens* AM1	构建基因组模型（1139 个反应，977 个代谢物）	Peyraud et al.，2011
代谢动力学模型	*M. extorquens* AM1	构建中心代谢网络的动力学模型	Ao et al.，2008

5）突变体文库和高通量筛选技术

随着 DNA 微阵列、高通量测序、微流控等技术的发展，构建全基因组文库，在全基因组范围进行基因筛选和功能研究，发掘新的功能基因或特异性遗传位点，筛选具有特定性状微生物突变体，极大地加快了构建微生物细胞工厂的研究和应用（Mutalik et al.，2019；Yao et al.，2020）。

细菌中常用的全基因组文库技术主要有转座子突变文库、CRISPR 敲除文库、CRISPRi 转录抑制文库和基因组过表达文库等。Ochsner 等（2017）构建了扭脱甲基杆菌的转座子突变文库，将文库分别在甲醇和琥珀酸为碳源条件下进行大规模筛选，发现细胞中有 590 个基因在两种碳源条件下均为必需基因，同时鉴定了 147 个甲醇代谢特异性基因和 76 个琥珀酸代谢特异性基因，其中有 95 个甲醇代谢特异性基因为首次鉴定的甲醇代谢必需基因。该研究还表明扭脱甲基杆菌中磷酸核糖激酶能够调节细胞中 1,5-二磷酸核酮糖的水平，进而诱导甲醇同化途径，在甲醇代谢过程中起关键调控作用。清华大学张翀团队在扭脱甲基杆菌细胞中建立了甲羟戊酸生物传感器，利用该传感器对甲醇代谢的关键调控因子 QscR 的突变文库进行大规模筛选，得到的 QscR 突变体（T61S，N72Y，E160V）能显著上调细胞中延胡索酸酶基因（*fumC*）的表达，NADPH 合成也显著提高，进而推动细胞中甲羟戊酸的合成（Liang et al.，2017），实现了对中心碳代谢重编程。

3. 能源产品细胞工厂

通过代谢工程改造，已在甲醇细菌中实现了甲醇到多种能源和化学品的生物转化，主要包括聚羟基脂肪酸酯类化合物（polyhydroxgalkanoates，PHA）、氨基酸及其衍生物、有机酸类化合物，以及各种精细化学品等（Zhang et al.，2018）。

扭脱甲基杆菌是研究甲醇代谢的模式微生物，其代谢和调控网络也相对清晰，是应用最广泛的甲醇细菌，对其进行改造已实现了多种化合物的合成（表 4-8）。例如，清华大学张翀团队在扭脱甲基杆菌中构建甲羟戊酸合成途径，通过调控细胞中心代谢途径（丝氨酸循环）增加乙酰辅酶 A 的供给，使甲醇代谢流向产物合成途径，显著提高了甲羟戊酸的产量，实现了以甲醇为底物高效合成甲羟戊酸（2.7 g/L）

（Liang et al.，2017）。Sonntag 等（2015）在扭脱甲基杆菌中引入 α-葎草烯合酶，并通过强化前体法尼基焦磷酸的合成，实现了以甲醇为底物的倍半萜 α-葎草烯的从头合成（1.7 g/L）。Rohde 等（2017）利用细胞的 PHB 途径，通过表达高效酰基辅酶 A 变位酶，实现了以甲醇为底物的 2-羟基异丁酸生物合成（2.1 g/L）。

表 4-8　甲醇细菌合成各种能源化学品

化学品	产量	得率/ （g/g 甲醇）	宿主	参考文献
甲羟戊酸	2.67 g/L	0.085 g/g	*M. extorquens* AM1	Liang et al.，2017
	2.22 g/L	0.028 g/g	*M. extorquens* AM1	Zhu et al.，2016
2-羟基异丁酸	2.1 g/L	0.027 g/g	*M. extorquens* AM1	Rohde et al.，2017
3-羟基丙酸	0.07 g/L	—	*M. extorquens* AM1	Yang et al.，2017
中康酸	0.07 g/L	0.018 g/g	*M. extorquens* AM1	Sonntag et al.，2014
衣康酸	31.6 mg/L	—	*M. extorquens* AM1	Lim et al.，2019
（2*S*）-甲基琥珀酸	0.06 g/L	0.015 g/g	*M. extorquens* AM1	Sonntag et al.，2014
正丁醇	15.2 mg/L	（乙胺为底物）	*M. extorquens* AM1	Hu and Lidstrom，2014
	25.5 mg/L	（乙胺为底物）	*M. extorquens* AM1	Hu et al.，2016
α-蛇麻烯	1.65 g/L	0.031 g/g	*M. extorquens* AM1	Sonntag et al.，2015
尸胺	11.3 g/L	—	*B. methanolicus* MGA3	Naerdal et al.，2015
乙偶姻	0.42 g/L	0.07 g/g	*B. methanolicus* MGA3	Drejer et al.，2020

甲醇芽孢杆菌具有很强的氨基酸合成能力，因此主要用来合成各种氨基酸（Brautaset et al.，2010；Heggeset et al.，2012），对其进行代谢工程改造合成能源产品的研究相对较少。Drejer 等（2020）通过在甲醇芽孢杆菌 MGA3 中表达乙偶姻合成途径的两个酶——乙酰乳酸合成酶和乙酰乳酸脱羧酶，实现了甲醇到乙偶姻的合成（0.26 g/L），进一步表达苹果酸脱氢酶和异柠檬酸裂解酶以增加丙酮酸供给，使乙偶姻产量提高了 1.6 倍（0.42 g/L，得率 0.07 g/g 甲醇）。由于甲醇芽孢杆菌最适培养温度为 50～53℃，因此，应用甲醇芽孢杆菌为底盘细胞构建细胞工厂时，需要解决外源催化酶的最适催化温度与甲醇芽孢杆菌最适生长温度不匹配的问题。

4.3.3　甲醇酵母

1. 重要底盘细胞

1）甲醇代谢途径

甲醇酵母主要是指自然界中存在的一类可以天然利用甲醇和甲醛等的真核微生物，广泛分布在腐殖土、蔬菜水果、树木和树皮渗出物中（Craveri et al.，1976）。甲醇酵母种类多样性较为丰富，包括汉逊酵母属（*Hansenula*）、假丝酵母属

（*Candida*）、毕赤酵母属（*Pichia*）和球拟酵母属（*Torulopsis*）等多个种属，它们具有相似的甲醇同化和异化途径。

区别于甲基营养型细菌，甲醇酵母在过氧化物酶体中进行甲醇代谢，区室化隔离极大地降低了甲醛对细胞的损伤作用，也使甲醇酵母有更快的生长速率和更高的甲醇耐受能力（图 4-17）（Negruta et al.，2010）。因此，甲醇酵母也成为研究过氧化物酶体合成、组装和降解过程的模式菌株（Sakai et al.，1998）。总体来说，甲醇进入过氧化物酶体后，首先被醇氧化酶（AOX）氧化形成甲醛和过氧化氢。过氧化氢被过氧化氢酶分解成水和氧气，而甲醛分别经过同化与异化过程，为细胞提供碳源和能量。

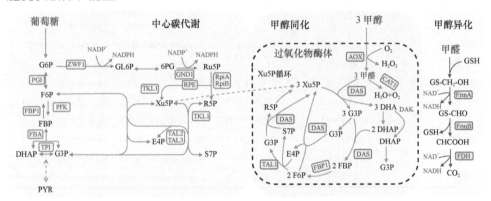

图 4-17　甲醇酵母中心碳代谢途径

G6P，葡萄糖-6-磷酸；F6P，果糖-6-磷酸；FBP，1,6-二磷酸果糖；DHAP，磷酸二羟丙酮；G3P，3-磷酸甘油醛；PYR，丙酮酸；GL6P，磷酸葡萄糖酸-δ-内酯；6PG，磷酸葡萄糖酸；Ru5P，核酮糖-5-磷酸；R5P，核糖-5-磷酸；Xu5P，木酮糖-5-磷酸；E4P，赤藓糖-4-磷酸；S7P，景天庚酮糖-7-磷酸；DHA，二羟丙酮；GSH，谷胱甘肽；GS-CH₂-OH，羟甲基谷胱甘肽；GS-CHO，甲酰谷胱甘肽；PGI，磷酸葡萄糖异构酶；PFK，磷酸果糖激酶；FBP1，果糖-1,6-二磷酸酶；FBA，醛缩酶；TPI，磷酸丙糖异构酶；ZWF1，葡萄糖-6-磷酸脱氢酶；GND1，6-磷酸葡萄糖酸脱氢酶；TKL1，转酮酶；RPE，核酮糖-5 磷酸差向异构酶；RpiA/B，核糖-5 磷酸异构酶；TAL，转醛酶；AOX，醇氧化酶；DAS，二羟丙酮合酶；CAT1，过氧化氢酶；DAK，二羟丙酮激酶；FrmA/B，甲醛脱氢酶；FDH，甲酸脱氢酶

甲醛的异化过程与原核生物类似，经过两步氧化脱氢经由甲酸最终生成 CO₂，为细胞供给能量 NADH。在甲醇酵母中，甲醛的同化经由木酮糖-5-磷酸（Xu5P）循环，在二羟基丙酮合酶（DAS）的催化下，形成 3-磷酸甘油醛和二羟基丙酮；二羟基丙酮在二羟基丙酮激酶（DAK）作用下转化为磷酸二羟基丙酮；最后，经由 1,6-二磷酸果糖和果糖-6-磷酸生成 3-磷酸甘油醛和木酮糖-5-磷酸，完成 Xu5P循环。3-磷酸甘油醛进入中心碳代谢途径，用于细胞生长与产物合成。

在整个甲醇代谢途径中，共涉及 6 个关键酶（图 4-17），都具有强甲醇诱导性。特别是 Aox，它是一种同源八聚体，分子量达到 600 kDa，以 FAD 作为辅因子。Aox 单体大小 74 kDa，在细胞质合成后转运至过氧化物酶体，在过氧化物酶体中完成组装（Gunkel et al.，2004），其高效的催化活性保证了甲醇高效利用。Das是另一个关键酶，它实际上是一种定位于过氧化物酶体的转酮酶，是一种 155 kDa

的同源二聚体（van der Klei et al.，2006），其高催化活性避免了甲醛积累对细胞造成的损伤，而且 Xu5P 在细胞内的浓度对于甲醇/甲醛的快速利用至关重要，强化 Xu5P 供给可能是提高甲醇利用效率的关键。

2）巴斯德毕赤酵母

巴斯德毕赤酵母（*Pichia pastoris*）最早从法国栗子树的浸出物中分离出来，是目前研究最为广泛的甲醇酵母代表菌株之一。*P. pastoris* 这一被广泛接受的名字，根据最新的分类，被划分为 *Komagataella pastoris*（CBS 704）和 *Komagataella phaffii*（CBS 7435 和 GS115）两个种属（Naumov et al.，2013）。毕赤酵母底物谱相对广泛，除了甲醇，还能利用葡萄糖和甘油等，其中甘油利用速率较快，主要归功于丰富的 H^+/甘油转运蛋白（Mattanovich et al.，2009）。而在葡萄糖中，有氧条件下，糖酵解代谢流量不会强于呼吸作用，没有发酵副产物积累，因此，毕赤酵母是一种典型的 Crabtree-negative 酵母（Hagman et al.，2014）。更为重要的是，由于胞内乙酰辅酶 A 和 NADPH 供给充足（Velagapudi et al.，2007）、维持消耗小（Rebnegger et al.，2016）以及拥有极强的严格甲醇诱导型启动子，毕赤酵母目前已经是成熟的蛋白质表达宿主和平台菌株。这些优良的生理代谢特性使得毕赤酵母成为甲醇生物转化的潜在优良宿主。

3）多形汉逊酵母

多形汉逊酵母[*Ogataea*（*Hansenula*）*polymorpha*]，是一种耐高温甲醇酵母，能够在 50℃ 的高温条件下正常生长（Ishchuk et al.，2009）。其底物谱广泛，能够利用包括葡萄糖、甲醇、木糖、甘油、乙醇、纤维二糖等在内的多种碳源（Ryabova et al.，2003），被越来越多的学者视为一种极具应用潜力的细胞工厂底盘细胞。

根据系统发育分析，多形汉逊酵母包含 *O. polymorpha*（CBS 4732 和 NCYC 495）和 *O. parapolymorpha*（DL-1）两个种属（Suh and Zhou，2010），其中 DL-1 和 CBS 4732 为工业菌株，NCYC 495 为实验室菌株。与毕赤酵母类似，汉逊酵母也是蛋白质合成的理想宿主，特别是合成一些哺乳动物细胞重组蛋白，耐高温（37℃）适度的糖基化修饰以及高强度甲醇诱导系统都保证了高活性重组蛋白表达（Manfrão-Netto et al.，2019）。目前，以汉逊酵母为宿主，已经实现了多种重组蛋白高效生产，包括人血清白蛋白（5.8 g/L）（Youn et al.，2010）、铁蛋白（1.9 g/L）（Eilert et al.，2012）、轮状病毒 VP6 蛋白（3.4 g/L）（Bredell et al.，2016）以及葡萄球菌激酶（1.2 g/L）（Moussa et al.，2012）等。除此之外，汉逊酵母还是乙醇生产的潜在宿主，特别是以木糖为底物的研究推动了其作为木质纤维素原料利用菌株的应用前景（Kurylenko et al.，2018；Vasylyshyn et al.，2020；Voronovsky et al.，2009；Weninger et al.，2016；Yamakawa et al.，2020）。

4）其他甲醇酵母

耐热性甲醇酵母（*Ogataea thermomethanolica*）是一种与汉逊酵母亲缘关系很近的甲醇酵母，能够耐受 10~40℃温度范围，并且可以利用甲醇和蔗糖等作为碳源。*O. thermomethanolica* 发现较晚，是 2005 年才在泰国的土壤样品中分离得到的（Limtong et al.，2005）。由于其较为优良的生长特性，随后便展开了大量研究，包括甲醇诱导型（P_{AOX1}）（Promdonkoy et al.，2014）和组成型启动子（P_{GAP}）（Harnpicharnchai et al.，2014）鉴定、高密度发酵条件优化（Charoenrat et al.，2016）、CRISPR/Cas9 系统建立（Phithakrotchanakoon et al.，2018），以及蔗糖诱导表达系统构建（Boonchoo et al.，2019）等。特别是，归功于独特的信号肽，*O. thermomethanolica* 能够将蛋白质更好地分泌到胞外（Roongsawang et al.，2016），展现了其作为重组蛋白表达宿主的应用优势。

博伊丁假丝酵母（*Candida boidinii*）是最早被鉴定的甲醇酵母，在自然界分布广泛，也作为海水污染的指示剂（Kutty and Philip，2008）。根据 18S rDNA 序列分析，*C. boidinii* 也可归于汉逊酵母属（*Ogataea*）（Negruta et al.，2010）。除了甲醇酵母共有属性外，作为重组蛋白的表达宿主，*C. boidinii* 可能具有更高的表达强度（Negruta et al.，2010），而且区别于毕赤酵母，在甘油和甲醇混合培养基中，*C. boidinii* 甲醇诱导型启动子没有被明显抑制，这有利于高密度发酵过程快速积累生物量（Yurimoto，2009）。这些特性也使其有望成为潜在的细胞工厂宿主。

除此之外，甲醇酵母还包括季也蒙毕赤酵母[*Pichia*（*Meyerozyma*）*guilliermondii*]和甲醇毕赤酵母[*Pichia*（*Ogataea*）*methanolica*]等，但总体来说，根据研究的广泛程度、具有的优良特性、开发的遗传操作工具和技术，以及在代谢工程改造方面的应用潜力等，毕赤酵母和汉逊酵母将有望成为甲醇酵母中的模式菌株，并作为重要的底盘细胞实现高效的甲醇生物转化过程。

2. 关键使能技术

1）基于 CRISPR/Cas9 的遗传操作系统

在毕赤酵母中，CRISPR 技术应用前，传统的基因编辑技术，如同源重组（Naatsaari et al.，2012）和 Cre/loxP（Marx et al.，2008）等，被广泛应用于遗传改造过程。但是随着 CRISPR 技术的不断完善，毕赤酵母基因组编辑越来越方便、快速、高效、精准，也极大地推动了毕赤酵母作为宿主的应用。Weninger 等（2016）最先在毕赤酵母中建立了 CRISPR/Cas9 基因编辑系统，以二型双向启动子 P_{HXT1} 分别启动人源 *Cas9* 基因和 sgRNA 的表达，并引入核酶识别序列 HH 和 HDV 辅助 sgRNA 切除 5'端和 3'端多余序列，尽管编辑效率受 sgRNA 影响，但其染色体剪切效率仍接近 100%。尽管基因组编辑效率很高，但基本都是通过非同源末端连接（non-homologous end joining，NHEJ）进行修复。为了提高同源重组效率，人们尝试敲除 NHEJ 关键基因 *KU70*，并且采用含有自主复制序列（autonomously replicating sequence，ARS）的环状 donor DNA，均取得了一定效果，但依然存在转化子数量减少、donor DNA 构建复杂等问题（Weninger et al.，2018）。在此基础上，筛选不同的 ARS 序列辅助 Cas9 和 sgRNA 表达（Gu et al.，2019），并尝试多靶点同时编辑（Yang et al.，2020）等，使得毕赤酵母 CRISPR/Cas9 系统得到了进一步拓展。

尽管上述系统能够高效地编辑毕赤酵母基因组，但是产生的突变多为单碱基替换，以及小片段的插入和缺失等（主要由 NHEJ 修复形成）。从代谢工程改造的角度，同源重组是首选的修复方式，它是一种精准的、可控的、可预测的修复方式。因此，笔者最近在获得高编辑效率的基础上（93%），从同源重组修复机制入手，通过高表达毕赤酵母自身来源的 *RAD52* 基因，将同源重组效率从 0% 提高到 90% 以上；同时，通过敲除基因 *MPH1*，进一步提高了毕赤酵母多片段基因组整合效率，为快速基因组改造提供了更多参考策略（Cai et al.，2021）。

相似地，在汉逊酵母中，CRISPR/Cas9 体系也得到了广泛应用。首先，Numamoto 等（2017）使用 P_{TDH3} 启动 Cas9 蛋白表达，sgRNA 的启动子来源于汉逊酵母自身的 tRNA^{CUG}。当靶向基因 *HpADE12*、*HpPHO1*、*HpPHO11* 和 *HpPHO84* 时，基因突变效率达到 17%～71%。其次，Juergens 等（2018）利用含有复制起始位点（panARS）的游离质粒来表达 Cas9 蛋白和 sgRNA，以 P_{TEF1} 和 *ScPHO5* 基因的终止子构建 SpCas9$^{D147Y, P411T}$ 表达盒。同时，为了确保 sgRNA 有效表达，他们选用 II 型启动子（P_{ScTDH3}），并在 sgRNA 序列两端引入核酶识别位点 HH 和 HDV。但是，最终靶向 *HpADE2* 基因突变效率只有 9% 左右。最后，通过将 Cas9 蛋白和 sgRNA 表达组件整合至 rDNA 位点，Wang 等（2018c）成功实现 50% 以上的基因敲除效率，且能够成功实现单基因以及多基因同源重组过程。笔者近期从编辑效率、同源重组效率以及操作简便性等方面对汉逊酵母 CRISPR/Cas9 体系进行了深入优化（Gao et al.，2021a）。通过将 Cas9 蛋白整合到汉逊酵母基因组，以游离质粒形式表达 II 型启动子介导的 sgRNA，成功将基因编辑效率提高至 90% 以上。在此基础上，通过动态调控非同源末端连接关键基因 *KU80* 和增强同源重组修复蛋白 Rad51、Rad52、Sae2 表达，将同源重组效率提高到 60%～70%，并揭示了同源重组和非同源末端连接的竞争关系，依托该系统，成功实现汉逊酵母基因无缝敲除、大片段整合、载体体内自组装以及多片段整合等常规代谢工程改造过程（表 4-9）。

综上所述，目前，毕赤酵母与汉逊酵母均具备相对完善的精准基因组编辑系统与工具，能够保证快速、高效、精准的代谢工程改造过程，为后续构建优良的细胞工厂奠定了良好基础（图 4-18）。

表4-9 甲醇酵母 CRISPR/Cas9 基因编辑系统研究概况

菌株	改造	Cas9表达		sgRNA表达		编辑效率	无缝敲除	整合	抗性依赖	最小同源臂	参考文献
		启动子	形式	启动子	形式						
K. phaffii	—	P_{HTA1}	游离	P_{HTB1}	游离	43%~95%	2.4%	24%（单基因）	是	1000 bp	Weninger et al., 2016
K. phaffii	Δku70	P_{HTA1}	游离	P_{HTB1}	游离	94%	100%	—	否	1000 bp	Weninger et al., 2016
K. phaffii	Δku70	P_{ENO1}	游离	P_{RNA3}	游离	93%	—	20%（3基因）	否	500 bp	Dalvie et al., 2020
K. phaffii	Δku70	P_{HTA1}	游离	P_{FLD1}/P_{AOX1}/P_{GAP}	游离	75%~98%	—	58%~70%（2基因）；13%~32%（3基因）	否	1000 bp	Liu et al., 2019b
K. phaffii	RAD52, Δmph1	P_{ENO1}	游离	P_{RNA3}	游离	93%	90%	43%~70%（43%~70%）；70%）；67.5%（3基因1位点）；25%（3基因3位点）	否	50 bp	Cai et al., 2021
O. thermomethanolica	—	P_{AOX1}	游离	P_{AOX1}	游离	63%~97%	—	—	—	—	Phithakrotchanakoon et al., 2018
O. parapolymorpha	—	P_{AaTEF1}	游离	P_{ScTDH3}	游离	0%或63%	0%或<1%	—	否	500 bp	Juergens et al., 2018
O. polymorpha	—	P_{OpTDH3}	游离	$P_{OpSNR6-tRNACUG}$	游离	17%~71%	47%	—	是	60 bp	Numamoto et al., 2017
O. polymorpha	—	P_{AaTEF1}	游离	P_{ScTDH3}	游离	0%或9%	—	—	—	—	Juergens et al., 2018
O. polymorpha	—	P_{ScTEF1}	整合	$P_{ScSNR52}$	整合	—	58%~65%	62%~66%（单基因）	是	500 bp	Wang et al., 2018c
O. polymorpha	下调 KU80/ScRAD51, ScRAD52, ScSAE2	P_{KpGAP}	整合	P_{TEF1}	游离	90%~95%	60%~70%	40%~70%（单基因）；25%（2基因）	否	200 bp	Gao et al., 2021a

注："—"表示无相应数据。

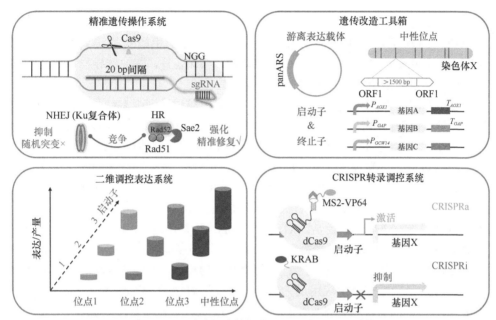

图 4-18　甲醇酵母遗传操作工具及表达调控系统

2）遗传改造工具

（1）表达载体

毕赤酵母作为成熟的蛋白表达宿主，具有多种商业化的表达载体，筛选标记包括博来霉素、G418 和 HIS4 营养缺陷型等，但是这些表达载体多是整合型载体。基于这些载体骨架，通过整合适当的复制起始位点序列，可以构建毕赤酵母游离型表达载体，拷贝数从几个到十几个不等（Gao et al.，2021b）。经过评估，目前来源于乳酸克鲁维酵母（*Kluyveromyces lactis*）的一段复制起始位点 panARS 在毕赤酵母中能够稳定复制、表达和传代，是目前效果最好的复制起始位点（Gu et al.，2019）。

汉逊酵母缺乏成熟的商业化应用表达载体，研究开发的表达载体也几乎均是整合型载体，筛选标记同样分为抗生素筛选（G418，博来霉素等）和营养缺陷型筛选（*LEU2*、*ADE2* 等）（Saraya et al.，2012）。尽管整合特定的复制起始位点，如 HARS35（Agaphonov et al.，1999）、HARS1（Degelmann et al.，2002）、TEL88（Sohn et al.，1999）等，载体也是以环状质粒的方式进行基因组整合，并不能进行稳定的遗传复制。但是，笔者近期的研究结果显示，以毕赤酵母表达载体 pPICZ A 作为骨架，整合 panARS 序列，能够使载体以游离的方式存在，用于表达 sgRNA 以及基因，可用于后续的外源基因游离表达（Gao et al.，2021a）。

（2）启动子

具有严格甲醇诱导型启动子表达系统，是毕赤酵母和汉逊酵母作为成熟蛋白表达宿主的重要优势。因此，在甲醇酵母中，启动子主要分为甲醇诱导型启动子和组成型启动子，其中甲醇诱导型启动子多来源于甲醇利用途径（methanol utilization pathway，MUT）（Cai et al.，2021）。除此之外，其他诱导物诱导或者抑制型启动子也有望应用于复杂的代谢工程改造。

在毕赤酵母中，P_{AOX1} 是最具代表性的严格甲醇诱导型强启动子，它受到葡萄糖和甘油等碳源严格抑制，而能够被甲醇强烈诱导用于蛋白质和基因的高表达。鉴于 P_{AOX1} 在蛋白质表达等方面的重要作用，针对其调控区域展开了深入研究（Hartner et al.，2008），特别是通过调控其位于−690～−638 bp 区间的、包含 poly（dA∶dT）的上游序列，能够有效调节 P_{AOX1} 的启动活性（Yang et al.，2018）。而且，以 P_{AOX1} 为核心构建的杂合启动子也是调控基因表达的有效手段（Portela et al.，2018）。除了 MUT 途径基因启动子，Vogl 等（2016）系统评价了其他与甲醇代谢相关途径基因启动子，挖掘了系列强、中等强度以及弱甲醇诱导和组成型启动子，如 P_{DAS2}、P_{CAT1}、P_{PMP20} 等。与其他微生物相似，3-磷酸甘油醛脱氢酶基因启动子 P_{GAP} 是毕赤酵母中应用最为广泛的组成型启动子（Cereghino and Cregg，2000），其在不同碳源培养条件下均能保持较高的启动表达活性。除此之外，另一种组成型表达启动子 P_{GCW14}（推测的 GPI 锚定蛋白）具有比 P_{GAP} 更强的表达活性（Liang et al.，2013），也将是今后蛋白质与基因强表达的首要选择。

相较于甲醇诱导型启动子和组成型启动子，其他诱导物诱导或抑制的启动子，如铜离子（P_{CUP1}）（Kim et al.，2016）、鼠李糖（P_{LRA3} 和 P_{LRA4}）（Jiao et al.，2019）、甘油（P_{GUT1}）、乙醇（P_{ICL1}）（Menendez et al.，2003）以及氨基酸（P_{THI11}、P_{THR1}、P_{SER1}、P_{PIS1}、P_{MET3}）（Delic et al.，2013）等，也被报道能够有效地启动或者抑制基因表达，尽管在表达强度上与 P_{AOX1} 和 P_{GAP} 相比较低，但在特定需求的代谢工程改造中，其也可作为一种有效的参考策略。

相似地，在汉逊酵母中，甲醇诱导型启动子（如 P_{AOX1}）（Dusny and Schmid，2016）和组成型启动子（如 P_{GAP} 和 P_{TEF1}）（Yu et al.，2021）是目前最广泛使用的启动子，它们与毕赤酵母中对应启动子有相似的表达特性。特别地，一种受甲硫氨酸和半胱氨酸强烈抑制的启动子 P_{MET3}（ATP sulfurylase 基因启动子），在 0.1 mmol/L 半胱氨酸条件下，启动活性被完全抑制，在 0.1 mmol/L 甲硫氨酸条件下，启动活性仅为对照的 30%（Yoo et al.，2015），因此，该启动子可以后续应用于致死基因的表达下调。同时，来源于 *O. thermomethanolica* 的一种麦芽糖酶双向启动子（P_{Mal}-P_{Per}）受麦芽糖和蔗糖强烈诱导，在麦芽糖和蔗糖条件下，二者的启动活性均要明显高于葡萄糖，而在葡萄糖和果糖中基本没有转录活性（Puseenam et al.，2018），因此，该基因后续可以用于汉逊酵母多基因强诱导表达系统。除此之外，鉴于汉逊酵母与毕赤酵母极为相似的代谢特性，可以将毕赤酵母中已经鉴定的启动子对应到汉逊酵母中，挖掘更多具有优良特性的启动子，用于后续广泛的代谢工程改造过程。

（3）终止子

通常认为，相较于启动子，终止子对于基因表达的影响较小。但是，近期的研究工作发现，终止子对于基因表达具有比较显著的影响。在毕赤酵母中，以 T_{AOX1} 为对照，没有终止子时，基因表达强度仅为 40%；而使用不同内源终止子，基因表达强度可以在 60%～90% 范围内变化。通过改造 T_{AOX1} 还能够进一步将表达活性提高近 40%（Vogl et al., 2016）。相似地，比较来源于酿酒酵母和毕赤酵母不同终止子对基因表达强度的影响，发现基因表达强度能够相差 17 倍（Ito et al., 2020）。因此，改变终止子也是调控基因表达强度的有效手段。而且，选用不同的终止子也能够增加复杂代谢工程改造菌株稳定性，避免重复启动子使用导致菌株因同源重组丢失与替换基因。

（4）表达调控

代谢工程改造与细胞工厂构建过程常需要对关键基因进行精细表达调控，这一过程单纯依赖不同强度的启动子、基因拷贝数差异等可能无法满足要求。基因组上存在一些特定位点，在其上进行基因整合不仅能够保证基因的正常表达，而且不会影响细胞生长，称之为中性位点。笔者近期的工作在毕赤酵母和汉逊酵母基因组上均挖掘了系列中性位点，以供后续遗传改造（Cai et al., 2021；Yu et al., 2021），而且发现不同中性位点对同一基因的表达强度也具有显著影响。因此，笔者提出了中性位点-启动子二维调控策略，用于调控毕赤酵母脂肪醇合成，实现了高达 30 倍的调控范围，最高产量达到 380 mg/L（Cai et al., 2021）。

与此同时，CRISPR 技术，除了进行基因组编辑外，Cas9 突变体 dCas9 只能够结合到靶位点，而不具备切割活性，被广泛应用于基因表达调控（激活或抑制）（Gilbert et al., 2013）。Baumschabl 等（2020）在毕赤酵母中构建了 CRISPRi 系统，主要包含 3 个功能组件：以 P_{TEF1} 表达的 $dCas9$ 基因、以 P_{POR1} 表达的 MS2-VP64 转录激活功能域，以及以 P_{GAP} 表达的 sgRNA 表达盒。他们将这一系统应用于 P_{THI11} 抑制型启动子的激活与抑制，以及核黄素生物合成过程。特别是在核黄素生物合成过程中，利用 dCas9-MS2-VP64 调控关键基因 $RIB1$ 的表达，结果比单纯过表达 $RIB1$ 时核黄素产量提高近 3 倍；而且，不同靶位点对激活或抑制的效果不同，暗示了 CRISPRi 系统在进行精细基因表达调控方面的应用潜力。

3. 能源产品细胞工厂

甲醇酵母一直以来都是优良的蛋白表达宿主，但随着其遗传改造系统与工具的不断完善，其作为细胞工厂的应用潜力越来越受到关注。总体而言，以甲醇酵母作为宿主细胞合成化学品还处于实验室研究阶段，真正的工业化应用还有待进一步优化。

毕赤酵母合成能源化学品和精细化学品的研究已经取得了系列进展。在合成能源化学品方面，以毕赤酵母为宿主，已经实现了异丁醇、乙酸异丁酯（Siripong et al., 2018）、异戊醇（Siripong et al., 2020）及 2,3-丁二醇（Yang and Zhang, 2018）等生物合成（表 4-10）。其中，3-甲基-1-丁醇（3M1B）作为理想的生物燃料，具有更高的能量密度且吸湿量小，并能够与现有运输设备对接等。因此，Siripong 等（2020）在毕赤酵母 KM71 中强化了内源的缬氨酸和亮氨酸生物合成途径，增加了前体物质 α-酮异己酸合成，同时引入异源酮酸降解途径合成 3M1B，为了提高产量，弱化了乙醇合成竞争途径，最终 3M1B 产量达到 191 mg/L。但遗憾的是，目前以毕赤酵母合成能源化学品均是以葡萄糖或甘油为底物（表 4-10）。以甲醇为唯一碳源在毕赤酵母中实现了乳酸（Yamada et al., 2019）和苹果酸（Guo et al., 2021）等小分子有机酸的生物合成，也证明了毕赤酵母进行甲醇生物转化合成化学品的应用潜力。近期，笔者系统改造了毕赤酵母，实现了脂肪酸衍生物高效生物合成，通过增加前体与还原力供应，并强化甲醇同化过程，减少甲醛与活性氧积累，显著提高了脂肪酸和脂肪醇生物合成效率，产量分别达到 23.4 g/L 和 2.0 g/L（Cai et al., 2022）。除此之外，以毕赤酵母作为全细胞催化剂合成化学品也具有广泛的应用前景（Zhu et al., 2019），特别是结合其蛋白表达优势，以其为宿主表达脂酶，水解豆油等底物合成生物柴油（Huang et al., 2012），这也是毕赤酵母在能源化学品合成上的重要研究方向。

表 4-10　甲醇酵母细胞工厂生产能源化学品和精细化学品

宿主	培养基	产物	产量	模式	参考文献
毕赤酵母	甲醇，复杂培养基	D-乳酸	3.5 g/L	试管批式	Yamada et al., 2019
毕赤酵母	甲醇，基础培养基	脂肪酸	23.4 g/L	批式补料	Cai et al., 2022
毕赤酵母	甲醇，基础培养基	脂肪醇	2.0 g/L	批式补料	Cai et al., 2022
毕赤酵母	葡萄糖/甲醇，复杂培养基	苹果酸	2.8 g/L	摇瓶批式	Guo et al., 2021
毕赤酵母	葡萄糖，基础培养基	异丁醇	2.2 g/L	摇瓶批式	Siripong et al., 2018
毕赤酵母	葡萄糖，基础培养基	乙酸异丁酯	51 mg/L	摇瓶批式	Siripong et al., 2018
毕赤酵母	葡萄糖，基础培养基	3-甲基-1-丁醇	191 mg/L	摇瓶批式	Siripong et al., 2020
毕赤酵母	葡萄糖，复杂培养基	(2R, 3R)-2,3-丁二醇	74.5 g/L	批式补料	Yang and Zhang, 2018
毕赤酵母	甘油，基础培养基	3-羟基丙酸	24.8 g/L	批式补料	Fina et al., 2021
汉逊酵母	甲醇，基础培养基	脂肪酸	15.9 g/L	批式补料	Gao et al., 2022
汉逊酵母	葡萄糖+木糖，基础培养基	乙醇	27.6 g/L	摇瓶批式	Vasylyshyn et al., 2020

相比于毕赤酵母，汉逊酵母作为细胞工厂宿主合成化学品才刚刚起步，目前尚没有关于甲醇生物转化合成能源和精细化学品的报道。但是，在以纤维素原料合成能源化学品——乙醇方面，汉逊酵母具有广泛的应用前景（Dmitruk and Sibirnyĭ, 2013）。汉逊酵母耐高温、天然利用木糖并生产乙醇，通过对木糖代谢强化（Kurylenko et al., 2018）、葡萄糖和木糖共利用体系构建（Vasylyshyn et al.,

2020），显著促进了葡萄糖和木糖混合底物的乙醇发酵过程。最近，笔者改造多形汉逊酵母高效合成脂肪酸时，发现该菌株在甲醇培养基中不能生长；通过定向进化重新使菌株恢复了生长且能合成脂肪酸。通过基因组测序发现，*LPL1* 与 *IZH3* 基因失活突变是脂肪酸高产细胞起死回生的关键，其失活降低了磷脂降解，从而保持了磷脂稳态。在驯化菌株中，通过强化供应乙酰辅酶 A、辅因子 NADPH 以及木酮糖-5-磷酸，获得的最优工程菌在批式补料发酵中脂肪酸产量达到 15.9 g/L，转化率为 0.12 g 脂肪酸/g 甲醇，为理论转化率的 35%（Gao et al.，2022）。该研究揭示了甲醛积累是甲醇代谢毒性的主要原因，并发现甲醇代谢比葡萄糖代谢更加刚性，这些机制为将来高效合成其他高附加值化合物提供了理论指导。相信随着组学信息的不断完善、甲醇利用与耐受机制的解析以及代谢特性的全面了解，以汉逊酵母为宿主，利用甲醇合成更多能源和精细化学品指日可待。

总体来说，我们已在毕赤酵母和汉逊酵母中以甲醇为唯一碳源高效合成了长链脂肪酸及其衍生物，初步证明了甲醇酵母甲醇生物炼制的可行性。目前的技术瓶颈主要集中在更加完备的组学注释信息挖掘、遗传操作平台和工具的构建、甲醇/甲醛毒性、甲醇利用效率强化等。

4.3.4　人工甲醇利用微生物

由于天然甲醇利用微生物面临着遗传背景不清晰、改造困难等问题，因此利用遗传背景相对清晰的模式微生物，如大肠杆菌、谷氨酸棒杆菌及酿酒酵母等，通过重构甲醇代谢途径，实现甲醇进入初级代谢并合成目标产物，是当前的研究热点。然而，合成型甲醇营养微生物普遍面临异源甲醇代谢途径与宿主内生代谢途径不匹配、甲醇利用速率低以及菌株生长缓慢等问题。

1. 大肠杆菌

大肠杆菌具有遗传背景清晰、结构简单、遗传操作成熟等优点，是构建人工甲醇利用微生物的首选底盘细胞。由于大肠杆菌中已经存在 RuMP 途径的大部分酶，只需表达甲醇脱氢酶、3-己酮糖-6-磷酸合成酶和 6-磷酸-3-己酮糖异构酶即可构建完整的 RuMP 途径（Muller et al.，2015），因此，相关研究主要围绕在大肠杆菌中构建高效的 RuMP 途径开展。

Whitaker 等（2017）在大肠杆菌中表达来源于甲醇芽孢杆菌的 NAD^+ 依赖的甲醇脱氢酶、3-己酮糖-6-磷酸合成酶和 6-磷酸-3-己酮糖异构酶，并敲除细胞中的甲醛脱氢酶（formaldehyde dehydrogenase，frmA），在大肠杆菌成功构建了甲醇利用途径，利用 ^{13}C 标记证实了甲醇同化进入中心代谢途径，并实现了甲醇到柚皮素的生物合成。人工甲醇利用大肠杆菌普遍面临甲醛同化途径中甲醛受体 5-磷酸核酮糖（Ru5P）不足、甲醛同化速率较慢等难题（Wang et al.，2017；Whitaker et al.，2017）。为了解决这一难题，Bennett 等（2018）采取两种策略提高细胞中的甲醛受体 5-磷酸核酮糖：①在人工构建的甲醇利用大肠杆菌中表达来源于甲醇芽孢杆菌非氧化戊糖磷酸途径的相关酶（核酮糖磷酸差向异构 Rpe、果糖二磷酸醛缩酶 Fba、景天庚酮糖二磷酸酶 GlpX、磷酸果糖激酶 Pfk 和转酮酶 Tkt）以提高 5-磷酸核酮糖的合成；②甲醇与葡萄糖的共利用，通过敲除细胞中的磷酸葡萄糖异构酶（phosphoglucose isomerase，Pgi）阻断糖酵解途径，使葡萄糖进入氧化戊糖磷酸途径，进而生成 5-磷酸核酮糖，为甲醛同化提供受体。结果表明，两种策略均显著提高了大肠杆菌的甲醇利用速率。进一步在细胞中表达丙酮合成途径基因，实现了甲醇和葡萄糖到丙酮的合成，然而构建的人工甲醇利用大肠杆菌仍然不能以甲醇为唯一碳源生长。

除了甲醛受体 5-磷酸核酮糖供给不足外，NAD^+ 依赖的甲醇脱氢酶也是影响甲醇利用效率的重要因素（Roth et al.，2019；Woolston et al.，2018c）。Roth 等（2019）通过对甲醇芽孢杆菌来源的甲醇脱氢酶进行定向进化，获得了最大反应速率（V_{max}）提高 3.5 倍的突变体，利用该突变体构建的甲醇利用大肠杆菌，其甲醇同化提高了两倍。

此外，通过构建甲醇依赖的大肠杆菌，然后对菌株进行适应性进化，是提高细胞甲醇同化速率的有效方法。最近，多个研究组分别构建了依赖甲醇生长的大肠杆菌菌株，进一步通过实验室适应性进化大幅提高了细胞的甲醇同化速率，并实现了甲醇到正丁醇的生物合成（2.0 g/L）。遗憾的是，这些菌株均需要添加额外有机碳源（葡萄糖、葡萄糖酸盐、丙酮酸或木糖等）才能利用甲醇生长（Bennett et al.，2020；Chen et al.，2018；Keller et al.，2020；Meyer et al.，2018）。

Liao 研究组使用代谢稳健性标准对大肠杆菌进行重编程，并通过实验室适应性进化，构建了可以高效利用甲醇作为唯一碳源的菌株，该菌株能够在较宽范围的甲醇浓度下实现与天然甲醇细菌相当的生长速率（Chen et al.，2020）。除了 RuMP 途径之外，Liao 研究组还利用扭脱甲基杆菌的丝氨酸循环，在大肠杆菌中构建了甲醇/甲酸同化途径，在添加外源碳源（木糖）的条件下，实现了甲醇/甲酸和 CO_2 的共利用（Yu and Liao，2018）。Kim 等（2020）利用还原甘氨酸途径在大肠杆菌中构建了甲酸和 CO_2 的共利用途径，进一步表达甲醇脱氢酶使得该菌株能够以甲醇和 CO_2 为底物生长，然而该菌株的生长较为缓慢（细胞倍增时间达到 55 h）。

2. 谷氨酸棒杆菌

谷氨酸棒杆菌（*Corynebacterium glutamicum*）作为革兰氏阳性菌的模式菌株，具有极为广泛的底物谱（葡萄糖、果糖、麦芽糖、核糖和蔗糖等），被系统改造成为氨基酸、蛋白质以及其他高值化合物的生产宿主（Baritugo et al.，2018）。特别是在生产 L-谷氨酸、L-赖氨酸和 L-苏氨酸等方面，谷氨酸棒杆菌是目前最为成熟的微生物发酵工业化宿主（Tsuge and Matsuzawa，2021）。近年来，谷氨酸棒杆菌基因组编辑技术取得了重要进展（Wang et al.，2021b），进一步促进了其作为底盘细胞的应用潜力。为了降低生产成本、避免与人争粮等问题，更多廉价底物被引入，进一步拓宽了谷氨酸棒杆菌的底物谱，甲醇就是其中之一。而且，鉴于谷氨酸棒杆菌的优良特性，其有望成为甲醇利用和转化的优良人工底盘细胞。

实际上，谷氨酸棒杆菌含有内源的甲醇异化途径，包括 AdhE、Ald、FdhF 和 MshC 四个酶，将甲醇转化为 CO_2，实现甲醇/甲醛的脱毒过程（Witthoff et al.，2013）。但是，为了支撑细胞生长与产物合成，必须整合异源甲醇同化途径。Witthoff 等首先尝试构建了人工谷氨酸棒杆菌甲醇同化系统，通过引入来源于 *B. methanolicus* 的 MDH、来源于 *B. subtilis* 的 Hps 和 Phi，在添加葡萄糖作为辅助碳源的条件下，达到了 1.7 mmol/（L·h）的甲醇消耗速率（Witthoff et al. 2015）。为了促进谷氨酸棒杆菌甲醇的利用速率，其他辅助碳源（Leßmeier et al.，2015；Tuyishime et al.，2018），如木糖和核糖等被引入甲醇的同化体系。特别是，实验室适应性进化策略极大地改善了细胞生长和甲醇利用状况，并通过组学测序技术，鉴定了 MetY（A165T 和 S288N）的突变，以及甲醇同化基因的强化表达在甲醇同化过程中的重要作用（Leßmeier and Wendisch，2015；Wang et al.，2020a）。但遗憾的是，尽管能够以甲醇及其辅助碳源合成尸胺（Leßmeier et al.，2015）和 L-谷氨酸（Tuyishime et al.，2018）等产物，谷氨酸棒杆菌依然无法在以甲醇为唯一碳源的基础培养基中进行生长与产物合成。近期的研究借助转录组学等全局分析技术，揭示了谷氨酸棒杆菌甲醇同化的关键调控机制（Hennig et al.，2020；Tuyishime et al.，2018）。在甲醇存在的条件下，更好地平衡中心碳代谢流，以及氮代谢与二磷酸景天庚酮糖途径的调控，对甲醇的代谢至关重要。基于上述研究结果以及未来进一步阐明甲醇代谢调控机制，谷氨酸棒杆菌将有望成为人工甲醇生物转化优良宿主，用于未来合成氨基酸、生物燃料以及其他高值化学品。

3. 酿酒酵母

酿酒酵母是真菌酵母中的模式菌株，具有清晰的遗传背景和代谢特性、完善的基因编辑系统与工具以及广泛的代谢工程改造策略，也被视为最具发展潜力的细胞工厂底盘宿主之一（Nielsen，2019）。因此，将酿酒酵母改造为人工甲基营养型菌株受到了广泛关注，而实际上，作为真核生物，酿酒酵母具有更高的甲醇耐受能力（Yasokawa et al.，2010）。来源于甲醇细菌的 Ru5P 循环和甲醇酵母的 Xu5P 循环被引入到酿酒酵母中，在酵母粉作为辅助营养的条件下，来源于毕赤酵母的甲醇同化途径能够在酿酒酵母中发挥作用，促进细胞生长与甲醇利用（Dai et al.，2017）。但遗憾的是，人工改造的酿酒酵母尚无法以甲醇为唯一碳源进行生长与代谢，其在甲醇中的生长也有待于进一步优化。

为了获得性能更加优良的酿酒酵母甲醇利用菌株，一方面，从整合了甲醇同化途径的工程菌株出发，进行实验室适应性进化，从全局代谢流匹配的角度解析其中关键影响因素；另一方面，从野生型酿酒酵母出发，以鲁棒性更强的底盘细胞（CEN.PK）进行实验室适应性进化（Espinosa et al., 2019, 2020），获得更加优良的甲醇利用潜在宿主，进行后续途径搭建与系统改造，也许是解决这一瓶颈问题的关键突破口。

4.3.5 总结与展望

甲醇生物炼制能够有效缓解化石资源短缺与环境污染等问题，而以甲基营养型微生物为宿主细胞有望合成结构更加复杂的含氧化学品，以及能量密度更高的液体燃料。因此，近年来一系列优良的甲醇利用底盘细胞，包括甲醇细菌（扭脱甲基杆菌和甲醇芽孢杆菌等）及甲醇酵母（毕赤酵母和汉逊酵母），被不断发掘并进行了深入研究，对其生理特性与甲醇代谢机制有了更为深入的理解。与此同时，发展了系列关键使能技术，主要是基因编辑系统与工具，实现了甲醇细菌和酵母的遗传改造；在此基础上，初步实现了燃料、化学品、萜类化合物等高附加值目标产物的生物合成。除此之外，在模式微生物中，引入甲醇利用途径构建的人工甲基营养型微生物也进一步拓展了甲醇生物转化研究方向，有助于对甲醇代谢机制的深入认识。但是，目前天然甲基营养型微生物主要以葡萄糖或甘油为底物进行目标产物合成。而且，人工甲基营养型微生物受限于甲醇代谢的复杂性与低效率，以其为平台生产目标化合物更是鲜有报道。

为了实现甲醇生物转化合成生物燃料等目标产物，必须提高甲醇利用与转化效率。相比于糖类原料，甲醇生物转化的产量与生产强度还不够高（Luan et al., 2020）。为了实现这一目标，更加完善的使能技术是先决条件。

1. 构建更加完善的遗传操作平台与工具

高效的遗传操作平台能够实现上游同化途径强化以及下游产物合成途径的快速搭建和代谢途径重构，是解析甲醇利用微生物生理代谢特性的前提，也是实现微生物合成的关键。目前，不同的甲醇利用微生物遗传操作平台开发情况不尽相同，主要受限于编辑效率、同源重组效率以及系统的可操作性与简便性等方面。近年来，在甲醇酵母中，基于CRISPR/Cas9的精准基因组编辑系统取得了快速发展（Cai et al., 2021；Gao et al., 2021a），也能够为其他甲醇利用微生物提供重要的理论参考。

2. 提高底物与产物的耐受能力

甲醇利用效率低的主要原因在于甲醇和甲醛对细胞的毒害作用，特别是甲醇细菌，由于缺少亚细胞器的区室化隔离作用，其对底物的耐受能力较低，甲醇同化速率也较低（Dai et al.，2017）。因此，解析甲醇和甲醛的毒性机制、提高细胞耐受能力至关重要。特别地，对于甲醇酵母而言，由于天然存在过氧化物酶体等亚细胞器，因此，区室化隔离是提高底物与产物耐受能力的关键（Hammer and Avalos，2017）。

3. 添加辅助碳源

甲醇利用效率低的原因可能是循环前体和辅因子供应不足。例如，我们在甲醇酵母中发现木糖能够促进甲醇的利用，其原因是前体 5-磷酸木酮糖的供给加强。而木糖正是木质纤维素原料的主要成分，因此后续可以考虑将木质纤维素原料与甲醇作为共底物进行生物合成。除此之外，其他的廉价底物与工业废物都可以尝试与甲醇进行共利用，既不会提高底物成本，又能使二者相互促进提高利用效率。

4. 实验室适应性进化偶联组学分析技术

实验室适应性进化结合反向代谢工程是一种提高微生物特定表型的有效策略（Sandberg et al.，2019；曲戈等，2018）。驯化能够有效促进甲醇利用效率（Cui et al.，2018），而且能够增加底物和产物耐受（Hu et al.，2016）。进化过程最关键的因素是"突变优势"（Sandberg et al.，2019），而甲醇及其代谢中间产物（如甲醛等）造成的生长缺陷是最佳的筛选压力。与此同时，近年来组学技术蓬勃发展，将驯化后得到的菌株借助基因组、转录组、蛋白质组和代谢组等多组学联用分析，获得甲醇同化途径以及下游产物合成关键靶基因，经过反向代谢工程改造，有望同时提高甲醇利用效率和产物合成效率。

5. 天然/人工甲醇利用细胞协调发展

以天然甲基营养型微生物和模式微生物进行甲醇生物转化是两种不同的合成生物学研究策略，其中天然甲醇利用微生物将为人工甲醇利用微生物提供上游同化途径元件，而人工甲醇利用微生物将为天然甲醇利用微生物提供下游产物合成途径元件及改造策略。如果二者能够协调发展，将会相互评价、相互促进，最终实现甲醇生物转化过程底物利用与产物合成的共同提升。

总之，在"碳中和"与"碳达峰"的大背景下，甲醇合成与转化产业将快速发展，甲醇生物转化也必将成为一种全新的生物合成系统，作为化学合成方法的有效补充，共同实现能源化合物以及精细化学品的高效合成，构筑以可再生资源为依托、可持续的甲醇/C1 化合物循环经济的全新发展模式。

基金项目：国家重点研发计划"绿色生物制造"-2021YFC2103500；国家自然科学基金-21922812。

参 考 文 献

凡立稳, 王钰, 郑平, 等. 2021. 一碳代谢关键酶——甲醇脱氢酶的研究进展与展望. 生物工程学报, 37: 530-540.

李福利, 顾阳, 刘自勇, 等. 2021. 一种提高合成气发酵产乙醇含量的突变株和利用突变株的应用. CN112300971A.

李树斌, 孙韬, 陈磊, 等 2020. 聚球藻 UTEX 2973 中光碳驱动的高密度燃料合成. 生物工程学报, 36(10): 2126-2138.

梁英. 1998. 海水生物饵料培养技术. 青岛: 青岛海洋大学出版社.

曲戈, 赵晶, 郑平, 等. 2018. 定向进化技术的最新进展. 生物工程学报, 34: 1-11.

张学成, 秦松, 马家海, 等. 2005. 海藻遗传学. 北京: 中国农业出版社.

Abalde-Cela S, Gould A, Liu X, et al. 2015. High-throughput detection of ethanol-producing cyanobacteria in a microdroplet platform. J R Soc Interface, 12: 20150216.

Abe K, Miyake K, Nakamura M, et al. 2014. Engineering of a green-light inducible gene expression system in *Synechocystis* sp. PCC 6803. Microb Biotechnol, 7: 177-183.

Abrini J, Naveau H, Nyns E J. 1994. *Clostridium autoethanogenum* sp. nov., an anaerobic bacterium that produces ethanol from carbon monoxide. Arch of Microbiol, 161(4): 345-351.

Abubackar H N, Veiga M C, Kennes C. 2015a. Ethanol and acetic acid production from carbon monoxide in a *Clostridium* strain in batch and continuous gas-fed bioreactors. Int J Environ Res Public Health, 12(1): 1029-1043.

Abubackar H N, Veiga M C, Kennes C. 2015b. Carbon monoxide fermentation to ethanol by *Clostridium autoethanogenum* in a bioreactor with no accumulation of acetic acid. Bioresour Technol, 186: 122-127.

Acharya B, Dutta A, Basu P. 2019. Ethanol production by syngas fermentation in a continuous stirred tank bioreactor using *Clostridium ljungdahlii*. Biofuels, 10(2): 221-237.

Agaphonov M O, Trushkina P M, Sohn J H, et al. 1999. Vectors for rapid selection of integrants with different plasmid copy numbers in the yeast *Hansenula polymorpha* DL1. Yeast, 15: 541-551.

Agger S A, Lopez-Gallego F, Hoye T R, et al. 2008. Identification of sesquiterpene synthases from *Nostoc punctiforme* PCC 73102 and *Nostoc* sp. strain PCC 7120. J Bacteriol, 190: 6084-6096.

Ajjawi I, Verruto J, Aqui M, et al. 2017. Lipid production in *Nannochloropsis gaditana* is doubled by decreasing expression of a single transcriptional regulator. Nat Biotechnol, 35: 647-652.

Al-Hinai M A, Fast A G, Papoutsakis E T. 2012. Novel system for efficient isolation of *Clostridium* double-crossover allelic exchange mutants enabling markerless chromosomal gene deletions and DNA integration. Appl Environ Microbiol, 78(22): 8112-8121.

Almaraz-Delgado A L, Flores-Uribe J, Perez-Espana V H, et al. 2014. Production of therapeutic proteins in the chloroplast of *Chlamydomonas reinhardtii*. AMB Express, 4: 57.

Amer M, Wojcik E Z, Sun C H, et al. 2020. Low carbon strategies for sustainable bio-alkane gas production and renewable energy. Energ Environ Sci, 13: 1818-1831.

Andreesen J, Gottschalk G, Schlegel H. 1970. *Clostridium formicoaceticum* nov. spec. isolation, description and distinction from *C. aceticum* and *C. thermoaceticum*. Arch Mikrobiol, 72(2): 154-174.

Ao P, Lee L W, Lidstrom M E, et al. 2008. Towards kinetic modeling of global metabolic networks: *Methylobacterium extorquens* AM1 growth as validation. Sheng Wu Gong Cheng Xue Bao, 24: 980-994.

Appel J, Hueren V, Boehm M, et al. 2020. Cyanobacterial *in vivo* solar hydrogen production using a photosystem I-hydrogenase (PsaD-HoxYH) fusion complex. Nat Energy, 5: 458-467.

Arfman N, Van Beeumen J, De Vries G E, et al. 1991. Purification and characterization of an activator protein for methanol dehydrogenase from thermotolerant *Bacillus* spp. J Biol Chem, 266: 3955-3960.

Arriola M B, Velmurugan N, Zhang Y, et al. 2018. Genome sequences of *Chlorella sorokiniana* UTEX 1602 and *Micractinium conductrix* SAG 241.80: Implications to maltose excretion by a green alga. Plant J, 93: 566-586.

Atikij T, Syaputri Y, Iwahashi H, et al. 2019. Enhanced lipid production and molecular dynamics under salinity stress in green microalga *Chlamydomonas reinhardtii* (137C). Mar Drugs, 17(8): 484.

Azaman S N A, Wong D C J, Tan S W, et al. 2020. De novo transcriptome analysis of *Chlorella sorokiniana*: Effect of glucose assimilation, and moderate light intensity. Sci Rep, 10: 17331.

Baba M, Ioki M, Nakajima N, et al. 2012. Transcriptome analysis of an oil-rich race A strain of *Botryococcus braunii* (BOT-88-2) by de novo assembly of pyrosequencing cDNA reads. Bioresour Technol, 109: 282-286.

Baek K, Kim D H, Jeong J, et al. 2016. DNA-free two-gene knockout in *Chlamydomonas reinhardtii* via CRISPR-Cas9 ribonucleoproteins. Sci Rep, 6: 30620.

Balch W E, Schoberth S, Tanner R S, et al. 1977. Acetobacterium, a new genus of hydrogen-oxidizing, carbon dioxide-reducing, anaerobic bacteria. Int J Syst Bacteriol, 27(4): 355-361.

Banerjee A, Leang C, Ueki T, et al. 2014. Lactose-inducible system for metabolic engineering of *Clostridium ljungdahlii*. Appl Environ Microbiol, 80(8): 2410-2416.

Bantscheff M, Lemeer S, Savitski M M, et al. 2012. Quantitative mass spectrometry in proteomics: Critical review update from 2007 to the present. Anal Bioanal Chem, 404(4): 939-965.

Baritugo K A G, Kim H T, David Y C, et al. 2018. Recent advances in metabolic engineering of *Corynebacterium glutamicum* as a potential platform microorganism for biorefinery. Biofuel Bioprod and Biorefin, 12: 899-925.

Baumschabl M, Prielhofer R, Mattanovich D, et al. 2020. Fine-tuning of transcription in *Pichia pastoris* using dCas9 and RNA scaffolds. ACS Synth Biol, 9: 3202-3209.

Beck M H, Flaiz M, Bengelsdorf F R, et al. 2020. Induced heterologous expression of the arginine deiminase pathway promotes growth advantages in the strict anaerobe *Acetobacterium woodii*. Appl Microbiol Biotechnol, 104(2): 687-699.

Behler J, Vijay D, Hess W R, et al. 2018. CRISPR-Based technologies for metabolic engineering in cyanobacteria. Trends Biotechnol, 36(10): 996-1010.

Belkhelfa S, Roche D, Dubois I, et al. 2019. Continuous culture adaptation of *Methylobacterium extorquens* AM1 and TK 0001 to very high methanol concentrations. Front Microbiol, 10: 1313.

Bengelsdorf F R, Beck M H, Erz C, et al. 2018. Bacterial anaerobic synthesis gas (syngas) and CO_2+H_2 fermentation. Adv Appl Microbiol, 103: 143-221.

Bengelsdorf F R, Poehlein A, Linder S, et al. 2016. Industrial acetogenic biocatalysts: A comparative metabolic and genomic analysis. Front Microbiol, 7: 1036.

Benito-Vaquerizo S, Diender M, Olm I P, et al. 2020. Modeling a co-culture of *Clostridium autoethanogenum* and *Clostridium kluyveri* to increase syngas conversion to medium-chain fatty-acids. Comput Struct Biotechnol J, 18: 3255-3266.

Bennett R K, Dillon M, Gerald Har J R, et al. 2020. Engineering *Escherichia coli* for methanol-dependent growth on glucose for metabolite production. Metab Eng, 60: 45-55.

Bennett R K, Gonzalez J E, Whitaker W B, et al. 2018. Expression of heterologous non-oxidative pentose phosphate pathway from *Bacillus methanolicus* and phosphoglucose isomerase deletion improves methanol assimilation and metabolite production by a synthetic *Escherichia coli* methylotroph. Metab Eng, 45: 75-85.

Berthold P, Schmitt R, Mages W. 2002. An engineered *Streptomyces hygroscopicus* aph 7'' gene mediates dominant resistance against hygromycin B in *Chlamydomonas reinhardtii*. Protist, 153: 401-412.

Bertsch J, Öppinger C, Hess V, et al. 2015. Heterotrimeric NADH-oxidizing methylenetetrahydrofolate reductase from the acetogenic bacterium *Acetobacterium woodii*. J Bacteriol, 197(9): 1681-1689.

Billey E, Magneschi L, Leterme S, et al. 2021. Characterization of the Bubblegum acyl-CoA synthetase of *Microchloropsis gaditana*. Plant Physiol, 185: 815-835.

Billi D, Friedmann E I, Helm R F, et al. 2001. Gene transfer to the desiccation-tolerant cyanobacterium *Chroococcidiopsis*. J Bacteriol, 183: 2298-2305.

Bishé B, Taton A, Golden J W. 2019. Modification of RSF1010-based broad-host-range plasmids for improved conjugation and cyanobacterial bioprospecting. iScience, 20: 216-228.

Blanc G, Duncan G, Agarkova I, et al. 2010. The *Chlorella variabilis* NC64A genome reveals adaptation to photosymbiosis, coevolution with viruses, and cryptic sex. Plant Cell, 22: 2943-2955.

Bomar M, Hippe H, Schink B. 1991. Lithotrophic growth and hydrogen metabolism by *Clostridium magnum*. FEMS Microbiol Lett, 83(3): 347-349.

Boonchoo K, Puseenam A, Kocharin K, et al. 2019. Sucrose-inducible heterologous expression of phytase in high cell density cultivation of the thermotolerant methylotrophic yeast *Ogataea thermomethanolica*. FEMS Microbiol Lett, 366: fnzos2.

Bosch G, Skovran E, Xia Q, et al. 2008. Comprehensive proteomics of *Methylobacterium extorquens* AM1 metabolism under single carbon and nonmethylotrophic conditions. Proteomics, 8: 3494-3505.

Bothe H, Schmitz O, Yates M G, et al. 2010. Nitrogen fixation and hydrogen metabolism in cyanobacteria. Microbiol Mol Biol Rev, 74: 529-551.

Bowler C, Allen A E, Badger J H, et al. 2008. The *Phaeodactylum* genome reveals the evolutionary history of diatom genomes. Nature, 456: 239-244.

Bowler C, Vardi A, Allen A E. 2010. Oceanographic and biogeochemical insights from diatom genomes. Annu Rev Mar Sci, 2: 333-365.

Braun M, Mayer F, Gottschalk G. 1981. *Clostridium aceticum*(Wieringa), a microorganism producing acetic acid from molecular hydrogen and carbon dioxide. Arch Microbiol, 128(3): 288-293.

Brautaset T, Jakobsen Ø M, Degnes K F, et al. 2010. *Bacillus methanolicus* pyruvate carboxylase and homoserine dehydrogenase I and II and their roles for L-lysine production from methanol at 50 degrees C. Appl Microbiol and Biotechnol, 87: 951-964.

Bredell H, Smith J J, Prins W A, et al. 2016. Expression of rotavirus VP6 protein: A comparison amongst *Escherichia coli*, *Pichia pastoris* and Hansenula polymorpha. FEMS Yeast Res, 16: fowool.

Brock T D. 1976. Halophilic Blue-Green algae. Arch Microbiol, 107: 109-111.

Browne D R, Jenkins J, Schmutz J, et al. 2017. Draft nuclear genome sequence of the liquid hydrocarbon–accumulating green microalga *Botryococcus braunii* Race B(Showa). Genome Announc, 5(16): e00215-17.

Butler T, Kapoore R V, Vaidyanathan S. 2020. *Phaeodactylum tricornutum*: A diatom cell factory. Trends Biotechnol, 38: 606-622.

Cai P, Duan X P, Wu X X, et al. 2021. Recombination machinery engineering facilitates metabolic engineering of the industrial yeast *Pichia pastoris*. Nucleic Acids Res, 49: 7791-7805.

Cai P, Wu X Y, Deng J, et al. 2022. Methanol biotransformation toward high-level production of fatty acid derivatives by engineering the industrial yeast *Pichia pastoris*. Proc Natl Acad Sci USA: 119: e2201711119.

Camsund D, Lindblad P. 2014. Engineered transcriptional systems for cyanobacterial biotechnology. Front Bioeng Biotechnol, 2: 40.

Cao T P, Choi J M, Kim S W, et al. 2018. The crystal structure of methanol dehydrogenase, a quinoprotein from the marine methylotrophic bacterium *Methylophaga aminisulfidivorans* MP(T). J Microbiol, 56: 246-254.

Cao Y Q, Li Q, Xia P F, et al. 2017. AraBAD based toolkit for gene expression and metabolic robustness improvement in *Synechococcus elongatus*. Sci Rep, 7: 18059.

Carnicer M, Vieira G, Brautaset T, et al. 2016. Quantitative metabolomics of the thermophilic methylotroph *Bacillus methanolicus*. Microb Cell Fact, 15: 92.

Carrieri D, Wawrousek K, Eckert C, et al. 2011. The role of the bidirectional hydrogenase in cyanobacteria. Bioresour Technol, 102: 8368-8377.

Carrillo M, Wagner M, Petit F, et al. 2019. Design and control of extrachromosomal elements in *Methylorubrum extorquens* AM1. ACS Synth Biol, 8: 2451-2456.

Cartman S T, Minton N P. 2010. A mariner-Based transposon system for *in vivo* random mutagenesis of *Clostridium difficile*. Appl Environ Microbiol, 76(4): 1103-1109.

Cereghino J L, Cregg J M. 2000. Heterologous protein expression in the methylotrophic yeast *Pichia pastoris*. FEMS Microbiol Rev, 24: 45-66.

Cha T S, Chen C F, Yee W, et al. 2011. Cinnamic acid, coumarin and vanillin: Alternative phenolic compounds for efficient *Agrobacterium*-mediated transformation of the unicellular green alga, *Nannochloropsis* sp. J Microbiol Methods, 84: 430-434.

Chabot J R, Pedraza J M, Luitel P, et al. 2007. Stochastic gene expression out-of-steady-state in the cyanobacterial circadian clock. Nature, 450: 1249-1252.

Chang I S, Kim B H, Lovitt R W, et al. 2001. Effect of CO partial pressure on cell-recycled continuous CO fermentation by *Eubacterium limosum* KIST612. Process Biochem, 37(4): 411-421.

Chang K S, Kim J, Park H, et al. 2020. Enhanced lipid productivity in AGP knockout marine microalga *Tetraselmis* sp. using a DNA-free CRISPR/Cas9 RNP method. Bioresour Technol, 303: 122932.

Charoenrat T, Antimanon S, Kocharin K, et al. 2016. High cell density process for constitutive production of a recombinant phytase in thermotolerant methylotrophic yeast *Ogataea thermomethanolica* using table sugar as carbon source. Appl Biochem Biotechnol, 180: 1618-1634.

Chaurasia A K, Apte S K. 2009. Overexpression of the *groESL* operon enhances the heat and salinity stress tolerance of the nitrogen-fixing cyanobacterium *Anabaena* sp. strain PCC 7120. Appl Environ Microbiol, 75: 6008-6012.

Cheevadhanarak S, Paithoonrangsarid K, Prommeenate P, et al. 2012. Draft genome sequence of *Arthrospira platensis* C1(PCC 9438). Stand Genomic Sci, 6: 43-53.

Chen C T, Chen F Y, Bogorad I W, et al. 2018. Synthetic methanol auxotrophy of *Escherichia coli* for methanol-dependent growth and production. Metab Eng, 49: 257-266.

Chen F Y, Jung H W, Tsuei C Y, et al. 2020. Converting *Escherichia coli* to a synthetic methylotroph growing solely on methanol. Cell, 182: 933-946 e914.

Chen J E, Smith A G. 2012. A look at diacylglycerol acyltransferases(DGATs)in algae. J Biotechnol, 162: 28-39.

Chen J W, Liu W J, Hu D X, et al. 2017. Identification of a malonyl CoA-acyl carrier protein transacylase and its regulatory role in fatty acid biosynthesis in oleaginous microalga *Nannochloropsis oceanica*. Biotechnol Appl Biochem, 64: 620-626.

Chen J, Gomez J A, Höffner K, et al. 2015. Metabolic modeling of synthesis gas fermentation in bubble column reactors. Biotechnol Biofuels, 8: 1-12.

Chen J, Henson M A. 2016. In silico metabolic engineering of *Clostridium ljungdahlii* for synthesis gas fermentation. Metab Eng, 38: 389-400.

Chen W, Liew F, Köpke M. 2013. Recombinant microorganisms and uses therefor. US Patent, 0323820A.

Chen Y, Taton A, Go M, et al. 2016. Self-replicating shuttle vectors based on pANS, a small endogenous plasmid of the unicellular cyanobacterium *Synechococcus elongatus* PCC 7942. Microbiology (Reading), 162: 2029-2041.

Cheng A A, Lu T K. 2012. Synthetic biology: An emerging engineering discipline. Annu Rev Biomed Eng, 14: 155-178.

Cheng C, Li W, Lin M, et al. 2019a. Metabolic engineering of *Clostridium carboxidivorans* for enhanced ethanol and butanol production from syngas and glucose. Bioresour Technol, 284: 415-423.

Cheng P F, Okada S, Zhou C X, et al. 2019b. High-value chemicals from *Botryococcus braunii* and their current applications–A review. Bioresour Technol, 291: 121911.

Cheng T Y, Zhang W, Zhang W L, et al. 2017. An oleaginous filamentous microalgae *Tribonema minus* exhibits high removing potential of industrial phenol contaminants. Bioresour Technol, 238: 749-754.

Chisti Y. 2007. Biodiesel from microalgae. Biotechnol Adv, 25: 294-306.

Chistoserdov A Y, Chistoserdova L V, Mcintire W S, et al. 1994. Genetic organization of the mau gene cluster in *Methylobacterium extorquens* AM1: Complete nucleotide sequence and generation and characteristics of mau mutants. J Bacteriol, 176: 4052-4065.

Choi Y J, Morel L, Bourque D, et al. 2006. Bestowing inducibility on the cloned methanol dehydrogenase promoter (PmxaF) of *Methylobacterium extorquens* by applying regulatory elements of *Pseudomonas putida* F1. Appl Environ Microbiol, 72: 7723-7729.

Chou H H, Marx C J. 2012. Optimization of gene expression through divergent mutational paths. Cell Rep, 1: 133-140.

Chubiz L M, Purswani J, Carroll S M, et al. 2013. A novel pair of inducible expression vectors for use in *Methylobacterium extorquens*. BMC Res Notes, 6: 183.

Chungjatupornchai W, Areerat K, Fa-Aroonsawat S. 2019. Increased triacylglycerol production in oleaginous microalga *Neochloris oleoabundans* by overexpression of plastidial lysophosphatidic acid acyltransferase. Microb Cell Fact, 18(1): 53.

Ciliberti C, Biundo A, Albergo R, et al. 2020. Syngas derived from lignocellulosic biomass gasification as an alternative resource for innovative bioprocesses. Processes, 8(12): 1567.

Cohen M F, Wallis J G, Campbell E L, et al. 1994. Transposon mutagenesis of *Nostoc* sp. strain ATCC 29133, a filamentous cyanobacterium with multiple cellular-differentiation alternatives. Microbiology (Reading), 140: 3233-3240.

Cong L, Ran F A, Cox D, et al. 2013. Multiplex genome engineering using CRISPR/Cas systems. Science, 339(6121): 819-823.

Couso I, Vila M, Rodriguez H, et al. 2011. Overexpression of an exogenous phytoene synthase gene in the unicellular alga *chlamydomonas reinhardtii* leads to an increase in the content of carotenoids. Biotechnol Prog, 27: 54-60.

Craveri R, Cavazzoni V, Sarra P G, et al. 1976. Taxonomical examination and characterization of a methanol-utilizing yeast. Antonie Van Leeuwenhoek, 42: 533-540.

Cregg J M, Madden K R, Barringer K J, et al. 1989. Functional characterization of the two alcohol oxidase genes from the yeast *Pichia pastoris*. Mol Cell Biol, 9: 1316-1323.

Crozet P, Navarro F J, Willmund F, et al. 2018. Birth of a photosynthetic chassis: A moclo toolkit enabling synthetic biology in the microalga *Chlamydomonas reinhardtii*. ACS Synthetic Biology, 7: 2074-2086.

Cue D, Lam H, Dillingham R L, et al. 1997. Genetic manipulation of *Bacillus methanolicus*, a gram-positive, thermotolerant methylotroph. Appl Environ Microbiol, 63: 1406-1420.

Cui L Y, Wang S S, Guan C G, et al. 2018. Breeding of methanol-tolerant *Methylobacterium extorquens* AM1 by atmospheric and room temperature plasma mutagenesis combined with adaptive laboratory evolution. Biotechnol J, 13: 1700679.

Culpepper M A, Rosenzweig A C. 2014. Structure and protein–protein interactions of methanol dehydrogenase from *Methylococcus capsulatus*(Bath). Biochemistry, 53: 6211-6219.

da Silva T L, Santos C A, Reis A. 2009. Multi-parameter flow cytometry as a tool to monitor heterotrophic microalgal batch fermentations for oil production towards biodiesel. Biotechnol Bioproc E, 14: 330-337.

D'Adamo S, di Visconte G S, Lowe G, et al. 2019. Engineering the unicellular alga *Phaeodactylum tricornutum* for high-value plant triterpenoid production. Plant Biotechnol J, 17: 75-87.

Dai Z, Gu H, Zhang S, et al. 2017. Metabolic construction strategies for direct methanol utilization in *Saccharomyces cerevisiae*. Bioresour Technol, 245: 1407-1412.

Dal'Molin C G D, Quek L E, Palfreyman R W, et al. 2011. AlgaGEM - a genome-scale metabolic reconstruction of algae based on the *Chlamydomonas reinhardtii* genome. BMC Genomics, 12(Suppl 4): S5.

Dalvie N C, Leal J, Whittaker C A, et al. 2020. Host-informed expression of CRISPR guide RNA for genomic engineering in *Komagataella phaffii*. ACS Synth Biol, 9: 26-35.

Datar R P, Shenkman R M, Cateni B G, et al. 2004. Fermentation of biomass-generated producer gas to ethanol. Biotechnol Bioeng, 86(5): 587-594.

Davies F K, Work V H, Beliaev A S, et al. 2014. Engineering limonene and bisabolene production in wild type and a glycogen-deficient mutant of *Synechococcus* sp. PCC 7002. Front Bioeng Biotechnol, 2: 21.

Davis A K, Anderson R S, Spierling R, et al. 2021. Characterization of a novel strain of *Tribonema minus* demonstrating high biomass productivity in outdoor raceway ponds. Bioresour Technol, 331: 125007.

Davis T O, Henderson I, Brehm J K, et al. 2000. Development of a transformation and gene reporter system for group II, non-proteolytic *Clostridium botulinum* type B strains. J Mol Microbiol Biotechnol, 2(1): 59.

Day A, Goldschmidt-Clermont M. 2011. The chloroplast transformation toolbox: Selectable markers and marker removal. Plant Biotechnol J, 9: 540-553.

Day D J, Anthony C. 1990. Methanol dehydrogenase from *Methylobacterium extorquens* AM1.Meth Enzymol, 1990: 210-216.

De Clerck O, Guiry M D, Leliaert F, et al. 2013. Algal taxonomy: A road to nowhere? J Phycol, 49: 215-225.

De Tissera S, Köpke M, Simpson S D, et al. 2019. Syngas biorefinery and syngas utilization. Adv Biochem Eng Biotechnol, 166: 247-280.

Dean A P, Sigee D C, Estrada B, et al. 2010. Using FTIR spectroscopy for rapid determination of lipid accumulation in response to nitrogen limitation in freshwater microalgae. Bioresour Technol,

101: 4499-4507.

Debuchy R, Purton S, Rochaix J D. 1989. The argininosuccinate lyase gene of *Chlamydomonas reinhardtii* - an important tool for nuclear transformation and for correlating the genetic and molecular maps of the Arg7 Locus. EMBO J, 8: 2803-2809.

Degelmann A, Muller F, Sieber H, et al. 2002. Strain and process development for the production of human cytokines in *Hansenula polymorpha*. FEMS Yeast Res, 2: 349-361.

Dehghani J, Adibkia K, Movafeghi A, et al. 2018. Stable transformation of *Spirulina* (*Arthrospira*) *platensis*: A promising microalga for production of edible vaccines. Appl Microbiol and Biot, 102: 9267-9278.

Delepine B, Lopez M G, Carnicer M, et al. 2020. Charting the metabolic landscape of the facultative methylotroph *Bacillus methanolicus*. mSystems, 5(5): e00745-20.

Delic M, Mattanovich D, Gasser B. 2013. Repressible promoters - a novel tool to generate conditional mutants in *Pichia pastoris*. Microb Cell Fact, 12: 6.

Deng M D, Coleman J R. 1999. Ethanol synthesis by genetic engineering in cyanobacteria. Appl Environ Microb, 65: 523-528.

Deng Y W, Ro S Y, Rosenzweig A C. 2018. Structure and function of the lanthanide-dependent methanol dehydrogenase XoxF from the methanotroph *Methylomicrobium buryatense* 5GB1C. J Biol Inorg Chem, 23: 1037-1047.

Devarapalli M, Atiyeh H K, Phillips J R, et al. 2016. Ethanol production during semi-continuous syngas fermentation in a trickle bed reactor using *Clostridium ragsdalei*. Bioresour Technol, 209: 56-65.

Devarapalli M, Lewis R S, Atiyeh H K. 2017. Continuous ethanol production from synthesis gas by *Clostridium ragsdalei* in a trickle-bed reactor. Fermentation, 3(2): 23.

Devilly C I, Houghton J A. 1977. A study of genetic transformation in *Gloeocapsa alpicola*. J Gen Microbiol, 98: 277-280.

Diner B A, Fan J, Scotcher M C, et al. 2018. Synthesis of heterologous mevalonic acid pathway enzymes in *Clostridium ljungdahlii* for the conversion of fructose and of syngas to mevalonate and isoprene. Appl Environ Microbiol, 84(1): e01723-17.

Ditta G, Schmidhauser T, Yakobson E, et al. 1985. Plasmids related to the broad host range vector, pRK290, useful for gene cloning and for monitoring gene expression. Plasmid, 13: 149-153.

Dittmann E, Neilan B A, Erhard M, et al. 1997. Insertional mutagenesis of a peptide synthetase gene that is responsible for hepatotoxin production in the cyanobacterium *Microcystis aeruginosa* PCC 7806. Mol Microbiol, 26: 779-787.

Dmitruk K V, Sibirnyĭ A A. 2013. Metabolic engineering of yeast *Hansenula polymorpha* for construction of efficient ethanol producers. Tsitol Genet, 47: 3-21.

Doebbe A, Rupprecht J, Beckmann J, et al. 2007. Functional integration of the HUP1 hexose symporter gene into the genome of *C. reinhardtii*: Impacts on biological H_2 production. J Biotechnol, 131: 27-33.

Doronina N V, Sokolov A P, Trotsenko Y A. 1996. Isolation and initial characterization of aerobic chloromethane-utilizing bacteria. FEMS Microbiol Lett, 142: 179-183.

Doukov T I, Iverson T M, Seravalli J, et al. 2002. A Ni-Fe-Cu center in a bifunctional carbon monoxide dehydrogenase/acetyl-CoA synthase. Science, 298(5593): 567-572.

Drake H L, Hu S I, Wood H G. 1980. Purification of carbon monoxide dehydrogenase, a nickel enzyme from *Clostridium thermocaceticum*. J Biol Chem, 255(15): 7174-7180.

Drake H L. 1994. Acetogenesis, acetogenic bacteria, and the acetyl-CoA "Wood/Ljungdahl" pathway: Past and current perspectives.// Drake H L eds. Acetogenesis. Chapman & Hall

Microbiology Series. US, Boston, MA: Springer: 3-60.

Drejer E B, Chan D T C, Haupka C, et al. 2020. Methanol-based acetoin production by genetically engineered *Bacillus methanolicus*. Green Chem, 22: 788-802.

Ducat D C, Sachdeva G, Silver P A. 2011. Rewiring hydrogenase-dependent redox circuits in cyanobacteria. Proc Natl Acad Sci USA, 108: 3941-3946.

Ducat D C, Silver P A. 2012. Improving carbon fixation pathways. Curr Opin Chem Biol, 16: 337-344.

Duhring U, Axmann I M, Hess W R, et al. 2006. An internal antisense RNA regulates expression of the photosynthesis gene isiA. Proc Natl Acad Sci USA, 103: 7054-7058.

Dusny C, Schmid A. 2016. The MOX promoter in *Hansenula polymorpha* is ultrasensitive to glucose-mediated carbon catabolite repression. FEMS Yeast Res, 16: 15.

Eichler-Stahlberg A, Weisheit W, Ruecker O, et al. 2009. Strategies to facilitate transgene expression in *Chlamydomonas reinhardtii*. Planta, 229: 873-883.

Eilert E, Hollenberg C P, Piontek M, et al. 2012. The use of highly expressed FTH1 as carrier protein for cytosolic targeting in *Hansenula polymorpha*. J. Biotechnol, 159: 172-176.

El-Gammal M, Abou-Shanab R, Angelidaki I, et al. 2017. High efficient ethanol and VFA production from gas fermentation: Effect of acetate, gas and inoculum microbial composition. Biomass Bioenerg, 105: 32-40.

Englund E, Liang F, Lindberg P. 2016. Evaluation of promoters and ribosome binding sites for biotechnological applications in the unicellular cyanobacterium *Synechocystis* sp. PCC 6803. Sci Rep, 6: 36640.

Espinosa M I, Gonzalez-Garcia R A, Valgepea K, et al. 2020. Adaptive laboratory evolution of native methanol assimilation in *Saccharomyces cerevisiae*. Nat commun, 11: 5564.

Espinosa M I, Williams T C, Pretorius I S, et al. 2019. Benchmarking two *Saccharomyces cerevisiae* laboratory strains for growth and transcriptional response to methanol. Synth Syst Biotechnol, 4: 180-188.

Esquivel M G, Amaro H M, Pinto T S, et al. 2011. Efficient H_2 production via *Chlamydomonas reinhardtii*. Trends Biotechnol, 29: 595-600.

Esquivel-Elizondo S, Delgado A G, Rittmann B E, et al. 2017. The effects of CO_2 and H_2 on CO metabolism by pure and mixed microbial cultures. Biotechnol Biofuels, 10(1): 220.

Fagan R P, Fairweather N F. 2011. *Clostridium difficile* has two parallel and essential Sec secretion systems. J Biol Chem, 286(31): 27483-27493.

Fan J H, Ning K, Zeng X W, et al. 2015. Genomic foundation of starch-to-lipid switch in oleaginous *Chlorella* spp. Plant Physiol, 169: 2444-2461.

Fan L, Wang Y, Tuyishime P, et al. 2018. Engineering artificial fusion proteins for enhanced methanol bioconversion. Chembiochem, 19: 2465-2471.

Fang L, Sun D Y, Xu Z Y, et al. 2015. Transcriptomic analysis of a moderately growing subisolate *Botryococcus braunii* 779(Chlorophyta)in response to nitrogen deprivation. Biotechnol Biofuels, 8: 130.

Fasaei F, Bitter J H, Slegers P M, et al. 2018. Techno-economic evaluation of microalgae harvesting and dewatering systems. Algal Res, 31: 347-362.

Fernández-Naveira Á, Veiga M C, Kennes C. 2017a. Effect of pH control on the anaerobic H-B-E fermentation of syngas in bioreactors. J Chem Technol Biotechnol, 92(6): 1178-1185.

Fernández-Naveira Á, Veiga M C, Kennes C. 2019. Selective anaerobic fermentation of syngas into either C2-C6 organic acids or ethanol and higher alcohols. Bioresour Technol, 280: 387-395.

Fernández-Naveira Á, Veiga M C, Kennes C. 2017b. H–B–E (hexanol–butanol–ethanol) fermentation for the production of higher alcohols from syngas/waste gas. J Chem Technol Biotechnol, 92(4): 712-731.

Fernandez-Pinas F, Leganes F, Wolk C P. 2000. Bacterial *lux* genes as reporters in cyanobacteria. Methods Enzymol, 305: 513-527.

Fina A, Brêda G C, Perez-Trujillo M, et al. 2021. Benchmarking recombinant *Pichia pastoris* for 3-hydroxypropionic acid production from glycerol. Microb Biotechnol, 14: 1671-1682.

Fischer F, Lieske R, Winzer K. 1932. Biologische gasreaktionen. II. Gber die bildung von essigs ure bei der biologischen umsetzung von kohlenoxyd und kohlens ure mit wasserstoff zu methan. Biochem Z, 245: 2-12.

Fischer H, Robl I, Sumper M, et al. 1999. Targeting and covalent modification of cell wall and membrane proteins heterologously expressed in the diatom *Cylindrotheca fusiformis* (Bacillariophyceae). J Phycol, 35: 113-120.

Flores C, Santos M, Pereira S B, et al. 2019. The alternative sigma factor SigF is a key player in the control of secretion mechanisms in *Synechocystis* sp. PCC 6803. Environ Microbiol, 21: 343-359.

Fonfara I, Richter H, Bratovic M, et al. 2016. The CRISPR-associated DNA-cleaving enzyme Cpf1 also processes precursor CRISPR RNA. Nature, 532(7600): 517-521.

Fontaine F, Peterson W, McCoy E, et al. 1942. A new type of glucose fermentation by *Clostridium thermoaceticum*. J Bacteriol, 43(6): 701-715.

Frazier C L, Filippo J S, Lambowitz A M, et al. 2003. Genetic manipulation of *Lactococcus lactis* by using targeted group II introns: Generation of stable insertions without selection. Appl Environ Microbiol, 69(2): 1121-1128.

Fu P C. 2009. Genome-scale modeling of *Synechocystis* sp. PCC 6803 and prediction of pathway insertion. J Chem Technol Biot, 84: 473-483.

Fukuda S, Hirasawa E, Takemura T, et al. 2018. Accelerated triacylglycerol production without growth inhibition by overexpression of a glycerol-3-phosphate acyltransferase in the unicellular red alga *Cyanidioschyzon merolae*. Sci Rep, 8: 12410.

Furtado J C, Palacio J C E, Leme R C, et al. 2020. Biorefineries productive alternatives optimization in the brazilian sugar and alcohol industry. Applied Energy, 259: 113092.

Gaddy J L, Claussen E C. 1992. *Clostridium ljungdahlii*, an anaerobic ethanol and acetate producing microorganism. US Patent, 5173429 A.

Galbally I E, Kirstine W. 2002. The production of methanol by flowering plants and the global cycle of methanol. J Atmos Chem, 43: 195-229.

Gale G A R, Osorio A A S, Mills L A, et al. 2019. Emerging species and genome editing tools: Future prospects in cyanobacterial synthetic biology. Microorganisms, 7(10): 409.

Gälli R, Leisinger T. 1985. Specialized bacterial strains for the removal of dichloromethane from industrial waste. Conserv Recycl, 8: 91-100.

Gan Q H, Jiang J Y, Han X, et al. 2018. Engineering the chloroplast genome of oleaginous marine microalga *Nannochloropsis oceanica*. Front Plant Sci, 9: 439.

Gao BY, Chen A L, Zhang W Y, et al. 2017. Co-production of lipids, eicosapentaenoic acid, fucoxanthin, and chrysolaminarin by *Phaeodactylum tricornutum* cultured in a flat-plate photobioreactor under varying nitrogen conditions. J Ocean Univ China, 16: 916-924.

Gao C F, Wang Y, Shen Y, et al. 2014. Oil accumulation mechanisms of the oleaginous microalga *Chlorella protothecoides* revealed through its genome, transcriptomes, and proteomes. BMC Genomics, 15: 582.

Gao J C, Jiang L H, Lian J Z. 2021b. Development of synthetic biology tools to engineer *Pichia pastoris* as a chassis for the production of natural products. Synth Syst Biotechnol, 6: 110-119.

Gao J Q, Gao N, Zhai X X, et al. 2021a. Recombination machinery engineering for precise genome editing in methylotrophic yeast *Ogataea polymorpha*. iScience: 102168.

Gao J Q, Li Y X, Yu W, et al. 2022. Rescuing yeast from cell death enables overproduction of fatty acids from sole methanol. Nat Metab, 4: 932-943.

Gao Q Q, Wang W H, Zhao H, et al. 2012b. Effects of fatty acid activation on photosynthetic production of fatty acid-based biofuels in *Synechocystis* sp. PCC 6803. Biotechnol Biofuels, 5: 17.

Gao Z X, Zhao H, Li Z M, et al. 2012a. Photosynthetic production of ethanol from carbon dioxide in genetically engineered cyanobacteria. Energ Environ Sci, 5: 9857-9865.

Geerts D, Bovy A, Devrieze G, et al. 1995. Inducible expression of heterologous genes targeted to a chromosomal platform in the cyanobacterium *Synechococcus* sp. PCC 7942. Microbiology (Reading), 141: 831-841.

Genkov T, Meyer M, Griffiths H, et al. 2010. Functional hybrid rubisco enzymes with plant small subunits and algal large subunits engineered *rbcS* cDNA for expression in *Chlamydomonas*. J Biol Chem, 285: 19833-19841.

Georg J, Voss B, Scholz I, et al. 2009. Evidence for a major role of antisense RNAs in cyanobacterial gene regulation. Mol Syst Biol, 5: 305.

Georgianna D R, Mayfield S P. 2012. Exploiting diversity and synthetic biology for the production of algal biofuels. Nature, 488: 329-335.

Ghim C M, Lee S K, Takayama S, et al. 2010. The art of reporter proteins in science: Past, present and future applications. BMB Rep, 43: 451-460.

Gilbert Luke A, Larson Matthew H, Morsut L, et al. 2013. CRISPR-mediated modular RNA-guided regulation of transcription in eukaryotes. Cell, 154: 442-451.

Gimpel J A, Mayfield S P. 2013. Analysis of heterologous regulatory and coding regions in algal chloroplasts. Appl Microbiol Biotechnol, 97: 4499-4510.

Giordano M, Kansiz M, Heraud P, et al. 2001. Fourier transform infrared spectroscopy as a novel tool to investigate changes in intracellular macromolecular pools in the marine microalga *Chaetoceros muellerii* (Bacillariophyceae). J Phycol, 37: 271-279.

Gomma A E, Lee S K, Sun S M, et al. 2015. Improvement in oil production by increasing malonyl-coa and glycerol-3-phosphate pools in *Scenedesmus quadricauda*. Indian J Microbiol, 55: 447-455.

Gong Y H, Kang N K, Kim Y U, et al. 2020. The NanDeSyn database for *Nannochloropsis* systems and synthetic biology. Plant J, 104: 1736-1745.

Gong Y M, Guo X J, Wan X, et al. 2011. Characterization of a novel thioesterase (PtTE) from *Phaeodactylum tricornutum*. J Basic Microbiol, 51: 666-672.

Gonzalez-Esquer C R, Vermaas W F J. 2013. ClpB1 overproduction in *Synechocystis* sp. strain PCC 6803 increases tolerance to rapid heat shock. Appl Environ Microbiol, 79: 6220-6227.

Good N M, Vu H N, Suriano C J, et al. 2016. Pyrroloquinoline quinone ethanol dehydrogenase in *Methylobacterium extorquens* AM1 extends lanthanide-dependent metabolism to multicarbon substrates. J Bacteriol, 198: 3109-3118.

Gößner A S, Picardal F, Tanner R S, et al. 2008. Carbon metabolism of the moderately acid-tolerant acetogen *Clostridium drakei* isolated from peat. FEMS Microbiol Lett, 287(2): 236-242.

Grahame D A. 2003. Acetate C-C bond formation and decomposition in the anaerobic world: The structure of a central enzyme and its key active-site metal cluster. Trends Biochem Sci, 28(5): 221-224.

Grethlein A, Worden R, Jain M, et al. 1990. Continuous production of mixed alcohols and acids from carbon monoxide. Appl Biochem Biotechnol, 24(1): 875-884.

Grewe S, Ballottari M, Alcocer M, et al. 2014. Light-harvesting complex protein LHCBM9 is critical for photosystem ii activity and hydrogen production in *Chlamydomonas reinhardtii*. Plant Cell, 26: 1598-1611.

Groher A, Weuster-Botz D. 2016. Comparative reaction engineering analysis of different acetogenic bacteria for gas fermentation. J Biotechnol, 228: 82-94.

Gu Y, Gao J C, Cao M F, et al. 2019. Construction of a series of episomal plasmids and their application in the development of an efficient CRISPR/Cas9 system in *Pichia pastoris*. World J Microbiol Biotechnol, 35: 10.

Guarnieri M T, Levering J, Henard C A, et al. 2018. Genome sequence of the oleaginous green alga, *Chlorella vulgaris* UTEX 395. Frontiers in Bioengineering and Biotechnology, 6: 37.

Guiry M D. 2012. How many species of algae are there? J Phycol, 48: 1057-1063.

Guler B A, Deniz I, Demirel Z, et al. 2019. Comparison of different photobioreactor configurations and empirical computational fluid dynamics simulation for fucoxanthin production. Algal Res, 37: 195-204.

Gunkel K, Van Dijk R, Veenhuis M, et al. 2004. Routing of *Hansenula polymorpha* alcohol oxidase: An alternative peroxisomal protein-sorting machinery. Mol Biol Cell, 15: 1347-1355.

Guo F, Dai Z, Peng W, et al. 2021. Metabolic engineering of *Pichia pastoris* for malic acid production from methanol. Biotechnol and Bioeng, 118: 357-371.

Guo X, Lidstrom M E. 2008. Metabolite profiling analysis of *Methylobacterium extorquens* AM1 by comprehensive two-dimensional gas chromatography coupled with time-of-flight mass spectrometry. Biotechnol Bioeng, 99: 929-940.

Guo Y, Xu J, Zhang Y, et al. 2010. Medium optimization for ethanol production with *Clostridium autoethanogenum* with carbon monoxide as sole carbon source. Bioresour Technol, 101(22): 8784-8789.

Hagman A, Säll T, Piškur J. 2014. Analysis of the yeast short-term Crabtree effect and its origin. FEBS J, 281: 4805-4814.

Halfmann C, Gu L P, Zhou R B. 2014. Engineering cyanobacteria for the production of a cyclic hydrocarbon fuel from CO_2 and H_2O. Green Chem, 16: 3175-3185.

Hallmann A, Sumper M. 1996. The Chlorella hexose H^+ symporter is a useful selectable marker and biochemical reagent when expressed in Volvox. Proc Natl Acad Sci USA, 93: 669-673.

Hamed I. 2016. The evolution and versatility of microalgal biotechnology: A review. Compr Rev Food Sci F, 15: 1104-1123.

Hamilton M L, Warwick J, Terry A, et al. 2015. Towards the industrial production of omega-3 long chain polyunsaturated fatty acids from a genetically modified diatom *Phaeodactylum tricornutum*. PLoS One, 10(12): e0144054.

Hammer S K, Avalos J L. 2017. Harnessing yeast organelles for metabolic engineering. Nat Chem Biol, 13: 823.

Han S, Gao X, Ying H, et al. 2016. NADH gene manipulation for advancing bioelectricity in *Clostridium ljungdahlii* microbial fuel cells. Green Chemistry, 18(8): 2473-2478.

Han Y F, Xie B T, Wu G, et al. 2020. Combination of trace metal to improve solventogenesis of *Clostridium carboxidivorans* P7 in syngas fermentation. Front Microbiol, 11: 577266.

Harnpicharnchai P, Promdonkoy P, Sae-Tang K, et al. 2014. Use of the glyceraldehyde-3-phosphate dehydrogenase promoter from a thermotolerant yeast, *Pichia thermomethanolica*, for heterologous gene expression, especially at elevated temperature. Ann Microbiol, 64: 1457-1462.

Hartman A H, Liu H, Melville S B. 2011. Construction and characterization of a lactose-inducible promoter system for controlled gene expression in *Clostridium perfringens*. Appl Environ Microbiol, 77(2): 471-478.

Hartner F S, Ruth C, Langenegger D, et al. 2008. Promoter library designed for fine-tuned gene expression in *Pichia pastoris*. Nucleic Acids Res, 36: 15.

Haslam R P, Hamilton M L, Economou C K, et al. 2020. Overexpression of an endogenous type 2 diacylglycerol acyltransferase in the marine diatom *Phaeodactylum tricornutum* enhances lipid production and omega-3 long-chain polyunsaturated fatty acid content. Biotechnol Biofuels, 13: 87.

He Y H, Wang X X, Ma B, et al. 2019. Ramanome technology platform for label-free screening and sorting of microbial cell factories at single-cell resolution. Biotechnol Adv, 37(6): 107388.

He Y H, Zhang P, Huang S, et al. 2017. Label-free, simultaneous quantification of starch, protein and triacylglycerol in single microalgal cells. Biotechnol Biofuels, 10: 275.

Heap J T, Ehsaan M, Cooksley C M, et al. 2012. Integration of DNA into bacterial chromosomes from plasmids without a counter-selection marker. Nucleic Acids Res, 40(8): e59.

Heap J T, Pennington O J, Cartman S T, et al. 2007. The ClosTron: A universal gene knock-out system for the genus *Clostridium*. J Microbiol Methods, 70(3): 452-464.

Heap J T, Pennington O J, Cartman S T, et al. 2009. A modular system for *Clostridium* shuttle plasmids. J Microbiol Methods, 78(1): 79-85.

Heggeset T M, Krog A, Balzer S, et al. 2012. Genome sequence of thermotolerant *Bacillus methanolicus*: Features and regulation related to methylotrophy and production of L-lysine and L-glutamate from methanol. Appl Environ Microbiol, 78: 5170-5181.

Heidorn T, Camsund D, Huang H H, et al. 2011. Synthetic biology in cyanobacteria engineering and analyzing novel functions. Methods Enzymol, 497: 539-579.

Hendry J I, Bandyopadhyay A, Srinivasan S, et al. 2020. Metabolic model guided strain design of cyanobacteria. Curr Opin Biotechnol, 64: 17-23.

Hennig G, Haupka C, Brito L F, et al. 2020. Methanol-essential growth of *Corynebacterium glutamicum*: Adaptive laboratory evolution overcomes limitation due to methanethiol assimilation pathway. Int J Mol Sci, 21: 3617.

Henstra A M, Sipma J, Rinzema A, et al. 2007. Microbiology of synthesis gas fermentation for biofuel production. Curr Opin Biotechnol, 18(3): 200-206.

Hermann M, Teleki A, Weitz S, et al. 2020. Electron availability in CO_2, CO and H_2 mixtures constrains flux distribution, energy management and product formation in *Clostridium ljungdahlii*. Microb Biotechnol, 13(6): 1831-1846.

Hess V, Schuchmann K, Müller V. 2013. The ferredoxin: NAD^+ oxidoreductase(Rnf)from the acetogen *Acetobacterium woodii* requires Na^+ and is reversibly coupled to the membrane potential. J Biol Chem, 288(44): 31496-31502.

Hibberd D J. 1981. Notes on the taxonomy and nomenclature of the algal classes Eustigmatophyceae and Tribophyceae (synonym Xanthophyceae). Bot J Linn Soc, 82: 93-119.

Higo A, Ehira S. 2019. Anaerobic butanol production driven by oxygen-evolving photosynthesis using the heterocyst-forming multicellular cyanobacterium *Anabaena* sp. PCC 7120. Appl Microbiol Biot, 103: 2441-2447.

Higo A, Isu A, Fukaya Y, et al. 2017. Designing synthetic flexible gene regulation networks using RNA devices in cyanobacteria. ACS Synth Biol, 6: 55-61.

Holtman C K, Chen Y, Sandoval P, et al. 2005. High-throughput functional analysis of the *Synechococcus elongatus* PCC 7942 genome. DNA Res, 12: 103-115.

Hoober J K. 1989. The *Chlamydomonas* sourcebook - a comprehensive guide to biology and laboratory use - Harris, Eh. Science, 246: 1503-1504.

Horvath P, Barrangou R. 2010. CRISPR/Cas, the immune system of bacteria and archaea. Science, 327(5962): 167-170.

Hou Q T, Qiu S, Liu Q, et al. 2013. Selenoprotein-transgenic *Chlamydomonas reinhardtii*. Nutrients, 5: 624-636.

Hu B, Lidstrom M E. 2014. Metabolic engineering of *Methylobacterium extorquens* AM1 for 1-butanol production. Biotechnol Biofuels, 7: 156.

Hu B, Yang Y M, Beck D A, et al. 2016. Comprehensive molecular characterization of *Methylobacterium extorquens* AM1 adapted for 1-butanol tolerance. Biotechnol Biofuels, 9: 84.

Hu H H, Gao K S. 2003. Optimization of growth and fatty acid composition of a unicellular marine picoplankton, *Nannochloropsis* sp., with enriched carbon sources. Biotechnol Lett, 25: 421-425.

Huang C H, Shen C R, Li H, et al. 2016. CRISPR interference (CRISPRi) for gene regulation and succinate production in cyanobacterium *S. elongatus* PCC 7942. Microb Cell Fac, 15: 196.

Huang D F, Han S Y, Han Z L, et al. 2012. Biodiesel production catalyzed by *Rhizomucor miehei* lipase-displaying *Pichia pastoris* whole cells in an isooctane system. Biochem Eng J, 63: 10-14.

Huang H H, Lindblad P. 2013. Wide-dynamic-range promoters engineered for cyanobacteria. J Biol Eng, 7: 10.

Huang H, Chai C, Li N, et al. 2016. CRISPR/Cas9-based efficient genome editing in *Clostridium ljungdahlii*, an autotrophic gas-fermenting bacterium. ACS Synth Biol, 5(12): 1355-1361.

Huang H, Chai C, Yang S, et al. 2019. Phage serine integrase-mediated genome engineering for efficient expression of chemical biosynthetic pathway in gas-fermenting *Clostridium ljungdahlii*. Metab Eng, 52: 293-302.

Huang H, Wang S, Moll J, et al. 2012. Electron bifurcation involved in the energy metabolism of the acetogenic bacterium *Moorella thermoacetica* growing on glucose or H_2 plus CO_2. J Bacteriol, 194(14): 3689-3699.

Huang H H, Camsund D, Lindblad P, et al. 2010. Design and characterization of molecular tools for a synthetic biology approach towards developing cyanobacterial biotechnology. Nucleic Acids Res, 38: 2577-2593.

Huhnke R L, Lewis R S, Tanner R S. 2008. Isolation and characterization of novel clostridial species. US Patent, 0057554A.

Hurst K M, Lewis R S. 2010. Carbon monoxide partial pressure effects on the metabolic process of syngas fermentation. Biochem Eng J, 48(2): 159-165.

Ikeuchi M, Tabata S. 2001. *Synechocystis* sp. PCC 6803 - a useful tool in the study of the genetics of cyanobacteria. Photosyn Res, 70: 73-83.

Infantes A, Kugel M, Neumann A. 2020. Evaluation of media components and process parameters in a sensitive and robust fed-batch syngas fermentation system with *Clostridium ljungdahlii*. Fermentation, 6(2): 61.

Inui M, Suda M, Kimura S, et al. 2008. Expression of *Clostridium acetobutylicum* butanol synthetic genes in *Escherichia coli*. Appl Microbiol Biotechnol, 77(6): 1305-1316.

Ioki M, Baba M, Nakajima N, et al. 2012. Transcriptome analysis of an oil-rich race B strain of *Botryococcus braunii*(BOT-70)by de novo assembly of 5 '-end sequences of full-length cDNA clones. Bioresour Technol, 109: 277-281.

Irla M, Neshat A, Brautaset T, et al. 2015. Transcriptome analysis of thermophilic methylotrophic *Bacillus methanolicus* MGA3 using RNA-sequencing provides detailed insights into its previously uncharted transcriptional landscape. BMC Genom, 16: 73.

Ishchuk O P, Voronovsky A Y, Abbas C A, et al. 2009. Construction of *Hansenula polymorpha* strains with improved thermotolerance. Biotechnol Bioeng, 104: 911-919.

Ito Y, Terai G, Ishigami M, et al. 2020. Exchange of endogenous and heterogeneous yeast terminators in *Pichia pastoris* to tune mRNA stability and gene expression. Nucleic Acids Res, 48: 13000-13012.

Iwai M, Katoh H, Katayama M, et al. 2004. Improved genetic transformation of the thermophilic cyanobacterium, *Thermosynechococcus elongatus* BP-1. Plant Cell Physiol, 45: 171-175.

Jack J, Lo J, Maness P C, et al. 2019. Directing *Clostridium ljungdahlii* fermentation products via hydrogen to carbon monoxide ratio in syngas. Biomass Bioenerg, 124: 95-101.

Jaiswal D, Sengupta A, Sengupta S, et al. 2020. A novel cyanobacterium *Synechococcus elongatus* PCC 11802 has distinct genomic and metabolomic characteristics compared to its neighbor PCC 11801. Sci Rep, 10: 191.

Jaiswal D, Sengupta A, Sohoni S, et al. 2018. Genome features and biochemical characteristics of a robust, fast growing and naturally transformable cyanobacterium *Synechococcus elongatus* PCC 11801 isolated from India. Sci Rep, 8: 16632.

James G O, Hocart C H, Hillier W, et al. 2011. Fatty acid profiling of *Chlamydomonas reinhardtii* under nitrogen deprivation. Bioresour Technol, 102: 3343-3351.

Janajreh I, Adeyemi I, Raza S S, et al. 2021. A review of recent developments and future prospects in gasification systems and their modeling. Renew Sust Energ Rev, 138: 110505.

Jeamton W, Dulsawat S, Tanticharoen M, et al. 2017. Overcoming intrinsic restriction enzyme barriers enhances transformation efficiency in *Arthrospira platensis* C1. Plant Cell Physiol, 58: 822-830.

Jeon S, Lim J M, Lee H G, et al. 2017. Current status and perspectives of genome editing technology for microalgae. Biotechnol Biofuels, 10: 267.

Jia Y L, Xue L X, Liu H T, et al. 2009. Characterization of the glyceraldehyde-3-phosphate dehydrogenase(GAPDH)gene from the halotolerant alga *Dunaliella salina* and inhibition of its expression by RNAi. Curr Microbiol, 58: 426-431.

Jiao J, Wang S, Liang M, et al. 2019. Basal transcription profiles of the rhamnose-inducible promoter P_{LRA3} and the development of efficient P_{LRA3}-based systems for markerless gene deletion and a mutant library in *Pichia pastoris*. Curr Genet, 65: 785-798.

Johnson C H, Golden S S. 1999. Circadian programs in cyanobacteria: Adaptiveness and mechanism. Annu Rev Microbiol, 53: 389-409.

Johnson X. 2011. Manipulating RuBisCO accumulation in the green alga, *Chlamydomonas reinhardtii*. Plant Mol Biol, 76: 397-405.

Jones S W, Fast A G, Carlson E D, et al. 2016. CO_2 fixation by anaerobic non-photosynthetic mixotrophy for improved carbon conversion. Nat Commun, 7: 12800.

Jordan A, Chandler J, MacCready J S, et al. 2017. Engineering cyanobacterial cell morphology for enhanced recovery and processing of biomass. Appl Environ Microbiol, 83: e00053-17.

Joset F. 1988. Transformation in *Synechocystis* PCC 6714 and PCC 6803: Preparation of chromosomal DNA. Meth Enzymol, 167: 712-714.

Juergens H, Varela J A, Gorter De Vries A R, et al. 2018. Genome editing in *Kluyveromyces and Ogataea* yeasts using a broad-host-range Cas9/gRNA co-expression plasmid. FEMS Yeast Res, 18: foy012.

Kaczmarczyk A, Vorholt J A, Francez-Charlot A. 2013. Cumate-inducible gene expression system for sphingomonads and other Alphaproteobacteria. Appl Environ Microbiol, 79: 6795-6802.

Kaczmarczyk D, Anfelt J, Sarnegrim A, et al. 2014. Overexpression of sigma factor SigB improves temperature and butanol tolerance of *Synechocystis* sp. PCC 6803. J Biotechnol, 182: 54-60.

Kaczmarczyk D, Cengic I, Yao L, et al. 2018. Diversion of the long-chain acyl-ACP pool in synechocystis to fatty alcohols through CRISPRi repression of the essential phosphate acyltransferase PlsX. Metab Eng, 45: 59-66.

Kamravamanesh D, Pflügl S, Nischkauer W, et al. 2017. Photosynthetic poly-β-hydroxybutyrate accumulation in unicellular cyanobacterium *Synechocystis* sp. PCC 6714. AMB Express, 7: 143.

Kaneko T, Sato S, Kotani H, et al. 1996. Sequence analysis of the genome of the unicellular cyanobacterium *Synechocystis* sp. strain PCC 6803. II. Sequence determination of the entire genome and assignment of potential protein-coding regions (supplement). DNA Res, 3: 185-209.

Kang N K, Jeon S, Kwon S, et al. 2015. Effects of overexpression of a bHLH transcription factor on biomass and lipid production in *Nannochloropsis salina*. Biotechnol Biofuels, 8: 200.

Kantzow C, Weuster-Botz D. 2016. Effects of hydrogen partial pressure on autotrophic growth and product formation of *Acetobacterium woodii*. Bioprocess Biosyst Eng, 39(8): 1325-1330.

Karberg M, Guo H, Zhong J, et al. 2001. Group II introns as controllable gene targeting vectors for genetic manipulation of bacteria. Nat Biotechnol, 19(12): 1162-1167.

Kawata Y, Yano S, Kojima H, et al. 2004. Transformation of *Spirulina platensis* strain C1 (*Arthrospira* sp. PCC9438) with Tn5 transposase-transposon DNA-cation liposome complex. Mar Biotechnol (NY), 6: 355-363.

Keller P, Noor E, Meyer F, et al. 2020. Methanol-dependent *Escherichia coli* strains with a complete ribulose monophosphate cycle. Nat Commun, 11: 5403.

Kelly C L, Taylor G M, Hitchcock A, et al. 2018. A rhamnose-inducible system for precise and temporal control of gene expression in cyanobacteria. ACS Synth Biol, 7: 1056-1066.

Kelly C L, Taylor G M, Satkute A, et al. 2019. Transcriptional terminators allow leak-free chromosomal integration of genetic constructs in cyanobacteria. Microorganisms, 7(8): 263.

Kiefer P, Portais J C, Vorholt J A. 2008. Quantitative metabolome analysis using liquid chromatography-high-resolution mass spectrometry. Anal Biochem, 382: 94-100.

Kilian O, Benemann C S E, Niyogi K K, et al. 2011. High-efficiency homologous recombination in the oil-producing alga *Nannochloropsis* sp. Proc Natl Acad Sci U S A, 108: 21265-21269.

Kim D H, Kim Y T, Cho J J, et al. 2002. Stable integration and functional expression of flounder growth hormone gene in transformed microalga, *Chlorella ellipsoidea*. Mar Biotechnol, 4: 63-73.

Kim S I, Ha B S, Kim M S, et al. 2016. Evaluation of copper-inducible fungal laccase promoter in foreign gene expression in *Pichia pastoris*. Biotechnol Bioprocess Eng, 21: 53-59.

Kim S, Lindner S N, Aslan S, et al. 2020. Growth of *E. coli* on formate and methanol via the reductive glycine pathway. Nat Chem Biol, 16: 538-545.

Kim W J, Lee S M, Um Y, et al. 2017. Development of SyneBrick vectors as a synthetic biology platform for gene expression in *Synechococcus elongatus* PCC 7942. Front Plant Sci, 8: 293.

Kindle K L. 1990. High-frequency nuclear transformation of *Chlamydomonas reinhardtii*. Proc Natl Acad Sci USA, 87: 1228-1232.

Kira N, Ohnishi K, Miyagawa-Yamaguchi A, et al. 2016. Nuclear transformation of the diatom *Phaeodactylum tricornutum* using PCR-amplified DNA fragments by microparticle bombardment. Mar Genomics, 25: 49-56.

Kitchener R L, Grunden A M. 2018. Methods for enhancing cyanobacterial stress tolerance to enable improved production of biofuels and industrially relevant chemicals. Appl Microbiol Biotechnol, 102: 1617-1628.

Kiyota H, Okuda Y, Ito M, et al. 2014. Engineering of cyanobacteria for the photosynthetic production of limonene from CO_2. J Biotechnol, 185: 1-7.

Klasson K, Ackerson M, Clausen E, et al. 1991. Bioreactor design for synthesis gas fermentations.

Fuel, 70(5): 605-614.

Kloosterman H, Vrijbloed J W, Dijkhuizen L. 2002. Molecular, biochemical, and functional characterization of a Nudix hydrolase protein that stimulates the activity of a nicotinoprotein alcohol dehydrogenase. J Biol Chem, 277: 34785-34792.

Knief C, Frances L, Vorholt J A. 2010. Competitiveness of diverse *Methylobacterium* strains in the phyllosphere of *Arabidopsis thaliana* and identification of representative models, including *M. extorquens* PA1. Microb Ecol, 60: 440-452.

Knoot C J, Pakrasi H B. 2019. Diverse hydrocarbon biosynthetic enzymes can substitute for olefin synthase in the cyanobacterium *Synechococcus* sp. PCC 7002. Sci Rep, 9: 1360.

Kohler-Staub D, Hartmans S, Gälli R, et al. 1986. Evidence for identical dichloromethane dehalogenases in different methylotrophic bacteria. Microbiology, 132: 2837-2843.

Koksharova O A, Wolk C P. 2002. Genetic tools for cyanobacteria. Appl Microbiol Biotechnol, 58: 123-137.

Kopf M, Klähn S, Pade N, et al. 2014. Comparative genome analysis of the closely related *Synechocystis* strains PCC 6714 and PCC 6803. DNA Res, 21: 255-266.

Köpke M, Chen W Y. 2013. Recombinant microorganisms and uses therefor. US Patent, 0323806A.

Köpke M, Gerth M L, Maddock D J, et al. 2014a. Reconstruction of an acetogenic 2,3-butanediol pathway involving a novel NADPH-dependent primary-secondary alcohol dehydrogenase. Appl Environ Microbiol, 80(11): 3394-3403.

Köpke M, Held C, Hujer S, et al. 2010. *Clostridium ljungdahlii* represents a microbial production platform based on syngas. Proc Natl Acad Sci USA, 107(29): 13087-13092.

Köpke M, Liew F. 2011. Recombinant microorganism and methods of production thereof. US Patent, 0236941A.

Köpke M, Liew F. 2016. Genetically engineered bacterium with altered carbon monoxide dehydrogenase (CODH) activity. US Patent, 0040193A.

Köpke M, Mihalcea C, Liew F, et al. 2011. 2,3-Butanediol production by acetogenic bacteria, an alternative route to chemical synthesis, using industrial waste gas. Appl Environ Microbiol, 77(15): 5467-5475.

Köpke M, Nagaraju S, Chen W Y. 2014b. Recombinant microorganisms and methods of use thereof. US Patent, 0206901A.

Köpke M, Straub M, Dürre P. 2013. *Clostridium difficile* is an autotrophic bacterial pathogen. PLoS One, 8(4): e62157.

Kosourov S N, Ghirardi M L, Seibert M. 2011. A truncated antenna mutant of *Chlamydomonas reinhardtii* can produce more hydrogen than the parental strain. Int J Hydrog Energy, 36: 2044-2048.

Kratz W A, Myers J. 1955. Nutrition and growth of several blue-green algae. Am J Bot, 42: 282-287.

Kresge N, Simoni R D, Hill R L. 2005. The Kennedy pathway for phospholipid synthesis: The work of Eugene Kennedy. J Biol Chem, 280: e22-e24.

Krog A, Heggeset T M, Muller J E, et al. 2013. Methylotrophic *Bacillus methanolicus* encodes two chromosomal and one plasmid born NAD$^+$ dependent methanol dehydrogenase paralogs with different catalytic and biochemical properties. PLoS One, 8: e59188.

Kruse O, Rupprecht J, Bader K P, et al. 2005. Improved photobiological H$_2$ production in engineered green algal cells. J Biol Chem, 280: 34170-34177.

Kumar S V, Misquitta R W, Reddy V S, et al. 2004. Genetic transformation of the green alga - *Chlamydomonas reinhardtii* by *Agrobacterium tumefaciens*. Plant Sci, 166: 731-738.

Kundiyana D K, Huhnke R L, Wilkins M R. 2010. Syngas fermentation in a 100-L pilot scale fermentor: Design and process considerations. J Biosci Bioeng, 109(5): 492-498.

Kundiyana D K, Wilkins M R, Maddipati P, et al. 2011. Effect of temperature, pH and buffer presence on ethanol production from synthesis gas by "*Clostridium ragsdalei*". Bioresour Technol, 102(10): 5794-5799.

Kunert A, Vinnemeier J, Erdmann N, et al. 2003. Repression by Fur is not the main mechanism controlling the iron-inducible isiAB operon in the cyanobacterium *Synechocystis* sp. PCC 6803. FEMS Microbiol Lett, 227: 255-262.

Kurylenko O O, Ruchala J, Vasylyshyn R V, et al. 2018. Peroxisomes and peroxisomal transketolase and transaldolase enzymes are essential for xylose alcoholic fermentation by the methylotrophic thermotolerant yeast, *Ogataea* (*Hansenula*) *polymorpha*. Biotechnol Biofuels, 11: 16.

Kutty S N, Philip R. 2008. Marine yeasts-a review. Yeast, 25: 465-483.

Kwon S, Kang N K, Koh H G, et al. 2018. Enhancement of biomass and lipid productivity by overexpression of a bZIP transcription factor in *Nannochloropsis salina*. Biotechnol Bioeng, 115: 331-340.

Lam M K, Lee K T. 2012. Microalgae biofuels: A critical review of issues, problems and the way forward. Biotechnol Adv, 30: 673-690.

Landry B P, Stöckel J, Pakrasi H B. 2013. Use of degradation tags to control protein levels in the cyanobacterium *Synechocystis* sp. strain PCC 6803. Appl Environ Microbiol, 79: 2833-2835.

Lanza A M, Alper H S. 2011. Global strain engineering by mutant transcription factors. Methods Mol Biol, 765: 253-274.

Laukel M, Rossignol M, Borderies G, et al. 2004. Comparison of the proteome of *Methylobacterium extorquens* AM1 grown under methylotrophic and nonmethylotrophic conditions. Proteomics, 4: 1247-1264.

Laurens L M L, Wolfrum E J. 2011. Feasibility of spectroscopic characterization of algal lipids: Chemometric correlation of NIR and FTIR spectra with exogenous lipids in algal biomass. Bioenerg Res, 4: 22-35.

Leang C, Ueki T, Nevin K P, et al. 2013. A genetic system for *Clostridium ljungdahlii*: A chassis for autotrophic production of biocommodities and a model homoacetogen. Appl Environ Microbiol, 79(4): 1102-1109.

Lea-Smith D J, Vasudevan R, Howe C J. 2016. Generation of marked and markerless mutants in model cyanobacterial species. J Vis Exp, (111): 54001.

Lee H J, Choi J, Lee S M, et al. 2017. Photosynthetic CO_2 conversion to fatty acid ethyl esters (FAEEs) using engineered cyanobacteria. J Agric Food Chem, 65: 1087-1092.

Lee J Y, Park S H, Oh S H, et al. 2020. Discovery and biochemical characterization of a methanol dehydrogenase from *Lysinibacillus xylanilyticus*. Front Bioeng Biotechnol, 8: 67.

Lee T H, Chang J S, Wang H Y. 2013. Rapid and *in vivo* quantification of cellular lipids in *Chlorella vulgaris* using near-infrared raman spectrometry. Anal Chem, 85: 2155-2160.

Leßmeier L, Pfeifenschneider J, Carnicer M, et al. 2015. Production of carbon-13-labeled cadaverine by engineered *Corynebacterium glutamicum* using carbon-13-labeled methanol as co-substrate. Appl MicrobiolBiotechnol, 99: 10163-10176.

Leßmeier L, Wendisch V F. 2015. Identification of two mutations increasing the methanol tolerance of *Corynebacterium glutamicum*. BMC Microbiol, 15: 216.

Levasseur W, Perré P, Pozzobon V. 2020. A review of high value-added molecules production by microalgae in light of the classification. Biotechnol Adv, 41: 107545.

Li D W, Balamurugan S, Yang Y F, et al. 2019. Transcriptional regulation of microalgae for concurrent lipid overproduction and secretion. Sci Adv, 5(1): eaau3795.

Li D W, Cen S Y, Liu Y H, et al. 2016b. A type 2 diacylglycerol acyltransferase accelerates the triacylglycerol biosynthesis in heterokont oleaginous microalga *Nannochloropsis oceanica*. J Biotechnol, 229: 65-71.

Li H T, Li B X, Xu Y N, et al. 2012. Theoretical gasification index model for actual fuel gasified with air and air/steam. Adv Mat Res, 516-517: 483-488.

Li H, Shen C R, Huang C H, et al. 2016a. CRISPR/Cas9 for the genome engineering of cyanobacteria and succinate production. Metab Eng, 38: 293-302.

Li S, Chang L, Teissie J. 2020. Electroporation Protocols: Microorganism, Mammalian System, and Nanodevice. New Jersey: Humana Press.

Li X, Griffin D, Li X, et al. 2019. Incorporating hydrodynamics into spatiotemporal metabolic models of bubble column gas fermentation. Biotechnol Bioeng, 116(1): 28-40.

Liang S, Zou C, Lin Y, et al. 2013. Identification and characterization of P_{GCW14}: A novel, strong constitutive promoter of *Pichia pastoris*. Biotechnol Lett, 35: 1865-1871.

Liang W F, Cui L Y, Cui J Y, et al. 2017. Biosensor-assisted transcriptional regulator engineering for *Methylobacterium extorquens* AM1 to improve mevalonate synthesis by increasing the acetyl-CoA supply. Metab Eng, 39: 159-168.

Liang Y, Tang J, Luo Y, et al. 2019. Thermosynechococcus as a thermophilic photosynthetic microbial cell factory for CO_2 utilisation. Bioresour Technol, 278: 255-265.

Li-Beisson Y, Thelen J J, Fedosejevs E, et al. 2019. The lipid biochemistry of eukaryotic algae. Prog Lipid Res, 74: 31-68.

Liew F, Henstra A M, Köpke M, et al. 2017. Metabolic engineering of *Clostridium autoethanogenum* for selective alcohol production. Metab Eng, 40: 104-114.

Liew F, Köpke M. 2016. Recombinant microorganisms that make biodiesel. US Patent, 9347076B.

Lim C K, Villada J C, Chalifour A, et al. 2019. Designing and engineering *Methylorubrum extorquens* AM1 for itaconic acid production. Front Microbiol, 10: 1027.

Limtong S, Srisuk N, Yongmanitchai W, et al. 2005. *Pichia thermomethanolica* sp. nov., a novel thermotolerant, methylotrophic yeast isolated in Thailand. Int J Syst Evol Microbiol, 55: 2225-2229.

Lin H X, Lee Y K. 2017. Genetic engineering of medium-chain-length fatty acid synthesis in *Dunaliella tertiolecta* for improved biodiesel production. J Appl Phycol, 29: 2811-2819.

Lin H X, Shen H, Lee Y K. 2018. Cellular and molecular responses of *Dunaliella tertiolecta* by expression of a plant medium chain length fatty acid specific acyl-ACP thioesterase. Front Microbiol, 9: 619.

Lin H Y, Yen S C, Kuo P C, et al. 2017b. Alkaline phosphatase promoter as an efficient driving element for exogenic recombinant in the marine diatom *Phaeodactylum tricornutum*. Algal Res, 23: 58-65.

Lin P C, Saha R, Zhang F, et al. 2017a. Metabolic engineering of the pentose phosphate pathway for enhanced limonene production in the cyanobacterium *Synechocystis* sp. PCC 6803. Sci Rep, 7: 17503.

Lindberg P, Schutz K, Happe T, et al. 2002. A hydrogen-producing, hydrogenase-free mutant strain of *Nostoc punctiforme* ATCC 29133. Int J Hydrog Energy, 27: 1291-1296.

Liou J S C, Balkwill D L, Drake G R, et al. 2005. *Clostridium carboxidivorans* sp. nov., a solvent-producing clostridium isolated from an agricultural settling lagoon, and reclassification of the acetogen *Clostridium scatologenes* strain SL1 as *Clostridium drakei* sp. nov. Int J Syst Evol Microbiol, 55(5): 2085-2091.

Liu D, Liberton M, Yu J, et al. 2018. Engineering nitrogen fixation activity in an oxygenic phototroph.

mBio, 9(3): e01029-18.

Liu D, Pakrasi H B. 2018. Exploring native genetic elements as plug-in tools for synthetic biology in the cyanobacterium *Synechocystis* sp. PCC 6803. Microb Cell Fac, 17: 48.

Liu J, Han D X, Yoon K, et al. 2016. Characterization of type 2 diacylglycerol acyltransferases in *Chlamydomonas reinhardtii* reveals their distinct substrate specificities and functions in triacylglycerol biosynthesis. Plant J, 86: 3-19.

Liu L L, Wang Y Q, Zhang Y C, et al. 2013. Development of a new method for genetic transformation of the green alga *Chlorella ellipsoidea*. Mol Biotechnol, 54: 211-219.

Liu L, He Y, Wang K, et al. 2020b. The complete mitochondrial genome of Antarctic *Phaeodactylum tricornutum* ICE-H. Mitochondrial DNA B Resour, 5: 2754-2755.

Liu Q, Shi X, Song L, et al. 2019b. CRISPR-Cas9-mediated genomic multiloci integration in *Pichia pastoris*. Microb Cell Fact, 18: 144.

Liu X F, Miao R, Lindberg P, et al. 2019a. Modular engineering for efficient photosynthetic biosynthesis of 1-butanol from CO_2 in cyanobacteria. Energ Environ Sci, 12: 2765-2777.

Liu X Y, Curtiss III R. 2009. Nickel-inducible lysis system in *Synechocystis* sp. PCC 6803. Proc Natl Acad Sci USA, 106: 21550-21554.

Liu X Y, Curtiss III R. 2012. Thermorecovery of cyanobacterial fatty acids at elevated temperatures. J Biotech, 161: 445-449.

Liu X Y, Fallon S, Sheng J, Curtiss III R. 2011. CO_2-limitation-inducible Green Recovery of fatty acids from cyanobacterial biomass. Proc Natl Acad Sci USA, 108: 6905-6908.

Liu Z Y, Jia D C, Zhang K D, et al. 2020a. Ethanol metabolism dynamics in *Clostridium ljungdahlii* grown on carbon monoxide. Appl Environ Microbiol, 86(14): e00730-20.

Lou C B, Stanton B, Chen Y J, et al. 2012. Ribozyme-based insulator parts buffer synthetic circuits from genetic context. Nat Biotechnol, 30: 1137-1142.

Lou W J, Tan X M, Song K, et al. 2018. A specific single nucleotide polymorphism in the atp synthase gene significantly improves environmental stress tolerance of *Synechococcus elongatus* PCC 7942. Appl Environ Microbiol, 84(18): e01222-18.

Lozano J C, Schatt P, Botebol H, et al. 2014. Efficient gene targeting and removal of foreign DNA by homologous recombination in the picoeukaryote *Ostreococcus*. Plant J, 78: 1073-1083.

Luan G, Zhang S, Lu X. 2020. Engineering cyanobacteria chassis cells toward more efficient photosynthesis. Curr Opin Biotechnol, 62: 1-6.

Ludwig M, Bryant D A. 2012. *Synechococcus* sp. strain PCC 7002 transcriptome: Acclimation to temperature, salinity, oxidative stress, and mixotrophic growth conditions. Front Microbiol, 3: 354.

Lux M F, Drake H L. 1992. Re-examination of the metabolic potentials of the acetogens *Clostridium aceticum* and *Clostridium formicoaceticum*: Chemolithoautotrophic and aromatic-dependent growth. FEMS Microbiol Lett, 74(1): 49-56.

Ma A T, Schmidt C M, Golden J W. 2014. Regulation of gene expression in diverse cyanobacterial species by using theophylline-responsive riboswitches. Appl Environ Microbiol, 80: 6704-6713.

Maddipati P, Atiyeh H K, Bellmer D D, et al. 2011. Ethanol production from syngas by *Clostridium* strain P11 using corn steep liquor as a nutrient replacement to yeast extract. Bioresour Technol, 102(11): 6494-6501.

Mahan K M, Polle J, Mckie-Krisberg Z, et al. 2021. Annotated genome sequence of the high-biomass-producing yellow-green alga *Tribonema minus*. Microbiol Resour Announc, 10: e0032721.

Mahbub M, Hemm L, Yang Y, et al. 2020. mRNA localization, reaction centre biogenesis and thylakoid membrane targeting in cyanobacteria. Nat Plants, 6: 1179-1191.

Makarova K S, Haft D H, Barrangou R, et al. 2011. Evolution and classification of the CRISPR-Cas systems. Nat Rev Microbiol, 9(6): 467-477.

Manfrão-Netto J H C, Gomes A M V, Parachin N S. 2019. Advances in using *Hansenula polymorpha* as chassis for recombinant protein production. Front Bioeng and Biotechnol, 7: 94.

Manuell A L, Beligni M V, Elder J H, et al. 2007. Robust expression of a bioactive mammalian protein in *Chlamydomonas* chloroplast. Plant Biotechnol J, 5: 402-412.

Marcellin E, Behrendorff J B, Nagaraju S, et al. 2016. Low carbon fuels and commodity chemicals from waste gases-systematic approach to understand energy metabolism in a model acetogen. Green Chem, 18(10): 3020-3028.

Marraccini P, Bulteau S, Cassierchauvat C, et al. 1993. A conjugative plasmid vector for promoter analysis in several cyanobacteria of the genera *Synechococcus* and *Synechocystis*. Plant Mol Biol, 23: 905-909.

Marx C J, Bringel F, Chistoserdova L, et al. 2012. Complete genome sequences of six strains of the genus *Methylobacterium*. J Bacteriol, 194: 4746-4748.

Marx C J, Lidstrom M E. 2001. Development of improved versatile broad-host-range vectors for use in methylotrophs and other Gram-negative bacteria. Microbiology(Reading), 147: 2065-2075.

Marx C J, Lidstrom M E. 2002. Broad-host-range cre-lox system for antibiotic marker recycling in Gram-negative bacteria. Biotechniques, 33: 1062-1067.

Marx C J, O'brien B N, Breezee J, et al. 2003. Novel methylotrophy genes of *Methylobacterium extorquens* AM1 identified by using transposon mutagenesis including a putative dihydromethanopterin reductase. J Bacteriol, 185: 669-673.

Marx C J. 2008. Development of a broad-host-range sacB-based vector for unmarked allelic exchange. BMC Res Notes, 1: 1.

Marx H, Mattanovich D, Sauer M. 2008. Overexpression of the riboflavin biosynthetic pathway in *Pichia pastoris*. Microb Cell Fact, 7: 11.

Matsui M, Yoshimura T, Wakabayashi Y, et al. 2007. Interference expression at levels of the transcript and protein among group 1, 2, and 3 sigma factor genes in a cyanobacterium. Microbes Environ, 22: 32-43.

Mattanovich D, Graf A, Stadlmann J, et al. 2009. Genome, secretome and glucose transport highlight unique features of the protein production host *Pichia pastoris*. Microb Cell Fact, 8: 29.

Maul J E, Lilly J W, Cui L Y, et al. 2002. The *Chlamydomonas reinhardtti* plastid chromosome: Islands of genes in a sea of repeats. Plant Cell, 14: 2659-2679.

Mayer A, Weuster-Botz D. 2017. Reaction engineering analysis of the autotrophic energy metabolism of *Clostridium aceticum*. FEMS Microbiol Lett, 364(22): fnx219.

Mechichi T, Labat M, Patel B K C, et al. 1999. *Clostridium methoxybenzovorans* sp. nov., a new aromatic o-demethylating homoacetogen from an olive mill wastewater treatment digester. Int J Syst Bacteriol, 49(3): 1201-1209.

Meeks J C. 2003. Symbiotic interactions between *Nostoc punctiforme*, a multicellular cyanobacterium, and the hornwort *Anthoceros punctatus*. Symbiosis, 35: 55-71.

Meiser A, Schmid-Staiger U, Trosch W. 2004. Optimization of eicosapentaenoic acid production by *Phaeodactylum tricornutum* in the flat panel airlift (FPA) reactor. J Appl Phycol, 16: 215-225.

Melis A, Zhang L P, Forestier M, et al. 2000. Sustained photobiological hydrogen gas production upon reversible inactivation of oxygen evolution in the green alga *Chlamydomonas reinhardtii*. Plant Physiol, 122: 127-135.

Mendez-Perez D, Begemann M B, Pfleger B F. 2011. Modular synthase-encoding gene involved in α-olefin biosynthesis in *Synechococcus* sp. strain PCC 7002. Appl Environ Microbiol, 77:

4264-4267.

Menendez J, Valdes I, Cabrera N. 2003. The *ICL1* gene of *Pichia pastoris*, transcriptional regulation and use of its promoter. Yeast, 20: 1097-1108.

Merchant S S, Prochnik S E, Vallon O, et al. 2007. The *Chlamydomonas* genome reveals the evolution of key animal and plant functions. Science, 318: 245-251.

Metzger L C, Francez-Charlot A, Vorholt J A. 2013. Single-domain response regulator involved in the general stress response of *Methylobacterium extorquens*. Microbiology(Reading), 159: 1067-1076.

Metzger P, Largeau C. 2005. *Botryococcus braunii*: A rich source for hydrocarbons and related ether lipids. Appl Microbiol Biotechnol, 66: 486-496.

Meuser J E, D'Adamo S, Jinkerson R E, et al. 2012. Genetic disruption of both *Chlamydomonas reinhardtii* [FeFe]-hydrogenases: Insight into the role of HYDA2 in H_2 production. Biochem Biophys Res Commun, 417: 704-709.

Meyer F, Keller P, Hartl J, et al. 2018. Methanol-essential growth of *Escherichia coli*. Nat Commun, 9: 1508.

Miao R, Xie H, Lindblad P. 2018. Enhancement of photosynthetic isobutanol production in engineered cells of *Synechocystis* PCC 6803. Biotechnol Biofuels, 11: 267.

Miao X L, Wu Q Y. 2004. High yield bio-oil production from fast pyrolysis by metabolic controlling of *Chlorella protothecoides*. J Biotechnol, 110: 85-93.

Michel K P, Pistorius E K, Golden S S. 2001. Unusual regulatory elements for iron deficiency induction of the *idiA* gene of *Synechococcus elongatus* PCC 7942. J Bacteriol, 183: 5015-5024.

Mitschke J, Georg J, Scholz I, et al. 2011a. An experimentally anchored map of transcriptional start sites in the model cyanobacterium *Synechocystis* sp. PCC6803. Proc Natl Acad Sci USA, 108: 2124-2129.

Mitschke J, Vioque A, Haas F, et al. 2011b. Dynamics of transcriptional start site selection during nitrogen stress-induced cell differentiation in *Anabaena* sp. PCC 7120. Proc Nati Acad Sci USA, 108: 20130-20135.

Mo X H, Zhang H, Wang T M, et al. 2020. Establishment of CRISPR interference in *Methylorubrum extorquens* and application of rapidly mining a new phytoene desaturase involved in carotenoid biosynthesis. Appl Microbiol Biotechnol, 104: 4515-4532.

Mock J, Wang S, Huang H, et al. 2014. Evidence for a hexaheteromeric methylenetetrahydrofolate reductase in *Moorella thermoacetica*. J Bacteriol, 196(18): 3303-3314.

Mock J, Zheng Y, Mueller AP, et al. 2015. Energy conservation associated with ethanol formation from H_2 and CO_2 in *Clostridium autoethanogenum* involving electron bifurcation. J Bacteriol, 197(18): 2965-2980.

Mohammadi M, Younesi H, Najafpour G, et al. 2012. Sustainable ethanol fermentation from synthesis gas by *Clostridium ljungdahlii* in a continuous stirred tank bioreactor. J Chem Technol Biotechnol, 87(6): 837-843.

Molitor B, Richter H, Martin M E, et al. 2016. Carbon recovery by fermentation of CO-rich off gases-Turning steel mills into biorefineries. Bioresour Technol, 215: 386-396.

Molnar I, Lopez D, Wisecaver J H, et al. 2012. Bio-crude transcriptomics: Gene discovery and metabolic network reconstruction for the biosynthesis of the terpenome of the hydrocarbon oil-producing green alga, *Botryococcus braunii* race B (Showa). BMC Genomics, 13: 576.

Moosburner M A, Gholami P, McCarthy J K, et al. 2020. Multiplexed knockouts in the model diatom *Phaeodactylum* by episomal delivery of a selectable Cas9. Front Microbiol, 11: 5.

Moussa M, Ibrahim M, El Ghazaly M, et al. 2012. Expression of recombinant staphylokinase in the methylotrophic yeast *Hansenula polymorpha*. BMC Biotechnol, 12: 96.

Mueller A P, Köpke M, Nagaraju S. 2013. Recombinant microorganisms and uses therefor. US Patent, 03300809A.

Muhlenhoff U, Chauvat F. 1996. Gene transfer and manipulation in the thermophilic cyanobacterium *Synechococcus elongatus*. Mol Gen Genet, 252: 93-100.

Muller J E N, Meyer F, Litsanov B, et al. 2015. Engineering *Escherichia coli* for methanol conversion. Metab Eng, 28: 190-201.

Müller J E, Litsanov B, Bortfeld-Miller M, et al. 2014. Proteomic analysis of the thermophilic methylotroph *Bacillus methanolicus* MGA3. Proteomics, 14: 725-737.

Mussgnug J H, Thomas-Hall S, Rupprecht J, et al. 2007. Engineering photosynthetic light capture: Impacts on improved solar energy to biomass conversion. Plant Biotechnol J, 5: 802-814.

Mutalik V K, Novichkov P S, Price M N, et al. 2019. Dual-barcoded shotgun expression library sequencing for high-throughput characterization of functional traits in bacteria. Nat Commun, 10: 308.

Na D, Yoo S M, Chung H, et al. 2013. Metabolic engineering of *Escherichia coli* using synthetic small regulatory RNAs. Nat Biotechnol, 31: 170-174.

Naatsaari L, Mistlberger B, Ruth C, et al. 2012. Deletion of the *Pichia pastoris KU70* homologue facilitates platform strain generation for gene expression and synthetic biology. PLoS One, 7: 13.

Naduthodi M I S, Mohanraju P, Sudfeld C, et al. 2019. CRISPR-Cas ribonucleoprotein mediated homology-directed repair for efficient targeted genome editing in microalgae *Nannochloropsis oceanica* IMET1. Biotechnol Biofuels, 12: 66.

Naerdal I, Pfeifenschneider J, Brautaset T, et al. 2015. Methanol-based cadaverine production by genetically engineered *Bacillus methanolicus* strains. Microb Biotechnol, 8: 342-350.

Nagarajan H, Sahin M, Nogales J, et al. 2013. Characterizing acetogenic metabolism using a genome-scale metabolic reconstruction of *Clostridium ljungdahlii*. Microb Cell Fact, 12: 118.

Nagaraju S, Al-Sinawi B, DeTissera S, et al. 2015. Recombinant microorganisms and methods of use thereof. US Patent, 0210987A.

Nagaraju S, Davies N K, Walker D J F, et al. 2016. Genome editing of *Clostridium autoethanogenum* using CRISPR/Cas9. Biotechnol Biofuels, 9: 219.

Nakahira Y, Ogawa A, Asano H, et al. 2013. Theophylline-dependent riboswitch as a novel genetic tool for strict regulation of protein expression in cyanobacterium *Synechococcus elongatus* PCC 7942. Plant Cell Physiol, 54: 1724-1735.

Nakashima N, Tamura T, Good L. 2006. Paired termini stabilize antisense RNAs and enhance conditional gene silencing in *Escherichia coli*. Nucleic Acids Res, 34: e138.

Nakasugi K, Alexova R, Svenson C J, et al. 2007. Functional analysis of PilT from the toxic cyanobacterium *Microcystis aeruginosa* PCC 7806. J Bacteriol, 189: 1689-1697.

Nakasugi K, Neilan B A. 2005. Identification of pilus-like structures and genes in *Microcystis aeruginosa* PCC 7806. Appl Environ Microbiol, 71: 7621-7625.

Napoli A, Iacovelli F, Fagliarone C, et al. 2021. Genome-wide identification and bioinformatics characterization of superoxide dismutases in the desiccation-tolerant cyanobacterium *Chroococcidiopsis* sp. CCMEE 029. Front Microbiol, 12: 660050.

Narayan O P, Kumari N, Bhargava P, et al. 2016. A single gene *all3940* (Dps)overexpression in *Anabaena* sp. PCC 7120 confers multiple abiotic stress tolerance via proteomic alterations. Funct Integr Genomic, 16: 67-78.

Naumov G I, Naumova E S, Tyurin O V, et al. 2013. *Komagataella kurtzmanii* sp. nov., a new sibling species of *Komagataella* (*Pichia*) *pastoris* based on multigene sequence analysis. Antonie Van

Leeuwenhoek, 104: 339-347.

Negruta O, Csutak O, Stoica I, et al. 2010. Methylotrophic yeasts: Diversity and methanol metabolism. Rom Biotech Lett, 15: 5369-5375.

Ng YK, Ehsaan M, Philip S, et al. 2013. Expanding the repertoire of gene tools for precise manipulation of the *Clostridium difficile* genome: Allelic exchange using pyrE alleles. PLoS One, 8(2): e56051.

Ngan C Y, Wong C H, Choi C, et al. 2015. Lineage-specific chromatin signatures reveal a regulator of lipid metabolism in microalgae. Nat Plants, 1: 15107.

Nguyen H D, Nguyen Q A, Ferreira R C, et al. 2005. Construction of plasmid-based expression vectors for *Bacillus subtilis* exhibiting full structural stability. Plasmid, 54: 241-248.

Niehaus T D, Okada S, Devarenne T P, et al. 2011. Identification of unique mechanisms for triterpene biosynthesis in *Botryococcus braunii*. Proc Natl Acad Sci USA, 108: 12260-12265.

Nielsen J. 2019. Yeast systems biology: Model organism and cell factory. Biotechnol J, 14: 9.

Nies F, Mielke M, Pochert J, et al. 2020. Natural transformation of the filamentous cyanobacterium *Phormidium lacuna*. PLoS One, 15: e0234440.

Nikkinen H L, Hakkila K, Gunnelius L, et al. 2012. The SigB sigma factor regulates multiple salt acclimation responses of the cyanobacterium *Synechocystis* sp. PCC 6803. Plant Physiol, 158: 514-523.

Nilasari D, Dover N, Rech S, et al. 2012. Expression of recombinant green fluorescent protein in *Bacillus methanolicus*. Biotechnol Prog, 28: 662-668.

Niu T C, Lin G M, Xie L R, et al. 2019. Expanding the Potential of CRISPR-Cpf1-based genome editing technology in the cyanobacterium *Anabaena* PCC 7120. ACS Synth Biol, 8: 170-180.

Nobusawa T, Hori K, Mori H, et al. 2017. Differently localized lysophosphatidic acid acyltransferases crucial for triacylglycerol biosynthesis in the oleaginous alga *Nannochloropsis*. Plant J, 90: 547-559.

Nobusawa T, Yamakawa-Ayukawa K, Saito F, et al. 2019. A homolog of *Arabidopsis* SDP1 lipase in *Nannochloropsis* is involved in degradation of de novo-synthesized triacylglycerols in the endoplasmic reticulum. BBA-Mol Cell Biol L, 1864: 1185-1193.

Nomura T, Inoue K, Uehara-Yamaguchi Y, et al. 2019. Highly efficient transgene-free targeted mutagenesis and single-stranded oligodeoxynucleotide-mediated precise knock-in in the industrial microalga *Euglena gracilis* using Cas9 ribonucleoproteins. Plant Biotechnol J, 17: 2032-2034.

Nozzi N E, Case A E, Carroll A L, et al. 2017. Systematic approaches to efficiently produce 2,3-Butanediol in a marine cyanobacterium. ACS Synth Biol, 6: 2136-2144.

Numamoto M, Maekawa H, Kaneko Y. 2017. Efficient genome editing by CRISPR/Cas9 with a tRNA-sgRNA fusion in the methylotrophic yeast *Ogataea polymorpha*. J Biosci Bioeng, 124: 487-492.

Ochsner A M, Christen M, Hemmerle L, et al. 2017. Transposon sequencing uncovers an essential regulatory function of phosphoribulokinase for methylotrophy. Curr Biol, 27: 2579-2588.

Ochsner A M, Sonntag F, Buchhaupt M, et al. 2015. *Methylobacterium extorquens*: Methylotrophy and biotechnological applications. Appl Microbiol Biotechnol, 99: 517-534.

Ohlrogge J, Browse J. 1995. Lipid biosynthesis. Plant Cell, 7: 957-970.

Okubo Y, Skovran E, Guo X, et al. 2007. Implementation of microarrays for *Methylobacterium extorquens* AM1. Omics, 11: 325-340.

Omata T, Price G D, Badger M R, et al. 1999. Identification of an ATP-binding cassette transporter involved in bicarbonate uptake in the cyanobacterium *Synechococcus* sp. strain PCC 7942. Proc

Natl Acad Sci USA, 96: 13571-13576.

Osanai T, Shirai T, Iijima H, et al. 2015. Genetic manipulation of a metabolic enzyme and a transcriptional regulator increasing succinate excretion from unicellular cyanobacterium. Front Microbiol, 6: 1064.

Oudot-Le Secq M P, Grimwood J, Shapiro H, et al. 2007. Chloroplast genomes of the diatoms *Phaeodactylum tricornutum* and *Thalassiosira pseudonana*: Comparison with other plastid genomes of the red lineage. Mol Genet Genomics, 277: 427-439.

Peca L, Kos P B, Mate Z, et al. 2008. Construction of bioluminescent cyanobacterial reporter strains for detection of nickel, cobalt and zinc. FEMS Microbiol Lett, 289: 258-264.

Peca L, Kos P B, Vass I. 2007. Characterization of the activity of heavy metal-responsive promoters in the cyanobacterium *Synechocystis* PCC 6803. Acta Biol Hung, 58 Suppl: 11-22.

Peel D, Quayle J R. 1961. Microbial growth on C1 compounds: Isolation and characterization of *Pseudomonas* AM1. Biochem J, 81: 465-469.

Peramuna A, Morton R, Summers M L. 2015. Enhancing alkane production in cyanobacterial lipid droplets: A model platform for industrially relevant compound production. Life, 5: 1111-1126.

Pereira H, Barreira L, Mozes A, et al. 2011. Microplate-based high throughput screening procedure for the isolation of lipid-rich marine microalgae. Biotechnol Biofuels, 4(1): 61.

Perera J, Navarro-Llorens M, Blanco-Rivero A, et al. 2016. Dissection of the type II restriction-modification and CRISPR systems of the cyanobacterium *Arthrospira* sp. PCC 9108. New Biotechnology, 33: S171.

Perez A A, Liu Z F, Rodionov D A, et al. 2016a. Complementation of cobalamin auxotrophy in *Synechococcus* sp. strain PCC 7002 and validation of a putative cobalamin riboswitch *in vivo*. J Bacteriol, 198: 2743-2752.

Perez A A, Rodionov D A, Bryant D A. 2016b. Identification and regulation of genes for cobalamin transport in the cyanobacterium *Synechococcus* sp. strain PCC 7002. J Bacteriol, 198: 2753-2761.

Perez-Rueda E, Collado-Vides J, Segovia L. 2004. Phylogenetic distribution of DNA-binding transcription factors in bacteria and archaea. Comput Biol Chem, 28: 341-350.

Peyraud R, Kiefer P, Christen P, et al. 2009. Demonstration of the ethylmalonyl-CoA pathway by using ^{13}C metabolomics. Proc Natl Acad Sci USA, 106: 4846-4851.

Peyraud R, Schneider K, Kiefer P, et al. 2011. Genome-scale reconstruction and system level investigation of the metabolic network of *Methylobacterium extorquens* AM1. BMC Syst Biol, 5: 189.

Pfeifenschneider J, Markert B, Stolzenberger J, et al. 2020. Transaldolase in *Bacillus methanolicus*: Biochemical characterization and biological role in ribulose monophosphate cycle. BMC Microbiol, 20: 63.

Philipps G, de Vries S, Jennewein S. 2019. Development of a metabolic pathway transfer and genomic integration system for the syngas-fermenting bacterium *Clostridium ljungdahlii*. Biotechnol Biofuels, 12: 112.

Phillips J, Klasson K, Clausen E, et al. 1993. Biological production of ethanol from coal synthesis gas. Appl Biochem Biotechnol, 39: 559-571.

Phithakrotchanakoon C, Puseenam A, Wongwisansri S, et al. 2018. CRISPR/Cas9 enabled targeted mutagenesis in the thermotolerant methylotrophic yeast *Ogataea thermomethanolica*. FEMS Microbiol Lett, 365: fny105.

Poliner E, Farre E M, Benning C. 2018. Advanced genetic tools enable synthetic biology in the oleaginous microalgae *Nannochloropsis* sp. Plant Cell Rep, 37: 1383-1399.

Portela R M C, Vogl T, Ebner K, et al. 2018. *Pichia pastoris* alcohol oxidase 1 (*AOX1*) core promoter engineering by high resolution systematic mutagenesis. Biotechnol J, 13: e1700340.

Pratheesh P T, Vineetha M, Kurup G M. 2014. An efficient protocol for the *Agrobacterium*-mediated genetic transformation of microalga *Chlamydomonas reinhardtii*. Mol Biotechnol, 56: 507-515.

Price J V, Chen L, Whitaker W B, et al. 2016. Scaffoldless engineered enzyme assembly for enhanced methanol utilization. Proc Natl Acad Sci USA, 113: 12691-12696.

Price N D, Reed J L, Palsson B Ø. 2004. Genome-scale models of microbial cells: Evaluating the consequences of constraints. Nat Rev Microbiol, 2(11): 886-897.

Promdonkoy P, Tirasophon W, Roongsawang N, et al. 2014. Methanol-inducible promoter of thermotolerant methylotrophic yeast *Ogataea thermomethanolica* BCC16875 potential for production of heterologous protein at high temperatures. Curr Microbiol, 69: 143-148.

Purdy D, O'Keeffe T A, Elmore M, et al. 2002. Conjugative transfer of clostridial shuttle vectors from *Escherichia coli* to *Clostridium difficile* through circumvention of the restriction barrier. Mol Microbiol, 46(2): 439-452.

Purton S, Rochaix J D. 1995. Characterization of the Arg7 Gene of *Chlamydomonas reinhardtii* and its application to nuclear transformation. Eur J Phycol, 30: 141-148.

Puseenam A, Kocharin K, Tanapongpipat S, et al. 2018. A novel sucrose-based expression system for heterologous proteins expression in thermotolerant methylotrophic yeast *Ogataea thermomethanolica*. FEMS Microbiol Lett, 365: fny238.

Qi Q, Hao M, Ng W O, et al. 2005. Application of the *Synechococcus nirA* promoter to establish an inducible expression system for engineering the *Synechocystis* tocopherol pathway. Appl Environ Microbiol, 71: 5678-5684.

Radakovits R, Eduafo P M, Posewitz M C. 2011. Genetic engineering of fatty acid chain length in *Phaeodactylum tricornutum*. Metab Eng, 13: 89-95.

Ragsdale S W, Kumar M. 1996. Nickel-containing carbon monoxide dehydrogenase/acetyl-CoA synthase. Chem Rev, 96(7): 2515-2540.

Ragsdale S W. 2008. Enzymology of the Wood-Ljungdahl pathway of acetogenesis. Ann N Y Acad Sci, 1125: 129-136.

Raines C A. 2011. Increasing photosynthetic carbon assimilation in C_3 plants to improve crop yield: Current and future strategies. Plant Physiol, 155: 36-42.

Rajagopalan S, Datar R P, Lewis R S, et al. 2002. Formation of ethanol from carbon monoxide via a new microbial catalyst. Biomass Bioenerg, 23(6): 487-493.

Ramey C J, Barón-Sola Á, Aucoin H R, et al. 2015. Genome engineering in cyanobacteria: Where we are and where we need to go. ACS Synthetic Biology, 4: 1186-1196.

Ransom E M, Ellermeier C D, Weiss D S. 2015. Use of mCherry red fluorescent protein for studies of protein localization and gene expression in *Clostridium difficile*. Appl Environ Microbiol, 81(5): 1652-1660.

Rasala B A, Mayfield S P. 2015. Photosynthetic biomanufacturing in green algae: production of recombinant proteins for industrial, nutritional, and medical uses. Photosynthesis Res, 123: 227-239.

Rasala B A, Muto M, Lee P A, et al. 2010. Production of therapeutic proteins in algae, analysis of expression of seven human proteins in the chloroplast of *Chlamydomonas reinhardtii*. Plant Biotechnol J, 8: 719-733.

Rea G, Lambreva M, Polticelli F, et al. 2011. Directed evolution and in silico analysis of reaction centre proteins reveal molecular signatures of photosynthesis adaptation to radiation pressure. PLoS One, 6(1): e16216.

Rebeiz C A, Benning C, Bohnert H J, et al. 2010. The Chloroplast: Basics and Applications. Dordrecht: Springer Science & Business Media.

Rebnegger C, Vos T, Graf A B, et al. 2016. *Pichia Pastoris* exhibits high viability and a low maintenance energy requirement at near-zero specific growth rates. Appl Environ Microbiol, 82: 4570-4583.

Reinsvold R E, Jinkerson R E, Radakovits R, et al. 2011. The production of the sesquiterpene beta-caryophyllene in a transgenic strain of the cyanobacterium *Synechocystis*. J Plant Physiol, 168: 848-852.

Reyes-Prieto A, Weber A P M, Bhattacharya D. 2007. The origin and establishment of the plastid in algae and plants. Annu Rev Genet, 41: 147-168.

Riaz-Bradley A. 2019. Transcription in cyanobacteria: A distinctive machinery and putative mechanisms. Biochem Soc Trans, 47: 679-689.

Richter H, Martin M E, Angenent L T, et al. 2013. A two-stage continuous fermentation system for conversion of syngas into ethanol. Energies, 6(8): 3987-4000.

Richter H, Molitor B, Wei H, et al. 2016. Ethanol production in syngas-fermenting *Clostridium ljungdahlii* is controlled by thermodynamics rather than by enzyme expression. Energy Environ Sci, 9(7): 2392-2399.

Rodolfi L, Biondi N, Guccione A, et al. 2017. Oil and eicosapentaenoic acid production by the diatom *Phaeodactylum tricornutum* cultivated outdoors in Green Wall Panel (GWP(R)) reactors. Biotechnol Bioeng, 114: 2204-2210.

Rodolfi L, Zittelli G C, Bassi N, et al. 2009. Microalgae for oil: Strain selection, induction of lipid synthesis and outdoor mass cultivation in a low-cost photobioreactor. Biotechnol Bioeng, 102: 100-112.

Rodrigues J S, Lindberg P. 2021. Metabolic engineering of *Synechocystis* sp. PCC 6803 for improved bisabolene production. Metab Eng Commun, 12: e00159.

Rohde M T, Tischer S, Harms H, et al. 2017. Production of 2-hydroxyisobutyric acid from methanol by *Methylobacterium extorquens* AM1 expressing(R)-3-hydroxybutyryl coenzyme A-isomerizing enzymes. Appl Environ Microbiol, 83: e02622-16.

Roongsawang N, Puseenam A, Kitikhun S, et al. 2016. A novel potential signal peptide sequence and overexpression of ER-resident chaperones enhance heterologous protein secretion in thermotolerant methylotrophic yeast *Ogataea thermomethanolica*. Appl Biochem Biotechnol, 178: 710-724.

Roth T B, Woolston B M, Stephanopoulos G, et al. 2019. Phage-assisted evolution of *Bacillus methanolicus* methanol dehydrogenase 2. ACS Synth Biol, 8: 796-806.

Roumezi B, Avilan L, Risoul V, et al. 2020. Overproduction of the Flv3B flavodiiron, enhances the photobiological hydrogen production by the nitrogen-fixing cyanobacterium *Nostoc* PCC 7120. Microb Cell Fac, 19: 65.

Rude M A, Baron T S, Brubaker S, et al. 2011. Terminal olefin (1-alkene) biosynthesis by a novel P450 fatty acid decarboxylase from *Jeotgalicoccus* species. Appl Environ Microbiol, 77: 1718-1727.

Ruffing A M, Jensen T J, Strickland L M. 2016. Genetic tools for advancement of *Synechococcus* sp. PCC 7002 as a cyanobacterial chassis. Microb Cell Fac, 15: 190.

Rui Z, Harris N C, Zhu X, et al. 2015. Discovery of a family of desaturase-like enzymes for 1-alkene biosynthesis. ACS Catalysis, 5: 7091-7094.

Rui Z, Li X, Zhu X, et al. 2014. Microbial biosynthesis of medium-chain 1-alkenes by a nonheme iron oxidase. Proc Natl Acad Sci USA, 111: 18237-18242.

Ryabova O B, Chmil O M, Sibirny A A. 2003. Xylose and cellobiose fermentation to ethanol by the thermotolerant methylotrophic yeast *Hansenula polymorpha*. FEMS Yeast Res, 4: 157-164.

Sakai Y, Abe K, Nakashima S, et al. 2015. Scaffold-fused riboregulators for enhanced gene activation in *Synechocystis* sp. PCC 6803. Microbiologyopen, 4: 533-540.

Sakai Y, Yurimoto H, Matsuo H, et al. 1998. Regulation of peroxisomal proteins and organelle proliferation by multiple carbon sources in the methylotrophic yeast, *Candida boidinii*. Yeast, 14: 1175-1187.

Sakamoto I, Abe K, Kawai S, et al. 2018. Improving the induction fold of riboregulators for cyanobacteria. RNA Biol, 15: 353-358.

Salis H M. 2011. The ribosome binding site calculator. Methods Enzymol, 498: 19-42.

Samek O, Jonas A, Pilat Z, et al. 2010. Raman microspectroscopy of individual algal cells: Sensing unsaturation of storage lipids *in vivo*. Sensors-Basel, 10: 8635-8651.

Sandberg T E, Salazar M J, Weng L L, et al. 2019. The emergence of adaptive laboratory evolution as an efficient tool for biological discovery and industrial biotechnology. Metab Eng, 56: 1-16.

Santos-Merino M, Singh A K, Ducat D C. 2019. New applications of synthetic biology tools for cyanobacterial metabolic engineering. Front Bioeng Biotechnol, 7: 33.

Saraya R, Krikken A M, Kiel J, et al. 2012. Novel genetic tools for *Hansenula polymorpha*. FEMS Yeast Res, 12: 271-278.

Saxena J, Tanner R S. 2011. Effect of trace metals on ethanol production from synthesis gas by the ethanologenic acetogen, *Clostridium ragsdalei*. J Ind Microbiol Biotechnol, 38(4): 513-521.

Saxena J, Tanner R S. 2012. Optimization of a corn steep medium for production of ethanol from synthesis gas fermentation by *Clostridium ragsdalei*. World J Microbiol Biotechnol, 28(4): 1553-1561.

Schada Von Borzyskowski L, Remus-Emsermann M, Weishaupt R, et al. 2015. A set of versatile brick vectors and promoters for the assembly, expression, and integration of synthetic operons in *Methylobacterium extorquens* AM1 and other alphaproteobacteria. ACS Synth Biol, 4: 430-443.

Schendel F J, Bremmon C E, Flickinger M C, et al. 1990. L-lysine production at 50°C by mutants of a newly isolated and characterized methylotrophic *Bacillus* sp. Appl Environ Microbiol, 56: 963-970.

Schiel-Bengelsdorf B, Dürre P. 2012. Pathway engineering and synthetic biology using acetogens. FEBS Lett, 586(15): 2191-2198.

Schink B. 1984. *Clostridium magnum* sp. nov., a non-autotrophic homoacetogenic bacterium. Arch Microbiol, 137(3): 250-255.

Schmidt S, Christen P, Kiefer P, et al. 2010. Functional investigation of methanol dehydrogenase-like protein XoxF in *Methylobacterium extorquens* AM1. Microbiology (Reading), 156: 2575-2586.

Schneider K, Peyraud R, Kiefer P, et al. 2012. The ethylmalonyl-CoA pathway is used in place of the glyoxylate cycle by *Methylobacterium extorquens* AM1 during growth on acetate. J Biol Chem, 287: 757-766.

Schuchmann K, Müller V. 2012. A bacterial electron-bifurcating hydrogenase. J Biol Chem, 287(37): 31165-31171.

Schuchmann K, Müller V. 2014. Autotrophy at the thermodynamic limit of life: A model for energy conservation in acetogenic bacteria. Nat Rev Microbiol, 12(12): 809-821.

Schultenkämper K, Brito L F, López M G, et al. 2019. Establishment and application of CRISPR interference to affect sporulation, hydrogen peroxide detoxification, and mannitol catabolism in the methylotrophic thermophile *Bacillus methanolicus*. Appl Microbiol Biotechnol, 103: 5879-5889.

Scranton M A, Ostrand J T, Fields F J, et al. 2015. *Chlamydomonas* as a model for biofuels and bio-products production. Plant J, 82: 523-531.

Sengupta A, Sunder A V, Sohoni S V, et al. 2019. Fine-tuning native promoters of *Synechococcus elongatus* PCC 7942 to develop a synthetic toolbox for heterologous protein expression. ACS Synth Biol, 8: 1219-1223.

Serif M, Dubois G, Finoux A L, et al. 2018. One-step generation of multiple gene knock-outs in the diatom *Phaeodactylum tricornutum* by DNA-free genome editing. Nat Commun, 9: 3924.

Sheehan M C, Bailey C J, Dowds B C, et al. 1988. A new alcohol dehydrogenase, reactive towards methanol, from *Bacillus stearothermophilus*. Biochem J, 252: 661-666.

Shen S, Gu Y, Chai C, et al. 2017. Enhanced alcohol titre and ratio in carbon monoxide-rich off-gas fermentation of *Clostridium carboxidivorans* through combination of trace metals optimization with variable-temperature cultivation. Bioresour Technol, 239: 236-243.

Shen S, Wang G, Zhang M, et al. 2020. Effect of temperature and surfactant on biomass growth and higher-alcohol production during syngas fermentation by *Clostridium carboxidivorans* P7. Bioresour Bioprocess, 7(1): 56.

Shen Y, Brown R, Wen Z. 2014. Syngas fermentation of *Clostridium carboxidivoran* P7 in a hollow fiber membrane biofilm reactor: Evaluating the mass transfer coefficient and ethanol production performance. Biochem Eng J, 85: 21-29.

Shestakov S V, Khyen N T. 1970. Evidence for genetic transformation in blue-green alga *Anacystis nidulans*. Mol Genl Genet, 107: 372-375.

Shih C F, Zhang T, Li J H, et al. 2018. Powering the future with liquid sunshine. Joule, 2: 1925-1949.

Shih P M, Wu D Y, Latifi A, et al. 2013. Improving the coverage of the cyanobacterial phylum using diversity-driven genome sequencing. Proc Natl Acad Sci USA, 110: 1053-1058.

Shimogawara K, Fujiwara S, Grossman A, et al. 1998. High-efficiency transformation of *Chlamydomonas reinhardtii* by electroporation. Genetics, 148: 1821-1828.

Shimura Y, Hirose Y, Misawa N, et al. 2015. Comparison of the terrestrial cyanobacterium *Leptolyngbya* sp. NIES-2104 and the freshwater *Leptolyngbya boryana* PCC 6306 genomes. DNA Res, 22: 403-412.

Shin J H, Choi J, Jeon J, et al. 2020. The establishment of new protein expression system using N starvation inducible promoters in *Chlorella*. Sci Rep, 10: 12713.

Shin S E, Lim J M, Koh H G, et al. 2016. CRISPR/Cas9-induced knockout and knock-in mutations in *Chlamydomonas reinhardtii*. Sci Rep, 6: 27810.

Shin Y S, Jeong J, Nguyen T H T, et al. 2019. Targeted knockout of phospholipase A(2)to increase lipid productivity in *Chlamydomonas reinhardtii* for biodiesel production. Bioresour Technol, 271: 368-374.

Shleev S V, Shumakovich G P, Nikitina O V, et al. 2006. Purification and characterization of alcohol oxidase from a genetically constructed over-producing strain of the methylotrophic yeast *Hansenula polymorpha*. Biochemistry (Mosc), 71: 245-250.

Sim J H, Kamaruddin A H. 2008. Optimization of acetic acid production from synthesis gas by chemolithotrophic bacterium–*Clostridium aceticum* using statistical approach. Bioresour Technol, 99(8): 2724-2735.

Simkovsky R, Daniels E F, Tang K, et al. 2012. Impairment of O-antigen production confers resistance to grazing in a model amoeba-cyanobacterium predator-prey system. Proc Natl Acad Sci USA, 109: 16678-16683.

Simpson S D, Warner I L, Fung J M Y, et al. 2011. Optimised fermentation media. US Patent, 0294177A.

Siripong W, Angela C, Tanapongpipat S, et al. 2020. Metabolic engineering of *Pichia pastoris* for production of isopentanol (3-Methyl-1-butanol). Enzyme Microb Technol, 138: 109557.

Siripong W, Wolf P, Kusumoputri T P, et al. 2018. Metabolic engineering of *Pichia pastoris* for production of isobutanol and isobutyl acetate. Biotechnol Biofuels, 11: 1.

Sizova I, Greiner A, Awasthi M, et al. 2013. Nuclear gene targeting in *Chlamydomonas* using engineered zinc-finger nucleases. Plant J, 73: 873-882.

Skidmore B E, Baker R A, Banjade D R, et al. 2013. Syngas fermentation to biofuels: Effects of hydrogen partial pressure on hydrogenase efficiency. Biomass Bioenerg, 55: 156-162.

Sloan J, Warner T A, Scott P T, et al. 1992. Construction of a sequenced *Clostridium perfringens-Escherichia coli* shuttle plasmid. Plasmid, 27(3): 207-219.

Sohn J H, Choi E S, Kang H A, et al. 1999. A family of telomere-associated autonomously replicating sequences and their functions in targeted recombination in *Hansenula polymorpha* DL-1. J Bacteriol, 181: 1005-1013.

Song Y, Lee J S, Shin J, et al. 2020. Functional cooperation of the glycine synthase-reductase and Wood-Ljungdahl pathways for autotrophic growth of *Clostridium drakei*. Proc Natl Acad Sci USA, 117(13): 7516-7523.

Sonntag F, Buchhaupt M, Schrader J. 2014. Thioesterases for ethylmalonyl-CoA pathway derived dicarboxylic acid production in *Methylobacterium extorquens* AM1. Appl Microbiol Biotechnol, 98: 4533-4544.

Sonntag F, Kroner C, Lubuta P, et al. 2015. Engineering *Methylobacterium extorquens* for de novo synthesis of the sesquiterpenoid α-humulene from methanol. Metab Eng, 32: 82-94.

Sorigue D, Legeret B, Cuine S, et al. 2017. An algal photoenzyme converts fatty acids to hydrocarbons. Science, 357: 903-907.

Soule T, Stout V, Swingley W D, et al. 2007. Molecular genetics and genomic analysis of scytonemin biosynthesis in *Nostoc punctiforme* ATCC 29133. J Bacteriol, 189: 4465-4472.

Srivastava A, Varshney R K, Shukla P. 2021. Sigma factor modulation for cyanobacterial metabolic engineering. Trends Microb, 29: 266-277.

Stanier R Y, Kunisawa R, Mandel M, et al. 1971. Purification and properties of unicellular blue-green algae (Order Chroococcales). Bacteriol Rev, 35(2): 171-205.

Stevens D R, Rochaix J D, Purton S. 1996. The bacterial phleomycin resistance gene ble as a dominant selectable marker in *Chlamydomonas*. Molecular & General Genetics, 251: 23-30.

Stoddard L I, Martiny J B H, Marston M F. 2007. Selection and characterization of cyanophage resistance in marine *Synechococcus* strains. Appl Environ Microbiol, 73: 5516-5522.

Straub M, Demler M, Weuster-Botz D, et al. 2014. Selective enhancement of autotrophic acetate production with genetically modified *Acetobacterium woodii*. J Biotechnol, 178: 67-72.

Stucken K, Ilhan J, Roettger M, et al. 2012. Transformation and conjugal transfer of foreign genes into the filamentous multicellular cyanobacteria (Subsection V) *Fischerella* and *Chlorogloeopsis*. Curr Microbiol, 65: 552-560.

Stucken K, Koch R, Dagan T. 2013. Cyanobacterial defense mechanisms against foreign DNA transfer and their impact on genetic engineering. Biol Res, 46: 373-382.

Su H Y, Chou H H, Chow T J, et al. 2017. Improvement of outdoor culture efficiency of cyanobacteria by over-expression of stress tolerance genes and its implication as bio-refinery feedstock. Bioresour Technol, 244: 1294-1303.

Su Z L, Qian K X, Tan C P, et al. 2005. Recombination and heterologous expression of allophycocyanin gene in the chloroplast of *Chlamydomonas reinhardtii*. Acta Bioch Bioph Sin, 37: 709-712.

Suh S O, Zhou J J. 2010. Methylotrophic yeasts near *Ogataea* (*Hansenula*) *polymorpha*: A proposal of *Ogataea angusta* comb. nov. and *Candida parapolymorpha* sp. nov. FEMS Yeast Res, 10: 631-638.

Sun T, Li S, Song X, et al. 2018. Toolboxes for cyanobacteria: Recent advances and future direction. Biotechnol Adv, 36: 1293-1307.

Swinfield T J, Oultram J D, Thompson D E, et al. 1990. Physical characterisation of the replication region of the *Streptococcus faecalis* plasmid pAMβ1. Gene, 87(1): 79-90.

Takahashi H, Uchimiya H, Hihara Y. 2008. Difference in metabolite levels between photoautotrophic and photomixotrophic cultures of *Synechocystis* sp. PCC 6803 examined by capillary electrophoresis electrospray ionization mass spectrometry. J Exp Bot, 59: 3009-3018.

Tamagnini P, Axelsson R, Lindberg P, et al. 2002. Hydrogenases and hydrogen metabolism of cyanobacteria. Microbiol Mol Biol Rev, 66: 1-20.

Tamagnini P, Leitao E, Oliveira P, et al. 2007. Cyanobacterial hydrogenases: Diversity, regulation and applications. FEMS Microbiol Rev, 31: 692-720.

Tan K W M, Lee Y K. 2017. Expression of the heterologous *Dunaliella tertiolecta* fatty acyl-ACP thioesterase leads to increased lipid production in *Chlamydomonas reinhardtii*. J Biotechnol, 247: 60-67.

Tan X M, Hou S W, Song K, et al. 2018. The primary transcriptome of the fast-growing cyanobacterium *Synechococcus elongatus* UTEX 2973. Biotechnol Biofuels, 11: 218.

Tan X M, Yao L, Gao Q Q, et al. 2011. Photosynthesis driven conversion of carbon dioxide to fatty alcohols and hydrocarbons in cyanobacteria. Metab Eng, 13: 169-176.

Tan Y, Liu J, Chen X, et al. 2013. RNA-seq-based comparative transcriptome analysis of the syngas-utilizing bacterium *Clostridium ljungdahlii* DSM 13528 grown autotrophically and heterotrophically. Mol BioSyst, 9(11): 2775-2784.

Tang J, Jiang D, Luo Y F, et al. 2018. Potential new genera of cyanobacterial strains isolated from thermal springs of western Sichuan, China. Algal Res, 31: 14-20.

Tanner R S, Miller L M, Yang D. 1993. *Clostridium ljungdahlii* sp. nov., an acetogenic species in clostridial rRNA homology group I. Int J Syst Bacteriol, 43(2): 232-236.

Tapscott T, Guarnieri M T, Henard C A, et al. 2019. Development of a CRISPR/Cas9 system for *Methylococcus capsulatus in vivo* gene editing. Appl Environ Microbiol, 85: e00340-19.

Taton A, Lis E, Adin D M, et al. 2012. Gene transfer in *Leptolyngbya* sp. strain BL0902, a cyanobacterium suitable for production of biomass and bioproducts. Plos One, 7(1): e30901.

Taton A, Unglaub F, Wright N E, et al. 2014. Broad-host-range vector system for synthetic biology and biotechnology in cyanobacteria. Nucleic Acids Res, 42: e136.

Thi H N, Park S, Li H, et al. 2020. Medium compositions for the improvement of productivity in syngas fermentation with *Clostridium autoethanogenum*. Biotechnol Bioprocess Eng, 25(3): 493-501.

Thiel T, Poo H. 1989. Transformation of a filamentous cyanobacterium by electroporation. J Bacteriol, 171: 5743-5746.

Torres-Romero I, Kong F T, Legeret B, et al. 2020. *Chlamydomonas* cell cycle mutant crcdc5 over-accumulates starch and oil. Biochimie, 169: 54-61.

Toyomizu M, Suzuki K, Kawata Y, et al. 2001. Effective transformation of the cyanobacterium *Spirulina platensis* using electroporation. J Appl Phycol, 13: 209-214.

Trautmann D, Voss B, Wilde A, et al. 2012. Microevolution in cyanobacteria: Re-sequencing a motile substrain of *Synechocystis* sp. PCC 6803. DNA Res, 19: 435-448.

Tremblay P L, Zhang T, Dar S A, et al. 2012. The Rnf complex of *Clostridium ljungdahlii* is a proton-translocating ferredoxin: NAD$^+$ oxidoreductase essential for autotrophic growth. mBio,

4(1): e00406-12.

Tsou C Y, Matsunaga S, Okada S. 2018. Molecular cloning and functional characterization of NADPH-dependent cytochrome P450 reductase from the green microalga *Botryococcus braunii*, B race. J Biosci Bioeng, 125: 30-37.

Tsuge Y, Matsuzawa H. 2021. Recent progress in production of amino acid-derived chemicals using *Corynebacterium glutamicum*. World J Microbiol Biotechnol, 37: 49.

Tsujimoto R, Kotani H, Nonaka A, et al. 2015. Transformation of the cyanobacterium *Leptolyngbya boryana* by electroporation. Bio-protocol, 5: e1690.

Tsujimoto R, Kotani H, Yokomizo K, et al. 2018. Functional expression of an oxygen-labile nitrogenase in an oxygenic photosynthetic organism. Sci Rep, 8: 7380.

Tummala S B, Welker N E, Papoutsakis E T. 1999. Development and characterization of a gene expression reporter system for *Clostridium acetobutylicum* ATCC 824. Appl Environ Microbiol, 65(9): 3793-3799.

Tuyishime P, Wang Y, Fan L, et al. 2018. Engineering *Corynebacterium glutamicum* for methanol-dependent growth and glutamate production. Metab Eng, 49: 220-231.

Uchida H, Sumimoto K, Ferriols V M E, et al. 2015. Isolation and characterization of two squalene epoxidase genes from *Botryococcus braunii*, race B. PLoS One, 10(4): e0122649.

Uchida H, Sumimoto K, Oki T, et al. 2018. Isolation and characterization of 4-hydroxy-3-methylbut-2-enyl diphosphate reductase gene from *Botryococcus braunii*, race B. J Plant Res, 131: 839-848.

Ueki T, Nevin K P, Woodard T L, et al. 2014. Converting carbon dioxide to butyrate with an engineered strain of *Clostridium ljungdahlii*. mBio, 5(5): e01636-14.

Ueno K, Sakai Y, Shono C, et al. 2017. Applying a riboregulator as a new chromosomal gene regulation tool for higher glycogen production in *Synechocystis* sp. PCC 6803. Appl Microbiol Biot, 101: 8465-8474.

Ungerer J, Pakrasi H B. 2016. Cpf1 is a versatile tool for CRISPR genome editing across diverse species of cyanobacteria. Sci Rep, 6: 39681.

Valgepea K, Lemgruber Rd S P, Abdalla T, et al. 2018. H$_2$ drives metabolic rearrangements in gas-fermenting *Clostridium autoethanogenum*. Biotechnol Biofuels, 11: 55.

Valgepea K, Lemgruber Rd S P, Meaghan K, et al. 2017b. Maintenance of ATP homeostasis triggers metabolic shifts in gas-fermenting acetogens. Cell Syst, 4(5): 505-515.e5.

Valgepea K, Loi K Q, Behrendorff J B, et al. 2017a. Arginine deiminase pathway provides ATP and boosts growth of the gas-fermenting acetogen *Clostridium autoethanogenum*. Metab Eng, 41: 202-211.

Van Aken B, Peres C M, Doty S L, et al. 2004. *Methylobacterium populi* sp. nov., a novel aerobic, pink-pigmented, facultatively methylotrophic, methane-utilizing bacterium isolated from poplar trees (*Populus deltoides x nigra* DN34). Int J Syst Evol Microbiol, 54: 1191-1196.

Van Der Klei I J, Yurimoto H, Sakai Y, et al. 2006. The significance of peroxisomes in methanol metabolism in methylotrophic yeast. Biochim Biophys Acta, 1763: 1453-1462.

Van Dien S J, Strovas T, Lidstrom M E. 2003. Quantification of central metabolic fluxes in the facultative methylotroph *Methylobacterium extorquens* AM1 using ^{13}C-label tracing and mass spectrometry. Biotechnol Bioeng, 84: 45-55.

Varman A M, Xiao Y, Pakrasi H B, et al. 2013. Metabolic engineering of *Synechocystis* sp. strain PCC 6803 for isobutanol production. Appl Environ Microbiol, 79: 908-914.

Vasudevan R, Gale G A R, Schiavon A A, et al. 2019. CyanoGate: A modular cloning suite for engineering cyanobacteria based on the plant MoClo syntax. Plant Physiol, 180: 39-55.

Vasylyshyn R, Kurylenko O, Ruchala J, et al. 2020. Engineering of sugar transporters for improvement of xylose utilization during high-temperature alcoholic fermentation in *Ogataea polymorpha* yeast. Microb Cell Fact, 19: 96.

Vega J L, Holmberg V L, Clausen E C, et al. 1988. Fermentation parameters of *Peptostreptococcus productus* on gaseous substrates (CO, H_2/CO_2). Arch Microbiol, 151(1): 65-70.

Velagapudi V R, Wittmann C, Schneider K, et al. 2007. Metabolic flux screening of *Saccharomyces cerevisiae* single knockout strains on glucose and galactose supports elucidation of gene function. J Biotechnol, 132: 395-404.

Verruto J, Francis K, Wang Y J, et al. 2018. Unrestrained markerless trait stacking in *Nannochloropsis gaditana* through combined genome editing and marker recycling technologies. Proc Natl Acad Sci USA, 115(30): E7015-E7022.

Vieler A, Wu G X, Tsai C H, et al. 2012. Genome, functional gene annotation, and nuclear transformation of the heterokont oleaginous alga *Nannochloropsis oceanica* CCMP 1779. PLoS Genet, 8(11): e1003064.

Vijayan V, Jain I H, O'Shea E K. 2011. A high resolution map of a cyanobacterial transcriptome. Genome Biol, 12(5): R47.

Villanova V, Fortunato A E, Singh D, et al. 2017. Investigating mixotrophic metabolism in the model diatom *Phaeodactylum tricornutum*. Philos T R Soc B, 372(1728): 20160404.

Vogl T, Sturmberger L, Kickenweiz T, et al. 2016. A toolbox of diverse promoters related to methanol utilization: functionally verified parts for heterologous pathway expression in *Pichia pastoris*. ACS Synth Biol, 5: 172-186.

Voronovsky A Y, Rohulya O V, Abbas C A, et al. 2009. Development of strains of the thermotolerant yeast *Hansenula polymorpha* capable of alcoholic fermentation of starch and xylan. Metab Eng, 11: 234-242.

Vuilleumier S, Chistoserdova L, Lee M C, et al. 2009. *Methylobacterium* genome sequences: A reference blueprint to investigate microbial metabolism of C1 compounds from natural and industrial sources. PLoS One, 4: e5584.

Waditee R, Hibino T, Nakamura T, et al. 2002. Overexpression of a Na^+/H^+ antiporter confers salt tolerance on a freshwater cyanobacterium, making it capable of growth in sea water. Proc Natl Acad Sci USA, 99: 4109-4114.

Waditee-Sirisattha R, Singh M, Kageyama H, et al. 2012. *Anabaena* sp. PCC 7120 transformed with glycine methylation genes from *Aphanothece halophytica* synthesized glycine betaine showing increased tolerance to salt. Arch Microbiol, 194: 909-914.

Wan X F, Xu D. 2005. Intrinsic terminator prediction and its application in *Synechococcus* sp. WH8102. J Comput Sci Technol, 20: 465-482.

Wang B, Eckert C, Maness P C, et al. 2018a. A genetic toolbox for modulating the expression of heterologous genes in the cyanobacterium *Synechocystis* sp. PCC 6803. ACS Synth Biol, 7: 276-286.

Wang D M, Ning K, Li J, et al. 2014a. *Nannochloropsis* genomes reveal evolution of microalgal oleaginous traits. PLoS Genet, 10: e1004094.

Wang F F, Gao B Y, Su M, et al. 2019. Integrated biorefinery strategy for tofu wastewater biotransformation and biomass valorization with the filamentous microalga *Tribonema minus*. Bioresour Technol, 292: 121938.

Wang H, Gao L L, Chen L, et al. 2013d. Integration process of biodiesel production from filamentous oleaginous microalgae *Tribonema minus*. Bioresour Technol, 142: 39-44.

Wang H, Zhang Y, Zhou W J, et al. 2018b. Mechanism and enhancement of lipid accumulation in filamentous oleaginous microalgae *Tribonema minus* under heterotrophic condition. Biotechnol Biofuels, 11: 328.

Wang L, Deng A, Zhang Y, et al. 2018c. Efficient CRISPR/Cas9 mediated multiplex genome editing in yeasts. Biotechnol Biofuels, 11: 277.

Wang Q T, Feng Y B, Lu Y D, et al. 2021a. Manipulating fatty-acid profile at unit chain-length resolution in the model industrial oleaginous microalgae *Nannochloropsis*. Metab Eng, 66: 157-166.

Wang Q T, Lu Y D, Xin Y, et al. 2016. Genome editing of model oleaginous microalgae *Nannochloropsis* spp. by CRISPR/Cas9. Plant J, 88: 1071-1081.

Wang Q, Zhang J, Al Makishah N H, et al. 2021b. Advances and perspectives for genome editing tools of *Corynebacterium glutamicum*. Front Microbiol, 12: 654058.

Wang S, Huang H, Kahnt J, et al. 2013a. A reversible electron-bifurcating ferredoxin-and NAD-dependent [FeFe]-hydrogenase (HydABC) in *Moorella thermoacetica*. J Bacteriol, 195(6): 1267-1275.

Wang S, Huang H, Kahnt J, et al. 2013b. NADP-specific electron-bifurcating [FeFe]-hydrogenase in a functional complex with formate dehydrogenase in *Clostridium autoethanogenum* grown on CO. J Bacteriol, 195(19): 4373-4386.

Wang S, Huang H, Moll J, et al. 2010. $NADP^+$ reduction with reduced ferredoxin and $NADP^+$ reduction with NADH are coupled via an electron-bifurcating enzyme complex in *Clostridium kluyveri*. J Bacteriol, 192(19): 5115-5123.

Wang T T, Ji Y T, Wang Y, et al. 2014b. Quantitative dynamics of triacylglycerol accumulation in microalgae populations at single-cell resolution revealed by Raman microspectroscopy. Biotechnol Biofuels, 7: 58.

Wang W H, Liu X F, Lu X F. 2013c. Engineering cyanobacteria to improve photosynthetic production of alka (e) nes. Biotechnol Biofuels, 6: 69.

Wang X, Wang Y, Liu J, et al. 2017. Biological conversion of methanol by evolved *Escherichia coli* carrying a linear methanol assimilation pathway. Bioresour Bioprocess, 4: 41.

Wang Y, Fan L, Tuyishime P, et al. 2020a. Adaptive laboratory evolution enhances methanol tolerance and conversion in engineered *Corynebacterium glutamicum*. Commun Biol, 3: 217.

Wang Y, Fan L, Tuyishime P, et al. 2020b. Synthetic methylotrophy: A practical solution for methanol-based biomanufacturing. Trends Biotechnol, 38: 650-666.

Ward A J, Lewis D M, Green B. 2014. Anaerobic digestion of algae biomass: A review. Algal Res, 5: 204-214.

Wei L, Wang Q T, Xin Y, et al. 2017a. Enhancing photosynthetic biomass productivity of industrial oleaginous microalgae by overexpression of RuBisCO activase. Algal Res, 27: 366-375.

Wei L, Xin Y, Wang D M, et al. 2013. Nannochloropsis plastid and mitochondrial phylogenomes reveal organelle diversification mechanism and intragenus phylotyping strategy in microalgae. BMC Genomics, 14: 534.

Wei L, Xin Y, Wang Q T, et al. 2017b. RNAi-based targeted gene knockdown in the model oleaginous microalgae *Nannochloropsis oceanica*. Plant J, 89: 1236-1250.

Wendt K E, Ungerer J, Cobb R E, et al. 2016. CRISPR/Cas9 mediated targeted mutagenesis of the fast growing cyanobacterium *Synechococcus elongatus* UTEX 2973. Microb Cell Fact, 15: 115.

Weninger A, Fischer J E, Raschmanova H, et al. 2018. Expanding the CRISPR/Cas9 toolkit for *Pichia pastoris* with efficient donor integration and alternative resistance markers. J Cell Biochem, 119: 3183-3198.

Weninger A, Hatzl A M, Schmid C, et al. 2016. Combinatorial optimization of CRISPR/Cas9 expression enables precision genome engineering in the methylotrophic yeast *Pichia pastoris*. J Biotechnol, 235: 139-149.

Whitaker W B, Jones J A, Bennett R K, et al. 2017. Engineering the biological conversion of methanol to specialty chemicals in *Escherichia coli*. Metab Eng, 39: 49-59.

Whitham J M, Tirado-Acevedo O, Chinn M S, et al. 2015. Metabolic response of *Clostridium ljungdahlii* to oxygen exposure. Appl Environ Microbiol, 81(24): 8379-8391.

Whitney S M, Houtz R L, Alonso H. 2011. Advancing our understanding and capacity to engineer nature's CO_2-sequestering enzyme, Rubisco. Plant Physiol, 155: 27-35.

Witthoff S, Muhlroth A, Marienhagen J, et al. 2013. C1 metabolism in *Corynebacterium glutamicum*: An endogenous pathway for oxidation of methanol to carbon dioxide. Appl Environ Microbiol, 79: 6974-6983.

Witthoff S, Schmitz K, Niedenführ S, et al. 2015. Metabolic engineering of *Corynebacterium glutamicum* for methanol metabolism. Appl Environ Microbiol, 81: 2215-2225.

Włodarczyk A, Selão T T, Norling B, et al. 2020. Newly discovered *Synechococcus* sp. PCC 11901 is a robust cyanobacterial strain for high biomass production. Commun Biol, 3: 215.

Woolston B M, Emerson D F, Currie D H, et al. 2018a. Rediverting carbon flux in *Clostridium ljungdahlii* using CRISPR interference (CRISPRi). Metab Eng, 48: 243-253.

Woolston B M, King J R, Reiter M, et al. 2018c. Improving formaldehyde consumption drives methanol assimilation in engineered *E. coli*. Nat Commun, 9: 2387.

Woolston B M, Roth T, Kohale I, et al. 2018b. Development of a formaldehyde biosensor with application to synthetic methylotrophy. Biotechnol Bioeng, 115: 206-215.

Wu H W, Volponi J V, Oliver A E, et al. 2011a. *In vivo* lipidomics using single-cell Raman spectroscopy. Proc Natl Acad Sci USA, 108: 3809-3814.

Wu J, Zhao F, Wang S, et al. 2007. cTFbase: A database for comparative genomics of transcription factors in cyanobacteria. BMC Genomics, 8: 104.

Wu Q, Nelson W H, Hargraves P, et al. 1998. Differentiation of algae clones on the basis of resonance Raman spectra excited by visible light. Anal Chem, 70: 1782-1787.

Wu S X, Xu L L, Huang R, et al. 2011b. Improved biohydrogen production with an expression of codon-optimized *hemH* and *lba* genes in the chloroplast of *Chlamydomonas reinhardtii*. Bioresour Technol, 102: 2610-2616.

Wu T Y, Chen C T, Liu J T, et al. 2016. Characterization and evolution of an activator-independent methanol dehydrogenase from *Cupriavidus necator* N-1. Appl Microbiol Biotechnol, 100: 4969-4983.

Wutipraditkul N, Waditee R, Incharoensakdi A, et al. 2005. Halotolerant cyanobacterium *Aphanothece halophytica* contains Nap A-type Na^+/H^+ antiporters with novel ion specificity that are involved in salt tolerance at alkaline pH. Appl Environ Microbiol, 71: 4176-4184.

Xia P F, Casini I, Schulz S, et al. 2020. Reprogramming acetogenic bacteria with CRISPR-targeted base editing via deamination. ACS Synth Biol, 9(8): 2162-2171.

Xia P F, Ling H, Foo J L, et al. 2019. Synthetic biology toolkits for metabolic engineering of cyanobacteria. Biotechnol J, 14: e1800496.

Xie M, Wang W H, Zhang W W, et al. 2017. Versatility of hydrocarbon production in cyanobacteria. Appl Microbiol Biotechnol, 101: 905-919.

Xie W H, Zhu C C, Zhang N S, et al. 2014. Construction of novel chloroplast expression vector and development of an efficient transformation system for the diatom *Phaeodactylum tricornutum*. Mar Biotechnol, 16: 538-546.

Xin Y, Lu Y D, Lee Y Y, et al. 2017. Producing designer oils in industrial microalgae by rational modulation of co-evolving type-2 diacylglycerol acyltransferases. Mol Plant, 10: 1523-1539.

Xin Y, Shen C, She Y T, et al. 2019. Biosynthesis of triacylglycerol molecules with a tailored PUFA profile in industrial microalgae. Mol Plant, 12: 474-488.

Xu H, Miao X L, Wu Q Y. 2006. High quality biodiesel production from a microalga *Chlorella protothecoides* by heterotrophic growth in fermenters. J Biotechnol, 126: 499-507.

Xu T, Qin S, Hu Y, et al. 2016. Whole genomic DNA sequencing and comparative genomic analysis of *Arthrospira platensis*: High genome plasticity and genetic diversity. DNA Res, 23: 325-338.

Xu X D, Khudyakov I, Wolk C P. 1997. Lipopolysaccharide dependence of cyanophage sensitivity and aerobic nitrogen fixation in *Anabaena* sp. strain PCC 7120. J Bacteriol, 179: 2884-2891.

Yamada R, Ogura K, Kimoto Y, et al. 2019. Toward the construction of a technology platform for chemicals production from methanol: D-lactic acid production from methanol by an engineered yeast *Pichia pastoris*. World J Microbiol Biotechnol, 35: 37.

Yamaguchi K, Nakano H, Murakami M, et al. 1987. Lipid-composition of a Green-Alga, *Botryococcus braunii*. Agric Biol Chem, 51: 493-498.

Yamakawa C K, Kastell L, Mahler M R, et al. 2020. Exploiting new biorefinery models using non-conventional yeasts and their implications for sustainability. Bioresour Technol, 309: 123374.

Yamaoka Y, Shin S, Choi B Y, et al. 2019. The bZIP1 transcription factor regulates lipid remodeling and contributes to er stress management in *Chlamydomonas reinhardtii*. Plant Cell, 31: 1127-1140.

Yang J, Cai H, Liu J, et al. 2018. Controlling *AOX1* promoter strength in *Pichia pastoris* by manipulating poly(dA: dT)tracts. Sci Rep, 8: 1401.

Yang S, Hoggard J C, Lidstrom M E, et al. 2013. Comprehensive discovery of ^{13}C labeled metabolites in the bacterium *Methylobacterium extorquens* AM1 using gas chromatography-mass spectrometry. J Chromatogr A, 1317: 175-185.

Yang Y K, Liu G Q, Chen X, et al. 2020. High efficiency CRISPR/Cas9 genome editing system with an eliminable episomal sgRNA plasmid in *Pichia pastoris*. Enzyme Microb Technol, 138: 13.

Yang Y M, Chen W J, Yang J, et al. 2017. Production of 3-hydroxypropionic acid in engineered *Methylobacterium extorquens* AM1 and its reassimilation through a reductive route. Microb Cell Fact, 16: 179.

Yang Z, Zhang Z. 2018. Production of(2R, 3R)-2,3-butanediol using engineered *Pichia pastoris*: Strain construction, characterization and fermentation. Biotechnol Biofuels, 11: 35.

Yang Z Q, Li Y N, Chen F, et al. 2006. Expression of human soluble TRAIL in *Chlamydomonas reinhardtii* chloroplast. Chin Sci Bull, 51: 1703-1709.

Yao J, Zhong J, Fang Y, et al. 2006. Use of targetrons to disrupt essential and nonessential genes in *Staphylococcus aureus* reveals temperature sensitivity of Ll.LtrB group II intron splicing. RNA, 12(7): 1271-1281.

Yao L, Cengic I, Anfelt J, et al. 2016. Multiple gene repression in cyanobacteria using CRISPRi. ACS Synthetic Biology, 5: 207-212.

Yao L, Shabestary K, Bjork S M, et al. 2020. Pooled CRISPRi screening of the cyanobacterium *Synechocystis* sp. PCC 6803 for enhanced industrial phenotypes. Nat Commun, 11: 1666.

Yasin M, Jeong Y, Park S, et al. 2015. Microbial synthesis gas utilization and ways to resolve kinetic and mass-transfer limitations. Bioresour Technol, 177: 361-374.

Yasokawa D, Murata S, Iwahashi Y, et al. 2010. Toxicity of methanol and formaldehyde towards *Saccharomyces cerevisiae* as assessed by DNA microarray analysis. Appl Biochem Biotechnol, 160: 1685-1698.

Yi J, Huang H, Liang J, et al. 2021. A heterodimeric reduced-ferredoxin-dependent methyle-netetrahydrofolate reductase from syngas-fermenting *Clostridium ljungdahlii*. Microbiol Spectr,

9(2): e0095821.

Yokoo R, Hood R D, Savage D F. 2015. Live-cell imaging of cyanobacteria. Photosynth Res, 126: 33-46.

Yoo S J, Chung S Y, Lee D J, et al. 2015. Use of the cysteine-repressible *HpMET3* promoter as a novel tool to regulate gene expression in *Hansenula polymorpha*. Biotechnol Lett, 37: 2237-2245.

Yoon S M, Kim S Y, Li K F, et al. 2011. Transgenic microalgae expressing *Escherichia coli* AppA phytase as feed additive to reduce phytate excretion in the manure of young broiler chicks. Appl Microbiol Biotechnol, 91: 553-563.

Yoshimura H, Okamoto S, Tsumuraya Y, et al. 2007. Group 3 sigma factor gene, sigJ, a key regulator of desiccation tolerance, regulates the synthesis of extracellular polysaccharide in cyanobacterium *Anabaena* sp. strain PCC 7120. DNA Res, 14: 13-24.

Youn J K, Shang L, Kim M I, et al. 2010. Enhanced production of human serum albumin by fed-batch culture of *Hansenula polymorpha* with high-purity oxygen. J Microbiol Biotechnol, 20: 1534-1538.

Yu H, Liao J C. 2018. A modified serine cycle in *Escherichia coli* coverts methanol and CO_2 to two-carbon compounds. Nat Commun, 9: 3992.

Yu J, Liberton M, Cliften P F, et al. 2015. *Synechococcus elongatus* UTEX 2973, a fast growing cyanobacterial chassis for biosynthesis using light and CO_2. Sci Rep, 5: 8132.

Yu W, Gao J, Zhai X, et al. 2021. Screening neutral sites for metabolic engineering of methylotrophic yeast *Ogataea polymorpha*. Synth Syst Biotechnol, 6: 63-68.

Yu Y, You L, Liu D, et al. 2013. Development of *Synechocystis* sp. PCC 6803 as a phototrophic cell factory. Mar Drugs, 11: 2894-2916.

Yunus I S, Wichmann J, Wordenweber R, et al. 2018. Synthetic metabolic pathways for photobiological conversion of CO_2 into hydrocarbon fuel. Metab Eng, 49: 201-211.

Yurimoto H. 2009. Molecular basis of methanol-inducible gene expression and its application in the methylotrophic yeast *Candida boidinii*. Biosci Biotechnol Biochem, 73: 793-800.

Zahn J, Saxena J. 2012. Novel ethanologenic *Clostridium* species, *Clostridium coskatii*. US Patent, 0156747A.

Zaslavskaia L A, Lippmeier J C, Shih C, et al. 2001. Trophic obligate conversion of an photoautotrophic organism through metabolic engineering. Science, 292: 2073-2075.

Zess E K, Begemann M B, Pfleger B F. 2016. Construction of new synthetic biology tools for the control of gene expression in the cyanobacterium *Synechococcus* sp. strain PCC 7002. Biotechnol Bioeng, 113: 424-432.

Zhang F, Ding J, Zhang Y, et al. 2013. Fatty acids production from hydrogen and carbon dioxide by mixed culture in the membrane biofilm reactor. Water Res, 47(16): 6122-6129.

Zhang P, Xin Y, He Y, et al. 2022. Exploring a blue-light-sensing transcription factor to double the peak productivity of oil in *Nannochloropsis oceanica*. Nat Commun, 13: 1664.

Zhang W, Song M, Yang Q, et al. 2018. Current advance in bioconversion of methanol to chemicals. Biotechnol Biofuels, 11: 260.

Zhang Y, Wang H, Yang R G, et al. 2020. Genetic transformation of *Tribonema minus*, a eukaryotic filamentous oleaginous yellow-green alga. Int J Mol Sci, 21: 2106.

Zhang Y K, Shen G F, Ru B G. 2006. Survival of human metallothionein-2 transplastomic *Chlamydomonas reinhardtii* to ultraviolet B exposure. Acta Bioch Bioph Sin, 38: 187-193.

Zhao R, Liu Y, Zhang H, et al. 2019. CRISPR-Cas12a-mediated gene deletion and regulation in *Clostridium ljungdahlii* and its application in carbon flux redirection in synthesis gas fermentation. ACS Synth Biol, 8(10): 2270-2279.

Zhong J, Karberg M, Lambowitz A M. 2003. Targeted and random bacterial gene disruption using a group II intron (targetron) vector containing a retrotransposition-activated selectable marker. Nucleic Acids Res, 31(6): 1656-1664.

Zhou J, Zhang H, Meng H, et al. 2014. Discovery of a super-strong promoter enables efficient production of heterologous proteins in cyanobacteria. Sci Rep, 4: 4500.

Zhou W J, Wang H, Chen L, et al. 2017. Heterotrophy of filamentous oleaginous microalgae *Tribonema minus* for potential production of lipid and palmitoleic acid. Bioresour Technol, 239: 250-257.

Zhu H F, Liu Z Y, Zhou X, et al. 2020. Energy conservation and carbon flux distribution during fermentation of CO or H_2/CO_2 by *Clostridium ljungdahlii*. Front Microbiol, 11: 416.

Zhu T, Sun H, Wang M, et al. 2019. *Pichia pastoris* as a versatile cell factory for the production of industrial enzymes and chemicals: Current status and future perspectives. Biotechnol J, 14: e1800694.

Zhu W L, Cui J Y, Cui L Y, et al. 2016. Bioconversion of methanol to value-added mevalonate by engineered *Methylobacterium extorquens* AM1 containing an optimized mevalonate pathway. Appl Microbiol Biotechnol, 100: 2171-2182.

Zienkiewicz K, Zienkiewicz A, Poliner E, et al. 2017. *Nannochloropsis*, a rich source of diacylglycerol acyltransferases for engineering of triacylglycerol content in different hosts. Biotechnol Biofuels, 10: 8.

Zou N, Zhang C W, Cohen Z, et al. 2000. Production of cell mass and eicosapentaenoic acid (EPA) in ultrahigh cell density cultures of *Nannochloropsis* sp.(Eustigmatophyceae). Eur J Phycol, 35: 127-133.

第 5 章　能源合成生物学发展的未来方向与挑战

王纬华，吕雪峰[*]

中国科学院青岛生物能源与过程研究所，青岛　266101

[*]通讯作者，Email：lvxf@qibebt.ac.cn

　　生物能源对经济和社会的可持续发展具有十分重要的意义。近年来合成生物学的快速发展为生物能源的高效生产提供了重要支撑。然而目前生物能源的生产仍面临技术成熟度低和生产成本高的瓶颈问题。面向未来生物能源产业的发展，必须解决好"用什么原料、走什么路线、做什么产品"的关键问题。合成生物学在解决原料高效综合利用、原料到生物能源产品的高效催化转化，以及产品的规模化生产和分离纯化等方面都扮演着重要的角色（Keasling et al.，2021）。

5.1　原料的可持续供应

　　目前生物燃料生产的主要原料包括玉米和甘蔗等农产品、富含纤维素的农林废弃物，以及合成气、二氧化碳、甲醇等一碳资源。短期内，农林废弃物似乎是最丰富的原材料，商业化的技术壁垒最小。纤维素乙醇研发和生产方面取得了较大进展，但是还需要进一步的研究，持续降低纤维素乙醇生产成本，在经济上进一步提升竞争力，促进纤维素乙醇的大规模产业化。未来的研发重点包括采用合成生物学方法改造能源植物提高光合固碳效率，降低植物生物质抗生物降解屏障，降低木质素含量、提高可发酵糖的含量，同时提高植物耐受各种胁迫条件的能力，从而提高能源植物生物质产出。另外，通过合成生物学技术对能源植物中的木质素合成途径进行改良与重塑，可为木质素基高附加值产品的开发和利用提供原料，整体上降低生物能源的生产成本。

　　从木质纤维素到可发酵糖的糖化过程是决定木质纤维素生物转化可行性的关键因素。如何获得高效生物催化剂是开展纤维素降解的合成生物学研究、实现生物质解聚糖化的核心研究目标。与依赖于真菌来源游离酶制剂的离线糖化模式相比，整合生物加工（consolidated bioprocessing，CBP）及整合生物糖化（consolidated bio-saccharification，CBS）等技术利用产纤维小体梭菌等天然纤维素降解细菌为生物催化剂，实现在线产酶和同步的木质纤维素解聚，在降低成本方面具有优势，有望将木质纤维素生物转化应用于实际工业生产。在现有研究的基础上，未来将从合成生物学工具开发、酶体系定向改良,以及梭菌底盘的定向优化等多层次和方面进一步开展研究。

作为光合微生物,蓝藻能够利用太阳能高效固定二氧化碳合成糖类化合物,是一条具有潜力的新型糖原料供给路线。目前基于蓝藻的光驱固碳产糖技术仍处于概念和技术验证阶段,距离真正产业化的应用仍有很长的路要走。糖原料的产品属性决定了其必须采用低成本、规模化的生产方式。蓝藻细胞在低成本的户外开放式、规模化培养过程中可能面临物理、化学、生物层面的各种胁迫。已实现户外规模化培养的螺旋藻尚无稳定的遗传转化系统,无法通过合成生物学技术进行高效遗传改造。而目前具备成熟完备遗传操作系统的蓝藻模式底盘并不适用于户外规模化培养体系。因此,突破螺旋藻等藻种的遗传操作瓶颈,或者获得具有良好工程应用属性的底盘藻株,将是未来获得可工程应用的产糖藻株的关键。此外,糖类化合物是可供各种异养微生物利用的优良碳源,为降低蓝藻产糖体系染菌的风险,可发展基于产糖蓝藻的人工菌群,以实现异养细胞工厂对蓝藻合成糖原料的原位利用和转化。该策略从概念上已经得到充分证实(Hays and Ducat,2015b),下一步在更大时空尺度上实现稳定运行同样需要解决从菌种到工艺和设备的系统优化。

5.2 原料到能源产品的高效转化

富含糖类物质的农作物目前仍是燃料乙醇的主要原料,燃料乙醇已实现商业化生产,但仍面临原料有效利用率低、生产效率低、细胞发酵活性低等问题。进一步降低燃料乙醇生产成本的一个重要方向是开发廉价的原料资源,同时,开发直接利用纤维素原料的新一代酵母菌株及其配套工艺是燃料乙醇发展的重要方向。高温、高渗透压、高浓度抑制物等严酷的工业发酵环境往往导致酵母菌种发酵活性降低。目前的遗传改造大多针对某一类环境胁迫,往往导致顾此失彼。因此,需要针对工业发酵环境进行多尺度、多层次的系统生物学研究,鉴定环境耐受的共性关键因子,利用合成生物学工具,多基因协同改造,增强菌株多重胁迫耐受能力,平衡酵母生长与乙醇生产的关系,提高生产效率。

传统的基于淀粉质或糖基原料的梭菌发酵制丁醇方法,生产成本较高。为增强生物丁醇的市场竞争力,除了寻求廉价的木质纤维素替代原料外,提高菌株发酵的丁醇浓度、得率及生产强度等关键技术指标也极其重要。为了实现这些技术指标的提升,选育新型生产菌种是关键。产丁醇梭菌还存在对高浓度的丁醇及木质纤维素水解液中的抑制物耐受能力不足的问题。菌株的抗逆性能往往涉及多个层面,通过适应性实验室进化工程(adaptive laboratory evolution,ALE)可使微生物迅速获得优异表型。针对新构建的生物丁醇工程菌,从反应器、发酵方式、提取技术等多个角度出发,设计和集成新的系统化工艺路线也是提高梭菌丁醇合成能力的重要研究内容。因此，未来的发展趋势应是以更为廉价的原料配以更高效的重组梭菌作为生产菌株来创建新的技术体系和工艺路线，从而降低生物丁醇的生产成本。此外，采用合成生物学的理念，设计和构建由纤维素降解菌和丁醇生产菌构成的共生菌群，直接利用纤维素高效生产丁醇，有望降低生物丁醇的生产成本。

挖掘更多具有不同优良特性的新型微生物底盘细胞，进而合理设计、优化生物合成途径与底盘细胞，可以拓展生物燃料的品种，合成高能量密度的生物燃料，提高产品产量，并可为合成生物学研究提供元件、工具与方法。利用新型微生物底盘构建细胞工厂合成能源产品已取得显著进展，但仍有很多挑战，如一些高值的航空燃料产品尚未实现异源合成；而对于多数已经实现异源合成的能源产品而言，现阶段绝大部分能源微生物底盘细胞的生产能力与工业生产的要求之间也还存在较大差距。究其原因，对天然合成途径及其中生物元件功能的认识不足、不同底盘细胞与异源途径的不适配、异源产物与代谢中间物对底盘细胞的毒性等都是能源产品高效生物合成的阻碍和挑战。

通过开发更加高效的多片段、长片段 DNA 组装技术，以及多位点、高效率基因组编辑手段可实现新型生物能源产品在底盘细胞中的异源合成。基于构建调控元件并设计基因线路以精确调节物质流及能量流的动态调控策略，可以提高能源产品的生产效率。利用途径区室化、代谢调控特异性转运蛋白等技术，有望实现毒性物质的封存或者高效转运，提高生产的可持续性。随着各类组学数据的大量积累，基于深度学习的预测模型在合成生物学领域展现出广阔的应用前景（Zou et al.，2019），成功实现了基因调控序列、新型人工蛋白质，以及基于 CRISPR 编辑技术的 gRNA 设计等的合成设计。基于代谢网络计算分析的途径设计以其快速、综合和系统的优势，逐渐受到新途径挖掘与设计领域的青睐，有望解决传统的设计方式存在的底盘细胞基因组信息不明确、遗传改造工具不完善、基因代谢调控网络复杂等问题。

5.3　一碳资源的高效利用

食气梭菌能够利用工业尾气、合成气中的一氧化碳合成乙醇、丁醇等生物燃料。近年来，随着合成生物学的发展，直接通过基因编辑对食气梭菌进行遗传改造已成为可能。目前，研究者已经通过代谢工程手段在优化气体转化利用、产物合成等方面进行了诸多尝试。但由于对食气梭菌生理代谢分子机制认识的局限性以及现有遗传工具的低效性，目前的进展比较缓慢。未来需要加强系统生物学研究，从而更全面、细致地了解重要生理代谢过程背后的分子机制，才能为菌株性能优化提供理论依据。同时，优化现有基因编辑技术，开发高效大片段 DNA 整合技术等功能更为强大的遗传操作工具，可拓展适用于食气梭菌的合成生物学元件，从而实现高效利用一氧化碳合成生物燃料细胞工厂的构建。此外，由于气体发酵的特殊性，提高气液传质效率成为提高合成气发酵整体效率的关键因素。研究者们设计出中空纤维膜生物反应器等多种新型反应器以提高气液传质效率（Zhang et al.，2013），通过合成生物学手段选育出与反应器模式相适配的梭菌菌株也是未来值得关注的一个研究方向。

以微藻作为底盘细胞的光合生物制造技术能够同时起到固碳减排和资源化利用的效果。适用于光合微藻的高效合成生物学使能工具的开发是未来发展能源微藻产业的必要条件。在遗传操作层面，需要发展更高效、便捷的微藻遗传操作技术平台和工具，实现高效的大片段 DNA 和多基因精准调控操作，进一步提高微藻遗传改造的广度和精度；在合成生物学元件的鉴定和组装层面，基于微藻内源和人工设计的新型元件的筛选评价与微藻特异性元件组装系统的适配将为高效合成微藻能源产品提供新的动力；在微藻光合固碳效率层面，利用合成生物学技术改造微藻天然固碳途径或引入新的人工固碳途径来提高固碳效率仍是未来研究的重点。此外，开发高效、实用、低成本的光合培养装置，选育适用于实际规模化培养场景与过程工程的藻种将促进微藻生物燃料的产业化应用。与此同时，将物理、化学二氧化碳富集方法与生物过程相结合，将会降低原料的获取成本，提高转化效率。

甲醇作为一种来源丰富的一碳资源，在绿色生物制造中具有广泛的应用潜力。为了实现甲醇生物转化合成生物燃料等目标产物，必须提高甲醇利用与转化效率。构建更加完善的遗传操作平台与工具是先决条件。高效的遗传操作平台能够实现上游同化途径强化，以及下游产物合成途径的快速搭建和代谢途径重构，是解析甲醇利用微生物生理代谢特性的前提，也是实现微生物合成的关键。甲醇利用效率低的主要原因在于甲醇对细胞的毒害作用，特别是甲醇细菌，由于缺少亚细胞器的区室化隔离作用，其对甲醇底物的耐受能力较低，甲醇同化速率也较低（Dai et al.，2017）。因此，解析甲醇的毒性机制、提高细胞耐受能力至关重要。

实验室适应性进化结合反向代谢工程能够有效促进甲醇利用效率（Cui et al.，2018），而且能够增加底物和产物耐受（Hu et al.，2016）。甲醇及其代谢中间产物（如甲醛等）造成的生长缺陷是最佳的筛选压力。与此同时，近年来组学技术蓬勃发展，将驯化后得到的菌株借助多组学联用分析，获得甲醇同化途径以及下游产物合成关键靶基因，经过反向代谢工程改造，有望同时提高甲醇利用和产物合成效率。以天然甲基营养型微生物和模式微生物进行甲醇生物转化是两种不同的合成生物学研究策略，如果二者能够协调发展，将会相互评价、相互促进，最终实现甲醇生物转化过程底物利用与产物合成的协调提升。

5.4　未来方向与挑战

综上所述，从本质上来讲，二氧化碳与太阳能是生物能源最初的物质和能量来源。从二氧化碳到生物质和糖再到生物燃料的技术路线，或者从二氧化碳及其衍生的一碳资源直接转化为生物燃料的技术路线，在环境友好、可持续发展的能源供应体系中占据重要地位。据统计，二氧化碳的人为排放量每年高达 330 亿 t（Palankoev et al.，2019）。以二氧化碳作为生物能源和化学品合成的原料拥有两大优势：一是来源丰富且成本低廉；二是可直接实现对温室气体的资源化利用。合成生物学在提高以二氧化碳为代表的一碳资源转化率、降低成本方面大有可为。

作为氧化代谢的终产物，二氧化碳转化为生物燃料需要引入能量和还原力，其中能量来源主要有光能、化学能和电能等。随着光伏发电的迅速发展，通过光伏半导体材料将光能转化为电能，之后再进行直接或间接的微生物电合成，其整体的能量利用效率是有可能高于光自养合成的（Liu et al.，2016）。利用氢气、一氧化碳、甲酸等电子载体进行间接微生物电合成有很大应用潜力，生物电合成现阶段仍受电极表面积和电子载体溶解度低等因素制约。相比于氢气和一氧化碳，甲酸具有溶解度高、安全性好和易于运输的优势。甲酸的高效生产可以通过多种途径实现，包括二氧化碳的电还原和光还原以及生物质的部分氧化。甲酸的还原电位低，酶利用活性高，在胞内易被转化为二氧化碳和还原力，为微生物提供碳源和能量。这些优势使甲酸成为具有竞争力的还原力载体。甲酸作为微生物一碳资源的主要障碍是其细胞毒性，因此研究甲酸耐受相关的功能基因及选育能耐受高浓度甲酸的底盘对甲酸的高效利用十分必要（Claassens et al.，2018）。

二氧化碳生物利用的一大挑战是有效地固定大气中的二氧化碳。大多数自养细胞工厂使用大气中低浓度的二氧化碳，生长缓慢。二氧化碳的直接空气捕获（direct air capture，DAC）成本很高，因而可考虑将物理、化学和电化学二氧化碳捕获及转化方法与生物过程相结合。而来源于工业生产废气、垃圾填埋废气、生物质气化等的二氧化碳含有不同的杂质，底盘细胞对杂质的耐受性将成为影响二氧化碳利用的关键因素。

天然的生物固碳途径效率较低，不能满足大规模工业化生产的需求。合成生物学的发展为设计高效的生物固碳过程提供了可能。通过对关键酶的蛋白质工程改造、优化天然固碳途径、设计和构建高效人工固碳途径，提升了细胞工厂转化二氧化碳合成生物能源产品的效率。而基因组规模的代谢模型、适应性实验室进化、机器学习、高通量自动化等不依赖特定宿主、途径或代谢物的通用型合成生物学技术与方法本身的快速迭代发展，有望进一步提高生物能源的合成效率，降低生产成本，进而建立基于二氧化碳的生物能源产业。

虽然目前燃料乙醇、生物柴油等部分生物能源产品已实现商业化生产，但生物能源产业从整体上看仍面临成本较高等问题。随着合成生物学的发展，以及与过程工程、材料科学和人工智能领域的深度融合，有望实现利用二氧化碳与太阳能等可再生资源高效合成生物能源的绿色发展道路。

基金项目：国家重点研发计划"合成生物学"重点专项-2021YFA0909700；国家自然科学基金-31872624、31972853。

参 考 文 献

Claassens N J, Sanchez-Andrea I, Sousa D Z, et al. 2018. Towards sustainable feedstocks: A guide to electron donors for microbial carbon fixation. Curr Opin Biotech, 50: 195-205.

Cui L Y, Wang S S, Guan C G, et al. 2018. Breeding of methanol-tolerant *Methylobacterium extorquens* AM1 by atmospheric and room temperature plasma mutagenesis combined with adaptive laboratory evolution. Biotechnol J, 13: e1700679.

Dai Z, Gu H, Zhang S, et al. 2017. Metabolic construction strategies for direct methanol utilization in *Saccharomyces cerevisiae*. Bioresour Technol, 245: 1407-1412.

Hays S G, Ducat D C. 2015. Engineering cyanobacteria as photosynthetic feedstock factories. Photosynth Res, 123: 285-295.

Hu B, Yang Y M, Beck D A, et al. 2016. Comprehensive molecular characterization of *Methylobacterium extorquens* AM1 adapted for 1-butanol tolerance. Biotechnol Biofuels, 9: 84.

Keasling J, Garcia Martin H, Lee T S, et al. 2021. Microbial production of advanced biofuels. Nat Rev Microbiol, 19: 701-715.

Liu C, Colon B C, Ziesack M, et al. 2016. Water splitting-biosynthetic system with CO_2 reduction efficiencies exceeding photosynthesis. Science, 352: 1210-1213.

Palankoev T A, Dementiev K I, Khadzhiev S N. 2019. Promising processes for producing drop-in biofuels and petrochemicals from renewable feedstock. Petrol Chem, 59: 438-446.

Zhang F, Ding J, Zhang Y, et al. 2013. Fatty acids production from hydrogen and carbon dioxide by mixed culture in the membrane biofilm reactor. Water Res, 47: 6122-6129.

Zou J, Huss M, Abid A, et al. 2019. A primer on deep learning in genomics. Nat Genet, 51: 12-18.